AF349407

GUIDE

DU MARIN

II

Paris. — Imprimerie de P.-A. BOURDIER et Ce, rue Mazarine, 30.
Imprimeurs de la Société des Ingénieurs civils

GUIDE
DU MARIN

RÉSUMÉ
DES CONNAISSANCES LES PLUS UTILES AUX MARINS

PAR MM.

DE KERHALLET
CAPITAINE DE VAISSEAU DE LA MARINE IMPÉRIALE

DE FRÉMINVILLE
INGÉNIEUR CONSTRUCTEUR DE LA MARINE

BOUTROUX
INGÉNIEUR HYDROGRAPHE DE LA MARINE

TERQUEM
PROFESSEUR D'HYDROGRAPHIE

CH. LABOULAYE
ANCIEN OFFICIER D'ARTILLERIE

Ouvrage illustré de 300 gravures dans le texte
ET DE CARTES GRAVÉES SUR CUIVRE PAR MM. JACOBS ET CARRÉ
graveurs du Dépôt des cartes de la marine

TOME SECOND

PARIS

LIBRAIRIE SCIENTIFIQUE, INDUSTRIELLE ET AGRICOLE
EUGÈNE LACROIX, ÉDITEUR
LIBRAIRE DE LA SOCIÉTÉ DES INGÉNIEURS CIVILS
QUAI MALAQUAIS, 15

1863

GUIDE
DU MARIN

LIVRE TROISIÈME

HYDROGRAPHIE

1. L'objet que nous avons en vue dans ce livre n'est pas de donner un traité complet d'hydrographie. Un tel ouvrage comporterait des développements dont l'étendue et la nature ne peuvent se concilier avec les conditions d'un recueil où les marins doivent trouver, sous une forme abrégée et facile, tous les renseignements dont ils ont besoin dans le cours de leur navigation. Notre but est de fournir à toutes les personnes qui voudront s'occuper d'hydrographie les moyens de le faire avec succès, sans être obligées d'avoir recours aux divers ouvrages où sont développées spécialement les connaissances nécessaires à l'hydrographe. Nous renverrons à ces ouvrages le lecteur qui désirerait voir traitées d'une manière complète certaines questions que nous ne pourrons qu'indiquer dans ce travail.

Pour lever le plan d'un port ou d'une portion de côte peu étendue, il suffit d'avoir à sa disposition quelques instruments simples, peu coûteux, dont la plupart servent à la navigation et sont par conséquent déjà sur presque tous les bâtiments qui font des voyages lointains. Les marins sont souvent appelés à séjourner dans des localités imparfaitement connues ou dont on n'a encore que des cartes très-défectueuses. En levant le plan de ces localités, en faisant connaître le résultat d'observations consciencieuses et bien dirigées sur le régime nautique, en un mot en faisant de l'hydrographie, ils emploieront avec le plus grand fruit les heures de loisir qu'ils ont souvent à leur disposition et rendront à la navigation des services signalés. Ils ne pourraient être arrêtés dans l'accomplissement d'un pareil travail que par l'ignorance des moyens à employer. Le but que nous nous proposons est de les initier aux procédés dont se servent les ingénieurs hydrographes, de suppléer autant que possible aux indications orales et d'enseigner à toutes les personnes qui se trouveront en face d'une côte, dont elles voudront lever le plan, les moyens qu'il faut employer pour y parvenir.

CHAPITRE PREMIER.

CARTES GÉOGRAPHIQUES. — CARTES MARINES.

2. Les cartes géographiques ont pour objet de représenter sur une surface plane la surface du sphéroïde terrestre. Quel que soit le procédé qu'on emploie pour arriver à ce résultat, il consiste toujours à tracer d'abord des lignes qui représentent les méridiens et les parallèles. Un point quelconque de la terre étant, en effet, déterminé par la rencontre d'un méridien et d'un parallèle, si l'on sait construire ces lignes on pourra placer sur la carte autant de points qu'on voudra. Ordinairement, dans la construction des cartes, la terre est supposée sphérique. L'ensemble des méridiens et des parallèles tracés sur une surface plane s'appelle une projection. On distingue plusieurs espèces de projections, et le choix de celle qu'on emploie dépend de l'usage que l'on doit faire des cartes et aussi de la position sur la surface terrestre des pays qui doivent être représentés. Les principales sont:

La projection orthographique ;

La projection stéréographique ;

Le développement conique ;

La projection de Flamsteed ;

La projection homalographique ;

La projection employée pour les cartes marines.

Quoique ces dernières soient les seules dont l'étude rentre directement dans l'hydrographie, il n'est peut-être pas sans utilité de faire connaître les autres, au moins d'une manière succincte.

5. Projection orthographique. Dans ce système, les points de la surface terrestre sont représentés par les pieds des perpendiculaires abaissées de ces points sur un même plan. On prend ordinairement

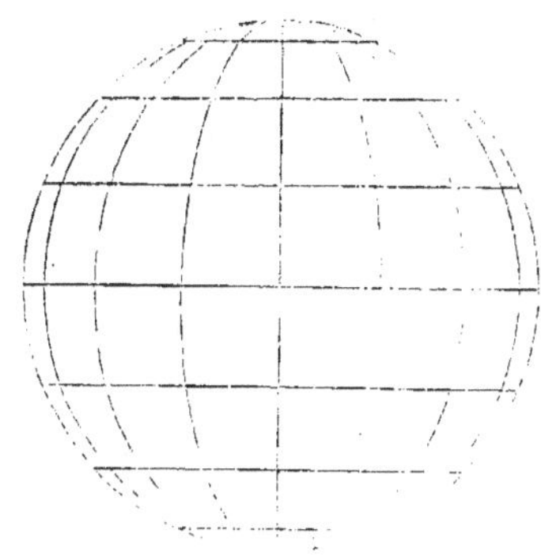

Fig. 1.

pour ce plan celui d'un méridien. L'équateur et les parallèles (*fig.* 1) s'y projettent par conséquent suivant des lignes droites, et les méridiens suivant des ellipses qui ont toutes pour grand axe la ligne des pôles. Il est facile de voir que le demi-petit axe de chacune de ces courbes a pour valeur le cosinus de la longitude du méridien projeté, comptée à partir du plan de projection. Connaissant les deux axes des ellipses, on pourra tracer ces courbes qui, du reste, peuvent être aussi construites par points·

Si le plan de projection, au lieu d'être celui d'un méridien, était celui de l'équateur, tous les méridiens seraient en projection des rayons de l'équateur, et les parallèles, des cercles concentriques; mais on fait peu usage de cette projection, qui déforme la partie voisine de l'équateur, c'est-à-dire celle qu'il importe le plus de représenter exactement.

La projection orthographique s'emploie pour représenter le globe terrestre tout entier en deux figures, dont l'ensemble s'appelle *mappemonde*; elle est cependant moins usitée que celle dont nous allons parler.

4. Projection stéréographique. Cette projection n'est autre chose qu'une perspective sur le plan d'un grand cercle, l'œil étant supposé placé sur la sphère à l'un des pôles de ce grand cercle. Elle jouit des propriétés suivantes :

1º Tout cercle tracé sur la sphère se projette suivant un cercle ;

2º Les projections de deux cercles se coupent sous un angle égal à celui des deux cercles ;

3º Le centre de la projection d'un cercle est la projection du sommet du cône circonscrit à la sphère suivant ce cercle (lorsqu'il s'agit d'un grand cercle, le cône circonscrit devient un cylindre; le centre de la projection se trouve alors en menant par l'œil une parallèle aux arêtes du cylindre, qui rencontre le plan de projection au point cherché).

Ces trois propriétés servent à la construction des cartes.

Dans le système stéréographique la position de l'œil peut donner lieu à trois sortes de cartes, suivant qu'il est placé au pôle ou sur l'équateur, ou en un point quelconque d'un méridien. Ces trois sortes de projections portent des noms différents; elles s'appellent projection polaire, projection sur le méridien et projection sur l'horizon.

Projection polaire. Dans ce premier cas, le plan de projection est celui de l'équateur; les méridiens sont représentés par des rayons de l'équateur et les parallèles par des cercles concentriques. Le pôle opposé à celui où est l'œil s'appelle le *point central* de la carte. Cette projection est très-peu usitée à cause de la déformation que subissent les parties voisines de l'équateur.

Projection sur le méridien. C'est celle qu'on emploie ordinairement pour construire les mappemondes : l'œil est placé sur l'équateur au centre des régions qu'il importe le plus de ne pas déformer, tant dans l'un que dans l'autre hémisphère. La projection se fait sur le plan du méridien perpendiculaire au diamètre passant par l'œil, et en plaçant successivement l'œil aux deux extrémités de ce diamètre on obtient sur le même plan la représentation des deux hémisphères (*fig.* 2).

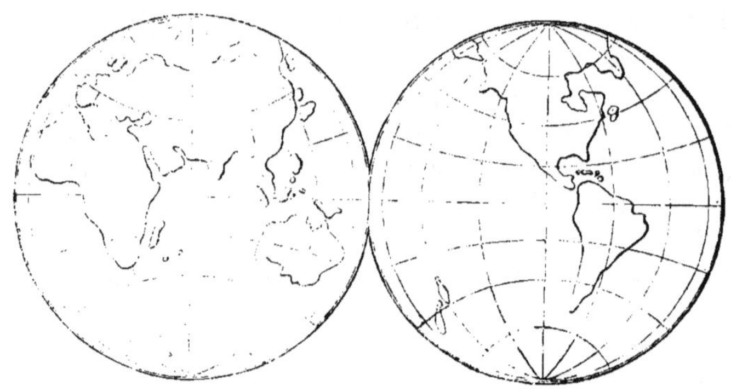

Fig. 2.

Les méridiens et les parallèles sont représentés les uns et les autres par des cercles dont on détermine les centres en vertu de la troisième propriété des projections stéréographiques.

L'équateur et le méridien sur lequel se trouve l'œil, et qu'on appelle méridien moyen, se projettent suivant des lignes droites perpendiculaires entre elles.

Projection sur l'horizon. Cette projection est ainsi appelée parce que, l'œil étant placé en un point quelconque de la terre, le plan de projection est celui d'un grand cercle perpendiculaire à la verticale du lieu, dont ce grand cercle n'est autre chose que l'horizon rationnel. Les méridiens et les parallèles se projettent encore dans ce cas suivant des cercles : le méridien et le grand cercle qui passent par la verticale du lieu se projettent suivant des lignes droites.

Le système stéréographique a l'avantage de représenter par une figure semblable toute figure de petite dimension prise sur la surface de la terre. Cela résulte de la seconde des trois propriétés que nous avons énoncées plus haut; car si la portion de la surface sphérique que l'on considère est assez petite pour pouvoir être regardée comme plane, on peut la décomposer en triangles dont les angles seront égaux sur la sphère et sur la projection, et qui seront par conséquent semblables. La projection stéréographique ne déforme donc pas les figures de petite dimension, mais les rapports dans lesquels ces figures sont réduites changent avec leur position sur l'hémisphère.

5. Développement conique. Dans ce système qui ne peut représenter que des parties peu étendues de la surface terrestre com-

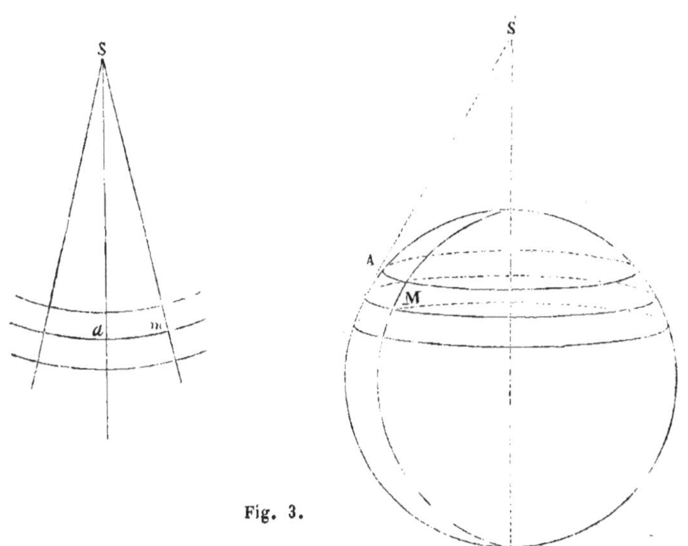

Fig. 3.

prises entre deux parallèles voisins l'un de l'autre, on imagine un cône circonscrit à la terre (*fig.* 3), suivant le parallèle qui tient le

milieu entre les deux que l'on considère; on suppose que la surface
conique se confond avec la surface de la sphère dans la zone comprise
entre les deux parallèles extrêmes.

Si l'on développe ce cône sur un plan, il deviendra un secteur circulaire, dont les rayons représenteront les méridiens, tandis que les
parallèles seront représentés par des cercles concentriques.

6. Développement de Flamsteed. Le développement de Flamsteed n'est employé, comme le développement conique, que pour
représenter des portions restreintes de la surface de la terre. On a
cherché surtout dans ce système à conserver aux surfaces figurées sur
le développement la même valeur en étendue que sur la sphère. Concevons les parallèles représentés par des lignes droites PP, P'P', P″P″,
parallèles et équidistantes (*fig.* 4); une perpendiculaire MM′ à ces
lignes représente le méridien moyen : si, à partir des points a, b, c...,

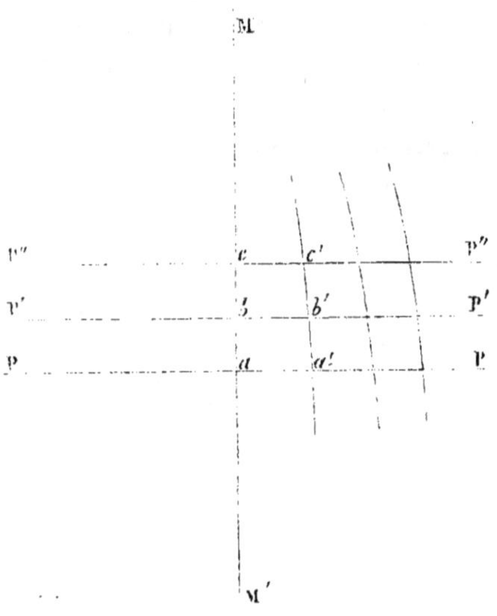

Fig. 4.

on porte sur les parallèles des longueurs aa' bb', cc'... respectivement
égales aux arcs compris sur la sphère entre le méridien moyen et
celui qu'on veut représenter, en joignant par une courbe les points
a', b', c'..., on aura le méridien développé; les autres méridiens se
construisent de la même manière. Il est facile de voir, d'après cette

construction, que les aires de petite étendue ont la même expression sur le développement et sur la sphère.

Ce système a l'inconvénient d'altérer la configuration des parties éloignées du méridien et du parallèle moyens, parce que les méridiens y deviennent très-obliques aux parallèles, au lieu de leur être perpendiculaires comme sur la sphère.

Pour la construction de la carte de France on a adopté un système qui a pris le nom de développement de Flamsteed modifié, et qui tient du développement de Flamsteed et du développement conique. Aux lignes droites du système précédent qui représentent les parallèles, on substitue des cercles concentriques (*fig.* 5), construits de la même manière que dans le développement conique. Les méridiens se tracent par points sur les cercles, en employant le même procédé que dans le développement de Flamsteed. Les méridiens et les parallèles se coupent ainsi à peu près à angle droit dans toute l'étendue de la carte. Les figures sont donc très-peu déformées, en même temps que l'égalité des surfaces est conservée.

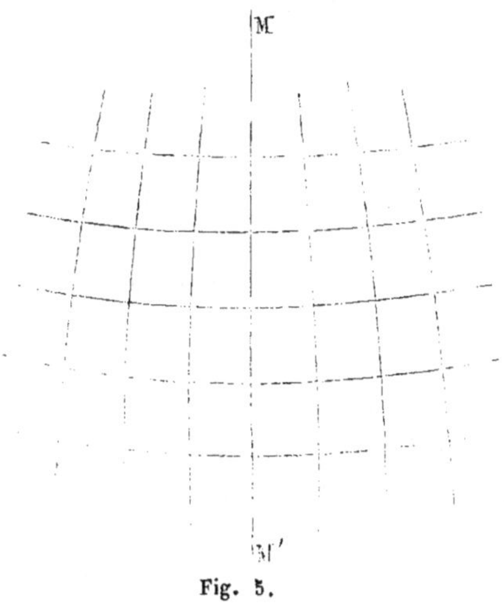

Fig. 5.

7. Projection homalographique. M. Babinet a imaginé une nouvelle projection à laquelle il a donné le nom d'homalographique (ὁμαλός, régulier) et qui jouit de la propriété, ainsi que son nom l'indique, de ne pas altérer sensiblement les superficies relatives des diverses parties de la surface terrestre. Le développement de Flamsteed présente le même avantage; mais il ne peut être employé que

dans des cartes de peu d'étendue, tandis que la projection homalographique peut s'appliquer au globe tout entier. Dans ce système, la
projection se fait sur un méridien, lequel est représenté par un cercle ;
concevons l'hémisphère dont ce méridien est la base partagé par des
méridiens en un certain nombre de fuseaux d'égale grandeur ; divisons

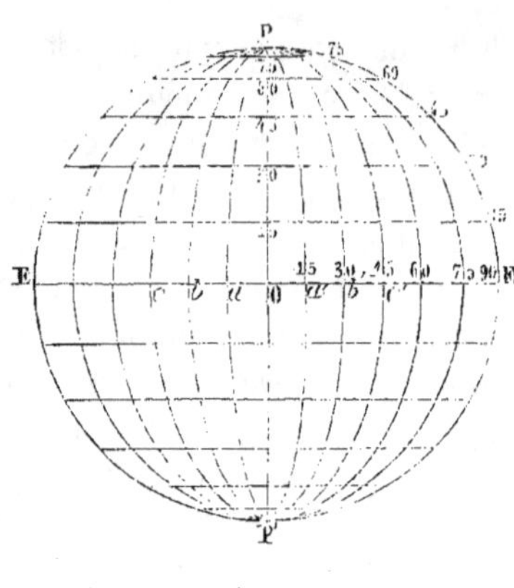

Fig. 6.

la ligne droite EE' qui représente l'équateur (*fig.* 6) en autant de parties égales *oa*, *ab*, *bc*,
oa', *a'b'*, *b'c'*, qu'il y a de fuseaux,
et traçons des ellipses qui auront
toutes pour grand axe la ligne
des pôles PP', et dont les petits
axes seront les lignes *aa'*, *bb'*,
cc', etc. Ces ellipses représentent les méridiens. On voit aisément qu'elles partagent la surface du cercle de projection en
parties d'égale grandeur, en se
rappelant l'expression $\pi a b$ de

l'aire de l'ellipse, *a* étant le demi-grand axe, *b* le demi-petit axe.
Les parallèles sont représentés par des lignes droites parallèles
espacées d'après la condition que les bandes qu'elles interceptent
sur le cercle de projection soient dans le même rapport de surface que les zones interceptées sur la sphère par les parallèles.
On peut étendre la projection homalographique à la surface entière
de la terre en prolongeant les lignes qui représentent les parallèles
et en espaçant les méridiens au dehors comme au dedans de la figure.
La carte prend alors la forme d'une ellipse aplatie dont le petit axe
est la ligne des pôles. Dans ce planisphère, les rapports de superficie
sont conservés, mais les formes des continents sont altérées d'une manière sensible.

8. Cartes marines. Les cartes employées dans la marine sont de
deux sortes : les cartes plates et les cartes réduites ou projections de
Mercator.

On se sert des premières pour représenter une portion de côte peu
considérable, comme un port ou une petite rade. On a recours aux
cartes réduites lorsqu'il s'agit d'une côte plus étendue.

Concevons un plan tangent à la surface de la terre, au point central de la localité qu'on veut représenter sur le papier ; si cette localité

est restreinte, on pourra la considérer comme se confondant dans tous ses points avec le plan tangent. La construction d'une carte plate consistera donc à transporter tout simplement d'un plan sur un autre le figuré du terrain dans des proportions amoindries. Toutes les distances tracées sur la carte conserveront avec les distances correspondantes prises sur le terrain le même rapport. C'est ce rapport que l'on appelle l'échelle du plan. Par exemple, si un mètre sur le plan représente 10,000 mètres sur le terrain, on dira que le plan est à l'échelle de 1/10,000.

9. Le plan tangent au sphéroïde terrestre ne peut être considéré comme se confondant avec lui que pour une surface très-restreinte. il faut donc abandonner le système des cartes plates lorsqu'on veut lever une portion de terrain un peu étendue. C'est alors qu'on a recours à la projection de Mercator ou carte réduite. Représentons-nous (*fig.* 7) un grand nombre de méridiens et de parallèles tracés sur la sphère terrestre de minute en minute, par exemple; la surface de la terre sera ainsi divisée en un grand nombre de petits quadrilatères dont les côtés seront des arcs de ces méridiens et de ces parallèles. Les méridiens, à partir de l'équateur, vont en convergeant vers

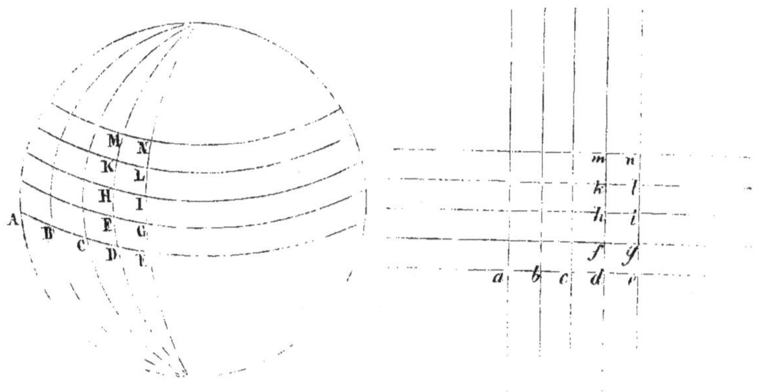

Fig. 7.

les pôles pour s'y réunir, tandis que tous les parallèles sont équidistants. Si nous considérons la série de quadrilatères comprise entre deux méridiens successifs, les bases formées par les arcs des parallèles sont près de l'équateur égales aux hauteurs qui mesurent sur les méridiens la distance de deux parallèles successifs. Mais à mesure qu'on se rapproche du pôle, le rapport entre la hauteur et la base devient plus grand ; au pôle ce rapport devient infiniment grand.

Concevons maintenant qu'on représente sur le papier les méridiens par des lignes droites toutes parallèles entre elles, et dont les distances respectives soient les mêmes que celles des méridiens comptées sur l'équateur, l'équateur et les parallèles par d'autres lignes droites perpendiculaires aux premières. Les quadrilatères curvilignes deviendront des rectangles dont toutes les bases seront égales.

Il reste dans cette projection à fixer les distances respectives des parallèles entre eux ; on détermine ces distances d'après la condition que la proportion entre la hauteur et la base des quadrilatères soit la même sur la projection que sur la sphère. Cette condition ne peut être remplie qu'en augmentant la distance qui sépare deux parallèles consécutifs à mesure qu'on se rapproche du pôle, où cette distance devra être infiniment grande pour que le rapport soit conservé ; aussi appelle-t-on encore cette projection projection aux latitudes croissantes ; elle jouit de la propriété que deux lignes quelconques tracées sur la carte se coupent sous le même angle que les deux courbes sphériques qu'elles représentent.

Il est facile de comprendre l'utilité pour la marine de ce système de projection. Ce qui importe surtout dans le cours d'une navigation, c'est de placer avec facilité sur la carte la position du navire déterminée chaque jour par sa latitude et sa longitude, de voir immédiatement la direction qu'il doit suivre et de faire en sorte que cette direction, une fois donnée, reste la même sous quelque méridien qu'on passe. La carte réduite remplit très-heureusement toutes ces conditions. La position du navire y sera fixée par la rencontre de deux lignes droites perpendiculaires entre elles, l'une parallèle à l'équateur, l'autre aux méridiens, la direction à suivre sera déterminée par l'angle que fait avec le méridien, dont la direction est donnée par la boussole, la ligne droite qui joint le point où on se trouve à celui où on veut aller. Les méridiens étant représentés par des droites parallèles, l'angle restera le même sur tout le parcours de cette ligne droite, et, d'après la propriété de la projection de Mercator que nous avons énoncée plus haut, cet angle sera égal à celui que fait sur la sphère la route initiale du navire avec le méridien sous lequel il se trouve. De plus, la route du navire coupera sous ce même angle tous les méridiens par lesquels elle passera. Elle décrira ainsi sur la sphère une courbe appelée *loxodromie*.

Toutes les lignes droites tracées sur la carte représenteront donc sur la sphère autant de loxodromies, c'est-à-dire de courbes assujetties à cette condition de couper tous les méridiens sous le même angle. Dans une carte réduite il n'y a plus, à proprement parler, d'échelle, puisqu'une même grandeur, celle de l'arc de méridien d'une minute, par exemple, se trouve représentée, suivant qu'on change de latitude, par une ligne de grandeur différente. L'échelle varie donc constamment en passant d'une latitude à une autre, puisque théoriquement les latitudes sont censées croître sur la carte d'une manière continue. On n'obtient sur la carte la distance de deux points qui y sont projetés que d'une manière imparfaite, mais suffisante pour la navigation, en la mesurant sur le méridien de chaque côté de la latitude moyenne de la ligne droite qui joint les deux points.

Tels sont les deux systèmes de projections sur lesquelles l'hydrographe devra représenter le figuré du terrain et les profondeurs de la mer. Avant de décrire les procédés qu'il emploie pour atteindre ce but, nous donnerons la description des instruments principaux dont il se sert.

CHAPITRE DEUXIÈME.

DES INSTRUMENTS EMPLOYÉS EN HYDROGRAPHIE.

10. Les principaux instruments employés pour faire de l'hydrographie sont des instruments propres à mesurer des angles. On peut dire qu'ils se réduisent à deux : le cercle de réflexion et le théodolite. Nous ne ferons pas la description du cercle de réflexion, dont l'usage est familier aux marins. Nous dirons seulement que cet instrument est surtout utile en hydrographie pour trouver les angles que font entre eux les points terrestres vus de la mer. Lorsqu'on voudra s'en servir, il faudra ôter la lunette astronomique et la remplacer par une simple pinnule, ou mieux encore par une petite lunette directe au moyen de laquelle on verra les objets de plus loin et plus clairement qu'avec la pinnule. Presque tous les cercles destinés à l'hydrographie sont actuellement munis de cette lunette additionnelle. Cette petite lunette n'a que l'inconvénient de diminuer le champ de la vision ; elle peut être un obstacle à la rapidité des opérations qui, en hydrographie, est quelquefois si nécessaire. Quand on voudra opérer très-rapidement, on pourra supprimer la lunette et même la pinnule. Il ne restera plus que le tube qui servira à diriger les rayons visuels. L'exactitude est peut-être alors un peu moins grande ; mais nous verrons qu'il suffit le plus souvent d'avoir les angles à une ou deux minutes près.

11. Théodolite. On distingue deux sortes de théodolites, le simple et le répétiteur : le premier s'emploie dans les opérations qui n'embrassent pas un grand espace de terrain, le second dans les cas où, comme dans une triangulation étendue, on veut mesurer des angles avec beaucoup d'approximation. Ces instruments sont tous établis d'après les mêmes principes ; mais les détails de leur construction varient avec les différents artistes qui les exécutent. Nous décrirons ici ceux de M. Lorieux, dont on se sert le plus habituellement au dépôt de la marine. Les instruments de cet artiste se recommandent par la précision, l'élégance et la simplicité.

12. Le théodolite répétiteur que nous allons décrire tout d'abord (*fig.* 8), parce que le théodolite simple s'en déduit très-aisément, se monte sur un pied à trois branches qu'on peut faire mouvoir à volonté suivant la configuration du sol, de manière à mettre à peu près horizontal le plateau qui doit recevoir l'instrument. Lorsqu'on a placé ce trépied dans la position voulue, on serre fortement les trois vis x qui pressent les pieds contre le plateau, et on enfonce bien les pieds dans le sol en appuyant fortement sur le plateau, de manière à donner à l'ensemble la plus grande stabilité possible. On sort l'instrument de sa boîte, et on en pose les trois pieds sur des rainures en cuivre pratiquées sur le plateau pour les recevoir. Ces trois pieds sont des vis dont la fonction est, quand on abaisse ou qu'on élève l'une d'entre elles, de faire basculer tout l'instrument autour de la ligne qui joint les deux autres. Lorsqu'on retire l'instrument de sa boîte, le limbe supérieur est dans la position verticale ; on le met horizontal en le faisant tourner de 90° ; pour cela on desserre une vis de pression a, qui fixe un quart de cercle à la colonne verticale. On prend le limbe avec les mains par les deux extrémités d'un diamètre vertical, et on fait glisser doucement le quart de cercle dans sa rainure jusqu'à ce qu'on éprouve de la résistance : le rayon du quart de cercle, qui était primitivement horizontal, est alors devenu vertical ; on fixe de nouveau la vis de pression. Le limbe supérieur, qui est maintenant à peu près horizontal, porte deux fourchettes situées aux extrémités d'un même diamètre et destinées à recevoir les tourillons de l'axe ou essieu, autour duquel tourne la lunette supérieure. Cet axe fait corps avec la lunette et lui est perpendiculaire. On place les tourillons sur les coussinets, et sur l'axe un niveau à bulle d'air.

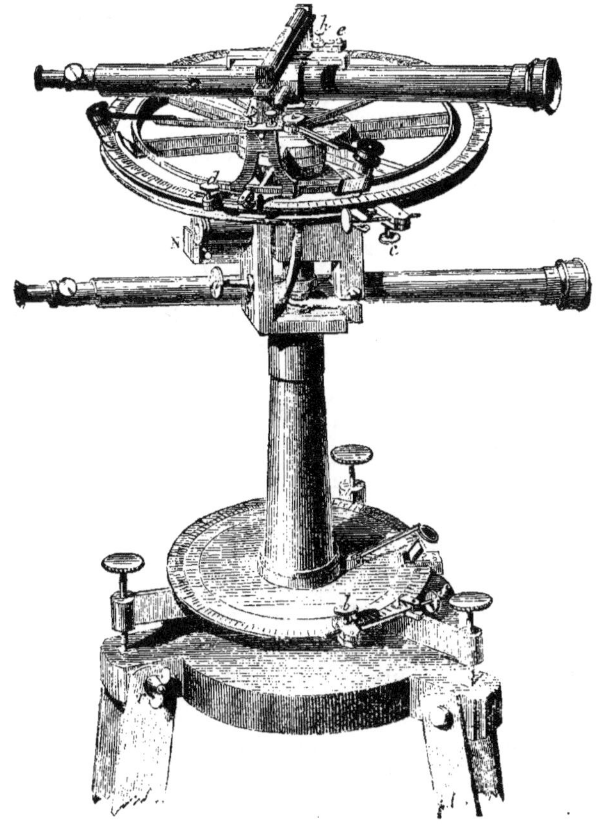

Fig. 8.

13. Le limbe supérieur, ainsi que la lunette et le niveau qu'il porte, peut prendre trois mouvements : le premier, qui entraîne tout l'instrument autour d'un axe perpendiculaire au plan du limbe inférieur et que l'on arrête à volonté en serrant la vis de pression *b*, qui fixe le limbe inférieur à l'un des pieds du théodolite ; le second, qui fait mouvoir la partie supérieure de l'instrument autour d'un axe perpendiculaire au limbe supérieur, et que l'on arrête en pressant la vis *c* qui est située sous le limbe ; le troisième, enfin, qui fait mouvoir dans le même plan que précédemment, seulement la partie intérieure du limbe, et que l'on arrête en pressant la vis *d*, qui est sur le limbe; c'est la combinaison de ces deux derniers mouvements qui fait que le théodolite est répétiteur : à chacun de ces trois mouvements correspond une vis micrométrique qui permet de donner des déplacements très-petits après qu'on a serré les vis de pression. Les mouvements se feront donc en deux fois : d'abord librement avec la main pour donner à la pièce une position approximative et ensuite très-doucement avec les vis micrométriques.

14. Voici maintenant comment on mettra l'instrument en observation :

Supposons que toutes les vis de pression soient serrées; on commencera par desserrer la vis *b* du limbe, et on fera tourner tout l'instrument de manière à amener le fil vertical de la lunette inférieure sur un point très-éloigné et très-apparent. Les porte-oculaires des lunettes sont composés de deux tubes qui peuvent glisser l'un sur l'autre, et dont l'ensemble peut lui-même glisser dans le tube de la lunette, de manière à faire varier la distance qui sépare l'oculaire de l'objectif. Pour mettre une lunette au point, on commence par faire glisser le tube de plus petit diamètre dans le porte-oculaire, de manière à voir bien distinctement les fils, et on fait glisser ensuite le porte-oculaire dans le grand tube, jusqu'à ce qu'on voie nettement les objets éloignés. La lunette inférieure, appelée lunette d'épreuve, ne sert qu'à faire voir si, dans le cours de l'observation, l'instrument n'a pas subi de petits dérangements. Lorsque cette lunette a été amenée sur le point éloigné, on serre la vis *b*, qui doit rester fixe pendant tout le cours de l'observation.

Il s'agit maintenant de rendre parfaitement vertical l'axe autour duquel tourne le limbe supérieur. Pour cela, on commence par mettre sur le zéro du limbe le zéro de l'un des quatre verniers du limbe intérieur; afin d'éviter les erreurs, il faudra mettre toujours le même dans tout le cours de l'observation, celui qui est à droite de l'oculaire de la lunette, par exemple. On serre la vis supérieure *d*, et l'on fait tourner le limbe entier, de manière à amener le niveau dans une position à peu près parallèle à la ligne qui joint deux des pieds de l'instrument : cela se fait en alignant le niveau sur le même point éloigné que cette ligne; on met alors le niveau dans ses repères en abaissant l'un des pieds, tandis qu'on élève l'autre. On s'habitue très-vite à produire ces deux mouvements en même temps, et dans le sens voulu. A partir de ce moment, la vis inférieure *c* doit être serrée jusqu'à ce que l'instrument soit rectifié. On fait tourner le limbe intérieur de 90°, afin de placer le niveau dans une position perpendiculaire à la précédente, et on le met dans ses repères ; le limbe est alors à très-peu près horizontal. Pour lui donner une horizontalité complète, on fait revenir le vernier sur zéro et on met le niveau bien exactement dans ses repères, on ôte ensuite le niveau et on le retourne bout pour bout. Si, dans cette nouvelle position, il n'est plus dans ses repères, c'est que ses montants ne sont pas égaux, et en même temps que l'axe sur lequel il repose n'est pas horizontal ; on le ramène dans ses repères en faisant la moitié de la correction avec la vis placée à l'une des extrémités du niveau, et qui a pour effet de changer la longueur du montant, et l'autre moitié avec les vis du pied qui ramènent l'axe à l'horizontalité. On arrive à ce résultat par tâtonnements, en recommençant plusieurs fois l'opération.

Lorsque le niveau est bien dans ses repères, avant et après le retournement, c'est qu'il est rectifié et que l'axe sur lequel il repose est bien horizontal ; mais cet axe peut ne pas être parallèle au limbe ; on s'en assure en faisant tourner le limbe de 180° ; si le parallélisme n'existe pas, le niveau ne sera plus dans ses repères après ce retournement. Comme cette opération de retournement rend toujours sensible le double de l'erreur, il faudra faire la moitié de la rectification au moyen d'une vis *g* qui fait basculer l'axe autour du limbe, et l'autre moitié avec les vis du pied.

Le limbe est donc à présent rendu parallèle à l'axe du niveau, qui lui-même est horizontal. On tourne alors le limbe de 90°, et au moyen de la 3me vis du pied, on met le niveau dans ses repères. C'est comme si on faisait basculer le plan du limbe autour d'une droite horizontale jusqu'à ce qu'on l'amène dans un plan horizontal.

Pour que l'instrument soit tout à fait rectifié, il faut encore que l'axe optique de la lunette soit perpendiculaire à l'axe de rotation. On s'assure que cette condition est remplie en faisant tourner tout le limbe de façon à amener le fil vertical de la lunette sur un point éloigné ; on enlève alors la lunette et on change les tourillons de coussinets. Si dans cette nouvelle position on retrouve le même point sur le fil vertical, cela prouve que l'axe optique est bien perpendiculaire à son essieu ; si le fil est sur un autre point, on l'y ramène au moyen de la vis micrométrique qui fait tourner le limbe supérieur. On lit sur le limbe le petit angle que l'on obtient ainsi ; c'est le double de l'erreur de l'axe optique. On fait donc tourner la vis micrométrique dans le sens opposé, de manière qu'on ne lise plus sur le limbe que la moitié de cet angle ; le fil s'est ainsi rapproché du point éloigné de la moitié de la distance qui l'en séparait. On l'y ramène tout à fait en faisant mouvoir le réticule au moyen des vis qui le retiennent dans le sens horizontal.

Toutes ces opérations, qui servent à rectifier l'instrument, doivent être recommencées à plusieurs reprises, jusqu'à ce qu'on arrive à un résultat bien précis. C'est à cette condition seulement qu'on sera sûr de faire de bonnes observations. Il faut encore, avant de commencer à observer, voir si le fil de la lunette est bien vertical ; on vise pour cela un point bien apparent et bien distinct, et l'on fait mouvoir doucement la lunette autour de son essieu. Si le point est toujours couvert par le fil, c'est une preuve que le fil est bien vertical ; dans le cas contraire, on desserre une vis qui fixe le porte-oculaire au tube, ce qui permet au porte-oculaire de prendre de petits mouvements autour de l'axe optique, et on amène le réticule dans la position voulue.

15. Il nous reste maintenant à dire comment on observe et comment on répète l'angle réduit à l'horizon compris entre deux points A et B. Les petits mouvements qu'on a fait subir à l'instrument ont dérangé nécessairement un peu la lunette d'épreuve ; on la ramène sur le point au moyen de la vis micrométrique f du limbe inférieur ; dans ce mouvement, l'instrument ne tourne pas autour d'un axe tout à fait perpendiculaire au plan du limbe supérieur, mais comme le dérangement est très-petit, l'effet en est insensible. C'est parce que les deux limbes ne tournent pas autour du même axe qu'il faut avoir bien soin de mettre la lunette d'épreuve en place, avant de commencer les rectifications. Le vernier qui est à droite de la lunette étant sur zéro, on note les indications des trois autres verniers, et on fait tourner tout le limbe de manière à mettre la lunette sur le point A, puis on serre la vis de pression inférieure c ; on desserre ensuite la vis de pression supérieure d, et on fait tourner le limbe intérieur jusqu'à ce que la lunette soit sur le point B. On aura ainsi mesuré l'angle entre les deux points A et B ; pour avoir l'angle double, on ramène la lunette sur le point A en faisant tourner tout le limbe. L'instrument se trouve alors, relativement aux points A et B, dans la même position qu'auparavant ; seulement le vernier, au lieu d'être sur zéro, est sur une division dont la lecture donne l'angle cherché. On aura donc l'angle double en ré-

pétant les mêmes opérations, et ainsi de suite. Il faudra regarder de
temps en temps si la lunette d'épreuve est toujours sur le point, et l'y
ramener dans le cas où elle s'en écarte un peu. Si l'écart était trop
fort, cela indiquerait que l'instrument a reçu un choc, et il faudrait
recommencer la mesure de l'angle.

L'avantage de la répétition de l'angle est d'atténuer l'erreur due à
l'imperfection de graduation de l'instrument. Si, par exemple, on a répété l'angle 10 fois, comme on ne fait qu'une seule lecture et qu'on divise par 10 l'angle obtenu finalement, l'erreur due à la graduation sera
réduite au dixième de ce qu'elle eût été si on avait lu l'angle simple.
L'erreur due à l'imperfection du pointé est diminuée aussi ; car il doit
arriver que dans la répétition du même angle plusieurs de ces erreurs
soient en sens contraire et se détruisent. Il faut avoir soin de ne pas
trop serrer les tourillons de la lunette sur les coussinets, afin qu'il n'y
ait ni choc ni torsion dans les mouvements que l'on fera subir à la lunette pour l'amener sur des points qui sont à des hauteurs inégales :
Il suffit que le frottement soit assez fort pour l'empêcher de glisser.
Il n'en est pas de même quand on veut observer des distances zénithales ; il faut commencer par serrer les vis h qui pressent les tourillons de la lunette sur les coussinets, afin de les bien assujettir.

16. Pour observer des distances zénithales, on remet le limbe supérieur dans la position où il était lorsqu'on a sorti l'instrument de sa
boîte ; on assujettit la lunette au moyen d'une petite pièce fixée au
limbe et que l'on réunit à la lunette, près de l'oculaire, par une tige
qui entre à frottement dans la pièce et dans le porte-oculaire. Il s'agit
de mettre le limbe dans un plan bien vertical et de rendre l'axe optique
de la lunette parallèle au limbe. On assujettit d'abord l'instrument à
tourner autour d'un axe vertical au moyen d'un grand niveau N, qui
lui est fixé et que l'on met dans ses repères, après l'avoir corrigé, dans
deux positions rectangulaires mesurées sur le limbe inférieur ; cela
fait, on place un niveau à cheval sur l'axe, qui par construction est
perpendiculaire au limbe. Si le niveau n'est pas dans ses repères, on
l'y ramène au moyen de la vis placée à l'une de ses extrémités, puis
on le retourne bout pour bout, et si, dans cette nouvelle position, il
n'est pas encore dans ses repères, c'est que l'axe sur lequel il repose
n'est pas tout à fait horizontal ; on fait la correction moitié avec la
vis du niveau, et moitié avec une grosse vis sur laquelle vient butter le
quart de cercle ; cette vis soulève ou abaisse le limbe. Ces rectifications faites, on serre la vis de pression a qui assujettit le quart de cercle ;

l'instrument tourne alors autour d'un axe vertical et, de plus, le limbe supérieur est vertical.

Il reste à rendre l'axe de la lunette parallèle au limbe : il faut, pour cela, viser un point très-éloigné et bien défini sur lequel on met exactement la croisée des fils, puis on fait tourner l'instrument de 180 degrés mesurés sur le limbe inférieur, on ramène ensuite la lunette dans la direction du point qu'on a choisi : si la croisée des fils ne tombe pas sur ce point, on fait la moitié de la correction avec la vis micrométrique du limbe inférieur, l'autre moitié avec une vis pressant un ressort; la fonction de cette vis, qui est située vers le milieu de la lunette, est de lui donner de petits mouvements autour de son essieu.

Voici maintenant comment un observateur placé au point M (*fig. 9*) obtiendra la distance zénithale du point A, c'est-à-dire l'angle

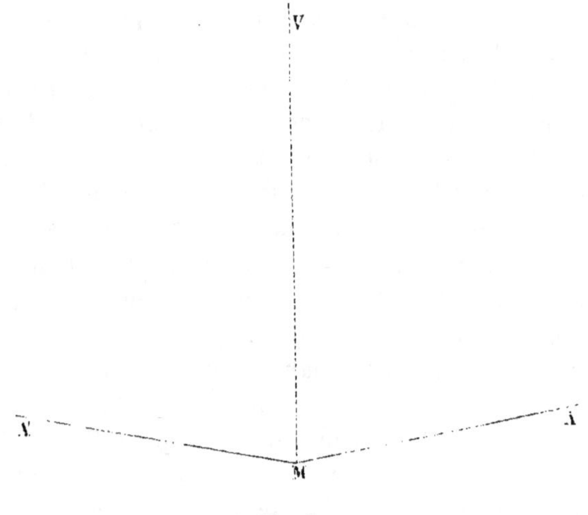

Fig. 9.

que fait la ligne MA avec la verticale au point M. Il commencera par mettre sur zéro le vernier situé à droite de l'oculaire, et il dirigera la lunette sur le point A; puis il fera tourner l'instrument de 180 degrés en desserrant la vis *b* du limbe inférieur. Les deux vis du limbe supérieur seront alors serrées; on desserrera celle du vernier *d*, et on ramènera la lunette sur le point A. Dans ce mouvement la lunette a décrit autour de la verticale MV un angle A'MA, double de l'angle cherché. Pour avoir l'angle quadruple on ramènera le limbe dans la position primitive et on remettra la lunette sur le point A par la rotation du limbe entier, puis on fera les mêmes opérations que précédemment, et ainsi de suite autant de fois qu'on voudra avoir le double de la distance zénithale cherchée.

17. Le limbe inférieur étant par construction perpendiculaire à l'axe autour duquel tourne tout l'instrument, on peut obtenir aussi sur ce limbe les angles réduits à l'horizon; on les aura moins exactement que sur le limbe supérieur lorsqu'il est horizontal, parce que la graduation est moins soignée, qu'il n'y a que deux verniers qui donnent les angles de 20 en 20 secondes, et qu'enfin l'angle ne peut pas être répété. Comme ce limbe inférieur est invariablement fixé une fois que l'instrument est en place, et que c'est le vernier qui tourne autour de lui, quand on voudra avoir l'angle entre deux points A et B, on dirigera d'abord la lunette sur le point A, et on lira le nombre de degrés, minutes et secondes que donne le limbe, puis on la dirigera sur le point B, on lira le nouveau nombre indiqué par le vernier du limbe, et la différence entre les deux nombres donnera l'angle cherché.

On se sert quelquefois du limbe inférieur pour avoir les angles réduits à l'horizon, lorsque l'instrument étant dans la position verticale on veut mesurer des angles pour lesquels il n'est pas besoin d'une grande approximation. Le vernier du limbe supérieur donne les angles de 5 en 5 secondes; on peut même apprécier à la rigueur 2 secondes 1/2 si une division du vernier ne coïncide pas exactement avec une division du limbe; mais cette appréciation est difficile, et l'on peut se contenter d'évaluer 5 secondes.

18. Le petit théodolite n'est autre chose que le grand théodolite simplifié, et il est bien plus portatif. Il se compose également de deux limbes, mais d'un diamètre beaucoup plus petit, et dont le supérieur reste constamment vertical. L'ensemble de l'instrument tourne autour d'un axe, que l'on rend vertical au moyen d'un niveau à bulle d'air par les procédés employés pour le grand théodolite. Ce mouvement est arrêté par une grosse vis placée dans la partie inférieure de l'instrument : une vis micrométrique attachée à l'un des pieds sert à donner de petits déplacements. La lunette d'épreuve est placée au-dessous du limbe horizontal, et peut tourner autour de lui par un mouvement indépendant. Lorsque le niveau sera rectifié et qu'on aura rendu l'axe bien vertical en mettant le niveau dans ses repères pour deux positions rectangulaires, on rendra l'axe optique de la lunette parallèle au limbe supérieur, qui alors doit être vertical par construction. On visera pour cela un point éloigné, puis on retournera de 180 degrés, et on visera le même point. Si la croisée des fils n'est plus exactement sur ce point, on l'y ramènera en faisant la moitié de la correction avec le réticule et l'autre moitié avec le vernier du limbe horizontal.

Lorsque ces rectifications sont faites, l'instrument peut être mis en observation : on commence par placer le vernier sur zéro, et on fait tourner tout l'instrument de manière à amener la lunette sur le point A, en supposant qu'on veuille avoir l'angle compris entre les points A et B. La lunette d'épreuve est ensuite fixée sur un point éloigné. On desserre alors la vis du limbe horizontal, et on fait tourner le limbe jusqu'à ce que la lunette supérieure soit sur le point B. La lecture du vernier donne l'angle cherché. On peut, si l'on veut, répéter aussi les angles avec cet instrument, en se servant de son double mouvement autour du même axe vertical : en effet, qu'on desserre la grosse vis du pied, et que l'on fasse tourner tout l'instrument de manière à ramener la lunette sur le point A, puis qu'on fixe cette vis et qu'on fasse tourner la partie supérieure pour remettre la lunette sur le point B, on aura le double de l'angle, puis le triple, le quadruple, etc. Mais on n'a plus ici la garantie donnée par la lunette d'épreuve qui est entraînée par le mouvement de tout l'instrument chaque fois que l'on répète l'angle. En outre, la petite dimension du limbe, la rigidité que, pour ne pas compliquer l'instrument, l'artiste est obligé de mettre dans certaines pièces qui, dans le grand théodolite, sont soumises à des vérifications, tandis que dans le petit elles sont supposées avoir été bien placées par construction, enfin la différence de fixité due à la différence de poids et de grandeur, rendront toujours les observations faites avec le grand théodolite bien plus exactes que celles faites avec le petit. Dans les grandes triangulations on devra toujours se servir du premier.

19. On peut encore utiliser le petit théodolite pour obtenir les distances zénithales simples ; on déduira ces distances de leurs compléments, qui seront lus directement sur le limbe supérieur. La ligne qui joint les zéros sur ce limbe est verticale par construction lorsque l'instrument est rectifié ; on n'aura donc, lorsque la lunette sera mise sur un point, qu'à lire l'indication donnée par le vernier pour avoir l'angle avec l'horizon, et par suite la distance zénithale. On pourra s'assurer que la ligne des zéros est bien verticale en faisant tourner le limbe de 180 degrés, et en visant le même point ; on devra lire le même angle dans les deux positions. Si l'angle n'est pas le même, la moitié de la différence sera la quantité qu'il faudra ajouter ou retrancher pour corriger tous les angles de hauteur obtenus par la lecture du vernier.

Pour la description du théodolite-boussole, instrument qui sert à déterminer à terre la déclinaison de l'aiguille aimantée, nous renverrons au chapitre septième.

20. Micromètre Lugeol. Nous décrirons encore le micromètre Lugeol, que l'on emploie fréquemment en hydrographie pour avoir rapidement la distance de l'endroit où l'on se trouve à des points qui ne sont pas éloignés de plus de 300 à 400 mètres. Cet instrument n'est autre chose qu'une longue vue ordinaire dans laquelle l'objectif est divisé en deux parties égales. Ces deux parties peuvent glisser l'une contre l'autre au moyen d'une crémaillère mise en mouvement par une tringle que l'on fait tourner avec la main. L'instrument est propre à l'observation lorsque, les deux limbes qui portent les demi-objectifs étant ajustés de manière à ce que l'un ne dépasse pas l'autre, on ne voit qu'une seule image d'un objet éloigné (qu'on choisira aussi net que possible, comme une pomme de mât, une pointe de paratonnerre, une arête de maison), et lorsqu'en même temps les zéros des verniers tombent sur le zéro de la graduation que portent les limbes. Si deux images apparaissent, on fera tourner les demi-objectifs autour de l'axe de la longue vue, et jusqu'à ce qu'on ne voie plus qu'une seule image, on les rapprochera ou on les éloignera l'un de l'autre au moyen de vis de rappel disposées à cet effet, en dévissant un peu, s'il le faut, les vis de monture qui attachent aux limbes les plaques de support des demi-objectifs. Cela fait, on rectifiera avec beaucoup de soin la position des verniers, de manière à ce que leurs zéros correspondent exactement à ceux des limbes.

Pour avoir la distance du point où l'on se trouve à un autre point, on fera porter à ce dernier une mire, dont la partie inférieure sera peinte en noir et la partie supérieure en blanc sur une longueur déterminée, 2 mètres par exemple; on visera cette mire avec le micromètre, et on fera tourner le bouton de la tringle. Deux images de la mire apparaîtront. On tournera jusqu'à ce que l'extrémité supérieure de l'une des images soit en contact avec la séparation du noir et du blanc dans l'autre. On lira alors l'angle que donne l'un des limbes divisés. En regard de cet angle, on trouvera dans la table ci-jointe un nombre qui, multiplié par la grandeur de la mire (2 mètres dans l'exemple que nous avons choisi), donnera la distance cherchée.

0" — 0' — 0"

Minutes.	0"	10"	20"	30"	40"	50"
0		20626.478	10313.230	6875.490	5156 620	4125.295
1	3437.746	2946.640	2578.310	2291.830	2062.648	1875.134
2	1718.873	1586.652	1473.302	1375.090	1289.155	1213.322
3	1145.915	1085.604	1031 324	982.213	937.567	896.805
4	859.436	825.059	793.326	763.943	736.659	711.257
5	687.519	665.370	644.577	625.044	606.665	589.327
6	672.957	557.472	542 802	528.851	515.661	503.084
7	491.106	479.685	468.783	458.365	448.101	438.860
8	429.717	420.948	412.529	404.440	396.662	389.178
9	381.971	375.027	368.329	361.867	355.628	349.600
10	343.774	338.138	332.684	327.403	322.288	317.330
11	312.521	307.857	303.329	298.933	294.663	290.513
12	286.478	282.553	278.735	275.019	271.400	267.875
13	264.441	261.093	257.830	254.647	251.541	248.510
14	245 552	242.662	239.841	237.085	234.390	231.757
15	229.182	226.663	224.199	221.789	219 430	217.119
16	214.857	212 643	210.473	208.312	206.263	204.221
17	202.218	200.255	198.330	196.411	194.588	192 770
18	190 981	189.232	187.512	185.822	184.163	182.533
19	180 932	179.359	177.812	176.293	174.797	173.330
20	171.885	170.475	169.420	167.693	166.340	165.010
21	163.701	162.411	161.142	159.893	158.663	157.452
22	156.259	155.084	153.927	152.787	151.663	150.556
23	149.465	148.390	147.330	146.285	145.255	144.239
24	143.237	112.249	141.275	140 314	139.366	138.430
25	137.507	136.597	135.698	134.811	133.936	133.071
26	132 219	131.376	130.545	129.724	128.913	128.112
27	127.321	126.540	125.709	125.006	124.253	123.509
28	122.771	122.047	121.330	120.617	119.819	119.225
29	118.541	117.860	117.193	116.531	115 876	115.229
30	114.589	113.955	113.330	112.711	112.097	111.591
31	110.892	110.299	109.712	109.132	108.557	107.989
32	107.426	106 870	106.319	105.774	105.234	104.700
33	101.171	103.617	103.129	102.616	102.108	101.604
34	101.107	100.613	100.125	99.611	99.162	98.688
35	98.218	97.752	97.291	96.831	96.382	95 934
36	95.489	95.049	91.614	94.181	93.753	93.329
37	92.908	92.192	92.079	91.670	91.264	90.862
38	90.163	90.068	89.677	89.288	88.903	88.522
39	88.143	87.768	87.397	87.028	86.662	86.299
40	85.910	85.583	85.230	81 879	84.531	84.186
41	83.813	83.501	83.167	82.833	82 502	82.173
42	81.868	81.523	81.202	80.844	80.568	80.254
43	79.943	79.635	79.328	79.021	78.723	78.423
44	78.126	77.831	77.539	77.218	76.960	76.674
45	76.390	76.108	75.828	75.550	75.275	75.001
46	71.729	71.459	74.191	73.925	73.635	73.399
47	73.139	72.880	72.624	72.369	72.091	71.865
48	71.615	71.367	71.121	70.877	70.631	70.393
49	70.183	69.915	69.679	69.445	69.211	68.980
50	68.750	68.522	68.295	68.069	67.845	67.624
51	67.401	67.182	66.964	66.747	66.532	66.318
52	66.105	65.894	65.684	65.476	65.269	65.063
53	64.858	64.655	64.453	64.251	64.052	63.854
54	63.657	63.461	63.266	63.073	62.880	62.689
55	62.499	62.310	62.122	61.936	61.750	61.566
56	61.383	61.201	51.019	60.839	60.955	60.483
57	60.306	60.130	59.955	59.781	59.609	59.437
58	59.266	59.096	58.927	58.759	58.592	58.426
59	58.261	58.097	57.931	57.771	57.610	57.449

ANGLES réduits en secondes, de 10 en 10, et Facteurs correspondants par lesquels il faut multiplier la dimension de l'objet observé pour avoir la distance dont on en est éloigné.

$3600'' = 60' = 1°$

Minutes.	0″	10″	20″	50″	40″	50″
0	57.290	57.131	56.973	56.816	56.660	56.505
1	56.351	56.197	56.044	55.892	55.741	55.591
2	55.441	55.293	55.145	54.998	54.852	54.706
3	54.561	54.417	54.274	53.131	54.990	53.849
4	53.708	53.569	53.430	53.292	53.155	53.018
5	52.882	52.747	52.612	52.478	52.345	52.212
6	52.081	51.950	51.819	51.689	51.560	51.432
7	51.303	51.176	51.049	50.923	50.797	50.673
8	50.548	50.425	50.302	50.179	50.058	49.936
9	19.816	49.696	49.576	49.457	49.339	49.221
10	49.104	48.987	48.871	48.755	48.641	48.526
11	48.412	48.299	48.186	48.073	47.962	47.850
12	47.739	47.639	47.529	47.410	47.301	47.193
13	47.085	46.978	46.871	46.765	46.659	46.554
14	46.449	46.344	46.240	46.137	46.034	45.931
15	45.829	45.727	45.627	45.526	45.426	45.221
16	45.226	45.127	45.019	44.930	44.833	44.735
17	44.638	44.542	44.437	44.350	44.255	44.161
18	44.066	43.972	43.879	43.785	43.693	43.600
19	43.508	43.416	43.325	43.235	43.149	43.054
20	42.964	42.875	42.786	42.697	42.609	42.521
21	42.433	42.346	42.260	42.173	42.087	42.001
22	41.916	41.831	41.746	41.661	41.577	41.494
23	41.411	41.328	41.245	41.162	41.080	40.999
24	40.917	40.836	40.756	40.675	40.595	40.515
25	40.436	40.357	40.278	40.199	40.121	40.043
26	39.965	39.888	39.811	39.734	39.658	39.582
27	39.506	39.430	39.355	39.280	39.205	39.131
28	39.057	38.983	38.909	38.836	38.763	38.690
29	38.617	38.545	38.474	38.402	38.330	38.259
30	38.188	38.206	38.047	37.977	37.908	37.848
31	37.768	37.700	37.631	37.562	37.494	37.426
32	37.359	37.290	37.223	37.156	37.089	37.022
33	36.956	36.890	36.824	36.758	36.693	36.628
34	36.563	36.498	36.433	36.369	36.305	36.241
35	36.178	36.114	36.051	35.987	35.925	35.863
36	35.801	35.738	35.677	35.615	35.554	35.492
37	35.431	35.370	35.310	35.249	35.189	35.129
38	35.069	35.010	34.951	34.891	34.833	34.774
39	34.715	34.657	34.598	34.511	34.483	34.425
40	34.368	34.310	34.251	34.197	34.140	34.081
41	34.027	33.971	33.915	33.859	33.804	33.748
42	33.693	33.638	33.584	33.529	33.475	33.420
43	33.366	33.312	33.258	33.205	33.152	33.098
44	33.045	32.992	32.940	32.887	32.835	32.782
45	32.730	32.603	32.627	32.575	32.524	32.472
46	32.421	32.370	32.320	32.269	32.211	32.168
47	32.118	32.068	32.018	31.969	31.919	31.870
48	31.820	31.772	31.722	31.674	31.623	31.577
49	31.528	31.480	31.432	31.384	31.337	31.289
50	31.242	31.194	31.147	31.100	31.053	31.007
51	30.960	30.913	30.867	30.821	30.775	30.729
52	30.683	30.638	30.592	30.547	30.502	30.457
53	30.411	30.367	30.322	30.277	30.233	30.189
54	30.145	30.101	30.057	30.013	29.969	29.926
55	29.882	29.839	29.796	29.753	29.710	29.667
56	29.624	29.582	29.546	29.497	29.455	29.413
57	29.371	29.329	29.288	29.246	29.205	29.163
58	29.122	29.081	29.040	28.999	28.958	28.918
59	28.877	28.837	28.796	28.757	28.716	28.676

ANGLES *réduits en secondes, de 10 en 10, et Facteurs correspondants par lesquels il faut multiplier la dimension de l'objet observé pour avoir la distance dont on en est éloigné.*

$$7200'' = 120' = 2°$$

Minutes.	0″	10″	20″	30″	40″	50″
0	28.636	28.596	28.557	28.517	28.478	28.449
1	28.399	28.360	28.321	28.282	28.244	28.205
2	28 166	28.128	28.090	28 051	28.013	27.975
3	27.937	27.900	27.862	27.824	27.786	27.749
4	27.713	27.674	27.637	27.600	27.563	27.527
5	27.490	27.453	27.417	27.380	27.344	27.308
6	27.271	27 235	27.200	27.163	27.128	27.092
7	27.056	27.021	26.986	26.950	26.915	26.880
8	26.845	26.810	26.775	26.740	26.706	26.671
9	26.637	26.602	26.568	26.534	26.500	26.466
10	26.432	26.395	26.364	26.330	26.297	26.263
11	26.230	26.196	26.163	26.130	26.097	26.064
12	26.031	25.998	25.965	25.932	25.900	25.867
13	25 835	25.802	25.770	25.738	25.706	25.674
14	25.642	25.610	25.578	25.546	25.515	25.483
15	25.452	25.420	25.389	25.358	25.326	25.295
16	25.264	25.233	25.202	25.172	25.141	25.110
17	25.080	25.049	25.019	24.988	24.958	24.928
18	24.898	24.858	24.838	24.808	24.778	24.748
19	24.718	24.689	24.659	24.630	24.600	24.571
20	24.542	24.513	24.483	24.454	24.425	24.396
21	24.367	24.339	24.310	24.281	24.253	24.224
22	24.196	24.167	24.139	24.111	23.083	24.054
23	24.026	23.998	23.970	23.942	23.915	23.887
24	23.859	23.832	23.804	23.777	23.749	23.722
25	23.695	23.667	23.640	23.613	23.586	23.559
26	23.532	23.505	23.478	23.452	23.425	23.398
27	23.372	23.345	23.319	23.292	23.266	23.240
28	23.214	23.187	23.161	23.135	23.109	23.084
29	23.058	23.032	23.006	22.980	22.955	22.929
30	22.904	22.878	22.853	22.828	22.802	22.777
31	22.752	22.727	22.702	22.677	22.652	22.627
32	22.602	22 577	22.553	22.528	22.503	22 478
33	22.454	22.430	22.405	22.381	22.357	22.332
34	22.308	22.284	22.260	22.136	22.212	22.188
35	22.164	22.140	22.116	22.093	22.069	22.046
36	22 022	21.998	21.975	21.951	21.928	21.904
37	21.881	21.858	21.835	21.812	21.789	21.766
38	21.743	21.720	21.697	21.674	21 651	21 629
39	21.606	21.583	21.560	21.538	21.515	21.493
40	21.470	21.448	21.426	21.403	21.381	21.359
41	21.337	21.315	21.293	21.271	21.249	21.227
42	21.205	21.183	21.161	21.140	21.118	21.096
43	21.075	21.053	21.032	21.010	20.989	20.967
44	20.946	20.925	20.903	20.882	20.861	20.840
45	20 819	20.798	20.776	20.756	20.735	20.714
46	20.693	20.672	20.652	20.631	20.610	20.590
47	20.569	20.549	20.528	20.508	20.487	20.467
48	20.446	20.426	20.406	20.386	20.365	20.345
49	20.325	20.305	20.285	20.265	20.245	20.225
50	20.205	20.186	20.166	20.146	20.126	20.107
51	20.087	20.069	20.048	20.028	20.009	19.990
52	19.970	19.951	19.932	19 912	19.893	19 873
53	19.855	19.835	19.816	19.797	19.778	19.759
54	19.740	19.721	19.702	19.683	19.665	19.646
55	19.627	19.608	19.590	19.571	19.553	19.534
56	19.516	19.497	19.479	19.460	19.442	19.423
57	19.405	19.369	19.369	19.350	19.332	19.314
58	19.296	19.278	19.260	19.242	19.224	19.206
59	19.188	19.170	19.152	19.134	19.117	19.099

CHAPITRE TROISIÈME.

DE LA MESURE DES BASES ET DE LA TRIANGULATION.

21. Le figuré du terrain, ainsi que la position des sondes, se détermine au moyen d'un certain nombre de points pris à terre se reliant entre eux par des triangles et dont l'ensemble constitue ce que l'on appelle la triangulation. Pour connaître tous les éléments de ces triangles, dont chacun se lie au précédent par un côté commun, il suffit de mesurer tous les angles et la longueur d'un seul côté de l'un d'entre eux. C'est ce côté qu'on nomme la base. Elle se mesure par les différents moyens que nous allons indiquer.

MESURE DES BASES.

22. Mesure directe. Nous ne décrirons pas les procédés longs et minutieux que l'on emploie pour mesurer une base devant servir dans des opérations géodésiques très-soignées et qui embrassent une grande étendue de pays. En prenant toutes les précautions possibles, on arrive à ne pas commettre une erreur de plus de 1 décimètre sur une longueur de 1,000 mètres. MM. Monnier et Duperré, dans la carte hydrographique de la Martinique, ont employé six jours à mesurer avec des règles en bois une base de précision longue de 1,138 mètres. En la mesurant avec une chaîne en fer, ils n'ont trouvé qu'une différence de 3 décimètres. Pour la mesure de l'arc du méridien en différentes parties de la terre, les astronomes se sont servis de bases bien plus longues encore, dont la mesure a exigé des soins très-minutieux et jusqu'à soixante jours de travail.

Le plus souvent on n'a ni le temps ni les moyens de mesurer de pareilles bases et l'on emploie tout simplement une chaîne d'arpenteur, ou mieux un ruban en acier de 10 ou 20 mètres. Avant de commencer l'opération, il faudra parcourir la côte dont on veut lever le plan pour y chercher l'endroit le plus propre à la mesure d'une base ce sera, soit une route, soit une chaussée bien plane et bien unie, le plus souvent une plage de sable. Quand on aura fait choix d'un emplacement, on commencera par planter un jalon à l'une des extrémités de la distance que l'on veut mesurer, et l'on se placera à l'autre extrémité avec un théodolite dont on dirigera la lunette sur le jalon, après avoir mis l'instrument en observation avec le limbe vertical, comme nous l'avons dit précédemment. Le fil vertical de la lunette devra coïncider avec le jalon extrême. On fera poser ensuite de distance en distance, sur tout le parcours de la base, d'autres jalons que l'on alignera exactement au moyen du fil vertical de la lunette. Cela fait, on commencera à mesurer la base en partant de l'extrémité où est placé le théodolite. La première fiche sera plantée sous le théodolite, au point où tombera un fil à plomb que l'on fera partir du centre de l'instrument, et on développera la chaîne dans la direction marquée par les jalons que l'on a plantés, en ayant soin d'enlever ces jalons à mesure qu'on les atteindra, afin que la chaîne puisse passer bien exactement sur l'emplacement qu'ils occupaient; on les replacera immédiatement, afin de pouvoir procéder à une seconde mesure. Nous supposerons qu'on se sert d'un ruban en acier, ce qui est bien préférable à une chaîne de fer, dont les anneaux forment souvent des coques, et dont la construction n'est pas toujours très-soignée. La poignée du ruban en acier porte une échancrure qui permet à la fiche de s'y introduire, de façon à ce que le centre de la fiche corresponde bien à l'extrémité de la poignée. On approchera donc le ruban de la fiche placée sous le théodolite, jusqu'à ce qu'elle soit dans l'échancrure; et si le ruban est dans l'alignement des jalons, on plantera la première bien verticalement en la mettant dans l'échancrure de l'autre extrémité. Deux personnes prendront ensuite le ruban, chacune par un bout, et chemineront dans l'alignement de la base, jusqu'à ce que celle qui est en arrière ait dépassé un peu la première fiche. On tendra le ruban toujours dans l'alignement, et la personne qui est en arrière attirera doucement la poignée pour l'amener à être tangente à la première fiche; puis elle fera signe à son aide de placer la deuxième fiche, et elle enlèvera la première; ainsi de suite. Les deux personnes devront compter chacune à part le nombre de chaînes, qui sera d'ailleurs vérifié de temps en temps par le nombre de fiches qui auront été enlevées. On devra toujours mesurer la base une seconde fois comme vérification, et l'on prendra la moyenne entre ces deux mesures.

Les jalons dont on se servira pour tracer l'alignement devront être bien droits, pointus et ferrés par un bout, et à peu près de la grosseur d'un manche de gaffe d'embarcation; on attachera à leur partie supérieure de petits pavillons de diverses couleurs, afin de les mieux distinguer.

Si le terrain sur lequel on opère n'est pas très-uni, il faudra développer la chaîne sur des planches posées bout à bout ; lorsque l'emplacement choisi sera une plage de sable, il vaudra mieux opérer le matin, avant que le soleil l'ait échauffée, la réfraction inégale produite par le voisinage de la mer rendant très-difficile l'alignement exact des signaux. Enfin il faudra noter la température, afin de ramener la longueur de la chaîne à la température de l'étalonnage. En général, dans leur construction, ces chaînes ou rubans n'ont pas été étalonnées à une température bien fixe ; il faudra faire cette opération soi-même, en les comparant à un mètre étalon. Mais dans la plupart des cas on pourra se dispenser de tenir compte de la température, l'erreur que l'on commet ainsi étant très-petite : elle est à peu près de 1 décimètre, pour une base de mille mètres mesurée avec un ruban en acier, et une différence de 10° centigrades entre la température à laquelle on opère et celle de l'étalonnage. Une base bien mesurée avec un ruban en acier ne diffère pas de plus de 2 décimètres sur 1,000 mètres de la mesure qu'on obtiendrait par les procédés les plus précis. Une pareille base de 1,000 mètres pourra servir pour dresser une bonne carte hydrographique comprenant de 3 à 4 degrés. Lorsqu'on n'aura qu'un petit plan à lever, on se contentera d'une base beaucoup plus petite ; on pourra même ne la prendre que très-petite, de 50 mètres par exemple, pourvu qu'on puisse la relier aux points subséquents par de très-bons triangles ; mais il ne faut pas que l'étendue du plan à lever dépasse 4,000 mètres.

23. Lorsque dans l'alignement de la base on rencontrera un obstacle, une rivière par exemple, on mesurera une petite base auxiliaire pour avoir la distance de deux points situés en deçà et au delà de l'obstacle. Cette distance sera donnée par la résolution d'un petit triangle.

Quand les localités ne permettent pas de mesurer une distance rectiligne, on a quelquefois recours aux bases brisées. Soient A et B (*fig.* 10), deux points tels qu'on ne puisse pas cheminer en ligne

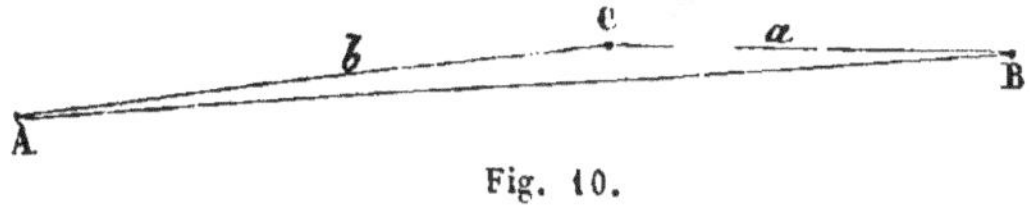

Fig. 10.

droite de l'un à l'autre ; on choisit un troisième point C, le plus rapproché possible de l'alignement des deux autres. On mesure les distanèes AC, CB, que nous appellerons a et b, et l'angle ACB $= 180^\circ - \alpha$, avec toute la précision possible ; la distance cherchée AB est donnée par l'équation

$$AB = a + b - \frac{ab\,(\alpha \sin 1')^2}{2\,(a + b)}$$

l'angle α est exprimé en minutes.

Exemple : On a trouvé pour la longueur du côté CB $= a$, $352^m,27$, et pour celle de Ac $= b$, $628^m,85$. L'angle ACB est de $176^\circ\ 25'\ 40''$, et par conséquent $\alpha = 180^\circ - (176^\circ\ 25'\ 40'') = 3^\circ\ 34'\ 20' = 214',3$. Cherchons avec ces données la longueur de AB, nous aurons :

$$\text{Log. } \alpha = 2,33102$$

$$\text{Log. sin. } 1' = 6,46373 \qquad\qquad \text{Log. } a = 2,54688$$

$$\overline{\text{Log. } (\alpha \sin 1') = 8,79475} \qquad\qquad \text{Log. } b = 2,79855$$

$$2\ \text{log. } (\alpha \sin 1') = 7,58950 \qquad \text{Log. } (\alpha \sin 1')^2 = 7,58950$$

$$\text{Comp. log. } 2\,(a + b) = 6,70725$$

$$\frac{ab\,(\alpha \sin 1')^2}{2\,(a + b)} = 0^m,44. \qquad \text{Log. } \frac{ab\,(\alpha \sin 1')^2}{2\,(a + b)} = 9,64218$$

$$AB = 352^m,27 + 628^m,85 - 0^m,44 = 980^m,68$$

24. Mesure de la base au moyen du micromètre. La nature du terrain ne permet pas toujours de mesurer une base avec la chaine ; on a recours alors au micromètre de Rochon ou à la lunette de M. Lugeol. Ces deux instruments donnent la distance de deux points, en visant de l'un d'eux une mire que l'on place au second point ; ce procédé est très-expéditif, mais il faut compter sur une erreur de 2 mètres pour une distance de 200 mètres ; au delà de cette distance, les erreurs deviennent beaucoup plus considérables à cause de l'incertitude du point de contact. On substitue avec beaucoup d'avantage à ces instruments l'usage du grand théodolite. Soient A et B (*fig.* 11), deux points dont on veut mesurer la distance ;

Fig. 11.

on placera l'instrument au point A et on le disposera verticalement ; on enverra au point B une personne avec la mire, cette mire consiste en une planche étroite peinte en blanc sur une longueur de deux

mètres comprise entre deux parties peintes en noir. De chaque côté
de la planche on disposera des fils à plomb suspendus à son extrémité
supérieure, et qui permettront de la tenir toujours verticale. On mesurera avec le théodolite l'angle soustendu par la partie blanche, et
on répétera cet angle dix ou vingt fois. On placera ensuite la mire au
point A, le théodolite au point B, et on recommencera la même opération. Si l'on appelle α l'angle soustendu, la distance AB sera donnée
par l'équation :

$$AB = 2^m \cot \alpha.$$

On prendra la moyenne entre les résultats donnés par les observations aux points A et B.

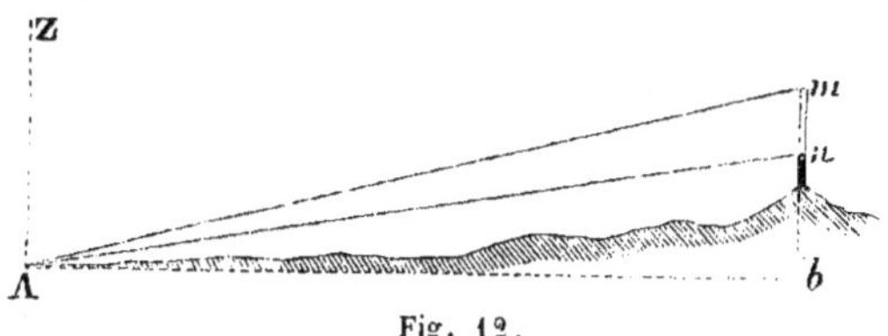

Fig. 12.

Lorsqu'il existe entre les points A et B une différence de niveau,
si mn (fig. 12) représente la partie blanche de la mire, il faut prendre
la distance zénithale ZAm du point m, ce qui est très-facile, puisque
le théodolite est tout disposé à cet effet. On pourra résoudre avec
ces données le triangle obliquangle Amn, dans lequel on connaîtra
mn, et deux angles mAn et Amn = ZAm. La distance Am sera donc
connue, et par suite on pourra avoir la distance cherchée Ab par la
résolution du triangle rectangle Amb, dont on connaîtra l'hypoténuse
Am et l'angle mAb, complément de ZAm.

Il faut avoir soin de faire l'observation le matin, afin d'éviter l'effet
du mirage qui se produit par suite de l'échauffement de la couche
d'air en contact avec le sol, et qui empêche de distinguer nettement
les lignes de séparation du blanc et du noir. On peut mesurer par ce
procédé des bases de 4 à 500 mètres à moins de $0^m,50$ près.

25. Emploi de la hauteur de la mâture. Le procédé qui consiste à mesurer une base en se servant de la hauteur de la mâture est
analogue au précédent; mais il est bien moins exact, et il faudra,
toutes les fois qu'on le pourra, employer le micromètre ou le théodolite. On aura recours à la hauteur de la mâture dans le cas où l'on
ne pourrait pas descendre à terre pour obtenir la distance entre le

bâtiment et une embarcation mouillée. Cette distance ne devra pas dépasser 3,400 mètres pour qu'on puisse compter sur le résultat. On commencera par mesurer la hauteur du mât au-dessus de la flottaison au moyen d'une ligne graduée ou d'une chaîne; un globe noir de 4 à 5 décimètres de diamètre, placé au haut du mât, facilitera beaucoup l'observation en permettant de distinguer nettement l'extrémité supérieure dont l'observateur, placé dans le canot mouillé, prendra la hauteur au-dessus de la ligne de flottaison au moyen du cercle de réflexion; on pourra considérer sans erreur sensible l'œil de l'observateur comme situé à la surface même de la mer, et prendre $h \cot \alpha$ pour la distance qui sépare le canot du navire, h étant la hauteur de la mâture et α l'angle mesuré. L'erreur que l'on peut commettre sur une distance de 3,400 mètres est de 130 mètres environ. Ce procédé, comme on le voit, est très-peu exact, et ne peut servir que pour un plan d'une très-petite étendue.

26. Emploi de la vitesse du son. La vitesse du son sert encore quelquefois en mer pour obtenir une base; mais il faut alors que la distance qu'on se propose de mesurer soit beaucoup plus considérable que celles dont nous avons parlé jusqu'à présent. Elle doit être comprise entre 3,000 et 50,000 mètres. Un observateur placé au point B n'entendra qu'après un certain nombre de secondes un coup de canon qui aurait été tiré au point A; mais le moment précis de l'explosion lui sera donné par la vue de l'éclair qui l'accompagne. Il pourra donc, s'il est muni d'un compteur, connaître le nombre de secondes écoulées entre le moment de l'explosion et celui où le bruit en sera parvenu jusqu'au point où il se trouve. Si le nombre de mètres que parcourt le son dans une seconde lui est connu, en multipliant ce nombre par le nombre de secondes qu'il a comptées, il aura la distance cherchée.

La distance parcourue par le son en une seconde est donnée en mètres par la formule

$$v = 341,3 + 0,6058\,(\theta - 15) + 0,085\,f + \omega \cos \alpha$$

qui représente la vitesse du son, en tenant compte de toutes les circonstances atmosphériques pouvant influer sur elle. θ est la température en degrés centigrades, f la tension de la vapeur d'eau fournie par les indications de l'hygromètre, ω la vitesse du vent, α l'angle que fait sa direction avec celle de la distance BA à mesurer; il se compte de gauche à droite en partant de BA, et peut varier par conséquent de 0° à 360°. L'observateur devra donc être muni d'une montre à secondes, ou mieux d'un compteur à stopeur qu'il mettra en mouvement au moment où il verra l'éclair, d'un thermomètre, et d'un hygromètre qui lui donnera en degrés la mesure de l'humidité de l'air ; f s'en déduira au moyen des tables que nous donnons ci-après pour l'hygromètre à condensation et l'hygromètre à cheveu. L'angle α sera donné par le cercle de réflexion. Quant à la vitesse du vent ω, on ne pourra l'apprécier que d'une manière très-imparfaite ; mais on peut s'affranchir du calcul du terme ω cos. α en faisant des observations réciproques, et prenant la moyenne entre les deux observations, attendu que la différence de vitesse produite dans la propagation du son au point B sera compensée par une différence égale et en sens contraire au point A.

Ces observations devront se faire pendant la nuit : l'air est plus calme et l'éclair se voit beaucoup mieux. On peut cependant les faire pendant le jour, pourvu qu'on dirige une lunette du côté où l'éclair doit avoir lieu. Lorsque l'on fait des observations réciproques, la principale cause d'erreur vient de l'incertitude de la mesure du temps écoulé. L'erreur à chaque station peut s'élever à $\frac{1}{2}$ seconde, et si les deux erreurs sont dans le même sens, on voit qu'on peut faire sur la mesure de la base une erreur de 340 mètres. C'est pour cette raison qu'il faut choisir la distance aussi grande que possible, afin que le rapport de l'erreur à cette distance soit le plus petit possible.

Table pour l'hygromètre à condensation.

TEMPÉRATURE du point de rosée en degrés centigrades.	VALEURS correspondantes de f en millimètres.	TEMPÉRATURE du point de rosée en degrés centigrades.	VALEURS correspondantes de f en millimètres.
—20	1,3	15	13,0
—10	2,6	20	17,3
— 5	3,7	25	23,0
0	5,0	30	30,6
5	7,0	35	40,4
10	9,5	40	53,0

Tables pour l'hygromètre à cheveu : $f = y F$.

DEGRÉS de l'hygromètre.	VALEURS correspondantes de y.	DEGRÉS du thermomètre centigrade.	VALEURS correspondantes de F.
10	0,05	—20	1,3
20	0,12	—10	2,6
30	0,20	— 5	3,7
40	0,26	0	5,0
50	0,35	5	7,0
60	0,44	10	9,5
70	0,56	15	13,0
80	0,70	20	17,3
90	0,83	25	23,0
100	1,00	30	30,6
		35	40,4
		40	53,0

Un observateur placé en A (*fig.* 13), et muni d'un hygromètre à

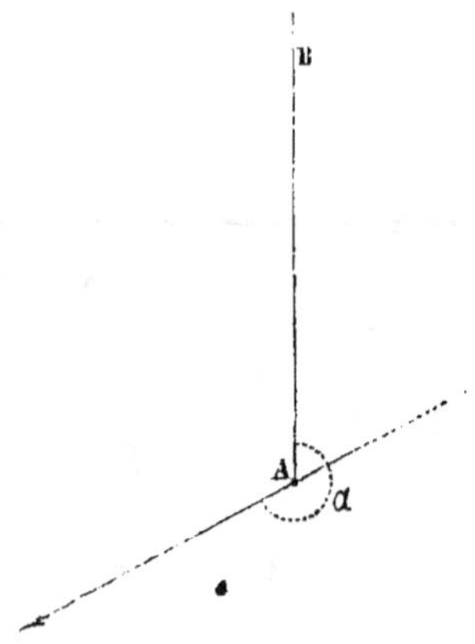

Fig. 13.

cheveu, a compté $21^s,3$ entre l'éclair et le bruit d'un coup de canon tiré en B. Le thermomètre centigrade marquait en ce moment 24°,6, et l'hygromètre 43°. La vitesse du vent a été évaluée à 10 mètres par seconde, et sa direction α à 240°. Quelle est la distance AB?

$$\text{Log. } 0,6058 = \overline{1},78233 \qquad\qquad 341,3$$
$$\text{Log. } (\theta-15) = 0,98227$$
$$\overline{\qquad\qquad}$$
$$0,76460 \ \ldots\ldots\ldots\ 5,8$$
$$\text{Log. } 0,085 \ = \overline{2},92942 \qquad\qquad y=0,29$$
$$\text{Log. } f \qquad = 0,82413 \qquad\qquad F=23$$
$$\overline{\qquad\qquad}$$
$$\overline{1},75355 \ \ldots\ldots\ldots\ 0,6$$
$$\qquad\qquad f=yF=6,67$$
$$\text{Log. } \omega\ldots\ldots = 1$$
$$\text{Log. cos. } \alpha. = 9,69897$$
$$\overline{\qquad\qquad}$$
$$0,69897 \ \ldots\ldots\ldots\ {-}5,0$$

distance parcourue par le son en 1^s.. 342,7

$$\text{Distance AB} = 342,7 \times 21,3 = 7299^m,5.$$

L'hygromètre, le thermomètre, la direction et la vitesse du vent devront être observés autant que possible aux deux points A et B, et l'on fera entrer comme données dans les calculs les moyennes des observations.

27. Mesure d'une base par des observations astronomiques. On peut encore mesurer une base en se servant d'observations astronomiques, mais ce moyen ne s'emploie que dans les triangulations étendues. Il faut dans ce cas, comme dans le précédent, que la distance à mesurer soit très-grande, car ce genre d'observation est sujet à des causes d'erreurs assez considérables, surtout quand on est obligé d'employer la longitude. On choisit donc deux points A,A′, qui se voient l'un de l'autre, mais dont la distance soit la plus grande possible, pourvu toutefois qu'elle puisse servir à faire avec d'autres points des triangles convenables; on détermine les latitudes et la différence des longitudes des deux points, ainsi que l'azimut de l'un d'eux sur l'horizon de l'autre, et l'on calcule, d'après ces données, la longueur de l'arc AA′ qui les joint l'un à l'autre. Il n'est pas nécessaire, pour la résolution du problème, d'avoir toutes les données dont nous venons de parler. On peut considérer trois cas :

28. 1er cas. On connaît les latitudes λ et λ', et le gisement a (*fig.* 14), de A′ sur l'horizon de A.

Le problème sera résolu par les formules suivantes :

(a) . . . . . Log. $\varepsilon = 3{,}81087 + \log. (\lambda' - \lambda) + 2 \log. \cos. \tfrac{1}{2} (\lambda' + \lambda)$

$$ty\varphi = \cos. a \cot. (\lambda + \tfrac{1}{2} \varepsilon)$$

$$\cos. (\varphi - s) = \frac{\sin. (\lambda' - \tfrac{1}{2} \varepsilon)}{\sin. (\lambda + \tfrac{1}{2} \varepsilon)} \cos. \varphi$$

distance en mètres $\delta = s\varrho' \sin. 1''$

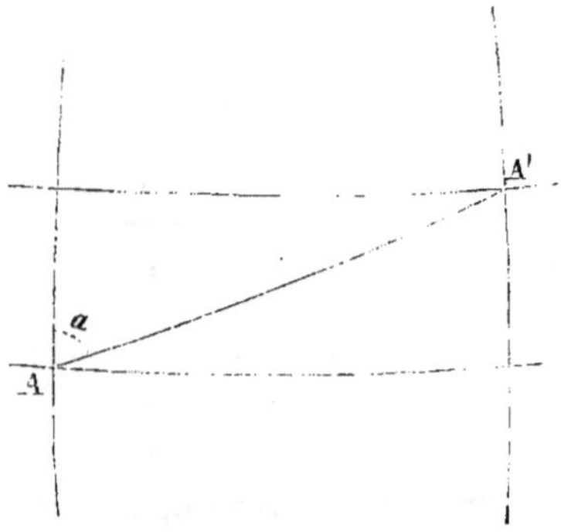

Fig. 14.

La valeur de ε donnée par la première équation et substituée dans la seconde sert à faire connaître l'angle auxiliaire φ, la troisième équation donne $\varphi - s$, et par suite s, qui est la valeur de l'arc exprimée en secondes, ϱ' est la normale à la latitude moyenne $\dfrac{\lambda + \lambda'}{2}$; le logarithme en est donné par la table III.

Appliquons ces formules à un exemple : supposons qu'on ait :

$$\lambda = 43^0 - 16' - 32'',6$$
$$\lambda' = 43 - 48 - 53\ ,4$$
$$a = 40 - 16 - 45\ ,5$$

calculons d'abord ε

$$\ldots\ldots \overline{3}{,}81087$$
$$\log. \lambda' - \lambda = 3{,}28798$$
$$2 \log. \cos. \tfrac{1}{2} (\lambda' + \lambda) = 9{,}72048$$
$$\overline{}$$
$$0{,}81933 = \log. \varepsilon = \log. 6'',6 \quad \varepsilon = 6'',6$$

l'angle auxiliaire φ sera donné par la seconde équation :

$$\log. \cos. a = 9,8824687$$
$$\log. \cot. (\lambda + \tfrac{1}{2}\,\varepsilon) = 0,0261415$$
$$\log. \, tg\varphi = 9,9086102 \qquad \varphi = 39^0 - 0' - 56''.$$

Calculons maintenant $\varphi - s$:

$$\log. \cos. \varphi = 9,8904071$$
$$\log. \sin. (\lambda' - \tfrac{1}{2}\,\varepsilon) = 9,8403059$$
$$\text{Comp. } \log. \sin. (\lambda + \tfrac{1}{2}\,\varepsilon) = 0,1639789$$
$$\log. \cos. (\varphi - s) = 9,8946919 \quad \varphi - s = 38^0 - 18' - 32'',5$$
$$\varphi = 39 - 0 - 56\ ,0$$
$$s = 0 - 42 - 23\ ,5 = 2543'',5$$

La table III donne à la latitude moyenne $\dfrac{\lambda' + \lambda}{2} = 43^0 - 32' - 43''$, $\log. \rho' = 6.8053000$; nous aurons donc :

$$\log. s = 3,4054317$$
$$\log. \rho' = 6,8053000$$
$$\log. \sin. 1'' = 4,6855749$$
$$\log. \delta = 4,8963066$$

et par conséquent $\delta = 78760,1$.

29. 2e cas. On connaît la latitude λ du point A, la différence B des longitudes, et le gisement a de A' sur l'horizon de A; le problème sera résolu par les formules

$$tg\,\varphi = \sin. \lambda\ tga$$

$$tg\,(\lambda' - \varepsilon) = \frac{\cot. a \sin. (B + \varepsilon)}{\cos. \lambda \cos. \varphi}$$

Cette dernière équation fait connaître $\lambda' - \varepsilon$, on aura ε en remplaçant dans l'équation

$$\text{Log. } \varepsilon = \bar{3},81087 + \log. (\lambda' - \lambda) + 2 \log. \cos. \tfrac{1}{2} (\lambda' + \lambda)$$

λ' par la quantité connue, $\lambda' - \varepsilon$, qui diffère très-peu de λ', et par suite la valeur de λ' sera connue; celle de s sera donnée par l'équation

$$\sin. s = \frac{\sin. B \cos. (\lambda' - \tfrac{1}{2}\,\varepsilon)}{\sin. a}$$

et enfin on aura en mètres la valeur de δ

$$\delta = s\rho' \sin. 1''$$

Soit comme application :

$$\lambda = 43^0 - 16' - 32'',6$$
$$a = 40 - 16 - 45 ,5$$
$$B = \;\; 0 - 37 - 58 ,85 = 2278'',85$$

Nous aurons :

$$\log. \sin. \lambda = 9,8360137$$
$$\underline{\log. \text{tg}. a = 9,9281093}$$
$$\log. \text{tg}. \varphi = 9,7641230 \qquad \varphi = 30^0 - 9' - 12'',77$$
$$\underline{B = \qquad\quad 37 - 58 ,85}$$
$$B + \varphi = 30 - 47 - 11 ,62$$

Calculons maintenant $\lambda' - \varepsilon$:

$$\log. \cot. a = 0,0718907$$
$$\log. \sin. (B + \varphi) = 9,7091354$$
$$\text{Comp.} \log. \cos. \lambda = 0,1378308$$
$$\underline{\text{Comp.} \log. \cos. \varphi = 0,0631434}$$
$$\log. \text{tg}. (\lambda' - \varepsilon) = 9,9820003 \quad \lambda' - \varepsilon = 43^0 - 48' - 46'',8$$

l'équation (a) donnera en remplaçant λ' par $\lambda' - \varepsilon$

$$\overline{3},81087$$
$$\log. (\lambda' - \varepsilon - \lambda) = 3,28650$$
$$\underline{2 \log. \cos. \tfrac{1}{2} (\lambda' - \varepsilon + \lambda) = 9,72048}$$
$$\log. \varepsilon = 0,81785 \quad \varepsilon = 6'',6 \quad \lambda' - \tfrac{1}{2}\varepsilon = 43^0 - 48' - 50'',1$$

On obtiendra s par le calcul suivant :

$$\log. \sin. B = 8,0432818$$
$$\log. \cos. (\lambda' - \tfrac{1}{2}\varepsilon) = 9,8582900$$
$$\underline{\text{Comp.} \log. \sin. a = 0,1894218}$$
$$\log. \sin. s = 8,0909936 \quad s = 2543'',5$$

δ se calculera comme dans l'exemple précédent.

30. 3e *cas.* On connaît les latitudes λ et λ' des deux points, ainsi que la différence B de leurs longitudes.

La valeur de δ sera donnée en mètres par la formule

$$\delta = \rho' \sin. 1'' \sqrt{(\lambda' - \lambda - \varepsilon)^2 + B^2 \cos. \lambda' \cos. \lambda}.$$

La valeur d'ε se tire de la même équation que ci-dessus.

Les azimuts a et a' de chacun des points sur l'horizon de l'autre seront donnés par les équations :

$$\text{Sin. } a = \frac{\text{sin. B}}{\text{sin. } s} \cos. (\lambda' - \tfrac{1}{2}\varepsilon), \text{ sin. } a' = \frac{\text{sin. B}}{\text{sin. } s} \cos. (\lambda + \tfrac{1}{2}\varepsilon).$$

On doit supposer que dans toutes les formules précédentes l'arc s ne dépasse pas $1° = 3600''$ ou 60 milles nautiques.

Soit comme application :

$$\lambda = 43° - 16' - 32'',6$$
$$\lambda' = 43 - 48 - 53 \ ,4$$
$$B = \ \ 0 - 37 - 58 \ ,85 = 2278'',85.$$

ε se calculera comme dans le premier cas au moyen de l'équation (a) ; nous aurons ensuite :

$$\lambda' - \lambda - \varepsilon = 1934,2 \quad \log. (\lambda' - \lambda - \varepsilon)^2 = 6,5730094 \quad (\lambda' - \lambda - \varepsilon)^2 = 3741190''$$

$$2 \log. B = 6,7154316$$
$$\log. \cos. \lambda' = 9,8582852$$
$$\log. \cos. \lambda = 9,8621692$$

$$\log. (B^2 \cos. \lambda' \cos. \lambda) = 6,4358860 \ \dots\dots \ B^2 \cos. \lambda' \cos. \lambda = 2728261$$

$$(\lambda' - \lambda - \varepsilon)^2 + B^2 \cos. \lambda' \cos. \lambda = 6469451''$$

$$\log. \sqrt{(\lambda' - \lambda - \varepsilon)^2 + B^2 \cos. \lambda' \cos. \lambda} = \frac{\log. 6469451}{2} = 3,4054337$$

$$\log. \rho' = 6,8053000$$
$$\log. \sin. 1'' = 4,6855749$$
$$\log. \delta = 4,8963086$$

$$\delta = 78760^m,3$$

le calcul des azimuts a et a' se fera très-facilement.

31. Les données des problèmes qui précèdent sont la latitude, l'azimut et la différence des longitudes ; les deux premières s'obtiennent, comme nous le verrons plus tard, au moyen du grand théodolite, la troisième par les chronomètres.

Le premier problème est celui dont la solution est la plus simple, et dont l'usage doit être préféré, attendu que la détermination des longitudes est toujours soumise à plus d'erreurs que celle des latitudes, mais il faut que la différence de latitude des deux points choisis soit suffisamment grande ; plus cette différence sera petite pour une même différence de longitude, et plus il y aura d'incertitude sur la valeur de l'arc s, car l'azimut a se rapprochera de 90°, et comme cet angle entre dans les formules par son cosinus, une petite erreur sur a en donnera une grande sur l'angle φ, dont dépend la valeur de s.

Dans le second cas au contraire, c'est la différence de longitude qui devra être aussi grande que possible.

Dans le troisième cas il sera préférable, comme dans le premier, que les points soient éloignés en latitude, car la détermination de la différence de longitude au moyen des chronomètres est d'autant plus exacte que le transport du temps est moins long. On remarquera qu'il n'est pas nécessaire dans ce troisième cas que les points choisis se voient l'un de l'autre, puisque la détermination de leur distance est indépendante de l'azimut. Ce moyen de mesurer une base est surtout employé dans les levés sous voiles ou dans ceux où on ne peut descendre à terre que sur un petit nombre de points.

32. En résumé, s'il s'agit de lever un plan de peu d'étendue, on doit toutes les fois qu'on le peut mesurer une base avec la chaîne. Lorsque cela est impossible, il faut employer le moyen des mires divisées, en se servant du théodolite répétiteur de préférence aux divers micromètres en usage dans la marine. La hauteur de la mâture ne vient qu'après ce procédé sous le rapport de l'exactitude. L'emploi du son est préférable à celui de la mâture lorsque la distance à mesurer dépasse 3,400, et jusqu'à 17,000^m peut marcher de pair avec la méthode de bases très-petites mesurées avec la chaîne.

Pour des cartes d'une grande étendue, c'est encore la mesure avec la chaîne que l'on doit préférer, pourvu que la base soit suffisamment grande; la vitesse du son peut aussi être employée, mais seulement pour des distances comprises entre 3,000 et 50,000 mètres. Enfin on ne doit faire usage de la méthode astronomique que pour des distances supérieures à 30,000 mètres.

33. Lorsque la mesure de la base dépend de la détermination des latitudes, on emploie avec succès le cercle méridien portatif, qui donne les latitudes avec une approximation très-grande. M. Bouquet de Lagrye s'est servi de cet instrument pour son travail hydrographique de la Nouvelle-Calédonie (*Note sur l'emploi du cercle méridien de Brunner, pour obtenir une base par des différences de latitudes. — Dépôt de la Marine, n° 289*). La plupart des latitudes qu'il a obtenues ainsi sont déterminées à moins d'une seconde près. On voit à quelle exactitude on peut arriver dans la mesure de la distance de deux points, quand celle-ci ne dépend que des latitudes et de l'azimut. Nous renverrons pour le développement des considérations contenues dans ce chapitre et la démonstration des formules, au mémoire de M. Chazallon sur les divers moyens de se procurer une base, dans lequel cet ingénieur a traité la question d'une manière complète.

TRIANGULATION.

34. Considérons une base A B (*fig.* 9), dont la longueur et le gisement sont connus (nous verrons plus tard comment on détermine ce gisement), et divers points C, D, E, etc. On peut relier ces points les uns aux autres par des triangles A B C, B C D, C D E, etc. Si on a mesuré les angles de tous ces triangles, on a tous les éléments nécessaires pour fixer la position des points C, D, E. Pour placer ces points sur les cartes, on détermine leurs distances à deux axes passant par l'un d'eux. L'un de ces axes représente la projection du méridien, l'autre celle du grand cercle qui lui est perpendiculaire.

35. Excès sphérique. Tous les triangles dont nous venons de parler sont des triangles sphériques dont un côté et les trois angles sont connus. Mais comme les côtés sont très-petits par rapport au rayon de la sphère, on peut ramener, d'après le théorème de Legendre, la résolution de chaque triangle à celle d'un triangle rectiligne dont le côté ab serait égal au côté A B du triangle sphérique et dont les angles seraient respectivement égaux à ceux du triangle sphérique diminués d'une même quantité qui est le tiers de ce qu'on appelle l'excès sphérique. Il faut donc, pour avoir tous les éléments propres à la résolution du triangle rectiligne, connaître l'excès sphérique : en retranchant de l'angle observé le tiers de cette quantité, on aura l'angle que l'on cherche. Or on démontre que l'excès sphérique est égal à la différence entre la somme des trois angles du triangle sphérique et 180°. Ces trois angles étant connus par l'observation, on en fera la somme, on retranchera 180° de cette somme, on prendra le tiers de la différence, et on diminuera de ce tiers chacun des angles observés. Le résultat donnera les angles du triangle rectiligne dont la résolution équivaut à celle du triangle sphérique. Supposons, comme exemple, que dans le triangle sphérique A B C, on ait trouvé par l'obvation que les trois angles sont :

$$
\begin{aligned}
A &= 72°\,38'\,37 \\
B &= 46\,23\,12 \\
C &= 60\,58\,34 \\
\hline
\text{Somme :}&180\,0\,23
\end{aligned}
$$

En supposant qu'il n'y ait pas eu d'erreur dans l'observation des angles, l'excès sphérique sera de 23″, il faudra retrancher 7″,7 de chacun des angles, et ces angles deviendront :

$$a = 72°\ 38'\ 29″,3$$
$$b = 46\ 23\ \ \ 4\ ,3$$
$$c = 60\ 58\ 26\ ,4$$

$$\text{Somme : } 180\ \ \ 0\ \ \ 0$$

L'excès sphérique est toujours une quantité très-petite, son expression est en fonction du côté connu et des angles du triangle sphérique :

$$e = \frac{a^2 \sin. B \sin. C}{2 \sin. (B + C)\ r^2 \sin. 1″}.$$

r est le rayon de la terre. L'excès sphérique du plus grand triangle qui ait été formé à la surface de la terre, n'a été trouvé que de 39″. Ce triangle est celui qui joint les îles Baléares à la côte d'Espagne dans la triangulation entreprise par MM. Biot et Arago pour mesurer l'arc du méridien. Le plus grand côté de ce triangle a environ 160,900 mètres. Le procédé pratique pour avoir les angles du triangle rectiligne est d'autant plus avantageux qu'il sert en même temps à faire la seule correction qu'on puisse appliquer aux angles observés, qui sont toujours entachés de petites erreurs d'observations, en répartissant également sur chacun des angles le tiers de la somme de ces erreurs. Quand les triangles ne sont pas très-grands, cette somme est presque toujours supérieure à l'excès sphérique, et il arrive fréquemment que la somme des trois angles observés est inférieure à 180°, quand théoriquement elle devrait constamment lui être supérieure. Dans ce cas on ajoute à chaque angle le tiers de la différence, de manière à ramener toujours la somme des angles à être égale à 180°. Il est cependant un cas où il vaut mieux ne pas répartir les erreurs également sur chacun des angles, c'est celui où il y aurait dans le triangle un angle très-petit. L'observation d'un petit angle est sujette à moins d'erreurs que celle d'un grand, et en outre, lorsque ce cas se présente, le petit angle est ordinairement observé avec beaucoup de soin, car une erreur sur un tel angle est très-préjudiciable. Il faudra donc faire supporter aux deux autres angles la plus grande partie de l'erreur totale.

36. Réseau trigonométrique. Supposons d'abord qu'il s'agisse de lever un plan d'une petite étendue, le plan d'un port par exemple; dans ce cas, comme nous l'avons déjà dit, la portion de pays que l'on considère peut être regardée comme comprise tout entière dans un plan tangent à la surface de la terre. Si $p\,p'$ (*fig. 15*) représente

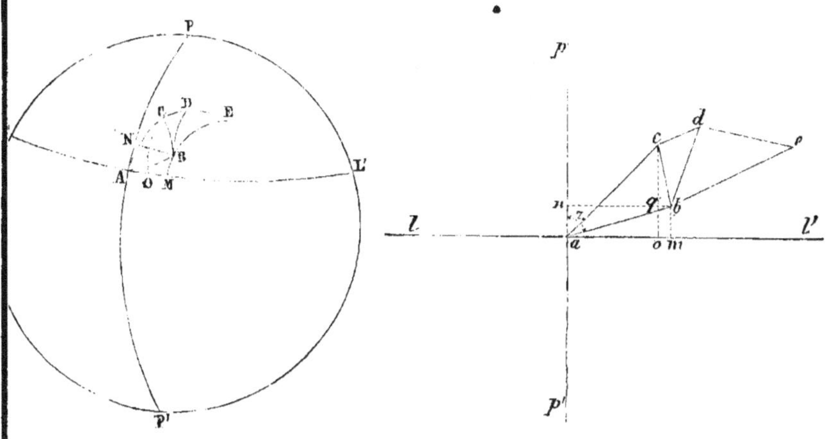

Fig. 15.

la trace du méridien passant par le point a, et $l\,l'$ celle du grand cercle qui lui est perpendiculaire, passant par le même point, $a\,b$ étant la base mesurée, c, d, e, les divers points de la triangulation, l'angle $p\,a\,b = z$ représentera l'azimut de la base. Les coordonnées du point b, $bm\ am$ seront données par la résolution du triangle rectangle $b\,a\,m$; celle du point suivant c par la résolution du triangle rectangle $b\,q\,c$, dans lequel on connaîtra l'hypoténuse $b\,c$; et l'angle $b\,c\,q$ qui est égal à l'azimut du côté $b\,c$, $c\,q$ et $q\,b$ étant connus, on aura :

$$co = cq + bm \qquad ao = am - qb$$

et ainsi de suite. Tous les points de la triangulation pourront donc être fixés sur le plan par leurs coordonnées rectangulaires.

37. Concevons maintenant que ces mêmes triangles, au lieu d'être très-petits, aient une grande étendue. Ils seront la représentation des triangles A B C, B C D, etc., tracés sur la surface de la sphère terrestre. Si P P' et L L' sont le méridien et le grand cercle qui lui est perpendiculaire passant par le point A, BN et BM coordonnées du point B sur la sphère seront des arcs de grand cercle abaissés du point B sur PP' et LL'; on commettra une petite erreur en les supposant égaux à *bn* et à *bm*, et plus on s'éloignera du point A, plus les erreurs iront en augmentant. Pour parer à cet inconvénient, on partage l'étendue du travail en plusieurs parties, de manière que chacune d'elles soit assez petite pour que les erreurs commises puissent être négligées, et dans chacune d'elles on choisit, pour origine des coordonnées, un point auquel on rapporte tous les autres appartenant à la partie que l'on considère. Il sera bon de changer d'origine toutes les fois que la distance des points à l'origine primitive des coordonnées atteindra 70 ou 80 mille mètres. Si les points dont la distance est moindre sont rapportés au point A, ceux qui suivront seront rapportés à un autre point A'. Dans ce nouveau système, on prendra pour base l'un des côtés des triangles appartenant à la nouvelle région que l'on considère, côté dont la longueur aura été donnée par le calcul indiqué précédemment. L'azimut de ce côté se déduira également par le calcul de l'azimut observé. On aura ainsi plusieurs projections séparées, dont chacune sera traitée comme s'il s'agissait d'une carte plate. On rapportera ensuite toutes ces positions sur la carte réduite au moyen de leur latitude et de leur longitude calculées en fonction de leurs coordonnées respectives. Nous verrons plus loin comment se font ces calculs.

38. On ne peut donner que des indications très-générales pour la manière de disposer la triangulation sur le terrain. Le choix des points dépend entièrement de la nature et de la configuration des localités. Si on a entre les mains une carte plus ou moins exacte du pays, c'est sur cette carte qu'on disposera les triangles principaux assujettis aux conditions que les trois sommets de chaque triangle se voient bien les uns des autres, qu'on puisse y placer des signaux artificiels ou qu'on y trouve des signaux naturels comme un édifice régulier, un clocher, une tour, etc., enfin qu'on puisse observer facilement à ces divers points. On arrivera à une exactitude d'autant plus grande que le nombre des triangles principaux sera moindre, en d'autres termes que ces triangles seront plus grands et qu'ils s'approcheront plus d'être équilatéraux. Dans la triangulation principale il faut autant que possible que l'angle, au point dont on veut déterminer la position, soit supérieur à 30°. Plus cet angle sera aigu, et plus la détermination deviendra incertaine, car le calcul revient en partie à construire géométriquement la position du point C (*fig.* 16), en faisant avec

Fig. 16.

la base A B des angles C A B, C B A égaux aux angles observés ; plus l'angle C sera aigu, et plus les petites erreurs commises dans la mesure des angles A et B auront d'influence sur la position du point C.

39. Signaux. Lorsque le choix des points sera définitivement arrêté, on placera des signaux là où ils seront nécessaires. Les signaux dont on se sert habituellement sont des poutrelles longues de 6 ou 7 mètres et larges de 10 à 15 centimètres. On cloue sur deux des faces adjacentes des planches peintes en blanc et en noir, disposées en croix, les noires à la partie supérieure et les blanches en dessous. Si on a la certitude que de tous les points d'où il sera vu, le signal doit se projeter sur le ciel, on pourra ne mettre que des planches noires, et seulement des blanches s'il se projette constamment sur la terre. Lorsque les planches sont clouées, on attache au sommet du signal des haubans destinés à le maintenir, puis on fait dans la terre, avec une pince en fer, un trou plus ou moins profond suivant la solidité du sol, et on élève le signal en plaçant son pied dans ce trou. Les haubans sont attachés à des piquets disposés tout autour de manière à le consolider, surtout du côté où il est exposé aux plus forts vents. Il sera bon de peindre aussi la poutrelle, et de faire au pied du signal une pyramide en pierres sur laquelle on versera de la chaux. Ces sortes de signaux ne se voient guère à une distance plus grande que 35 ou 40 mille mètres. Pour les distances supérieures, on emploie des pyramides quadrangulaires, construites aussi avec des poutrelles et des planches juxtaposées. On peint ce signal en blanc ou en noir suivant que des points où on le relèvera il doit se projeter sur la terre ou sur le ciel. Si les pierres sont abondantes à l'endroit où on veut placer le signal, on pourra encore construire une pyramide en pierres sèches, et la peindre avec de la chaux. Pour être solides, ces sortes de pyramides ne doivent pas avoir en hauteur plus du double de la dimension de leur base.

M. Leseurre a proposé un télégraphe fondé sur l'emploi des rayons solaires (*Comptes rendus de l'Académie*, 1856, p. 1178), dont l'usage pourrait être très-avantageux pour remplacer les signaux dans les grandes triangulations. Il faudrait avoir un ou deux de ces appareils, et les transporter successivement aux points principaux de la triangulation. On aurait facilement par ce moyen des triangles dont les côtés dépasseraient 100,000 mètres.

40. Le transport et l'établissement des signaux, surtout dans les pays de montagnes, sont des opérations longues et qui exigent l'emploi de plusieurs personnes. Il faut, autant que possible, que l'hydrographe sache se passer de ces signaux artificiels, et qu'il s'ingénie pour y suppléer. Dans les pays habités, on trouve presque toujours assez d'édifices réguliers, tels que clochers, tours, moulins, pour arriver à composer, avec l'aide de ces signaux naturels, le canevas trigonométrique. Les taches faites sur les rochers avec de la chaux rendront souvent de grands services. Il faut, pour que ces taches se voient bien de loin, qu'elles aient une surface de trois ou quatre mètres carrés; on peut alors les distinguer à de grandes distances, surtout quand elles sont éclairées par le soleil. Outre ces roches blanchies à la chaux, on peut encore se servir, dans les pays inhabités, de morceaux de toiles à fourrure peintes aussi avec la chaux, que l'on attache au sommet des arbres, ou de troncs d'arbres blanchis. On ne peut pas, avec de tels signaux, arriver à une triangulation bien rigoureuse, mais ce sont souvent les seuls qu'il soit permis d'employer, par exemple dans les contrées couvertes de végétation, comme il en existe tant sous les tropiques.

41. Observation des angles des triangles. Lorsque les signaux sont en place, on procède à l'observation des angles. On se transporte d'abord aux deux extrémités A et B de la base où l'on a eu soin d'élever des signaux, et on relève de ces points ceux qui doivent former des triangles avec la base A B. Puis on se transporte aux autres points et on observe successivement tous les angles du réseau. Pour ces triangles de premier ordre, il sera nécessaire de répéter les angles, afin d'arriver à des résultats bien précis. Les observations seront disposées de la manière suivante sur les cahiers d'observation :

STATION AU SIGNAL **A.**

Signal B.........	0° 0' 0'	90° 0' 3"	180° 0' 5"	269°59'55"
Signal C.........	45 33 5	Différences.		
		33' 5"		
	91 6 10			
		33 15		
	136 39 25			
		33 0		
	182 12 25			
		33 5		
	227 45 30			
		33 5		
	273 18 35			
		33 10		
	318 51 45			
		33 10		
	4 24 55			
		33 5		
	49 58 0			
		33 7		
	95 31 7	185 31 7	275 31 10	5 31 5

Dans cet exemple, l'angle a été répété 10 fois. Pour avoir sa valeur, on fera la somme des secondes indiquées par les quatre verniers pour l'angle décuple, soit 29″; on en retranchera la somme des secondes indiquées par les verniers au point de départ : cette somme est ici + 3″, car 269° 59′ 55″ équivaut à 270° moins 5″. Le quart de la différence donnera le nombre de secondes, 6″ de l'angle décuple. En divisant cet angle 95° 31′ 6″, auquel on ajoutera 360°, par 10, on aura l'angle cherché 45° 33′ 6″ 6.

42. Les angles ne devront être ainsi répétés que pour les triangles du premier ordre, c'est-à-dire ceux qui par leur enchaînement embrassent toute l'étendue du travail. Quelques-uns des côtés de ces triangles serviront de base à une triangulation secondaire, composée de triangles plus petits et embrassant une contrée moins étendue. Ce sont les signaux de cette triangulation secondaire qui serviront principalement, comme nous le verrons plus tard, à fixer la position des sondes et celle de tous les points terrestres qui devront figurer sur la carte, surtout des points de la côte, laquelle, sur les cartes marines, doit être déterminée avec le plus grand soin. Il faudra que ces signaux, pour remplir le but auxquels ils sont destinés, soient vus de la mer et de la côte dans toutes les directions; et que partout où on se placera, en mer ou sur la côte, on aperçoive au moins quatre d'entre eux. Lorsqu'on fera station à ces points secondaires, ou que des points principaux on aura à les relever, il sera inutile la plupart du temps de répéter les angles. Il faut cependant faire exception pour les petits angles; comme les formules de résolution renferment leurs sinus et qu'une erreur sur de tels angles influe beaucoup sur la valeur du sinus, il est nécessaire de les observer avec soin. Après avoir mis le vernier sur zéro, on visera un point éloigné qu'on prendra pour départ de tous les angles, et on relèvera les autres points en faisant tourner seulement la partie intérieure du limbe. A la fin de l'observation on visera de nouveau le point de départ, et on relira comme vérification le vernier qui devra se retrouver sur le zéro du limbe.

43. Réduction au centre de la station. Il faudra faire, autant qu'on le pourra, les stations au centre même des signaux. Avant de placer l'instrument sur le trépied, on s'assure, au moyen du fil à plomb, que le centre du plateau correspond bien au centre du signal.

Fig. 17.

Mais le plus souvent, il est impossible de placer l'instrument au centre A du signal, on l'établit alors en un point O très-voisin (*fig.* 17) ; on mesure la distance de ce point au centre du signal, et l'angle que fait la direction OA avec celle du point de départ. On aura ainsi tous les éléments propres à réduire les angles observés en O à la mesure qu'on eût obtenue si l'instrument avait été établi au point A. Cette opération fait l'objet d'un calcul dont nous donnerons un exemple dans le chapitre neuvième et qui s'appelle réduction au centre de la station.

Pour l'appréciation de la distance OA, on se contentera du centimètre, et pour celle de la direction, de la minute.

44. Il n'est souvent pas facile d'avoir directement la longueur et la direction de la ligne OA, surtout quand le signal est un édifice dont on doit relever le centre de figure ; on prend dans ce cas les mesures de longueur et d'angles nécessaires pour qu'on puisse reproduire, par une construction géométrique, la projection de l'édifice, et sa situation par rapport au point O. Avec ces données on en fixera le centre sur le papier, on joindra ce centre au point O. On aura la distance OA représentée à l'échelle prise pour cette petite construction ; quant à la

direction de cette ligne, elle s'obtiendra en mesurant l'angle qu'elle
fait avec la ligne qui joint le point O à celui des points de l'édifice
dont la direction a été relevée. Ainsi, quand on observe au pied
d'une tour ronde (*fig.* 18), on prend la distance *op* de l'instrument
à la tour, la direction des deux tangentes *om, on,* et la longueur de
la circonférence de la tour; la circonférence donnera le rayon qui,
ajouté à la distance *op,* fera connaître la distance cherchée *o*A, la
direction de *o*A sera donnée par la moitié de l'angle *mon.* Dans le
cas d'une tour à base carrée (*fig.* 19), on prend les distances *oa, od, oc,*
et leurs directions, ainsi que la longueur du côté *ab,* et il est facile
de voir qu'on a tout ce qu'il faut pour construire la figure *oabcd,* et
par conséquent pour avoir la longueur et la direction de la ligne *o*A.

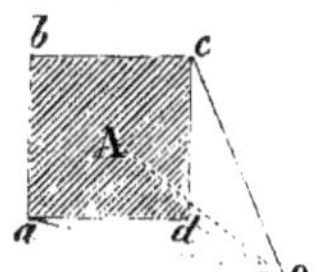

Fig. 18.   Fig. 19.

Si l'édifice est irrégulier, on le construit par points, en prenant
un grand nombre de distances et de directions.

On a recours quelquefois, pour avoir la distance au centre, à la
mesure d'une petite base longue de quelques mètres. Si, par exemple,

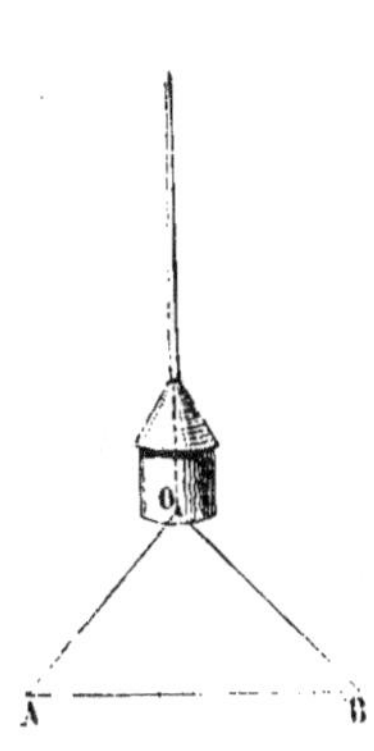

on a pris pour signal un mât de pavillon ou
un mât de télégraphe, dont on puisse difficilement obtenir d'une manière directe la
plus courte distance OA (*fig.* 20), au point A,
où l'observation a été faite, on choisit un
point voisin B, de telle façon qu'il fasse
avec OA un triangle à peu près équilatéral;
on relève les directions AB, AO, on mesure
la distance AB et on se transporte au point B,
d'où on relève les angles que font BA et BO
avec un des points de la triangulation; la
résolution du triangle OBA, dont on connaît
un côté, et les deux angles adjacents, donne
la distance cherchée AO.

Fig. 20.

48. Il peut arriver dans quelques circonstances, lorsque le signal

choisi est l'angle B d'une maison, par exemple, qu'en relevant ce point d'un autre signal A (*fig.* 21) on se trompe, et on vise un autre

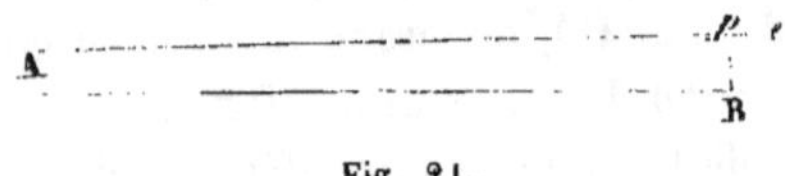

Fig. 21.

angle *e* de la maison ; si on s'aperçoit de l'erreur, il n'est pas nécessaire de retourner au point A pour la corriger, il suffit de mesurer dans l'observation, au point B, la distance B*e*, ainsi que sa direction. Cette distance étant toujours très-petite, on peut considérer comme parallèles les lignes *e*A, BA. La longueur de la perpendiculaire B*p*, abaissée du point B sur A*e*, s'obtiendra donc très-facilement, et la valeur de l'angle de correction *e*AB sera donnée par sa tangente

$$tg\ e\mathrm{AB} = \frac{\mathrm{B}p}{\mathrm{D}},$$

D étant la distance du point A au point B, qu'on peut toujours calculer avec une approximation suffisante pour la détermination dont il s'agit.

Il serait trop long de détailler tous les cas qui peuvent se présenter dans le cours d'une triangulation ; les quelques exemples que nous avons donnés suffiront pour montrer comment on résout les questions de cette nature, qui sont toujours d'une grande simplicité.

Lorsque la triangulation principale sera terminée, il sera bon, comme vérification, de mesurer une nouvelle base à l'extrémité du travail opposée à celle où on a mesuré la première.

46. Azimut. Nous avons vu que le calcul des côtés des triangles ne suffisait pas pour la détermination des coordonnées de leurs sommets. Il faut un élément de plus, l'azimut de la base ou de l'un des côtés des triangles, car il suffit que l'azimut d'un seul côté soit connu pour qu'on puisse en déduire celui de tous les autres. Cet azimut se détermine habituellement par l'observation avec le théodolite de la distance zénithale du soleil et de l'angle réduit à l'horizon que fait avec le soleil l'autre extrémité du côté que l'on considère.

Cette observation d'azimut devra se faire en plusieurs points du réseau ; les résultats obtenus se vérifieront entre eux, et on en prendra la moyenne après avoir eu soin de ramener au même point, par le calcul, tous les azimuts observés. En effet, si nous considérons un côté

A B du réseau (*fig.* 22), l'azimut de ce côté observé en A n'est pas égal à celui du même côté observé en B. Cette différence tient à ce que les méridiens convergent tous vers le pôle où ils se rencontrent. Les angles que font les plans des grands cercles PA, P'B, avec le plan du grand cercle qui passe par le côté AB ne seront donc pas tout à fait égaux, le calcul fait connaître la quantité dont ils diffèrent et que l'on nomme convergence des méridiens.

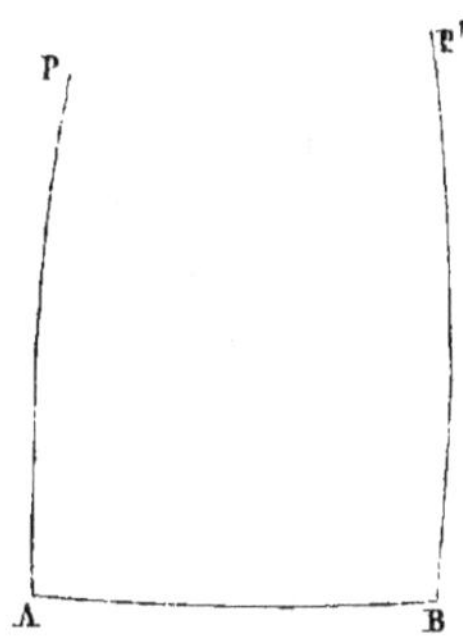

Fig. 22.

47. Positions géographiques. Enfin, les positions de tous les points étant fixées par rapport aux axes, il reste à déterminer la position de l'origine des coordonnées ou de l'un des points du réseau trigonométrique, par sa longitude et sa latitude : nous verrons plus loin comment les positions géographiques de tous les autres points s'en déduisent. Si ces éléments ne sont pas déjà donnés par des opérations antérieures, il est nécessaire de les déterminer. La latitude s'obtient par des observations de hauteurs circumméri-diennes du soleil ou d'une étoile; la longitude par les chronomètres ou par des distances lunaires. Nous présenterons des exemples de toutes ces observations et des calculs auxquels elles donnent lieu. Nous supposerons toujours qu'on s'est servi du théodolite. Les mêmes observations peuvent se faire avec le cercle de réflexion; mais comme elles sont familières aux marins qui se servent constamment de cet instrument, tant à bord qu'à terre, nous n'insisterons pas sur son em-ploi, qui conduit, du reste, à des résultats beaucoup moins précis que celui du théodolite.

CHAPITRE QUATRIÈME.

DÉTERMINATION PAR DES OBSERVATIONS ASTRONOMIQUES DE LA LATITUDE ET DE LA LONGITUDE D'UN LIEU ET DE L'AZIMUT DU COTÉ D'UN TRIANGLE.

DÉTERMINATION DE LA LATITUDE.

48. Parmi les méthodes employées pour déterminer la latitude à l'aide d'observations faites avec le théodolite, nous choisirons pour les exposer ici, les plus usitées et les plus simples : nous ne parlerons donc que de la détermination de la latitude par les hauteurs circum-méridiennes du soleil ou d'une étoile, et par les hauteurs de la polaire en un lieu quelconque de son cours.

49. Hauteurs circumméridiennes du soleil. Le procédé dont on se sert en mer pour obtenir la latitude consiste à observer la hauteur du soleil au moment où il passe au méridien ; l'équation

$$l = Z + D,$$

dont il est facile de se rendre compte à l'inspection de la figure 23, fait connaître immédiatement la latitude lorsqu'on donne à Z et à D

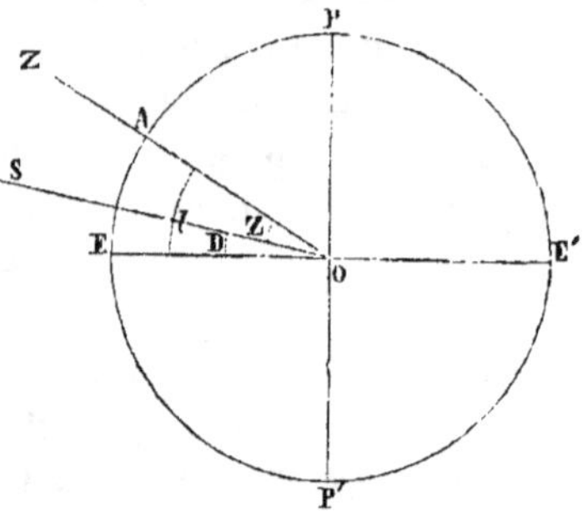

Fig. 23.

les signes qui leur conviennent : D est la déclinaison du soleil, Z sa distance zénithale, complément de la hauteur observée, que l'on corrige en ayant égard à la réfraction et à la parallaxe. On peut opérer de la même manière avec le théodolite ; mais on n'a ainsi qu'une seule observation. L'avantage de la méthode des hauteurs circumméridiennes est qu'on peut se procurer plusieurs observations en prenant les distances zénithales du soleil un peu avant et un peu après son passage au méridien, et en ramenant ces distances, par un calcul très-simple, à la valeur qu'elles auraient eue si on avait fait toutes les observations au moment où le soleil passe au méridien. La correction qu'on doit appliquer à une distance zénithale prise très près du passage au méridien pour la ramener à ce qu'elle eût été, si on avait observé le soleil dans le méridien même, est donnée par la formule

$$x = \frac{2 \sin.^2 \frac{1}{2} p}{\sin. 1''} \times \frac{\cos. l \cos. D}{\sin. Z},$$

p est l'angle horaire ou la distance exprimée en temps du soleil au méridien. Cette distance est connue si la montre est bien réglée ; c'est la différence entre l'heure du passage et l'heure de l'observation. D est la déclinaison du soleil donnée par la connaissance des temps ; l la latitude que l'on connaît toujours d'une manière approchée, et qu'au besoin on déterminera par l'équation $l = Z + D$, en prenant pour Z la distance zénithale observée près du méridien. D'ailleurs, si on s'aperçoit que les valeurs employées pour l et pour Z, sont trop inexactes, on pourra par un premier calcul avoir une valeur très-approchée de l et déduire Z de la formule $l = Z + D$, puis refaire le calcul définitif avec ces éléments nouveaux.

On remarquera que dans la formule qui donne la valeur de x, la quantité p seule est variable; on met ordinairement cette formule sous la forme

$$x = K \frac{\cos. l \cos. D}{\sin. Z},$$

en faisant

$$K = \frac{2 \sin.^2 p}{\sin. 1''}$$

et on réduit en tables les valeurs de K, de sorte que connaissant les valeurs de p en minutes et en secondes, on a immédiatement celles de K.

50. La montre dont on se sert est ordinairement réglée sur le temps moyen, sa marche doit être connue; or les valeurs de p doivent être exprimées en temps vrai, s'il s'agit du soleil, en temps sidéral, si c'est une étoile qu'on observe. Il faudra donc faire subir aux angles horaires p donnés immédiatement par la montre, une petite correction qui dépendra de la marche de la montre sur le temps vrai ou sur le temps sidéral. Soit a cette marche en 24 heures, elle sera en 1 seconde $0{,}000011 \times a$, et en p secondes $0{,}000011 \times ap$. p devra donc être remplacé par $p(1-0{,}000011 \times a) = \alpha p$, et $\sin.^2 \frac{1}{2} p$ deviendra $\sin.^2 \frac{1}{2}(\alpha p)$, cet arc étant toujours très-petit, on peut écrire $\sin.^2 \frac{1}{2}(\alpha p) = \alpha^2 \sin.^2 \frac{1}{2} p$, et comme $\alpha^2 = 1 - 0{,}000022\, a$, en négligeant le carré du deuxième terme, on voit qu'il suffit pour tenir compte de la marche de la montre de remplacer K par iK en faisant $i = 1 - 0{,}000022\, a$.

En résumé, si nous appelons z, z', z''.... les diverses distances zénithales observées, et x, x', x'.... les corrections qui s'y rapportent, la distance zénithale cherchée Z, n étant le nombre des observations, sera :

$$Z = \frac{z + z' \times z'' + \dots}{n} - \frac{x + x' + x'' + \dots}{n},$$

et comme dans les valeurs de x, x', x''...., $i\, \dfrac{\cos. l \cos. D}{\sin. Z}$ est un facteur commun on aura :

$$Z = \frac{z + z' + z'' + \dots}{n} - \frac{K + K' + K'' + \dots}{n} \times i\, \frac{\cos. l \cos. D}{\sin. Z},$$

Cette valeur de Z substituée dans l'équation

$$l = Z + D$$

donnera la latitude cherchée.

Prenons comme exemple, la détermination par les hauteurs circumméridiennes du soleil, de la latitude d'Alhucemas (côte N. du Maroc), le 5 septembre 1855. La montre du bord avançait sur le T. M. d'Alhucemas de $10^h 59^m 47^s,38$ le 3 septembre à 6 heures du matin; sa marche en 24 heures de T. M. était de $-4^s,27$, l'état de la montre le 5 septembre à midi était donc une avance de $10^h 59^m 37^s,78$; or ce jour-là le soleil passa au méridien à $11^h 58^m 42^s,45$ T. M. (*V. Conn. des temps*, temps moyen au midi vrai), la montre marquait donc $10^h 58^m 20^s,23$ au moment du passage.

Le compteur avec lequel devait se faire l'observation avançait sur la montre d'après la comparaison faite un peu avant le départ du bord de $4^h 35^m 1^s,7$. Le compteur marquait donc au moment du passage méridien $(10^h 58^m 20^s,2) + (4^h 35^m 11^s,7) = 3^h 33^m 31^s,9$.

Cette heure, du reste, n'a pas besoin d'être connue avec une très-grande exactitude, il suffit que les observations soient en même nombre avant et après l'heure du passage. On ne doit commencer à observer que 15 minutes au plus avant l'heure du passage. Il faut donc qu'à ce moment l'instrument soit complétement disposé pour prendre des distances zénithales.

Dans l'exemple qui nous occupe, l'observation a commencé lorsque le compteur marquait $3^h 23^m 55^s$. On a pris, à partir de ce moment, 10 distances zénithales, 5 avant et 5 après le passage. Comme on n'a besoin que de la moyenne de toutes ces distances, on peut ne lire les angles qu'à la fin de l'opération ; mais il est bon de lire au moins un vernier après chaque distance zénithale, afin de reconnaître où serait l'erreur, si on en avait fait une.

A chacune des distances zénithales correspond une heure marquée par le compteur ; la différence de cette heure avec l'heure du passage $3^h 33^m 31^s,9$ donnera l'angle horaire p. On cherchera avec toutes les valeurs de p dans la table I des réductions au méridien les valeurs correspondantes de K, dont on prendra la moyenne, et le reste du calcul se fera avec la plus grande facilité.

Voici comment se disposent les observations et les calculs.

5 septembre 1855.

État de la montre sur le T. M. d'Alhucemas à midi..	$+10^h$	59^m	$37^s,78$
Temps moyen à midi vrai....................	11	58	42 ,45
Heure à la montre, au moment du passage....	10	58	20 ,23
Le compteur avance sur la montre de..........	$+ 4$	35	11 ,7
Heure au compteur au moment du passage.....	3	33	31 ,9

Heures au compteur.	Distances zénithales.	Différence.
$3^h 24^m 56^s,3$ 25 36 ,0	.... 56 39 45	
		56 36 10
26 34 ,0 27 48 ,0	.... 113 15 55	
		56 34 5
28 49 ,3 29 28 ,0	.... 169 50 0	
		56 32 40
30 43 ,3 31 24 ,0	.... 226 22 40	
		56 32 25
32 48 ,0 33 43 ,0	.... 282 55 5	
		56 32 35

Heures au compteur.	Distances zénithales.	Différence.
34 44 ,3 } 35 32 ,7 }	339 27 40	
		56 33 20
36 32 ,0 } 37 12 ,6 }	36 1 0	
		56 35 10
38 25 ,7 } 39 24 ,0 }	92 36 10	
		56 38 5
40 19 ,7 } 41 33 ,3 } ...	149 14 15	
		56 44 45
43 37 ,0 } 44 21 ,0 }	205 59 0 295 59 10 25 59 20 115 59 5.	

Les bords supérieurs et inférieurs du soleil ont été observés alternativement, afin de ne pas avoir à tenir compte de la correction relative au diamètre.

Calculons maintenant la latitude d'après cette observation : n est ici égal à 10. Le moyenne des distances zénithales $\dfrac{z + z' + z'' + \dots}{10}$ s'obtiendra en divisant par 20, le dernier angle lu sur le limbe. Ce résultat sera corrigé de la réfraction et de la parallaxe. Pour avoir K, K′, K″... on prendra la moyenne des couples d'heures qui correspondent à chaque distance zénithale ; on fera la différence entre ces moyennes et l'heure du passage $3^h 33^m 31^s,9$, et on prendra dans la table les valeurs qui correspondent à ces différences.

Pour avoir la valeur de i, cherchons le retard ou l'avance du compteur sur le jour vrai : les comparaisons entre le compteur et la montre avant et après l'observation, font connaître que le compteur a eu dans l'intervalle sur la montre un retard qui en 24^h s'élèverait à $13^s,7$. La montre retarde elle-même de $4^s,3$ en 24^h, et le jour moyen retarde sur le jour vrai de $19^s,6$. Le retard du compteur en 24 heures de temps vrai sera donc $(13^s,7 + 4^s,3 + 19^s6) = -37^s,6 = a$.

$$i = 1 + 0,000022 \times 37^s,6 = 1,0008272.$$

Pour avoir une valeur approchée de l, on choisira la distance zénithale prise le plus près de l'heure du passage. Elle est ici de 28° 16′ 15″ En la corrigeant de la parallaxe et de la réfraction, on obtiendra 28° 16′ 41″. La connaissance des temps donne pour le 5 septembre à midi vrai D = 6° 56′ 21″ ; on aura donc :

$$l = Z + D = (28° 16′ 41″) + (6° 56′ 21′) = 35° 13′ 2″.$$

Heure du passage : $3^h\ 33^m\ 32^s$.

Heures des observations.			Valeurs de p.		Valeurs corr. de K tirées de la table.
3^h	25^m	16^s	8^m	16^s	134,17
3	27	11	6	21	79,17
3	29	9	4	23	37,72
3	31	4	2	28	11,95
3	33	15		17	0,16
3	35	8	1	36	5,03
3	36	52	3	20	21,82
3	38	55	5	23	56,90
3	40	56	7	24	107,51
3	43	59	10	27	214,38
					668,81

moy. des dist. zén. obs. $28°17'58''$

Corr. (réfr. — parall.). $+\ 26$

$$28\ 18\ 24$$
$$1\ 54\ ,6$$
$$Z = 28\ 16\ 29\ ,4$$
$$D = 6\ 56\ 21$$

Latitude..... $35\ 12\ 50\ ,4$

$$\frac{K + K' + K'' + \dots}{10} = 66\ 88$$

$$\text{Log. } \imath = 0,0003591$$
$$\text{Log. cos. } l = 9,9122069$$
$$\text{Log. cos. D} = 9,9968071$$
$$C^t \text{ log. sin. Z} = 0,3244499$$
$$\text{Log. } 66.88 = 1,8252963$$
$$2,0591193 \ \dots\dots\ 114'',6 = 1'\ 54'',6$$

Pour opérer avec une exactitude rigoureuse, il faudrait tenir
compte du changement de la déclinaison du soleil pendant le cours
de l'observation; nous ne donnerons pas ici la formule relative à
cette correction : on la trouvera dans l'astronomie pratique de Francœur, ainsi que la démonstration des formules dont nous venons de
faire usage. Les différences qu'on obtient, en ayant égard au mouvement du soleil en déclinaison, sont en général inférieures aux erreurs qui proviennent de la manière d'observer et de l'imperfection
des instruments.

81. Hauteurs circumméridiennes d'étoiles. Cette observation ne pouvant se faire que la nuit avec le théodolite, l'observateur
devra se munir d'une petite lanterne pour éclairer le niveau, la graduation et les fils. L'éclairage des fils se fait par une ouverture circulaire pratiquée vers le milieu du tuyau de la lunette, et fermée avec
un verre dépoli. Le verre est protégé par un petit couvercle en cuivre
que l'on dévisse quand on veut observer pendant la nuit.

Il faut d'abord, comme pour le soleil, chercher l'heure que marquera le compteur au moment du passage au méridien de l'étoile

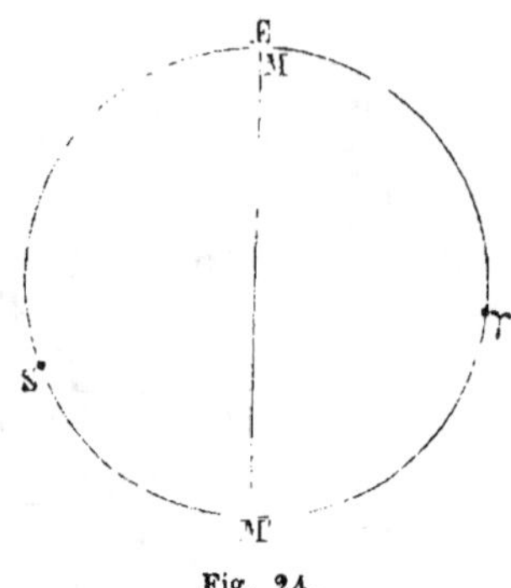

Fig. 24.

qu'on veut observer. Soient (*fig.* 24) E, S, ♈ les traces des méridiens de l'étoile, du soleil moyen, et du point équinoxial sur l'équateur céleste au moment du passage de l'étoile au méridien MM'. En ce moment l'heure moyenne est représentée par l'arc ES. Cet arc est égal à l'arc E M'♈ moins l'arc SM'♈. Or le premier de ces arcs est l'ascension droite de l'étoile qu'on trouve dans la connaissance des temps (positions apparentes des étoiles).

Le second est l'ascension droite du soleil moyen qu'on trouve également dans la connaissance des temps aux éphémérides du soleil, colonne intitulée temps sidéral au midi moyen. Seulement, comme ce n'est pas à midi, mais bien à l'heure du passage de l'étoile qu'il faut avoir l'ascension droite du soleil moyen, on devra faire subir au nombre donné par la connaissance des temps une correction relative au temps qui s'est écoulé entre le midi moyen de Paris et l'heure du passage. Cette correction est donnée par la table II. Du reste l'observation se fait comme pour le soleil, et le calcul est le même.

Le 4 septembre 1855, à Alhucemas, on veut déterminer la latitude par les hauteurs circumméridiennes d'Altaïr de l'Aigle. Cherchons l'heure que marquera le compteur au moment du passage de cette étoile au méridien.

Asc. dr. d'Altaïr	19^h	43^m	44^s ,7					
Asc. dr. du sol. moyen.	10	52	8 ,5					
	8	51	36 ,2			8^h	51^m	36^s ,2
Corr. p. 9^h 16^m 26^s,9,		1	31 ,2	long. d'Alhucemas.			24	50 ,7
Heure du passage.....	8	50	5 ,0			9	16	26 ,9
Avance de la montre sur le T. M. d'Alhucemas.	10	59	41 ,2					
Heure à la montre....	19	49	46 ,2					
Avance du compteur sur la montre.........	4	35	21 ,5					
Heure au compteur...	12	25	7 ,7					

OBSERVATION.

Heures au compteur.	Distances zénithales.				
		0	— 5″	0	+ 5″
12^h 20^m $8^s,7$ 21 35 ,3 }	53°28′ 0″	Différences.			
		53°26′ 5″			
22 55 ,0 23 54 ,0 }	106 54 5				
		53 26 0			
25 35 ,7 26 33 ,3 }	160 20 5				
		53 27 3			
27 27 ,3 28 17 ,7 }	213 47 8	303 47 12	33 47 5	123 47 10.	

Le jour moyen retarde sur le jour sidéral de $235^s,9$. Les comparaisons prises avant et après l'observation, entre le compteur et la montre, ont donné $15^s,2$ pour le retard du compteur sur la montre en 24 heures, et la montre retarde sur le jour moyen de $4^s,3$. Le retard du compteur en 24 heures de temps sidéral, sera donc de $255^s,4$.... $a = -255,4$.

$$i = 1 + 0,000022 \times 255,4 = 1,0056188.$$

Heure du passage : 12^h 25^m $7^s,7$.

Heures des observations.	Valeurs de p.	Valeurs correspondantes de K.
12^h 20^m $52^s,0$	4^m $15^s,7$	35,67
12 23 24 ,5	1 43 ,2	5,81
12 26 4 ,5	0 56 ,8	1,76
12 27 52 ,5	2 44 ,8	14,81
		———
		58,05

$$\frac{K + K' + K'' + \ldots}{4} = 14,51$$

moy. des dist. zén. obs.   26°43′ 23″,5

Log. $i = 0,0024335$	Corr. réf............ + 28 ,0
Log. cos. $l = 9,9122069$	26 43 51 ,5
Log. cos. $D = 9,9952140$	— 26 ,2
Comp. log. sin. $Z = 0,3469808$	26 43 25 ,3
Log. $14,51 = 1,1616674$	D.. .. 8 29 26 ,0
1,4185026 26,2	Latitude... 35 12 51 ,3

52. Hauteurs de la polaire. Cette méthode pour obtenir la latitude, présente l'avantage que l'observation peut se faire en un point quelconque du cours de l'étoile polaire. Elle est fondée sur ce fait, qu'il existe une très-petite différence entre la latitude et la hauteur de la polaire : cette différence se détermine par le calcul en fonction de l'angle horaire de l'astre et de sa déclinaison. La formule dont on trouvera la démonstration dans l'*astronomie pratique*, est la suivante :

$$l = h - (d \cos. p) + \alpha (d \sin. p)^2 \tang. h - \epsilon (d \cos. p)(d \sin. p)^2$$

h est la hauteur observée; d la distance polaire de l'astre, p son angle horaire; α et ϵ sont des constantes égales à $\dfrac{\sin. 1''}{2}$ et $\dfrac{\sin.^2 1''}{3}$, leurs logarithmes sont :

$$\log. \alpha = \overline{6},3845449 \qquad\qquad \log. \epsilon = \overline{12},89403.$$

Cherchons d'abord la valeur de p; soient (*fig.* 25) S, E et ♈ les traces sur

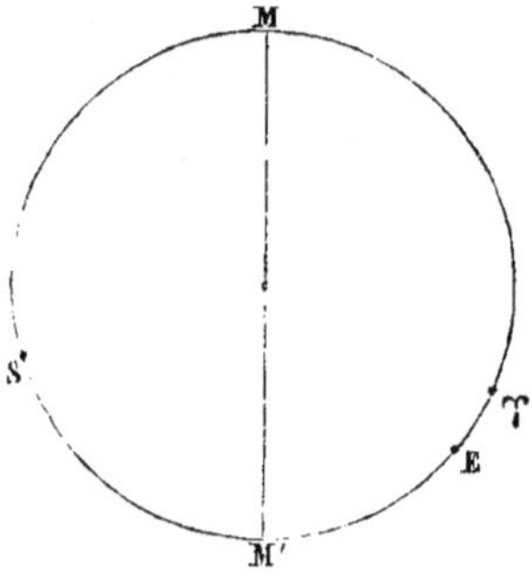

Fig. 25.

l'équateur céleste des méridiens passant par le soleil, l'étoile et le point équinoxial, MM′ la trace du méridien du lieu. L'angle horaire p est représenté par l'arc E M′ M. Or, E M′ M = SM + SM′♈ − E♈.

L'arc SM représente l'heure moyenne, SM′♈ l'ascension droite du soleil moyen, et E♈ celle de l'étoile; nous aurons donc :

$$p = \text{heure moy.} + \text{Æ du } \odot \text{ moy.} - \text{Æ } \bigstar$$

Il faudra avoir égard à la grandeur de l'angle p déduite de cette formule à cause du signe à donner à cos. p.

La valeur de h est le complément de la distance zénithale observée. On prendra une série de distances zénithales, en notant l'heure de chaque observation, et on regardera la moyenne des distances comme correspondant à la moyenne des heures. La distance zénithale moyenne sera corrigée de la réfraction. La distance polaire d est le complément de la déclinaison donnée directement par la connaissance des temps.

Le 18 septembre 1855, à Peñon de Velez, on a pris pour déterminer la latitude une série de distances zénithales de la polaire dont la moyenne a été trouvée de 54° 50′ 31″,4. On a abtenu pour moyenne des heures observées au compteur, $10^h 45^m 32^s,8$.

Compteur.......	$10^h 45^m 32^s,8$			
Marche sur la montre.	1 ,2	Heure moy. de Peñon.	$7^h 14^m 36^s,9$	
	10 45 34 ,0	Asc. dr. ⊙ moy.	11 47 20 ,3	
Av. sur la montre.	4 30 31 ,5	Corr. p. $7^h 41^m 4^s,9$.	1 15 ,8	
Heure à la montre..	6 15 2 ,5		19 3 13 ,0	
Av. sur le T. M. de Peñon.	11 0 25 ,6	Asc. dr. polaire.....	1 7 5 ,3	
Heure moy. de Peñon..	7 14 36 ,9	$p =$	17 56 7 ,7	
Longitude de Peñon..	26 28	$=$	269° 1′55″,5	
	7 41 4 ,9	Supplément.	90 58 4 ,5	

Déclinaison........ 88° 32′ 17″

Distance polaire $d =$ 1° 27° 43″ $= 5263″$

log. $d =$ 3,7212334	....	3,72123		
log. cos. $p =$ 8,2276947	log. sin. $p =$ 9,99994	$Z =$ 54°50′31″,4		
2e terme, 88″,9 1,9489281	3,72117	Cor. réf. 1 19 ,3		
7,44234	double... 7,44234	54 51 50 ,7		
log. 6 $\overline{12,89403}$	tang. h.... 9,84742	$h =$ 35 8 9		
4e terme.. $\bar{2},27337$	log. α... $\bar{6},38454$	2e terme. $+$ 1 28 ,9		
	3e terme 47,2 1,67430	3e terme. $+$ 47 ,2		
		4e terme. 0		
		Latitude. 35°10′25″,1 N		

DÉTERMINATION DE LA LONGITUDE.

53. Parmi toutes les méthodes qui sont employées pour la détermination des longitudes, les unes, telles que celles des éclipses, des occultations, dépendent de phénomènes qui se présentent rarement; d'autres, celles des feux terrestres, de la distance de la lune au soleil et aux étoiles, des culminations lunaires, etc., demandent ou trop de temps ou des instruments trop précis et trop peu portatifs pour être mis en usage dans les travaux qui nous occupent. Celle qui consiste à employer les chronomètres est la seule qui en hydrographie comme en navigation soit d'un usage constant. On trouvera, du reste, ces différentes méthodes exposées dans tous les traités d'astronomie et de navigation. Celle des chronomètres est très-familière aux marins; malgré sa simplicité apparente, elle exige, pour conduire à de bons résultats, des soins minutieux et des études approfondies sur les instruments délicats qu'elle met en usage. Ces études ont été l'objet de nombreux mémoires que l'on trouvera réunis et condensés dans les *Recherches chronométriques* publiées au dépôt de la marine par MM. Delamarche et Ploix.

54. Chronomètres. La différence de longitude de deux stations A et B s'obtient, comme on sait, en réglant un chronomètre sur le temps moyen de la station A, d'où l'on part, et en déterminant sa marche diurne. Si en passant d'une station à l'autre le chronomètre conservait une marche constante, on saurait toujours à un moment donné l'heure exacte de la station A. Celle de la station B se détermine par l'observation de distances zénithales de soleil ou d'étoiles. La différence des heures aux stations A et B donne la différence des longitudes, et si la première de ces longitudes est connue, l'autre le sera également. L'hypothèse de la régularité de marche des montres que l'on est obligé de faire, ne représente malheureusement presque jamais la réalité, surtout en mer. L'imperfection inhérente à toute fabrication, quelque soin qu'on y apporte, les variations de température, l'âge des huiles, le magnétisme terrestre, et d'autres causes encore inconnues, influent sur la marche des montres et la font varier sans cesse; de grands efforts ont été faits pour trouver la loi de ces variations; des formules ont été données afin de corriger la marche des erreurs dues à ces influences diverses, mais ces corrections, qui s'appliquent assez bien à des chronomètres à terre et en repos, ne semblent plus en mer avoir la même efficacité. C'est qu'une influence bien plus puissante que toutes celles dont nous avons fait mention agit alors sur les montres; ce sont les mouvements irréguliers auxquels elles sont soumises en même temps que le navire. On comprend toute la difficulté qu'il y aurait à soumettre cette influence au calcul; il faut se borner à la réduire autant que possible par une bonne installation faite, au point de vue de soustraire les montres aux mouvements et aux chocs produits par le roulis et le tangage.

55. Angle horaire. Lorsqu'on ne considère que deux stations, il n'y a pas d'autre hypothèse à faire que celle d'une marche constante entre ces deux stations égale à la moyenne des marches déterminées dans chacune d'elles ou égale à la marche que la montre avait au départ, si à la seconde station on n'a pas eu les éléments nécessaires pour déterminer une marche nouvelle; mais si on a fait plusieurs relâches où on ait observé des angles horaires, si dans quelques-unes de ces relâches on a déterminé la marche et si en même temps les longitudes de quelques points de station sont connues, on a des éléments propres à rectifier la marche et à l'obtenir plus conforme à la réalité. Nous en donnerons un exemple dans le chapitre de l'hydrographie sous voiles, où nous dirons aussi comment dans une même station on peut employer toutes les observations d'angle horaire qui ont été faites pendant la relâche, à la détermination d'un état et d'une marche mieux établis que si on s'était seulement servi des observations extrêmes. Nous nous bornerons, dans ce chapitre, à donner un exemple de calcul d'angle horaire déterminé au moyen d'observations de distances zénithales de soleil et d'étoile faites avec le théodolite. L'équation dont on se sert est :

$$\text{Cos.}^2 \frac{p}{2} = \frac{\sin. \text{K} \sin. (\text{K}-z)}{\sin. c \sin. d}$$

$$\text{K} = \frac{z + d + c}{2},$$

p est l'angle horaire, z la distance zénithale observée, c le complément de la latitude et d la distance polaire.

Le 10 octobre 1855, à Gibraltar, on a pris le soir une série de distances zénithales du soleil, dont la moyenne a été trouvée de $81°25'21'',4$: on a obtenu pour la moyenne des heures correspondantes, $3^h 57^m 58^s,1$ au compteur. Il résulte des comparaisons prises avant et après, qu'au moment de l'observation le compteur avançait sur la montre de $0^h 10^m 9^s,4$, l'état approché de la montre sur le T. M. de Gibraltar est une avance de $10^h 32^m 20^s$, nous aurons donc :

Heure au compteur......................	3^h	57^m	58^s,1
Avance du compteur sur la montre.........	0	10	9 ,4
Heure à la montre.................	3	47	48 ,7
Avance de la montre sur le T. M. de Paris........	10	32	20 ,0
Heure moyenne à Paris..............	5	15	28 ,7

Il était nécessaire d'avoir l'heure moyenne approchée de Paris, au moment de l'observation, afin d'en conclure la déclinaison qui n'est donnée que pour midi moyen de Paris. Nous trouvons, dans la *Connaissance des temps*, que le 10 octobre à midi moyen de Paris, la déclinaison du soleil est de 6° 32′ 6″,3 A ; nous voyons dans la colonne des différences que de ce midi au midi suivant, c'est-à-dire en vingt-quatre heures, elle a varié de 22′ 45″,7, quelle sera la variation en 5ʰ 15ᵐ 28ˢ,7 ; la variation en une heure s'obtient facilement par le petit calcul qui suit : on prend deux fois et demie la variation en vingt-quatre heures et on divise le résultat par 60, ce qui revient à changer les minutes en secondes et les secondes en tierces. On a en effet :

$$\frac{x}{24} = \frac{x \times (2 + \frac{1}{2})}{60}$$

Variation en 24 heures.........   22 45 ,7

. . . .   22 45 ,7

     Moitié ....   11 22 ,8

Variation en 1 heure........ ...   56″54‴,2 = 56″,9.

Pour avoir la variation en 5ʰ 15ᵐ 28ˢ,7, il faut convertir les minutes et les secondes en dixièmes d'heures, et multiplier le résultat par 56,9 :

```
28,7  |60           15,478|60              56,9
 4,70 |0,478          3,47 |0,258           5,258
  500 |                 478 |              _______
                                            4552
                                            2,845
                                           11,38
                                          284,5
                                         __________
                                         299,1802 = 4′59″,2
```

Déclinaison le 10 octobre à midi moyen de Paris.   6° 32′ 6″,3

   à ajouter pour 5ʰ 15ᵐ 28ˢ,7.................   4 59 ,2

     déclinaison au moment de l'observation...   6 37 5 ,5 A

     distance polaire..................... 96 37 5 ,5

Il reste à corriger la distance zénithale obtenue, de la réfraction et de la parallaxe, ainsi que du demi-diamètre du soleil, si on n'a pas pris, comme dans cet exemple, alternativement le bord supérieur et le bord inférieur. On trouvera les éléments de ces corrections dans la *Connaissance des temps*, dans les *Tables de Guépratte* ou dans l'*Astronomie pratique de Francœur*.

Distance zénithale observée..............　81° 25′ 21″,4
Corr. réf. moins parall. pour barom. 766ᵐ,2
Et therm. 24°, 2........................　　+5 44 ,8
　　　　　　　　　　　　　　　　　　　　81　31　6 ,2

Nous pouvons maintenant procéder au calcul de la formule :

z......　81°31′ 6″
d......　96 37 5　.........　Compl. sin...　0,0029034
c......　53 50 52　.........　Compl. sin...　0,0928831
　　　　　231 59 3
K.....　115 59 31　.........　sin.........　9,9536900
$K-z$....　34 28 25　.........　sin.........　9,7528368
　　　　　　　　　log. cos. $\frac{2p}{2}$　......　19,8023133

　　　　　　　　　log. cos. $\frac{p}{2}$　......　9,9011567

　　　　　　　　　$\frac{p}{2}$　......　37°12′28″

En multipliant cet angle par 8, et changeant dans le produit les degrés, minutes et secondes en minutes, secondes et tierces, on aura l'angle horaire exprimé en temps,

$$4^\text{h} 57^\text{m} 39^\text{s},7.$$

Ce résultat est exprimé en temps vrai; afin d'avoir l'heure moyenne, il faut ajouter l'équation du temps, pour l'heure de l'observation; nous trouverons cette équation du temps de la même manière que nous avons obtenu la déclinaison du soleil.

Éq. du temps, le 10 octobre à midi moyen de Paris....　11ʰ47ᵐ8ˢ,89
　Variation en 24 heures..........　15ˢ,53
　　　　　　　　　　　　　　　　15 ,53

　Variation en 1 heure........　38 ,82 $=$ 0ˢ,65
　　　　　　　　　　　　　　　　5 ,26
　　　　　　　　　　　　　　　　390
　　　　　　　　　　　　　　　　130
　　　　　　　　　　　　　　　　3,25
　Variation en 5ʰ15ᵐ28ˢ,7..............　3,4190　...　3 ,42
　　Éq. du temps à l'heure de l'observation....　11 47 5 ,5
　　　　Heure vraie..................　4 57 39 ,7
　　　　Heure moyenne..............　4 44 45 ,2
　　　Heure à la montre..................　3 47 48 ,7
Avance de la montre sur le T. M. de Gibraltar...　11 3 3 ,5

Des observations d'angle horaire avaient été faites précédemment
à Alger, et elles avaient donné pour l'état de la montre sur le T. M.
de cette ville, le 29 septembre à 6 heures du matin, une avance de
$10^h 30^m 6^s,97$ et une marche diurne de $— 4^s,24$; on conclut de ces
données qu'à l'heure des observations de Gibraltar, la montre avançait de $10^h 29^m 19^s, 3$ sur le T. M. d'Alger. On aura donc :

Avance sur le **T. M.** de Gibraltar.......... $11^h 3^m 3^s,5$

Avance sur le **T. M.** d'Alger. .... $10\ 29\ 19\ ,3$

Différence de longitude entre Alger et Gibraltar.. $\overline{\quad 33\ 44\ ,2}$

56. Le calcul de l'angle horaire, déduit d'observations de distances
zénithales d'étoiles est encore plus simple, puisque la distance polaire
de l'étoile se trouve immédiatement dans la *Connaissance des temps.*
La distance zénithale sera seulement corrigée de la réfraction, car les
étoiles n'ont pas de parallaxe. Lorsqu'on aura obtenu l'angle horaire
au moyen d'un calcul absolument semblable à celui que nous venons
de faire, on trouvera l'heure moyenne avec la relation que nous
avons donnée :

$$\text{Heure moyenne} = p - \text{AR du } \odot \text{ moy.} + \text{AR} \star$$

et comme la *Connaissance des temps* donne, dans la colonne *temps sidéral*, cette ascension droite pour le midi moyen de Paris, il faut
faire subir au résultat une correction relative au temps qui s'est
écoulé entre le midi moyen de Paris et l'heure de l'observation. Cette
correction est donnée par la table II.

DÉTERMINATION DE L'AZIMUT.

57. L'azimut d'un des côtés A B d'une triangulation est, comme on
sait, l'angle que fait le rayon visuel dirigé du point A sur le point B,
avec le méridien qui passe par le point A. Cet angle n'est pas égal à
celui que ferait au point B le rayon visuel dirigé de B en A avec le
méridien du point B, car les méridiens des points A et B ne sont pas
parallèles. Mais nous verrons que le second angle se déduit facilement
du premier, et que pour la construction de la carte, il n'est nécessaire
que de déterminer un seul azimut. L'angle azimutal du côté A B se
prend, soit avec le méridien nord, soit avec le méridien sud, mais
toujours de manière qu'il soit inférieur à 90°. Il est égal à la somme
ou à la différence des angles que le vertical du soleil fait avec le côté

et avec le méridien. Le procédé pour obtenir l'azimut du côté AB consistera donc à mesurer l'angle que ce côté fait avec le vertical du soleil, à un moment donné, et à déterminer au même moment l'azimut du soleil. Le premier de ces angles est donné immédiatement par l'observation au théodolite. Si on a noté exactement l'heure de cette observation et que la montre soit bien réglée, l'angle horaire sera connu à cet instant; on en déduira l'azimut du soleil par les formules suivantes :

$$\operatorname{tang.} \tfrac{1}{2}(A+q) = \operatorname{cot.} \tfrac{1}{2} p \; \frac{\cos. \tfrac{1}{2}(d-c)}{\cos. \tfrac{1}{2}(d+c)}$$

$$\operatorname{tang.} \tfrac{1}{2}(A-q) = \operatorname{cot.} \tfrac{1}{2} p \; \frac{\sin. \tfrac{1}{2}(d-c)}{\sin. \tfrac{1}{2}(d+c)}$$

p est l'angle horaire, d la distance polaire du soleil, c la colatitude du lieu. Ces formules donnent les valeurs des angles $\frac{A+q}{2}$ et $\frac{A-q}{2}$; en ajoutant ces expressions on obtiendra l'azimut A.

58. On mesure successivement plusieurs des angles que le côté, dont on veut avoir l'azimut, fait avec les deux bords latéraux du soleil (ou avec un seul, mais alors on aura soin d'ajouter ou de retrancher le rayon de l'astre) et on note les heures correspondantes. On agira comme si on répétait l'angle, en visant dans la première observation le bord de droite, dans la seconde le bord de gauche, dans la troisième le bord de droite et ainsi de suite ; on notera l'heure précise de chaque observation : en divisant l'angle obtenu finalement, par le nombre d'observations faites, on aura l'angle correspondant à la moyenne des heures. Comme il est nécessaire que l'angle horaire p soit très-exactement connu, il faudra faire une observation d'angle horaire avant, et une après l'observation de l'angle du côté avec le soleil. L'instrument étant tout disposé, rien ne sera plus facile que de faire ces observations qui serviront à déterminer exactement l'angle horaire d'une façon indépendante de la marche de la montre.

Quand le soleil n'est pas très-élevé au-dessus de l'horizon, on peut faire l'observation d'azimut avec le limbe horizontal; dans le cas contraire, on dispose l'instrument comme pour observer des distances zénithales, et on lit les angles sur le limbe inférieur; aussi est-il préférable d'employer pour les observations d'azimut le théodolite à deux limbes répétiteurs, dont le supérieur reste constamment vertical.

Le 10 août 1855 au soir, étant au point A (*fig.* 26), près de Gibraltar, on a pris avec le théodolite une série d'angles formés par les plans verticaux passant, l'un par le point B et les autres par chacun des bords

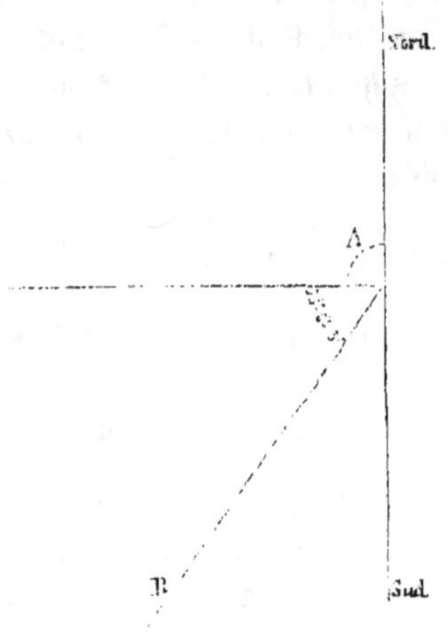

Fig. 26.

latéraux du soleil pris successivement (la réfraction et la parallaxe produisant un déplacement dans le plan vertical ne changent pas la valeur des angles observés). La moyenne de 10 de ces angles a donné 53°56′3″, correspondant à une moyenne d'heures égale à $4^h 35^m 0^s,1$, T. M. au point observé. Pour avoir l'angle horaire correspondant, il faut convertir ce temps moyen en temps vrai, et pour cela en retrancher l'équation du temps $5^m 8^s,2$, ce qui donne $4^h 29^m 51^s,9$ et 33°43′39″ pour la moitié de l'angle horaire exprimé en degrés. La distance polaire du soleil est à cette même heure 74°22′43″, et la colatitude du point A est de 53°49′11″. Nous aurons donc :

$$
\begin{aligned}
d &= \quad 74°22′\,43″ \\
c &= \quad 53\;\;49\;\;11 \\
\hline
d - c &= \quad 20\;\;33\;\;32 \qquad \frac{d-c}{2} = 10\;\;16\;\;46 \\[2mm]
d + c &= \quad 128\;\;11\;\;54 \qquad \frac{d+c}{2} = 64\;\;5\;\;57.
\end{aligned}
$$

Log. cot. $\frac{1}{2}p$...	0,1753855	... .	0,1753855
Log. cos $\frac{1}{2}(d-c)$.	9,9929723	log. sin. $\frac{1}{2}(d-c)$.	9,2515146
Comp. log. cos $\frac{1}{2}(d+c)$.	0,3597023	Comp. log. sin. $\frac{1}{2}(d+c)$.	0,0459742
Log. tg. $\frac{1}{2}(A+q)$ =	0,5280601	log. tg. $\frac{1}{2}(A-q)$ =	9,4728743

$$\tfrac{1}{2}(A + q) = 73° 29' 17''$$
$$\tfrac{1}{2}(A - q) = 16\ 32\ 44$$
$$A = 90\ 2\ 1$$

On voit, à l'inspection de la figure, que pour avoir l'azimut de A B, il faut ajouter l'angle A avec l'angle 53° 56′ 3″ trouvé par l'observation directe ,

$$A\ldots\ldots = 90° 2' 1''$$
$$53\ 56\ 3$$
$$143\ 58\ 4$$
$$36\ 1\ 56$$

Comme l'observation n'a pas été faite au point A lui-même, il y aura 50″ à ajouter pour la réduction au centre, et l'azimut de la ligne A B sera définitivement

$$36° 2' 46'' \text{ Sud.}$$

59. On évite le calcul de l'angle A en choisissant, pour observer, le moment où le soleil passe au méridien, parce que dans ce cas $A = 0°$ ou 180°. On peut alors multiplier les observations, car le mouvement de l'astre en azimut est proportionnel au temps. Au moyen de l'état et de la marche de la montre qui sont supposés connus , on calcule exactement l'heure du passage du soleil au méridien, et par une simple proportion on ramène à cette heure tous les angles observés, dont on a eu soin de noter les heures correspondantes, le calcul est trop simple pour que nous ayons besoin d'en donner un exemple.

CHAPITRE CINQUIÈME.

DE LA TOPOGRAPHIE.

TOPOGRAPHIE DE LA COTE.

60. Les travaux topographiques ont pour objet de représenter graphiquement tous les détails de la portion de terrain dont on veut faire entrer le figuré sur la carte. Dans les cartes marines, c'est le contour de la côte qu'il importe surtout d'avoir exactement et avec détail. Nous nous occuperons d'abord de cette partie du travail dont l'exécution demande beaucoup de soin, et nous verrons ensuite comment on lève le plan de l'intérieur des terres.

Il existe plusieurs méthodes pour lever un plan; celle qui est le plus en usage dans les levés hydrographiques consiste à prendre des croquis aussi exacts que possible de petites portions de terrain qu'on relie les unes aux autres au moyen de points déterminés avec tous les éléments nécessaires pour pouvoir ensuite construire le plan à loisir. Les points qui servent à cet usage sont des jalons que l'on pose ou des objets remarquables, tels que tours, maisons, rochers, etc. On en détermine la position, comme nous le verrons bientôt, à l'aide des signaux de la triangulation.

Parmi les moyens employés pour fixer la position des différents points auxquels on fait station, le plus usité est le procédé du segment capable, qui sert surtout à déterminer la position des points en mer et qui même a été imaginé dans ce but. Ce procédé est également avantageux pour les travaux faits à terre. c'est pourquoi nous allons en donner la description.

61. Construction par le segment capable d'un angle donné. Les points qui servent à redresser le figuré fait à vue d'œil peuvent être déterminés de deux façons. soit en les relevant de deux signaux au moins, soit en y faisant station et y prenant avec le cercle ou le théodolite des angles entre les signaux. Le premier moyen n'offre aucune difficulté de construction; de la position des signaux fixés sur le plan, on tracera les divers relèvements pris sur le point que l'on veut placer, et les relèvements devront tous se rencontrer en ce point. La position des points où on a fait station se construit de la manière suivante :

Soit X un point (*fig.* 27) d'où on a relevé les signaux A, B, C, sur la ligne droite AB élevons une perpendiculaire passant par le milieu de cette ligne et au point A, faisons avec un rapporteur un angle OAB égal au complément de l'angle observé AXB. Du point O comme centre, si nous décrivons avec OA comme rayon une circonférence, elle passera par le point X, ce qui est dû à l'égalité des angles AXB. OAM. Nous avons donc un moyen très-simple de tracer une circonférence passant par les points A et B et le point cherché; on en tracera de même une seconde passant par les points B et C, et devant également passer par le point X. La rencontre de ces deux circonférences donnera la position du point X. On pourra tracer ainsi autant de circonférences qu'on aura pris d'angles entre les signaux, elles devront toutes passer par ce point. Trois signaux suffiront pour le déterminer, les autres serviront de vérification.

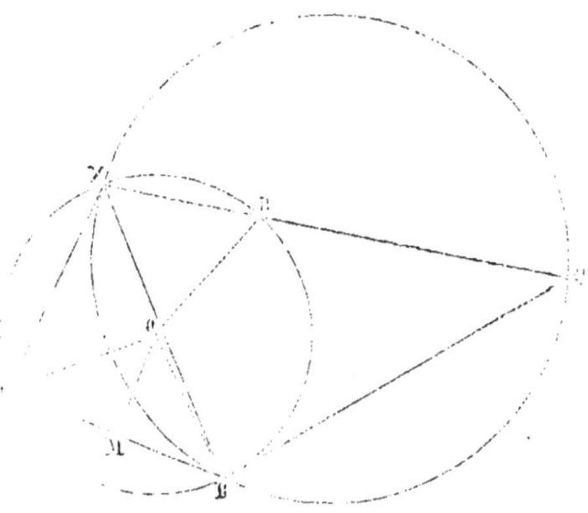

Fig. 27.

62. Construction par alignement. La construction précédente se nomme construction par le segment capable; elle revient, en effet, à faire sur une ligne qui joint deux points connus un segment capable d'un angle donné; il en est une autre que l'on appelle construction par alignement. Elle consiste, quand on a tracé la première circonférence AXB, à faire au centre O, avec la ligne OB, un angle BOR double de l'angle observé entre les points B et C. La rencontre avec la circonférence de la ligne RC prolongée, s'il est nécessaire, donnera le point X. En effet, l'angle BXR est la moitié de l'angle au centre BOR, lequel est par construction double de l'angle observé. L'angle BXR sera donc égal à l'angle observé.

63. Discussion et emploi des deux sortes de constructions. Ces constructions ne peuvent s'employer que si les trois points A, B, C et le point cherché X ne sont pas sur un même cercle, et le point X sera d'autant mieux déterminé que les deux cercles se couperont sous un angle plus près de 90°. La condition pour qu'ils se coupent normalement est que la somme des angles XAB, XCB soit égale à un angle droit; il s'ensuit que les angles AXC, ABC devront toujours être obtus dans ce cas, puisque leur somme devra être égale à trois angles droits. Il faudra donc, quand on opérera sur le terrain, se représenter ces angles et choisir les signaux à relever de telle façon qu'ils s'approchent le plus de satisfaire à la condition que nous venons d'énoncer.

Ce serait une grande perte de temps, quand on fait station à un jalon, que de relever tous les signaux qui sont en vue. On pourrait se contenter, à la rigueur, d'en relever trois convenablement situés; ordinairement on en relève quatre ou cinq afin d'avoir des vérifications. Il faudra ne pas relever des points trop éloignés, parce que la construction graphique du segment capable serait trop difficile, et on fera en sorte que les angles avec lesquels on devra construire les segments ne soient pas trop petits, car alors la rencontre de la ligne OA avec la perpendiculaire devient trop incertaine. Mais dans ces deux cas on peut avoir recours à la construction par alignement, pourvu toutefois que les quatre points ne s'éloignent pas trop de la condition que nous avons énoncée et qui doit être remplie dans les deux constructions pour qu'elles donnent les résultats les meilleurs. On comprend, en effet, que si le point C est très-près d'être sur la circonférence BAX, la distance CR sera très-courte et donnera pour sa prolongation RX, une direction incertaine; la construction par alignement sera d'autant plus efficace que cette ligne CR sera plus grande par rapport à RX. Aussi cette construction s'emploie surtout quand le point C est un point éloigné, mais il faut encore que la ligne CRX ne s'approche pas trop d'être tangente au cercle. La construction par alignement sera d'autant meilleure que la ligne CRX coupera la circonférence plus normalement; la condition pour qu'elle la coupe normalement est que le point C se trouve situé sur la ligne qui joint le point X au centre de la circonférence. Si, au contraire, le point C est situé sur la perpendiculaire à cette ligne, la construction par alignement ne peut plus être employée, parce que dans la pratique le point de contact de la tangente à la circonférence est très-incertain. D'après l'énoncé de cette condition, il sera souvent facile de voir sur le terrain si le point éloigné C peut ou non servir à faire trouver par alignement le point X.

64. Manière d'opérer sur le terrain. En ayant toujours présentes à l'esprit les considérations précédentes, on acquerra promptement l'habitude de choisir les points les mieux situés pour la détermination de celui où l'on fait station, surtout quand on aura fait sur le papier quelques constructions de levés qu'on aura exécutés soi-même. On combinera avec les deux modes de construction dont nous venons de parler les relèvements que l'on aura pris d'autres points déjà déterminés sur celui que l'on veut construire. Ces relèvements sont très-avantageux parce qu'ils se portent avec une grande facilité sur le plan; il faudra donc les multiplier autant que possible. Aussi recommandons-nous, lorsqu'on pourra l'employer, la manière suivante d'opérer, qui aide beaucoup à la bonne et prompte construction de la topographie : c'est lorsqu'on veut lever une portion de côte comprise entre M et N, par exemple (*fig.* 28), de partir du point M et de cheminer vers N en plaçant les jalons 1, 2, 3, 4, 5, etc., et en dessinant ; puis de retourner vers le point M et de faire station aux jalons jusqu'à ce qu'on soit revenu au point de départ. On aura ainsi l'avantage de pouvoir relever de chaque jalon tous les autres.

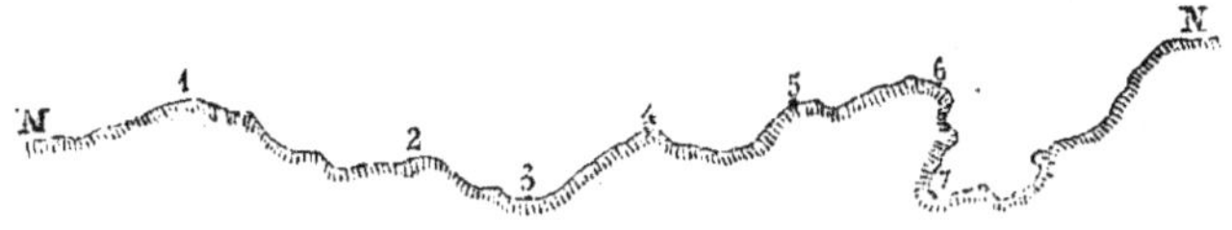

Fig. 28.

Quand on veut procéder rapidement et éviter de revenir sur ses pas, il faut tout à la fois poser les jalons, dessiner, et faire les stations. La première manière de procéder a encore l'avantage de donner une connaissance de la localité qui permet de voir d'avance quels seront les points à déterminer.

Les jalons de topographie consistent en piquets dont le sommet est garni de petits pavillons de diverses couleurs ou en tas de pierres blanchies à la chaux. Si les côtes sont bordées de roches ou de falaises, on fait des taches avec de la chaux sur les rochers. Nous recommandons, quand on opérera dans un pays de roches où on sera obligé de multiplier les points blanchis, de donner à quelques-uns de ces points, pour s'y reconnaître, une marque distinctive. On fera, par exemple, une tache double à tous les jalons dont le numéro sera un multiple de trois.

Lorsque la construction graphique présente des difficultés, ou bien quand on a besoin de connaître avec beaucoup d'exactitude la position d'un point où l'on a fait station, mais qu'on n'a pas relevé des points de la triangulation. on calcule cette position avec les mêmes données qui ont servi à faire la construction graphique que nous venons d'exposer. Ce calcul s'applique surtout aux stations faites à la mer; nous en donnerons un exemple dans le chapitre neuvième.

Le micromètre Lugeol s'emploie souvent avec avantage pour la détermination de points topographiques. L'observation se fait d'une manière très-rapide : on a une mire de deux mètres, par exemple, pareille à celles dont on se sert pour mesurer une base à l'aide du micromètre; on fait porter cette mire au point que l'on veut déterminer, et du jalon où l'on fait station, on met en contact les deux extrémités de la mire; l'angle lu sur le vernier donne au moyen d'une table (§ 20) la distance du point au jalon. Si du même jalon ce point a été relevé avec le théodolite, on a tout ce qu'il faut pour déterminer sa position. Le micromètre Lugeol a sur celui de Rochon l'avantage d'être une longue-vue véritable et de permettre par conséquent de voir les objets très-clairement et à d'assez grandes distances. On s'en sert en topographie surtout quand il faut avoir les détails d'un groupe de rochers ou les limites d'un plateau peu étendu. On place le théodolite sur le rocher central ou au milieu du plateau; on fait porter la mire successivement sur les différentes roches ou en divers points du plateau, et on relève toutes ces positions avec le théodolite et avec le micromètre. Ce moyen est très-expéditif et d'une construction rapide.

Dans les pays à marées, on ne devra dessiner la côte qu'au moment de la basse mer, à moins qu'elle ne soit formée par des falaises à pic dont le contour reste à peu près le même, quelle que soit la hauteur de la mer. Quant aux plages, on se contente d'en déterminer le sommet; la laisse de basse mer est déterminée au moyen des sondes.

65. Stations à la mer. Souvent les localités sont disposées de telle façon qu'on parcourt une assez grande étendue de côtes sans apercevoir un nombre de signaux suffisant pour la détermination des jalons, par exemple lorsque la côte est droite et formée par des montagnes élevées et arrondies ou qu'elle est bordée de grands arbres qui empêchent de voir l'intérieur du pays; on se sert alors de stations à la mer pour déterminer les jalons. Ces stations devront être faites avec beaucoup de soin. On observera dans un canot mouillé à une distance de la côte qui permettra de voir à la fois des signaux en assez grand nombre pour placer la position du canot et les points qu'on voudra déterminer. Ces stations à la mer devront être assez nombreuses pour que l'on ait au moins trois relèvements sur chaque jalon. Quoique ce moyen soit suffisant, il sera bon néanmoins de faire

station aux jalons si on le peut, et de les relever les uns des autres ;
les stations faites à terre avec le théodolite devront toujours être pré-
férées aux stations à la mer. Le procédé de détermination des jalons
par les stations à la mer est le seul qu'on puisse employer lorsque la
côte est inaccessible.

TOPOGRAPHIE INTÉRIEURE.

66. Relief du terrain. L'hydrographe ne doit pas se borner à
lever le contour de la côte ; les points remarquables que l'on voit de
la mer, les sommets de montagnes, la structure du terrain, la végétation, la culture, sont autant de données précieuses pour le navigateur, qui lui permettent de reconnaître à première vue la terre qu'il
a sous les yeux. On devra donc, de chaque point où l'on fera station,
relever tous les sommets de montagnes, les principaux ravins et les
objets remarquables qui se voient de la mer. Il faut, si on le peut,
parcourir l'intérieur du pays, monter sur les principaux sommets,
afin de bien voir le relief du terrain et de le dessiner ; on notera partout l'espèce de végétation qui le recouvre, ou bien on la représentera par des signes conventionnels. Le relief du terrain se figure
au moyen de courbes de niveau, mais on comprend qu'il n'est pas
besoin de tracer ces courbes avec une précision bien rigoureuse,
comme celle que l'état-major, par exemple, apporte dans ses levés ;
il suffit que le marin puisse reconnaître facilement de la mer la
forme du terrain, c'est pour cette raison que dans les cartes marines on a adopté pour les montagnes la lumière oblique, ce mode
d'éclairage faisant bien mieux ressortir la structure du terrain que
la lumière zénithale. Ce sera donc à vue que l'on dessinera les
courbes de niveau ; on les rectifiera par les hauteurs des points
remarquables que l'on aura prises des différentes stations faites dans
l'intérieur des terres ou sur le rivage. Comme nous l'avons dit dans
la description du petit théodolite, ces hauteurs s'obtiennent très-
facilement au moyen des hauteurs angulaires ou compléments de distances zénithales que l'on peut lire sur le limbe vertical en même
temps qu'on fait la lecture de l'angle destiné à déterminer la position
du point que l'on relève.

**67. Détermination des différences de niveau par les dis-
tances zénithales.** La formule qui donne la différence de niveau BE

(*fig.* 29) de deux points A et B de l'un desquels on a pris la distance
zénithale z de l'autre est :

$$h = d \cot. z + 0{,}42 \frac{d^2}{\rho'}$$

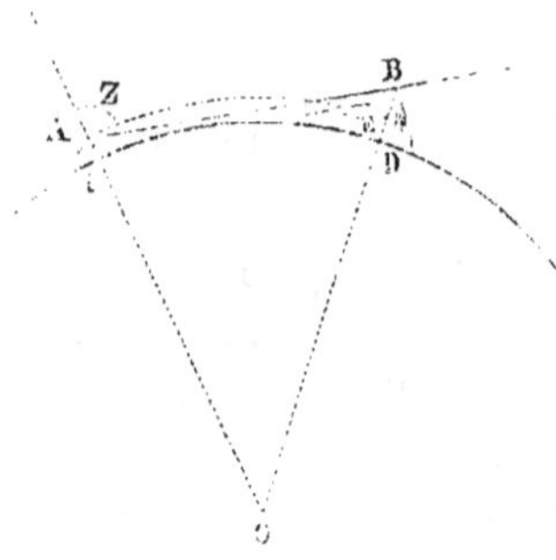

Fig. 29.

d est la distance en mètres qui sépare les deux points que l'on considère ; on aura immédiatement cette distance si ces points font partie
de la triangulation, sinon il faudra la mesurer sur la carte avec un
compas ; ρ' est la valeur du rayon de courbure de la surface terrestre
au point où l'on se trouve. Cette valeur varie avec la latitude, mais
on suppose pour plus de simplicité les points situés sur une sphère
dont le rayon serait égal à la normale menée à la latitude de 45° ;
le log. de ρ' a donc la valeur constante :

$$\text{Log. } \rho' = 6{,}8053362.$$

Cette formule n'est qu'approchée, mais l'approximation qu'elle
donne est suffisante dans la plupart des cas. Au lieu de l'arc $CD = D$
qui représente la distance des deux points A et B projetée sur la surface de la mer. il faudrait prendre l'arc AE, qui diffère du précédent.
Cette différence sera d'autant plus grande que les points A et B seront
plus éloignés l'un de l'autre et que le point A sera plus élevé au-
dessus du niveau de la mer. La formule sera donc d'autant moins
exacte que la distance des deux points sera plus grande et qu'on opérera dans un pays de montagnes. L'erreur peut s'élever à 5 mètres
dans les circonstances les plus défavorables. Les marins n'ont pas besoin d'avoir la hauteur des montagnes avec une plus grande approximation. La hauteur des phares doit être déterminée avec beaucoup

de précision, mais ces édifices sont toujours peu élevés au-dessus du niveau de la mer, on peut donc employer dans ce cas la formule sans craindre des erreurs appréciables. Le coefficient 0,42 dépend de la réfraction ; ce phénomène fait voir les objets plus élevés qu'ils ne sont réellement ; la véritable distance zénithale serait donc un peu plus grande que celle qu'on observe et qui est représentée par z dans la formule. La réfraction varie avec les circonstances atmosphériques qui accompagnent l'observation et avec la hauteur des points A et B ; le coefficient 0,42 a été calculé d'après la valeur moyenne de ce phénomène.

Appliquons la formule précédente à un exemple : Du point A dont l'altitude est 1,000 mètres on a pris la distance zénithale z du point B que l'on a trouvée égale à 88°, 24′, 57″, 8, la distance d des deux points est de 57836,03 ; quelle est la différence de niveau h des deux points? Nous aurons :

$$
\begin{aligned}
&\text{Log. } d = 4{,}7621984 && \text{Log. } d^2 = 9{,}52440 \\
&\text{Log. cot. } z = 8{,}4417279 && \text{Log. } 0{,}42 = \overline{1}{,}62325 \\
&\overline{\text{Log. } (d \text{ cot. } z) = 3{,}2039263} && \overline{\text{Comp. log. } \rho' = 3{,}19466} \\
&d \text{ cot. } z = 1599^{\mathrm{m}}{,}3 && \text{Log. } 0{,}42\,\dfrac{d^2}{\rho'} = 2{,}34231 \\
&0{,}42\dfrac{d^2}{\rho} = 219^{\mathrm{m}}{,}9 \\
&\overline{\phantom{0{,}42\dfrac{d^2}{\rho}}\;h = 1819^{\mathrm{m}}{,}2}
\end{aligned}
$$

On aurait trouvé, en appliquant les formules rigoureuses, $h = 1820^{\mathrm{m}}{,}07$.

68. On s'affranchirait des effets de la réfraction en observant les distances zénithales z, z' aux deux points A et B, et surtout en faisant des observations simultanées afin que les circonstances atmosphériques fussent les mêmes ; il faudrait dans ce cas employer les formules suivantes :

$$
h = d\,\frac{\mathrm{tg.}\,\frac{1}{2}(z' - z)}{\cos \cdot o} \qquad\qquad o = \frac{d}{\rho' \sin. 1''}
$$

L'angle o est l'angle des deux normales qui passent par les points A et B ; l'équation précédente donne sa valeur en secondes.

Supposons qu'avec les mêmes données que dans l'exemple précédent on ait pris de plus au point B la distance zénithale z' du point A 92° 1′ 11″, 6 :

Calculons d'abord l'angle o :

$$\log. \; d = 4,7621984$$
$$\text{Comp. log. } \rho' = 3,1946638$$
$$\text{Comp. log. sin. } 1'' = 5,3144254$$
$$\log. o = 3,2712873 \qquad o = 1867'',6$$
$$\tfrac{1}{2} o = 933'',8 = 15' - 33'',8$$

$$z' - z = 3^o\,36'\,13'',8$$
$$\tfrac{1}{2}(z' - z) = 1\;48\quad6\;,9$$
$$\log. \; d = 4,7621984$$
$$\log. \text{ tg. } \tfrac{1}{2}(z' - z) = 8,4977553$$
$$\text{Comp. log. cos. } \tfrac{1}{2} o = 0,0000044$$
$$\log. h = 3,2599581 \qquad h = 1819',5$$

69. On est souvent obligé de rapporter au sommet d'un signal la distance zénithale prise à son pied; par exemple si on ne peut observer qu'en a au pied d'un édifice dont le sommet est A, la distance zénithale du point B, c'est l'angle ZAB (*fig.* 30) et non pas l'angle observé ZaB qu'on devra faire entrer dans les équations qui donnent les différences de niveau des deux points A et B; le premier angle se déduit du second au moyen de la formule

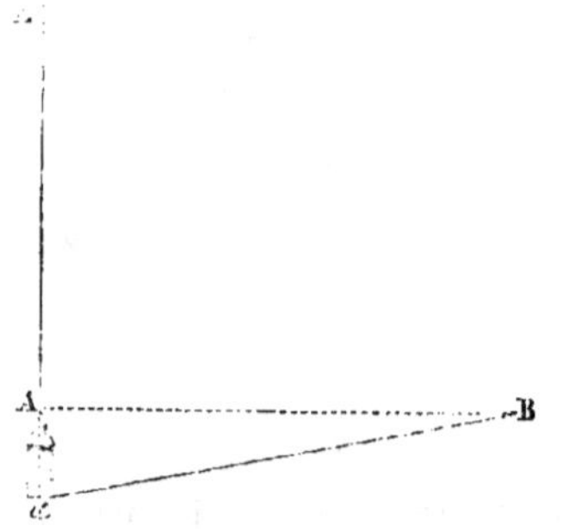

Fig. 30.

$$\mathrm{ZAB} = Z = z + \frac{l \sin. z}{d \sin. 1''}$$

l est la hauteur Aa du sommet de l'édifice au-dessus de l'instrument, z la distance zénithale observée en a, et d la distance qui sépare les points A et B. On se placera aussi près que possible de la verticale du point A; dans le cas où on en serait un peu éloigné, il faudrait ramener la distance zénithale au centre de la station. Nous ne donnerons pas ici la formule parce que l'on pourra toujours se mettre assez près de la verticale du point A pour que cette correction soit négligeable.

Soit la distance zénithale observée au pied de l'édifice $z = 88°24'40''$, $l = 5^m$ et $d = 57836,03$, le calcul de z se fera de la manière suivante :

$$\begin{aligned}
\log. l &= 0,69897 \\
\log. \sin. z &= 9,99983 \\
\text{Comp. } \log. d &= 5,23780 \\
\text{Comp. } \log. \sin. 1'' &= 5,31443 \\
\hline
\log. \frac{l \sin. z}{d \sin. 1''} &= 1,25103 = +17,8 \\
z &= 88° \quad 24' \quad 40'' \\
\hline
Z &= 88 \quad 24 \quad 57,8
\end{aligned}$$

70. Nous venons de voir que l'observation des distances zénithales donnait le moyen d'avoir les différences de niveau de tous les sommets ou points remarquables ; si on connaît la hauteur de l'un de ces points au-dessus du niveau de la mer, on aura la hauteur de tous les autres. Dans cette série de points, on en choisit un qui soit situé sur la côte et dont on puisse avoir facilement, à l'aide d'une mire, la hauteur au-dessus du niveau de la mer. C'est au niveau moyen qu'on rapporte toutes les altitudes ; on verra, quand nous parlerons des marées, la manière d'obtenir ce niveau moyen.

71. On peut avoir immédiatement la hauteur du point A (*fig.* 31)

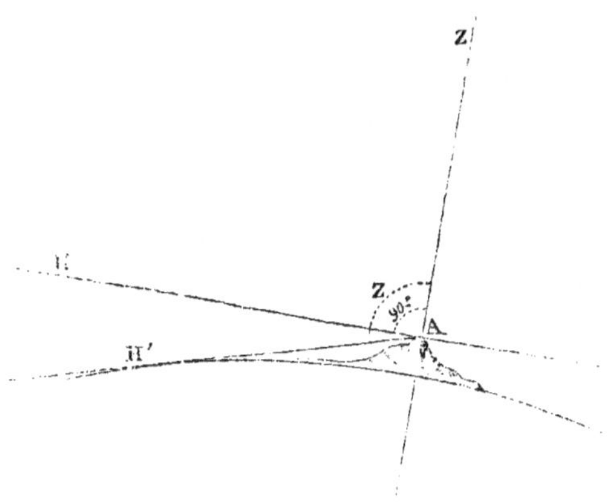

Fig. 31.

au-dessus du niveau de la mer en prenant de ce point la distance zénithale z de l'horizon de la mer.

On se sert alors de la formule :

$$h = 0{,}5832 \; \rho' \; tg^2 \; (z - 90°).$$

Le coefficient 0,5832 dépend de la réfraction; $z - 90°$ représente l'angle HAH' que fait l'horizon sensible AH' avec l'horizon vrai AH au point où l'on observe; cet angle est ce qu'on appelle la dépression de l'horizon. C'est au moyen de la formule précédente que l'on construit les tables qui donnent la dépression de l'horizon pour les différentes valeurs de h et permettent de ramener la hauteur observée d'un astre au-dessus de l'horizon sensible à ce qu'elle est au-dessus de l'horizon vrai.

Ce moyen d'avoir des altitudes n'est pas très-exact à cause de l'incertitude qui existe toujours sur la visée de l'horizon de la mer, surtout lorsque le point d'où on observe est à une grande hauteur.

72. Mesure des hauteurs par le moyen du baromètre. Le procédé de la mesure des hauteurs par les observations barométriques ne peut être que bien rarement employé par les marins. Néanmoins nous donnerons ici la formule qui conduit à la résolution du problème et dont on trouvera la démonstration détaillée dans l'*Astronomie physique* de M. Biot.

Soient H la hauteur du baromètre en fractions de mètres, T la température en degrés centigrades observés en un point A, h et t les valeurs analogues observées en un point B dont on veut connaître l'élévation au-dessus de A, θ la différence entre la température indiquée par le thermomètre du baromètre en A et celle indiquée par le thermomètre du baromètre en B (presque toujours cette différence sera positive, car il fera plus froid dans le point le plus élevé), l la latitude du lieu où on se trouve; la différence de niveau x sera donnée en mètres par la formule

$$x = 18393^m \, (\log. H - \log. h - 0{,}00068\,\theta)\,(1 + 0{,}002837 \cos. 2\,l)$$
$$[1 + 0{,}002\,(T + t)].$$

On comprend aisément l'influence que doivent avoir sur les hauteurs des deux baromètres, d'un côté les températures de l'air ambiant qui modifient la pression de l'atmosphère, de l'autre les températures du mercure qui en dilatant plus ou moins ce liquide font varier son volume. Le coefficient dans lequel entre cos. 2 l exprime l'effet produit par la variation de la pesanteur suivant les latitudes.

Il faut, pour conduire à de bons résultats, que les observations soient faites avec beaucoup de soin et que les instruments qu'on emploie soient bien construits. On choisira autant que possible un temps calme et l'heure de midi. Les baromètres et les thermomètres seront comparés à la station inférieure, au départ et au retour. Les deux observateurs conviendront des heures d'observation; ils devront observer plusieurs fois, de quart d'heure en quart d'heure, par exemple, et prendre la moyenne des indications fournies par les instruments. Si le point inférieur A est placé près de la surface de la mer, on mesurera la hauteur du baromètre au-dessus de l'eau, ce qui permettra d'avoir la hauteur absolue du point B. Dans les conditions que nous avons énoncées plus haut, l'emploi de ce procédé peut conduire à des résultats très-satisfaisants. L'*Annuaire du bureau des longitudes* donne des tables avec lesquelles on calcule facilement et d'une manière très-exacte les hauteurs par les observations barométriques.

Voici une application de la formule :

	Baromètres.	therm. des bar.	therm. libres.	
Au p^{t}A.....	H $=$ 763^{mm},15	25°,3	T $=$ 25°,3	
Au p^{t}B.....	$h =$ 600 ,95	21 .3	$t =$ 21 ,3	lat. $l =$ 21°
		4 ,0	T $+ t =$ 46 ,6	

log. H $=$ 2,88261 log. 0,002837 $=$ 3,45286   T $+ t =$ 46.6

$-$ log. $h = -2,77884$ log. cos. $2l = 9,87107$ 0,002

$-$ 89 $= -0,00032$ 3,32393 0,00211 0,002(T$+t$)$=$0,0932

1er fact. $=$ 0,10343   2e facteur. 1,00211   3e facteur 1,0932

log. 18393 $=$ 4,26465

log. 1er facteur $= \bar{1},01473$

log. 2e facteur $=$ 0,00091

log. 3e facteur $=$ 0,03870

3,31899   Différ. de niveau.. $x =$ 2084,50

75. Topographie prise de la mer. Tels sont les moyens de déterminer avec une précision suffisante le relief du terrain et les altitudes des points remarquables lorsqu'on a la possibilité de parcourir la contrée dont on veut dresser la carte. Quand on ne pourra pas opérer ainsi, cette partie du travail devra être complétée par des

stations à la mer. Le côté des montagnes qui fait face à la mer ne
peut être bien vu et bien dessiné que de ces stations, qui devront être
faites à une distance du rivage telle que l'on puisse embrasser l'ensemble des mouvements du terrain sans trop perdre des détails. On
déterminera, comme nous l'avons dit précédemment, la position de
tous les sommets qui n'aura pas été fixée par les stations faites à terre,
et l'on achèvera de dessiner les courbes de niveau qui représenteront
de ce côté le relief du terrain. Lorsqu'on n'aura pas le temps ou la
possibilité de parcourir le pays, c'est de la mer qu'il faudra dessiner
entièrement ce relief. Tout imparfaits que soient les résultats auxquels on arrivera, ils seront encore d'une utilité très-grande pour la
navigation, puisque la terre sera toujours vue par les marins dans les
mêmes conditions où s'est trouvé l'hydrographe pour la dessiner. Les
erreurs que l'on aura commises ne pourraient être reconnues que par
une personne placée à terre.

74. Détermination à la mer de la hauteur des montagnes.
Les altitudes s'obtiennent de la mer par la mesure de la distance angulaire, prise avec le cercle de réflexion, des points au-dessus de la
ligne qui paraît former la côte; de la station où l'on se trouve, cette
ligne peut être l'horizon de la mer ou le rivage lui-même, suivant que
la distance du point de station à la côte est plus ou moins grande ou
que l'observateur est plus ou moins élevé au-dessus du niveau de la
mer. Il faudra donc distinguer deux cas :

1° *Détermination de la hauteur absolue d'un point par la mesure de
sa distance angulaire à l'horizon de la mer.* Supposons que du point A
(*fig.* 32) élevé de $Aa = c$ au-dessus du niveau de la mer on ait mesuré

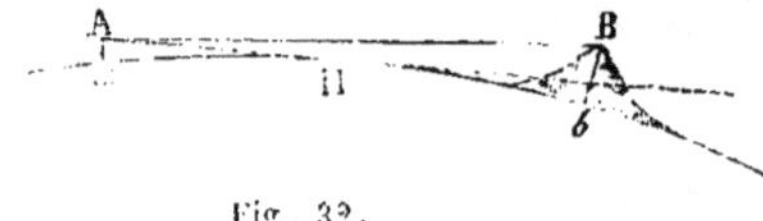

Fig. 32.

l'angle $BAH = z$, la hauteur $Bb = h$ du point B au-dessus du niveau
de la mer sera donnée par l'équation :

$$h = c + d \, \text{tg.} \left(z' + \frac{d}{2 \, \rho' \, \sin. \, 1''} \right)$$

d est la distance en mètres qui sépare les points A et B. Cette distance se prend sur la carte où l'on a préalablement fixé la position
des deux points; l'angle z' se déduit de l'angle observé z en corri-

geant ce dernier de la dépression apparente δ et de la réfraction par la formule

$$\alpha' = \alpha - \delta - \frac{0,08\,d}{\rho'\,\sin. 1''}$$

l'angle δ est donné par la table suivante, en fonction de l'élévation Aa de l'œil au-dessus de la surface de la mer :

TABLE

DONNANT LA DÉPRESSION APPARENTE DE L'HORIZON EN FONCTION
DE L'ÉLÉVATION DE L'ŒIL.

ÉLÉVATION de l'œil.	DÉPRESSION apparente.	DISTANCE de l'horizon.	ÉLÉVATION de l'œil.	DÉPRESSION apparente.	DISTANCE de l'horizon.
0 m ,5 ...	1′ 15″ ...	2531 mèt.	10 m ,5 ...	5′ 45″ ...	11559 mèt.
1 ...	1 46 ..	3581	11 ...	5 53 ...	11822
1 ,5 ...	2 11 ...	4383	11 ,5 ...	6 1 ...	12084
2 ...	2 30 ...	5062	12 ...	6 9 ...	12347
2 ,5 ...	2 48 ...	5649	12 ,5 ...	6 17 ...	12609
3 ...	3 4 ...	6173	13 ...	6 24 ...	12871
3 ,5 ...	3 20 ...	6729	13 ,5 ...	6 31 ...	13118
4 ..	3 33 ...	7130	14 ...	6 38 ...	13365
4 ,5 ...	3 45 ...	7562	14 ,5 ...	6 45 ...	13596
5 ...	3 58 ...	7994	15 ...	6 52 ...	13828
5 ,5 ...	4 9 ...	8365	15 ,5 ...	6 59 ...	14044
6 ...	4 21 ...	8735	16 ...	7 5 ...	14260
6 ,5 ..	4 32 ...	9106	16 ,5 ...	7 12 ...	14491
7 ...	4 42 ...	9445	17 ...	7 19 ...	14723
7 ,5 ...	4 52 ...	9785	17 ,5 ...	7 26 ...	14939
8 ...	5 2 ...	10093	18 ...	7 32 ...	15156
8 ,5 ..	5 11 ...	10402	18 ,5 ...	7 38 ...	15356
9 ...	5 20 ...	10711	19 ...	7 44 ...	15557
9 ,5 ...	5 28 ...	10988	19 ,5 ...	7 50 ...	15757
10 ...	5 37 ...	11297	20 ...	7 56 ...	15958

Supposons qu'en mer un observateur dont l'œil est à 5 mètres au-dessus du niveau de la mer ait trouvé 1° 30′ pour la hauteur angulaire d'une montagne au-dessus de l'horizon, la distance de l'observateur à la montagne est de 36,150 mètres; quelle est la hauteur de la montagne?

Nous aurons dans cet exemple :

$$d = 36150^{m} \qquad e = 5^{m} \qquad \alpha = 1° 30'$$

Calculons d'abord l'angle α' :

$$\log. d = 4,55811$$

$$\log. \frac{0,08}{\rho' \sin. 1''} = 7,41218$$

$$\overline{\qquad 1,97029 \qquad 93'' \dots\dots\dots \quad 0^o \ 1' \ 33''}$$

pour une élévation de 5^m les

tables donnent$\dots\dots\dots\dots\dots$ $\quad \delta = 0 \quad 3 \ 58$

$$\alpha = 1 \quad 30 \quad 0$$

$$\overline{\alpha' = 1 \quad 24 \quad 29}$$

Nous aurons ensuite :

$$\log. d = 4,55811$$

$$C^t \log. 2\rho' \sin. 1'' = 8,20806$$

$$\overline{\quad 2,76617 \ \frac{d}{2\rho' \sin. 1''} = 583'',7 = 0^o \ 9' \ 44''}$$

$$\overline{\qquad\qquad 1 \ 34 \ 13 \quad \log. tg. = 8,4379626}$$

$$\log. d = 4,5581083$$

$$991^m,0 \quad \dots\dots\dots\dots\dots \quad \overline{\qquad 2,9960709}$$

$$e \dots \quad 5^m$$

hauteur cherchée$\dots$ $\overline{996^m,0}$

2° *Détermination de la hauteur d'un point par sa distance angulaire au pied de la côte.* Si le point A de station en mer est près de la côte, on ne pourra plus prendre l'angle que la ligne A B fait avec l'horizon de la mer; ce sera l'angle $BAM = i$ (*fig.* 33) que l'on aura mesuré, M

Fig. 33.

étant le point de la côte rencontré par le plan vertical qui contient la ligne A B. La hauteur $Bb = h$ sera dans ce cas donnée par les formules suivantes :

$$h = e + d \ tg. \left(i' + \frac{d}{2 \rho' \sin. 1''} \right)$$

$$i' = i - \left[\frac{0,08 \, d}{\rho' \sin. 1''} + \frac{0,42 \, d'}{\rho' \sin. 1''} + \frac{e}{d' \sin. 1''} \right]$$

e est l'élévation Aa de l'œil au-dessus de la surface de la mer, d la

distance entre les points A et B, d' la distance AM du point A au pied
de la côte. Ces longueurs d et d' sont prises sur la carte; on calcule i'
au moyen de la seconde équation, et on substitue sa valeur dans la
première. Cet angle i' représente, comme on le voit, l'angle que fait
la ligne AB avec l'horizon.
Soit comme exemple :

$$c = 5^m \qquad d = 5870^m \qquad d' = 1230^m \qquad i = 2^o 43' 0''$$

Calculons d'abord i' :

$$\log. e = 0{,}69897$$

$$\log. d = 3{,}76864 \qquad \log. d' = 3{,}08991 \qquad \log. \frac{1}{d'} = 6{,}91009$$

$$\log. \frac{0{,}08}{\rho' \sin. 1''} = 7{,}41218 \qquad \log. \frac{0{,}42}{\rho' \sin. 1''} = \overline{2}{,}13214 \qquad \log. \frac{1}{\sin. 1''} = 5{,}31443$$

$$\overline{1{,}18082} \qquad\qquad \overline{1{,}22205} \qquad\qquad \overline{2{,}92349}$$

$$15{,}2 \qquad\qquad\qquad 16{,}7 \qquad\qquad\qquad 838{,}5$$

$$16{,}7$$

$$15{,}2$$

$$\overline{870{,}4} = 14' 30'',4$$

$$i' = [2^o 43' 0''] - [0^o 14' 30''] = 2^o 28' 30''$$

Avec cette valeur de i' on calculera h de la manière suivante :

$$\log. d = 3{,}76864$$

$$\log. \frac{1}{2\rho' \sin. 1''} = 8{,}20806$$

$$\overline{1{,}97670}$$

$$\frac{d}{2\rho' \sin. 1''} = 94{,}8 = 0^o 1' 34'',8$$

$$i' = 2\ 28\ 30$$

$$\overline{2\ 30\ \ 4\,,8} \ldots \log. \text{tg.} = 8{,}6403249$$

$$\log. d = 3{,}7686381$$

$$\overline{2{,}4089630}$$

$$256^m,4 \quad \ldots\ldots\ldots\ldots\ldots\ldots$$

$$e = 5^m$$

hauteur cherchée.. $261^m,4$

75. Manière d'opérer; tenue des cahiers d'observation. Il
nous reste, pour terminer ce qui est relatif à la topographie, à donner
quelques détails pratiques sur la manière d'opérer et de tenir les
cahiers d'observation. Quand on pourra parcourir la côte, si on ob-

serve avec le petit théodolite de Lorieux, il sera inutile de le remettre à chaque station dans sa boîte. L'instrument est lié très-soli-
dement au trépied par le moyen d'une tige en cuivre qui se visse
à sa partie inférieure; on fera donc porter le tout ensemble, de manière que l'instrument reste autant que possible dans la position verticale pendant le transport : on gagne ainsi beaucoup de temps. Il faut
avoir avec soi, si on le peut, une personne à laquelle on dictera les angles qui seront écrits sur le cahier où l'hydrographe dessine la côte. On
peut encore avoir deux cahiers, un pour les stations et l'autre pour le
dessin; on aura soin de marquer sur les croquis chaque point déterminé et chaque jalon à la place qu'il doit occuper. Quant à l'échelle
de ces croquis, elle sera subordonnée à l'importance de la localité et
à l'échelle à laquelle on doit publier la carte; on fait ordinairement
les levés à une échelle deux ou trois fois plus grande que celle de
la publication.

On emploie, pour exprimer la nature du terrain et ses accidents, à peu
près les mêmes signes conventionnels que ceux dont on fait usage sur
les cartes gravées; mais ordinairement, afin d'aller plus vite, au lieu de
se servir de ces signes, on désigne par des mots la nature du terrain.
Ainsi, au lieu de figurer des broussailles, des bois, des jardins, des
cultures, etc., on écrira *broussailles, jardins, cultures,* etc., sur l'emplacement que ces revêtements divers du terrain doivent occuper. On se
dispensera aussi de tracer des hachures pour figurer les montagnes;
les courbes de niveau seront suffisantes. La figure 34 représente un
modèle de topographie prise sur le terrain.

CHAPITRE SIXIÈME.

DES SONDES.

ÉTUDE DE LA CONFIGURATION DU FOND DE LA MER.

76. Le moyen général qu'on emploie pour étudier la configuration
du fond de la mer consiste à mesurer les distances verticales d'un
grand nombre de points du sol sous-marin, à un niveau constant, qui

est celui des plus basses mers. Ces distances se mesurent à l'aide de la ligne de sonde.

77. Ligne de sonde. Les lignes de sonde sont suffisamment connues des marins pour que nous n'ayons pas besoin de les décrire et d'en indiquer l'usage. Nous donnerons seulement quelques indications sur la manière de les diviser. Les lignes de sonde que l'on emploie pour faire de l'hydrographie sont ordinairement divisées en mètres, et jusqu'à vingt mètres en doubles décimètres, de sorte que le sondeur, avec un peu d'habitude, peut apprécier les décimètres. Les mètres y sont marqués par des nœuds et les décimètres par de minces lanières de basane; de 5 en 5 mètres on met des morceaux d'étamine de diverses couleurs. On peut, pour aider la mémoire, prendre pour les quinze premiers mètres les couleurs du pavillon dans l'ordre où elles sont placées, et une autre couleur pour marquer le vingtième mètre. Ainsi chaque mètre, jusqu'à vingt mètres, sera divisé en cinq parties représentées par autant de lanières de basane qu'il y aura de doubles décimètres à marquer, et chaque série de cinq mètres aussi en cinq représentées par autant de nœuds qu'il y aura de mètres. Les cinq mètres seront marqués par une étamine rouge, les dix par une blanche, les quinze par une bleue, les vingt par une jaune, et on recommencera la série de vingt en vingt mètres.

Il faut avoir soin, avant de diviser une ligne, surtout lorsqu'elle est neuve, de la laisser séjourner dans l'eau pendant quelque temps, afin de lui faire prendre le rétrécissement dont elle est susceptible. Malgré cette précaution, les lignes de sonde continuent à varier beaucoup de longueur lorsqu'on en fait usage; elles tendent à se raccourcir par l'effet de l'immersion, et à s'allonger par la traction que leur fait subir le poids qu'elles supportent et la résistance de l'eau quand on remonte le plomb. C'est seulement quand on s'en est servi pendant longtemps qu'elles finissent par prendre pour ainsi dire une position d'équilibre et conservent la même longueur. Il est donc indispensable, surtout quand la ligne est neuve, de la vérifier à la fin de chaque journée de sonde et de noter les variations qu'elle a subies afin d'en tenir compte; ces variations se faisant irrégulièrement sur toute la longueur de la ligne, il sera bon de les noter de cinq en cinq mètres. On s'exposerait, en négligeant cette précaution, à commettre de grandes erreurs. Lorsque les divisions finissent par s'écarter trop sensiblement des longueurs qu'elles doivent indiquer, il faut diviser la ligne de nouveau. On est souvent obligé de refaire plusieurs fois cette opération avant que la ligne ne varie plus. Il faut avoir soin, dans la vérification journalière de la ligne, de ne pas la tendre avec effort et afin de ne pas lui donner le temps de sécher de faire le mesurage le plus tôt qu'on le pourra après les sondes.

78. Méthodes pour faire des sondes. Autant que possible les sondes ne devront être faites qu'après la topographie; les jalons topographiques seront d'un grand secours lorsqu'on approchera de la côte, surtout quand des falaises élevées ne permettront pas de voir les signaux qui sont dans l'intérieur. On doit sonder en général sur des lignes droites parallèles entre elles et perpendiculaires à la côte. Cette disposition est la plus simple et la meilleure pour l'étude du fond. Pour cheminer en ligne droite, on choisit un point sur la côte et un autre dans l'intérieur disposés de façon que la ligne qui les joint soit sensiblement perpendiculaire à la direction générale de la côte, et on se dirige de manière à conserver les deux points constamment l'un par l'autre; le point intérieur doit être pris le plus loin possible, car plus les deux points qui déterminent l'alignement seront éloignés l'un de l'autre, et plus vite on s'apercevra qu'on n'est plus dans l'alignement; un sommet de montagne, un arbre, une maison, une tache, en un mot un point quelconque, pourvu qu'il soit apparent, peuvent servir pour les alignements. Il y aura avantage, quand on le pourra, à prendre des signaux ou des jalons topographiques; la construction des sondes sur le plan en sera plus rapide. Quelquefois, quand on part de la côte pour aller au large, on plante un jalon ou bien on fait élever un tas de pierre ou de sable que l'on aligne avec un point de l'intérieur. Lorsque la côte est formée par une plage, on peut sonder avec une grande régularité en faisant placer, toutes les fois qu'on arrive à terre à une distance constante mesurée tout simplement par le nombre de pas, un point de reconnaissance qui sert pour la ligne suivante.

Lorsque c'est du large qu'on part pour aller à terre, il est plus difficile de commencer la ligne que l'on va faire, à distance convenable de celle qu'on vient de terminer. Supposons qu'on vienne de sonder (*fig.* 34) les lignes AB, CD et qu'on soit parvenu au point D. Si A et C sont les points de la côte qui ont servi de points d'alignements, on pourra du point D prendre avec le cercle de réflexion un angle CDx égal à l'angle ADC, et on choisira dans la direction Dx sur la côte un point E qui servira pour l'alignement de la ligne EF. Lorsqu'on jugera, soit d'après l'aspect de la terre, soit d'après la marche du canot, qu'on est éloigné de la ligne CD d'une distance à peu près égale à celle qu'on est convenu de mettre entre deux lignes consécutives, on commencera la nouvelle ligne. Si le point intérieur qui a servi pour la ligne CD est un sommet de montagne assez éloigné pour qu'on puisse regarder comme à peu près parallèles, à partir de la côte, les lignes qui joindraient ce sommet aux points D et F, on pourra s'aligner sur ce sommet pour la ligne FE. Un sommet M très-éloigné et situé dans la direction de la côte peut encore servir à déterminer le parallélisme des lignes de sonde ; il faudra pour cela prendre à chaque extrémité de ligne des directions faisant avec la direction du sommet M un angle constant et s'aligner sur les points qui se trouvent dans ces directions.

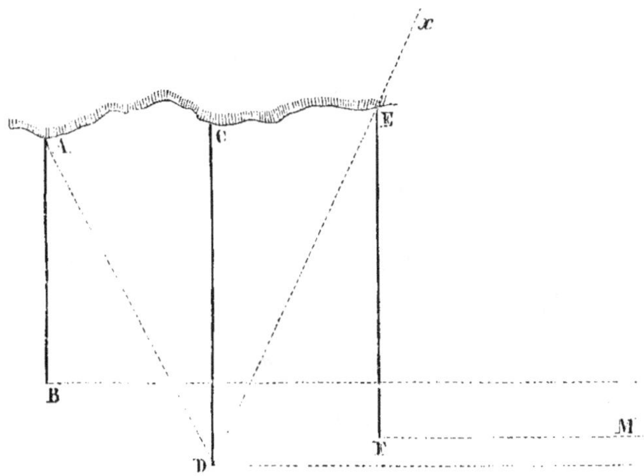

Fig. 34.

79. Nous n'insisterons pas sur les moyens qu'on emploie pour faire les lignes de sondes parallèles et équidistantes ; la pratique en apprendra en peu de temps plus que nous ne pourrions le faire ici. Dans les petits fonds on fera jeter le plomb d'une manière continue et sans arrêter l'embarcation, en ayant soin, s'il le faut, d'en ralentir la vitesse ; le sondeur jettera le plomb en avant et ne dira le fond que lorsque la ligne sera bien à pic. A chaque sonde, il regardera la qualité de fond dont une couche de suif étendue sous le plomb lui rapportera l'échantillon. L'hydrographe écrit sur un cahier toutes ces sondes

accompagnées des qualités de fond qui leur sont propres; de temps
en temps il fait arrêter l'embarcation afin de prendre des angles pour
déterminer exactement sa position. Ces stations doivent être d'autant
plus nombreuses que le fond est plus inégal et qu'on aura moins bien
suivi l'alignement. Comme alors on ne marche plus en ligne droite,
il faut multiplier les points déterminés pour tracer exactement la
courbe que suit l'embarcation; on fait mouiller le grapin avant de
prendre des angles, mais il vaut encore mieux, surtout quand on sonde
par de grands fonds où cette opération de mouillage est toujours très-
longue, prendre à terre deux alignements perpendiculaires entre eux
et se tenir à la rencontre de ces deux alignements en faisant nager
ou scier les hommes du canot. Le plus souvent, quand on a reconnu
l'existence d'un courant et sa direction, ce que fait voir à peu près le
cap qu'on est obligé de suivre pour garder l'alignement, c'est en faisant marcher doucement le canot debout au courant
qu'on maintient sa position. Avec de l'habitude, on
prend les angles assez vite pour que pendant le cours
de la station la variation de position puisse être regardée comme insignifiante; on pourra s'en assurer
en reprenant le premier angle qu'il faudra toujours
inscrire à la fin de la station avec sa nouvelle valeur.

80. L'embarcation est d'ailleurs tenue pendant les
stations par la lance de sonde (*fig* 35). On appelle ainsi
une tige de fer longue d'un mètre environ garnie d'un
plomb à sa partie moyenne et portant des échancrures
à la partie inférieure qui se termine en pointe aiguë.
Cette lance est attachée à l'extrémité d'une forte ligne
non divisée, et on la mouille à chaque station après
avoir enduit de suif la partie inférieure qui pénètre
dans le fond et en rapporte des échantillons attachés
au suif et aux échancrures de la tige. On a par ce
moyen la qualité du fond d'une manière bien plus
sûre qu'avec le plomb; aussi doit-on toujours employer la lance, surtout dans les mouillages, car alors
ce n'est pas la surface, mais bien le sous-sol qu'il
importe de connaître jusqu'à la profondeur où doivent pénétrer les ancres.

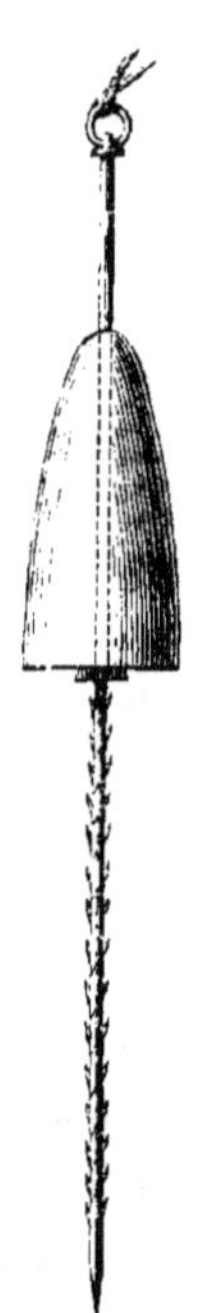

Fig. 35.

La lance de sonde se mouille par le travers de l'embarcation; l'hydrographe examine lui-même la nature du fond qu'elle rapporte et l'inscrit sur le cahier de sondes.

81. On ne doit pas oublier, toutes les fois qu'on change de direction, de noter sur le cahier le rumb de vent que l'on va suivre et qu'on lit sur un compas d'embarcation. Quoiqu'on soit guidé par l'alignement, cette donnée est souvent bonne à consulter lors de la construction des sondes ; elle est indispensable lorsque les alignements à terre font défaut ; il faut alors se diriger au moyen du compas. On n'est jamais sûr ainsi de cheminer en ligne droite à moins qu'il n'y ait pas de courants ou que la mer ne soit très-calme ; il est donc nécessaire de multiplier les stations pour tracer avec exactitude sur la carte le chemin que l'on a suivi.

82. Quand on arrive à l'extrémité d'une ligne qui conduit à la côte, on doit estimer à vue d'œil la distance du rivage à laquelle est faite chaque sonde, car on pourrait commettre de grandes erreurs en répartissant également les sondes faites entre la dernière station et la côte. Les sondes se faisant d'une manière continue, il s'en fera davantage dans une eau moins profonde, pendant le même temps et par conséquent pour le même espace parcouru que dans le cas où les fonds sont plus grands. Un seul angle pris à propos sans arrêter l'embarcation et tel que son segment capable coupe normalement la ligne que l'on suit, sera une excellente donnée pour avoir la distance d'une sonde à la côte.

Il est souvent utile, quand on arrive à toucher la côte, d'en faire un croquis rapide et d'y marquer la position où l'on se trouve. Ce croquis, comparé avec la topographie, servira à placer sur la carte cette position qu'il est souvent impossible de déterminer autrement.

83. Si dans le cours des sondes on rencontre un exhaussement de fond qui fait soupçonner l'existence d'un banc, il faut alors étudier cet endroit d'une manière spéciale. On traverse le banc par des lignes très-rapprochées les unes des autres, parallèles entre elles et à la direction générale des sondes ; on prolonge ces lignes de chaque côté du banc jusqu'à ce qu'on soit rentré dans les fonds réguliers ; le banc est ainsi limité de tous les côtés. On peut encore, au lieu de lignes parallèles, faire de petits bords que l'on conduira jusqu'à la sortie du banc, et qui, autant que possible, feront entre eux un même angle d'autant plus aigu que l'étendue du banc sera plus grande. On reviendra sur les endroits où on aura trouvé l'exhaussement le plus considérable afin d'en bien déterminer les parties saillantes si les fonds sont très-inégaux.

Les mouillages doivent aussi être sondés avec beaucoup de soin et au moyen de lignes très-rapprochées. Lorsqu'on opère dans une baie fermée, il devient très-facile de bien disposer les lignes de sondes, puisqu'on peut en fixer les deux extrémités au moyen de points pris à terre. Il en est de même quand on sonde une rivière.

84. Recherche des roches isolées. Les matériaux mobiles qu'on trouve ordinairement au fond de la mer, tels que le sable, la vase, les graviers, les cailloux, se disposent en masses continues; les dangers qui en résultent peuvent être étudiés au moyen de lignes de sondes régulières plus ou moins rapprochées.

Il n'en est pas de même des roches isolées ou des plateaux de roches ayant si peu d'étendue qu'il est le plus souvent impossible de les trouver dans le cours du sondage. Il est cependant très-important de reconnaître ces dangers appelés roches, basses, écueils, etc. On ne le peut généralement que lorsqu'on est conduit sur leur emplacement par des pilotes ou des pêcheurs qui les connaissent. Dans les pays à marées où il y a d'assez forts courants, les remous produits par ces dangers servent souvent à en faire trouver le sommet.

Quand on sera arrivé sur la position présumée d'une roche, il faudra, sans prendre d'angles, multiplier les sondes tout autour; aussitôt qu'on croira être sur le point le plus élevé, on prendra rapidement des alignements à terre ou bien on laissera le plomb de sonde sur le sommet de la roche en filant la ligne au besoin; on fera en sorte de mouiller l'embarcation en ce point, et alors on prendra les angles sur les signaux de manière à fixer la position avec tout le soin possible. Sans lever le grappin, on pourra encore faire venir son embarcation sur un bord ou sur l'autre et sonder tout autour du canot de manière à bien reconnaître le sommet de la roche qui n'est souvent qu'un point.

Dans les pays à marées on choisira de préférence, pour ces recherches, l'instant de la basse mer et le moment où il y a le moins de courant.

Dans le cas où il y aurait plusieurs têtes, il sera bon de mouiller des bouées sur les sommets qui auront déjà été reconnus pour éviter de les confondre entre eux.

Outre les angles pris sur le sommet des roches dangereuses, pour en fixer la position, il est très-utile d'y joindre des vues de côte ou simplement de dessiner les alignements qui peuvent indiquer la position du danger afin de la retrouver au besoin.

Dans les pays à marées, si les roches doivent découvrir, on choisira le moment propice pour débarquer sur le sommet et en déterminer la position, d'où on relèvera les têtes de roches voisines hors de l'eau ou sur le point de découvrir.

On notera exactement, en marquant l'heure, la hauteur des roches sur lesquelles on débarque et celle des roches voisines, comme aussi on prendra, autant qu'on le pourra, l'heure où chaque tête vient à fleur d'eau soit de jusant, soit de flot.

La hauteur des roches qui couvrent et découvrent, lorsque ces roches sont facilement reconnaissables, est un renseignement très-utile au navigateur, qui peut en déduire souvent la hauteur approchée de la marée.

On devra également figurer avec soin les rochers toujours hors de l'eau et en mesurer la hauteur au-dessus de la mer en ayant soin de noter l'heure à laquelle on fait cette observation.

85. Procédé des quatre canots. Il existe, pour sonder le long d'une côte, une méthode très-expéditive, mais qui nécessite l'emploi de quatre observateurs et d'autant d'embarcations. Cette méthode est avantageuse surtout quand on opère près d'une côte où l'on ne voit plus les signaux, alors qu'on se rapproche de terre, et où on présume qu'il n'y a pas de variations de fond devant être étudiées avec soin. Supposons (*fig.* 36) qu'il s'agisse de sonder le long de la côte de M en N,

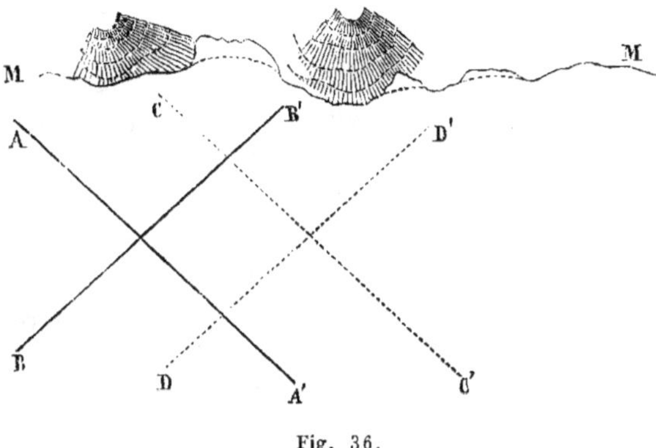

Fig. 36.

soient aux points A, B, C, D deux groupes d'embarcations disposées respectivement sur des lignes perpendiculaires à la direction de la côte et mouillées en ces points; les observateurs en B et D, qui sont éloignés de la côte à la distance où l'on veut conduire les sondes, détermineront leurs positions au moyen des signaux et relèveront en même temps les embarcations A et C. Chacune de ces dernières prendra les angles entre les trois autres; on aura donc le moyen de déterminer les positions des points A et C. Lorsque ces opérations sont faites, les deux embarcations A et B se mettent en mouvement et vont prendre en sondant les positions A' et B'; arrivées en ces points, elles mouillent (on convient d'un signal, par exemple celui d'un pavillon hissé au haut du mât pour indiquer qu'une embarcation est mouillée). Les observateurs en C et D relèvent les nouvelles positions A' et B'; celui qui est en A' relève d'abord les trois autres et détermine sa position au moyen des signaux, celui qui est en B' prend les angles entre les trois autres. Les embarcations C et D amènent alors leurs pavillons et se mettent en mouvement pour se rendre en sondant aux points C' et D', où elles mouillent. Les quatre embarcations se trouvent alors dans les mêmes positions respectives qu'en A, B, C, D, et recommencent en allant vers le point N les mêmes opérations. On aura ainsi deux séries de lignes de sondes parallèles entre elles et obliques à la côte. On fera sur chacune des lignes le nombre de stations qu'on jugera nécessaires; la détermination de ces stations sera facilitée par les angles pris sur les deux embarcations mouillées dont la position est connue.

Les recherches sont difficiles avec ce procédé des quatre canots, car toutes les positions étant liées les unes aux autres, l'un des observateurs ne peut pas interrompre le travail pour examiner les endroits où il rencontre des inégalités de fond; il est nécessaire de revenir ultérieurement sur les points douteux. Ce mode d'opérer ne convient donc que là où on sait à peu près d'avance que le fond est uniforme et qu'il n'y a rien d'intéressant à signaler pour le passage des bâtiments.

86. Sondes à bord du navire. Les sondes faites en embarcation ne doivent s'étendre que jusqu'à une certaine distance de la côte. Il est très-difficile de définir la limite à laquelle il faut s'arrêter; cette limite dépend de la configuration sous-marine, de la distance à laquelle s'étendent au large les petits fonds, et aussi de l'objet qu'on se propose dans le levé du plan.

Lorsqu'on juge qu'il n'y a plus de recherches importantes à effectuer et qu'il ne reste à faire que des sondes d'atterrage, on opère à bord du bâtiment, surtout quand on peut disposer d'un bateau à vapeur. On ne sonde plus alors d'une manière continue; toutes les fois qu'on jette le plomb, il faut arrêter l'erre du bâtiment, ce qui cause pour chaque sonde une assez grande perte de temps; les sondes devront donc être bien plus espacées que celles qui sont faites en embarcation, et on devra prendre des angles chaque fois qu'on sondera, d'autant plus qu'il est souvent avantageux de faire des lignes parallèles à la côte, et que dans ce cas les alignements font presque toujours défaut. Le compas seul indique alors la direction, qui peut devenir, sous l'action des vents et des courants, très-différente de celle qu'on se proposait de suivre.

Nous ne parlerons pas ici des grandes sondes entreprises dans le but de recherches scientifiques ou pour la pose des télégraphes sous-marins, ni des systèmes que l'on a imaginés pour avoir le fond par ces grandes profondeurs; ces questions seront traitées dans le livre quatrième.

87. On emploie généralement pour les sondes d'atterrage la ligne de sonde ordinaire. Comme le bâtiment conserve toujours un peu d'erre au moment où on fait la station, le plomb est jeté sur l'avant. La ligne passe sur une poulie disposée à l'arrière et on la laisse filer librement. On s'aperçoit que le plomb a touché le fond au ralentissement de la vitesse avec laquelle est appelée la ligne. Deux ou trois hommes font effort dessus pour la bien tendre. La petite inclinaison qu'elle peut conserver est évaluée approximativement et on retranche du fond qu'indique la ligne, un certain nombre de mètres déduits de cette évaluation.

88. Dans les sondes par de grandes profondeurs, c'est l'extrémité de la ligne opposée au plomb qui supporte le plus grand effort. La ligne doit donc augmenter de grosseur à mesure que sa distance au plomb augmente. Le poids du plomb doit aussi varier suivant les profondeurs et les courants que l'on rencontre. Souvent le courant est tel, que la ligne paraît toujours être appelée avec la même vitesse, quoique le plomb ait déjà touché le fond; on doit bien prendre garde à cet effet du courant qui peut faire commettre de grandes erreurs. La forte inclinaison que la ligne prend presque toujours dans ce cas indiquera que la sonde est erronée. Il faudra la recommencer avec un plomb plus fort ou dans des circonstances plus favorables.

89. Les bateaux à hélice du genre des canonnières sont très-commodes pour faire les sondes du large; les évolutions de ces petits bâtiments se font presque avec la même facilité que celles des embarcations, et on a l'avantage de pouvoir faire lever la sonde par la machine en enroulant la ligne autour d'un cylindre qu'on établit sur le pont et auquel le mouvement de rotation est communiqué par une courroie qui passe sur ce cylindre et sur l'arbre de l'hélice. Dans les grands fonds, cette opération, lorsqu'elle est faite à la main, exige beaucoup de monde et occasionne une grande perte de temps.

90. Sondes hors de vue de terre. Lorsque les sondes d'atterrage doivent s'étendre hors de vue de terre, il faut recourir aux observations astronomiques pour en déterminer la position, en se servant, tant que cela sera possible, des azimuts pris sur les sommets élevés qui sont encore en vue et dont la position est connue. Il en est de même dans la reconnaissance d'un plateau de roches situé au large. Dans ce dernier cas cependant les observations astronomiques ne doivent servir qu'à fixer la position d'un seul point du plateau. Les positions respectives des sondes se déterminent de la manière suivante :

Supposons le bâtiment mouillé en A (*fig.* 37) (on affourche afin que

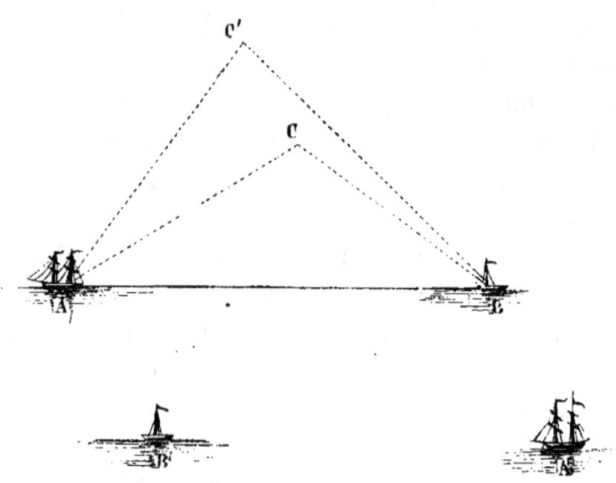

Fig. 37.

l'évitage produise le moins de déplacement possible) et une embarcation en B : on obtient la distance AB par une observation de la hauteur de la mâture prise du point B (§ 25) ; l'azimut de AB se détermine de la manière ordinaire, par des observations réciproques, faites aux points A et B. Le gisement et la longueur de la ligne AB sont donc connues. De chacun des points A et B, à un signal convenu, on prend avec un cercle de réflexion l'angle que fait avec l'autre point un canot qui sonde dans les environs de A et de B. L'observateur, placé dans le canot sondeur, prend lui-même l'angle compris entre A et B. On a ainsi tous les moyens de fixer les positions C, C', etc., du canot sondeur. Lorsque le canot sera voisin de la direction de AB, la détermination du point C deviendra indécise; pour toutes les sondes qui se rapprocheront de cette direction, on changera le mouillage de l'embarcation B que l'on placera par exemple en B', et la base AB' servira pour ces nouvelles sondes.

Quand on peut disposer de trois embarcations, on évite ces changements fréquents de mouillage en mouillant tout d'abord deux d'entre elles. On a ainsi avec le bâtiment deux bases AB, AB' qui peuvent servir à déterminer toutes les sondes autour du triangle ABB', et dans l'intérieur de ce triangle. La distance des canots mouillés au bâtiment ne doit pas être de plus de 2,000 mètres; en changeant plusieurs fois les positions des canots mouillés, on peut avoir toutes les sondes comprises dans un rayon de 3 à 4 mille mètres autour du bâtiment A. Si le plateau est plus étendu, on change le bâtiment de mouillage, on le conduit en A', tout en conservant aux canots B et B' la position qu'ils occupaient en dernier lieu. Le point A' est relié au travail précédent au moyen des points B et B', dont la position est connue, et les mêmes opérations de sondage sont reprises autour du point A'.

Il faudra à chaque mouillage du bâtiment fixer sa latitude et sa longitude par des observations astronomiques qui seront toutes rapportées à un même point et ne devront servir en aucune façon à déterminer les positions respectives des mouillages, à moins que le banc de roches ne se compose de plusieurs plateaux séparés et trop éloignés les uns des autres pour que l'espèce de triangulation que nous venons d'exposer puisse les relier entre eux. La vitesse du son s'emploie dans ce dernier cas avec avantage pour la détermination de la distance des plateaux si cette distance n'est pas assez considérable pour qu'on doive préférer la méthode astronomique (§ 32).

91. Tenue des cahiers de sonde. Voici un exemple de la manière dont doivent être tenus les cahiers de sonde :

LE 25 MAI 1858.

Pris position près du jalon 3 et porté dans la direction de ce jalon par le signal D.

7ʰ 35ᵐ	1ᵐ à 15ᵐ du jⁿ 3 | 1,9 R. à 40ᵐ | 6,5 R. du Sˡ A.	
7ʰ 40ᵐ	à d. Sˡ B 92°51′ Sˡ C 62 53 à g. Sˡ D 30 2	8 Gʳ (0,20 Gʳ tˡ peu)
	Continué dans l'alignement.	
7ʰ 52ᵐ	10,7 Gʳ | 10,7 s. f. | 11 s. f. | 11 s. f. 10,2 s. f. | 9 s. f. | du Sˡ A. à d. Sˡ B 48 52 Sˡ C 65 16 à g. Sˡ D 42 13 Sˡ E 49 57	8,8 s. f. (0,30 s. f. tˡ peu)
	———	
	Porté au N. E. $\frac{1}{4}$ N.	
7ʰ 58ᵐ	8,6 s. v. | 8 s. coq. | 7,8 s. f. | 7,6 s. f. du Sˡ A. Sˡ B 112 4 7,0 Gʳ coq. | 6,8 coq. | 6 herb. | 5,6 herb. 5,0 herb. | etc.	7,4 s. f.

92. Le signal pris pour départ doit être un point éloigné, afin que les petits déplacements que subit l'embarcation pendant la station n'aient pas beaucoup d'influence sur la direction de la ligne à laquelle tous les angles sont rapportés; on indiquera par les abréviations à d., à g. ceux des points qui seront pris à droite ou à gauche du point de départ. A côté de la sonde et de la nature du fond fournie à la station par la ligne de sondes, on met entre parenthèses la nature du fond indiqué par la lance et la longueur dont elle s'est enfoncée dans le sol; on indique aussi en abrégé si la lance tenait beaucoup ou si elle tenait peu.

93. Les abréviations les plus usitées pour exprimer la nature du fond sont les suivantes :

S. — sable.
S. f. — sable fin
S. bl. — sable blanc.
S. g. — sable gris.
S. n. — sable noir.
G^s s. — gros sable.
G^r. — gravier.
G^s G^r — gros gravier.
Pi — pierres.
R. — roches.
Cor. — corail.
Mad. — madrépores.
Coq. — coquilles.
Coq. br. — coquilles brisées.
Arg. — argile.
V. — vase.
V. g. — vase grise.
V. j. — vase jaune.
V. n. — vase noire.
V. m. — vase molle.
S. v. — sable vaseux.
Herb. — herbiers.

Ces différentes abréviations se combinent entre elles si le plomb rapporte un fond mélangé; ainsi G^r coq. br. indique un fond composé de gravier et de coquilles brisées.

94. Lorsque le plomb tombe sur des roches, le suif est écrasé et enlevé par parties, la lance de sonde revient émoussée et rayée; on a soin d'emporter dans l'embarcation une lime, afin de refaire la pointe.

Si le fond est recouvert par des herbes, le plomb en rapporte quelquefois un échantillon attaché au suif, mais il peut aussi ne rien rapporter, comme dans le cas d'un fond de roches; quant à la lance, elle revient nette, et le suif qui la recouvre est enlevé par le contact des herbes. Lorsque le fond est formé de roches sur lesquelles croît une épaisse couche d'herbes, il devient très-difficile de constater l'existence des roches, car le plomb et la lance sont préservés par les herbes et n'indiquent que la présence de ces dernières; le mouillage du grappin

7

pourra fournir dans bien des cas des indications sur la nature véritable du fond. Il en est de même quand on rencontre des mattes ; on appelle ainsi des fonds formés par un mélange de détritus d'algues et de sable ou de gravier qui devient très-dur et présente pour le sondeur toutes les apparences de la roche. La lance ne pénètre pas dans les mattes, mais elle ne revient jamais émoussée ; ce fond est habituellement de très-bonne tenue pour les ancres.

95. Enfin on doit noter exactement l'heure à laquelle est faite chaque station, afin de pouvoir rapporter toutes les sondes au même niveau, quel que soit l'instant de la marée où on ait sondé, ce qu'on appelle réduire les sondes.

RÉDUCTION DES SONDES.

96. Observation des marées. Le niveau auquel on est convenu de rapporter toutes les sondes est celui qui correspond à la plus basse mer. Les cartes marines donnent donc pour le passage des bâtiments le cas le plus défavorable qui puisse se présenter. Pour arriver à connaître au moyen de l'heure de la station la quantité dont la mer est élevée au-dessus de ce niveau dans le moment où l'on sonde, on se sert d'observations faites à des échelles où on note les hauteurs de la marée à des intervalles de temps assez rapprochés pour qu'on puisse, par une simple intercalation, en conclure la hauteur de la mer à chaque instant.

Les échelles de marées consistent le plus souvent en poteaux minces et bien droits, divisés en décimètres et quelquefois en centimètres, que l'on enfonce verticalement au fond de la mer dans un endroit où la marée peut avoir tout son développement et où les eaux restent aussi calmes que possible, car l'agitation de la mer est souvent très-gênante pour observer la hauteur à laquelle s'arrête le niveau de l'eau. On peut quelquefois se préserver de cette agitation en construisant dans la mer un puits en planches dans l'intérieur duquel l'échelle est mise en place. Dans les ports, on trouve presque toujours un endroit assez abrité pour avoir de bonnes observations.

Quand on est obligé d'observer la marée en pleine côte, il faut choisir une petite crique où la mer soit tranquille, comme on en rencontre souvent dans les pays de roches. Sur les plages de sable, l'observation est plus difficile ; il faut que l'échelle soit fixée bien solidement et maintenue avec des haubans pour ne pas être emportée par la mer; lorsque la plage est inclinée et que la marée a un grand développement dans la localité où on observe, on est quelquefois obligé de placer plusieurs échelles dans une direction perpendiculaire au rivage. Quand la mer va quitter le pied de l'échelle A (*fig.* 38), en même temps qu'on note la hauteur de l'eau à cette échelle, on observe avec une longue-vue le numéro auquel correspond le niveau de l'eau sur l'échelle B. On peut ainsi relier entre elles les observations faites aux différentes échelles et les ramener à ce qu'elles auraient été si on n'en avait eu qu'une seule.

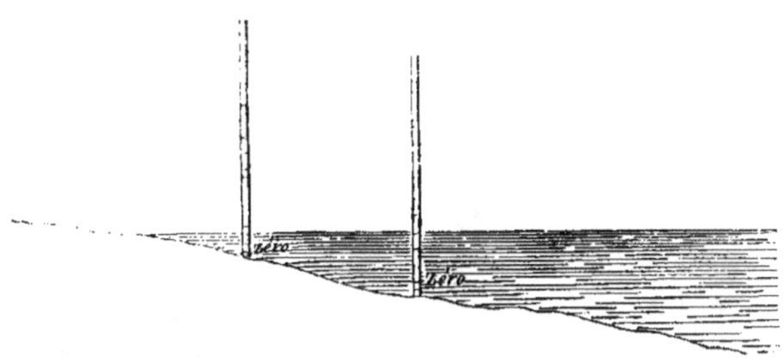

Fig. 38.

97. Lorsque la côte que l'on explore a une grande étendue, la marée n'étant pas la même sur tout le parcours de cette côte, il faut placer des échelles sur différents points. L'intervalle qui doit séparer deux échelles consécutives dépend des différences qui se manifestent dans le développement de la marée. Il faudra rapprocher d'autant plus les échelles que ces différences seront plus considérables.

Pour réduire les sondes entre deux échelles, on partage en trois parties égales l'intervalle qui les sépare. Les sondes faites dans les deux parties extrêmes sont rapportées respectivement à l'échelle qui leur est propre ; celles de la partie moyenne sont réduites avec la moyenne des indications fournies par les deux échelles. Lorsqu'on a mis en place une échelle de marées, il faut toujours avoir soin de rapporter sa graduation à la position d'un point fixe situé dans le voisinage, afin de rendre comparables avec les résultats déjà obtenus les observations faites dans la même localité à l'aide d'une autre échelle, dans le cas où la première aurait été déplacée par accident. Cette précaution est également bonne à prendre en vue d'opérations ultérieures.

98. Quand les observations doivent être faites dans une rivière, il faut avoir soin d'examiner si la marée a son entier développement au point où est placée l'échelle. Lorsque ce point est éloigné de l'embouchure, il peut arriver que le niveau du fleuve à l'étiage soit au-dessus du niveau qu'atteindrait la basse mer; on ne peut donc observer que la partie de l'oscillation comprise entre la haute mer et le niveau constant du fleuve; aussi s'aperçoit-on que, au moment de la basse mer, le niveau reste le même pendant un intervalle de temps plus long que la durée habituelle de l'étale. Pour avoir le niveau moyen et l'unité de hauteur, il faut dans ce cas recouiir à des procédés différents de ceux que nous indiquerons plus loin. M. Daussy a traité cette question pour les embouchures de la Loire et de la Gironde dans deux Mémoires annexés à la *Connaissance des temps* de 1831 et de 1838, auxquels nous renverrons le lecteur désireux de connaître la marche de la marée dans les fleuves.

99. Les observations du niveau à l'échelle des marées seront faites généralement de quart d'heure en quart d'heure; elles devront être plus rapprochées aux moments des hautes et des basses mers, afin qu'on puisse déterminer le moment bien précis de ces phénomènes. L'observateur sera muni d'une montre qu'on réglera tous les jours sur le temps moyen du lieu, en ayant soin de noter l'avance ou le retard à la fin de chaque journée. L'observateur de marées pourra régler sa montre lui-même au moyen d'un cadran solaire que l'on construira à côté de l'échelle, ou simplement à l'aide d'un style vertical et d'une méridienne; la montre réglée de cette façon marquera le temps vrai qu'il faudra plus tard transformer en temps moyen.

100. Marégraphe. Quand on veut étudier le mouvement de la marée d'une manière complète et précise, on se sert du marégraphe de M. Chazallon. Cet instrument est trop peu maniable et d'une installation trop difficile pour qu'on puisse l'employer dans les opérations ordinaires d'hydrographie; on ne doit s'en servir qu'en vue de recherches approfondies sur le mouvement des eaux dans une localité déterminée. Nous ne donnerons donc de cet instrument qu'une description sommaire. Il consiste en un tube plongeant dans la mer, que l'on protége le plus possible contre l'agitation des eaux, et dans lequel se meut un flotteur. Ce flotteur suit le mouvement de la marée; des poulies de renvoi et des roues de différents diamètres transforment et réduisent ce mouvement alternatif en le communiquant à un crayon; ce crayon se meut au-dessus d'un cylindre horizontal sur lequel est enroulé une feuille de papier, et qui fait partie d'un système solidement appuyé sur le sol ou sur un pont en planches construit à cet effet.

Une pendule fixée à l'instrument donne au cylindre un mouvement
de rotation autour de son axe, et lui fait faire une révolution entière
en vingt-quatre heures. L'ensemble de ces deux mouvements produit sur le papier une courbe sinueuse qui représente les oscillations de la marée : les heures sont données par des lignes parallèles à
l'axe du cylindre et également espacées, les hauteurs de la marée par
les distances des différents points de la courbe à la base du cylindre
ou plutôt au cercle parallèle à cette base correspondant à la plus basse
mer. En général, l'instrument est construit de manière à réduire les
hauteurs au dixième, et l'échelle des heures est de 1^{mm} par minute.

Les différentes courbes de marées d'un jour à l'autre s'inscrivent
sur le cylindre sans se confondre, en raison du retard journalier de
la marée. On peut, pour plus de clarté, changer de temps à autre la
couleur du crayon; la feuille de papier peut ainsi servir pendant
quinze jours et même un mois.

Il est toujours bon d'avoir à côté du marégraphe une échelle ordinaire de marées, afin de pouvoir rapporter les indications de l'instrument à un point fixe.

**101. Détermination du niveau auquel sont rapportées les
sondes.** Nous allons voir maintenant comment on se sert des observations faites à l'échelle des marées pour la réduction des sondes,
c'est-à-dire pour les ramener à ce qu'elles eussent été si on n'avait
sondé qu'au moment des plus basses mers. Soit NN' (*fig.* 39) le ni-

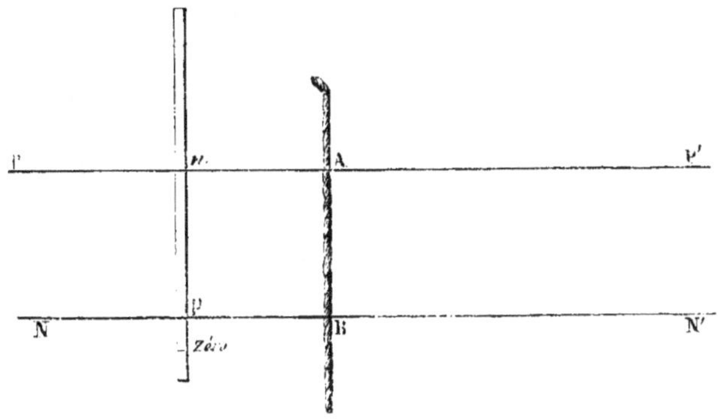

Fig. 39.

veau le plus bas, PP' le niveau de la mer au moment où l'on sonde.
Pour avoir la sonde réduite, il faudra retrancher de la sonde observée
la longueur AB. En ce moment l'observation de l'échelle des marées

donne n centimètres ; si μ représente la hauteur du niveau NN' au-dessus du zéro, $n - \mu$ sera la quantité qu'il faudra retrancher de la sonde observée. Or l'observation fait connaître n pour chaque instant. Il suffit donc de déterminer μ pour avoir les éléments de la réduction correspondante à une heure donnée. Nous allons nous occuper de cette détermination.

102. Niveau moyen. On appelle niveau moyen celui qui occuperait une position moyenne entre tous les niveaux qui partagent en deux parties égales l'amplitude des marées respectives, niveaux dont la position varie un peu d'une marée à l'autre. Le numéro de l'échelle des marées auquel correspond le niveau moyen, se trouve d'une manière approchée en notant les hauteurs n'' et n''' de deux hautes mers consécutives HH', H'' H''' (*fig.* 34) et la hauteur n' de la basse mer intermédiaire BB', $\dfrac{n'' + n'''}{2}$ représentera la haute mer moyenne, correspondant à la basse mer BB', et $\dfrac{\dfrac{n'' + n'''}{2} - n'}{2}$ ou $\dfrac{n'' + n''' - 2n'}{4}$ la distance au niveau moyen de la basse mer BB', et par conséquent $\dfrac{n'' + n''' - 2n'}{4} + n'$ ou $\dfrac{n'' + n''' + 2n'}{4}$ le niveau de l'échelle correspondant au niveau moyen.

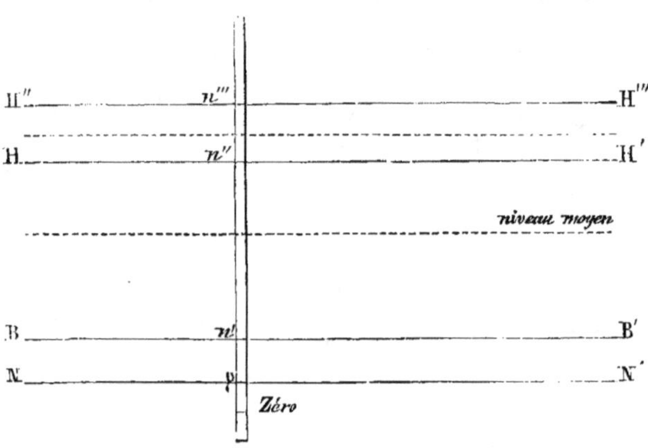

Fig. 40.

103. Unité de hauteur. La *Connaissance des temps* donne, sous le titre de *Tableau des plus grandes marées de l'année*, des coefficients applicables aux marées syzygies, qui multipliés par un nombre constant pour chaque port, donnent les hauteurs respectives de ces marées syzygies au-dessus du niveau moyen. Ce nombre constant s'appelle l'unité de hauteur du port, il représente l'élévation au-dessus du niveau moyen, de la marée qui a lieu lorsque le soleil et la lune sont dans l'équateur et dans leurs moyennes distances à la terre ; il s'applique par conséquent à une sorte de marée syzygie moyenne. Aussi les coefficients donnés par la *Connaissance des temps* sont-ils tantôt plus grands, tantôt plus petits que 1, suivant que le soleil et la lune sont plus ou moins rapprochés de la terre. Si donc nous avons observé la hauteur H d'une marée syzygie quelconque au-dessus du niveau moyen, niveau que nous savons maintenant déterminer, et si C représente le coefficient correspondant, nous aurons

$$H = UC.$$

En appelant U l'unité de hauteur, d'où $U = \dfrac{H}{C}$, l'unité de hauteur s'obtient donc au moyen de cette relation.

104. Niveau des plus basses mers. Prenons maintenant dans la *Connaissance des temps* le coefficient le plus fort C'. C'est celui qui correspondra à la plus haute mer et par suite à la plus basse. La relation

$$H' = UC' = H\,\frac{C'}{C}$$

fera connaître la hauteur H' de cette marée la plus haute au-dessus du niveau moyen. En retranchant H' de la hauteur du niveau moyen, on aura le niveau de la plus basse mer ;

$$\frac{n'' + n''' + 2n'}{4} - H\,\frac{C'}{C}$$

représentera donc le numéro de l'échelle auquel correspond le niveau de la plus basse mer.

105. Influence de la pression barométrique. M. Daussy a fait voir que la pression barométrique influe sur la hauteur du niveau de la mer ; ce niveau s'élève quand le baromètre baisse, et s'abaisse quand le baromètre monte ; la valeur de cette influence est égale au produit de la variation barométrique, par le coefficient 13,3 qui représente le rapport des densités du mercure et de l'eau de mer. Le niveau moyen sous la pression barométrique moyenne de 760^{mm} sera donc représenté par

$$\frac{n'' + n''' + 2n'}{4} - 13,3\,(b - 760^{mm})$$

b étant la pression barométrique moyenne déduite des observations, et

$$\frac{n'' + n''' + 2n'}{4} - 13,3\,(b - 760^{mm}) - H\frac{C'}{C}$$

représentera d'une manière exacte la valeur cherchée de μ, c'est-à-dire le numéro de l'échelle qui correspond à la basse mer à laquelle sont rapportées les sondes.

106. Exemple de réduction des sondes. L'observation d'une marée syzygie est donc nécessaire à la réduction des sondes. Quand on le peut, on fait plusieurs de ces observations et on prend la moyenne des résultats donnés par les différentes valeurs de H et de C; de même, pour déterminer le niveau moyen, il faut se servir de toutes les observations de hautes et de basses mers, faites dans des circonstances favorables, c'est-à-dire par un temps et une mer calmes.

L'exemple suivant éclaircira les règles que nous venons de donner :

Le 2 avril 1860, on a fait des sondes dans une localité où les observations de hautes et de basses mers ont donné 4^m,698 au-dessus du zéro de l'échelle des marées, pour la hauteur du niveau moyen représenté par l'expression $\dfrac{n'' + n''' + 2n'}{4} - 13,3\,(b - 760^{mm})$ à la pression barométrique de 760^{mm}. On suppose que $\dfrac{n'' + n''' + 2n'}{4}$ a pour valeur 4^m,765, et que la hauteur barométrique moyenne b, déduite des observations faites à l'époque des hautes et basses mers qui entrent dans le calcul du niveau moyen, a été trouvée de 765^{mm}.

On a observé, le 24 mars, une marée syzygie dont le coefficient donné par la *Connaissance des temps* est 0,88. La pleine mer marquait ce jour-là 8^m,01 au-dessus du zéro de l'échelle. 8^m,01 moins 4^m,70 ou 3^m,31 sera la valeur de H. On en déduira celle de l'unité de hauteur $U = \dfrac{3,31}{0,88} = 3^m,76$. Le plus fort coefficient pour l'année 1860 est 1,17; le produit de 3^m,76 par 1,17 donnera la valeur de H' $= 4^m$,40, 4^m,70 moins 4^m,40 ou 0^m,30 représentera le numéro μ de l'échelle auquel correspond la plus basse mer de l'année.

Supposons maintenant que le 2 avril, à 8 heures 35 minutes du matin, on ait sondé par un fond de $8^m,4$; à cette heure le niveau de la mer marquait $4^m,85$ à l'échelle. Pour réduire la sonde dont il s'agit, il faudra prendre la différence entre $4^m,85$ et $0^m,30$, différence égale à $4^m,55$ et retrancher ce nombre de $8^m,4$, ce qui donnera $3^m,85$ pour la sonde réduite au niveau des plus basses mers.

107. Établissement du port. Pour achever ce qui est relatif aux marées, nous dirons comment on détermine l'établissement du port ; c'est une donnée importante qui doit toujours être consignée sur les cartes hydrographiques.

Théoriquement, dans les marées syzygies, la pleine mer devrait avoir lieu au moment même du passage de la lune et du soleil au méridien, et la marée la plus forte devrait aussi correspondre à ce passage. L'observation a fait voir que les effets produits par ces astres n'avaient lieu que trente-six heures environ après le moment où, suivant les considérations théoriques, ils auraient dû arriver. Le motif principal de ce retard est que les eaux de la mer ne peuvent obéir immédiatement aux forces qui les sollicitent. Quoique les causes qui devaient produire un état particulier de la mer soient déjà modifiées, les eaux n'en continuent pas moins, en vertu de la vitesse acquise, à se mouvoir dans le même sens, et c'est seulement environ trente-six heures après qu'elles prennent l'état correspondant au maximum d'action dû à ces causes.

Si ce retard était exactement d'un jour et demi, les hautes mers devraient encore avoir lieu au moment du passage de la lune au méridien ; mais il n'en est pas ainsi ; les hautes mers n'arrivent qu'un certain temps après ce passage. Ce retard, qui dépend essentiellement de la conformation des localités et qui diffère beaucoup d'un lieu à un autre, s'appelle l'*établissement du port* ; il s'exprime en heures et est constant pour un même lieu. Comme à l'époque des syzygies la lune passe au méridien à midi ou à minuit, on peut dire que l'établissement du port est approximativement l'heure de la haute mer dans les syzygies. Sa valeur est donnée exactement par la relation suivante :

(1)..... Établissement $=$ h^{re} de la pl. mer $- (h \pm 2^m,1 \times l) -$ Correction.

h est l'heure du passage de la lune au méridien de Paris ; on trouve cette heure pour chaque jour dans la *Connaissance des temps* ; l est la longitude du lieu exprimée en heures et fractions d'heure ; $2^m,1$ représente le changement moyen en ascension droite de la lune pendant une heure de temps; $h \pm 2^m,1 \times l$ sera donc l'heure du passage au méridien dans le lieu dont la longitude est l. On prend le signe — quand la longitude est orientale. Cette heure du passage n'est qu'approchée, mais l'approximation est suffisante pour l'objet qu'on se propose; avec cette heure, on cherche dans la table que nous donnons ci-après la correction correspondante. La formule qui donne cette correction et qui a servi à dresser la table est fonction des différences d'ascension droite entre la lune et le soleil, et de la distance de la lune à la terre, en d'autres termes de l'heure du passage de la lune au méridien et de la parallaxe de cet astre.

On cherchera donc dans la *Connaissance des temps* la valeur de la parallaxe de la lune, qui est donnée de douze en douze heures; avec cette parallaxe et l'heure du passage, on trouvera dans la table à double entrée la correction cherchée. On aura par interpolation la correction correspondante à une heure du passage et à une parallaxe quelconque.

Quand la lune passe au méridien à 0 h. ou à 12 h., c'est-à-dire à l'époque des syzygies, on voit, à l'inspection de la table, que la correction est nulle, si en même temps la lune est dans sa moyenne distance, et qu'elle est très-petite dans les autres cas; la relation (1) devient alors

Etablissement = heure de la pleine mer,

ce que nous avions déjà fait remarquer plus haut.

L'heure de la pleine mer est donnée par l'observation. On prend pour cette heure la moyenne entre les heures où la mer s'est trouvée à la même hauteur un peu avant et un peu après le temps où elle atteint sa hauteur maximum, c'est-à-dire avant qu'elle ait fini de monter et après qu'elle a commencé à descendre, car elle reste stationnaire pendant quelque temps, et le moment précis de la haute mer ne serait pas facile à observer directement.

Si la formule donne un résultat négatif, comme l'établissement doit toujours être une quantité positive, on ajoutera 24 h. à l'heure de la pleine mer.

Table donnant la correction dans la formule qui sert à trouver l'établissement du port.

☾ Pass. méridien.	☾ périgée par. 60'	Parall. 61'	Parall. 59'	Parall. 58'	☾ moy. dist. parall. 57'	Parall. 56'	Parall. 55'	☾ apogée par. 54'
12ʰ ou 0ʰ	− 3,7	− 2,8	− 1.9	− 1,0	0	+ 1,8	+ 3,7	+ 5,6
20ᵐ	− 8,2	− 7.5	− 6,8	− 6,1	− 5,4	− 4.0	− 2,6	− 1,1
40ᵐ	−12,6	−12,2	−11,7	−11.2	−10,7	− 9,7	− 8,7	− 7,8
13ʰ ou 1ʰ	−17,5	−17,3	−17,0	−16,8	−16,6	−16,1	−15,6	− 15,1
20ᵐ	−22,3	−22,3	−22,3	−22,3	−22,3	−22,3	−22,3	−22,3
40ᵐ	−27,0	−27,4	−27,8	−27,8	−28,0	−28,5	−28,9	− 29,4
14ʰ ou 2ʰ	−31.9	−32,4	−32,8	−33,3	−33,8	−34.8	−35,7	−36,7
20ᵐ	−36.3	−37,1	−37,8	−38,5	−39,2	−40,6	−42,0	− 43,4
40ᵐ	−40,8	−41,8	−42,7	−43,6	−45,5	−46,3	−48,2	− 50,1
15ʰ ou 3ʰ	−45,1	−46,3	−47,4	−48,6	−49.7	−52,0	−54,2	−56,5
20ᵐ	−49,2	−50,6	−51,9	−53,2	−54,5	−57,2	−59,9	−62,6
40ᵐ	−52,8	−54,3	−55,8	−57,4	−58,9	−61,9	−64,9	−68,0
16ʰ ou 4ʰ	−56,0	−57,7	−59,3	−61,0	−62,7	− 66,0	− 69,4	− 72,8
20ᵐ	−58,6	− 60,8	−62,2	− 64,1	−65,9	−69 5	−73,1	−76,8
40ᵐ	−60,5	− 62,4	− 64,3	− 66,2	−68,2	−72,0	−75,8	− 79,6
17ʰ ou 5ʰ	−61,5	− 63,5	− 65,5	− 67,4	−69,4	− 73.3	− 77.2	− 81,1
20ᵐ	−61,3	− 63,3	− 65,2	− 67,2	−69,1	− 73,0	−76,9	−80,8
40ᵐ	−58,1	− 59,9	−61,7	− 63,5	−65,3	− 68,9	− 72,5	− 76.1
18ʰ ou 6ʰ	−56,2	− 57,9	−59.6	−61,3	−62,9	− 66,3	− 69,7	− 73,1
20ᵐ	−48,6	− 49,9	−51,2	−52,6	−53,9	− 56,5	− 59,2	−61,8
40ᵐ	−42,9	− 43,9	−44,9	−46,0	−47,0	−49,0	− 51,1	−53,2
19ʰ ou 7ʰ	−32,1	− 32,6	− 33,1	− 33,6	−34,0	− 35,0	− 36,0	− 37,0
20ᵐ	−22,3	− 22,3	−22,3	− 22,3	−22,3	− 22,3	− 22,3	− 22,3
40ᵐ	−12 5	− 12,0	−11,5	−11,0	−10,5	− 9,5	− 8,5	− 7,6
20ʰ ou 8ʰ	− 1,7	− 0,7	+ 0,4	+ 1,5	+ 2,5	+ 4,5	+ 6,5	+ 8,6
20ᵐ	+ 4,1	+ 5,4	+ 6,7	+ 8,0	+ 9,3	+12,0	+14,6	+17,3
40ᵐ	+11,6	+13,3	+15,0	+16,7	+18,4	+21,8	+25,2	+28,6
21ʰ ou 9ʰ	+13,6	+15,4	+17,2	+19,0	+20,7	+24,3	+27,0	+31,5
20ᵐ	+16,8	+18,8	+20,7	+22,6	+24,5	+28,5	+32,4	+36,3
40ᵐ	+17,0	+18,9	+20,9	+22,8	+24,8	+28,7	+32,6	+36,6
22ʰ ou 10ʰ	+16,0	+17,9	+19,8	+21,7	+23,6	+27,4	+31,2	+35,1
20ᵐ	+14,1	+15,9	+17,7	+19,5	+21,3	+24,8	+28,4	+32,2
40ᵐ	+11,4	+13,1	+14,8	+16,5	+18,2	+21,5	+24,9	+28,3
23ʰ ou 11ʰ	+ 8,2	+ 9,8	+11.3	+12.8	+14,3	+17,3	+20,4	+23,5
20ᵐ	+ 4,6	+ 6,0	+ 7,3	+ 8,7	+10,0	+12,7	+15,4	+18,1
40ᵐ	+ 0,6	+ 1,7	+ 2,8	+ 4,0	+ 5,1	+ 7,4	+ 9,7	+12,0
24ʰ ou 12ʰ	− 3,7	− 2,8	− 1,9	− 1,0	0,0	+ 1,8	+ 3,7	+ 5,6

Exemple : Quel est l'établissement du port à Cadix? La longitude de cette ville est de $0^h 34^m 32^s$ ouest de Paris, et l'heure de la haute mer observée le 3 avril 1860 est $11^h 34^m$ du matin. La *Connaissance des temps* donne pour l'heure du passage de la lune au méridien inférieur $9^h 49^m$ du matin, et pour la parallaxe de la lune $60' 43''$.

Le calcul se fera ainsi qu'il suit :

Heure de la pleine mer..........................	$11^h 34^m$
Heure du passage ☾ au méridien de Paris...........	— 9 49
$2^m,1 \times 0,58$	— 1
Corrections pour $9^h 50^m$ et parall. $60' 43''$..........	— 18
Établissement..............	$1^h 26^m$

On fera le même calcul pour toutes les hautes mers qu'on aura observées, et on aura pour l'établissement un certain nombre de valeurs dont on prendra la moyenne.

108. On peut, au moyen de la formule précédente, connaissant l'établissement, trouver l'heure de la haute mer.

$$\text{H}^{re} \text{ de la haute mer} = (h \pm 2^m,1 \times l) + \text{correction} + \text{établissement}.$$

Nous ne donnerons pas d'application de ce calcul, qui est analogue au précédent. Il faudra faire attention, pour qu'il n'y ait pas confusion dans les dates, que la *Connaissance des temps* donne les heures du passage de la lune au méridien comptées de 0 h. à 24 h., d'un midi au suivant, tandis que les heures des pleines mers sont généralement notées en temps civil. C'est ainsi que pour trouver l'établissement de Cadix par la haute mer observée le 3 avril, nous avons pris le passage au méridien inférieur que la *Connaissance des temps* donne pour le 2 de ce mois à $21^h 49^m$, ce qui correspond en temps civil au 3 avril à $9^h 49^m$.

109. Annuaire des marées. Pour avoir l'heure de la haute mer dans un grand nombre de ports, on peut se dispenser d'avoir recours à la formule précédente en consultant l'*Annuaire des marées* qui se publie tous les ans au dépôt de la marine. Cette utile publication donne pour un certain nombre de ports français les heures des pleines mers et les hauteurs correspondantes, comptées du niveau des basses mers auquel ont été rapportées les sondes inscrites sur les cartes des côtes de France. A ces tables principales en sont annexées d'autres

par le moyen desquelles on obtient les heures et les hauteurs des
pleines mers ainsi que les heures et les hauteurs des basses mers dans
les autres ports de France, et enfin les heures approchées des pleines
mers dans divers ports du globe.

CHAPITRE SEPTIÈME.

DÉCLINAISON DE L'AIGUILLE AIMANTÉE.
COURANTS. — VUES DE COTES. — INSTRUCTIONS NAUTIQUES.

110. Pour compléter la reconnaissance d'une côte, il faut joindre
aux études ayant directement pour but de dresser la carte hydrographique du pays, et dont nous nous sommes occupé jusqu'ici, d'autres
recherches dont le résultat importe à la navigation. Ainsi la déclinaison de l'aiguille aimantée devra être observée en divers points;
la marche des courants étudiée avec soin; des vues de côtes seront
jointes à la carte dans tous les cas où on en reconnaîtra l'avantage;
enfin des instructions nautiques expliqueront aux marins ce que l'inspection de la carte ne peut leur apprendre, et en seront par conséquent
le très-utile complément.

111. Théodolite-boussole. Nous ne parlerons pas des méthodes
qu'on emploie pour obtenir en mer la déclinaison de l'aiguille aimantée; ces méthodes s'appliquent surtout à la navigation. A terre,
la déclinaison s'obtient avec bien plus de précision au moyen du
théodolite-boussole.

Cet instrument consiste en un théodolite ordinaire dans lequel le limbe
porte une boîte cylindrique dont le couvercle en verre est horizontal
et peut s'enlever et se remettre avec facilité. Au centre de cette boîte
s'élève un pivot sur lequel peut reposer une aiguille aimantée dont
le centre est traversé par une chape en agate; cette chape se détache
de l'aiguille et s'adapte sur l'une ou l'autre de ses faces. Une petite
tige à bascule, dont l'extrémité sort de la boîte, permet de soulever
l'aiguille de manière à l'empêcher de reposer sur son pivot. De chaque

côté de la boîte s'élèvent deux fourchettes situées aux extrémités d'un même diamètre et destinées à recevoir les tourillons d'une lunette et d'un microscope, tourillons de deux axes semblables appartenant l'un à une lunette, l'autre à un microscope, et perpendiculaires aux axes optiques de ces deux instruments.

112. Observation de la déclinaison de l'aiguille aimantée. On pose en premier lieu la lunette sur les coussinets; après avoir bien calé l'instrument, on rend l'axe optique de la lunette perpendiculaire à son axe de rotation en visant un point éloigné, et en déplaçant l'axe optique par de petits mouvements imprimés au réticule, après avoir chargé les tourillons de coussinets, comme nous l'avons expliqué dans la description du grand théodolite (§ 14). Cela fait, le microscope est substitué à la lunette; l'axe de rotation du microscope roule dans les mêmes coussinets, mais son axe optique peut ne pas être perpendiculaire à cet axe de rotation. Pour s'en assurer, on vise une division du limbe de l'instrument; en retournant l'axe de rotation bout pour bout, on devra voir encore la même division, si la perpendicularité existe; s'il n'en est pas ainsi, et si après avoir vu la division a (*fig.* 41) on voit après le retournement la division b, on déplacera le réticule du microscope transversalement, de manière que la croisée

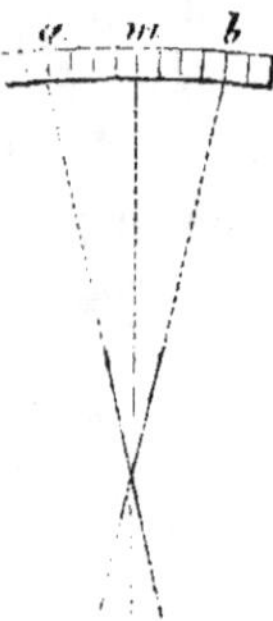

Fig. 41.

des fils vienne sur la division intermédiaire m. On recommence cette opération jusqu'à ce qu'on voie exactement la même division avant et après le retournement.

On est sûr alors que l'axe optique du microscope et celui de la lunette décrivent le même plan autour de l'essieu, mais il peut se faire que ce plan ne passe pas par le centre du limbe; on s'en aperçoit en visant successivement deux divisions opposées du limbe. Si la croisée des fils tombe sur deux divisions situées à 180 degrés l'une de l'autre, l'axe optique passera bien par le centre du limbe; s'il n'en est pas ainsi, on déplace un peu l'axe du microscope parallèlement à lui-même au moyen d'une vis de pression située à l'une des extrémités de l'essieu. On remet alors la lunette à la place du microscope.

Supposons que l'observation se fasse à l'un des points de la triangulation et qu'on vise un autre point du réseau trigonométrique, l'axe optique de la lunette se trouvera dans un azimut déterminé. Si on peut mesurer l'angle que fait avec cette direction celle de l'aiguille aimantée, la déclinaison sera connue; pour y parvenir, on commence par mettre en contact le zéro du vernier et celui du limbe, et on fait tourner tout le système jusqu'à ce que la lunette soit dirigée vers le point qu'on a choisi. On substitue alors avec précaution le microscope à la lunette. L'axe optique du microscope sera, d'après ce que nous avons dit, dans le même plan azimutal qu'était celui de la lunette; si donc on desserre la vis du cercle qui porte le vernier et qu'on le fasse tourner jusqu'à ce que la croisée des fils du microscope se trouve sur la pointe nord de l'aiguille, ce cercle aura décrit l'angle que l'on cherche; il suffira d'en faire la lecture sur le limbe divisé.

Il est bon de faire plusieurs lectures en déplaçant après chacune d'elles l'aiguille par de petits mouvements qu'on lui imprime en la soulevant au-dessus de son pivot ou en l'attirant avec une tige en fer. Lorsqu'elle est revenue au repos, on vise successivement la pointe nord et la pointe sud, et on lit les angles correspondants. On retourne ensuite l'aiguille, de manière à mettre en dessus la face qui était en dessous. Ce retournement s'opère par le déplacement de la chape mobile; il a pour but de corriger l'erreur qui pourrait provenir du défaut de coïncidence entre l'axe de figure de l'aiguille et son axe magnétique. En effet, si on a soin de prendre le même nombre d'observations avant et après le retournement, et de faire la moyenne de toutes, les erreurs étant égales et prises dans des sens différents seront annulées.

Nota. Dans quelques instruments, le réticule est invariable; la rectification de l'axe du microscope se fait alors par le moyen de vis disposées sur un collet qui entoure le tube; ces vis, lorsqu'on les fait marcher, déplacent le tube entier du microscope autour de l'axe de rotation.

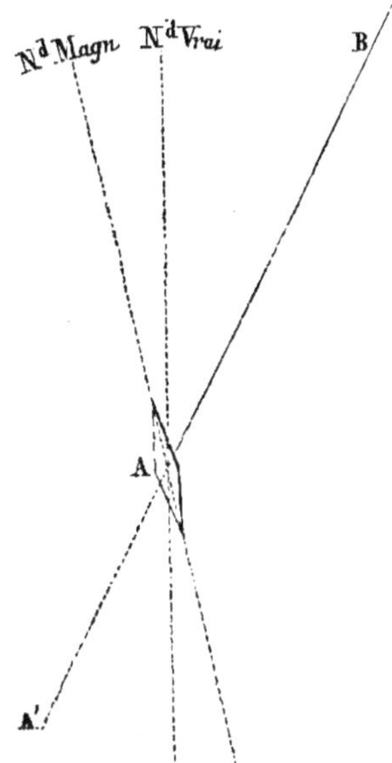

Fig. 42.

113. *Exemple* : On a fait au point A (*fig.* 42) une observation de déclinaison, c'est-à-dire qu'on

a observé les différentes valeurs de l'angle que font avec l'azimut
supposé connu AB, la pointe nord et la pointe sud de l'aiguille aimantée avant et après le retournement, et on a obtenu les résultats
suivants :

Avant le retournement.

Pointe Nord.		Pointe Sud.
42° 8′	....	42° 22′
41 52	....	42 20
42 5	....	42 19
42 3	....	42 19
41 53	....	42 13

Après le retournement.

42 10	....	41 54
42 11	....	41 48
42 15	....	41 50
42 20	....	41 59
42 11	....	41 54

Moy. 42   6,8   Moy. 42   6,7

Moy. de toutes les observations.   42° 6′,75
Azimut vrai de AB............   29 1 ,9   N. E.
Déclinaison magnétique........   13 4 ,8   N. O.

Cette observation montre que les indications de la pointe nord et de
la pointe sud sont quelquefois très-différentes, ce qui tient à un défaut
de symétrie dans la construction de l'aiguille ou à sa position excen-
trique par rapport au limbe ; il est donc important d'observer toujours
les deux pointes.

114. Au lieu de se placer au point A, on peut, si l'on y trouve
plus de facilité, observer sur un point A′ du prolongement de la
ligne AB, en mettant l'un par l'autre les deux signaux A et B.

S'il n'y a pas de triangulation, on mesure l'angle que fait l'aiguille
avec le soleil à un moment donné, et on calcule l'azimut de cet astre
en cet instant, soit au moyen de sa hauteur, soit au moyen de l'heure.
Dans ce but, le théodolite-boussole est muni d'un limbe vertical ; après
qu'on a visé le soleil, toutes les vis doivent être serrées ; on substitue
alors le microscope à la lunette, et l'observation se continue comme
précédemment.

115. Observation des courants. La marche des embarcations pendant les sondes peut déjà donner une idée générale des courants qui règnent dans les parages que l'on étudie ; aussi convient-il de noter à chaque ligne de sonde le courant auquel est soumise l'embarcation et dont on reconnaît facilement l'existence par la manœuvre qu'on est obligé de faire pour maintenir l'alignement. On peut ainsi évaluer d'une manière approchée sa force et sa direction. Bien souvent le défaut de temps ne permet pas à l'hydrographe de se livrer sur les courants à des études plus approfondies ; mais, toutes les fois qu'on le pourra, il faudra pousser plus loin les recherches et consacrer quelques jours d'un travail spécial à la détermination exacte de la marche des courants. Nous n'avons à nous occuper ici que des courants variables qui se manifestent à la surface de la mer dans le voisinage des côtes, et dont la cause principale réside dans le phénomène des marées. La mer, en montant et en s'abaissant, produit des courants littoraux quelquefois très-forts, qui varient d'une localité à une autre, suivant la configuration de la côte, et dans chaque localité suivant le jour et le moment de la marée. Il convient donc, pour avoir l'ensemble du phénomène, de l'étudier pendant tout le cours d'une lunaison.

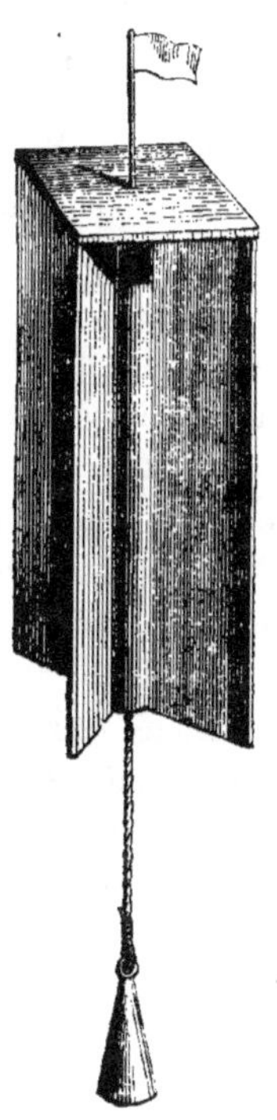

Fig. 43.

116. On se sert, dans ce but, d'un flotteur qu'on abandonne librement à la surface de la mer et qui participe par conséquent à tous les mouvements de cette surface. Le flotteur le plus simple, et celui qui en même temps obéit le mieux à la seule impulsion du courant, consiste dans la réunion de quatre planches longues d'un mètre et larges de deux décimètres environ, attachées à un même axe et se croisant à angle droit dans le sens de leur longueur (*fig.* 43). La partie supérieure est terminée par un plateau carré sur lequel on adapte un petit pavillon à couleurs éclatantes. L'appareil est lesté par un plomb attaché à la partie inférieure et dont on fait varier le poids jusqu'à ce que le plateau soit à la surface de l'eau ; le pavillon flotte au-dessus de la surface et permet de distinguer l'appareil à distance.

On suit ce flotteur avec une embarcation, et on détermine de temps en temps avec le cercle de réflexion la position qu'il occupe, en ayant soin de noter bien exactement l'heure de chaque observation.

La construction de toutes ces positions sur la carte donne, en les joignant les unes aux autres par une courbe, la marche du courant. Sa vitesse en chaque point peut être calculée au moyen de l'espace parcouru pendant l'intervalle de temps qui sépare deux observations consécutives; ces observations doivent être assez rapprochées pour que de l'une à l'autre il n'y ait pas un changement notable dans la vitesse.

Si l'on a réuni un nombre suffisant d'observations, la comparaison des courbes de chaque jour fera connaître d'une manière générale la marche des courants dans la localité que l'on étudie.

117. Vues de côtes. Les vues de côtes que l'on joint aux cartes hydrographiques servent à faire reconnaître la forme des terres quand on veut atterrir, et à indiquer par conséquent si la côte que l'on a devant les yeux est bien celle que l'on doit aborder; elles sont encore utiles pour indiquer la place d'un danger en montrant la disposition qu'affectent les terres lorsqu'elles sont vues de ce danger.

Pour faire une vue d'atterrage, il faudra se placer sur la route la plus fréquentée par les bâtiments, à une distance de la côte telle que les traits les plus saillants en soient bien visibles. Il est, du reste, impossible de donner à cet égard des instructions précises; l'hydrographe devra juger dans chaque cas particulier de la position qu'il conviendra le mieux de prendre pour que la vue ait le plus d'utilité. Les vues relatives aux dangers devront être prises, comme nous l'avons dit, sur l'emplacement de ces dangers eux-mêmes.

Après avoir dessiné aussi exactement que possible, en élévation, la côte qu'on a devant les yeux, on prendra à partir d'un même point avec le cercle de réflexion des angles horizontaux sur tous les points saillants de la vue, ainsi que les hauteurs angulaires de ces mêmes points au-dessus de l'horizon de la mer. C'est au moyen de ces angles que la vue doit se construire sur la carte.

Pour se rendre compte de cette construction, qui n'est autre chose que le développement d'un panorama, il faut concevoir un cylindre dont l'axe serait la verticale élevée au point O (*fig.* 44), où se trouve l'observateur, et la base un cercle tracé sur le plan horizontal passant par le même point. Si on joint le point O aux différents points qui composent l'ensemble des terres qu'on a dessinées, toutes les lignes de jonction, en perçant la surface du cylindre, y traceront une représentation de la vue. Le développement de la surface du cylindre sur un plan tangent à cette surface donnera la vue telle qu'elle doit être reproduite sur la carte.

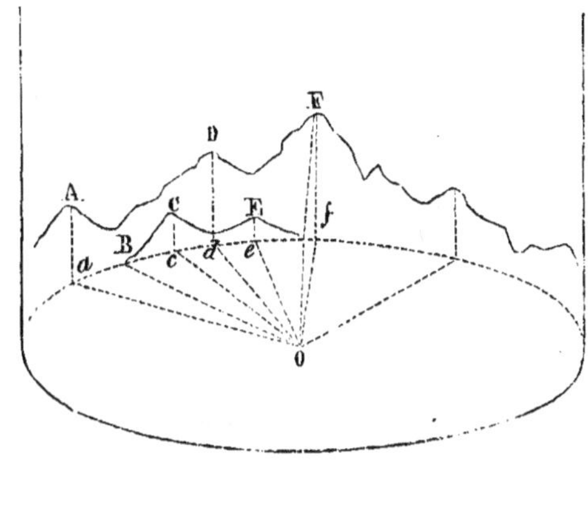

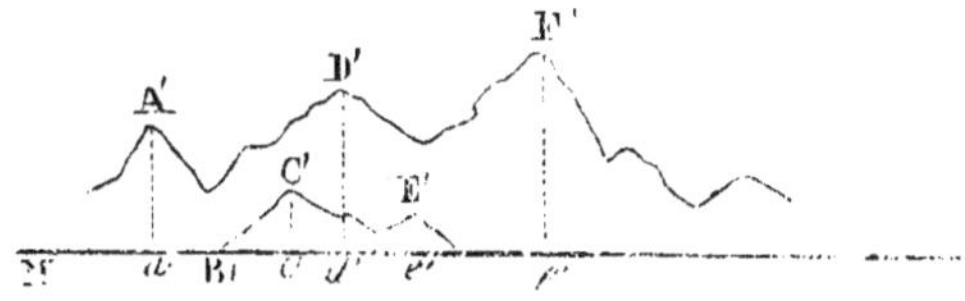

Fig. 44.

La construction de la vue se déduit très-facilement de ce qui précède ; on voit immédiatement que sur une ligne droite MN représentant le développement de la circonférence à la base du cylindre, il faudra porter, à partir d'un point a' qui sera le point de départ des angles, des longueurs proportionnelles aux angles aOB, aOC, etc., que l'on aura pris. Par tous les points ainsi obtenus, on élèvera des perpendiculaires sur la ligne droite MN, et on portera sur ces perpendiculaires, à partir de leur pied, des longueurs proportionnelles aux angles de hauteur. On choisira, pour représenter l'un des angles, une longueur dépendant de la grandeur que l'on veut donner à la vue, et qui fixera l'échelle de construction. Ainsi le sommet F, par exemple, s'obtiendra en prenant à partir de a' une longueur $a'f'$ proportionnelle à l'angle aof, et en portant sur la perpendiculaire $f'F'$ une longueur $f'F'$ proportionnelle à l'angle de hauteur Fof.

Habituellement on prend pour les hauteurs une échelle une fois et demie ou deux fois plus grande que celle des longueurs, afin de tenir compte de l'illusion qui dans la nature fait paraître les distances verticales beaucoup plus grandes que les distances horizontales. Il arrive rarement, en effet, que dans les croquis on ne donne pas aux montagnes une hauteur au moins double de ce qu'elle devrait être pour que les proportions véritables fussent conservées. Mais cette règle n'a rien d'absolu ; la hauteur que l'on attribue aux montagnes dépend souvent de la configuration du pays. Il faudra donc, avant de prendre une échelle pour les hauteurs, s'assurer qu'elle est conforme en moyenne à l'impression qu'on a reçue en prenant les croquis de vues. Quand on aura fixé tous les points principaux, on dessinera la vue d'après le croquis qu'on en aura pris, et au moyen de la perspective aérienne on détachera les différents plans de montagnes sur le dessin ainsi rectifié.

118. Vues orthogonales. M. de Tessan, dans ses cartes générales de la côte d'Algérie, a fait usage d'un système de projection différent de celui que nous venons d'exposer. Les vues qu'il a employées et qu'il appelle orthogonales, ne sont autre chose que la projection du terrain sur un plan vertical parallèle à la direction générale de la côte.

Pour construire ces vues, on trace sur la carte, après l'achèvement de la topographie, une ligne droite parallèle à la direction générale de la côte, et qui peut être regardée comme la trace du plan de projection sur le plan horizontal ; des perpendiculaires sont abaissées des points remarquables sur cette ligne, et à partir de leur pied on porte des longueurs proportionnelles aux élévations absolues de ces points remarquables au-dessus du niveau de la mer. Les points principaux étant ainsi déterminés, on dessine la vue d'après les croquis pris en mer ; ces croquis doivent être très-nombreux et pris tout le long de la côte à diverses distances, afin que la vue orthogonale puisse être regardée comme la réunion d'une infinité de petites vues prises de tous les points où on peut se trouver placé. L'échelle de la vue, quant aux distances horizontales, est, d'après la construction, la même que celle de la carte. On peut, comme nous l'avons dit plus haut, prendre une échelle double pour les hauteurs.

La direction générale de la côte d'Algérie étant à peu près de l'est à l'ouest, les vues orthogonales des cartes générales de cette côte ont été disposées de manière à représenter les profils des terres tels qu'ils apparaissent quand on les relève au sud du monde. Cette disposition a permis de placer dans ce cas particulier sur le même méridien les points correspondants de la carte et de la vue.

Les explications qui précèdent font comprendre l'avantage des vues orthogonales; elles permettent, en quelque point que l'on soit placé en mer vis-à-vis d'une côte, d'en reconnaître une petite portion, tandis que les vues en panoramas ne s'appliquent qu'aux points d'où elles ont été prises. Les premières seront d'une grande utilité pour les côtes où il y a de nombreux atterrages à faire, tandis qu'il sera préférable d'employer les autres lorsque la côte ne devra être abordée que dans une seule direction.

Pour des explications plus détaillées sur les vues orthogonales, nous renverrons à une note que M. de Tessan a publiée sur ce sujet dans la description nautique des côtes de l'Algérie.

119. Instructions nautiques. La publication des cartes hydrographiques doit encore être accompagnée, comme nous l'avons dit, par celle d'instructions nautiques. Ces instructions servent à expliquer et à compléter les indications fournies par les cartes. Lorsqu'on n'a que des plans de ports à publier, elles doivent être placées sur la carte elle-même sous une forme très-concise; on se borne, dans ce cas, à donner les renseignements indispensables, par exemple, les alignements à prendre pour gagner le mouillage, ainsi que pour éviter certains dangers, le signalement des principaux points de reconnaissance, la marche des courants, les indications de mouillages, en un mot tout ce qui sera considéré comme important à signaler pour un bâtiment qui vient prendre le mouillage. Nous proposerons comme modèles de ces sortes d'instructions les avertissements annexés aux plans de ports des côtes de France dans l'Océan et la Méditerranée.

Lorsqu'on publie une série de cartes qui comprennent une grande étendue de côtes, il faut toujours publier en même temps un volume d'instructions séparées. Ces instructions seront naturellement beaucoup plus étendues que celles qu'on se contente de placer sur les cartes. Aux renseignements dont nous avons déjà parlé, on joindra tous ceux qu'on aura pu se procurer sur le climat, les indications thermométriques et barométriques, l'état des vents pendant tout le cours de l'année, la marche des courants généraux, les routes les plus avantageuses à faire pour se rendre d'un point à un autre, la description détaillée des côtes, etc.

Pour donner une idée précise de la manière dont ces instructions nautiques devront être traitées, nous ne saurions mieux faire que de renvoyer aux meilleurs ouvrages de ce genre, tels que les *Instructions nautiques du pilote français*, par M. Givry, l'*Étude sur les ports de l'Al-*

gérie, par M. Lieussou, la *Description nautique des côtes de l'Algérie*, par MM. Bérard et de Tessan, le *Manuel de la navigation dans le détroit de Gibraltar*, et la *Description nautique de la côte nord du Maroc*, par MM. Vincendon Dumoulin et de Kerhallet. Ces derniers ouvrages présentent, intercalés dans le texte de la description des côtes, des vues dont l'utilité est très-grande pour faciliter la reconnaissance des points remarquables.

120. Les matériaux qui doivent servir à la publication des instructions nautiques seront recueillis par l'hydrographe dans le cours même des travaux qu'il exécutera pour lever le plan des localités à étudier. En parcourant la côte pour en faire la topographie, et lorsqu'il passera devant elle pour sonder, il prendra des notes très-détaillées sur la configuration des terres qui se présenteront devant ses yeux et sur tous les phénomènes qui lui paraîtront dignes d'intérêt pour la navigation. Ces notes, la plupart du temps trop minutieuses, seront revues et condensées plus tard, et serviront à faire la description fidèle de la côte. La lecture du tome V de la partie physique du voyage de la *Vénus*, intitulé *Observations détachées et considérations générales*, montre le parti qu'un esprit ingénieux peut tirer d'observations et de remarques de toutes sortes faites pendant le cours d'une longue campagne conjointement avec les travaux hydrographiques.

Des observations météorologiques comprenant les indications du thermomètre et du baromètre, ainsi que la direction et la force des vents, l'état de la mer, etc., seront faites à bord d'une manière régulière de jour et de nuit s'il est possible [1]. Les résultats de ces observations serviront à donner des indications sur le climat de la localité; mais comme généralement elles ne pourront être faites que pendant un temps très-restreint, on devra, autant que possible, se procurer les observations faites à terre, s'il en existe, par les personnes qui résident dans le pays. C'est ainsi que dans la campagne hydrographique du phare, pour établir le climat du détroit de Gibraltar, on s'est servi des observations recueillies pendant une longue suite d'années à Cadix, à Gibraltar et à Tanger.

---

1. D'après un arrêté pris récemment par M. le ministre de la marine, les observations météorologiques sont devenues obligatoires à bord des bâtiments de guerre. Les officiers chargés des montres sont également chargés de ces observations, qui sont faites conformément à un type déterminé : elles sont ensuite envoyées au dépôt de la marine, où ce service est centralisé, pour y être coordonnées et discutées.

Il est important aussi d'interroger les pilotes, les pêcheurs et les marins pratiques de la localité ; outre l'indication de dangers qui pourraient échapper aux recherches de la sonde, on obtiendra souvent ainsi de précieux renseignements sur les phénomènes maritimes qui doivent être décrits dans les instructions nautiques.

CHAPITRE HUITIÈME.

HYDROGRAPHIE SOUS VOILES.

LEVÉS SOUS VOILES AVEC STATIONS SUR QUELQUES POINTS DU LITTORAL.

121. Dans tout ce qui précède, nous avons supposé qu'on pouvait descendre librement à terre, et que rien ne s'opposait à ce qu'on pût parcourir le pays et établir dans l'intérieur des terres des signaux pour former le réseau de triangles sur lequel doit s'appuyer le travail de la topographie et des sondes. Mais il n'en est pas toujours ainsi, et le plus souvent même des obstacles de divers genres, tels que l'hostilité des habitants, la nature de la côte, le manque de moyens matériels et le défaut de temps surtout, empêchent l'hydrographe de disposer ainsi son travail. Nous examinerons dans ce chapitre les moyens qu'il faut employer pour lever le plan d'une côte lorsqu'on n'a pas pu préalablement faire une triangulation en mesurant une base à terre et en observant à des signaux placés dans l'intérieur du pays.

Le mode d'opération à suivre pour la reconnaissance d'une côte où il y a impossibilité de descendre, et devant laquelle le navire ne fait que passer, constitue l'hydrographie sous voiles proprement dite. Mais il peut arriver que sans avoir la facilité de pénétrer dans l'intérieur et d'y exécuter des opérations, on ait celle de descendre en quelques points du rivage et d'y observer avec le théodolite. Ces stations faites à terre, si elles sont convenablement disposées, introduiront dans la manière d'opérer des modifications dont l'emploi ajoute beaucoup à l'exactitude du travail. Ce mode d'opération, qui constitue un cas intermédiaire dont nous nous occuperons tout d'abord, a été très-avantageusement employé dans l'exploration de la côte algérienne ; M. de Tessan l'a exposé avec détails dans une note annexée à la *Description nautique des côtes de l'Algérie.* Nous ne ferons ici que reproduire cette note d'une manière succincte.

122. Stations à terre. Nous supposerons que sur une côte dont on veut faire la reconnaissance on ait pu descendre de distance en distance et monter le théodolite soit sur des îlots, soit sur quelques points du rivage. Parmi ces stations, considérons-en deux consécutives. A chacune d'elles on observe la latitude, la longitude et l'azimut d'un point remarquable, un sommet de montagne, par exemple, puis on prend des angles entre ce point remarquable et tous les autres points qui peuvent être vus à la fois des deux stations. On aura ainsi tous les éléments nécessaires pour construire sur la carte les positions de tous ces points. En effet, supposons qu'une projection de Mercator ait été tracée d'avance, les deux points de station y seront placés par leurs latitudes et leurs longitudes; de chacun d'eux on tracera les relèvements des objets remarquables déterminés par l'azimut de l'un d'entre eux et par les angles qui ont été pris à partir de celui-ci sur tous les autres. Le point d'intersection des relèvements pris de chaque station sur le même objet déterminera sur la carte la place de cet objet.

123. Correction des relèvements observés. Nous devons faire remarquer dès à présent que les relèvements tracés ainsi sur une carte réduite avec les angles tels qu'on les a obtenus par l'observation, ne correspondent pas tout à fait aux relèvements réels. En effet, le relèvement pris d'un point sur un autre avec le théodolite est représenté par le grand cercle qui passe par ces deux points (en supposant la terre sphérique). Il faudrait donc, pour rapporter exactement ce relèvement sur une carte réduite, y tracer une courbe représentant le grand cercle passant par ces deux points, tandis que la ligne droite qu'on s'est contenté de tracer, représente une loxodromie. Les points à déterminer seraient donnés par la rencontre de deux de ces courbes; telle serait la construction rigoureuse. Mais on peut ramener la solution du problème à l'intersection de deux lignes droites, en appliquant aux azimuts observés une petite correction; cette correction, dont M. l'ingénieur hydrographe Givry a le premier fait sentir l'importance et dont il a donné la valeur, est égale à $d\,\dfrac{\sin\frac{1}{2}(\lambda+\lambda')}{2}$; d est la différence entre les longitudes du point de station et du point relevé, λ et λ' les latitudes de ces deux points. Cette expression est la moitié de la convergence des méridiens.

La correction doit toujours s'appliquer de manière à obtenir pour le point relevé une position moins élevée en latitude, que si on avait employé l'azimut tel qu'il a été observé; comme λ et λ' diffèrent très-peu, puisque les deux points doivent être assez rapprochés pour être visibles l'un de l'autre, on remplace ordinairement $\sin. \frac{1}{2} (\lambda + \lambda')$ par $\sin. \lambda$, et la correction s'exprime par $d \dfrac{\sin. \lambda.}{2}$

Pour appliquer la correction, il faut connaître la différence de longitude des deux points. Cette différence s'obtient avec une exactitude suffisante en portant les relèvements tels qu'on les a obtenus et en mesurant sur la carte les différences de longitude qui résultent des positions approchées des points. Supposons, par exemple, que du point A (*fig.* 45) on ait obtenu pour l'azimut de AB, 43° 18′ 27″ N.-E., et que le procédé graphique que nous venons d'indiquer ait donné 1938″ pour la différence de longitude des deux points, la latitude du point A étant de 36° 20′, on aura :

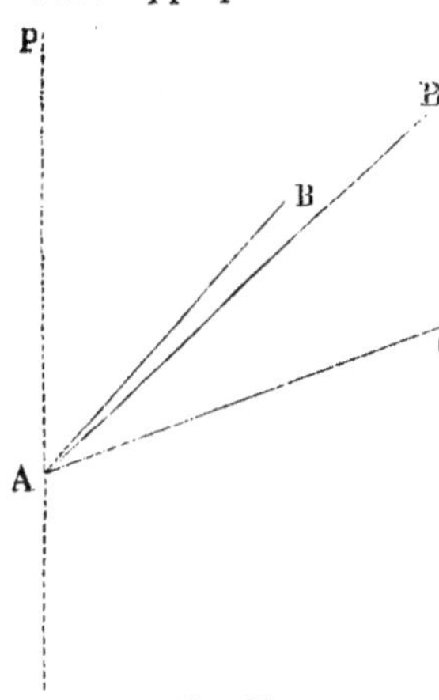
Fig. 30.

$$\text{log. correction} = \log. 1938 + \log. \sin. (36°20') - \log. 2 = 2{,}75900,$$
$$\text{correction} = 574'',1 = 9'\,34'',$$

si P représente la direction du pôle nord, la correction sera additive, conformément à la règle que nous avons donnée, et le relèvement vrai deviendra AB′. Pour un autre point C, on aurait comme valeur de la correction $d' \dfrac{\sin. \lambda}{2}$; la correction applicable à l'angle BAC est donc $(d' - d) \dfrac{\sin. \lambda}{2}$. Or $d' - d$ n'est autre chose que la différence entre les longitudes des deux points relevés; donc la correction à faire à l'angle observé d'un point A entre deux points B et C est égale à la différence en longitude des deux points relevés, multipliée par la moitié du sinus de la latitude du point A.

Cette formule sert à corriger les angles qu'on emploie pour placer sur une carte réduite les stations par des segments capables. La correction sera additive quand la ligne qui joint les deux points, pro-

longée au besoin, passe entre le point A et le pôle ; elle sera soustrac-
tive quand le point A et le pôle seront du même côté de cette ligne.

La grandeur de la correction applicable à un azimut dépend de
sin. λ et croît par conséquent avec la latitude. Il faudra donc toujours
en tenir compte dans les latitudes élevées ; aux environs de l'équateur on pourra la négliger.

124. Mode d'opération. Les positions des objets remarquables
étant ainsi obtenues au moyen de leurs relèvements corrigés, on
a une série de points qui joueront le même rôle que des points déterminés par une triangulation faite à terre et sur lesquels s'appuiera le reste du travail, c'est-à-dire la topographie et les sondes.
Avec ces points principaux on déterminera un certain nombre de
stations à la mer, que l'on construira par les segments capables ;
de ces stations on relèvera tous les points que l'on pensera devoir être
utiles pour construire d'autres stations à la mer : ces dernières seront
plus rapprochées du rivage, et serviront à la construction des détails
de la topographie ; c'est une sorte de triangulation secondaire.

Pour les détails topographiques, le bâtiment prolonge la côte en s'en
approchant le plus possible, et l'hydrographe en dessine les contours
ainsi que les accidents du terrain : puis au moyen des points déjà déterminés, dont il se sert comme de signaux, il en fixe d'autres sur le
rivage qui lui permettront de mettre en place sur la carte les dessins
qu'il aura faits. Toutes les fois que le topographe le jugera nécessaire,
la marche du navire devra être arrêtée pour qu'il puisse faire la
station de laquelle il relèvera les points qu'il aura choisis. S'il y a
plusieurs travailleurs, ce qui est presque indispensable dans les opérations de ce genre, on sondera en même temps et l'on aura ainsi
une ligne de sondes aussi rapprochée de la côte que possible, et qui
sera, par conséquent, d'une grande importance.

Les sondes plus au large seront faites avec le bâtiment au moyen
de lignes, soit parallèles, soit perpendiculaires à la direction de la
côte, suivant qu'on le jugera convenable, et d'après les procédés que
nous avons exposés en parlant des sondes du large. On complétera ces
sondages par des sondes faites plus près de terre avec les embarcations, si on en a le temps et les moyens.

Tel est, dans son ensemble, le mode d'opération qu'il faut employer
lorsqu'on a la facilité, dans une reconnaissance sous voiles, d'observer
sur plusieurs points du rivage, assez rapprochés les uns des autres,
pour que de deux stations consécutives on puisse voir dans l'inté-

rieur des terres des points communs; nous allons maintenant entrer dans quelques détails sur la manière de procéder, et dire comment on peut éluder certaines difficultés qui se présentent dans la pratique.

125. Choix des stations à terre. La partie du travail la plus importante et en même temps la plus délicate est celle qui concerne le choix des emplacements où devront être faites les stations à terre. Une des principales considérations qui devra guider dans ce choix sera la disposition préalable des cartes qui seront publiées ultérieurement. On commencera donc par tracer sur une carte routière, dans toute l'étendue de la côte que l'on doit reconnaître, les divisions des cartes particulières, dont les besoins de la navigation feront regarder la publication comme nécessaire. Nous ne parlons pas ici des plans de ports ou de mouillages, mais de cartes d'atterrages et de navigation. Cette division faite, on verra entre quelles limites se trouve comprise la portion de côtes qu'embrasse chacune de ces cartes, et c'est autant que possible dans le voisinage de ces limites que doivent être choisis les points de stations, de manière que la triangulation qui en résulte puisse embrasser toute la grandeur de la carte. Lorsque les points extrêmes seront trop éloignés l'un de l'autre, il faudra prendre un ou plusieurs points intermédiaires; on aura alors pour la même carte plusieurs triangulations distinctes, qui se raccorderont d'autant mieux, que les observations de longitude et de latitude faites aux divers points de station présenteront entre elles plus d'accord.

126. Détermination des latitudes et des longitudes des stations. La latitude s'obtient avec une assez grande approximation. On peut compter qu'avec le grand théodolite on la déterminera à 10″ ou 15″ près; avec le cercle méridien portatif on obtiendrait des résultats encore plus précis.

La détermination de la longitude comporte une approximation moindre; mais on peut rendre les résultats très-concordants, en procédant de suite et le plus rapidement possible à cette détermination pour tous les points de stations. On partira donc de l'une des extrémités du travail, après avoir bien réglé les montres autant que possible en un point dont la longitude est connue, et on se dirigera vers l'autre extrémité, en s'arrêtant à chaque station dont on déterminera la longitude au moyen du transport du temps par les montres. Toutes les longitudes ainsi déterminées auront l'avantage d'être déduites de marches des chronomètres, qui auront d'autant moins varié que cette première exploration aura été plus rapidement faite. Il sera bon de revenir ensuite immédiatement sur ses pas et de recommencer en sens inverse les mêmes observations. On prendra pour longitudes définitives les moyennes de celles qui auront été obtenues dans les deux traversées. Nous donnerons ci-après un exemple de cette détermination des longitudes, et des méthodes et calculs qu'il faut employer pour arriver aux résultats les plus exacts, en se servant de toutes les données qu'on a recueillies.

La latitude se déterminera soit pendant le jour au moyen des hauteurs circumméridiennes du soleil, soit pendant la nuit, par l'observation des hauteurs circumméridiennes d'une étoile ou par celle des hauteurs de la polaire, en un lieu quelconque de son cours.

Enfin on mesurera, avec le théodolite, l'azimut d'un objet terrestre au moyen de l'azimut du soleil et de l'angle que le vertical du soleil fait au même moment avec celui de l'objet.

127. Il peut arriver que la disposition de la côte soit telle que, de quelques-unes des stations, on ne puisse pas apercevoir les objets terrestres qu'on a relevés des stations voisines, ou bien que l'hostilité des habitants empêche d'y observer pendant le jour. Dans ces deux cas on pourra toujours, soit de jour, soit de nuit, faire les observations relatives à la détermination de la latitude et de la longitude, et l'on suppléera de la manière suivante aux relèvements qui restent à prendre. Le bâtiment étant mouillé dans une position convenable, à une petite distance du point choisi comme station, on détermine sa distance à ce point, au moyen de l'observation angulaire d'une mire divisée qu'on a dressée à terre dans ce but. Cette observation se fait, soit avec le micromètre, soit avec un cercle de réflexion. Si on peut observer de jour sur le point en question, à un moment donné, un observateur à terre et un autre à bord se relèvent mutuellement, et l'observateur qui est à bord procède immédiatement avec le cercle au relèvement des objets terrestres que l'on veut déterminer : l'azimut de la ligne qui joint le navire au point, étant ainsi connu par le relèvement pris de terre, et la position du navire l'étant aussi par ce relèvement et par sa distance au point terrestre, on pourra construire tous les relèvements pris du bord.

Dans le cas où on n'aurait pu observer à terre que de nuit, il sera indispensable d'observer à bord l'azimut d'un point terrestre, qui s'obtient, comme on sait, par la hauteur du soleil, celle du point et la distance du point au soleil, car on n'aura pas pu dans ce cas déterminer comme dans le cas précédent, de la station à terre, l'azimut de la ligne qui joint cette station au navire.

128. Utilité d'une construction immédiate. Nous renverrons, pour ce qui concerne la topographie et les sondes, à ce que nous avons déjà dit sur ce sujet dans les chapitres précédents : lorsqu'il s'agit d'un levé sous voile, les opérations sont plus rapides et ne présentent pas la même certitude que celles des levés ordinaires; aussi nous ne saurions trop recommander de construire la carte immédiatement, autant qu'on le peut, à mesure que les documents sont recueillis. La construction faite sur les lieux mêmes permet de revenir sur les points douteux, de combler les lacunes et de résoudre sans effort des difficultés qui deviennent souvent insurmontables, quand on dresse la carte alors que le souvenir des lieux et des travaux effectués est déjà effacé, et qu'il n'est plus temps de revenir sur le théâtre des opérations. Il ne faudra pas oublier que, comme on construit sur une carte réduite, les angles et les relèvements doivent être tous corrigés avant d'être employés; on se servira pour cela d'une table que l'on dressera d'avance pour toute l'étendue du travail et qui donnera de degré en degré la moitié du sinus naturel de la latitude; on multipliera à vue les nombres de cette table par les différences de longitude exprimées en minutes (ce qui est une approximation suffisante), et mesurées avec un compas sur la carte, où les points ont été préalablement placés avec les relèvements non corrigés.

Si les points qui doivent servir à placer la station à la mer sont peu nombreux ou mal disposés, comme cela arrive aux extrémités de la carte, il est bon de prendre l'azimut astronomique d'un de ces points, avec cet azimut il suffira de deux angles pour déterminer la position et la vérifier. Lorsque l'observation est faite dans un moment favorable, c'est-à-dire le matin ou le soir, on peut accorder autant de confiance au relèvement ainsi obtenu qu'aux angles observés.

129. Les précautions à prendre pour obtenir le plus d'exactitude possible dans les stations faites à la mer sont exposées avec les détails les plus minutieux dans la note de M. de Tessan, à laquelle nous renverrons le lecteur. Nous nous bornerons à recommander de disposer le travail de manière à allier l'ordre à la promptitude dans l'exécution. Nous insisterons encore sur l'utilité de prendre des vues presque continuellement. Ces représentations multipliées du terrain tel qu'il passe devant les yeux évitent de longues descriptions, et aident

puissamment la mémoire dans les constructions à faire ultérieurement.

150. On ne pourra pas toujours effectuer les opérations dans
l'ordre où nous les avons décrites. Il peut arriver que des considérations étrangères au travail hydrographique obligent à faire par exemple
la topographie et les sondes qui avoisinent la terre avant de déterminer les points de la triangulation secondaire sur laquelle devraient
s'appuyer ces travaux de détail. Cette détermination ne vient alors
qu'en second lieu, mais il est presque indispensable de procéder sans
interruption aux observations astronomiques qui doivent fixer la position des stations terrestres ; l'exemple que nous allons donner de la
recherche des longitudes d'une suite de stations fera bien comprendre
la nécessité de cette manière de procéder.

**151. Détermination des longitudes d'une suite de stations
à terre.** Cet exemple est tiré de la campagne hydrographique exécutée en 1835 à bord du *Phare*, pour la reconnaissance de la côte
nord du Maroc. Il s'agissait de déterminer les longitudes des Presidios
espagnols (îles Zaffarines, Melilla, Alhucemas et Peñon-de-Velez), seuls
points de la côte où l'on pouvait descendre pour faire des observations.
Ces points étaient trop éloignés les uns des autres pour qu'on pût établir une triangulation d'après la méthode que nous venons d'exposer.
La nature du pays et l'hostilité des habitants n'ont pas permis de faire
d'autres stations à terre ; les points que nous avons cités n'ont donc
servi qu'à rectifier les opérations faites sous voiles d'après les procédés
que nous exposerons dans le chapitre suivant. Mais les longitudes
n'en ont pas moins été déterminées comme elles doivent l'être dans
le cas où les stations à terre ont pour objet de servir de base à une
triangulation. Trois montres étaient embarquées sur le *Phare*, il y
avait en outre un compteur portatif dont on se servait pour compter
les heures pendant les observations, en ayant soin de le comparer
au départ et au retour avec les trois montres.

La marche et l'état des montres furent préalablement déterminés
à Mers-el-Kébir (point dont la longitude était connue) au moyen de
10 séries d'observations d'angle horaire prises du 22 au 29 août.
Ces observations faites en nombre égal le matin et le soir, afin de
diminuer l'erreur constante due à l'imperfection de l'instrument, ou
à la manière d'observer, ont été combinées au moyen de la méthode
des moindres carrés prescrite par M. Daussy (*Connaissance des temps
de 1835*). Cette méthode, dont nous allons donner une application,

consiste à employer pour la détermination de l'état et de la marche toutes les observations faites pendant le cours d'une relâche, au lieu de se servir seulement des observations extrêmes. La marche obtenue par ce dernier moyen est regardée comme une marche affectée d'une petite erreur que nous désignerons par y; nous appellerons x l'erreur de l'état déduit, par exemple, du premier jour des observations, x et y sont exprimés en secondes. Avec cet état $A + x$ et cette marche $m + y$, nous aurons une expression de l'état de la montre pour l'heure de chacune des dix observations; en égalant cette expression aux résultats donnés par ces observations elles-mêmes, nous aurons dix équations pour déterminer les deux inconnues x et y. Les valeurs de ces deux inconnues tirées de deux quelconques des équations ne satisferont pas aux autres; mais la méthode désignée sous le nom des moindres carrés, donne le moyen d'obtenir les valeurs des deux inconnues qui satisfont le mieux à toutes les équations à la fois. Nous donnerons le calcul entier pour l'une des montres.

On a trouvé par les séries d'observations d'angles horaires pour l'avance de la montre sur le temps moyen de Mers-el-Kébir.

Heures des observations.				Avance de la montre.		
Le 23 août (soir) à 5ʰ	30ᵐ	19ˢ,2	....	10ʰ	47ᵐ	54ˢ,30
24 — (matin) 8	21	27 ,1	....	10	47	51 ,16
24 — (soir) 5	3	49 ,9	....	10	47	49 ,80
25 — (matin) 8	17	3 ,5	....	10	47	46 ,70
25 — (soir) 5	4	56 ,6	....	10	47	44 ,86
26 — (matin) 8	23	43 ,9	....	10	47	41 ,10
27 — (matin) 8	19	39 ,4	....	10	47	37 ,20
27 — (soir) 4	13	30 ,1	....	10	47	34 ,16
29 — (matin) 8	30	15 ,1	....	10	47	26 ,95
29 — (soir) 4	21	49 ,5	....	10	47	25 ,70

De la première et de la dernière des observations, on déduit la marche approchée qui est un retard de 4ˢ,805 en 24 heures. C'est cette marche qu'il s'agit de corriger de manière qu'elle satisfasse le mieux possible à toutes les observations. On commence par rapporter, en se servant de cette marche approchée, tous les états à 6ʰ du matin et 6ʰ du soir. On a ainsi :

Le 23 août (soir) à 6ʰ	....	10ʰ	47ᵐ	54ˢ,20
24 — (matin) «	....	10	47	51 ,63
24 — (soir) «	....	10	47	49 ,61

25 — (matin) à 6ʰ	....	10ʰ	47ᵐ	47ˢ,16
25 — (soir) «	....	10	47	44 ,68
26 — (matin) «	....	10	47	41 ,58
27 — (matin) «	....	10	47	37 ,66
27 — (soir) «	....	10	47	33 ,80
29 — (matin) «	....	10	47	27 ,45
29 — (soir) «	....	10	47	25 ,37

et l'on pourra, au moyen de ces états, former les équations suivantes :

$$10^h \ 47^m \ 54^s,200 \ + \ x \ + \quad 0 \ = \ 10^h \ 47^m \ 54^s,20$$
$$10 \ \ 47 \ \ 51,798 \ + \ x \ + \quad y \ = \ 10 \ \ 47 \ \ 51,63$$
$$10 \ \ 47 \ \ 49,396 \ + \ x \ + \ 2y \ = \ 10 \ \ 47 \ \ 49,61$$
$$10 \ \ 47 \ \ 46,994 \ + \ x \ + \ 3y \ = \ 10 \ \ 47 \ \ 47,16$$
$$10 \ \ 47 \ \ 44,592 \ + \ x \ + \ 4y \ = \ 10 \ \ 47 \ \ 44,68$$
$$10 \ \ 47 \ \ 42,190 \ + \ x \ + \ 5y \ = \ 10 \ \ 47 \ \ 41,58$$
$$10 \ \ 47 \ \ 37,386 \ + \ x \ + \ 7y \ = \ 10 \ \ 47 \ \ 36,66$$
$$10 \ \ 47 \ \ 34,984 \ + \ x \ + \ 8y \ = \ 10 \ \ 47 \ \ 33,80$$
$$10 \ \ 47 \ \ 27,778 \ + \ x \ + \ 11y \ = \ 10 \ \ 47 \ \ 27,45$$
$$10 \ \ 47 \ \ 25,376 \ + \ x \ + \ 12y \ = \ 10 \ \ 47 \ \ 25,37$$

y représente ici la correction qu'il faut faire à la marche en 12 heures. Suivant la méthode des moindres carrés, il faut, pour avoir les deux équations dont on tire les valeurs de x et de y, multiplier chaque équation par le coefficient de x dans chacune d'elles et les ajouter toutes, ce qui donnera une première équation ; la somme des équations multipliées respectivement par le coefficient de y dans chacune d'elles fournira la seconde. Dans cet exemple il faut d'abord ajouter les équations telles qu'elles sont, puisque le coefficient de x est partout l'unité ; en second lieu on multipliera la première équation par 0, la seconde par 1, la troisième par 2, etc., et on les ajoutera pour obtenir la seconde équation. On aura, en opérant ainsi :

$$10 \ x \ + \ 53 \ y \ = \ - \ 1^s,572$$
$$53 \ x \ + 433 \ y \ = \ - \ 13,280$$

d'où l'on tire

$$x \ = \ + \ 0^s,015 \qquad y \ = \ - \ 0^s,033$$

l'état du chronomètre sur le temps de Mers-el-Kébir deviendra donc le 23 août à 6ʰ du soir + 10ʰ 47ᵐ 54ˢ,20 plus 0ˢ,015 ou 10ʰ 47ᵐ 54ˢ,215, et la marche — 4ˢ,805 moins 2 fois 0ˢ,033 ou — 4ˢ,871.

Des calculs analogues ont donné l'état et la marche de chacune des deux autres montres.

En quittant *Mers-el-Kébir* le *Phare* se rendit aux *îles Zaffarines*, où des observations d'angle horaire furent faites le 30 août au soir, et le 31 août au matin, et ensuite à *Melilla* où l'on observa également le 31 août au soir. On eut par conséquent l'état des trois montres sur le temps moyen de chacun de ces deux points.

Du 3 au 7 septembre, à *Alhucemas*, six séries d'observations, trois du matin et trois du soir, traitées encore par la méthode des moindres carrés, ont donné de nouveau la marche des montres et leur état sur le temps moyen d'*Alhucemas*.

Des observations du matin et du soir, les 8 et 9 septembre, permirent d'avoir l'état des montres sur le temps moyen de *Peñon de Velez*.

Enfin du 11 au 17 septembre, on fit à Gibraltar six séries d'observations, trois du matin et trois du soir, au moyen desquelles on eut dans un point dont la longitude était connue, les marches et les états des trois montres. Voyons comment nous nous servirons de toutes ces observations pour avoir les longitudes que nous cherchons.

Nous avons trouvé que le 26 août à 6 heures du soir, heure moyenne des observations faites à Mers-el-Kébir, la marche de la montre pour laquelle nous avons donné les calculs est de — 4,87 à Alhucemas; elle est le 5 septembre au soir de —4,27; à Gibraltar le 14 septembre au matin de —3,52. En supposant que les marches, entre chaque relâche, aient varié proportionnellement au temps, nous aurons pour marche moyenne, entre Mers-el-Kébir et Alhucemas — $4^s,57$, pendant les dix jours qui se sont écoulés, du 26 août au 5 septembre, et — $3^s,895$ d'Alhucemas à Gibraltar, pendant huit jours et demi.

Or, l'état de la montre sur le temps moyen de Mers-el-Kébir, le 26 août, est + $10^h 47^m 39^s,8$. Si nous retranchons de cet état la marche pendant $18^j,5$, telle que nous venons de la trouver, c'est-à-dire $1^m 18^s,9$, nous aurons $10^h 46^m 20^s,9$. La différence entre ce résultat et la longitude de Mers-el-Kébir qui est connue, donne + $10^h 34^m 14^s,9$ pour l'état sur Paris, calculé pour le 14 septembre avec les marches trouvées. Les observations faites à Gibraltar donnent au même instant pour l'état sur Paris + $10^h 34^m 7^s,9$, résultat qui diffère du précédent de 7^s; nous en concluons que l'erreur totale de la montre, pendant la traversée de Mers-el-Kébir à Gibraltar, a été de —7^s. Comme nous n'avons aucune donnée qui puisse nous guider pour répartir cette erreur sur les différents jours de la traversée, nous supposerons qu'elle s'est produite proportionnellement au temps et nous la ferons supporter aux marches de chaque jour, ce qui fera 0ˢ,38 par jour à ajouter à la marche. Avec les marches nouvelles ainsi obtenues (des calculs analogues ont été faits pour les autres montres), l'état des montres sur le temps moyen déterminé à Mers-el-Kébir, et les observations d'angles horaires faites aux points où l'on s'est arrêté dans la traversée de Mers-el-Kébir à Gibraltar, on a déterminé la longitude de ces différents points. Cet exemple montre comment il faut procéder dans la détermination des longitudes, et en même temps, met en évidence l'utilité de faire concourir à cette détermination toutes les données que l'on a recueillies. On eût obtenu des résultats meilleurs encore, en déterminant de nouveau les longitudes par la traversée inverse de Gibraltar à Mers-el-Kébir, et en prenant des moyennes entre les longitudes obtenues dans les deux traversées.

132. Nous avons supposé, pour plus de simplicité, qu'entre chaque relâche les marches avaient varié proportionnellement au temps, ce qui en général n'est pas conforme à la réalité, ainsi qu'on peut s'en convaincre, lorsqu'on essaye de construire les courbes qui représentent la marche des montres, en prenant les temps écoulés pour abscisses et pour ordonnées les marches observées. On obtient ainsi des courbes plus ou moins régulières, mais qui généralement s'écartent de la ligne droite.

M. Vincendon-Dumoulin dans la partie hydrographique du voyage au pôle Sud et dans l'Océanie, a donné des formules au moyen desquelles on peut avoir la marche d'une montre pour un jour donné, dans l'hypothèse qu'elle varie d'une manière continue, tout en satisfaisant aux valeurs diverses déduites des observations faites dans le cours de la navigation. Nous ne donnerons pas ces formules qui sont assez compliquées, et nous renverrons à cet ouvrage, où l'on trouvera également reproduits les deux mémoires de M. Daussy, sur la détermination des longitudes par les chronomètres. Nous avons déjà cité le premier de ces mémoires, le second est relatif à la fixation des longitudes de points intermédiaires entre deux relâches dont la longitude est connue, et où l'on a déterminé l'état et la marche du chronomètre. Ici les données sont moindres que dans les cas précédents, puisqu'on n'a observé les marches en aucun des points compris entre le point de départ et celui d'arrivée.

Le problème consiste à formuler la marche de la montre, de telle sorte qu'elle passe régulièrement de la valeur déterminée au départ à celle qu'on trouve à l'arrivée, et qu'au point d'arrivée elle donne un état tel qu'on puisse en déduire la longitude connue de ce point. En tenant compte de ces conditions, on démontre que l'expression de l'état de la montre le m^{me} jour, après le départ est

$$(1) \qquad A - ma - \frac{(m+1)\, m}{2}\, x - \frac{(m+1)\, m\, (m-1)}{2 \cdot 3}\, y$$

les valeurs de x et de y sont données par les équations :

$$x = \frac{(n+2)\,(b-a) - 3n\,(b+a-2c)}{(n+1)\,(n+2)}$$

$$y = 6\,\frac{b+a-2c}{(n+1)\,(n+2)}$$

A est l'état du chronomètre sur le temps moyen du point de départ ;
a la marche diurne en ce point ;
b la marche diurne au point d'arrivée ;
c la marche moyenne pendant la traversée ;
n le nombre de jours écoulés entre le départ et l'arrivée.

La marche moyenne c se déduit très-facilement de la différence connue D des longitudes, car cette différence est égale à l'état B de la montre sur le temps moyen du point d'arrivée, moins l'état A sur le temps moyen du point de départ, moins la somme des marches pendant la traversée, représentée par n fois la marche moyenne c.

$$D = B - A - nc,$$

d'où l'on tire

$$c = \frac{B - A - D}{n}.$$

Nous allons appliquer à ces formules, les données de l'exemple précédent ; le point de départ sera Mers-el-Kébir, le point d'arrivée Gibraltar. Nous supposerons qu'on n'ait pas observé la marche à Alhucemas.

MERS-EL-KÉBIR.

29 août à 6^h du soir, état sur le temps moyen. . . . . . $+10^h\,47^m\,24^s.99 = A$
marche diurne. . $- 4,87 = a$

GIBRALTAR.

le 11 septembre à 6^h du soir, état sur le temps moyen. . $+11^h\ 5^m\ 2^s,47 = B$

marche diurne. . . $-3\ ,52 = b$

La différence de longitude entre les deux points est. . . $18^m 39^s,8\ = D$

La marche moyenne c sera donnée par l'équation

$$c = \frac{11^h\ 5^m\ 2^s,47 - 10^h\ 47^m\ 24^s,99 - 18^m\ 39^s,8}{13} = -\ 4^s,79.$$

Comme du 29 août au 11 septembre, il s'est écoulé 13 jours, n est égal à 13.

Avec cette valeur de c on détermine celles de x et de y,

$$x = -0^s,124 \qquad\qquad y = +0^s,034.$$

Or les observations faites à Alhucemas ont donné, le 3 septembre à 6 heures du soir pour l'état de la montre sur le temps moyen de cette localité $+ 10^h\ 59^m\ 45^s,25$. D'un autre côté si on remplace x et y dans l'expression (1) par leurs valeurs, et si on fait $m = 5$, on en déduit $10^h\ 46^m\ 59^s,46$ pour l'état de la montre sur le T. M. de Mers-el-Kébir. La différence entre ces deux états ou $12^m\ 45^s,79$ donnera la différence de longitude entre Mers-el-Kébir et Alhucemas. En tenant compte de la détermination de la marche à Alhucemas, on trouverait $12^m\ 46^s,45$. La concordance de ces deux résultats permet d'admettre que pendant la traversée, de Mers-el-Kébir à Gibraltar, la marche a varié à peu près proportionnellement au temps.

LEVÉS FAITS ENTIÈREMENT SOUS VOILES.

133. Nous venons d'examiner le cas où on a la possibilité de faire sur la côte, de distance en distance, des stations qui servent à établir une sorte de triangulation; nous allons maintenant exposer les méthodes qu'on doit employer lorsqu'on veut lever le plan d'une côte sur laquelle on ne peut pas descendre pour y faire des observations; c'est ce qui constitue le levé sous voiles proprement dit.

134. Procédés anciens. Les procédés qui furent employés dans ce but par les anciens navigateurs étaient très-défectueux. Les points remarquables de la côte étaient fixés soit par l'évaluation approchée des distances du navire à ces points et par des relèvements pris au

compas, soit par ces mêmes relèvements combinés avec la route estimée du navire que l'on corrigeait de temps en temps au moyen des
observations astronomiques.

M. Beautemps-Beaupré fit faire un grand pas à l'hydrographie sous
voiles en substituant aux relèvements pris au compas les relèvements astronomiques et les angles pris avec le cercle de réflexion.
La méthode qu'il employa consiste à placer sur une carte réduite
toutes les positions du navire telles qu'elles ont été déterminées par
les observations astronomiques combinées avec la route estimée.
Les relèvements astronomiques pris de ces diverses positions sur les
points de la côte donnent en les portant sur la carte, par leur intersection, les positions de ces points. Les positions du navire ne sont
pas obtenues avec une grande approximation, puisqu'on est toujours
dans l'obligation de se servir de la route estimée, les heures favorables à l'observation de la latitude ne l'étant pas à celle de la longitude ; en outre on n'est jamais sûr d'avoir la longitude à plus de 2 ou
3 minutes près. Pour obvier en partie à ces erreurs, on commence par
placer quelques points terrestres au moyen des positions à la mer
dans lesquelles on a le plus de confiance, et qui sont disposées de
telle façon que les erreurs supposées de ces positions affectent le
moins possible les relèvements. On s'appuie sur les points terrestres
ainsi déterminés pour corriger, au moyen des relèvements observés,
les positions à la mer qui sont douteuses.

On arrive ainsi, en revenant par des corrections successives sur les
points préalablement placés, à déterminer d'une manière définitive
toutes les positions à terre et à la mer. M. Beautemps-Beaupré a
donné un exemple de ce mode d'opérer dans l'appendice au *Voyage
de d'Entrecasteaux,* où l'on trouvera analysés avec les plus grands détails les procédés qui lui ont servi pour dresser la carte de l'archipel
Vera-Cruz. Quel que soit le discernement que l'on apporte dans le
choix des positions, et quelque moyen ingénieux que l'on emploie
pour les corriger, il est impossible d'empêcher qu'il ne s'introduise
des erreurs graves provenant de l'incertitude de la route estimée
(surtout dans les parages où règnent de forts courants) et du peu de
précision des observations astronomiques.

**135. Procédé de M. Vincendon-Dumoulin ; construction
d'une figure semblable à celle du terrain.** M. Vincendon-Dumoulin a trouvé le moyen de s'affranchir de ces erreurs en n'employant pour la construction du canevas trigonométrique et des détails

de la carte que les relèvements astronomiques et les angles pris de la mer sur les points terrestres. Ces deux genres de données peuvent être obtenues avec une grande précision ; les observations de longitude et de latitude ne seront plus employées que pour fixer l'échelle de la carte et ne serviront plus qu'à déterminer deux stations aussi éloignées qu'on voudra l'une de l'autre. Les erreurs qu'on pourra commettre sur la position de ces stations se feront d'autant moins sentir que la distance qui les sépare sera plus grande.

Si l'on considère trois stations à la mer et trois points à terre convenablement disposés, la méthode de M. Vincendon-Dumoulin consiste à construire sur le papier une figure semblable à celle que ces six points forment sur le terrain. Ce problème est le plus simple de tous ceux du même genre qu'on aurait pu se proposer en combinant entre eux les angles et les relèvements pris d'un certain nombre de stations à la mer sur un certain nombre de points à terre. MM. Ploix et Halphen, dans un ingénieux mémoire, intitulé *Considérations sur le levé sous voiles,* démontrent analytiquement que le problème ainsi posé est déterminé et ne peut avoir en général qu'une solution.

Soient A, B, C (*fig. 46*) trois stations à la mer, desquelles on a observé les angles compris entre les trois points terrestres D, E, F et les azimuts astronomiques de l'un de ces points ; les directions des lignes droites que l'on obtiendra en joignant respectivement les points A, B, C aux points D, E, F seront par conséquent toutes connues. Traçons la ligne AD dans la direction voulue, et prenons arbitrairement sur cette ligne deux points A et D qui représenteront l'un le premier point à la mer, l'autre le premier point à terre ; nous pourrons du point A mener les lignes A*e*, A*f* sur lesquelles devront être situés les points E et F, et du point D les lignes D*b*, D*c* sur lesquelles seront les stations à la mer B et C, puisque les directions de toutes ces lignes nous sont connues. Ces lignes se rencontreront deux à deux aux points M et N, qui seront par conséquent déterminés, soient E, F, B, C les points qui satisfont à la question, c'est-à-dire des points tels que les lignes EB, EC, FB, FC soient la direction voulue. BF et EC se rencontrent au point P ; c'est ce point qu'il s'agit de déterminer, car il est facile de voir qu'alors le problème sera résolu. Joignons MP et NP, on démontre aisément que la ligne droite MP est le lieu des sommets de tous les triangles, tels que BEP dont les bases BE sont inscrites dans l'angle *b*M*e* et dont tous les côtés sont parallèles ; or on peut construire un de ces triangles, puisque les directions de ses trois côtés sont connues, en joignant son sommet P_1 au point M on aura une ligne droite sur laquelle doit se trouver le point P ; de même la droite NP est le lieu des sommets de tous les triangles tels que CPF, $C_1P'_1F_1$. La rencontre des deux lignes MP_1, NP'_1 donnera le point P.

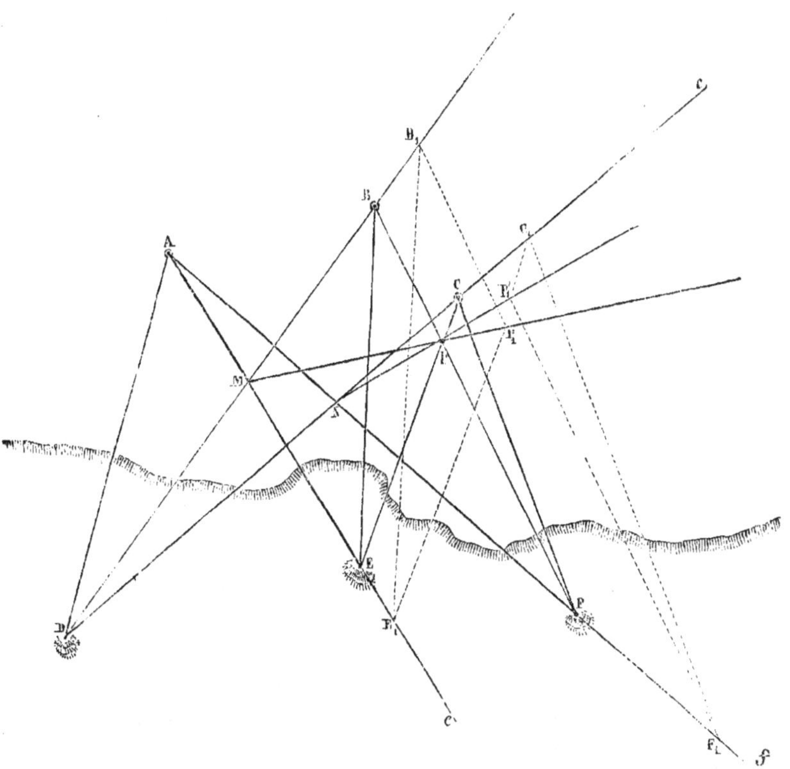

Fig. 46.

La construction, pour avoir sur le papier une figure A'B'C'D'E'F' semblable à celle du terrain ABCDEF (*fig.* 47), consiste donc dans les opérations suivantes : on prend arbitrairement une longueur A'D' dont les extrémités représentent l'une le premier point à la mer, l'autre le premier point à terre ; du point A' on tire suivant les directions observées les lignes A'e, A'f, et du point D' les lignes D'b, D'c ; ces quatre lignes se rencontrent deux à deux aux points M' et N'. Sur la ligne D'b on prend un point quelconque B_1 par lequel on mène la ligne B_1E_1 suivant la direction connue BE ; par les points B_1, E_1 on mène des lignes parallèles à BP et EP, qui se rencontrent au point P_1; on joint M' et P_1. On prend ensuite sur D'c un point quelconque C_1 par lequel on mène la ligne $C_1 F_1$ parallèle à la direction CF. Par les points C_1, F_1 on mène des lignes parallèles aux directions connues CE, FB, qui se rencontrent en un point P'_1. La rencontre des lignes droites $M'P_1$, $N'P'_1$ donne le point P'; par ce point on mènera les lignes C'E', B'F' parallèles aux directions CE et BF, et l'on déterminera ainsi les points inconnus B', C', E', F'; B'E', C'F' devront être, si la construction est exacte, parallèles aux directions connues BE et CF.

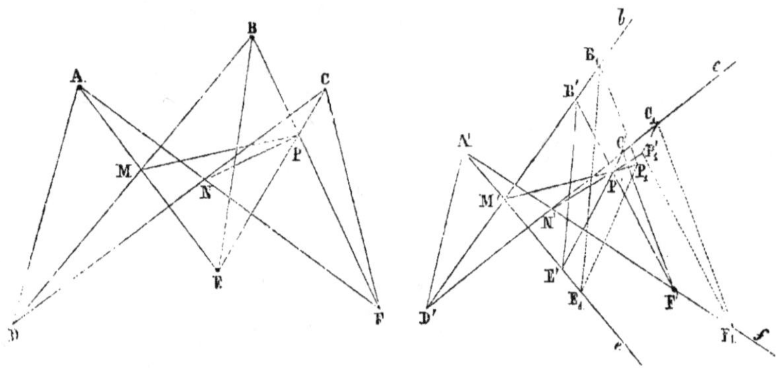

Fig. 47.

136. On voit que pour que le problème soit déterminé, il faut que les lignes MP, NP soient distinctes l'une de l'autre, et plus elles seront près de se rencontrer normalement en P, plus le cas sera favorable. On démontre que la condition pour que les trois points M, N, P soient en ligne droite est que les six points A, B, C, D, E, F soient situés sur une courbe du second degré (*Considérations sur le levé sous voiles*), dans ce cas le problème est indéterminé. On peut presque toujours l'éviter dans la pratique; les deux premiers points à la mer A et B peuvent en effet se placer d'une manière approchée au moyen de l'estime et de la direction suivie par le navire. Au moyen des relèvements, on placera aussi approximativement les trois points de terre D, E, F; on construira grossièrement la courbe du second degré qui passe par ces cinq points, et on fera la troisième station à la mer le plus possible en dehors de cette courbe.

Il faut éviter que les points A, B, C soient sur une ligne droite en même temps que les points D, E, F, car on sait que le système de deux lignes droites est un cas particulier des courbes de second degré. Si, au contraire, les trois points à la mer sont en ligne droite, comme on peut toujours choisir les trois points à terre de manière à ce qu'ils ne soient pas sur une ligne droite, le problème dans ce cas sera déterminé, car les six points ne pourront se trouver sur une courbe du second degré, attendu qu'une courbe de cette nature ne peut être rencontrée par une droite en plus de deux points.

On sera encore certain que le problème est déterminé lorsque les angles ABC, DEF dont les sommets sont en B et en E seront disposés comme dans la figure 48, c'est-à-dire de manière qu'ils soient ouverts tous deux à la fois de moins de 180°, ou bien de plus de 180° vers le large, car il n'y a pas de courbe du second degré dont la forme soit telle que les six points ainsi disposés puissent lui appartenir.

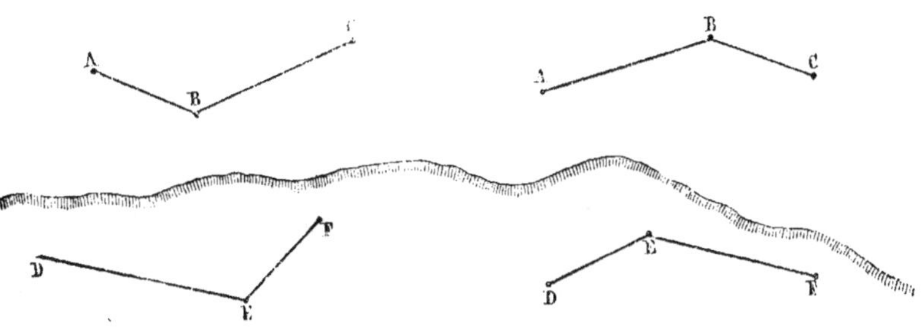

Fig. 48.

137. Lorsque l'une des stations à la mer A est sur la ligne droite qui joint deux des points à terre D, E (*fig.* 49), la construction devient très-simple. En effet, comme du point A on a pris l'azimut de cette ligne DE, sa direction est connue. On trace donc sur la carte dans cette direction une ligne sur laquelle on prend deux points qui représentent les points de terre D et E. Les stations à la mer B et C se construisent au moyen des relèvements pris sur ces deux points; ces deux stations servent ensuite à placer le troisième point de terre F', et la première station à la mer A s'en déduit aisément par l'intersec-

tion de la ligne DE prolongée avec le relèvement pris de cette première
station sur le point F.

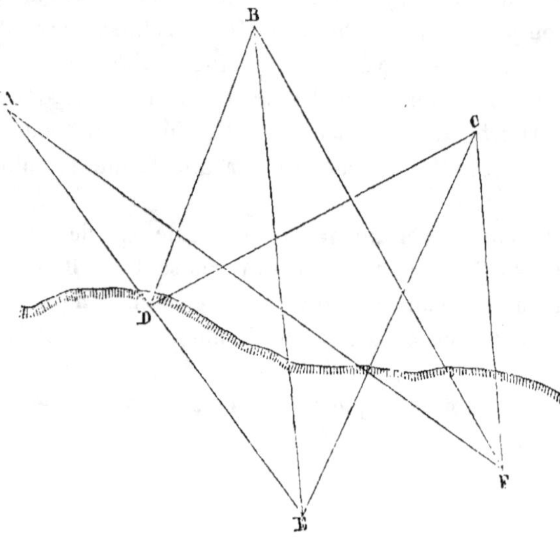

Fig. 49.

138. M. de la Roche-Poncié a imaginé, pour résoudre le problème
fondamental des levés sous voiles, une construction géométrique plus
simple que celle de M. Vincendon-Dumoulin : au lieu d'un point à la
mer et d'un point à terre, prenons pour base de notre construction
deux points à terre D et F (*fig.* 50); comme nous connaissons les
angles sous lesquels on voit la ligne DF de chacun des trois points à
la mer, nous pouvons construire sur cette ligne trois segments capables de ces trois angles, sur lesquels seront placés respectivement
les trois points A, B, C.

Joignons les trois points A, B, C supposés connus, au point de
terre E qui n'est pas encore placé, ces lignes AE, BE, CE prolongées rencontreront les trois cercles respectivement aux points a, b, c.
Il est facile de déterminer ces trois points; en effet, considérons le
premier a; l'angle FAa est connu, il est la moitié de l'angle au
centre FO_1a, qui par conséquent sera connu aussi; on obtiendra
donc le point a en traçant à partir du centre O_1 une ligne O_1a qui
fasse avec O_1F un angle double de l'angle FAE. Les points b et c
s'obtiendront de la même manière. Or l'angle cEb est connu, puisque

la direction des lignes BE, CE est donnée; l'angle de ces lignes est égal à la différence de leurs azimuts; l'angle bEa, par la même raison, est aussi connu. Le point E s'obtiendra donc en traçant sur les lignes cb, ba des segments capables des angles CEb, bEa. Le point E étant déterminé, les trois stations à la mer A, B, C s'obtiendront par l'intersection des trois lignes aE, bE, cE avec les cercles correspondants. Une figure semblable à celle du terrain étant ainsi construite, on l'orientera avec l'un des azimuts pris des trois points à la mer.

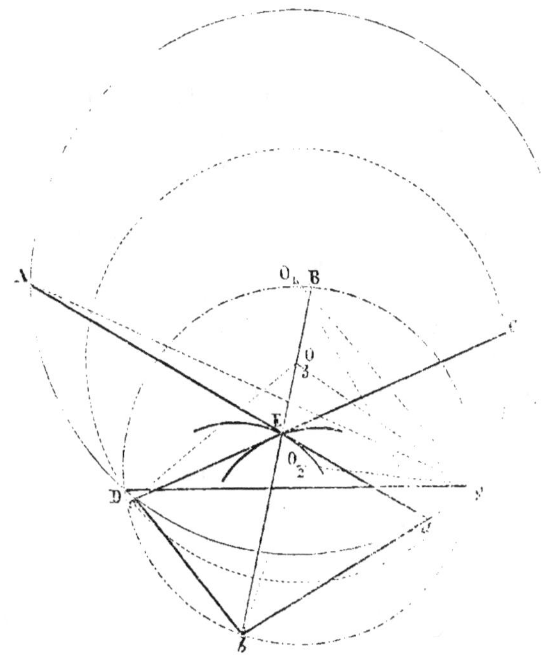

Fig. 50.

Ce mode de construction sera rendu encore plus clair par un exemple :

Supposons que de trois stations à la mer on ait pris les données suivantes :

Première station en A,

de D au Nord 22° 30 Est.

E .... 35°, 0′
F .... 40 ,15

Deuxième station en **B**,
de D au Nord 45° Ouest.

E .... 30° 15′
F 80 30

Troisième station en **C**,
de D au Nord 70° Ouest.

E .... 1° 0′
F 54 15

Prenons comme base de construction la ligne DF de grandeur et de direction arbitraire, et proposons-nous de trouver la position du point E. Sur DF traçons des segments capables des trois angles 40°15′, 80°30′ et 54°15′; soient O_1, O_2, O_3 les centres de ces trois cercles.

Au centre O_1 il faudra faire avec O_1F un angle de 10°30′ égal au double de l'angle EAF. Ce dernier, en effet, est égal à 5°15′, différence entre les angles pris du point A sur les points E et F avec le point D pour départ; on obtiendra ainsi le point a. Les points b et c s'obtiendront de même en faisant aux points O_2 et O_3 avec O_2F et O_3F des angles de 100°30′ et de 106°30′; cherchons maintenant la valeur de l'angle aEb : l'azimut de aE est égal à

$$35° 0′ + 22° 30′ = 57° 30′ \text{ N. E},$$

celui de bE à

$$45° 0′ - 30° 15′ = 14° 45′ \text{ N. O};$$

l'angle aEb aura donc pour valeur 57° 30′ + 14° 45′ = 72° 15′.

On trouvera de même 54°15′ pour la valeur de l'angle cEb.

Le point E sera donc donné par la rencontre de deux segments capables des angles 72° 15′ et 54°15′ élevés sur les lignes ab et bc. On voit qu'il est nécessaire, pour que le problème soit déterminé, que les quatre points a, b, c, E ne se trouvent pas sur un même cercle. La détermination du point E sera d'autant meilleure que les deux cercles élevés sur ab et bc se couperont suivant un angle plus voisin de l'angle droit.

Si de plus de trois stations à la mer on a relevé les points D, E, F, on pourra par la même construction obtenir plus de deux segments qui devront se rencontrer au point E, ce qui donnera des vérifications.

Dans la pratique, on fait toujours en sorte d'avoir au moins une vérification pour la position du point E.

Dans toutes les constructions précédentes, les azimuts et les angles doivent être portés sur la carte avec les corrections dues à ce qu'ils sont employés sur une carte réduite.

139. Détermination de l'échelle de construction. Lorsqu'on a ainsi obtenu sur le papier des stations à la mer et des points à terre formant entre eux une figure semblable à celle du terrain et convenablement orientée, il reste à fixer l'échelle de cette construction. On emploie à cet effet des observations astronomiques de longitude ou de latitude, suivant que la côte court est et ouest ou nord et sud, en ayant soin de prendre ces observations à des stations éloignées l'une de l'autre. On trace soit les méridiens, soit les parallèles passant par ces stations, ce qui permet de tracer tous les autres méridiens et parallèles. La feuille de construction devient de cette manière une carte réduite dans laquelle on a pris, pour représenter les grandeurs, une échelle arbitraire et qui la plupart du temps ne conviendra pas à la carte qu'on veut dresser. Il sera donc nécessaire de faire sur une nouvelle projection où les méridiens et les parallèles seront tracés d'avance, et qui sera définitive, une réduction de la feuille de construction.

L'échelle de construction ne doit cependant jamais être prise tout à fait arbitraire. On commence par faire avec les données provenant de la route estimée du navire une première construction qui permet de prendre une échelle connue d'une manière approchée. On aura soin, pour les calculs de longitude, au lieu de prendre, comme on le fait ordinairement, la latitude estimée, de se servir des résultats donnés par le levé sous voiles construit avec la longitude obtenue par les procédés habituels.

140. Lorsqu'on a de nombreuses observations astronomiques dont on est sûr, lorsque, par exemple, la direction de la côte se rapproche beaucoup d'un méridien et que par conséquent on a des observations de latitude pour fixer l'échelle, on peut opérer de la manière suivante qui dispense d'appliquer aux relèvements et aux angles la correction dont nous avons parlé plus haut : on divise l'étendue de la côte en petites portions, dont la grandeur n'excède pas un degré ou vingt lieues marines (on peut même prendre des dimensions beaucoup plus grandes quand on opère dans les environs de l'équateur), et on traite chacune de ces portions comme s'il s'agissait d'une carte plate, ce qui n'entraîne pas à des erreurs sensibles. Toutes ces petites cartes plates sont donc construites séparément avec une échelle déterminée pour chacune d'elles par des observations astronomiques faites en deux stations qu'elles comprennent; l'échelle est appliquée suivant le système adopté pour les cartes plates. Ces projections séparées sont ensuite reportées sur une même carte réduite. Il y aura généralement aux points de raccord de petites différences dues aux légères erreurs provenant de cette manière d'opérer et qui deviendront surtout sensibles vers les limites des cartes; les observations astronomiques qui auront servi à déterminer les différentes échelles pourront aussi ne pas toujours s'accorder entre elles. Lorsque les différences produites par ces deux causes seront notables, on prendra la moyenne entre les positions d'un même point données par deux cartes successives. Les positions nouvelles que l'on obtiendra ainsi pour les points limites serviront à déterminer les échelles définitives des cartes isolées.

Ce procédé est très-expéditif et on doit toujours l'employer quand cela est possible, car il est important, dans le levé sous voiles, de construire immédiatement le travail de chaque jour. Il faut donc multiplier autant qu'on le pourra les observations de latitude et de longitude afin d'avoir la facilité de recourir à ce mode d'opérer. Si cela est impossible, on appliquera aux angles et aux relèvements la correction nécessaire : comme ces corrections dépendent de la différence des longitudes, pour obtenir cette différence on fait une première construction dans laquelle on porte les azimuts tels qu'ils ont été observés.

141. Choix des points terrestres principaux. Les points principaux qui ont été portés sur la carte, d'après les méthodes que nous venons d'exposer, servent comme points de triangulation, à déterminer autant de stations à la mer qu'on en a besoin pour fixer par des relèvements les divers points de la côte. Il faudra choisir comme points principaux, les plus apparents, et ceux qui seront visibles le plus longtemps, tels que des sommets de montagnes, des îlots, quelquefois de grandes taches, très-rarement des caps ou des pointes qui paraissent de loin avoir des formes bien tranchées, et n'en ont le plus souvent que de fort indécises. Néanmoins on devra toujours relever les pointes de manière à les encadrer dans de nombreuses tangentes qui détermineront bien leur forme. Ainsi placées elles pourront concourir avec avantage à la construction de quelques stations à la mer. Il ne faudra pas se borner à prendre le nombre de points principaux strictement nécessaires ; on relèvera des stations principales tous ceux qui par leur forme et par leur position paraîtront convenables pour fixer ces stations, afin de ne pas être pris au dépourvu si les points sur lesquels on avait cru d'abord devoir s'appuyer sont reconnus plus tard insuffisants.

142. Stations à la mer. Pour les stations principales trois observateurs sont nécessaires ; les deux premiers prennent l'azimut astronomique et le relèvement au compas de l'un des points : l'observation d'un azimut demande, en effet, pour être faite avec exactitude et rapidité, le concours de deux personnes dont l'une prend les hauteurs du soleil, tandis que l'autre mesure les distances du soleil à l'objet terrestre et la hauteur de cet objet au-dessus de l'horizon. Comme cette hauteur ne varie pas beaucoup, l'observation pourra en être faite après celle des distances solaires. Le troisième observateur est chargé de la partie essentiellement hydrographique. Il fait une vue de la côte et relève avec le cercle de réflexion, en prenant un point éloigné et bien tranché pour départ, d'abord les points principaux, puis les points secondaires, et en dernier lieu il mesure la hauteur des sommets les plus remarquables au-dessus de l'horizon. Cet observateur doit quitter le moins possible le pont du navire ; il doit suivre constamment des yeux tous les points, afin de toujours les reconnaître, car le navire passe quelquefois devant la côte assez vite pour que les terres changent de forme en peu de temps. Toutes les fois qu'entre deux stations deux points remarquables passeront l'un par l'autre, il relèvera au compas leur direction et notera l'heure exacte de ce relèvement ; ces données seront souvent très-utiles pour la construction.

143. Quand deux points principaux passeront l'un par l'autre, leur azimut astronomique devra être observé ; la station devient alors une station principale, et dans ce cas, comme nous l'avons vu plus haut, la construction est rendue très-facile. L'azimut d'un point terrestre s'obtient quelquefois par l'observation de l'amplitude du soleil, lorsque le bord inférieur de cet astre n'est pas élevé de plus de 15 minutes au-dessus de l'horizon.

Pour que la base soit bien liée au travail hydrographique, les observations astronomiques qui doivent servir à la déterminer seront faites aux stations principales, ou bien à des stations rapprochées au travail de levé par des angles pris en même temps sur les points principaux.

144. Ouvrages qui traitent du levé sous voiles. Tel est le mode d'opérations qu'il faut employer pour lever une côte sous voiles. La description de ces procédés, dont nous n'avons donné ici qu'une analyse, est développée longuement dans les deux ouvrages suivants : *Appendice au voyage de d'Entrecasteaux*, par M. Beautemps-Beaupré, et *Voyage au pôle sud* (partie hydrographique), par M. Vincendon-Dumoulin.

Il faudra se bien pénétrer des méthodes exposées dans ces ouvrages et les combiner suivant les circonstances si variables qui se présentent dans les reconnaissances de cette sorte. Le plus souvent l'hydrographe ne peut pas se placer dans les conditions favorables à ses travaux, il est obligé de subir celles qui lui sont faites, et bien rarement il a l'occasion de revenir devant la côte qu'il a déjà reconnue. Beaucoup de rapidité et une grande sûreté dans l'exécution lui sont donc nécessaires, et par conséquent il a besoin de connaître à fond toutes les ressources dont il peut disposer et de savoir les approprier aux circonstances où il se trouve.

CHAPITRE NEUVIÈME.

DE LA CONSTRUCTION DES PLANS ET CARTES HYDROGRAPHIQUES.

145. Nous avons exposé jusqu'ici les méthodes à l'aide desquelles on se procure sur le terrain tous les documents nécessaires à la construction des cartes et des plans hydrographiques, nous allons maintenant dire comment on procède à cette construction avec les données qui ont été recueillies; nous nous occuperons d'abord des calculs nécessaires pour arriver aux opérations graphiques.

146. Calcul des distances des points géodésiques à la méridienne et à la perpendiculaire d'un point pris pour origine. Nous regarderons en premier lieu comme plane la portion de la surface de la terre sur laquelle on opère. On a vu § 36 que tous les points d'un réseau trigonométrique se déterminaient par leurs distances à la méridienne et à la perpendiculaire d'un point du réseau pris pour origine des coordonnées. Supposons, pour plus de simplicité, que ce point soit l'une des extrémités A de la base AB, et que le côté dont on ait pris l'azimut soit la base elle-même. Rien ne serait plus facile que de tout rapporter à un autre point, de même qu'on déduirait aisément de l'azimut d'un côté quelconque celui de la base, au moyen des angles connus des côtés entre eux.

Soit Ay, Ax la méridienne et la perpendiculaire du point A (*fig.* 51).

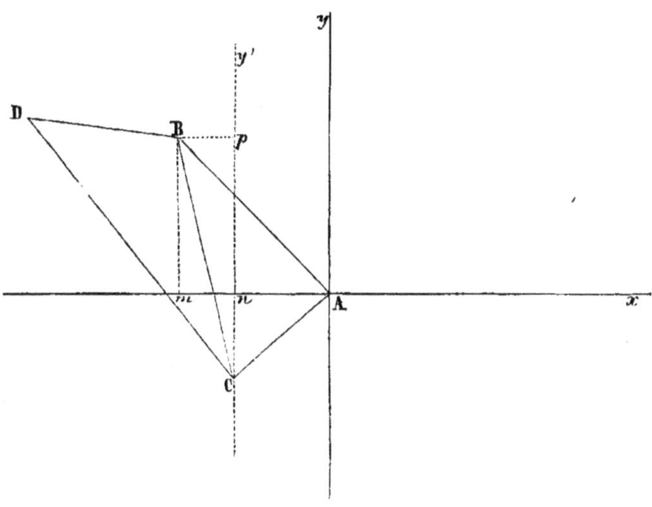

Fig. 51.

Les coordonnées du point B seront Bm = AB cos. yAB = y et Am = AB sin. yAB = x. Supposons que la base AB soit de 2119^m,5 = b, et que l'azimut yAB soit égal à 54° 40′ 0″ = z, nous aurons :

$$
\begin{aligned}
\text{log. } b &= 3{,}3262400 & \text{log. } b &= 3{,}3262400 \\
\text{log. sin. } z &= 9{,}9115844 & \text{log. cos. } z &= 9{,}7621775 \\
\hline
\text{log. } x &= 3{,}2378244 & \text{log. } y &= 3{,}0884175 \\
x &= 1729{,}1 \text{ O.} & y &= 1225{,}8 \text{ N.}
\end{aligned}
$$

Telles sont les coordonnées du point B par rapport à l'origine A.

Considérons maintenant un troisième point C. Ce point est le sommet du triangle ABC dont la base AB est connue, et dont les trois angles A, B, C le sont également. La résolution de ce triangle, par les procédés trigonométriques, fera connaître les côtes CA, CB; les azimuts BCy', ACy' de ces côtés se déduiront facilement de l'azimut de BA et des angles du triangle; en effet, on a BC$y' = m$BC $= m$BA $-$ CBA $= z - $B.

$$AC y' = 180° - yAC = 180° - (z + A).$$

On pourra donc résoudre le triangle CnA, ce qui donnera les coordonnées nA, nC du point C.

$$nA = AC \sin. \; y' \, CA \quad nC = AC \cos. \; y' \, CA.$$

On aurait obtenu également ces coordonnées par la résolution du triangle BCp, qui aurait fait connaître d'abord les coordonnées Bp, Cp du point C par rapport au point B, et comme celles du point B sont connues, une soustraction ou une addition eût fait connaître les coordonnées du point C par rapport à A.

$$nA = mA - Bp \quad nC = Cp - Bm.$$

On calcule habituellement des deux manières, afin d'avoir une vérification.

Les coordonnées d'un quatrième point D seront déterminées de la même manière par la résolution du triangle CBD, dont la base BC est maintenant connue; les azimuts des côtés DB et DC s'obtiendront encore en combinant par addition et soustraction l'azimut de la base avec les angles adjacents du triangle. On aura ainsi tous les éléments nécessaires pour déterminer les coordonnées par rapport à chacun des points B et C, et par conséquent par rapport à l'origine A, avec vérification du calcul.

147. Réduction au centre de la station. Avant de se servir, dans le calcul des triangles, des angles A, B, C, etc., il faut, avons-nous dit § 43, réduire ces angles, s'il y a lieu, au centre de la station. Les éléments qu'on a pris dans ce but sur le terrain sont : 1° la distance du point où l'on a observé, au centre de la station, 2° la direction de la ligne qui joint ces deux points. La formule qui donne la correction à faire à l'angle observé est la suivante :

$$\text{Correction} = \frac{r \sin. (O + y)}{D \sin. 1''} - \frac{r \sin. y}{G \sin. 1''}$$

O est l'angle observé, *y* celui que fait l'objet de gauche avec la direction du centre ; *il se compte de 0° à 360° en allant de l'objet de gauche vers la gauche* ; l'angle O + *y* peut par conséquent dépasser 360° ; *r* est la distance exprimée en mètres ou fractions de mètre de la station au centre, D et G sont les distances de la station à l'objet de droite et à l'objet de gauche. Ces distances s'obtiennent au moyen d'un calcul préalable du triangle fait avec les angles tels qu'ils ont été observés ou bien elles sont mesurées avec le compas sur un canevas où on aura placé les points graphiquement au moyen de leurs relèvements. Voici un exemple de réduction au centre :

Le signal est une tourelle ayant la forme *abcdefgh* d'un octogone régulier (*fig.* 52), la station a été faite au point O ; on a mesuré avec un décamètre en ruban les distances O*a*, O*b*, O*c*, O*d* du point O centre de l'instrument, aux quatre arêtes visibles de la tour ainsi que la longueur du côté *ab* de l'octogone, et on a pris l'angle que fait la direction O*d* avec la ligne OG qui joint le point O à l'objet de gauche. Avec ces données, la distance du point O au centre S de l'octogone et la direction OS pourraient se calculer, mais le calcul serait très-long, et il vaut mieux employer une construction graphique.

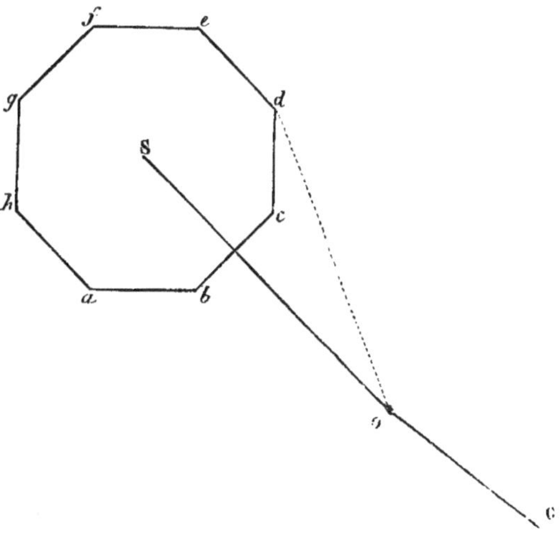

Fig. 52.

Supposons que la longueur du côté de l'octogone soit de 0^m,65 ; on construira à l'échelle de $\frac{1}{20}$ par exemple un octogone régulier dont les côtés sur le papier auront par conséquent pour longueur 0^m,0325.

Des quatre points a, b, c, d comme centres, on décrira des arcs de cercle avec les distances oa, ob, oc, od qu'on a mesurées, comme rayons. On prendra pour le point O le centre de figure du petit quadrilatère formé par la rencontre de ces arcs de cercle. Au point O on fera avec od un angle God qui donnera la direction du signal G. On mesurera la distance OS et on prendra avec un rapporteur la valeur en degrés et minutes de l'angle GOS. On aura ainsi tous les éléments nécessaires pour le calcul de la réduction au centre. Supposons qu'on ait trouvé $2^m,40$ pour la distance OS, et $173°45'$ pour l'angle GOS, que les logarithmes des distances du signal S aux signaux G et D déterminées comme nous l'avons dit précédemment soient 4,39562 et 4,22175, enfin que l'angle O à réduire soit égal à $14°41'9''$, le calcul se fera comme il suit :

$$\text{STATION AU SIGNAL S.}$$

$$G = 4{,}39562 \qquad \text{signal G} \quad \text{et} \quad \text{signal D} \qquad D = 4{,}22175$$
$$O + y = 188°26' \qquad r = 2^m{,}40 \qquad y = 173°45' \qquad O = 14°41'9'',0$$
$$\text{Réduction au centre\ldots} \quad = \quad -6'',5$$
$$\text{Angle réduit..} \quad = 14°41'2'',5$$

$$\text{log. } r = 0{,}38021$$
$$C^t \text{ log. sin. } 1'' = 5{,}31443$$

$$\text{log. } \frac{r}{\text{sin. } 1''} = 5{,}69464 \qquad\qquad \text{log. } \frac{r}{\text{sin. } 1''} = 5{,}69464$$
$$\text{log. sin. } (O+y) = 9{,}16631 \qquad\qquad \text{log. sin. } y = 9{,}03690$$
$$C^t \text{ log. } D = 5{,}77825 \qquad\qquad C^t \text{ log. } G = 5{,}60438$$

$$\qquad\qquad\qquad\qquad\qquad\qquad\qquad\qquad\qquad\qquad -4'',4$$
$$\text{log. } 1^{er} \text{ terme} = 0{,}63920 \quad \text{log. } 2^e \text{ terme} = 0{,}33592 \qquad -2\ ,2$$
$$1^{er} \text{ terme} = -4'',4 \quad 2^e \text{ terme} = -2'',2 \quad \text{Réd}^{on} \text{ au centre} = -6\ ,6$$

On fera bien attention aux grandeurs des angles $O+y$ et y qui entrent dans la formule par leurs sinus; les signes des termes de la formule dépendent de ces grandeurs. Si les angles sont compris entre $0°$ et $180°$, les sinus sont positifs, et par conséquent les termes conservent leurs signes; ces signes changent au contraire lorsque les sinus sont négatifs, les angles étant compris entre $180°$ et $360°$.

Quand on devra réduire plusieurs angles pris au même signal, on n'aura le plus souvent après le calcul du premier angle qu'un seul terme à calculer.

148. Calcul des triangles. Lorsque les trois angles du triangle

ont été réduits au centre de la station, on procède au calcul du
triangle et à celui des coordonnées de son sommet, en le disposant
comme il suit :

SIGNAL B.

	Angles réduits.	Angles moyens.	
Signal B.....	56° 35′ 18″	56° 35′ 12″	$b =$
Signal G.....	106 35 30	106 35 24	$g =$
Signal D.....	16 49 30	16 49 24	$d =$
Somme...	180 0 18		

z

G	61°27′53″	N. O. de D.		D	61°27′53″	S. E. de G.
D	16 49 24			G	106 35 24	
B	78 17 17	N. O. de D.		B	45 7 31	S. O. de G.

z′   z″

log. $b = 4,2043379$
sin. B $= 9,9215407$

$\dfrac{b}{\text{sin. B}} = 4,2827972$ log. $\dfrac{b}{\text{sin. B}} = 4,2827972$
sin. G $= 9,9815343$ log. sin. D $= 9,4615310$

log. $g = 4,2643315$	log. $g = 4,2643315$	log. $d = 3,7443282$	log. $d = 3,7443282$
sin. $z′ = 9,9908628$	log. cos. $z′ = 9,3074777$	log. sin. $z″ = 9,8504325$	log. cos. $z″ = 9,8485333$
log. $x′ = 4,2551943$	log. $y′ = 3,5718092$	log. $x″ = 3,5947607$	log. $y″ = 3,5928615$
$x′ = 17996,76$ O	$y′ = 3730,86$ N	$x″ = 3933,33$ O	$y″ = 3916,17$ S.
X′ $= 36732,16$ E	Y′ $= 29485,68$ S	X″ $= 22668,75$ E	Y″ $= 21838,65$ S.
X $= 18735,40$ E	Y $= 25754,82$ S	X $= 18735,42$ E	Y $= 25754,82$ S.

Dans cet exemple l'origine des coordonnées est un point situé au
N. O. du triangle que l'on considère. La longueur de la base $b =$ GD
(*fig.* 53), ainsi que son azimut z et les coordonnées X′,Y′, X″,Y″ des
points D et G sont connus. Ce sont les coordonnées X et Y du point B
qu'il s'agit de calculer.

L'inspection de la figure apprend comment il faut combiner l'azimut z avec les angles D et G du triangle pour obtenir les azimuts $z′$
et $z″$ des côtés BD et BG. Comme règle générale, si l'un s'obtient par
addition, l'autre doit s'obtenir par soustraction. Ces gisements $z′$ et $z″$
se comptent du nord ou du sud de 0° à 90° vers l'est ou l'ouest, les
angles z, $z′$ et $z″$ sont donc toujours plus petits que 90°.

L'examen du calcul fait voir qu'il se compose de la résolution du triangle BGD, puis de celles des deux triangles rectangles DBM, BGN qui donnent les coordonnées x', y', x'', y'' du sommet B relativement aux lignes menées par les points G et D parallèlement à la méridienne et à la perpendiculaire du lieu pris pour origine des axes. En les combinant par addition ou par soustraction avec les coordonnées X', Y', X'', Y'', il est clair qu'on aura les coordonnées cherchées du point B.

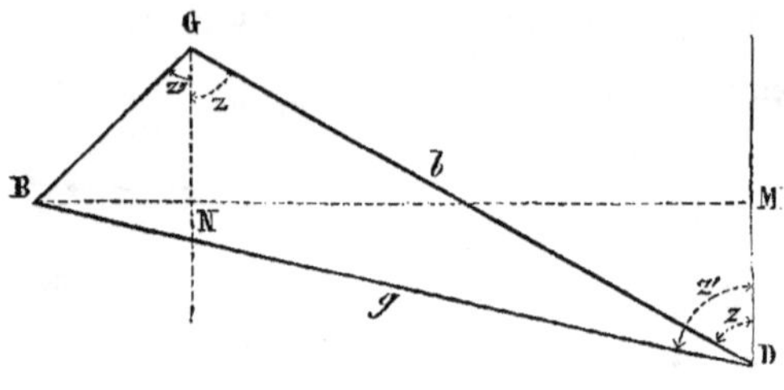

Fig. 53.

149. Il peut arriver qu'on ait seulement les coordonnées des points G et D sans avoir la distance de ces points; on calcule très-facilement cette distance au moyen de ces coordonnées mêmes.

$$
\begin{array}{llll}
\text{D} & X' = 36732{,}16 \text{ E.} & \quad & Y' = 29485{,}68 \text{ S.} \\
\text{G} & X'' = 22668{,}75 \text{ E.} & \quad & Y'' = 21838{,}65 \text{ S.} \\
& \overline{X' - X'' = 14063{,}41} & \quad & \overline{Y' - Y'' = 7647{,}03}
\end{array}
$$

$$
\begin{array}{lll}
\log. X' - X'' = 4{,}1480935 & 4{,}1480935 \quad \log. Y' - Y'' = 3{,}8834928 \\
\log. \sin. z = 9{,}9437538 & 3{,}8834928 \quad \log. \cos. z = 9{,}6791531 \\
\overline{\log. b = 9{,}2043397} \;\; \overline{\text{tg.}\, z = 0{,}2646007} & \overline{\log. b = 9{,}2043397} \\
\qquad\qquad z = 61°27'53'',5
\end{array}
$$

Ce calcul revient, comme il est facile de le voir, à la résolution du

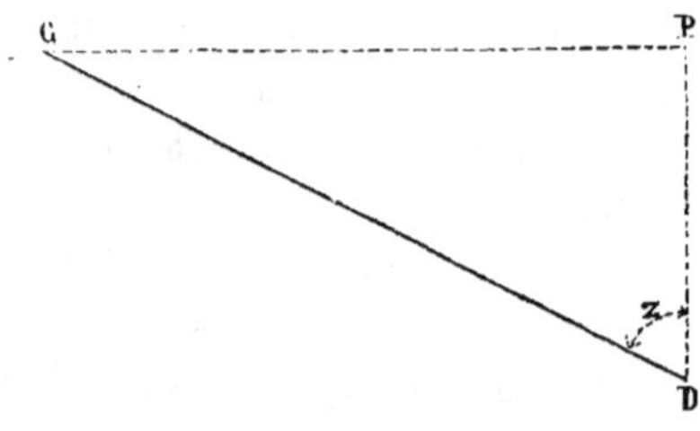

Fig. 54.

triangle rectangle GDP (*fig.* 54), dans lequel on connaît les deux côtés de l'angle droit; DP et GP sont des lignes menées par les points D et G parallèlement à la méridienne et à la perpendiculaire qui passent par l'origine des axes.

150. Calcul d'un point par la station. On peut encore obtenir par e calcul les coordonnées d'un point qui n'a pas été relevé des points de la triangulation, mais où l'on a fait station, en d'autres termes où on a observé les angles entre trois signaux au moins. Soit (*fig.* 55) X un point d'où on a pris sur les points A, B, C les angles AXB = o, BXC = o'; les points A, B, C sont connus par leurs distances à la perpendiculaire et à la méridienne d'un point pris pour origine § 146, données qui supposent la connaissance des longueurs des côtés AB=m, BC = m' et celles des gisements ABy, CBy. Il s'agit de déterminer les coordonnées du point X. Elles se déduisent de la longeur du côté XB et de son gisement XBy que l'on obtient de la manière suivante :

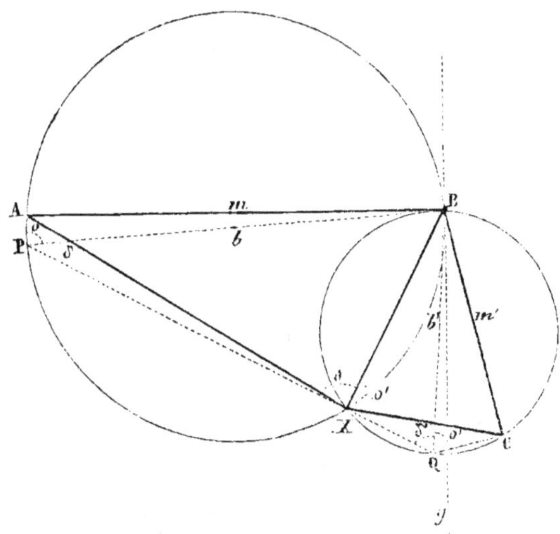

Fig. 55.

Soient m, m' les distances connues AB, BC, et b, b' les diamètres des deux cercles; la résolution des deux triangles rectangles APB, BQC nous donnera

$$b = \frac{m}{\sin. o} \qquad b' = \frac{m'}{\sin. o'}$$

On résoudra ensuite le triangle PBQ où l'on connaît les deux côtés

b, b' et l'angle compris $PBQ = ABC - (PBA + QBC) = ABC - [180° - (o + o')]$; nous appellerons cet angle α. Les formules de résolution donneront pour déterminer les deux autres angles δ et δ' de ce triangle les relations

$$\frac{1}{2}(\delta' + \delta) = 90° - \frac{\alpha}{2} \qquad \text{tang.} \frac{1}{2}(\delta' - \delta) = \frac{b - b'}{b + b'} \cot. \frac{\alpha}{2}$$

Enfin les triangles rectangles PXB, QXB donneront :

$$XB = b \sin. \delta = b' \sin \delta'$$

$$XBy = ABy - ABX = ABy - (180° - o - \delta) = ABy + o + \delta - 180°;$$

car ABX et $APX = o + \delta$ sont les deux angles opposés d'un quadrilatère inscrit. On aura de même

$$XBy = XBC - CBy = 180° - (CBy + o' + \delta').$$

Avec la longueur et le gisement du côté XB, on détermine les coordonnées du point X par rapport à celles du point B et conséquemment par rapport à l'origine.

Appliquons ces formules à un exemple; et prenons les données suivantes :

$$AB = m = 5136,0 \qquad\qquad BC = m' = 2769,5$$
$$AXB = o = 85°51'20'' \qquad\qquad BXC = o' = 72°\ 8'30''$$
$$ABy = 89°31'20'' \qquad\qquad CBy = 16°27'50''$$

cherchons d'abord les valeurs de b et b' :

$$\text{log. } m = 3,7106250 \qquad\qquad \text{log. } m' = 3,4424014$$
$$\text{log. sin. } o = 9,9988628 \qquad\qquad \text{log. sin. } o' = 9,9785538$$
$$\overline{\text{log. } b = 3,7117622}\ b = 5149,53 \qquad \overline{\text{log. } b' = 3,4638476}\ b' = 2909,70$$

Passons maintenant au calcul de δ et δ', et commençons par chercher la valeur de l'angle α

$$ABC = ABy + CBy = 105°59'10''$$
$$180° - (o + o') = \underline{\ 22\ \ 0\ 10\ }$$
$$\alpha = \ \ 83\ 59\ \ 0$$

$$\text{log. } (b - b') = 3,3502150 \qquad \tfrac{1}{2}(\delta' + \delta) = 90° - \frac{\alpha}{2} = 48°\ 0'30''$$
$$\text{C}^t \text{ log. } (b + b') = 6,0937065 \qquad \tfrac{1}{2}(\delta' - \delta) = \ldots\ldots\ \underline{17\ \ 9\ 30}$$
$$\text{log. cot. } \frac{\alpha}{2} = 0,0456896 \qquad\qquad\qquad \delta' = \ 65\ 10\ \ 0$$
$$\overline{\text{log. tg. } \tfrac{1}{2}(\delta' - \delta) = 9,4896111} \qquad\qquad \delta = \ 30\ 51\ \ 0$$
$$\alpha = \ 83\ 59\ \ 0$$

$$\text{Vérification du calcul} \ldots \overline{180\ \ 0\ \ 0}$$

Nous pouvons maintenant obtenir XB et XBy,

$$\text{log. } b = 3,7117622 \qquad \text{log. } b' = 3,4638476$$
$$\text{log. sin. } \delta = 9,7099415 \qquad \text{log. sin. } \delta' = 9,9578626$$
$$\text{log. de XB} = 3,4217037 \qquad \text{log. de XB} = 3,4217102 \qquad \text{XB} = 2640,6$$

ABy = 89° 31′ 20″		CBy = 16° 27′ 50″
o = 85 51 20		o' = 72 8 30
δ = 30 51		δ' = 65 10
206 13 40		153 46 20
180		180
XBy = 26 13 40		XBy = 26 13 40

151. Construction d'une projection. Lorsque les coordonnées de tous les points ont été calculées, on porte ces points sur la feuille de construction. Voici comment on procède :

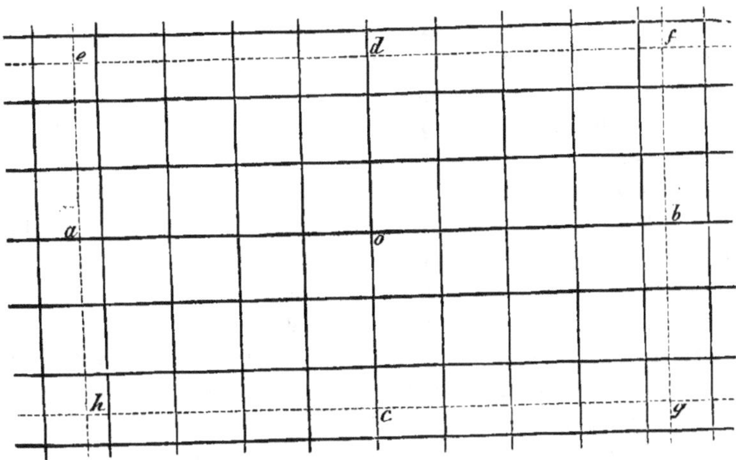

Fig. 56.

Sur une feuille de papier on trace au crayon deux lignes ab, cd perpendiculaires entre elles (fig. 56). Ces lignes se coupent au point o, qui doit être autant que possible le centre de la feuille. A partir du point o on prend avec un compas à verge $oa = ob$, $oc = od$: par les points a, b, c, d, on mène des lignes respectivement parallèles aux deux perpendiculaires primitivement tracées. On a ainsi un rectangle $efgh$ sur les côtés duquel on porte une longueur d'un décimètre, par exemple, de manière à diviser la feuille entière en carrés d'un décimètre de côté. Ce décimètre représentera un certain nombre de mètres suivant l'échelle qu'on veut donner au plan; si l'échelle est $\dfrac{1}{10,000}$, $\dfrac{1}{15,000}$, $\dfrac{1}{20,000}$, etc., il représentera 1,000, 1,500, 2,000 mètres, etc. Supposons, pour fixer les idées, que l'échelle ait été choisie de $\dfrac{1}{20,000}$, le côté de chaque carré sera de 2,000 m. On donnera aux lignes extrêmes des cotes multiples de 2,000 telles que tous les points puissent se placer sur la feuille et qu'en même temps il reste un espace suffisant pour la topographie et les sondes. Les cotes de toutes les autres lignes se déduiront de celles-ci.

Supposons qu'on veuille placer un point dont les coordonnées sont 2347,6 O. et 9843,4 S. Ce point sera dans l'intérieur du carré formé par les lignes dont les cotes sont 2,000 et 4,000 O. 8,000 et 10,000 S. On ouvrira un compas de proportion de manière que les divisions marquées 200 soient écartées de 1 décimètre. On placera un compas sur les divisions 34,8 et un autre sur les divisions 184,3, et l'on aura ainsi les compléments à 2,000 O. et 8,000 S. des coordonnées du point qu'il sera par suite très-facile de placer sur la feuille.

152. Construction de la topographie et des sondes. Tous les points de la triangulation étant ainsi placés, on construit d'abord la topographie, parce que les jalons et le dessin de la côte peuvent être très-utiles pour placer les lignes de sondes. On construit ensuite toutes les stations à la mer, et on relie par des lignes tracées à l'encre rouge celles des stations entre lesquelles des sondes ont été faites. Quand on a ainsi construit toute une journée de sondes, on en prend le calque en traçant sur ce calque comme points de repère les intersections des carreaux; c'est sur ce calque qu'on écrira les sondes après qu'elles auront été réduites, en les espaçant convenablement et en inscrivant à l'encre rouge les qualités de fond qui s'y rapportent; pour éviter la confusion, les sondes devront toujours être écrites dans le sens nord et sud. Les sondes de chaque journée seront ensuite portées sur un grand calque où l'on aura tracé à l'avance les mêmes carreaux que sur la feuille de construction, et c'est d'après ce calque général que l'on fera le choix des sondes qui devront être conservées. Avec le calque général, on les portera sur la minute définitive qui sera remise au graveur.

Ordinairement on a deux feuilles de construction, l'une pour les sondes, l'autre pour la topographie ; cette dernière sert de minute définitive. C'est sur le calque général où sont écrites toutes les sondes qu'on trace les limites de fonds. Il est d'usage d'indiquer les limites des fonds de 3, de 5 de 10 et quelquefois de 20 mètres. Ces limites sont reportées sur la minute où on les trace en lignes ponctuées, que l'on accentue d'autant plus que les fonds dont elles donnent les limites sont plus petits ; les fonds de roche s'indiquent par des entourages en points ronds.

155. Choix de l'échelle. Les constructions précédentes pourront être faites soit à la même échelle, soit à une échelle plus grande que celle à laquelle sera publiée la carte. Dans le premier cas, on devra choisir l'échelle à l'avance. Il faudra tenir compte en faisant ce choix de l'étendue de terrain que le plan doit embrasser et des dimensions à donner au cadre.

Voici les dimensions réglementaires qui ont été adoptées au dépôt de la marine pour les différents cadres :

Feuille entière..........	$0^m,90$ sur	$0^m,60$
Demi-feuille.......... .	0 ,60	0 ,42
Quart de feuille........	0 ,42	0 ,29
Huitième de feuille......	0 ,29	0 ,22

La dimension du cadre peut être considérée comme fixée d'avance, car l'importance du plan déterminera immédiatement la grandeur de la feuille à employer. Les considérations nautiques assignent le plus souvent des limites nécessaires à l'étendue de terrain que le plan doit contenir ; l'échelle est l'élément qu'on peut le plus facilement faire varier. On prend cependant autant que possible un nombre rond tel que $\frac{1}{5000}$, $\frac{1}{10000}$, $\frac{1}{15000}$, etc.

Lorsque les détails du plan sont très-multipliés on construit à une échelle plus grande que celle qu'on emploiera pour la publication. On réduit ensuite cette construction à l'échelle définitive qui doit être choisie d'après les considérations précédentes.

Quoique le plan ainsi construit ne soit pas une carte réduite, on trace quelquefois sur le cadre les divisions en longitudes et les latitudes ; ces divisions se déduisent de l'échelle du plan et de la position géographique de l'un de ses points.

154. Cartes réduites. Lorsque la portion de surface terrestre dont on veut dresser la carte ne peut plus être considérée comme plane, les points de la triangulation sont encore calculés en coordonnées, la topographie et les sondes construites comme s'il s'agissait d'un plan : il faut ensuite porter toutes ces constructions sur une carte réduite.

Supposons qu'elles aient été faites à l'échelle de $\dfrac{1}{80,000}$ et que pour la carte réduite cette échelle doive être conservée; cherchons quelle sera la grandeur de la minute de longitude : si le parallèle moyen de la carte est celui de 38°10′ par exemple, la grandeur de la minute de latitude sera, pour ce parallèle, de $\dfrac{1852^{m},29}{80000}$ ou $0^{m},02315$. Or la table IV des latitudes croissantes donne, pour le rapport des grandeurs des minutes de longitude et de latitude, à la latitude de 38°10′ $\dfrac{2290}{2467,74}$; on devra donc prendre $0^{m},02315 \times \dfrac{2290}{2467,74}$ ou $0^{m},0215$ pour la grandeur de la minute de longitude. Cette grandeur étant connue, rien ne sera plus facile que de tracer la projection en latitude et longitude; la carte réduite ainsi préparée sera à l'échelle moyenne de $\dfrac{1}{80000}$.

155. Calcul des latitudes et des longitudes des points en fonction de leurs coordonnées. Les points principaux de la triangulation seront placés sur cette projection au moyen de leurs longitudes et de leurs latitudes; or on ne connaît jusqu'à présent que leurs coordonnées, par rapport à la méridienne et à la perpendiculaire d'un point; ces coordonnées vont nous servir à trouver les longitudes et latitudes par le moyen des formules suivantes :

$$(1) \ldots \ \mathrm{H}' = \mathrm{H} \pm \frac{y}{\rho' \sin. 1''} - \frac{\sin. 1''}{2}\left(\frac{x}{\rho' \sin. 1''}\right)^2 \mathrm{tang.}\left(\mathrm{H} \pm \frac{y}{\rho' \sin. 1''}\right)$$

$$(2) \ldots \ \mathrm{P}' = \mathrm{P} \pm \left(\frac{x}{\rho' \sin. 1''}\right) \times \frac{1}{\cos. \mathrm{H}'}$$

H′ et P′ sont la latitude et la longitude cherchées; H et P celles de l'origine des coordonnées, x et y les coordonnées du point que l'on considère, ρ et ρ' les rayons de courbure de la méridienne et de la perpendiculaire à l'origine des coordonnées.

Les logarithmes des facteurs $\dfrac{1}{\rho \sin. 1''}$, $\dfrac{1}{\rho' \sin. 1''}$ sont donnés par la table III qui a été calculée dans l'hypothèse de $a = 6377116$ mètres, et de $e^2 = 0,0065466$, a représentant le rayon de l'équateur et e le rapport de l'excentricité du sphéroïde terrestre au demi grand axe.

Ces valeurs de a et de e ne sont pas adoptées par tous les astronomes; il peut donc se faire, s'il existe déjà dans la localité où l'on se trouve, une triangulation sur laquelle on veuille s'appuyer, qu'on soit conduit à prendre pour a et e d'autres valeurs que les précédentes.

Dans ce cas les valeurs de $\dfrac{1}{\rho \sin. 1''}$, $\dfrac{1}{\rho' \sin. 1''}$, devront être aussi modifiées; elles se déduisent des premières par les formules suivantes :

$$(3) \ldots \log. \rho = \log. a + \log. (1 - e^2) + 3M \cdot \frac{e^2 \sin.^2 H}{2} \left(1 + \frac{e^2 \sin.^2 H}{2} \right)$$

$$(4) \ldots \log. \rho' = \log. a + M \frac{e^2 \sin.^2 H}{2} \left(1 + e^2 \frac{\sin.^2 H}{2} \right)$$

M est une constante qui est égale à $0,4342945$,
H représente la latitude moyenne de la carte.

Comme application de ces formules, cherchons la longitude et la latitude du point, dont le calcul (§ 147) nous a déjà fait connaître les coordonnées.

Ce point est situé en Sicile, où une triangulation autrichienne calculée avec l'hypothèse de $a = 6,376989$ mètres et de $e^2 = 0,00646951$ a donné pour la position géographique du point choisi pour origine des axes

        Latitude .... 38° 16′ 9″,31 N.
        Longitude....... 12 53 45 ,05 E. de Paris.

La latitude moyenne de la carte est $38° 30′ 30″ = H$; calculons avec ces données $\dfrac{1}{\rho \sin. 1''}$ et $\dfrac{1}{\rho' \sin. 1''}$.

$$\text{Calcul des logarithmes de } \rho \text{ et de } \frac{1}{\rho \sin. 1''}.$$

CALCUL DU 3e TERME.

$$C^t \log. 2 = 9,6989700$$
$$\log. e^2 = 7,8108714$$
$$2 \log. \sin. H = 9,5884580$$

$$\log. \frac{e^2 \sin.^2 H}{2} = 7,0982994 \ldots\ldots\ldots$$

$$\log. M = 9,6377843$$

$$\log. M \frac{e^2 \sin.^2 H}{2} = 6,7360837$$

$$\log. 3 = 0,4771213$$

$$\log. 3^e \text{ terme.} = 7,2132050$$

$$3^e \text{ terme.} = 0,0016338$$

CALCUL DU 4^e TERME.

$$\log. \frac{e^2 \sin^2. H}{2} = 7,09830$$

$$\log. 3^e \text{ terme.} = 7,21320$$

$$\log. 4^e \text{ terme.} = 4,31150$$

$$4^e \text{ terme.} = 0,0000021$$

$$\log. a = 6,8046156$$
$$\log. (1 - e^2) = 9,9971812$$
$$3^e \text{ terme.} = 0,0016338$$
$$4^e \text{ terme.} = 0,0000021$$

$$\log. \rho = 6,8034327$$
$$\log. \sin. 1'' = 4,6855749$$

$$\log. \frac{1}{\rho \sin. 1''} = 8,5109924 \quad \frac{1}{\rho \sin. 1''} = 0,0324334 \quad \log. \rho \sin. 1'' = 1,4890076$$

$$\text{Calcul des logarithmes de } \rho' \text{ et de } \frac{1}{\rho' \sin. 1''}.$$

$$\log. M \frac{e^2 \sin.^2 H}{2} = 6,73608$$

$$\log. \frac{e^2 \sin.^2 H}{2} = 7,09830$$

$$\log. 3^e \text{ terme.} = 3,83438$$

$$\log. a = 6,8046156$$

$$M \frac{e^2 \sin.^2 H}{2} \text{ ou } 2^e \text{ terme.} = 0,0005446$$

$$3^e \text{ terme.} = 0,0000007$$

$$\log. \rho' = 6,8051609$$
$$\log. \sin. 1'' = 4,6855749$$

$$\log. \frac{1}{\rho' \sin. 1''} = 8,5092642 \quad \frac{1}{\rho' \sin. 1''} = 0,0323046 \quad \log. \rho' \sin. 1'' = 1,4907358$$

Avec ces valeurs de $\dfrac{1}{\rho \sin. 1''}$ et de $\dfrac{1}{\rho' \sin. 1''}$, nous calculerons les formules (1) et (2) de la manière suivante :

$$x = 18735,4 \text{ N.} \qquad\qquad y = 25754,8 \text{ S.}$$

$$\text{Calcul de } \frac{x}{\rho' \sin. 1''} \qquad\qquad \text{Calcul de } \frac{y}{\rho \sin. 1''}$$

$$\log. \frac{1}{\rho' \sin. 1''} = 8,5092642 \qquad \log. \frac{1}{\rho \sin. 1''} = 8,5109924$$

$$\log. x = 4,2726630 \qquad\qquad \log. y = 4,4108582$$

$$\log. \frac{x}{\rho' \sin. 1''} = 2,7819272 \;\; 605'',24 \qquad \log. \frac{y}{\rho' \sin. 1''} = 2,9218506 \;\; 835'',32$$

$$\text{Vérification du calcul de } \frac{x}{\rho' \sin. 1''}, \text{ et de } \frac{y}{\rho \sin. 1''}.$$

323,05	648,67
258,44	162,17
22,61	22,70
0,97	1,62
0,16	0,13
0,01	0,03
605,24	835,32

$$\text{Calcul du 3}^e \text{ terme de la formule (1).}$$

$$\log. \frac{\sin. 1''}{2} = 4,38454$$

$$\log. \frac{x}{\rho' \sin. 1''} = 2,7819272 \qquad 2 \log. \frac{x}{\rho' \sin. 1''} = 5,56385$$

$$\log. \cos. H' = 9,8963128 \qquad \log. \text{tg.} \left(H - \frac{y}{\rho \sin. 1''} \right) = 9,89339$$

$$\log. \frac{x}{\rho' \sin. 1''} \times \frac{1}{\cos. H'} = 2,8856144 \;\; 768'',45 \qquad \log. 3^e \text{t.} = 9,84178 \;\; 0,69$$

$$H = 38^\circ 16' \;\, 9'',31$$

$$\frac{y}{\rho \sin. 1''} = \qquad 13'55'',32$$

$$H - \frac{y}{\rho \sin. 1''} = 38^\circ \;\; 2'13'',99$$

$$P = 12^\circ 53'45'',05 \,\text{E.} \qquad\qquad \frac{x}{\rho' \sin. 1''} \times \frac{1}{\cos. H'} = \quad 12'48'',45 \qquad 3^e \text{ terme.} \qquad 0,69$$

Longitude $P' = 13^\circ \; 6'33'',50$ E. de Paris. Latitude $H' = 38^\circ \; 2'13'',30$ N.

Dans la formule (1) on doit prendre le signe $+$, lorsque y est une coordonnée Nord, et le signe $-$ quand y est une coordonnée Sud. Dans la formule (2) on prend le signe $+$ lorsque le point dont on cherche la position géographique est plus éloigné du méridien de Paris que l'origine des axes, ce que l'on reconnaît au sens de la coordonnée x; on prend le signe $-$ dans le cas contraire.

Les valeurs de $\dfrac{x}{\varrho' \sin. 1''}$ et de $\dfrac{y}{\varrho \sin. 1''}$ données par le calcul se vérifient très-simplement au moyen de deux tableaux qu'on dresse par avance, et qui donnent pour la suite des neuf chiffres 1, 2, 3 .... 9 les valeurs de ces quantités.

Nous avons trouvé précédemment :

$$\frac{1}{\varrho' \sin. 1''} = 0{,}0323046 \qquad\qquad \frac{1}{\varrho \sin. 1''} = 0{,}0324334$$

en faisant successivement $x = 1, 2, 3 .... 9$ $\qquad$ $y = 1, 2, 3 ... 9$

Nous aurons :

$\dfrac{x}{\varrho' \sin. 1''}$	$\dfrac{y}{\varrho \sin. 1''}$
$x = 1 ....\ 0{,}0323046$	$y = 1 ....\ 0{,}0324334$
$= 2 ....\ 0{,}0646092$	$= 2 ....\ 0{,}0648668$
$= 3 ....\ 0{,}0969138$	$= 3 ..\ .\ 0{,}0973002$
$= 4 ....\ 0{,}1292184$	$= 4 ....\ 0{,}1297336$
$= 5 ...\ 0{,}1615230$	$= 5 ....\ 0{,}1621670$
$= 6 ....\ 0{,}1938276$	$= 6 ..\ .\ 0{,}1946004$
$= 7 ....\ 0{,}2261322$	$= 7 ....\ 0{,}2270338$
$= 8 ....\ 0{,}2584368$	$= 8 ....\ 0{,}2594672$
$= 9 ....\ 0{,}2907414$	$= 9 ....\ 0{,}2919006$

Si l'on donne à x la valeur 18735,4 et à y celle 25754,8 de l'exemple précédent, on aura :

$$\frac{x}{\varrho' \sin. 1''} = \frac{18735{,}4}{\varrho' \sin. 1''} = \frac{10000}{\varrho' \sin. 1''} + \frac{8000}{\varrho' \sin. 1''} + \frac{700}{\varrho' \sin. 1''} + \text{etc.}$$
$$= 323{,}05 + 258{,}44 + 22{,}61 + \text{etc.}$$

$$\frac{y}{\varrho \sin. 1''} = \frac{25754{,}8}{\varrho \sin. 1''} = \frac{20000}{\varrho \sin. 1''} + \frac{5000}{\varrho \sin. 1''} + \frac{700}{\varrho \sin. 1''} + \text{etc.}$$
$$= 648{,}67 + 162{,}17 + 22{,}70 + \text{etc.}$$

Il faudra donc, aussitôt qu'on aura trouvé par le calcul les valeurs de $\dfrac{x}{\rho' \sin. 1''}$ et de $\dfrac{y}{\rho \sin. 1'''}$, les vérifier de cette manière comme nous l'avons fait dans l'exemple qui précède.

156. Calcul des latitudes et longitudes des intersections de carreaux. Les points principaux étant placés sur la projection réduite, par leur longitude et leur latitude que nous savons maintenant calculer, il s'agit d'y transporter la topographie et les sondes. Nous supposons toujours que l'échelle de la projection sur laquelle les constructions ont été faites et l'échelle moyenne de la projection réduite soient l'une et l'autre de $\dfrac{1}{80,000}$. On calculera les longitudes et les latitudes des intersections des carreaux qui sont tracés sur la feuille de construction, ou au besoin d'autres carreaux si on trouve les premiers trop grands ou trop petits. Ce calcul se fait de la même manière que celui de la position géographique des points remarquables, puisque les coordonnées de ces intersections sont connues. Si les lignes parallèles à la méridienne et à la perpendiculaire ont été tracées de 8,000 en 8,000 mètres, de manière à avoir à l'échelle de $\dfrac{1}{80,000}$ des carrés d'un décimètre de côté, les coordonnées des intersections seront :

```
0000 E. ou O.   8000 S.     8000 E.    0000 N. ou S.    16000 E.    0000 N. ou S.
0000 E. ou O.  16000 S.     8000 E.    8000 S.. ..      16000 E.    8000 S.....
0000 E. ou O.  24000 S.     8000 E.   16000 S.....      .....................

. . . . . . . . . . . . . .      . . .  . . .  . . . . . . . . .  .
. . . . . . . .  . .  .  . . . .
```

et

```
                            8000 O.    8000 S.. ..      16000 O.    8000 S.....
                            8000 O.   16000 S.....      16000 O.   16000 S.....
                            8000 O.   24000 S.....      .....................

                            . . . . . . . . . . . . . . . . . .
```

On donnera successivement ces groupes de valeurs à x et à y dans les formules (1) et (2); tous ces calculs se feront assez promptement à cause des termes qui seront communs, et n'auront par conséquent besoin d'être calculés qu'une fois.

157. Manière de placer sur la carte réduite la topographie

et les sondes. Les points d'intersection des carrés étant placés sur la projection réduite par leur latitude et leur longitude, on les joindra deux à deux et on obtiendra ainsi des quadrilatères qui représenteront ces carrés. On prendra sur un calque la topographie et les sondes contenues dans chaque carré, et on les reportera sur la carte en appliquant aussi exactement que possible le carré sur le quadrilatère correspondant. Souvent la feuille de construction se trouve être à une échelle plus grande que la carte réduite ; dans ce cas, on fait ce qu'on appelle une réduction : on partage chaque carré en un certain nombre de petits carrés tous égaux entre eux. Les quadrilatères de la carte réduite sont aussi partagés en un même nombre de petits quadrilatères par la division de leurs côtés en parties égales. Les détails de chaque petit carré sont de cette manière facilement reproduits sur la carte réduite dans l'espace qui leur correspond. On conçoit que la réduction sera d'autant plus exacte que le nombre de ces petites divisions sera plus grand.

158. Convergence des méridiens. Lorsque dans un travail hydrographique comprenant une longue suite de côtes et devant donner lieu à une ou plusieurs cartes réduites, on voudra dresser le plan d'une localité de petite étendue, on appuiera le travail sur les points de la triangulation compris dans cette localité ou dans ses environs : avec les coordonnées de ces points on construira une carte plate qui ne devra subir, avant d'être livrée à la gravure, qu'une modification relative à l'orientation. En effet, les coordonnées de tous les points ont été calculées en partant d'un azimut sur un méridien plus ou moins éloigné du méridien de la localité que l'on considère. Or le calcul a été fait avec la supposition du parallélisme de tous les méridiens, ce qui n'est pas exact, puisqu'ils convergent vers le pôle. Il faut donc, pour avoir la véritable orientation du plan, calculer l'angle que fait le méridien de ce plan avec celui qui passe par l'origine des coordonnées, et parallèlement auquel les lignes nord et sud du plan ont été tracées sur la feuille de construction. Ce petit angle, que l'on appelle *convergence des méridiens,* servira à corriger dans le sens voulu l'orientation de ces lignes nord et sud.

La convergence des méridiens de deux points A et B est égale à la différence des longitudes des deux points multipliés par le sinus de la demi-somme de leurs latitudes.

$$\text{Convergence} = \alpha = (P' - P) \times \sin. \frac{H + H'}{2}.$$

Supposons que la latitude et la longitude de l'origine des coordonnées soient

$$H = 38° 16' 9'',31 \text{ N.} \qquad P = 12°53'43'',05 \text{ E.}$$

et celles du lieu principal du plan à dresser

$$H' = 38° 6'19'',62 \text{ N.} \qquad P' = 13°18'32'',52 \text{ E.}$$

Nous aurons :

$$\frac{H + H'}{2} = 38°11'14'',47 \qquad P' - P = 0°24'47'',47 = 1487'',47$$

$$\log. \alpha = \log. 1487'',47 + \log. \sin. 38°11'14'',47 = 2,9636018$$

$$\text{Convergence} = \alpha = 919'',61 = 15'19'',61.$$

C'est de ce petit angle qu'il faudra incliner le plan, soit à l'ouest, soit à l'est, suivant que la localité qu'il représente sera à l'est ou à l'ouest du point pris pour origine. Dans l'exemple précédent le plan sera incliné vers l'ouest de 15' 19'',61.

159. Changement d'origine des coordonnées. Nous avons dit (§ 37) que dans une triangulation de grande étendue il était nécessaire de changer l'origine des coordonnées toutes les fois que la distance des points à cette origine dépassait 80,000 mètres et qu'on prenait pour l'origine nouvelle un des points de la grande triangulation. Or il faut connaître la latitude et la longitude de ce point. Si on les calculait au moyen de ses coordonnées, la position serait entachée de l'erreur qu'on a pour but précisément d'éviter par le changement d'origine. Les éléments de la triangulation donnent le moyen de calculer d'une manière exacte la position géographique de la nouvelle origine ; il faut pour cela calculer successivement les positions de tous les points de la triangulation principale jusqu'à ce que l'enchaînement des triangles conduise au point que l'on a choisi.

Supposons (*fig.* 57) que, au début des opérations, on ait pris le point A pour origine des coordonnées, et que l'on soit conduit à prendre ensuite le point G ; ce point est relié au point A de la manière la plus simple par les points B et E de la grande triangulation. On arrivera à connaître sa position géographique en calculant préalablement d'abord celle du point B, puis celle du point E. La latitude H' et la longitude P' du point B se déduisent de la latitude H et de la longitude P du point A, de la distance K des deux points A et B et de l'azimut Z de AB pris au point A, toutes quantités connues, par les formules suivantes :

$$H' = H - (1 + e^2 \cos. {}^2H) u'' \cos. Z - (1 + e^2 \cos. {}^2H)(u'' \sin. Z)^2 \, \text{tg.} \, H \times \frac{\sin. 1''}{2}$$

$$P' = P + \frac{u'' \sin. Z}{\cos. H'}$$

$$u'' = \frac{K}{\rho' \sin. 1''}.$$

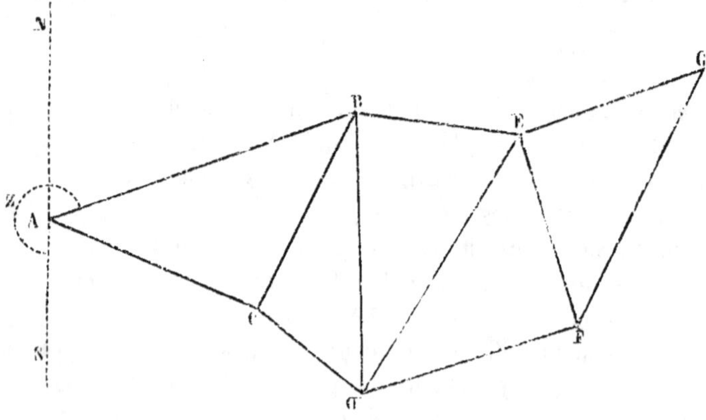

Fig. 57.

Le logarithme de $1 + e^2 \cos. {}^2H$, de même que les logarithmes de $\frac{1}{\rho \sin 1''}$ et $\frac{1}{\rho' \sin 1''}$, sont donnés par la table III calculée avec l'hypothèse d'un certain aplatissement du sphéroïde terrestre. Nous supposerons, comme nous l'avons fait § 154, pour le calcul de $\frac{1}{\rho \sin 1''}$ et de $\frac{1}{\rho' \sin 1''}$, que l'on parte des données suivantes $a = 6376989$ mètres, $e^2 = 0,00646951$, latitude moyenne H = 38° 30′ 30″ N.; dans ce cas, la nouvelle valeur que prendra $1 + e^2 \cos.{}^2H$ se déduira de l'équation suivante :

$$\log. (1 + e^2 \cos. {}^2H) = M e^2 \cos. {}^2H \left(1 - \frac{e^2 \cos. {}^2H}{2} \right)$$

Commençons par faire ce calcul :

Calcul de log. $(1 + c^2 \cos.^2 H)$.

C^l du 1er terme $= M e^2 \cos.^2 H$ $\qquad$ C^l du 2e terme $= M e^3 \cos.^2 H \dfrac{c^2 \cos.^2 H}{2}$

$$
\begin{aligned}
\log. \ e^2 &= 7,8108714 \\
2 \log. \cos. H &= 9,7869882 \\
\hline
\log. e^2 \cos.^2 H &= 7,5978596 \\
\log. M &= 9,6377843 \\
\hline
\log. \text{1er terme} &= 7,2356439
\end{aligned}
$$

$$
\begin{aligned}
C^l \log. \ 2 &= 9,69897 \\
\log. e^2 \cos.^2 H &= 7,59786 \\
\log. \text{1er terme} &= 7,23564 \\
\hline
\log. \text{2e terme} &= 4,53247
\end{aligned}
$$

$$
\begin{aligned}
\text{1er terme} &= 0,0017205 \\
\text{2e terme} &= 0,0000034 \\
\hline
\log. (1 + c^2 \cos.^2 H) &= 0,0017171
\end{aligned}
$$

Nous pouvons maintenant procéder au calcul de H′ et de P′.
Supposons que l'on ait :

$$K = 53711^m,4$$

$$H = 38^0 16' 0'',31 \ N. \qquad P = 347^0 6' 14'',95 \qquad Z = 259^0 37' 34'',2.$$

Les azimuts z se comptent du sud vers l'ouest de 0^0 à 360^0, et les longitudes de l'est vers l'ouest aussi de 0^0 à 360^0, de sorte que $347^0 6' 14'',95$ équivaut à $12^0 53' 45'',05$ de longitude est.

Calcul de H′.

Calcul de u''. $\qquad\qquad$ Calcul du 2e terme de H′.

$$
\begin{aligned}
\log. K &= 4,7300664 \\
\log. \dfrac{1}{\varrho' \sin. 1''} &= 8,5092642 \\
\hline
\log. u'' &= 3,2393308
\end{aligned}
$$

$$
\begin{aligned}
\log. (1 + c^2 \cos.^2 H) &= 0,0017171 \\
\log. u'' &= 3,2393308 \\
\log. \cos. Z &= 9,2554412 \\
\hline
\log. \text{2e terme} &= 2,4964891
\end{aligned}
$$

$$\text{2e terme} \quad 313,68$$

Calcul du 3ᵉ terme.

—

$$\log. u'' = 3,23033$$
$$\log. \sin. Z = 9,99284$$
$$\log. u'' \sin. Z = 3,23217$$

$$2 \log. u'' \sin. Z = 6,46434$$
$$\log. (1 + e^2 \cos.{}^2 H) = 0,00172$$
$$\log. \frac{\sin. 1''}{2} = 4,38454$$
$$\log. \operatorname{tg}. H = 9,89701$$
$$\log. 3^e \text{ terme} = 0,74761$$
$$3^e \text{ terme} + 5,59$$

$$H' = H - 2^e\,t. - 3^e\,t. = 38^{\circ}16'\ 9'',31 + (5'13'',68) - 5'',59 = 38^{\circ}21'17'',40$$

—

Calcul de P'.

—

$$\log. u'' = 3,2393308$$
$$\log. \sin. Z = 9,9928423$$
$$\log. u'' \sin. Z = 3,2321731$$
$$\log. \cos. H' = 9,8944173$$
$$\log. \frac{u'' \sin. Z}{\cos. H'} = 3,3377558 \ \ldots\ldots\ 2176,48$$

$$P = 347^{\circ}\ 6'14'',95$$
$$36'16'',48$$

$$P' = 346^{\circ}29'58'',47$$
$$\text{ou} \quad 13^{\circ}30'\ 1'',53 \text{ E.}$$

Nous avons donné le signe — au terme $\dfrac{u'' \sin. Z}{\cos. H'}$, parce que le sinus de l'angle Z est négatif.

La position du point B est maintenant connue; pour passer à celle du point E il ne reste plus qu'un élément à déterminer, c'est l'azimut du côté BA pris au point B. Si cet azimut était connu, comme la station au point B a fait connaître l'angle ABE, on en déduirait l'azimut de BE. Or l'azimut de BA, que nous appellerons Z′, est donné par la formule suivante :

$$Z' = 180^\circ + Z - \frac{u'' \sin. Z}{\cos. H'} \sin. \tfrac{1}{2}(H + H').$$

Le calcul de P′ nous a donné :

$$\log. \frac{u'' \sin. Z}{\cos. H'} = 3,3377558$$

on a : $\log. \sin. \tfrac{1}{2}(H + H') = 9,7923524$

$$3,1301082 \ \ldots\ldots\ 1349,30$$

et par conséquent :

$$Z' = 180^\circ + (259^\circ 37' 34'',2) + (22' 29'',3) = 440^\circ 0' 3'',5$$
$$\text{ou} \quad 80^\circ 0' 3'',5$$

Nous avons donné le signe $+$ au troisième terme, parce que sin Z est négatif.

La position du point E pourra donc se calculer avec la même facilité que celle du point B, et on arrivera enfin à celle du point G. On voit que, quel que soit le nombre des points intermédiaires, on peut, en suivant la même marche, arriver à déduire de la position de l'origine celle d'un point quelconque de la grande triangulation.

Z et Z′ sont les azimuts aux points A et B de la même ligne AB; ils ne doivent donc différer entre eux que de la convergence des méridiens en A et en B. En effet, le dernier terme de la valeur de Z′ n'est autre chose que l'expression de cette convergence que nous avons donnée comme étant $(P' - P) \sin. \dfrac{(H + H')}{2}$, puisque l'on a

$$P' - P = \frac{u'' \sin. Z}{\cos. H'}.$$

La position de la nouvelle origine étant déterminée en longitude et en latitude, et le gisement vrai d'un des côtés de la triangulation qui passe par cette origine étant connu, on pourra calculer, par rapport à ce nouveau point, les distances à la méridienne et à la perpendiculaire de tous les points qui sont situés dans un rayon de 80,000 mètres, et en déduire ensuite les longitudes et latitudes au moyen des coordonnées prises par rapport aux nouveaux axes.

Il y aura donc autant de séries de calculs et autant de projections qu'il y aura d'origines différentes, et les axes dont on se servira dans deux séries consécutives seront inclinés entre eux d'un angle égal à la convergence des méridiens. Tous les points seront enfin rapportés sur la carte réduite au moyen de leurs latitudes et de leurs longitudes.

160. Telles sont les méthodes à suivre pour dresser les cartes hydrographiques. Si le lecteur désire connaître la démonstration des formules que nous avons employées, nous le renverrons au *Traité de géodésie à l'usage des marins*, de M. Bégat. On trouvera dans cet ouvrage, qui doit être entre les mains de toutes les personnes qui s'occupent d'hydrographie, le développement des notions que nous venons de donner d'une manière succincte. On y trouvera également traité avec plus d'extension que nous n'avons pu le faire dans le chapitre cinquième tout ce qui est relatif aux différences de niveau.

161. Instruments et ouvrages qu'il est utile d'avoir pour faire de l'hydrographie. Nous donnerons, pour terminer, la liste des instruments et des ouvrages qu'on doit avoir entre les mains quand on entreprend une campagne hydrographique.

Instruments : Théodolite répétiteur avec verres colorés et une petite lanterne destinée à éclairer les fils pour les observations de nuit.

Petit théodolite.

Théodolite-boussole.

Cercle hydrographique de réflexion.

Cercle de réflexion ordinaire.

Horizon artificiel.

Lunette Lugeol.

Montres marines.

Compteur.

Montres ordinaires pour les embarcations et l'observation des marées.

Longue-vue.

Lorgnette-jumelle pour les sondes.

Ruban en acier ou chaîne avec fiches pour mesurer les bases.

Instruments : Décamètres en rouleaux.

           Étui de mathématiques.

           Rapporteur à alidade.

           Rapporteur en corne.

           Règle divisée.

           Compas de proportion.

           Compas à verge.

           Règles en fer ou en bois de diverses longueurs.

           Lignes de sondes de diverses grosseurs, plombs de modèles divers, lances de sondes, compas d'embarcations, jalons, bois pour faire des signaux, étamines de couleurs diverses, etc.

On peut joindre à cette liste, suivant les cas, un cercle méridien portatif, un marégraphe, et un baromètre pour mesurer la hauteur des montagnes.

————

Ouvrages : *Appendice au voyage de d'Entrecasteaux*, par Beautemps-Beaupré.

Description et usage du cercle de réflexion, par Borda.

Traité de géodésie à l'usage des marins, par M. Bégat.

Voyage au pôle sud (hydrographie), par Vincendon-Dumoulin.

Description nautique des côtes de l'Algérie, par M. Bérard, avec les *Notes* de M. de Tessan.

Astronomie pratique, de Francœur.

Géodésie, id.

Mémoire sur les divers moyens de se procurer une base, par M. Chazallon.

Problèmes d'astronomie nautique, par M. Guépratte.

Usage du cercle méridien portatif, par M. Laugier.

Connaissance des temps.

Annuaire des marées.

On trouvera à la fin du volume les tables relatives à l'hydrographie qui n'ont pas pu trouver place dans le texte. Ces tables sont les suivantes :

I.   Table de réduction au méridien.
II. Marche du soleil moyen en ascension droite.
III. Table pour le calcul des latitudes, longitudes et azimuts géodésiques.
IV. Table des latitudes croissantes.

LIVRE QUATRIÈME

PHYSIQUE

PREMIÈRE PARTIE.

DE L'ATMOSPHÈRE.

L'étude de la physique générale tient une grande place dans l'art de la navigation. Non-seulement le marin s'intéresse à la mer, qui est son domaine, mais encore à l'atmosphère dans laquelle se forment les vents, à la météorologie, dont la plupart des phénomènes se passent sous ses yeux et dont la connaissance peut lui donner des indications utiles sur les changements du temps, au magnétisme dont les lois régissent l'aiguille aimantée. L'ensemble de ces études conduit à la connaissance et à la détermination des routes les plus avantageuses pour traverser les divers océans.

Tels seront les sujets que nous traiterons dans ce livre, où nous exposerons quelques-uns des principes généraux de la physique du globe. Nous ne parlerons pas de tous les phénomènes que comprend cette branche de la science, nous indiquerons seulement ceux dont la connaissance est plus particulièrement utile aux marins; nous renverrons, pour les développements, aux ouvrages spéciaux et aux traités de physique ou de météorologie.

CHAPITRE PREMIER.

NOTIONS GÉNÉRALES SUR L'ATMOSPHÈRE.

162. La terre est entourée par une enveloppe gazeuse transparente et incolore qu'on appelle air ou atmosphère. Cette enveloppe est le siége

de phénomènes très-multiples; elle entretient par la respiration la vie de tous les êtres organisés; elle infléchit les rayons du soleil pour nous donner le crépuscule et l'aurore, car sans elle nous passerions subitement du jour à l'obscurité. Elle reçoit les vapeurs qui s'élèvent de la terre et des eaux, s'en charge ou les suspend dans les nuages pour les abandonner sous forme de rosée et de pluie. Par le déplacement de ses molécules, elle produit les vents, et c'est surtout à ce dernier point de vue que nous étudierons l'atmosphère. Nous allons cependant donner quelques notions sur ce qu'on sait de sa composition et de son étendue.

165. Pesanteur de l'air. L'air est un fluide pondérable, comme il est facile de s'en assurer en pesant successivement un ballon plein d'air et le même ballon dans lequel on a fait le vide; la différence du poids donnera celui de l'air contenu dans le ballon. Tous les corps placés sur la terre supportent donc le poids d'une colonne d'air qui aurait pour base leur surface et pour hauteur la hauteur de l'atmosphère.

Telle est la cause qui soutient le mercure dans le tube barométrique et qui fait monter l'eau dans les pompes aspirantes lorsqu'on fait le vide au-dessus de ces deux liquides.

La hauteur barométrique au niveau de la mer étant égale en moyenne à $0^m,760$, et l'eau s'élevant dans les pompes jusqu'à la hauteur de $10^m,3$, il en résulte que le poids total de l'atmosphère est égal à celui d'une couche de mercure égale à $0^m,760$, et qui aurait pour surface celle de la terre, ou bien à celui d'une couche d'eau ayant la même base et $10^m,3$ de hauteur. L'homme, qui présente une surface d'environ $1^m,5$, supporte un pression de plus de $1,500$ kilogrammes à laquelle font équilibre les fluides renfermés dans l'intérieur de son corps. On comprendra par suite sans peine l'influence que peuvent exercer sur l'organisme les variations de la pression atmosphérique.

164. Hauteur de l'atmosphère. Plusieurs phénomènes d'optique, entre autres le crépuscule, prouvent que l'atmosphère est limitée, et par conséquent que la terre et son enveloppe sont isolées dans l'espace.

Si toutes les parties de l'atmosphère avaient la même densité et la même température qu'à la surface de la terre, la hauteur barométrique diminuerait de 1^{mm} pour une élévation de $10^m,5$ au-dessus de cette surface. On en déduirait alors pour la hauteur totale de l'atmosphère $0^m,760 \times 10^m,5$ ou $7,980$ mètres.

Mais cette hypothèse est loin d'être conforme à la réalité ; l'air étant élastique et compressible, sa densité est proportionnelle au poids qui le presse. Il s'ensuit que la densité des couches atmosphériques va en diminuant à mesure qu'on s'élève et qu'on peut considérer l'atmosphère comme composée de couches concentriques superposées, d'autant moins denses qu'elles sont plus éloignées de la surface terrestre. Les dernières couches doivent avoir une très-faible densité.

On ne connaît également que d'une manière fort imparfaite, même en mettant de côté les anomalies, la loi de l'abaissement de la température suivant les hauteurs où l'on parvient dans l'atmosphère. Voici, d'après M. de Humboldt, qui a discuté les observations faites à ce sujet, les résultats auxquels il est arrivé :

Zone torride....... 0^m à 4000^m abaissement 1° par 187^m à 190^m
Zone tempérée de.. 0^m à 2900 — 1° par 150 à 170
Zone glaciale................   — 1° par 172^m.

Les physiciens ont essayé de calculer la hauteur de l'atmosphère en tenant compte de la température et de la force élastique des différentes couches, ainsi que de la tension de la vapeur d'eau qui s'y trouve contenue. La solution de ce problème est rendue très-difficile en raison de la faible densité que doivent avoir les couches supérieures ; encore a-t-il été nécessaire de faire des hypothèses sur l'état où il faut que ces couches se trouvent pour ne pas obéir à la force d'expansion en vertu de laquelle elles doivent tendre à se répandre et à se perdre dans l'espace. M. Biot, en discutant les observations recueillies par M. Gay-Lussac pendant la célèbre ascension aérostatique dans laquelle ce savant atteignit une hauteur de 7,000 mètres au-dessus du niveau de la mer, a trouvé pour la hauteur de l'atmosphère 23,000 mètres.

D'autres physiciens ont donné à l'atmosphère une hauteur de 60,000 mètres ; un savant anglais, le docteur Buist, pense que cette hauteur ne peut guère dépasser 926,000 mètres, ni être inférieure à 92,000 mètres.

Ce qu'on peut regarder comme le plus vraisemblable, c'est que la hauteur de l'atmosphère est comprise entre certaines limites qui, d'une part, ne sont pas au-dessous de 40,000 mètres, et de l'autre, au-dessus de 80,000 mètres ou 20 lieues. Cependant les aurores boréales et l'apparition à de grandes hauteurs d'étoiles filantes qui, suivant toutes probabilités, ne peuvent devenir incandescentes ou lumineuses qu'en traversant un milieu gazeux, tendraient à faire croire que des particules d'air très-rares peuvent s'étendre au delà des limites que nous venons de donner.

165. Composition de l'atmosphère. L'air pris à une certaine élévation au-dessus de la surface de la terre, dit M. Becquerel (*Éléments de physique*, page 298), présente toujours à peu près la même composition, abstraction faite de la vapeur d'eau, du gaz acide carbonique, et des matières accidentelles qu'il contient généralement.

D'après les analyses faites par MM. Dumas et Boussingault (*Annales de physique et de chimie*, 3ᵉ série, t. III, p. 257), la composition de l'air est :

En volume.	En poids.
20,81 d'oxygène.	23,01 d'oxygène.
79,19 d'azote.	76,99 d'azote.
100,00	100,00

L'air rapporté de la hauteur de 7,000 mètres par M. Gay-Lussac, lors de son voyage aérostatique, avait la même composition que celui qui se trouvait à la surface de la terre. Les expériences de M. Boussingault en Amérique, celles de M. Brunner dans les Alpes, conduisent à des résultats identiques. On peut conclure de cette similitude dans les résultats, que les courants d'air et les variations continuelles de densité mélangent sans cesse les couches atmosphériques, comme les courants marins généraux mélangent les eaux des mers.

Le gaz acide carbonique est essentiel à la vie végétale, de même que l'oxygène est indispensable à la vie des animaux. Il y a entre les végétaux et les animaux un échange continuel de ces deux gaz. Il semble au premier abord que l'un des deux gaz dût exister en plus grande abondance là où les animaux et les végétaux sont plus nombreux. Toutefois la tendance qu'ont les gaz à se mélanger et l'action des vents font disparaître les différences momentanées dues à ces causes secondaires. M. Th. de Saussure a trouvé qu'en moyenne l'air renferme en acide carbonique environ $\dfrac{4}{10,000}$ de son volume.

On trouve également dans l'air, quoiqu'en très-faible quantité, des matières hydrogénées, de l'ammoniaque, des gaz de marais, et des produits accidentels qui échappent à l'analyse. Il s'y forme encore des combinaisons telles que l'acide azotique et l'ammoniaque, substances qu'on retrouve dans les pluies d'orage, et qui retombent sur le sol.

Il existe en outre dans l'air une poussière qui devient visible lorsqu'on est placé dans un appartement obscur, éclairé seulement par un faisceau de lumière directe.

On a fait sur cette poussière de nombreuses études microscopiques, et l'on a cru y reconnaître, au milieu de particules organiques, des germes appartenant à des animaux extrêmement petits. L'atmosphère est probablement le réceptacle d'émanations organiques et de miasmes à la présence desquels on attribue les épidémies, et dont il n'a pas été possible jusqu'à ce jour de constater l'existence à l'aide d'analyses chimiques.

Enfin, Schoenbein a découvert dans la composition de l'atmosphère un nouvel élément, auquel il a donné le nom d'ozone.

L'ozone est peu connu, on ne sait pas si c'est une substance nouvelle ou l'état particulier d'un des éléments qui entrent déjà dans la composition de l'atmosphère. On commence cependant à faire dans plusieurs observatoires des études ozonométriques. On se sert pour cela d'un papier dont voici la préparation : amidon, 10 parties; iodure de potassium, 20; eau, 400. On mêle ces substances, on imbibe le papier dans la solution, et on le laisse sécher; on le conserve dans un vase bien clos, puis on l'expose à l'air libre pour faire les observations. Ce papier prend alors une teinte plus ou moins foncée, selon la quantité d'ozone en présence, et en le rapprochant d'une échelle de teintes prise comme moyen de comparaison, on peut donner en chiffres les quantités relatives de l'ozone contenu dans l'atmosphère.

CHAPITRE DEUXIÈME.

DES VENTS.

166. Toute cause qui tend à troubler l'équilibre de l'atmosphère produit un courant aérien; la distribution inégale de la chaleur, la condensation ou la formation brusque de vapeurs sont par suite les causes prédominantes des courants d'air que l'on appelle vents.

Il faut joindre à ces causes les modifications que le mouvement de rotation de la terre apporte dans les vitesses relatives des molécules de l'air, lorsque celles-ci se déplacent dans la direction des méridiens.

Dans l'état actuel de nos connaissances, il est très-difficile de donner une théorie complétement satisfaisante des vents, bien que cependant on sache que l'action calorifique du soleil, ou autrement dit la dilatation des couches d'air, soit la cause principale du déplacement des molécules atmosphériques. On sait fort peu de chose sur la dynamique des fluides, et sans aucun doute il sera nécessaire de réunir de longues observations, faites avec soin et persévérance, pour qu'on puisse arriver à déterminer toutes les causes des vents.

167. Formation des vents. La théorie suivante, qui est due au savant Halley, a été admise par Laplace (*Mécanique céleste*, t. VI, p. 340); elle est la plus répandue parmi les physiciens, et la plus généralement adoptée. Elle repose sur les principes suivants :

Lorsque le soleil échauffe une partie A de la surface de la terre TR,

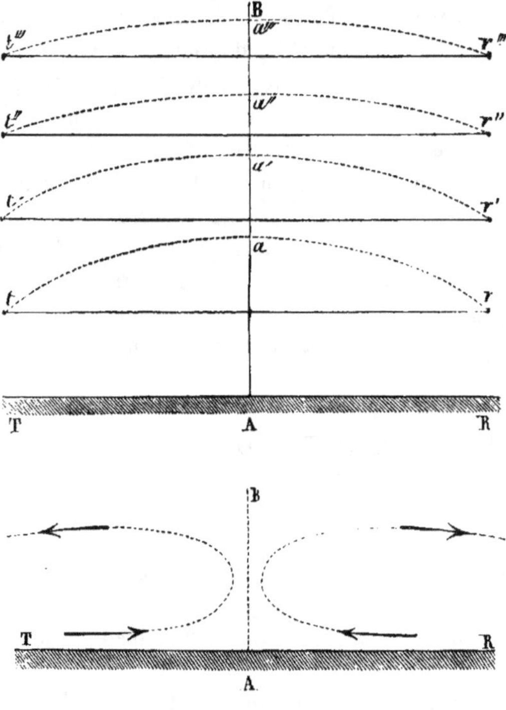

Fig. 58.

l'augmentation de température se transmet d'abord par communication aux couches d'air inférieures. Ces couches (*fig.* 58) tr, $t'r'$, $t''r''$, $t'''r'''$, en s'échauffant, se déformeront et présenteront une surface

dont la concavité sera tournée vers le sol; les points les plus élevés *a*, *a'*, *a''*, *a'''* seront situés sur la verticale passant en A. Ainsi,
dans le voisinage de cette verticale, la colonne d'air atmosphérique
doit nécessairement augmenter de hauteur. L'air plus froid, situé à
droite et à gauche, en T et en R, doit s'écouler près de la surface du
globe vers le point A, tandis que la partie supérieure de la colonne
échauffée par la dilatation s'épanche dans les régions élevées de l'atmosphère en formant des courants en sens inverse.

Une expérience très-simple, due à Franklin, démontre que deux
masses fluides de densités diverses, en contact l'une avec l'autre, ne
peuvent pas rester en équilibre quand la surface de séparation n'est
pas horizontale. Si dans un appartement on chauffe très-différem-
ment deux pièces séparées par une porte, qu'on place à la partie
supérieure et à la partie inférieure de cette porte une bougie allumée,
et qu'on ouvre ensuite la porte, on voit par la direction que prend la
flamme de chacune des bougies un courant d'air chaud passer à la
partie supérieure, dirigé de la pièce chaude dans la pièce froide, et
un courant d'air froid dirigé en sens opposé passer à la partie inférieure de l'ouverture.

De ce principe, on tire l'explication des vents généraux, périodiques
ou variables, et la théorie suivante du mouvement général des molécules d'air d'un pôle à l'autre.

La température diminuant à mesure que la latitude augmente, et
décroissant surtout rapidement vers les parallèles de 40°, les masses
d'air situées entre les tropiques sont plus échauffées que celles des
hautes latitudes. De là il résulte à la surface du globe un afflux
constant d'air froid du pôle vers l'équateur, et dans les régions élevées de l'atmosphère des courants d'air chaud dirigés en sens inverse
qui ramènent celui-ci de l'équateur vers les pôles.

Si la terre était immobile, dans une certaine étendue au N. et au S.
de l'équateur on ne ressentirait par conséquent que des vents de N.
et des vents de S. Mais il n'en est pas ainsi, et le mouvement de rotation de la terre sur son axe fait subir à ces directions des modifications dont nous allons parler.

L'atmosphère participe au mouvement diurne de la terre; ses différentes parties sont donc animées suivant leur position de vitesses
très-inégales. Celles qui sont situées sur l'équateur parcourent ce
grand cercle dans le même temps que celles qui sont près du pôle
décrivent un cercle très-petit. Aussi, lorsque par suite de l'inégal

échauffement de la surface du globe, les molécules d'air sont entraînées des pôles vers l'équateur et qu'elles pénètrent dans une zone dont les molécules ont une vitesse de rotation plus grande que celle dont elles sont animées, elles paraissent se mouvoir en sens inverse du mouvement de rotation de la terre, et il se produit alors le même effet que s'il existait un courant d'air dirigé de l'E. vers l'O. Comme ces molécules ont déjà une certaine vitesse dans le sens des méridiens, elles suivent la résultante des deux vitesses ; on reçoit dônc au N. de l'équateur l'impression d'un courant constant inférieur dirigé du N. E. au S. O., et au S. de l'équateur d'un courant constant inférieur dirigé du S. E. vers le N. O., tous deux allant vers l'équateur. Là où ces deux courants se rencontrent, il se produit un vent de l'E. à l'O., et l'air commence à prendre un mouvement ascensionnel. Ce sont ces courants qui prennent le nom de vents alizés.

Toutefois il faut remarquer que ces effets ne sont bien tranchés que loin des continents et en pleine mer ; car, près des continents, des actions locales peuvent donner lieu à des courants d'air précisément dirigés en sens inverse de ceux que nous venons d'indiquer. En outre, sous l'équateur comme sous les tropiques, il existe de larges bandes de calmes ; elles séparent les vents alizés entre eux, jusqu'à une certaine distance à l'O. des grands continents, comme elles séparent ces mêmes vents des vents variables des zones tempérées. Ces bandes de calmes sont en quelque sorte des barrières interposées entre ces vents, et nous verrons plus loin quel est leur rôle probable dans le système général de la circulation aérienne.

Les colonnes d'air qui ont été aspirées vers l'équateur, après qu'elles ont été élevées dans la zone tropicale, passent au-dessus des vents alizés ou généraux dont nous venons d'expliquer l'origine ; puis elles retombent à la surface de la terre dans les latitudes élevées, vers les parallèles de 40°. Elles ont, en quittant l'équateur, un excès de vitesse de rotation de l'E. à l'O., produit par leur séjour près de ce grand cercle, d'où il résulte dans ces régions une tendance des vents à souffler de l'O. vers l'E. ; et comme dans les régions supérieures de l'atmosphère, l'air est porté de l'équateur vers les pôles, la résultante de ces deux actions produit un vent de S. O. supérieur dans l'hémisphère nord, et de N. O. dans l'hémisphère sud, lequel descend à la surface du globe dans les zones tempérées, à peu près vers les parallèles de 40° de latitude.

168. Hypothèse de Maury sur la circulation atmosphérique.

C'est d'après les considérations qui précèdent que Maury, en utili-
sant les travaux de ses devanciers, a pu formuler une hypothèse complète relativement à la circulation générale dans l'atmosphère. Nous
donnons ici cette hypothèse, et nous dirons comme lui, que des irrégularités dans les vents, observées à la surface de la terre, ne doivent
pas conduire à infirmer la loi des grands courants atmosphériques, ni
causer dans les esprits une impression hostile au système d'ensemble
qui présente le plus de chances probables d'être la vérité.

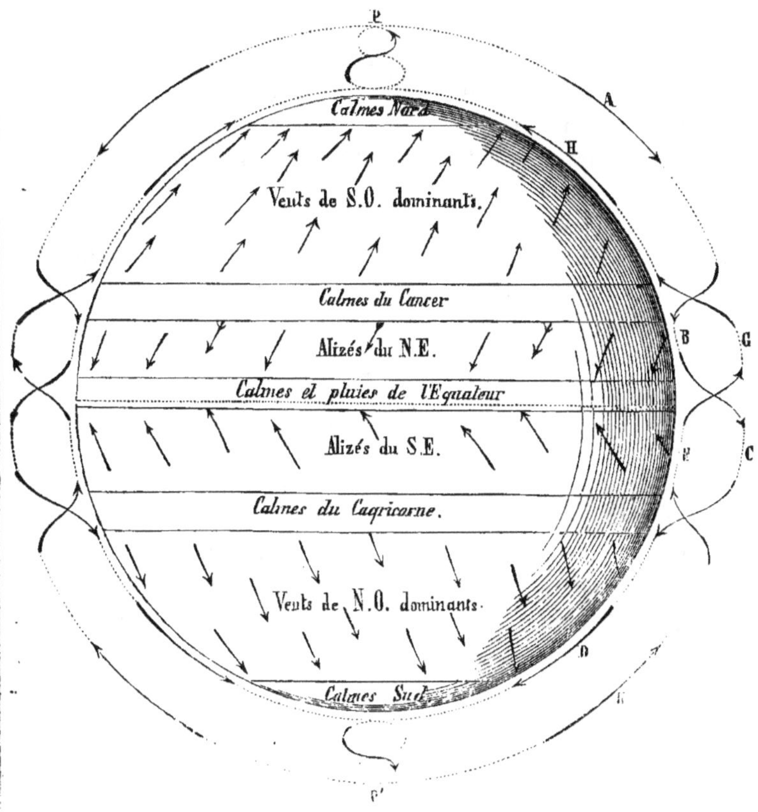

Fig. 59.

Admettons que dans l'atmosphère qui nous entoure une molécule
devienne visible et qu'il soit permis de la suivre à l'œil pendant qu'elle
se trouve entraînée dans le courant général ; si on l'observe au moment où elle est au pôle N. P (*fig.* 59), prenant sa course vers l'équa-

teur, on la verra se diriger en A vers le S. O. dans la partie supérieure de l'atmosphère ; lorsqu'elle arrive près du tropique du Cancer, où règnent toujours des calmes, elle rencontre un courant contraire, est arrêtée par ce courant et descend vers la surface de la terre pour se mêler en B aux vents alizés du N. E. C'est la rencontre de ces deux courants contraires qui produit les calmes tropicaux. Dans le voisinage de l'équateur, la molécule que nous suivons trouve une nouvelle zone de calmes, et là elle s'élève de nouveau dans la région supérieure. Sa course s'infléchit alors vers le S. O., et elle franchit les vents alizés du S. E. en passant au-dessus d'eux en C. Au tropique du Capricorne, mêmes phénomènes, même évolution qui ramène la molécule à la surface de la terre, près de laquelle elle fait route en D jusqu'à la région polaire antarctique. Aux approches de cette région, sa marche incline de plus en plus vers l'E. Enfin, aux environs du pôle S. P', la molécule est entraînée dans une sorte de tourbillon dont le sens giratoire est celui des aiguilles d'une montre, c'est-à-dire de gauche à droite, et au centre duquel règne le calme. Là notre molécule regagne les zones supérieures de l'atmosphère, renverse sa course et se dirige du pôle S. à l'équateur vers le N. O., en suivant les routes E, F, G, H, c'est-à-dire en accomplissant aux mêmes endroits des évolutions analogues à celles que nous venons d'indiquer pour sa marche du N. au S. Au pôle N. elle trouve un tourbillon semblable à celui du pôle S., mais ayant un sens giratoire inverse, c'est-à-dire de droite à gauche.

Tel est le système de circulation générale de l'atmosphère donné par Maury. Il faut admettre, d'après ce système, que les molécules d'air voyagent continuellement d'un pôle à l'autre en faisant le tour de la terre. Cette idée, qui plaît au premier abord pour son originalité et sa simplicité, peut cependant donner lieu à quelques critiques. On se demande, par exemple, pourquoi les molécules qui arrivent vers l'équateur dans des sens différents se pénètrent pour passer d'un hémisphère dans l'autre à travers la région des calmes équatoriaux ; cette hypothèse n'est pas nécessaire pour expliquer la circulation atmosphérique. Quelle que soit la valeur de cette objection, l'ingénieux système de Maury a le mérite de coordonner les faits et de les présenter sous un aspect saisissant.

169. Le principe posé par Halley (§ 167) permet également d'expliquer très-facilement les moussons (nom tiré d'un mot arabe qui signifie saison) et les vents périodiques. En effet, lorsqu'un grand

continent s'échauffe, il peut donner lieu sur une moindre échelle
à des effets semblables à ceux qui ont lieu pour la zone équatoriale.
Telle est la cause probable des moussons de l'océan Indien, de celles
qui règnent dans le grand Océan, dans la mer de Chine, le golfe du
Mexique, une partie de la Méditerranée, etc., etc. Ces vents réguliers
sont produits par des masses d'air qui s'élèvent par suite de l'échauffement de l'Indostan, du nord de l'Inde, de la Chine, des terres du golfe
du Mexique, de l'Amérique centrale, de l'Afrique, etc. Ces masses d'air
donnent naissance sur la surface de la terre à des vents dirigés vers
les parties les plus échauffées.

Ainsi, par exemple, dans l'océan Indien, lorsque, pendant l'été (ou
plutôt d'avril en octobre), le soleil est dans l'hémisphère N., la température des continents de l'Inde est plus élevée que celle de la mer.
L'air équatorial à rotation rapide est donc attiré vers les parties échauffées, et il produit un vent constant de S. O. Lorsque le soleil passe
dans l'hémisphère S., d'octobre en avril, les parties les plus échauffées sont celles de la mer des Indes, et alors la mousson N. E. prend
naissance. Pendant les équinoxes, la température de la mer et de la
terre tendent à s'équilibrer, il n'y a plus de vents constants, mais bien
des vents variables alternant avec des calmes et des tempêtes.

De même encore, l'action du soleil sur les grands déserts de l'Afrique
du N. amène, pendant les mois d'été et d'automne, une perturbation à peu près générale dans la zone voisine des vents alizés de
l'Atlantique, celle qui s'étend de l'équateur au parallèle de 13° de
latitude N. Entre ce parallèle et l'équateur, les vents de N. E., pendant les saisons que nous venons d'indiquer, sont arrêtés dans leur
marche par l'effet de l'échauffement des sables dans l'intérieur de
l'Afrique, et au lieu de continuer à faire route vers l'équateur, ils s'é-
lèvent au-dessus de ce sol brûlant. Alors les vents de S. E. ne trouvant
plus, au moment où ils arrivent sur l'équateur, les courants opposés
qui les forcent d'ordinaire à gagner les couches supérieures de l'atmosphère, poursuivent leur route dans la couche où ils se trouvent, et arrivent aux déserts sous le nom de mousson de S. O. Là
se produit l'évolution des courants qui avait lieu précédemment
dans la zone équatoriale. De nombreuses observations prouvent que
pendant les mois d'avril à octobre les vents de S. E. de l'Atlantique
tournent vers le S. de plus en plus, à mesure qu'ils s'approchent de
l'équateur.

CHAPITRE TROISIÈME.

DES VENTS GÉNÉRAUX ET PÉRIODIQUES.

Nous venons de donner quelques considérations sur l'origine des mouvements généraux de l'atmosphère, nous allons maintenant entrer dans quelques détails sur les diverses espèces de vents qui règnent à la surface du globe.

170. Vents alizés. Entre les parallèles de 30° de latitude N. et de 30° de latitude S., on trouve autour de la terre, sauf quelques perturbations locales ou partielles, deux zones distinctes où règnent constamment, sous le nom d'alizés du N. E. et du S. E., des vents réguliers et constants soufflant toujours dans la même direction moyenne. Toutefois ces vents sont influencés par les continents et peuvent se faire sentir même en sens inverse de la direction signalée ci-dessus; ils ne se régularisent qu'à une certaine distance des côtes.

Les vents alizés des deux hémisphères sont séparés par une zone de calmes qui forme entre eux, dans le voisinage de l'équateur, une espèce de barrière, ainsi que nous l'avons déjà indiqué; ils sont également, dans chaque hémisphère, séparés des vents variables par une zone de calme. Il y a toutefois une grande différence entre les zones de calme des tropiques et celle de l'équateur sous le rapport des pluies et des chaleurs. La zone équatoriale est bien plus redoutable que les zones tropicales de calme; le baromètre y est beaucoup plus bas que dans les vents alizés, tandis qu'au contraire dans les calmes tropicaux il est plus haut que dans les régions voisines, où se font sentir soit les vents de l'équateur, soit les vents polaires.

Il est reconnu que les vents alizés de S. E. s'étendent sur une surface plus grande que les vents alizés de N. E. Ce fait est surtout remarquable dans l'Atlantique. Dans l'Atlantique, comme dans le grand Océan, les vents alizés de S. E. atteignent et dépassent l'équateur, tandis que ceux de N. E. n'arrivent à la zone de calmes qu'aux environs du parallèle de 9° de latitude N.

De plus, les alizés de S. E. sont presque toujours plus forts que les alizés de N. E., et leur direction moyenne est le S. 56° E., tandis que celle des vents alizés de N. E. est le S. 68° E. La prépondérance des vents de S. E. est donc un fait positivement reconnu, principalement pour l'océan Atlantique et l'océan Pacifique. M. de Humboldt attribue cette prépondérance à la configuration du bassin de ces deux grandes mers.

Les vents alizés sont les vents d'évaporation par excellence ; au contraire, les vents allant de l'équateur vers les pôles, vents qu'on nomme tropicaux, sont les agents de la précipitation. En effet, les premiers s'avancent des régions froides vers les régions chaudes ; leur capacité pour la vapeur d'eau va sans cesse en s'accroissant, et ils absorbent de plus en plus l'humidité en s'approchant de l'équateur. Les seconds, au contraire, passent du chaud au froid, et par suite de la diminution progressive de la température les masses d'air en mouvement abandonnent sous forme de nuages et de pluie la vapeur d'eau qu'elles contiennent.

171. Calmes équatoriaux. La largeur de la bande des calmes équatoriaux est en moyenne de 6° environ. Cette bande se déplace et suit les mouvements des zones, où règnent les vents alizés, zones qui se portent tantôt au N., tantôt au S., suivant que le soleil est dans l'hémisphère N. ou dans l'hémisphère S.; elle occupe l'espace compris entre 5° de latitude S. et 15° de latitude N. Quand les vents alizés arrivent à cette bande de calme ils sont saturés de vapeur d'eau, et la plus légère cause amène la précipitation. On rencontre en effet, dans la bande des calmes équatoriaux, des pluies violentes, prolongées, l'on y ressent des vents variables, des orages, parfois des coups de vent, et en général de fort mauvais temps. Il faut donc, autant que possible, éviter de la traverser dans sa partie la plus large, qui est celle située à l'O. des grands continents et dans leur voisinage.

Lorsque les courants d'air chauds qui forment les alizés arrivent saturés d'humidité dans la région des calmes équatoriaux, ils prennent, comme nous l'avons dit, un mouvement ascensionnel et trouvent en montant une température de moins en moins élevée. La vapeur d'eau qu'ils renferment se précipite alors sous forme de nuages, qui pendant le jour interceptent dans ces régions les rayons d'un soleil brûlant et qui en arrêtant pendant la nuit le rayonnement nocturne des parties de la terre sur lesquelles ils s'étendent, les empêchent de se refroidir. Aussi le climat de ces contrées est-il à peu près également chaud et humide en tout temps. Ces nuages, qui dans la zone des calmes deviennent en quelque sorte des parasols, sont en partie volatilisés par l'action du soleil et entraînés dans les courants supérieurs de l'atmosphère jusqu'à ce qu'ils se forment de nouveau pour se résoudre en pluie. La zone occupée par les nuages près de l'équaleur est toutefois plus large que la zone des calmes, ce qui est constaté par les observations des marins, et la hauteur de ces nuages varie entre 900 et 1,400 mètres.

Dans les vents alizés, on remarque peu de nuages, et ceux particuliers à ces vents paraissent être le résultat d'un travail qui se produit entre les deux courants d'air superposés. Les vapeurs condensées dans le courant humide supérieur sont absorbées probablement aussitôt qu'elles sont en contact avec le courant d'air sec inférieur. Il en résulte que les pluies sont rares; elles n'ont lieu qu'accidentellement et sous forme de grains.

172. Calmes tropicaux. Les zones ou bandes des calmes tropicaux ont une largeur moyenne de 10° à 12°; leur parallèle central oscille avec les saisons aux environs du parallèle de 30° dans chaque hémisphère, c'est-à-dire suivant que le soleil est dans l'hémisphère N. ou dans l'hémisphère S. Ces zones sont moins dangereuses que celle des calmes équatoriaux. Toutefois, nous poserons comme un principe de navigation générale, qu'il est toujours important de les traverser le plus rapidement possible.

Nous croyons devoir nous borner, pour les vents alizés, aux caractères généraux que nous venons d'indiquer, et nous renverrons pour une étude plus complète aux ouvrages spéciaux que nous signalerons ci-après.

173. Moussons. Lorsque les moussons s'établissent, elles ne se font pas sentir partout au même moment. Ainsi, dans l'océan Indien, où ce phénomène est surtout remarquable, on observe que la mousson se propage de la côte vers l'équateur, c'est-à-dire dans le S., comme les ondulations s'étendent sur l'eau en formant des cercles successifs autour d'un point central troublé. Maury, d'après 11,800 observations faites entre les zones qui s'étendent de la côte jusque sur le parallèle de 5° de latitude N., évalue pour cet océan à 15 ou 20 milles par jour la vitesse de propagation de la mousson S. O. vers le S. Voici comment elle s'établit entre les méridiens de 85° et de 90° de longitude E. depuis Calcutta jusqu'à l'équateur, espace que nous diviserons en bandes de 5° en 5° du N. au S., comme l'a fait Maury.

Dans la première bande, celle située le plus au N., c'est-à-dire entre la côte et le parallèle de 20°, les vents de N. E. commencent à rencontrer les vents de S. O. vers la fin de janvier. En février, la lutte est fortement établie, et vers le commencement de mars la mousson

S. O. domine et règne pendant un peu plus de six mois. En septembre, les vents de N. E. recommencent la lutte jusqu'à la dernière moitié de novembre, et alors la mousson N. E. s'établit régulièrement pendant un espace de temps qui dure un peu plus de deux mois.

Dans la seconde bande, entre 15° et 20°, la mousson N. E. est troublée en février, la lutte commence et dure jusqu'au milieu de mars, moment où la mousson S. O. s'établit pour durer jusqu'à la fin de septembre. En octobre, nouveau combat après lequel règne la mousson N. E.

Dans la troisième bande, entre 10° et 15°, la mousson S. O. commence plus tôt et finit plus tard que dans les bandes précédentes. Elle est en lutte avec la mousson N. E. à la fin de mars, et elle s'établit en mai. Elle dure jusqu'au mois d'octobre, c'est-à-dire cinq mois environ, et après une nouvelle lutte de peu de durée elle cède la place à la mousson N. E. qui règne sans interruption de la fin d'octobre à la fin de mars ou au commencement d'avril.

Dans la quatrième bande, entre 5° et 10°, la mousson N. E. cesse en avril, et la mousson S. O. commence presque aussitôt. En octobre, la lutte s'engage faiblement d'abord, puis elle devient plus tranchée en novembre; mais toutefois la mousson N. E. ne l'emporte décidément qu'à la fin de décembre. Dans la bande dont nous parlons, on commence à ressentir les vents de S. E., qui se produisent tantôt avec une des moussons, tantôt avec l'autre, et qui prolongent la lutte.

Dans la cinquième et dernière bande, entre 0° et 5°, la mousson S. O. n'est bien marquée que pendant un court intervalle de temps, entre la première lutte qui finit en mai et la seconde qui commence en août. La mousson N. E. n'est véritablement établie que de janvier à mars; ainsi, dans cette dernière bande, chaque mousson ne règne en réalité que durant trois mois, et les luttes durent pendant les six autres mois.

Dans l'archipel Indien et dans la mer de Java, dès que le soleil entre dans l'hémisphère N., les vents de N. O. sont remplacés par les alizés du S. E. On donne aux premiers le nom de mousson O., et aux derniers le nom de mousson E. Ces moussons, les seules qui existent dans l'hémisphère S. de cet océan, s'établissent à contre de celles qui règnent dans l'hémisphère N. La mousson O., dans l'archipel Indien et dans la mer de Java, correspond à la mousson

N. E. de la mer de Chine et de l'océan Indien; la mousson E. à la mousson S. O.

Les moussons des mers de Chine ont avec celles de la mer des Indes quelques différences; elles présentent trois périodes :

1° Mousson N. E. En octobre, novembre, décembre et janvier; changement en février;

2° Mousson E.   En mars et avril; changement en mai;

3° Mousson S. O. En juin, juillet et août; changement en septembre.

Les mers de Chine sont célèbres par les tempêtes à type rotatoire, nommés typhons (grand vent en chinois), qu'on y rencontre fréquemment pendant le changement des moussons.

Dans les régions où règnent les moussons, on distingue en général deux saisons bien tranchées, la saison sèche et la saison pluvieuse; la première correspond à la mousson qui souffle des continents vers la mer, et la seconde à celle qui souffle de la mer vers les continents.

Nous nous bornerons pour les moussons à ces explications générales, suffisantes toutefois pour donner une idée de ces vents.

174. Vents étésiens. Nous ne dirons qu'un mot des vents étésiens; ce sont les vents périodiques ou les moussons de la Méditerranée. Ils soufflent de la partie du N. et sont dans toute leur force en été; alors ils se font sentir sur toute l'étendue de cette mer.

En principe général, on peut établir que les moussons ou vents qui changent avec les saisons sont dirigés vers les continents échauffés dans l'été et en sens inverse dans l'hiver.

175. Brises de mer et brises de terre. Les moussons ne sont pas les seuls vents alternatifs; dans le voisinage des côtes il en existe encore qui sont désignés sous le nom de brises de terre et brises de mer; la périodicité de ces vents est déterminée par le mouvement diurne, et ils se manifestent ainsi qu'il suit. Lorsque l'air est calme auprès d'une côte, vers 8, 9 ou 10 heures du matin, suivant les parages, on voit s'élever un vent soufflant de la mer vers la côte, c'est la brise de mer ou du large. Son intensité augmente jusque vers 2 ou 3 heures de l'après-midi, moment où il atteint son maximum de force; il diminue ensuite pour cesser vers le coucher du soleil, ou un peu après cet instant. Il y a alors un intervalle de calme, et quelques heures après le coucher du soleil le vent souffle de la terre jusqu'au jour, moment où il y a un nouvel intervalle de calme, auquel succède la brise du large, comme précédemment. S'il ne fait pas calme près de la côte et qu'il règne un vent d'une direction quelconque, alors les brises de terre et de mer se combinent avec ce vent, et la direction devient celle de la résultante des deux courants d'air.

Les brises de terre et de mer, qui sont des vents de beau temps, ne s'étendent qu'à une faible distance des côtes. C'est avec l'aide des brises du large que les navires à voiles entrent dans certains ports et ils profitent pour en sortir des brises de terre ou de la nuit.

Les brises alternatives dont nous venons de parler ont avec les moussons une origine commune ; elles sont comme elles dirigées vers les terres pendant le jour, et dans le sens opposé durant la nuit. Dans nos climats ces brises varient suivant le cours des saisons, car leur durée dépend de la longueur des jours et des nuits ; elles sont plus régulières dans les régions intertropicales.

176. Vents périodiques des montagnes. Il existe également des courants d'air alternatifs dans les contrées de montagnes ; les uns descendants des montagnes vers les vallées pendant la nuit, les autres ascendants pendant le jour. Ces courants d'air sont extrêmement variables, et dépendent de la forme ainsi que de l'orientation des montagnes. Ils sont connus dans certaines localités sous les noms de Thalwind, Pontias, Vesine, Solore, Vauderon, Ribas, vent du mont Blanc, Aloup de vent; ils se manifestent principalement avec intensité dans les profondeurs des vallées, mais sans pour cela leur être propres ; en effet, ils se font sentir le long de toutes les rampes, et le courant des vallées n'est que la résultante des cascades latérales et partielles. Ces courants d'air sont violents dans les gorges étroites, aboutissant par un court trajet à de hauts sommets; ils sont plus lents à se faire sentir dans les bassins généraux, où le vent ascendant ne commence qu'à 10 heures du matin, et le vent descendant que vers 9 heures du soir. Les saisons et des circonstances météorologiques accidentelles font varier les heures où s'établissent ces courants d'air. La configuration supérieure des vallées exerce encore une grande influence sur ces vents, qui sont tantôt plus tranchés le jour que la nuit, comme le vent de Maurienne, tantôt plus prononcés la nuit que le jour comme le Pontias, l'Aloup de vent de Chessy. Quelquefois c'est l'hiver et les neiges qui sont le plus favorables à la formation des vents nocturnes (Maurienne, Pontias); d'autres fois, c'est l'été pour les vents de jour (vent de Maurienne). Souvent les variations de température produites par ces vents, sont très-brusques, ainsi dans la vallée de Joux elles ont atteint jusqu'à 20° centigrades.

Les vents généraux supérieurs peuvent, dans certains cas, altérer; compliquer et même anéantir les vents périodiques des montagnes; et par suite les pronostics du temps, déduits de la régularité ou de la marche des brises, sont souvent contredits par l'expérience (Fournet, *Annales de physique*, t. LXXIV, p. 337).

CHAPITRE QUATRIÈME.

VENTS VARIABLES.

177. Nous nous sommes occupé jusqu'ici des vents qui se produisent d'une manière constante ou périodique et dont le siège est principalement dans les régions qui avoisinent l'équateur et les tropiques. Lorsqu'on passe aux latitudes plus élevées, les vents n'ont plus le même caractère de fixité; cependant, grâce à des observations suivies, on a pu formuler sur ces vents quelques généralités. Ce sujet est si étendu et surtout si compliqué que nous ne pourrions entrer ici dans des détails, nous nous bornerons donc à résumer le plus brièvement possible les généralités qu'on a pu déduire des observations faites jusqu'à ce jour.

178. Fréquence des vents suivant les contrées et les saisons. Au delà des parallèles de 40° environ, les vents dominants sont ceux du S. O. dans l'hémisphère nord, ceux du N. O. dans l'hémisphère sud; ou plus généralement les vents de la partie de l'O. Dans l'Atlantique du N. ces vents prévalent dans la proportion de deux à un, et on peut penser qu'il en est de même dans l'autre hémisphère; cependant les observations manquent à cet égard. Dans les latitudes moyennes ou plus élevées, en allant de l'équateur vers les pôles, il ne règne que des vents variables alternant successivement et soufflant tantôt d'une direction, tantôt d'une autre, pendant un temps plus ou moins long. Ces vents ont cependant une tendance à souffler dans une direction déterminée pour chaque localité, et cette direction varie souvent avec les saisons.

Le tableau suivant, établi par Kaemtz (*Cours de météorologie*, p. 47), est fort intéressant, parce qu'il donne les rapports des différents vents dans l'hémisphère nord.

PAYS.	FRÉQUENCE RELATIVE DES VENTS.								DIRECTION du vent moyen.	FORCE du vent moyen.	RAPPORT des vents d'O. à ceux d'E.	RAPPORT des vents du S. aux vents du N.
	N	N. E.	E.	S. E.	S.	S. O.	O.	N. O.				
Angleterre....	82	111	99	81	111	225	171	120	S. 66° O.	198	1,77	1,33
France et Pays-Bas.......	126	140	84	76	117	192	155	110	S. 88° O.	133	1,52	1,03
Allemagne....	84	98	119	87	97	185	198	131	S. 76° O.	177	1,69	1,18
Danemark....	65	98	100	129	92	198	161	156	S. 62° O.	170	1,54	1,31
Suède........	102	104	80	110	128	210	159	106	S. 50° O.	200	1,61	1.44
Russie, Hongrie	99	191	84	130	98	143	166	192	N. 87° O.	167	1,66	0.97
Amérique Nord.	96	116	49	108	123	197	101	210	S. 86° O	182	1,86	1 01

Nous ferons remarquer que, dans l'impossibilité où l'on s'est trouvé de mesurer la vitesse de ces vents, on est forcé d'admettre qu'ils ont soufflé avec la même force; pour la même localité, on a supposé que 1,000 vents avaient soufflé dans un temps déterminé, pendant une année par exemple, et les chiffres inscrits dans les colonnes N., N. E., E., etc., donnent le nombre de fois que chacun d'eux s'est fait sentir. Par suite, en additionnant tous les nombres compris depuis la colonne N. jusqu'à la colonne N. O. sur la même ligne horizontale, on retombe sur le nombre 1,000. La dixième et la onzième colonne indiquent la direction et la force du vent moyen.

En examinant le tableau de Kaemtz pour l'hémisphère nord, on remarque que la direction moyenne des vents est à peu près le S. O.; que dans la Russie et la Hongrie seulement, cette direction s'approche un peu du N.; de sorte qu'abstraction faite de la vitesse l'effet général est le même que si le déplacement final de l'air avait été dans la

direction du S. O., avec une intensité égale aux nombres placés dans
la onzième colonne.

L'inspection du tableau montre que dans notre hémisphère les
vents de S. O. sont les plus fréquents; après eux ce sont les vents
de N. E., c'est-à-dire ceux qui soufflent d'une direction diamétralement opposée. Ces derniers deviennent même prédominants quand
on s'approche des régions polaires.

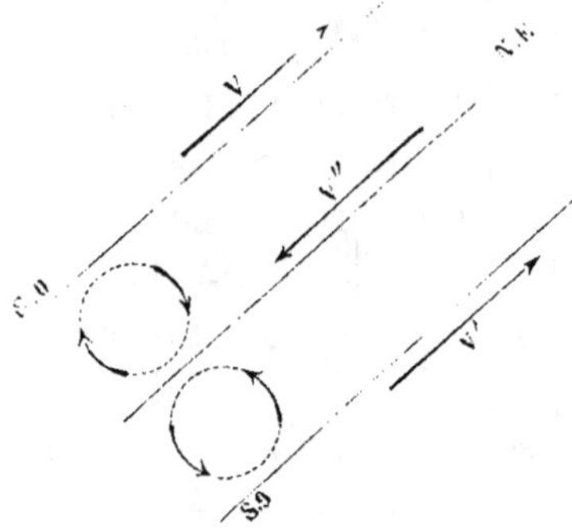

Fig. 60.

M. Dove explique les vents variables de nos contrées par la lutte des
vents de S. O. et de N. E.; si les vents S. O. soufflent en V et V' (*fig.* 60),
et le vent de N. E. en V''', là où ils se rencontreront, il se formera des
tourbillons dans la direction des flèches, et on aura des vents soufflant
dans diverses directions. M. Dove, d'après le même principe, explique
comment les vents doivent se succéder dans un certain ordre. Si la
limite qui sépare les deux vents se déplace, la direction du vent change
dans un même lieu. Par l'examen d'un grand nombre d'observations,
il a trouvé que dans l'hémisphère N. le vent passe le plus souvent de
l'E. à l'O. par le S., et dans l'hémisphère S., de l'E. à l'O. par le N.

Les saisons ont une influence sur la direction des vents qui soufflent
dans nos climats. Pendant l'hiver, la direction moyenne du vent se
rapproche plus du S. que dans le reste de l'année, c'est en janvier
que cette direction S. est prédominante; au printemps, les vents d'E.
sont fréquents dans certaines localités pendant le mois de mars, et
ils le sont dans d'autres pendant le mois d'avril; leur action se combine avec celle des vents de N., qui en beaucoup d'endroits atteint
son maximum à cette époque de l'année. Dans l'été, les vents de l'O.

prédominent principalement en juillet ; le vent de N. étant également fréquent durant cette saison, la direction moyenne se rapproche du N. O. Pendant l'automne, les vents de S. sont fréquents, et les vents d'O. devenant plus rares, surtout en octobre, la direction moyenne a une tendance à se rapprocher du S. plus que dans toute autre saison.

D'après les observations météorologiques faites pendant de longues périodes dans les mêmes localités, en calculant la direction moyenne du vent, on a cru pouvoir signaler un changement séculaire dans cette direction. Nous avons pu constater également ce fait, en résumant les observations météorologiques faites pendant vingt et un ans à Gibraltar.

179. Direction et vitesse des vents. Pour distinguer les vents on a divisé la circonférence en trente-deux parties égales, nommées aires de vent, et leur ensemble forme ce que l'on appelle la rose des vents. Ces divisions portent, comme chacun le sait, des noms dérivés de ceux des quatre points cardinaux ; il serait préférable d'employer les degrés de la circonférence que l'on compterait en partant du S. ou du N. en allant vers l'E. et vers l'O. Cet usage, qui commence à se répandre, n'a pas encore prévalu généralement.

Il existe dans un grand nombre d'observatoires des appareils qui marquent eux-mêmes la direction et la force des vents sans qu'il soit nécessaire de les observer constamment. Ces appareils doivent être placés autant que possible sur des points dominants et isolés. Les girouettes des navires indiquent en général très-mal la direction du vent, parce qu'elles sont placées sur des corps en mouvement, dont la direction se combine avec celui des courants d'air, ce qui fait qu'elles ne donnent que la résultante des deux directions. On doit donc y faire attention lorsqu'on observe la direction des vents à la mer.

Quand on veut déterminer la direction des nuages à des hauteurs différentes, direction qui donne celle des courants d'air où ces nuages sont placés, on peut employer un miroir, sur la surface duquel on a tracé une rose des vents ou seulement des lignes. On suit dans ce miroir la marche des nuages par réflexion ; on ramène la direction observée à l'une des lignes tracées sur le miroir ; on voit alors l'angle que fait cette ligne avec l'aiguille d'une boussole placée à côté du miroir, et l'on obtient ainsi la direction dans laquelle court le nuage observé.

180. Pour mesurer la vitesse des courants d'air, on se sert d'un instrument nommé anémomètre. Il en existe de formes différentes.

et ils sont établis d'après divers principes. Celui de M. Combes peut être avantageusement employé : il donne assez exactement les vitesses comprises entre $0^m,40$ et 5 mètres par seconde. (*Annales des mines*, t. XIII, 1838, p. 103.)

On a également proposé divers moyens pour mesurer la vitesse des nuages; entre autres, on peut se servir dans quelques circonstances de la marche de leur ombre sur la terre.

On possède peu d'observations suivies sur la vitesse des vents; il serait bien à désirer que cette lacune disparût, mais jusqu'à ce jour cette question a présenté de graves difficultés.

La vitesse des vents dans nos climats est ordinairement d'environ 5 ou 6 mètres par seconde. Le vent de 6 mètres par seconde remplit bien les voiles, et celui de 9 mètres est très-favorable pour la marche rapide des navires.

La vitesse moyenne des vents alizés est de $2^m,5$ à $5^m,2$ par seconde.

Le tableau qui suit peut être regardé comme une classification approchée des vents.

N° D'ORDRE.	VITESSES			INDICATION en langage ordinaire.	VOILURES que peut porter un grand navire, du moins assez généralement.
	par seconde.	par heure.			
	mètres.	kilom.	milles.		
0	0	0	0	Calme	Toutes les voiles dehors.
1	1	$3\frac{1}{2}$	2	Presque calme	
2	2	7	4	Légère brise. .	
3	4	$14\frac{1}{2}$	8	Petite brise. . .	
4	7	25	$13\frac{1}{2}$	Jolie brise. . .	
5	11	$39\frac{1}{2}$	21	Bonne brise. .	Le ris de chasse, Les perroquets.
6	16	$57\frac{1}{2}$	31	Bon frais.	Deux ris, les perroquets.
7	22	79	43	Grand frais. . .	Trois ris, basses voiles, Le ris pris.
8	29	104	56	Coup de vent.	A la cape courante.
9	37	133	72	Tempête	A la cape sèche.
10	46	166	90	Ouragan.	A sec de voiles.

181. Comme nous l'avons dit, on a fort peu d'observations relatives à la vitesse des vents; on se borne le plus souvent à indiquer la direction, et l'on inscrit le nombre de fois que les vents de toutes directions ont régné. Chaque vent faisant passer au lieu de l'observation une masse donnée d'air, on peut donc représenter le résultat final par une masse fluide animée d'une certaine vitesse et marchant dans un certain sens; c'est là ce que l'on appelle le vent moyen. Il représente la direction du vent dominant dans la localité. Comme on n'a pas de données suffisantes sur la vitesse, on admet que tous les vents ont soufflé avec la même force. Si on se contente de grouper, dans les huit directions principales de la rose des vents, les vents qui ont soufflé dans toutes les directions, les formules suivantes données par Lambert peuvent être employées pour déterminer la direction et l'intensité du vent moyen.

$$\text{Tang. } A = \frac{E. - O. + \tfrac{1}{2}\sqrt{2}\,(N.E. + S.E. - N.O. - S.O.)}{N. - S. + \tfrac{1}{2}\sqrt{2}\,(N.E. + N.O. - S.E. - S.O.)}$$

$$V = \frac{E. - O. + \tfrac{1}{2}\sqrt{2}\,(N.E. + S.E. - N.O. - S.O.)}{\sin. A.}$$

A est l'angle que fait la direction cherchée avec la méridienne en partant du N. et en passant par l'E.; les signes E., O., N., S., N. E., etc., expriment le nombre de fois que les vents ont soufflé de ces directions. Le numérateur de la fraction représente la composante E. ou O.; le dénominateur la composante N. ou S.

L'angle A étant obtenu par la première formule, on tire de la seconde la valeur de V, qui représente l'intensité de la résultante.

182. Du mode de transmission des vents. On a discuté longtemps sur le mode de transmission des vents. On peut se demander s'ils se transmettent pas aspiration ou par impulsion. Nous trouvons dans le soufflet l'exemple d'un vent qui se produit par impulsion et d'un autre qui est le résultat de l'aspiration.

Il est probable qu'il doit exister des vents exerçant leur action de l'une et de l'autre manière. Franklin et avec lui la plupart des physiciens ont admis que les vents se font sentir plutôt par aspiration que par impulsion.

Lorsqu'un vent souffle, il est loin d'avoir toujours la même intensité, et ce fait se produit même en pleine mer. On remarque pendant sa durée des intermittences, tantôt des rafales, tantôt des accalmies ou des changements de force que l'on a évalués à la moitié ou aux deux tiers de sa force ordinaire. Le vent paraîtrait donc se transmettre par des ondes aériennes ressemblant aux ondulations qui s'élèvent à la surface des eaux.

183. Température avec les différents vents. Les vents exercent une très-grande influence sur la température, et leur caractère varie suivant les contrées ; dans les unes ils apportent l'humidité, dans les autres la sécheresse ; tantôt ils échauffent, tantôt ils refroidissent les lieux sur lesquels ils passent. Les masses d'air qui ont séjourné sur une contrée acquièrent des caractères physiques qu'elles transmettent aux contrées voisines sur lesquelles elles passent. Nous avons déjà donné une idée des faits accomplis par les vents en parlant des alizés et des vents de retour ou vents tropicaux (§ 167). Si les masses d'air, en outre, glissent près de la surface des eaux, elles se chargent d'humidité ; elles se dessèchent en passant sur un continent d'une grande étendue.

La circulation atmosphérique produit entre les eaux des mers et celles des continents un échange continuel ; l'eau qui s'évapore à la surface des mers est transportée sous forme de vapeur ou de pluie au sommet des montagnes où elle alimente les sources. On estime que la chute annuelle de la pluie sur la surface totale du globe produirait une couche d'eau d'environ $1^m,8$. L'atmosphère ressemble donc à une éponge tantôt sèche, tantôt imbibée d'eau, et pour chaque hémisphère les pluies proviennent en grande partie des vapeurs absorbées par les vents alizés dans l'hémisphère opposé.

Pour donner une idée de la température suivant les vents, nous nous bornerons au tableau suivant, tiré des *Éléments de physique terrestre,* et indiquant la température à trois heures de l'après-midi à Paris.

VENTS.	ANNÉE.	HIVER.	PRINTEMPS.	ÉTÉ.	AUTOMNE.
N.............	....15°,2	3°,6	13°,7	27°,2	14°,8
N. E.....	....14 ,2	1 ,2	19 ,4	28 ,1	14 ,3
E............	....23 ,1	2 ,5	17	30 ,0	16 ,1
S. E.....	....19 ,1	5 ,7	26	32 ,8	19 ,1
S.............	....19 ,3	8 ,3	20 ,3	29 ,5	19 ,4
S. O.....	....18 ,6	10 ,8	18 ,2	26 ,6	15 ,6
O............	....17 ,0	8 ,8	16 ,8	26 ,0	16 ,8
N. O.....	....15 ,5	6 ,0	14 ,6	25 ,8	15 ,7

En examinant ce tableau, on voit que le caractère des vents se modifie avec les saisons; cela tient aux conditions différentes dans lesquelles sont placées les contrées qu'ils parcourent. Ainsi, par exemple, pendant l'hiver le vent d'E. est froid, et pendant l'été il est chaud parce qu'il souffle de l'intérieur du continent.

Nous terminerons cet article en citant quelques vents ayant sur la température une grande influence :

Le bora de l'Adriatique, vent froid du N.;

Le maestrale ou mistral, vent froid du N. O.; l'un venant des hauts sommets des Alpes, l'autre des Pyrénées;

Le simoun, vent chaud du S. ou du S. E.; le chamsin d'Égypte, appelé ainsi parce qu'il dure environ cinquante jours, de la fin d'avril en juin; l'harmatan, sur la côte occidentale d'Afrique; le sirocco d'Italie, brûlant principalement à Malte et dans la Sicile, etc.

C'est dans les déserts de l'Afrique et de l'Asie que les vents chauds soufflent avec le plus de violence. Dans les plaines de l'Orénoque et dans beaucoup d'autres localités, on trouve des vents analogues.

CHAPITRE CINQUIÈME.

OURAGANS.

184. Dans cet article nous n'avons pas l'intention d'étudier à fond la question des ouragans ou des tempêtes à types rotatoires; nous nous bornerons à résumer les lois générales qu'on a cru observer dans ces tempêtes, et nous donnerons les prescriptions pratiques au moyen desquelles, lorsqu'une manœuvre est possible, on peut tenter de sortir du cercle où elles s'exercent et d'échapper à leur violence.

Nous engageons les marins qui voudront les étudier, à lire : le *Traité des ouragans, tornados, typhons et tempêtes*, de M. l'ingénieur hydrographe Keller;

Silliman's American journal, par Redfield, vol. XX, 1831, et les années 1835, 1836;

Attempt to develop the law of storms, par le colonel Reid; Londres, 1838;

Inquiry into the nature and course of storms, par Thom; Londres, 1845;

Observations sur les tempêtes giratoires, brochure publiée par l'amirauté d'Angleterre, traduite par M. Hommey, lieutenant de vaisseau;

Mémoires sur les ouragans de la mer des Indes, par M. A. Lefebvre; lieutenant de vaisseau;

Horn book of storms, par Piddincton, etc., etc.

Cyclônes. Les tempêtes à type rotatoire, nommées encore cyclônes, ont dans chaque hémisphère un mouvement giratoire dans le même sens que celui que nous avons indiqué pour le tourbillon des pôles (§ 168), c'est-à-dire que dans l'hémisphère N. ils tournent en sens inverse du mouvement des aiguilles d'une montre, et que dans l'hémisphère S. ils tournent dans le même sens que les aiguilles d'une montre.

L'époque des ouragans varie beaucoup suivant les localités où ils se produisent.

Dans l'océan Indien les cyclônes ont lieu de décembre en avril; dans l'océan Atlantique, ils se produisent le plus souvent entre le mois d'août et le mois d'octobre; dans l'océan Pacifique, de novembre à avril. Ainsi, dans la mer des Indes, les ouragans ont lieu à peu près à l'époque du changement des moussons; dans l'océan Atlantique, au contraire, au moment où les moussons de la côte d'Afrique et celles de l'Amérique sont dans toute leur vigueur.

185. Étendue des zones des ouragans. Dans l'océan Atlantique du N., l'étendue présumée de la zone des ouragans est comprise entre les parallèles de 10° et de 50° de latitude N. et les méridiens de 52° et de 102° de longitude O. Toutefois les ouragans commencent, dans quelques circonstances, à se développer sur la côte d'Afrique et dans le voisinage des îles du cap Vert.

Dans l'océan Indien, l'étendue de la même zone est en longueur de 3,000 milles, et elle est comprise entre les parallèles de 6° et de 22° de latitude S.

Les typhons de la mer de Chine, qui sont aussi des ouragans à type rotatoire, se font sentir entre les parallèles de 10° et de 30° de latitude N., et en général ils ne dépassent pas à l'E. le méridien de 143° de longitude E.

186. Lois générales des tempêtes à type giratoire. Nous nous bornerons ici à donner les lois générales de toutes les tempêtes à type giratoire, celles du moins qu'on a déduites de nombreuses observations. Ces tempêtes obéissent à un double mouvement : l'un giratoire, l'autre de translation.

Au nord de l'équateur le mouvement giratoire est de droite à gauche, en passant par le N., c'est-à-dire en sens inverse du mouvement des aiguilles d'une montre; dans l'hémisphère S., au contraire, il est de gauche à droite en passant par le N., c'est-à-dire dans le même sens que les aiguilles d'une montre.

Le mouvement de translation a lieu sur une courbe parabolique dont le sommet est toujours tourné vers l'O., et dont les branches s'écartent du côté de l'E. Le sommet de cette courbe est tangent au méridien vers la latitude de 30° dans l'hémisphère N., et vers celle de 26° dans l'hémisphère S.; c'est-à-dire que le sommet se trouve à peu près à la limite polaire des vents alizés. L'ouragan se meut sur cette courbe, en s'écartant de l'équateur; autrement dit le point de départ de l'ouragan est toujours à l'extrémité E. de la courbe de parcours la plus voisine de l'équateur. Ce point de départ est par une latitude sensiblement égale à la déclinaison du soleil. L'ouragan, dans la première moitié de sa course, se dirige vers le sommet de la parabole ou vers l'O.; il suit ce sommet tangentiellement au méridien, pour s'infléchir ensuite graduellement vers l'E., en suivant la moitié de la courbe de parcours la plus éloignée de l'équateur.

La vitesse de translation est en raison de l'intensité de la tempête; dans les plus faibles ouragans observés, elle n'a pas été moindre que 10 milles à l'heure, et dans les plus violents elle n'a pas excédé 30 milles.

Le diamètre des tourbillons est fort difficile à évaluer. D'ordinaire, le diamètre initial du mouvement giratoire peut être estimé à 3° ou à 4° d'arc terrestre; puis il augmente progressivement jusqu'à 8° ou 9° à l'extrémité de la courbe de parcours. Les navires qui se trouvent englobés dans les cyclônes de l'hémisphère N. sont surtout maltraités quand ils sont sur la lisière de droite parallèle au parcours du centre de l'ouragan; dans l'hémisphère S., ce sont ceux placés sur la lisière de gauche.

Un navire surpris par un ouragan perçoit successivement toutes les directions du mouvement giratoire de l'air, sur une sécante parallèle au parcours du centre du cyclône; jamais ces changements de directions ne font tout le tour du compas. Quand la sécante traverse le centre du cyclône, le vent change cap pour cap au centre, perpendiculairement à la ligne de translation et après un intervalle de calme.

Sur chaque sécante le baromètre baisse graduellement jusqu'à l'instant du passage du point milieu qui est le plus rapproché du centre ; puis il remonte progressivement depuis cet instant jusqu'à la fin de la tourmente, qui répond à l'extrémité de la sécante.

Plus on s'approche du centre, plus les changements dans la direction du vent sont brusques, et au lieu de varier rumb par rumb, comme cela a lieu à l'entrée dans le cercle de la tempête, celui-ci change tout à coup cap pour cap. Le navire, dans ce cas, masqué par une effroyable rafale, est forcé de culer contre une mer affreuse, et par suite il court le danger de périr.

Un caractère remarquable de ces terribles perturbations atmosphériques dans lesquelles, d'après plusieurs auteurs, la vitesse giratoire du vent peut atteindre 90 milles à l'heure, c'est l'augmentation de la force du vent dans le voisinage du centre du tourbillon ; au centre même, elle est si peu régulière et tellement par rafales, qu'elle tient le navire dans l'impossibilité de gouverner.

187. Ondulations et courants d'ouragans. A l'endroit où sévit l'ouragan, il se produit, par suite de la diminution de la pression atmosphérique, une intumescence de la masse liquide qui a reçu le nom d'ondulation d'ouragan. Cette masse est poussée par l'ouragan lui-même dans sa course ou chassée devant lui, et lorsqu'elle atteint des baies, des embouchures de rivière ou une côte qui lui fait obstacle, elle y produit des inondations souvent considérables ou de forts ras de marée. Des pluies abondantes accompagnent presque toujours les cyclônes.

Les courants d'ouragans peuvent être brièvement définis comme étant des courants marins circulaires, qui ont la même marche que les tourbillons des tempêtes à type rotatoire.

L'électricité paraît jouer un grand rôle dans les ouragans, bien que souvent elle puisse échapper aux observations.

Nous allons ci-après indiquer, autant qu'on peut le faire pour de pareilles convulsions de l'air, les manœuvres qu'on doit tenter pour s'éloigner du centre de l'ouragan, et même pour en sortir. Ces prescriptions sont dues à M. l'ingénieur hydrographe Keller.

188. Manœuvres à faire dans les ouragans. Le mouvement giratoire des ouragans commande les amures.

Le mouvement de translation décide de l'allure que doivent prendre les navires.

Dans l'hémisphère N., le mouvement giratoire est en sens in-

verse du mouvement des aiguilles d'une montre, et, dans l'hémisphère S., il est dans le même sens.

Le mouvement giratoire étant invariable dans chaque hémisphère,
le bord sur lequel on doit prendre les amures est également invariable. Il est à tribord dans l'hémisphère N., et à bâbord dans
l'hémisphère S.

Le mouvement de translation des ouragans commande pour les
deux hémisphères :

1° Dans le demi-cercle dangereux, l'allure du plus près tant que
le baromètre baisse, et l'allure du largue quand il remonte;

2° Dans le demi-cercle maniable, l'allure du grand largue tant
que le baromètre baisse et l'allure du largue quand il remonte.

Le demi-cercle dangereux étant à droite du parcours du centre
dans l'hémisphère N. et à gauche dans l'hémisphère S., l'on connaîtra l'*allure de fuite* (c'est-à-dire la route qu'on devra faire pour
s'éloigner du centre de l'ouragan), si l'on sait de quel côté du parcours du centre de l'ouragan le navire se trouve placé; or ce côté
est indiqué par le sens de la variation du vent sur le compas, produite
par le déplacement du centre de l'ouragan.

Si, en regardant dans le vent actuel, le vent ultérieur souffle de
la droite, le navire est à droite du parcours du centre; si, au contraire, le vent ultérieur souffle de la gauche du vent actuel, le navire
occupe la gauche du parcours du centre. D'après cela, l'allure de
fuite dépend exclusivement du sens de la variation du vent.

Cette variation doit être observée à la cape pour qu'elle résulte
du transport de la base de l'ouragan et non du déplacement du navire; de plus, elle doit correspondre à une baisse du baromètre,
caractère distinctif d'une pénétration réelle du navire dans la base
de la tourmente.

Les indices de l'approche d'un ouragan étant une forte houle,
une baisse progressive du baromètre et la violence croissante du
vent, dès que ces indices se présentent, le navire, sans se préoccuper
de la direction de la lame, doit réduire sa voilure et mettre à la cape
tribord amures dans l'hémisphère N., et bâbord amures dans l'hémisphère S., afin de fuir le centre de la tourmente et d'être en
position d'exécuter immédiatement les manœuvres ultérieures com-
mandées par le sens de la variation du vent observé pendant qu'il sera
à la cape.

Ces manœuvres sont résumées dans les prescriptions suivantes :

Manœuvre dans les ouragans de l'hémisphère NORD.

Étant à la cape tribord amures, le baromètre baissant :

1° Si le vent tourne sur le compas à droite ou dans le sens du mouvement des aiguilles d'une montre, le navire est à droite du parcours du centre, dans le demi-cercle dangereux; il doit faire route au plus près tribord amures et conserver cette allure jusqu'à ce que le baromètre remonte, pour prendre alors l'allure du largue.

2° Si le vent tourne sur le compas à gauche ou en, sens inverse du mouvement des aiguilles d'une montre, le navire est à gauche du parcours du centre, dans le demi-cercle maniable de la tourmente. Il doit faire route grand largue, le vent de tribord, et maintenir l'azimut initial de cette route (courir au même rumb de vent), pendant les variations ultérieures du vent, jusqu'à ce que le baromètre remonte; puis, à partir de ce moment, prendre l'allure du largue.

3° Si le vent perçu quand on est à la cape ne change pas de direction pendant la baisse progressive du baromètre, le navire se trouve sur le parcours du centre et doit fuir vent arrière, puis maintenir l'azimut initial de cette route tribord amures jusqu'à ce que le baromètre remonte; à partir de ce moment, l'allure du largue doit être constamment maintenue jusqu'à la fin de la tourmente.

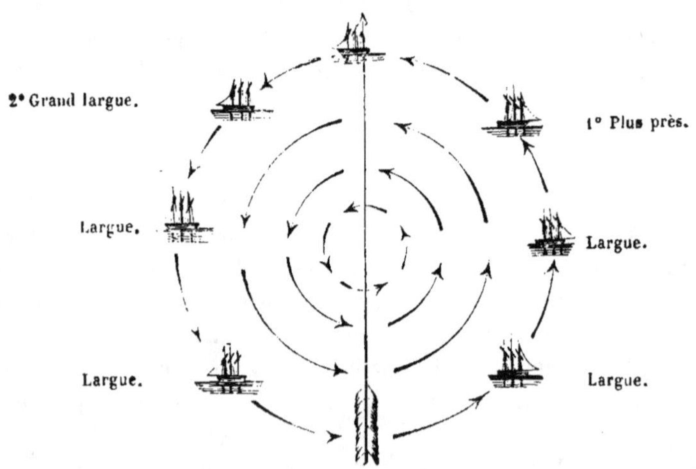

Hémisphère NORD, *tribord amures.*
3° Vent arrière.

Manœuvre dans les ouragans de l'hémisphère sud.

Étant à la cape bâbord amures, le baromètre baissant :

1° Si le vent tourne sur le compas à gauche ou en sens inverse du mouvement des aiguilles d'une montre, le navire est à gauche du parcours du centre, dans le demi-cercle dangereux ; il doit faire route au plus près bâbord amures et conserver cette allure jusqu'à ce que le baromètre remonte, pour prendre alors l'allure du largue.

2° Si le vent tourne sur le compas, à droite ou dans le sens du mouvement des aiguilles d'une montre, le navire est à droite du parcours du centre, dans le demi-cercle maniable de la tourmente. Il doit faire route grand largue, le vent de bâbord, et maintenir l'azimut initial de cette route (courir au même rumb de vent), pendant les variations ultérieures du vent, jusqu'à ce que le baromètre remonte ; puis, à partir de ce moment, prendre l'allure du largue.

3° Si le vent perçu quand on est à la cape ne change pas de direction pendant la baisse progressive du baromètre, le navire se trouve sur le parcours du centre et doit fuir vent arrière, puis maintenir l'azimut initial de cette route bâbord amures, jusqu'à ce que le baromètre remonte ; à partir de ce moment, l'allure du largue doit être constamment maintenue jusqu'à la fin de la tourmente.

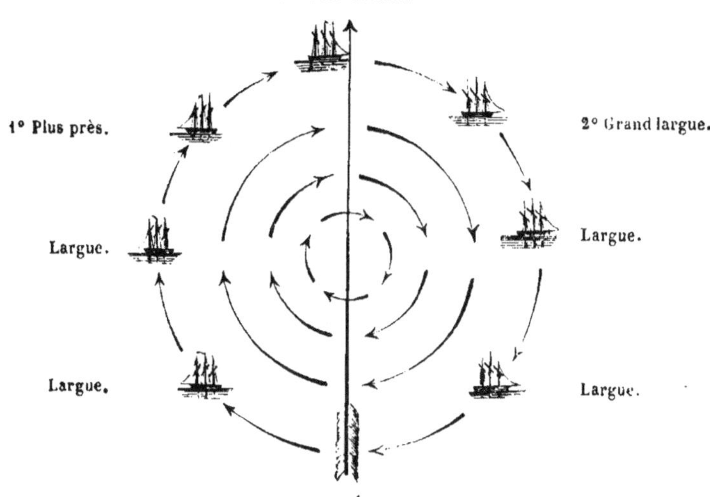

Hémisphère sud, *bâbord amures.*

La manœuvre vent arrière implique une grande diminution de la voilure, c'est-à-dire qu'on gouvernera presque à sec de voiles si la violence du vent est considérable, on réduira ainsi la vitesse du navire et la mer déferlera moins facilement sur l'arrière du navire. Toutefois, mieux vaut s'exposer à recevoir quelques paquets de mer que de rester en place, et il convient surtout de faire de la toile sous les allures autres que celle du vent arrière, car le navire à sec de voiles ne gouvernerait pas et deviendrait le jouet des lames.

189. Direction de la lame sous les diverses allures. Pour que les marins puissent juger de leur manœuvre d'après l'état de la mer, nous allons leur faire connaître la direction de la lame sous les diverses allures prescrites.

Dans l'hémisphère NORD, TRIBORD amures,

Les navires étant à *la cape initiale, tribord amures,*

Sous l'allure prescrite du *largue.* . . . . { On reçoit la lame } par la hanche de *tribord.*

Dans le *demi-cercle dangereux,*

Sous l'allure constante du *plus près* . . . . { On reçoit la lame } par le travers de *tribord.*

Dans le *demi-cercle maniable,*

	On reçoit la lame	
1° Vent arrière.		par la hanche de *bâbord.*
2° Grand largue.		par l'*arrière.*
3° Largue.		par la hanche de *tribord.*
4° Au plus près.		par le travers de *tribord.*

Dans l'hémisphère SUD, BABORD amures,

Les navires étant à *la cape initiale, bâbord amures*,

Sous l'allure prescrite du *largue* . . . . { On reçoit la lame } par la hanche de *bâbord*.

Dans le *demi-cercle dangereux*,

Sous l'allure constante du *plus près* . . . . { On reçoit la lame } par le travers de *bâbord*.

Dans le *demi-cercle maniable*,

1° Vent arrière . . . . { On reçoit la lame } par la hanche de *tribord*.
2° Grand largue . . . . par l'*arrière*.
3° Largue . . . . par la hanche de *bâbord*.
4° Au plus près . . . . par le travers de *bâbord*.

D'après ce tableau, la direction la plus défavorable des lames se rapporterait à l'allure du plus près qui est celle du demi-cercle dangereux ; mais, sous cette allure, le navire étant fortement appuyé par le vent, les roulis sont peu redoutables pour la mâture ; les tangages seront modérés, et d'ailleurs le timonier, en gouvernant à la lame quand elle sera menaçante, pourra éviter les coups de mer. Cette allure ne doit pas être abandonnée, puisque c'est la seule qui puisse préserver du péril à venir, comme l'habileté du timonier doit seule conjurer le danger présent. Ce dernier danger ne doit jamais préoccuper le marin au point de lui faire négliger les prescriptions indiquées ci-dessus ; il doit les suivre à tout prix, quel que soit l'état actuel de la mer, parce que sa situation deviendrait certainement d'autant plus dangereuse qu'il tarderait davantage à exécuter la manœuvre qui seule peut assurer son salut, en l'éloignant du centre de la tourmente.

190. Résumé des manœuvres à faire dans les ouragans. Dès qu'une baisse progressive du baromètre et une violence croissante du vent annoncent l'approche d'un ouragan, on doit prendre les précautions ordinaires en pareil cas ; mettre à la cape de façon à rester à la même place, autant que possible, ou du moins à ne faire que très-peu de route pour observer le vent pendant la prochaine dépression barométrique, afin d'en conclure l'allure de fuite comme il suit :

Dans l'hémisphère NORD, TRIBORD amures,

Les amures doivent être prises à tribord, tant pour la cape initiale que pour l'allure de fuite.

> Si, pendant la cape initiale,
> Le baromètre baissant,
> Le vent n'a pas changé de direction,
>   *Fuir vent arriére,*
> Et *maintenir l'azimut de fuite.*

Si le vent a tourné à gauche,   Si le vent a tourné à droite,
   Fuir grand largue,   *Fuir au plus prés,*
Et *maintenir l'azimut de fuite,*   Et *maintenir* CETTE ALLURE,

> Jusqu'à ce que le baromètre remonte.

> A partir de ce moment, et tant que le vent
> conserve de la violence, *suivre l'allure du
> largue* TRIBORD AMURES.

Dans l'hémisphère SUD, BABORD amures,

Les amures doivent être prises à bâbord, tant pour la cape initiale que pour l'allure de fuite.

> Si, pendant la cape initiale,
> Le baromètre baissant,
> Le vent n'a pas changé de direction,
>   *Fuir vent arriére,*
> Et *maintenir l'azimut de fuite.*

Si le vent a tourné à gauche,   Si le vent a tourné à droite,
   Fuir au plus prés,   *Fuir grand largue,*
Et *maintenir* CETTE ALLURE,   Et *maintenir l'azimut de fuite,*

> Jusqu'à ce que le baromètre remonte.

> A partir de ce moment, et tant que le vent
> conserve de la violence, *suivre l'allure du
> largue* BABORD AMURES.

Ces règles pratiques sont générales et indépendantes de toute conjecture sur la direction, la vitesse et le rayon de la tourmente; elles réduisent la manœuvre à une question d'allures sous des amures constantes et invariables dans chaque hémisphère; elles doivent être strictement exécutées sans qu'on ait à se préoccuper de la lame, car on ferait une fausse manœuvre si on se laissait influencer par l'état de la mer.

191. Ouragans des latitudes élevées. Bien que le nom d'ouragans soit plus spécialement consacré aux cyclônes dont nous venons de parler, il existe cependant en dehors des régions tropicales de terribles coups de vent auxquels on applique quelquefois ce nom. Dans ces tempêtes, le vent acquiert parfois une vitesse de 45 mètres par seconde; elles causent alors de grands désastres. Dans l'Atlantique du N., les tempêtes sont rares pendant juin, juillet, août et septembre, l'hiver est la saison pendant laquelle on y est le plus exposé.

La direction la plus commune des coups de vent est le N. O. dans l'Atlantique du N., et le S. O. dans l'Atlantique du S. Ces violentes perturbations atmosphériques sont accompagnées de grandes pluies, tandis que, entre les tropiques, les pluies n'ont ordinairement lieu qu'avec les calmes.

CHAPITRE SIXIÈME.

VARIATIONS BAROMÉTRIQUES ET THERMOMÉTRIQUES.

VARIATIONS BAROMÉTRIQUES.

192. Le baromètre est, comme nous l'avons déjà dit, un instrument qui sert à mesurer la pression atmosphérique; les causes qui produisent les vents et les pluies, et en général les changements de temps, ont sans aucun doute une connexité très-grande avec les variations de cette pression. Le baromètre est donc un instrument précieux que les marins doivent consulter sans cesse. Nous allons parler ici brièvement de cet instrument.

193. Baromètres divers. Il y a plusieurs espèces de baromètres ceux dont on se sert le plus généralement dans la marine sont le baromètre à cuvette, le baromètre anéroïde et le baromètre métallique.

Dans ces deux derniers, le principe de la construction repose sur les mouvements d'une plaque mince de métal qui ferme une chambre où l'on a fait le vide et qui par conséquent est soumise sur une seule de ses faces à la pression atmosphérique. Le baromètre anéroïde et le baromètre métallique ne diffèrent entre eux que par le mode de transmission du mouvement de la plaque, à une aiguille qui se meut sur un cadran. Ils s'accordent assez bien avec le baromètre à mercure pour les pressions moyennes, mais cet accord cesse d'exister lorsque la pression s'écarte beaucoup de 760^{mm}. La forme portative de ces instruments et la facilité d'observer qu'ils présentent, surtout en mer pendant les mauvais temps, en rendent l'usage très-commode; mais quand on veut faire des observations précises, il faut toujours se servir du baromètre à cuvette. C'est de celui-ci que nous parlerons plus spécialement, tout en nous bornant à quelques notions générales.

194. Corrections à faire aux indications du baromètre. Nous observerons d'abord qu'il est indispensable, toutes les fois qu'on observe la hauteur du baromètre, de tenir compte en même temps de la température du mercure dans le tube, et cela à cause des dilatations et des contractions que font éprouver au mercure et à l'échelle de division les variations de la température extérieure. On a construit des tables qui permettent de trouver rapidement cette correction. Ainsi, pour comparer ensemble des observations barométriques obtenues à diverses températures, il faut commencer par les ramener toutes à la même température, celle de zéro par exemple. Cette réduction se fait très-simplement à l'aide des tables en question (*Tables usuelles*, par M. E. Renou) ou bien au moyen de la règle graduée inventée par M. Salleron.

Une autre correction à faire est celle de la dépression que produit dans la hauteur de la colonne de mercure l'influence de la capillarité. C'est en vertu de cette influence que le niveau du mercure prend dans la chambre barométrique une forme convexe. Par suite il faut, pour avoir la hauteur exacte de la colonne mercurielle, observer le sommet de cette calotte sphérique ou ménisque convexe. Cette correction est en raison inverse du diamètre du tube. Il existe (*Cours de Météorologie*, p. 246) une table dans laquelle, connaissant le diamètre du tube, on trouvera la correction additive à faire à la hauteur lue sur l'instrument.

195. Variations diurnes. On observe généralement dans le cours d'une journée des variations plus ou moins considérables dans la hauteur de la colonne barométrique. Elles indiquent que la pression de l'atmosphère est loin de rester stationnaire dans le même lieu, même pendant un court intervalle. Ces variations du baromètre sont de deux espèces distinctes : les unes prennent le nom de variations horaires et se produisent régulièrement à peu près aux mêmes heures ; les autres sont irrégulières et surviennent inopinément sans qu'on puisse en prévoir l'instant ni l'étendue.

196. Il y a dans la journée d'un midi à l'autre deux maxima et deux minima d'élévation de la colonne du mercure. Ce fait, qui est général sur toute la surface de la terre, est surtout facile à constater dans les régions équatoriales. Dans les latitudes élevées, il faut un grand nombre d'observations pour en dégager la constance du phénomène.

On appelle heures tropiques les heures qui correspondent aux maxima et aux minima dont nous venons de parler ; elles semblent être indépendantes de la latitude.

Kaemtz a donné pour moyenne générale des heures tropiques dans notre hémisphère :

Minimum du matin......	3^h45^m du matin.	
Maximum du matin.....	9 37	idem.
Minimum du soir........	4 5	de l'après-midi.
Maximum du soir........	10 11	idem.

Ainsi, suivant les localités, de midi jusqu'à 3 ou 5 heures du soir, et en moyenne jusqu'à 4 heures, le baromètre baisse ; à cette heure il atteint son minimum. Ensuite il remonte et atteint son maximum vers 10 heures du soir, ou plutôt entre 9 et 11 heures. Alors il baisse de nouveau et atteint son second minimum vers 4 heures du matin, et un second maximum vers 10 heures. On voit, d'après cela, que ce mouvement régulier est lié invariablement au mouvement diurne. Sous les tropiques, l'oscillation du mercure a été évaluée à $2^{mm},5$ (*Cours de Météorologie*, p. 260).

197. L'amplitude des variations diurnes du baromètre, si l'on prend la différence entre la moyenne des deux maxima et la moyenne des deux minima (ce qu'on appelle l'oscillation diurne), ne dépasse guère en général 2 millimètres.

Dans la même localité, les heures tropiques varient avec les saisons, c'est-à-dire que les heures des maxima ne sont pas les mêmes dans les différents mois.

L'élévation du lieu influe encore sur l'étendue de l'oscillation diurne; l'oscillation diminue à mesure qu'on s'élève dans l'atmosphère, de sorte qu'à une certaine hauteur elle deviendrait nulle. Il faut donc, pour avoir l'amplitude de l'oscillation au bord de la mer, faire subir à la hauteur observée une correction dépendant de la hauteur du lieu. On a donné dans ce but (Kaemtz, *Cours de Météorologie*; Bravais, *Mémoires de l'Institut*, 1842, page 309) des formules empiriques au moyen desquelles on peut calculer ces réductions pour une hauteur quelconque.

Enfin l'amplitude des variations diurnes varie suivant la latitude et diminue quand on s'écarte de l'équateur. Nous engageons à voir dans le *Cours de Météorologie* de Kaemtz le tableau qu'il a établi pour l'amplitude moyenne des oscillations barométriques à diverses latitudes. On remarque que vers 60° de latitude l'amplitude est à peine sensible; cependant il est probable qu'elle ne cesse entièrement qu'aux pôles.

198. Variations mensuelles et annuelles. La hauteur barométrique moyenne s'obtient d'une manière très-approchée en prenant la moyenne d'observations faites d'heure en heure pendant le jour et pendant la nuit. Mais comme il est souvent difficile de faire des observations aussi multipliées, on arrivera à un résultat suffisamment exact en n'observant qu'à certaines heures de la journée. Ainsi la moyenne des observations faites aux heures tropiques donne à peu près la moyenne pour la journée. On pourrait même se contenter d'observer les maxima et les minima qui ont lieu pendant le jour. Si on ne peut faire qu'une seule observation, elle devra être prise à midi, heure où le baromètre est à peu près à son état moyen.

Après de longues séries d'observations faites ainsi que nous venons de l'indiquer, on a conclu que la moyenne mensuelle des oscillations barométriques est plus forte en hiver qu'en été, et qu'il y a deux maxima et deux minima bien distincts. A partir du commencement de l'hiver, époque du maximum, la pression diminue jusqu'à l'équinoxe de printemps; elle augmente durant l'été, puis elle diminue de nouveau en automne, saison où l'on trouve un second minimum, pour augmenter ensuite jusqu'en hiver.

On attribue à l'échauffement des masses d'air dans les diverses localités ce fait que les pressions barométriques sont moindres en été qu'en hiver. On est donc conduit à penser que l'air s'écoule alors vers les régions plus froides. Aux équinoxes on obtient à peu près la moyenne annuelle de la pression barométrique (*Cours de météoro-logie*, p. 276).

199. Hauteur moyenne du baromètre au niveau de la mer. On obtient, pour l'année moyenne, la pression atmosphérique des différents lieux en prenant la moyenne des hauteurs barométriques annuelles observées au niveau de la mer dans ces localités.

On a tiré de ces observations les conséquences suivantes : sous l'équateur, la hauteur moyenne est un minimum, et elle est de 758^{mm} environ. ·

Par 10° de latitude, la pression augmente; vers 30° ou 40° elle atteint son maximum, qui varie de 762 à 764^{mm}. Sous les latitudes plus élevées elle diminue, ainsi vers 50°, elle n'est plus que de 760^{mm} et plus au nord de 756^{mm}.

Kaemtz fait observer que la pression barométrique est formée de deux éléments, la pression de l'air à laquelle s'ajoute celle de la vapeur d'eau qu'il contient; il faut donc de la pression totale retrancher la tension de cette dernière pour avoir celle de l'air sec. Kaemtz admet à l'équateur 25^{mm} pour la tension de la vapeur d'eau; par 35° de latitude, 14^{mm},6; enfin par 70° de latitude, 4^{mm},5; en soustrayant ces quantités de la pression totale, on a pour l'air sec :

> Vers l'équateur.................... 733^{mm}
> Par 35° de latitude............... 748
> Par 70°   —   751

Ces résultats montrent que la pression de l'air sec augmente depuis l'équateur jusqu'aux pôles.

On s'accorde généralement pour admettre qu'en moyenne au bord de la mer la pression atmosphérique de l'air humide équivaut à 761^{mm}.

200. Variations irrégulières du baromètre. Les variations irrégulières du baromètre n'ont pas la même étendue dans tous les climats ni par toutes les latitudes. Les limites entre lesquelles elles se produisent sont d'autant plus écartées, en général, que les latitudes sont plus grandes. Dans les zones tropicales, le plus ordinairement, les variations du baromètre sont à peu près insensibles. Cependant, à l'approche des ouragans, elles deviennent par exception considérables. On peut donc dire que sous l'équateur et dans la région tropicale la marche du baromètre est fort régulière. Dans les latitudes élevées, le baromètre a des mouvements irréguliers qui dépendent des vents, des saisons et des localités; aussi, pour reconnaître la régularité des oscillation diurnes, est-il nécessaire de prendre un grand nombre de moyennes.

Les variations de température étant en général moins grandes pendant l'été que pendant l'hiver, on a reconnu que les différences entre les diverses pressions barométriques étaient également moins fortes en été qu'en hiver.

On obtient la variation mensuelle moyenne du baromètre en prenant dans une série d'observations quotidiennes la différence entre la pression maximum et la pression minimum de chaque mois. Lorsque ces séries comprennent plusieurs années, on obtient des résultats qui diffèrent peu les uns des autres. Ces résultats font ressortir l'influence exercée par les saisons, et l'on reconnaît que la variation barométrique est moins forte en été qu'en hiver.

Pour tracer les lignes isobarométriques, on réunit par des lignes tous les points du globe qui ont la même oscillation mensuelle moyenne. (Voir, à ce sujet, *Cours de météorologie* de Kaemtz, p. 300, et l'*Atlas physique* de Berghaus.)

Dans des lieux rapprochés les uns des autres, les variations du baromètre sont assez généralement semblables; mais pour des points éloignés il n'en est pas ainsi, et au même moment le baromètre peut être très-haut dans un lieu et très-bas dans un autre, monter dans un endroit et descendre dans un autre. Il arrive même le plus souvent qu'une très-grande hausse dans un point du globe correspond à une forte baisse dans un autre point. Cela s'explique par la formation dans l'air de vagues ressemblant à l'ondulation de marée et se propageant à travers l'atmosphère. Deux points rapprochés l'un de l'autre en sont affectés d'une manière identique ou à peu près, tandis que si les points sont éloignés, la position du premier peut correspondre au sommet de la vague aérienne et l'autre au creux de cette même vague.

201. Hauteur du baromètre avec les différents vents. La hauteur du baromètre varie suivant l'état de l'atmosphère. L'électricité exerce également une action très-grande sur la pression atmosphérique; toutefois on a remarqué que dans certaines localités les orages, même violents, ne produisent pendant l'été aucun effet bien sensible sur le baromètre. Au moyen de nombreuses observations, on a pu calculer pour certaines localités la pression moyenne barométrique correspondant à chacun des vents principaux. C'est ce qu'on appelle la rose barométrique.

L'examen des roses barométriques pour un certain nombre de localités dans nos climats a fait voir que le baromètre est très-haut avec les vents du N. à l'E.; qu'il est très-bas lorsque les vents soufflent entre le S. et l'O.; que la hauteur barométrique varie assez régulièrement entre ces deux extrêmes. Dans certains lieux la différence entre la hauteur barométrique le vent étant au N. E., et celle qu'on trouve le vent étant au S. O., atteint et même dépasse quelquefois 7 millimètres. Dans cette évaluation il faut admettre que les deux vents soufflent avec une force égale.

Ces mêmes lois se retrouvent dans d'autres contrées, seulement elles s'appliquent à des directions différentes du vent; aux États-Unis, par exemple, ce sont les vents de N. O. qui produisent la plus haute pression, et les vents de S. E. la plus basse pression barométrique.

On peut établir comme une règle générale que les vents froids et secs augmentent la pression et que les vents chauds et humides la diminuent.

202. En résumé, les physiciens n'ont pu jusqu'ici se rendre un compte bien exact des oscillations régulières et irrégulières du baromètre. En premier lieu on avait attribué les oscillations régulières à l'attraction de la lune et du soleil; toutefois, malgré qu'on observe des flux atmosphériques périodiques, suivant les mouvements apparents de la lune et du soleil, comme l'ont démontré MM. Flaugergues et Aimé (*Annales de physique et de chimie*, 3me série, t. XII, p. 291), il est à peu près positif que les variations diurnes dépendent surtout des effets dus à l'inégal échauffement de l'air par l'action du soleil. Les observations réunies jusqu'à ce jour ont bien démontré l'existence d'un flux lunaire, mais son amplitude est très-faible, et en tous cas il n'est qu'une fraction de la variation diurne barométrique. On peut donc dire en généralisant que, comme les vents, les variations horaires barométriques sont dues en réalité aux changements de température des masses de l'atmosphère.

VARIATIONS THERMOMÉTRIQUES.

203. Diverses espèces de thermomètres. Les thermomètres dont on se sert généralement sont des thermomètres à mercure ou à alcool; ces derniers sont nécessaires dans les régions très-froides, où l'abaissement de la température peut faire congeler le mercure.

Le thermomètre n'exige pas dans sa construction les mêmes précautions que le baromètre; les indications qu'il fournit n'ont pas besoin d'être corrigées comme celles données par ce dernier instrument. Cependant, pour rendre les observations comparables entre elles, il faut avoir soin de comparer en premier lieu le thermomètre dont on doit se servir à un thermomètre étalon, et de ramener toutes les observations faites à celles qu'on aurait eues si l'on n'avait observé que celui-ci.

Les points fixes adoptés pour la graduation de tous les thermomètres sont ceux de la glace fondante et de l'eau bouillante; mais l'intervalle compris entre ces points, c'est-à-dire l'échelle, n'est pas divisée de la même manière dans tous les thermomètres. Il existe trois systèmes différents, c'est-à-dire trois échelles thermométriques, qui constituent le thermomètre centigrade, celui de Réaumur et celui de Fahrenheit.

Pour le thermomètre centigrade on marque $0°$ à la glace, et $100°$ à l'ébullition; pour le thermomètre de Réaumur, on place le $0°$ à la glace et $80°$ à l'ébullition de l'eau; pour celui de Fahrenheit, $32°$ à la glace et $212°$ à l'ébullition. Il suit de là que $1°$ centigrade vaut $\frac{4}{5}$ de $1°$ Réaumur, et $\frac{5}{9}$ de $1°$ Fahrenheit.

On trouve dans l'*Annuaire du bureau des longitudes* des tables toutes faites pour ramener les unes aux autres les hauteurs thermométriques observées à l'un des trois thermomètres dont nous venons de parler. On trouve également dans cet Annuaire une table des réductions en millimètres des hauteurs des baromètres anglais et français exprimées en pouces.

204. Variations diurnes. Pendant le jour, la surface terrestre reçoit de la chaleur qui lui est envoyée par le soleil, et elle en perd d'une manière permanente par le rayonnement vers les espaces célestes. Ces deux effets, joints à la chaleur propre de la terre, produisent la température qu'on observe en chaque lieu avec le thermomètre. Il est par suite évident que les variations thermométriques doivent être intimement liées au double mouvement de la terre sur son axe et dans son orbite, et qu'elles doivent être périodiques comme ce double mouvement. La rotation de la terre autour de son axe produit les variations diurnes, son mouvement sur l'écliptique les variations annuelles. Quant à la chaleur propre de la terre, elle reste constante, ou du moins elle ne doit éprouver que des changements séculaires.

Lorsque le soleil paraît sur l'horizon, il commence à échauffer la terre; l'échauffement va en augmentant jusqu'à midi, heure où l'action calorifique du soleil est la plus forte. Dans le même temps, la surface terrestre perd du calorique en rayonnant vers les espaces célestes, mais comme elle en abandonne moins qu'elle n'en reçoit du soleil, la température augmente, et bien qu'à partir de midi l'action de cet astre aille en diminuant, le thermomètre doit monter jusqu'au moment où la déperdition par le rayonnement est égale à la quantité de chaleur reçue. Cet équilibre se produit vers deux heures de l'après-midi, et c'est le moment de la température maximum du jour. A partir de cet instant, la terre commence à perdre plus de chaleur qu'elle n'en reçoit; le thermomètre baisse jusqu'au soir et pendant toute la nuit. Lorsque le soleil se lève, il recommence à échauffer la terre, mais la quantité de chaleur perdue par le rayonnement dépasse encore la quantité de chaleur reçue que cet astre lui envoie, et la température continue à diminuer jusqu'à ce que les deux quantités soient égales; c'est le moment du minimum de la température diurne, qui a lieu peu après le lever du soleil.

Telle devrait être la marche de la température dans chaque localité; mais il n'en est pas toujours ainsi, et la régularité de cette marche est très-souvent troublée par des causes accidentelles dont les principales sont les vents, qui, comme nous l'avons dit, transportent dans une contrée la température et les propriétés physiques qu'ils ont contractées en passant sur une autre, puis encore les nuages qui s'opposent au rayonnement.

Lorsqu'on veut obtenir des observations exactes avec le thermomètre, il faut placer cet instrument autant que possible au N., à l'ombre, et dans un endroit où il soit garanti de la pluie. Il est bon d'enlever quelquefois le thermomètre et de lui donner un mouvement de rotation, afin de le mettre en équilibre de température avec les couches d'air ambiant. On prend la température moyenne de chaque heure de la journée, en l'observant tous les quarts d'heure ou plus souvent. La moyenne de toutes ces observations donne la température moyenne du jour.

On peut encore obtenir cette moyenne diurne d'une manière très-approchée :

1° En prenant la moyenne de trois observations faites, la première au soleil levant, la seconde à deux heures de l'après-midi, la troisième au coucher du soleil:

2° En prenant la moyenne de la température maximum et minimum de la journée;

3° En prenant la moyenne des températures de deux heures homonymes avant ou après midi et minuit;

4° En calculant, comme Kaemtz, cette température au moyen des températures maximum et minimum, ainsi qu'il suit : on ajoute à la température minimum le produit de la différence entre le maximum et le minimum, par un coefficient qu'on détermine par expérience et qui change d'un mois à l'autre (Kaemtz, *Cours de météorologie*, page 22). Ce savant météorologiste regarde cette dernière méthode comme la plus exacte.

Nous observerons que le maximum, sur les bords de la mer, a souvent lieu avant midi, parce que c'est vers cette heure que s'élèvent les brises du large qui rafraîchissent l'air. Les mêmes effets se produisent aux sommets des montagnes; généralement le maximum n'y a pas lieu aux environs de deux heures comme dans les plaines, mais il se produit vers midi, ce que l'on peut attribuer aux vents alternatifs dont nous avons parlé § 176.

205. Thermomètres à maxima et à minima. On peut, pour déterminer les extrêmes de la température de la journée, employer les thermomètres à maxima et à minima. Le thermomètre à maxima est un thermomètre à mercure dans lequel existe un index en fil de fer placé au-dessus du liquide. Quand le thermomètre monte, cet index est entraîné et ne redescend plus avec le mercure. Le thermomètre à minima est à alcool; l'index en verre descend avec le liquide et ne se déplace pas quand l'alcool se dilate. Avant de mettre ces instruments en observation, on ramène les index à la surface du liquide soit par un choc, soit au moyen d'un aimant.

C'est sur le même principe qu'est fondée la construction du thermométrographe, instrument qui sert à mesurer la température des couches profondes de la mer, et dont nous parlerons plus tard.

206. Moyennes mensuelle et annuelle. La température diurne moyenne étant connue, on en déduit : 1° la température mensuelle, qui est la moyenne de celles de chaque jour; 2° les températures estivale et hivernale, qui sont les moyennes des trois mois d'été et des trois mois d'hiver, celui-ci comprenant décembre, janvier et février; et l'été les mois de juin, juillet et août; 3° la température moyenne annuelle, qui est la moyenne de celles des douze mois; 4° enfin, la température du lieu, qui est la moyenne de celles observées pendant le plus grand nombre d'années possible. Toutes ces données sont nécessaires pour obtenir la température d'un lieu dans les régions tempérées, où l'on éprouve des variations de température très-irrégulières.

La différence entre la température d'une même année est d'autant plus grande que le lieu est par une latitude plus élevée; sous l'équateur, l'égalité à peu près constante des jours et des nuits fait que le soleil échauffe la terre d'une manière toujours égale, tandis que dans les régions polaires le soleil reste tantôt au-dessus, tantôt au-dessous de l'horizon pendant plusieurs mois consécutifs. Il se produit donc d'une saison à l'autre de très-grandes différences de température. Les différences entre les températures d'une même journée sont au contraire beaucoup plus grandes près de l'équateur que près des pôles où pendant le jour entier le soleil ne se couche pas ou bien ne paraît pas au-dessus de l'horizon.

207. Lignes isothermes. La température moyenne de l'année dépend également de la latitude; elle est plus élevée sous les tropiques, où la terre reçoit presque normalement les rayons solaires, que dans les régions polaires, où ces rayons la frappent très-obliquement. Il semblerait au premier abord que la distribution de la chaleur dût être la même sur un même parallèle, mais il n'en est pas ainsi. Des causes très-multiples, telles que les vents, la configuration des pays, les proportions diverses entre les continents et les mers, les courants marins, rendent les températures très-inégales sur le parcours du même parallèle.

Si l'on fait passer une ligne par tous les lieux dont la température moyenne est la même, on obtient ce qu'on appelle une ligne isotherme. M. de Humboldt, à qui l'on doit la première idée des lignes isothermes, a divisé au moyen de ces lignes l'hémisphère boréal en dix zones, et l'hémisphère austral en six zones. Ces zones depuis l'équateur où la température moyenne est de 27°,5, se succèdent jusqu'aux régions polaires avec des différences de température de 5°. La température de la neuvième zone de l'hémisphère boréal est de — 10° à — 15°, celle de la cinquième zone de l'hémisphère austral de + 5° à 0°.

En examinant le tracé des lignes isothermes sur une carte géographique, on voit que l'équateur de chaleur qui n'est autre chose que l'isotherme des températures maxima, coïncide à peu près avec l'équateur terrestre. On remarque aussi immédiatement que sur un même méridien la température n'est pas distribuée proportionnellement à la latitude; on peut attribuer en partie ce fait à ce que l'équateur est rafraîchi par les vents alizés, tandis que les courants aériens de S.-O. qui viennent des régions équatoriales vont réchauffer les pôles.

En Amérique, les isothermes se rapprochent de l'équateur beaucoup plus qu'en Europe; en d'autres termes, la température s'abaisse plus rapidement dans le nouveau continent que dans l'ancien, à mesure que la latitude s'élève, ainsi qu'on peut en juger par le tableau suivant :

Température.	Latitude en Amérique.	Latitude en Europe.
10°	41°30'	52°3'
5	44 51	60 7
0	51 57	66 48

A la même latitude, la température moyenne est de 0° en Norwége et de 10° à 15° en Amérique.

Ces différences sont attribuées principalement à l'influence du grand courant équatorial, qui porte le nom de Gulf Stream. Ce courant chaud, qui est en grande partie produit par l'impulsion constante des vents alizés, élève la température des côtes qu'il baigne; il prolonge toute la côte occidentale d'Europe, tandis qu'il se fait à peine sentir le long de la côte orientale de l'Amérique. Il existe dans le grand Océan un courant identique qui va réchauffer la côte occidentale du nouveau continent, ainsi que l'attestent les débris de jonques japonaises et chinoises qu'on a retrouvés en Californie; mais ce courant n'a pas une température égale à celle du Gulf Stream.

208. On ne sait pas précisément quelle est la température du pôle N.; quelques physiciens ont donné à ce pôle une température qui s'abaisse jusqu'à —32°; il est probable qu'elle ne va pas au-dessous de —8°. La température de la mer au pôle serait un peu plus élevée que celle de l'air, elle pourrait être environ de —6°.

Les pôles du froid ne coïncident pas avec les pôles géographiques; la marche des lignes isothermes conduit à admettre pour l'hémisphère boréal deux pôles du froid, l'un au N. du détroit de Barrow, en Amérique, l'autre en Sibérie, près du cap Taimura; on assigne à ces points des températures de —20° et de —17°.

209. La chaleur est distribuée à peu près de la même manière dans les deux hémisphères, jusqu'au parallèle de 50° de latitude. A partir de ce parallèle, la température de l'hémisphère N. est plus élevée que celle de l'autre hémisphère. Cependant les différences entre les températures des deux hémisphères ont été exagérées, elles proviennent surtout de la différence qui existe dans la marche des courants des divers océans. A latitude égale, l'Océan austral est plus froid que les mers boréales, et la température du pôle S. est plus basse que celle du pôle N.

210. On a également construit des lignes qui passent par les points où la température moyenne de l'été d'une part, et celle de l'hiver d'autre part, sont les mêmes. On les a appelées isothères et isochimènes (θέρος, été ; χειμών, hiver). Ces lignes sont intéressantes en ce qu'elles limitent les zones où vivent des animaux et des végétaux qui ne peuvent pas supporter certaines températures extrêmes, ou au contraire des végétaux qui, comme la vigne et les céréales, peuvent supporter des températures très-basses, mais qui ont besoin pour se développer de températures estivales assez élevées. Les isothères et les isochimènes sont donc plus en rapport avec la distribution des êtres organisés sur le globe que les isothermes, qui n'indiquent que les températures moyennes.

Quant à l'homme, il peut supporter des températures qui diffèrent plus entre elles que celle de l'eau bouillante et de la glace fondante. Dans la haute Égypte le thermomètre s'est élevé jusqu'à 47°,4, il est descendu à —56°,7 dans l'Amérique du Nord. Ces températures sont l'une la plus haute, et l'autre la plus basse qui aient été observées.

Ces extrêmes de température ne se rencontrent que dans l'intérieur des continents ; en pleine mer on n'a pas observé de températures supérieures à 31°. Les moyennes de l'hiver et de l'été diffèrent beaucoup moins sur mer que dans l'intérieur des terres : en été l'évaporation refroidit les climats maritimes ; en hiver ils sont réchauffés par la restitution du calorique que les eaux ont absorbé pendant la saison chaude. Il en résulte que le vent de S. O. qui arrive de la mer réchauffe en hiver les côtes occidentales des continents et les rafraîchit en été, de sorte qu'en hiver les eaux de la mer sont plus chaudes que les terres des continents, et qu'en été l'effet contraire se produit.

La moyenne de la température de l'hiver à Paris est de $+$ 3°,1, celle de l'été est de 18°,1.

———

CHAPITRE SEPTIÈME.

DE L'HYGROMÉTRIE.

211. L'air contient toujours une certaine quantité de vapeur d'eau qui varie d'une manière sensible suivant l'état de l'atmosphère, tandis que les quantités d'oxygène et d'azote restent constantes. Cette vapeur d'eau est ordinairement invisible comme ces deux gaz, cependant elle peut manifester sa présence par la formation des brouillards, de la rosée, de la gelée blanche, et par celle des nuages dans les régions élevées de l'atmosphère. L'eau contenue dans l'air peut ainsi passer par quatre états distincts : à l'état gazeux elle est répandue dans toute l'atmosphère ; les brouillards et les nuages la montrent à l'état vésiculaire ; elle se présente à l'état liquide dans la pluie et la rosée, et enfin à l'état solide dans la neige, la grêle, la gelée blanche, etc.

C'est sur la quantité d'eau contenue dans l'atmosphère à l'état gazeux que les hygromètres servent à donner des indications. Avant de parler de ces instruments, il est nécessaire de bien faire connaître ce que l'on entend par le degré d'humidité de l'air.

212. Tension de la vapeur d'eau. La vapeur d'eau, comme tous les gaz, possède une force expansive que l'on appelle force élastique, tension ou pression, et qui varie avec la température. Si l'on considère un espace déterminé contenant de la vapeur d'eau, et qu'on abaisse graduellement la température de cet espace, il arrivera un moment où une petite quantité de la vapeur passera à l'état liquide. On dit alors que l'espace est arrivé au point de saturation, c'est-à-dire qu'il contient toute la quantité de vapeur qu'il peut renfermer à la température indiquée par le thermomètre à l'instant où l'état liquide commence à apparaître. Si l'on voulait saturer le même espace à une température plus élevée, il faudrait y introduire une nouvelle quantité de vapeur.

Le poids de la vapeur nécessaire pour saturer 1 mètre cube d'air, par exemple, sera donc d'autant plus grand que la température sera plus élevée. Il en est de même pour la tension, que l'on exprime ordinairement en millimètres de mercure. Ainsi, à la température de 10°, la tension de la vapeur qui sature l'air fait équilibre à une colonne de mercure égale à 9^{mm},165, tandis qu'à 0° cette même tension n'est que de 4^{mm},600. Les poids de la vapeur contenus dans le même espace à l'état de saturation, sont pour les mêmes circonstances dans le rapport de 9,445 à 4,915.

La table suivante donne pour les températures comprises entre — 10° et + 35° la tension de la vapeur d'eau contenue dans l'air à l'état de saturation, ainsi que le poids de la vapeur contenue dans 1 mètre cube d'air saturé.

DEGRÉS de température	TENSION maximum de la vapeur d'eau.	POIDS de la vapeur contenue dans 1^m cube d'air saturé.	DEGRÉS de température	TENSION maximum de la vapeur d'eau.	POIDS de la vapeur contenue dans 1^m cube d'air saturé.
degrés.	mm.	g.	degrés.	mm.	g.
—10	2.078	2.302	+13	11,162	11,383
— 9	2,261	2,495	14	11,908	12,103
— 8	2,456	2,701	15	12,699	12,860
— 7	2,666	2,921	16	13,536	13,621
— 6	2,890	3,156	17	14,421	14,504
— 5	3,131	3,406	18	15,357	15,393
— 4	3,387	3,672	19	16,346	16,327
— 3	3,662	3.956	20	17,891	17,311
— 2	3.955	4,281	21	18,495	18,148
— 1	4,267	4,575	22	19,659	19,137
0	4,600	4,915	23	20,888	20,581
+ 1	4,940	5,260	24	23,184	21,785
2	5,302	5,623	25	23,550	23,067
3	5,687	6,010	26	24,988	24,374
4	6,097	6,420	27	26,505	25,767
5	6,534	6,845	28	28,101	27,226
6	6,998	7,316	29	29,782	28,762
7	7,492	7,804	30	31,518	30,368
8	8,017	8,322	31	33,405	32,054
9	8,574	8,869	32	35,359	33,812
10	9,165	9,445	33	37,410	35,655
11	9,792	10.055	34	39,565	37,583
12	10,457	10,696	35	41,487	39,281

213. Humidité relative. Il ne faut pas confondre l'humidité de l'air avec la tension de la vapeur d'eau que l'air contient; un volume déterminé d'air, dont on abaisse peu à peu la température, devient de plus en plus humide quoique la tension et la quantité de vapeur d'eau restent les mêmes. Lorsque la vapeur commence à passer à l'état liquide, l'air atteint son maximum d'humidité. L'humidité de l'air se mesure par le rapport $\frac{f}{F}$, f étant la tension de la vapeur contenue dans l'air, et F la tension que l'on observerait si l'air était saturé à la température indiquée par le thermomètre dans les circonstances où l'on se trouve. F est donné par la table précédente ; les hygromètres font connaître la valeur de f.

214. Hygromètres. On distingue trois sortes d'hygromètres : l'hygromètre à condensation, l'hygromètre à absorption, et le psychromètre. Aucun de ces instruments ne réunit les conditions nécessaires pour convenir aux observations météorologiques. Ils n'offrent dans leurs indications, ni la précision qu'on obtient au moyen de celles fournies par le baromètre et le thermomètre, ni la facilité d'observer que présentent ces deux derniers instruments. On ne peut donc pas déterminer le degré d'humidité de l'air, comme on détermine sa température et sa pression.

Les hygromètres à condensation sont fondés sur ce principe qu'on obtient la tension de la vapeur d'eau en déterminant la température à laquelle cette vapeur vient à se condenser et à former ce qu'on appelle le point de rosée, lorsqu'on refroidit une petite portion de l'air dont on veut reconnaître le degré d'humidité.

Si, par exemple, l'air est à une température de 15°, et qu'on obtienne le point de rosée en abaissant la température à 10°, le rapport $\dfrac{9,165}{12,699}$ donnera la mesure de l'humidité.

L'hygromètre à condensation le plus connu est celui de Daniell, dont la description se trouve dans tous les traités de physique. M. Regnault a fait subir à cet instrument des modifications qui le rendent plus précis, mais moins commode pour les observations météorologiques.

Les hygromètres par absorption sont formés par des substances telles que les cordes à boyau, les cheveux, certains bois, les fanons de baleine, susceptibles de changer de forme ou de dimensions sous l'influence de l'humidité. Ces hygromètres, dont l'hygromètre à cheveu est le type, sont très-faciles à observer, mais ils ont le défaut de ne pas être comparables entre eux, et après quelque temps les graduations de ces instruments ne donnent plus des indications exactes.

Des tables abrégées pour l'hygromètre à condensation et l'hygromètre à cheveu ont été données dans le livre de l'hydrographie, § 26, *Mesure des bases par l'emploi de la vitesse du son.*

215. Psychromètre. Le psychromètre se compose de deux thermomètres aussi exactement semblables qu'il est possible, et disposés l'un à côté de l'autre. La boule de l'un de ces thermomètres est enveloppée d'une mousseline continuellement humectée par une mèche de coton qui trempe dans un vase contenant de l'eau. L'évaporation à la surface de cette mousseline varie avec l'humidité de l'air; elle est d'autant plus grande que l'air est plus sec, et par suite le thermomètre mouillé descend d'autant plus. On comprend, par conséquent, qu'on puisse déduire, des indications de ce thermomètre, le degré d'humidité de l'air. M. August, à qui on doit l'idée du psychromètre, a donné dans ce but une formule dont les coefficients ont été modifiés par M. Regnault. Cette formule, ainsi modifiée, est la suivante :

$$x = f - \frac{0{,}429\ (t - t')}{610 - t'}\ h.$$

x est la tension cherchée de la vapeur d'eau au moment de l'expérience,

t et t' la température du thermomètre sec et du thermomètre humide,

f la tension de la vapeur d'eau à saturation à la température t',

h la pression barométrique.

M. Prazmowski, astronome à l'Observatoire de Varsovie, a imaginé, pour obtenir à première vue la tension de la vapeur et l'humidité relative que l'on déduisait des observations du psychromètre, une règle analogue aux règles de calcul. Cette règle, dont l'emploi est fort commode, se trouve chez M. Salleron, constructeur d'instruments de précision.

L'idée du psychromètre est ingénieuse, mais les indications de cet instrument sont souvent trompeuses, car il est très-difficile de faire deux thermomètres parfaitement semblables, et l'évaporation à la surface de la boule du thermomètre mouillé ne dépend pas seulement de l'humidité de l'atmosphère; elle varie avec l'agitation de l'air et le rayonnement de l'enceinte où est placé l'instrument.

216. La seule méthode vraiment rigoureuse pour obtenir l'humidité de l'atmosphère est celle qui consiste à doser la quantité de vapeur d'eau renfermée dans un volume déterminé d'air, car les poids de la vapeur varient dans le même rapport que les tensions; on a donc $\frac{p}{P} = \frac{f}{F}$, p et P étant les poids de la vapeur contenue dans un espace déterminé et de celle qui s'y trouverait si l'air était saturé. Mais cette méthode n'est pas assez simple pour être employée en météorologie; on n'en fait guère usage que dans les laboratoires et pour vérifier les hygromètres.

217. Variations diurnes. Quoique les observations hygrométriques que l'on possède ne soient pas très-nombreuses, on a pu néanmoins établir quelques lois dans les variations de la quantité de vapeur d'eau que contient l'air.

On a trouvé, comme on devait s'y attendre, que ces variations sont intimement liées avec celles de la température et par suite avec la marche du soleil. La tension de la vapeur f est à son minimum le matin au moment où la température est la plus basse, et en même temps l'humidité $\dfrac{f}{F}$ est à son maximum. La tension augmente et l'humidité diminue à mesure que la température s'élève, et au moment du maximum thermométrique la tension ou la quantité de vapeur atteint aussi son maximum, tandis que l'humidité est au contraire à son minimum; la tension décroît ensuite, et l'humidité augmente jusqu'au lendemain matin. Ces résultats s'expliquent facilement, si l'on considère que l'évaporation augmente avec la température et que le refroidissement produit la condensation de la vapeur et par conséquent enlève à l'atmosphère une certaine quantité de vapeur qui se dépose sur les corps froids sous forme de rosée ou bien qui passe à l'état de nuages ou de brouillard. En été, on a observé un second maximum de la tension qui a lieu vers midi, et par suite un minimum entre les maxima de midi et de deux heures; la différence entre ce maximum et ce minimum des jours d'été ne s'élève pas à plus de 1 millimètre de mercure.

Il est bon d'observer que les résultats précédents ne s'appliquent qu'aux pays de plaines; sur le sommet des montagnes, les vapeurs qui s'élèvent des régions basses à mesure que le sol s'échauffe font varier les heures des maxima et des minima.

218. Variations annuelles. Les variations annuelles suivent, comme les variations diurnes, la marche de la température; ainsi la quantité absolue de vapeur d'eau contenue dans l'air est à son minimum en janvier; en juillet elle atteint son maximum; l'humidité relative $\dfrac{f}{F}$ est au contraire le plus grande en janvier et le plus faible en juillet, parce que F augmente dans des proportions plus grandes que f, et comme c'est seulement l'humidité relative que nos sens peuvent apprécier, nous trouvons qu'en hiver l'air est plus humide qu'en été, quoique dans cette dernière saison l'air renferme une quantité de vapeur d'eau beaucoup plus considérable qu'en hiver.

Kaemtz a obtenu à Halle pour les moyennes des différents mois :

Mois.	Tensions de la vapeur d'eau.	Humidité.
Janvier.....	4,509 (minimum)....	0,850
Février.....	4,749	0,799
Mars	5,107	0,764
Avril	6,247	0,714
Mai	7,836	0,691
Juin....... ..	10,843	0,697
Juillet.	11,626 (maximum)....	0,665
Août	10,701	0,661 (minimum).
Septembre ..	9,560	0,728
Octobre.....	7,868	0,789
Novembre...	5,644	0,853
Décembre...	5,599	0,862 (maximum).

219. Conditions hygrométriques des diverses parties du globe. La distribution de la vapeur d'eau à la surface de la terre dépend encore de la température. Ainsi la quantité de vapeur va en diminuant depuis l'équateur jusqu'aux pôles, c'est-à-dire depuis les régions les plus chaudes jusqu'aux régions les plus froides. En pleine mer, quelle que soit la latitude, l'air est très-près de l'état de saturation, et sur une ligne isotherme la quantité de vapeur va en décroissant à mesure qu'en s'éloigne des côtes pour pénétrer dans l'intérieur des continents.

Les vents qui ont passé sur les mers apportent donc dans les contrées où ils passent une plus grande quantité de vapeur d'eau que ceux qui soufflent des continents vers les mers ; mais pour apprécier l'influence des différents vents sur l'humidité relative, il faut tenir compte de leur température par rapport à celle de la contrée que l'on considère. C'est ainsi qu'en France, pendant l'hiver, le vent d'E. est plus humide que le vent d'O., parce qu'il est plus froid ; le contraire a lieu en été. L'observation suivante, que tout le monde a pu faire, met en évidence le fait que nous venons d'énoncer. Si, après une série de vents d'O. ou de S. O., qui ont amené avec eux une grande quantité de vapeur d'eau, il survient un vent froid de N. ou de N. E., l'atmosphère qui était claire, parce que la température élevée du vent d'O. aidait à la dissolution de la vapeur d'eau, se charge de nuages, et la pluie qui survient se produit sur place, de sorte qu'il peut faire beau à une certaine distance du côté d'où vient le vent qui amène la pluie.

Le tableau suivant, établi par Kaemtz, pour Halle, donne les résultats qu'il a obtenus pour cette localité dans les diverses saisons et suivant les différents vents : ils peuvent s'appliquer à l'Europe occidentale à peu de chose près.

VENTS.	HIVER.	PRINTEMPS.	ÉTÉ.	AUTOMNE.
N.	0,895	0,750	0,676	0,787
N. E.	0,912	0,723	0,674	0,826
E.	0,926	0,669	0,613	0,757
S. E.	0,855	0,714	0,663	0,792
S.	0,830	0,703	0,674	0,762
S. O.	0,819	0,703	0,699	0,786
O.	0,809	0,717	0,714	0,806
N. O.	0,832	0,734	0,688	0,827

CHAPITRE HUITIÈME.

DES MÉTÉORES.

220. On désigne sous le nom général de météores tous les phénomènes qui se passent dans l'atmosphère. On peut en former quatre grandes divisions, comprenant les météores aériens, aqueux, lumineux et les météores ignés et d'origine électrique. Nous avons déjà parlé des météores aériens ou des vents; nous allons donner quelques notions générales sur les autres météores.

MÉTÉORES AQUEUX.

221. Brouillards, nuages. Lorsque par une cause quelconque une masse d'air qui contient de la vapeur d'eau en dissolution vient à se refroidir, et que cette masse d'air, par suite de l'abaissement de la température, dépasse le point de saturation, l'excès de la vapeur apparaît sous forme de brouillard, si l'effet a lieu à la surface de la terre, ou sous forme de nuages, si c'est dans les hautes régions de l'atmosphère ; les brouillards et les nuages sont donc des météores identiques, et qui ne reçoivent des noms différents que par suite des positions différentes qu'ils occupent dans l'atmosphère. Une plaine recouverte de brouillard vue d'un sommet qui n'est pas atteint par ce brouillard, présente tout à fait l'aspect d'un ciel recouvert de nuages qui s'étendrait aux pieds de l'observateur ; et, d'autre part, lorsque sur une montagne élevée on est placé au milieu des nuages, on croit être entouré par le brouillard.

On admet que les brouillards et les nuages sont composés de vésicules creuses. Sous l'influence de certaines causes, ces vésicules peuvent se transformer en sphérules pleines, et c'est ainsi qu'elles se présentent lorsque la pluie tombe. La principale raison qui fait considérer les sphérules du brouillard et des nuages comme creuses, c'est que ces météores ne donnent pas ordinairement lieu à l'arc-en-ciel. La théorie indique en effet que les rayons du soleil doivent, pour produire ce phénomène, traverser des sphérules pleines. Cependant, on a observé quelquefois des brouillards qui donnaient lieu à la formation d'arcs-en-ciel ; il est donc probable qu'il existe des brouillards composés de gouttelettes d'eau semblables à de très-fines gouttes de pluie. L'apparence du soleil vu à travers ce genre de brouillard, fait présumer qu'il y a des nuages composés également de sphérules pleines. Ces nuages, lorsqu'ils interceptent la lumière du soleil, lui donnent une teinte pâle et bleuâtre, que les marins définissent en disant que le soleil est mouillé.

222. On a appelé brouillards secs, certains brouillards qui paraissent ne pas être formés par de la vapeur d'eau, et qui ne sont probablement que des fumées provenant de la combustion de tourbières ou d'amas de végétaux que les cultivateurs font brûler en certaines saisons. Les grandes villes sont presque toujours enveloppées par cette sorte de brouillard, qui n'est autre chose qu'un mélange de fumée et de poussière.

Il ne faut pas confondre avec ces brouillards, les brumes qui règnent fréquemment dans le golfe de Gascogne, et auxquelles on a improprement donné le nom de brumes sèches. Ces brumes, qui sont dues comme les brouillards ordinaires à la condensation de la vapeur d'eau, sont très-redoutées par les pêcheurs de nos côtes et par les marins bordelais ; elles envahissent tout à coup l'horizon sans que rien les annonce, et presque simultanément il s'élève une houle énorme qui vient se briser avec furie sur les côtes et sur les barres de la Gironde et du bassin d'Arcachon.

223. Il est probable que les nuages sont constamment dans l'atmosphère à l'état d'équilibre mobile. Le plus souvent ils sont formés par des vapeurs qui s'élèvent des plaines dans les régions hautes, où l'abaissement de la température provoque la précipitation de la vapeur d'eau. Les nuages, en vertu de leur propre poids, tendent à tomber sur la terre, mais en descendant ils trouvent une température plus élevée, se dissolvent, et la vapeur qui leur avait donné naissance, reprise par le courant ascendant, se condense de nouveau en remontant dans des parties plus élevées. Aussi les nuages changent-ils continuellement de forme, même par les temps les plus calmes.

Les marins ont souvent l'occasion d'observer des effets de cette nature sur le sommet des îles élevées. Le rocher de Gibraltar en offre un exemple très-frappant; lorsque le vent d'E. souffle à Gibraltar, le ciel est ordinairement découvert; seul, le sommet du rocher est entouré d'un nuage, qui persiste quelle que soit la violence du vent. Le vent d'E., qui est humide et chaud, vient frapper la partie orientale du rocher, et l'air s'élève en glissant rapidement le long de la pente. Il trouve au sommet une température plus basse, et par suite la vapeur qu'il contient se précipite sous forme de nuage; ce nuage est bientôt emporté par le vent et se dissout immédiatement dans l'air; un autre lui succède aussitôt, de sorte que le sommet paraît enveloppé par un nuage immobile et toujours le même, tandis qu'en réalité ce nuage se renouvelle d'une manière incessante.

224. Les météorologistes distinguent, d'après leurs formes, quatre types principaux de nuages : le cirrus, le cumulus, le stratus et le nimbus.

Les cirrus sont les nuages légers, floconneux ou striés, qu'on désigne vulgairement sous le nom de queues de vache et de barbes de chat. Ils se soutiennent à de grandes hauteurs dans l'atmosphère et sont très-probablement composés de particules neigeuses, ainsi que le fait supposer la formation des halos auxquels ces nuages donnent lieu. Ce phénomène s'explique très-bien, en effet, par l'hypothèse que les rayons de lumière se réfractent dans de petits cristaux de glace.

Les cumulus sont des nuages blancs qui ressemblent à des balles de coton, ce qui leur a fait donner ce nom par les marins. Ils se présentent habituellement sous la forme de demi-sphères ou de pyramides dont la base est horizontale ; quelquefois ils paraissent entassés les uns sur les autres, et ressemblent à des montagnes dont le sommet est couvert de neige. Le cumulus est le nuage caractéristique des jours d'été et du ciel des vents alizés.

Le stratus apparaît surtout au lever et au coucher du soleil en longue bande horizontale. Il est probable que cette apparence est due en grande partie à un effet de perspective.

Enfin, le nimbus est le nuage gris-foncé ou noirâtre à bords frangés qui, le plus souvent, produit de la pluie.

Les modifications intermédiaires sont désignées par un composé des dénominations employées pour les trois premières formes ; les cirro-cumulus, par exemple, représentent ce qu'on appelle vulgairement les nuages pommelés. Les cumulo-stratus sont des cumulus dont l'assemblage s'étend en ligne horizontale, comme on le voit souvent dans la région des vents alizés, et ainsi des autres.

Dans le chapitre suivant, nous parlerons plus longuement de tous ces nuages, comme signes du beau et du mauvais temps.

225. Lorsqu'après un beau temps les nuages commencent à se former, les cirrus apparaissent ordinairement les premiers en longues bandes parallèles, qui se meuvent dans le sens de leur direction ; les cirro-stratus, puis les stratus se forment ensuite, et enfin les cumulus et les nimbus. Il n'en est cependant pas toujours ainsi ; les cumulus et les stratus peuvent se former directement, ce qui arrive lorsque la température s'abaisse assez, dans les régions moyennes de l'atmosphère, pour amener le point de saturation de la vapeur d'eau. La hauteur des nuages dépend de ce refroidissement des couches plus ou moins élevées de l'atmosphère ; on comprend, par conséquent, que cette hauteur peut être très-variable, et que les nuages doivent être, en moyenne, d'autant plus élevés que la température est plus haute. M. de Tessan a conclu de nombreuses observations faites sur la hauteur des nuages pendant la campagne de la *Vénus*, que cette hauteur, dans la région des vents alizés, était comprise entre 900 et 1,400 mètres. Ce résultat s'applique à la couche inférieure, car dans ces régions, on observe presque toujours deux couches de nuages qui se meuvent dans des directions opposées, et qui obéissent, l'une à l'impulsion des vents alizés, et la plus haute au courant d'air supérieur, qui va former les vents de S. O. dans les latitudes plus élevées.

226. La hauteur des nuages en mer se calcule par la méthode suivante : un observateur placé au sommet d'un mât, attend que le nuage vienne à passer dans le vertical du soleil ; à cet instant, il détermine avec un cercle de réflexion : 1° la dépression au-dessous de l'horizon rationnel de l'ombre portée par le nuage sur la mer ; 2° la hauteur angulaire du nuage ; 3° la hauteur angulaire du soleil.

Avec ces données, on peut calculer deux triangles ; le premier est un triangle rectangle, formé par la ligne verticale abaissée de l'œil de l'observateur jusqu'à la surface de la mer, par la ligne visuelle dirigée sur l'ombre du nuage et par l'horizontale comprise entre cette ombre et le pied de la verticale ; on connaît dans ce triangle le côté vertical ainsi que l'angle formé par ce côté et la ligne qui joint l'œil de l'observateur au nuage : on pourra donc calculer la longueur r de cette dernière ligne qui est l'hypoténuse du triangle rectangle.

Le second triangle est celui dont l'œil de l'observateur, le nuage et son ombre sont les sommets ; on connaît dans ce triangle le côté r, l'angle que nous appellerons A, compris entre le nuage et l'ombre, puis l'angle B dont le nuage occupe le sommet et qui n'est autre que l'angle compris entre le nuage et le soleil ; la résolution de ce triangle donne la distance du nuage à son ombre ; on en déduit pour la hauteur h du nuage

$$h = r\,\frac{\sin. A}{\sin. B}\,\sin. H$$

en appelant H la hauteur angulaire du soleil.

Au lieu de se servir de l'ombre du nuage, il est préférable d'employer la projection d'une des éclaircies que les nuages laissent entre eux. Cette projection est plus facile à distinguer que l'ombre.

Cette méthode n'est pas applicable à la mesure de la hauteur des cirrus, nuages qui ne donnent pas d'ombre. Il faudrait, pour déterminer la hauteur de ces nuages, le concours de deux observateurs placés à bord de deux bâtiments dont la distance supposée connue servirait de base, et qui relèveraient simultanément les mêmes points du nuage. Il serait nécessaire, à cause de la grande élévation des cirrus, que les deux bâtiments ne fussent pas trop rapprochés l'un de l'autre.

227. Rosée, gelée blanche. La formation de la rosée est due, comme celle des brouillards et des nuages, à la précipitation de la vapeur d'eau provoquée par le refroidissement. Lorsque par l'effet du rayonnement la température des corps situés à la surface de la terre s'abaisse assez pour amener au point de saturation la couche d'air qui les recouvre, la vapeur se dépose sur ces corps en gouttelettes très-fines, et d'autant plus abondantes que le refroidissement est plus grand. Aussi la formation de la rosée est-elle favorisée par le calme de l'atmosphère et par la clarté du ciel, circonstances qui contribuent à augmenter le rayonnement. En mer, où l'air est toujours très-près du point de saturation, on voit apparaître la rosée bien avant que le soleil ne soit sous l'horizon, et elle est souvent tellement abondante que toutes les parties du navire paraissent mouillées comme après la pluie.

L'apparition de la vapeur d'eau sur les carafes d'eau fraîche, et sur les vitres d'un appartement pendant l'hiver, s'explique de la même manière que la formation de la rosée. C'est encore à la même cause qu'est due l'humidité qui ruisselle sur les murs lorsque le dégel arrive.

228. Lorsque le rayonnement abaisse la température des corps solides au-dessous du point où l'eau se congèle, ce n'est plus de la rosée qui se forme, c'est de la gelée blanche ; la gelée blanche n'est donc autre chose que de la rosée gelée sur place. De même, pendant les froids rigoureux, ce n'est plus de la vapeur qui se forme sur les vitres des appartements, mais de petits cristaux de glace analogues à ceux de la gelée blanche.

Dans les mers polaires les manœuvres des navires se recouvrent souvent, pendant les temps brumeux, de cristaux brillants dont la formation est due à la même cause que celle de la gelée blanche, de même que dans les climats tempérés les branches d'arbres se chargent de givre pendant les nuits froides.

229. De la neige et de la pluie.. Les nuages qui flottent dans l'atmosphère subissent, sous l'influence de causes diverses, des modifications qui transforment leurs particules en gouttes liquides ou en petits cristaux de glace si la température de l'air ne s'élève pas au-dessus de 0°. Dans le premier cas, il y a production de pluie, et de neige dans le second cas. La pluie et la neige ne parviennent pas toujours à la surface de la terre ; il n'est pas rare de voir des nuages se résoudre en pluie dont l'œil peut suivre la marche jusqu'à une certaine hauteur dans l'atmosphère ; puis là toute trace de pluie disparaît ; les gouttes d'eau se sont évaporées avant d'arriver jusqu'au sol. Ce n'est cependant pas ainsi que se passe ordinairement le phénomène ; car on a remarqué, au contraire, que si l'on considère deux points situés sur la même verticale, c'est le point le plus bas qui reçoit la quantité la plus considérable de pluie. On peut admettre, pour expliquer cette contradiction apparente, que les gouttes de pluie, dans leur chute, n'augmentent de volume qu'à partir d'une certaine hauteur au-dessus du sol ; l'eau tombée pendant la première partie de l'averse, sature en s'évaporant, les couches d'air le plus rapprochées de la surface du sol. Les gouttes de pluie qui arrivent ensuite étant plus froides que ces couches d'air saturé qu'elles traversent, s'accroissent en condensant de la vapeur autour d'elles. Le grossissement des gouttes ne se fait donc qu'aux dépens de la pluie déjà tombée sur le sol et qui retombe en partie après s'être évaporée.

230. Pour mesurer la quantité d'eau qui tombe dans les diverses localités, on emploie des instruments nommés pluviomètres ou udomètres. Ce sont des vases ouverts par le haut, placés à découvert, de façon que la pluie ou la neige puisse y tomber directement sans obstacles, et qu'elle soit à l'abri de l'évaporation (Voyez dans le *Traité de physique* de M. Pouillet la description de l'udomètre de l'Observatoire de Paris, t. II). A Toulon il existe un udomètre au moyen duquel on mesure la quantité d'eau tombée suivant les différents vents. L'appareil est surmonté d'une girouette, et la direction inférieure de l'entonnoir qui reçoit la pluie est la même que celle de la girouette, par conséquent que celle du vent. Le réceptable cylindrique de cet udomètre est divisé en huit compartiments qui correspondent aux huit rumbs de vents principaux.

On dispose en général les udomètres à la surface du sol. Après la pluie, on mesure dans le réservoir de l'udomètre la hauteur de la colonne d'eau formée par les gouttes de pluie tombées de la surface de l'entonnoir, et l'on en déduit la quantité d'eau qui est tombée sur une surface d'un diamètre égal à la partie la plus évasée de l'entonnoir ; cette quantité s'estime en fractions du mètre. Quand on dit qu'il est tombé 1 centimètre d'eau, cela équivaut à dire que la quantité de pluie tombée à la surface du sol eût formé une couche de 1 centimètre d'épaisseur. Un udomètre à la surface du sol indique plus d'eau tombée que celui qui est placé au-dessus dans le même lieu.

Les quantités de pluie qui tombent pendant une seule averse sont très-variables. Quelquefois elles atteignent à peine 1 millimètre ; dans quelques cas on en a vu tomber 25 et même 81 centimètres dans une journée, comme il est arrivé à Gênes le 25 octobre 1822.

231. La quantité de pluie qui tombe, va en diminuant de l'équateur au pôle, de même que la quantité de vapeur d'eau. Dans les régions où l'évaporation est le plus active, l'eau est restituée au sol par la pluie en plus grande abondance. C'est en mer, dans la région des calmes équatoriaux, que la quantité de pluie est le plus considérable : il pleut très-rarement là où les vents alizés sont bien établis. Sur terre, entre les tropiques, on distingue deux saisons : la saison sèche et la saison humide ; cette dernière, pendant laquelle les pluies sont très-fréquentes, correspond au passage du soleil au zénith de la localité que l'on considère, de sorte que, dans les pays situés très-près de l'équateur, il y a deux saisons sèches et deux saisons humides, puisque le soleil passe deux fois au zénith de ces localités. La saison humide est aussi la plus malsaine et celle où se produisent les coups de vent. Lorsqu'on dépasse les tropiques, on trouve une zone dans laquelle la quantité de pluie qui tombe en hiver est beaucoup plus abondante que celle qui tombe en été. Tel est le climat de Madère et de Lisbonne.

Par des latitudes plus élevées, en France, par exemple, la quantité de pluie ne présente pas de grandes différences suivant les saisons, toutefois elle est généralement plus faible en hiver qu'en été, quoique dans cette dernière saison il y ait moins de jours pluvieux que dans la première. Enfin dans les régions polaires, il tombe beaucoup moins de pluie en hiver qu'en été.

Nous n'avons pas besoin de dire que les règles que nous venons d'énoncer sont sujettes à de nombreuses exceptions ; les causes locales ont en effet une très-grande influence sur la production de la pluie, ainsi que le met en évidence le tableau suivant, que M. de Gasparin a dressé pour indiquer la quantité de pluie tombée pendant les différentes saisons dans diverses régions de l'Europe.

PAYS.	QUANTITÉ MOYENNE DE PLUIE.				
	Hiver.	Printemps.	Été.	Automne.	Année entière.
	mm.	mm.	mm.	mm.	mm.
Angleterre à l'O.	239,6	171,0	221,6	283,3	915,5
Côtes O. d'Europe	185,7	140,9	170,2	246,5	743,3
Angleterre à l'E.	166,5	145,0	171,1	204,1	686,7
France S., Italie au S. des Apennins.	195,2	194,2	133,2	291,7	804,3
Italie au N. des Apennins.	139,2	253,1	275,6	353,8	1021,7
France N. et Allemagne.	126,5	148,0	229,7	174,2	678,4
Scandinavie.	81,4	76,1	170,7	148,4	476,6
Russie.	40,3	59,9	166,7	97,2	364,1

Comme complément de ce tableau, nous donnerons celui des jours de pluie dans les mêmes régions. On verra que dans les pays et dans les saisons où il pleut le plus, le nombre de jours de pluie n'est pas toujours le plus grand, et que par suite la rareté des pluies est compensée dans ce cas par leur abondance.

PAYS.	NOMBRE DE JOURS DE PLUIE.				
	Hiver.	Printemps.	Été.	Automne.	Année entière.
	j.	j.	j.	j.	j.
Angleterre O...............	43,1	37,6	33,9	44,9	159,5
Côtes O. d'Europe..........	34,4	34,4	32,9	38,0	139,7
Angleterre E...............	40,0	39,5	34,4	38,8	152,7
France S. et Italie S........	25,4	25,2	15,2	25,4	91,2
Italie N.	25,4	27,1	25,1	26,6	104,2
France N. et Allemagne......	36,1	37,0	36,8	35,0	144,9
Scandinavie................	35,2	30,3	32,6	35,1	133,2
Russie.	23,1	23,4	27,9	26,5	100,9

Dans les régions polaires, c'est à l'état de neige que l'eau tombe le plus souvent. Les flocons de neige sont composés de petits cristaux réguliers dont les formes sont très-variables. Ces formes diverses ont été très-bien décrites par Scoresby, qui pendant ses voyages dans les mers polaires a fait de nombreuses études sur ce sujet. On trouvera dans le Cours de météorologie de Kæmtz, le résultat de ces études et la reproduction des formes les plus remarquables observées par Scoresby.

252. Des grains. Les marins désignent sous le nom de grains des pluies de courte durée, accompagnées ordinairement par des bourrasques d'autant plus dangereuses pour la navigation qu'elles surprennent les navires au milieu de calmes ou de faibles brises.

On a expliqué la formation des grains par le rapprochement des deux couches de nuages qui le plus souvent existent simultanément à des hauteurs différentes dans l'atmosphère, et marchent dans des directions opposées.

On distingue en général trois espèces de grains : les grains arqués, les grains descendants et les grains blancs.

1° Les grains arqués sont très-fréquents; généralement ils s'élèvent au-dessus de l'horizon en traçant à la partie inférieure des masses de nuages un arc de couleur sombre et très-noir lorsqu'ils doivent donner beaucoup de pluie ou quand ils sont chargés de beaucoup d'électricité; quelquefois ils ont la forme d'un gros nuage noir arqué à sa partie inférieure.

Souvent ces grains montent avec une grande vitesse et laissent à peine le temps de diminuer la voilure avant que le vent se fasse sentir, ce qui a lieu lorsque les nuages s'approchent du zénith et parfois avant qu'ils aient atteint cette hauteur.

Dans d'autres circonstances, les nuages se meuvent avec lenteur et se divisent sans que le vent ait acquis assez de force pour arriver jusqu'au navire. On a remarqué que lorsque ces grains commencent par de la pluie on a peu après une très-forte rafale, tandis que si le vent se fait sentir d'abord il est rarement violent et finit par un peu de pluie.

La tornade, grain que l'on ressent surtout près des côtes occidentales de l'Afrique, dans la mer des Antilles, ainsi que dans quelques parties du grand Océan et de l'océan Indien, est le plus redoutable des grains arqués. Dans ces grains, le vent a la même violence et tourne aussi rapidement que dans les trombes ou les tempêtes à type giratoire, sans parcourir toutefois un cercle entier. En général, dans les tornades, l'amplitude des variations du vent soufflant avec violence ne dépasse pas un quadrant ou 90°. Les tornades s'annoncent longtemps à l'avance par des nuages d'une teinte blafarde ou cuivrée le jour, excessivement noire la nuit ; ces nuages sont d'ordinaire des cumulus ou des cumulo-stratus qui s'amoncellent dans le N. et dans le N. E., marchant en général contre le vent régnant. Des phénomènes électriques accompagnent presque toujours les tornades, et peu à peu on voit faiblir, puis tomber la brise régnante. Peu après des nuages sombres et noirs s'étendent rapidement à l'horizon, s'élèvent lentement d'abord, en dessinant un arc de cercle immense et régulier, sillonné à chaque instant par la foudre ; plus l'arc est tranché, plus on peut s'attendre à recevoir un vent violent. Quelques secondes de calme ont lieu alors, puis on sent tout à coup la brise du N. E. violente et chassant avec rapidité devant elle l'orage qui éclate dans toute sa force lorsqu'il atteint 30° ou 40° au-dessus de l'horizon.

On remarque que, contrairement à ce qui a lieu dans les autres grains à type arqué, les tornades dans lesquelles le vent précède la pluie sont généralement les plus fortes. La durée des tornades ne dépasse guère 1 heure ou 1 heure 1/2, mais elles ressemblent à des ouragans de peu de durée par la violence du vent.

Les pamperos qui sévissent sur les côtes de la Plata sont des bourrasques analogues aux tornades, et qui sont annoncées par de gros nuages sombres, paraissant rouler les uns sur les autres ou par une immense voûte noire qui semble envahir tout le ciel depuis l'O. jusqu'à l'E. avec une éclaircie dans la direction d'où viendra le vent, c'est-à-dire dans le S.-O. Dans les pamperos de la Plata, comme dans les tornades de la côte du Sénégal, le vent a un mouvement rotatoire, et ces deux genres de tourbillons suivent, pour le sens de leur mouvement dans les deux hémisphères, les mêmes lois que les ouragans.

2° Les grains descendants ne sont pas aussi faciles à reconnaître que les précédents, parce qu'ils proviennent de nuages formés près de l'observateur dans la partie la plus basse de l'atmosphère. Ils donnent en général beaucoup de pluie et des rafales. Ces grains sont fréquents surtout dans le golfe du Mexique. Dans ces grains, la direction du vent est souvent oblique à l'horizon.

2° Les grains blancs sont rares; on en rencontre cependant quelquefois entre les tropiques ou dans leur voisinage, surtout près des terres élevées; ils sont violents et de courte durée. Ils ont lieu avec un ciel très-clair et sans que rien dans l'atmosphère puisse les indiquer. D'autres fois on voit un nuage blanc, fort petit, qui au moment où le vent se fait sentir s'accroît presque brusquement et acquiert de grandes dimensions. Dans beaucoup de cas, on ne peut reconnaître l'approche d'un grain blanc que par le bouillonnement et les rides que la violence du vent occasionne à la surface de la mer. Dans ces grains, le vent a souvent un mouvement giratoire comme dans les trombes.

MÉTÉORES LUMINEUX.

255. Passage de la lumière à travers l'atmosphère. Les rayons de lumière blanche, en traversant l'atmosphère, éprouvent des modifications dont les unes, telles que la couleur bleue du ciel, la réfraction, etc., se manifestent d'une manière permanente, et dont les autres dépendent d'un état passager dû surtout à la présence de la vapeur d'eau sous ses différentes formes.

Si l'atmosphère n'existait pas, le ciel paraîtrait une voûte noire sur laquelle se détacheraient les astres en vive lumière blanche. Il en serait encore de même dans le cas où l'air serait un corps complétement transparent.

Loin de là, l'air laisse passer certains rayons; il en absorbe et il en réfléchit d'autres. On a calculé que dans les circonstances les plus favorables, la terre ne recevait du soleil que les deux tiers des rayons qu'elle recevrait sans la présence de l'atmosphère. Aussi plus on s'élève au-dessus de la surface de la terre, plus le ciel devient foncé et plus la lumière du soleil paraît vive.

La lumière blanche se compose des rayons de couleurs diverses qui forment le spectre solaire dans l'ordre suivant de réfrangibilité décroissante :

Violet, indigo, bleu, vert, jaune, orangé, rouge.

Parmi ces rayons, l'air laisse passer de préférence les rayons rouges, et réfléchit les rayons bleus. La couleur bleue de l'air est due à la réflexion de ces derniers rayons ; elle est souvent modifiée par la présence des vapeurs à l'état vésiculaire, qui donnent au ciel un aspect blanchâtre. On doit attribuer à la présence de ces vapeurs ce fait que le ciel est plus pâle en mer que dans l'intérieur des continents. L'aspect blanchâtre dont nous venons de parler se fait surtout remarquer dans la région des vents alizés.

234. Les rayons que le soleil nous envoie dans sa course diurne donnent lieu à des phénomènes lumineux qui se reproduisent d'une manière périodique, et dont l'intensité dépend de l'état où l'atmosphère se trouve pendant la journée.

Grâce à la réflexion des rayons solaires sur les particules de l'atmosphère, le jour nous apparaît longtemps avant que le soleil se soit montré sur l'horizon. A ce moment qu'on appelle l'*aurore*, le ciel du côté de l'orient se colore de teintes brillantes, dont l'apparition est probablement due à la présence dans l'air de la vapeur d'eau à l'état vésiculaire. Ces teintes disparaissent peu à peu, à mesure que le soleil s'élève sur l'horizon, et en même temps la lumière de cet astre devient plus vive parce que la couche d'air que ses rayons traversent pour arriver jusqu'à nous est de moins en moins épaisse. C'est au passage méridien que cette lumière est le plus brillante, de même que c'est au zénith que la couleur du ciel est le plus foncée, tandis qu'à l'horizon elle devient quelquefois tout à fait blanche. A partir de midi, les mêmes phénomènes se reproduisent en sens inverse ; la lumière du soleil s'affaiblit en traversant une couche d'air de plus en plus épaisse ; le soir on peut même fixer cet astre à l'œil nu. C'est alors qu'apparaissent à l'occident les mêmes teintes que le lever du soleil avait produites à l'orient. Suivant M. de Tessan, qui a beaucoup étudié ce phénomène, les teintes se succèdent dans l'ordre suivant, en commençant par la plus basse ;

Le rouge rutilant mêlé d'un peu de jaune,

Le jaune orangé ,

Le jaune vert-serin ,

Le bleu du ciel un peu blanchâtre ,

Le bleu foncé du ciel.

Ces couleurs ne se montrent pas toujours ; quelquefois le soleil disparaît derrière l'horizon sans que la lumière éprouve aucun effet de coloration. Les teintes ne se produisent que dans le cas où l'atmosphère contient de la vapeur vésiculaire, et elles sont d'autant plus brillantes qu'elle en contient davantage. Les faisceaux lumineux, dans leur passage à travers les vésicules, perdent successivement leurs rayons les plus réfrangibles. Il en résulte une décomposition de lumière qui donne lieu à la coloration du *crépuscule.*

255. C'est également à la présence des vésicules de vapeur qu'est dû le phénomène de *l'anti-crépuscule,* qu'on aperçoit quelquefois à l'orient, au moment où le soleil se couche, comme un espace coloré et plus lumineux que les parties du ciel environnantes; l'anti-crépuscule est produit par la réflexion des rayons solaires sur les vésicules situées à l'opposé du soleil et qui sont éclairées directement par ses rayons, de même que la lune lorsqu'elle est dans son plein.

256. Le soleil, à son coucher, présente une autre particularité; son diamètre semble beaucoup plus grand que lorsqu'il est au zénith. Cet effet est dû à une appréciation différente de l'œil dans les deux cas; lorsque le soleil est près de l'horizon, nous le jugeons plus loin de nous à cause des points de comparaison que nous offrent les objets terrestres, points que nous n'avons pas quand le soleil est près du zénith. C'est pour la même raison que le ciel nous paraît une voûte surbaissée.

L'agrandissement du diamètre apparent des astres à leur lever et à leur coucher n'est nullement dû à la réfraction, dont l'effet serait au contraire de diminuer ce diamètre dans le sens vertical.

257. Les teintes crépusculaires disparaissent lorsque le soleil cesse d'éclairer l'atmosphère; la durée du crépuscule varie suivant les climats; elle croît avec la latitude. Les régions du nord ont de très-longs crépuscules, tandis que sous les tropiques la nuit succède très-rapidement au coucher du soleil. Cette différence dans les durées crépusculaires ne tient pas seulement à la marche plus oblique du soleil dans les latitudes élevées, elle est due aussi à la lumière réfléchie par les vapeurs à l'état vésiculaire, répandues en abondance dans l'atmosphère des contrées froides.

Pendant la durée du crépuscule, on voit se dessiner sur le ciel un segment obscur qui marche de l'orient à l'occident : ce segment est regardé comme l'intersection du cylindre d'ombre projeté par la terre avec l'enveloppe supérieure de l'atmosphère. Ainsi considéré, il sépare en effet les particules aériennes qui sont tout à fait dans l'ombre, de celles qui nous envoient encore de la lumière réfléchie. Mais la quantité de lumière diffuse qui est répandue dans l'air et qui varie avec la hauteur du soleil, influe sur la position que l'œil assigne à la séparation d'ombre et lumière. C'est pourquoi les mesures de la hauteur de l'atmosphère que l'on a essayé de déduire de la hauteur du segment comparée avec la dépression du soleil au-dessous de l'horizon, donnent des résultats très-incertains et qui varient du simple au double, de 80,000 à 160,000 mètres.

238. A mesure que la lumière du crépuscule s'affaiblit, on voit le ciel se couvrir d'étoiles. Au zénith on en aperçoit un grand nombre, tandis que dans les régions du ciel situées près de l'horizon, les rayons de celles qui sont de première grandeur peuvent seules nous arriver à travers l'épaisse couche d'atmosphère qu'ils ont à parcourir.

Lorsqu'on fixe attentivement une étoile, surtout si elle est rapprochée de l'horizon, elle semble osciller autour d'une position moyenne ; l'éclat de sa lumière varie continuellement, quelquefois même sa couleur change : elle paraît rouge par exemple, et l'instant d'après elle prend une teinte verte ou bleue. L'ensemble de ce phénomène a pris le nom de *scintillation.*

Le déplacement apparent de l'étoile est un effet de réfraction, et il a lieu surtout lorsque l'air est très-agité et que les rayons lumineux subissent à tout moment des réfractions différentes qui modifient le trajet que ces rayons parcourent avant de parvenir à l'œil.

Les changements d'éclat et de coloration sont dus à des croisements d'ondes lumineuses qu'on appelle des *interférences.* S'il n'arrivait à l'œil qu'un seul rayon lumineux, ces changements ne se produiraient pas ; mais en raison de ses dimensions l'œil peut recevoir à la fois une très-grande quantité de rayons. Considérons deux de ces rayons : quoique très-voisins, ils peuvent traverser des couches d'air qui ne sont pas complétement identiques ; les ondes lumineuses qui composent ces deux rayons ne suivent plus la même marche, et ces deux systèmes d'ondes, en arrivant à l'œil, peuvent tantôt se renforcer et tantôt se détruire. C'est un effet analogue à celui qui se produit sur la mer lorsqu'elle est agitée par deux systèmes d'ondulations différentes. Les dimensions des vagues qui en résultent sont plus fortes lorsque les sommets des ondes se rencontrent; le contraire a lieu lorsque le sommet de la lame du premier système correspond au creux de la lame du second. Telle est l'explication des fortes lames qui viennent de temps en temps frapper le rivage où le ressac produit toujours deux systèmes d'ondulations.

Les changements dans la couleur de l'étoile s'expliquent de même par l'interférence des ondes appartenant aux rayons colorés qui, en vertu de leur inégale réfrangibilité, se sont séparés pendant le passage à travers l'atmosphère du faisceau de lumière blanche envoyée par l'étoile. Quelques couleurs peuvent ainsi acquérir une intensité plus grande, tandis que d'autres sont détruites par le croisement de leurs ondulations.

Les planètes ne peuvent pas, ainsi que les étoiles, être considérées comme des points lumineux; ces astres ont des dimensions apparentes qui sont surtout rendues très-sensibles quand on les regarde à travers une lunette. Les scintillations de la multitude de points lumineux qui forment leur surface se compensent, et les planètes ne paraissent scintiller que sur leurs bords. Cette différence dans l'intensité de la scintillation permet souvent de distinguer à l'œil nu une planète d'une étoile.

259. Tels sont les phénomènes que produit chaque jour le passage des rayons lumineux à travers l'atmosphère; nous allons maintenant nous occuper succinctement des météores qui apparaissent accidentellement lorsque l'air se trouve dans des conditions propres à leur formation. Ces météores peuvent être produits par des effets de réflexion, de réfraction ou de diffraction de la lumière; c'est dans cet ordre que nous les étudierons.

240. Anthélies. L'anthélie est une auréole lumineuse qu'un observateur placé entre le soleil et un nuage aperçoit autour de l'ombre de sa tête lorsque cette ombre se projette sur le nuage; la lumière de l'auréole diminue d'intensité à mesure qu'elle s'éloigne de l'ombre. L'anthélie ainsi définie ne peut être aperçue que lorsqu'on se trouve sur le sommet d'une montagne et près d'un nuage situé à l'opposé du soleil. Le phénomène se produit également dans la plaine, sur des brouillards et sur un champ couvert de rosée. Il s'explique de même que la lueur anti-crépusculaire, par la réflexion des rayons du soleil sur les particules situées en face de cet astre ; ces particules reçoivent en plein la lumière, tandis que celles qui sont plus éloignées de l'ombre présentent des parties éclairées et d'autres qui ne le sont pas.

En mer, un observateur placé sur le pont d'un navire peut voir un phénomène analogue à l'anthélie lorsque, le soleil étant élevé au-dessus de l'horizon, il regarde l'ombre de sa tête projetée à la surface de la mer. Il aperçoit autour de cette ombre une auréole et des faisceaux lumineux dont l'apparition s'explique par la réflexion des rayons solaires sur des corpuscules en suspension dans l'eau.

241. Mirage. Les rayons lumineux, en passant du vide dans l'atmosphère ou d'un milieu dans un autre qui n'a pas la même densité, subissent une déviation que l'on nomme *réfraction*. Le rayon, lorsqu'il passe d'un milieu moins dense dans un milieu plus dense, se rapproche de la normale à la surface de séparation des deux milieux, il s'en écarte lorsque le passage a lieu dans le sens inverse ; c'est pourquoi les astres nous paraissent plus élevés au-dessus de l'horizon qu'ils ne le sont en réalité. La réfraction relève le soleil de plus de 33′ lorsqu'il est à l'horizon, c'est-à-dire d'un angle dont la valeur est un peu plus grande que celle du diamètre apparent de cet astre. Ainsi nous voyons encore le disque entier du soleil lorsque déjà il est complétement au-dessous de l'horizon. Cette déviation du rayon lumineux diminue à partir de l'horizon jusqu'au zénith, où elle est nulle. Comme la densité des couches atmosphériques va en croissant depuis la limite supérieure de l'atmosphère jusqu'à la surface de la terre, le rayon lumineux suit une courbe dont la convexité est tournée vers la normale à cette surface.

On démontre que la réfraction des rayons lumineux envoyés par un astre dont la hauteur au-dessus de l'horizon est supérieure à 15 degrés est sensiblement la même que si ces rayons passaient directement du vide dans la couche d'air où est situé l'observateur. Il ne sera donc nécessaire pour déterminer la valeur de la réfraction que de connaître l'état de cette couche, qui est donné par les observations barométriques et thermométriques.

La loi précédente ne s'applique plus aux rayons lumineux qui traversent l'atmosphère à des hauteurs plus petites que 15 degrés ; la réfraction de ces rayons dépend de l'état où se trouvent ces couches atmosphériques, état qui peut être très-variable. Dans ce cas, la détermination de la réfraction devient très-incertaine, aussi ne doit-on observer les astres que si leur hauteur au-dessus de l'horizon dépasse 15 degrés.

Le rayon incident et le rayon réfracté sont tous deux dans un même plan perpendiculaire à la surface de séparation des deux milieux, et pour ces deux milieux le sinus de l'angle d'émergence est dans un rapport constant avec le sinus de l'angle d'incidence, quel que soit ce dernier. Le rapport $\frac{\sin. i}{\sin. e}$ est donc plus grand ou plus petit que l'unité, suivant que le rayon passe d'un milieu moins dense dans un milieu plus dense, ou réciproquement. Considérons ce dernier cas, et supposons un rayon qui passe de l'eau dans l'air, le rapport $\frac{\sin. i}{\sin. e}$ est alors égal à $\frac{3}{4}$ environ. Lorsque i se rapproche de 90 degrés et que par suite sin. i s'approche de l'unité, e doit grandir en même temps. Mais lorsque l'angle i atteint une certaine grandeur, il n'y a plus de valeur de e qui puisse être telle que le rapport $\frac{\sin. i}{\sin. e}$ soit conservé; alors le rayon incident n'émerge plus, il se réfléchit en entier à la surface du liquide en suivant les lois ordinaires de la réflexion. Tel est le principe d'où découle l'explication du mirage.

Lorsque par un temps calme on regarde une plage de sable échauffée par le soleil, on voit les objets qui sont sur cette plage onduler dans tous les sens. Ils disparaissent, puis redeviennent visibles l'instant d'après; des lambeaux semblent s'en détacher et flotter dans l'air. Quelquefois on aperçoit au-dessous de l'objet son image renversée, absolument comme s'il se réfléchissait dans une eau limpide.

Ce phénomène, qui se produit surtout dans les plaines sablonneuses de l'Égypte, où il a été observé et expliqué par Monge, pendant la campagne de l'armée française, est dû à un équilibre instable de l'atmosphère, dans lequel la couche d'air immédiatement en contact avec le sol est moins dense que les couches plus élevées.

Soit Tt la surface du sol échauffé (*fig.* 61), un rayon tel que Pa passant d'une couche plus dense dans une moins dense, s'écartera de la normale et s'infléchira vers le sol. Cette inflexion augmentera de plus en plus en a, a', a'' à mesure que ce rayon arrivera dans des couches de moins en moins denses; il finira par se réfléchir en p en totalité, de façon à parvenir en O à l'œil de l'observateur après qu'il aura décrit une courbe PpO convexe vers le sol. Alors l'œil O verra l'image directe dans la direction PO, et l'image réfléchie R'P'; car tous les rayons émanés de P et qui seraient très-inclinés à l'horizon éprouveront la même action.

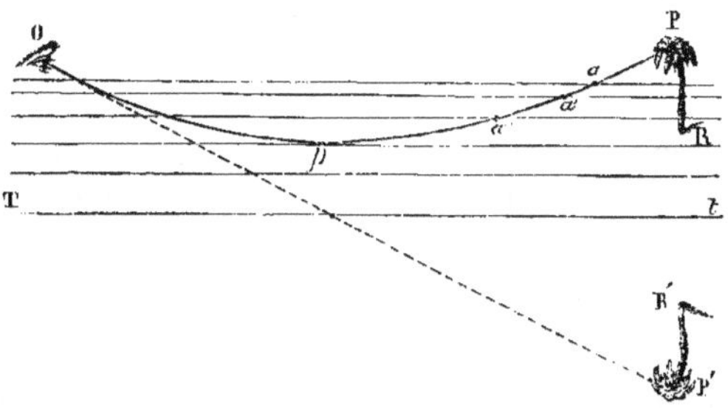

Fig. 61.

Les effets de mirage sont très-fréquents en mer, surtout le soir et le matin, alors que le temps est calme et que l'air étant plus froid que la mer, la couche d'air immédiatement en contact avec la surface de la mer est plus chaude et par conséquent moins dense que les couches plus élevées. Les rayons lumineux éprouvent dans leur trajet des perturbations qui déforment les parties basses des terres lointaines. Ainsi les caps paraissent coupés à leur pied, les îles semblent suspendues dans l'espace; des falaises peu élevées acquièrent des proportions considérables; de simples embarcations sont prises de loin pour de grands navires. Il faut admettre, pour expliquer ces apparences, que les rayons émanés des parties les plus basses des objets n'arrivent pas à l'œil; que ceux des parties un peu plus élevées y parviennent directement et en même temps par réflexion; enfin que les parties supérieures n'envoient à l'œil que des rayons directs.

Quelquefois le mirage est aussi complet sur mer que dans les déserts de l'Égypte, et l'on aperçoit au-dessous d'un navire éloigné son image entière renversée.

Lorsque la densité des couches d'air va en diminuant rapidement avec la hauteur, il peut se produire un effet de mirage en sens inverse du précédent; ce phénomène a été observé surtout dans les mers polaires; on aperçoit alors au-dessus d'un navire son image renversée. Scoresby a vu dans les parages du Groënland, au-dessus d'un navire, deux images, l'une renversée, l'autre droite. Dans une autre circonstance, il distingua nettement l'image renversée d'un bâtiment qui était à 31 kilomètres au delà de l'horizon réel.

Quelquefois on aperçoit une image latérale de l'objet, et alors cette image est droite ; dans ce cas, la surface de séparation des couches d'air d'inégale densité est verticale.

En général, par les temps très-calmes, les côtes n'apparaissent jamais de la mer telles qu'elles sont en réalité ; il y a presque toujours une perturbation dans le trajet des rayons lumineux, produite par la différence qui existe entre les températures de la pleine mer et de la côte : tantôt les rivages sont déformés ; presque toujours les dimensions en hauteur sont augmentées ; quelquefois cependant elles sont diminuées. Ces déformations disparaissent lorsque les courants aériens rendent aux couches atmosphériques la place qu'elles doivent occuper d'après leurs densités relatives.

242. Arc-en-ciel. L'arc-en-ciel ne se produit que sur les nuages opposés au soleil ; l'observateur doit être placé entre les nuages et cet astre, et il faut, en outre, que ces nuages se résolvent en pluie.

On remarque dans l'arc-en-ciel les mêmes couleurs placées dans le même ordre que dans le spectre solaire produit par le prisme. Cela indique par suite une décomposition dans le même genre des rayons lumineux produits par chaque goutte d'eau. Dans l'arc-en-ciel isolé, les couleurs sont disposées de telle façon que le rouge forme l'arc extérieur et le violet l'arc intérieur.

Un rayon solaire qui pénètre dans la goutte d'eau s'y réfracte, en se rapprochant de la normale, puis il se réfléchit sur la surface intérieure de la goutte et en émerge pour arriver à l'œil, en s'écartant de la normale à la surface de la goutte. Les rayons colorés qui composent le rayon de lumière blanche étant d'inégale réfrangibilité, se sont séparés dans leur passage à travers la goutte. Pour que l'observateur puisse en percevoir la sensation, il est nécessaire que plusieurs rayons de la même nature convergent vers l'œil ; en d'autres termes, il faut que des rayons incidents voisins émergent dans des directions à peu près parallèles. La condition pour qu'il en soit ainsi est que le rayon incident ou bien la ligne qui joint l'œil au soleil, laquelle, à cause de l'éloignement de l'astre, peut être considérée comme parallèle à ce rayon, fasse avec le rayon émergent un angle maximum. Le calcul démontre que cet angle doit être de 42° 23' pour un rayon rouge, et de 40° 29' pour un rayon violet ; la largeur de l'arc est par suite de 1° 54'. Pour une élévation du soleil supérieure à 42° 23', l'arc-en-ciel ne se projette plus sur les nuages et devient invisible ; quand le soleil est à l'horizon, on peut voir une demi-circonférence dont le rayon est d'environ 41°.

243. Très-souvent on aperçoit un second arc-en-ciel plus grand et moins brillant que le premier; dans ce second arc, les couleurs occupent une disposition inverse de celle qu'elles ont dans le premier, c'est-à-dire que le rouge est en dedans et le violet en dehors. Ce second arc-en-ciel provient d'une double réflexion des rayons lumineux à l'intérieur de la goutte d'eau. Il pourrait se former encore une troisième, une quatrième image provenant d'une triple ou d'une quadruple réflexion; mais rarement on voit un troisième arc-en-ciel, car les couleurs en sont très-affaiblies. Tous ces arcs-en-ciel sont concentriques.

244. Dans l'intérieur du premier arc, on distingue parfois au-dessous du violet, des couleurs que l'on a appelées supplémentaires ou surnuméraires; ces couleurs secondaires paraissent dues à un phénomène d'interférence analogue à celui qui produit les couronnes dont nous parlerons plus loin.

245. Dans quelques circonstances on voit un seul ou deux arcs-en-ciel sans que la pluie tombe sur la terre; alors, les gouttes de pluie se forment dans les hautes régions de l'atmosphère et se dissolvent avant d'atteindre le sol. Parfois encore on distingue quatre arcs-en-ciel, quand le soleil est réfléchi par une nappe d'eau, et que son image virtuelle donne lieu à des arcs comme l'image réelle. Suivant la position de l'astre, les cercles se coupent de diverses façons.

246. La lune, quand elle est très-brillante, donne également lieu à des arcs-en-ciel analogues aux précédents, seulement ils sont toujours très-pâles. On a observé également des arcs-en-ciel produits par la brume; ils sont blancs et sans couleurs.

247. Halos, parhélies. Les halos sont des cercles colorés d'un assez grand diamètre qui se produisent autour du soleil ou de la lune. On les observe sur les nuages élevés de la classe des cirrus, et quand le ciel est blanchâtre. La théorie conduit à donner pour cause à la formation des halos la réfraction des rayons lumineux dans les petits prismes de glace dont se composent les nuages légers qui flottent dans les parties supérieures de l'atmosphère. Il résulte de considérations analogues à celles qui ont servi à déterminer les conditions dans lesquelles peut se former l'arc-en-ciel; que le halo doit être un cercle d'un rayon de 23° environ, ayant le soleil pour centre et présentant la couleur rouge à l'intérieur. Ces résultats sont confirmés par l'expérience. Le halo se borne presque toujours à l'apparition de ce cercle de 23° de rayon. Cependant le phénomène est quelquefois beaucoup plus compliqué. On a observé un cercle de 46° de rayon concentrique au premier, puis des cercles qui passent par le soleil et enfin des arcs de cercles tangents aux cercles dont le soleil occupe le centre. Ces différentes apparitions s'expliquent par les positions diverses que peuvent occuper les cristaux de glace qui réfractent la lumière.

248. A l'intersection des cercles dont nous venons de parler, on remarque quelquefois des amas de lumière qui ressemblent à des images du soleil et auxquels on a donné le nom de parhélies.

249. Couronnes. Les couronnes sont, comme les halos, des cercles colorés concentriques au soleil et à la lune. Ils en diffèrent par la grandeur du rayon, qui n'est que de 1° à 4°, par l'arrangement ainsi que par l'éclat des couleurs, beaucoup plus vives que dans les halos et qui se présentent dans l'ordre inverse, c'est-à-dire avec le rouge en dehors et le violet en dedans. Nous avons vu que les halos se forment sur des nuages composés de particules neigeuses, tels que les cirrus et les cirro-stratus; ce sont des nuages de vapeur vésiculaire, des cirro-cumulus et des lambeaux légers de cumulus qui donnent naissance aux couronnes. Ce phénomène est produit par la même cause que les changements de couleur dans la scintillation des étoiles. Les ondulations des rayons lumineux dans leur passage entre les vésicules des nuages éprouvent en rasant leurs bords des modifications qui produisent des interférences dont le résultat est la disparition de certaines couleurs, tandis que d'autres deviennent plus éclatantes. On produit artificiellement des couronnes en regardant le soleil et la lune ou même la flamme d'une bougie à travers une vitre ternie par de la vapeur d'eau. La modification qu'éprouve la lumière dans son passage à travers de minces ouvertures fait partie d'un phénomène général qui porte le nom de *diffraction*.

La théorie indique que pour la production des couronnes il est nécessaire qu'un grand nombre de vésicules soient d'égales dimensions. Le diamètre des couronnes varie avec celui des vésicules, et on a pu déduire de ce rapport la grandeur du diamètre des vésicules qui composent les nuages. Kaemtz a trouvé par cette méthode des nombres qui varient entre $0^{mm},02752$ et $0,03490$.

250. Lumière zodiacale. Quoique la lumière zodiacale ne puisse pas être rangée parmi les météores, nous en dirons cependant quelques mots, car les marins ont souvent l'occasion d'observer cette lumière dans les longues stations qu'ils font la nuit sur le pont des navires.

La lumière zodiacale est une lueur de forme triangulaire qui apparaît à l'occident, après le crépuscule. La largeur à la base du triangle est de 20° à 30°; la ligne qui va de la base au sommet est d'environ 50° et coïncide sensiblement avec l'écliptique. Cette lueur semble faire partie de notre système planétaire, elle participe au mouvement diurne; il faut, pour qu'on puisse l'observer, qu'elle soit à une certaine hauteur au-dessus de l'horizon au moment où le crépuscule disparaît. On reconnaît, d'après la position de l'écliptique sur la sphère céleste aux différentes époques de l'année, que les époques les plus favorables à l'observation de la lumière zodiacale sont l'équinoxe de printemps pour le soir, et l'équinoxe d'automne pour le matin.

Les opinions des astronomes diffèrent sur l'origine de la lumière zodiacale. M. de Humboldt regarde comme très-vraisemblable qu'elle est due à l'existence d'un cercle de nature vaporeuse fortement aplati, situé entre l'orbite de Vénus et de Mars, et tournant librement dans l'espace.

MÉTÉORES ÉLECTRIQUES ET IGNÉS.

251. Électricité atmosphérique. Avant de parler des phénomènes électriques dont l'atmosphère est le siége, nous rappellerons brièvement l'hypothèse qui est adoptée généralement pour expliquer le mode d'action de l'électricité. On admet que tous les corps renferment deux fluides impondérables désignés sous le nom d'électricité positive et d'électricité négative, et dont la réunion constitue l'électricité neutre. Ces fluides ne manifestent leur présence que lorsqu'ils sont séparés. Les électricités de même nom se repoussent, celles de nom contraire s'attirent et tendent toujours à se combiner. Si la combinaison a lieu à travers l'air, il y a généralement production d'une étincelle accompagnée d'une explosion.

Au point de vue électrique, on partage les corps en deux classes, les bons et les mauvais conducteurs : les premiers, tels que les métaux, qui sont les corps conducteurs par excellence, laissent circuler l'électricité dans toutes leurs parties avec la plus grande rapidité. Lorsqu'ils sont en contact avec la croûte terrestre, qui est regardée comme un corps bon conducteur, ils laissent écouler immédiatement leur électricité. Les mauvais conducteurs, au contraire, les matières vitrées et résineuses, la soie, conservent dans les mêmes conditions, leur électricité pendant un temps plus ou moins long.

Le frottement est une des causes les plus énergiques de la production de l'électricité; lorsqu'on frotte un bâton de verre avec de la laine, on obtient sur ce bâton de l'électricité positive, que pour cette raison on a appelée aussi électricité vitrée; le frottement sur un bâton de résine donnerait de l'électricité négative ou résineuse.

252. L'air conduit mal l'électricité; l'atmosphère peut donc, comme tous les corps mauvais conducteurs, conserver libre pendant un temps plus ou moins long, l'électricité qui s'y développe. On trouve en effet constamment dans l'atmosphère des traces d'électricité positive ou négative. Les deux causes principales de la production de l'électricité atmosphérique sont l'évaporation et la végétation. Les vapeurs, en se formant, prennent de l'électricité positive, l'électricité négative reste dans le sol; l'acide carbonique exhalé par les végétaux prend également de l'électricité positive, et les plantes conservent l'électricité négative. Il en résulte qu'on devrait toujours trouver dans l'air de l'électricité positive; c'est en effet ce qui a lieu par les temps sereins, mais, lorsqu'il y a des nuages dans l'atmosphère, on trouve des traces d'électricité négative.

L'électricité positive des temps sereins varie avec les heures de la journée; les minima ont lieu avant le coucher et le lever du soleil, et les maxima vers huit heures du matin et huit heures du soir; la quantité d'électricité est également variable avec les saisons; elle est plus grande en hiver qu'en été, et augmente d'autant plus que le froid est plus intense. Il ne faut pas oublier que les résultats précédents ont été obtenus au moyen d'électroscopes, et que ces instruments ne peuvent que constater le degré de tension de l'électricité, qui augmente beaucoup avec l'humidité de l'air. L'état hygrométrique doit donc être pris en considération quand il s'agit de déterminer l'état électrique de l'atmosphère.

Des expériences directes montrent que l'électricité positive augmente à mesure qu'on s'élève dans l'atmosphère; mais dans ce genre d'observations, il est encore difficile de constater l'état électrique réel des diverses couches atmosphériques. Dans les couches basses, les objets environnants qui dominent l'observateur ont une grande influence sur les indications de l'électroscope.

253. Orages. Les vapeurs, en se condensant, réunissent sous un petit volume l'électricité qui était disséminée dans l'atmosphère, de sorte qu'il peut résulter de cette condensation des nuages fortement électrisés. Ces nuages, à leur tour, décomposent par influence l'électricité de ceux qui viennent à se produire ou à passer dans leur voisinage; c'est ainsi que les orages commencent à se former. Les nuages orageux apparaissent ordinairement après des jours de grande chaleur pendant lesquels une évaporation active a développé beaucoup d'électricité. On voit d'abord le ciel se couvrir de nuages blanchâtres très-élevés; peu à peu les vapeurs se condensent dans des régions plus basses et les nuages prennent une teinte plombée; les uns sont électrisés positivement, d'autres négativement. Il se manifeste entre ces nuages des attractions et des répulsions énergiques; on les voit se mouvoir avec rapidité, tandis qu'il fait calme à la surface de la terre ou marcher dans des directions souvent opposées à celle du vent régnant. Il est probable que ces mouvements dus aux affinités électriques donnent naissance aux bourrasques et aux tourbillons qui accompagnent presque toujours les orages.

254. Bientôt la tension électrique devient assez forte dans deux nuages voisins l'un de l'autre pour que les deux électricités se recomposent à travers l'air. Il se produit alors une étincelle, qui est l'éclair, suivie d'un bruit qui est le coup de tonnerre. Ce bruit est le résultat de la commotion produite dans les couches d'air qui environnent les nuages. Il n'arrive à notre oreille qu'après avoir parcouru, à raison de 333 mètres par seconde, la distance qui nous sépare des nuages orageux. Nous pouvons donc avoir une idée approximative de cette distance en comptant le nombre de secondes qui s'écoulent entre l'éclair et la perception du coup de tonnerre. En ajoutant à cette observation celle de la hauteur angulaire de l'éclair, et en comparant la hauteur des montagnes avec celle des nuages orageux, on a reconnu que l'élévation de ces derniers peut varier entre 1,200 et 5,000 mètres. Les orages peuvent donc avoir lieu dans des régions assez élevées de l'atmosphère. A cette hauteur, où l'air est raréfié, les éclairs ont une teinte qui se rapproche de la couleur violette de l'étincelle électrique lorsqu'elle passe dans le vide.

Il est probable que le plus souvent les décharges électriques entre deux nuages ne se font pas instantanément; la recomposition des deux électricités s'opère par des décharges successives se produisant toutefois avec une très-grande rapidité, puisque, suivant M. Arago, les éclairs diffus qui illuminent tous les contours des nuages n'ont pas une durée égale à la millième partie d'une seconde. Quelquefois cependant les éclairs ont beaucoup d'analogie avec l'étincelle qu'on tire d'une machine électrique; ils décrivent alors des zigzags dans l'espace et se divisent souvent en plusieurs branches à leur extrémité, ou bien ils apparaissent sous la forme d'un globe de feu.

Le coup de tonnerre qui accompagne ces derniers éclairs est sec et court, tandis que celui qui suit les éclairs diffus fait entendre des roulements prolongés dont la durée dépend de la distance de l'observateur à l'éclair. Ce roulement avait d'abord été attribué uniquement à la répercussion du son produite par les objets terrestres; mais comme on l'observe également en mer, on a dû admettre que la réflexion du son s'opérait aussi sur les nuages. Les explosions successives de l'éclair peuvent servir à expliquer le phénomène : dans cette hypothèse, l'observateur percevrait d'abord l'explosion, qui a lieu dans la partie du nuage la plus rapprochée de lui, et les variations dans l'intensité du son pendant le roulement seraient dues à l'interférence des différentes ondes sonores produites par les explosions multiples.

Les éclairs que l'on voit apparaître souvent pendant l'été, avec un ciel serein, et qu'on appelle communément *éclairs de chaleur*, semblent avoir lieu sans explosion. Ils ne sont sans doute que le reflet d'éclairs produits par des orages très-éloignés. Cette hypothèse est d'autant plus probable que les éclairs de chaleur ne se montrent jamais que très-près de l'horizon.

253. L'électricité des nuages orageux agit aussi bien sur les objets terrestres que sur les nuages voisins, et il arrive souvent que l'étincelle a lieu entre ce nuage et un corps situé à la surface de la terre; on dit alors que la foudre tombe. Elle frappe de préférence les métaux et les corps humides. Tout le monde connaît les effets mécaniques et physiologiques de la foudre; nous ne nous y arrêterons donc pas; nous dirons seulement quelques mots des perturbations qu'elle peut produire sur le magnétisme du compas quand elle tombe à bord des navires. Après que la foudre a éclaté, les chevilles, les clous et les barres de fer possèdent ordinairement la polarité magnétique, et le magnétisme des aiguilles peut être tellement altéré qu'il devient impossible de se servir des compas de route à moins de les aimanter de nouveau. Il est prudent, toutes les fois qu'un navire est frappé de la foudre et même après un violent orage, de vérifier avec soin les compas de route et ceux de relèvement.

Les orages peuvent également déranger la marche des chronomètres et le commandant Duperrey, dans son voyage autour du monde, indique que les trois montres marines qui se trouvaient à bord de la Coquille changèrent toutes les trois de marche. En l'absence de toute autre cause, il attribue aux violents orages éprouvés dans le voisinage de Timor le changement de marche survenu dans ces instruments.

256. Des paratonnerres. Les corps terminés en pointe ne conservent pas leur électricité; le fluide s'écoule rapidement par la pointe et sans produire d'explosion. L'idée du paratonnerre, qui a été imaginée par Franklin, est fondée sur cette propriété des pointes.

Un nuage orageux qui passe au-dessus d'un édifice surmonté d'un paratonnerre, agit par influence sur l'édifice; il décompose son fluide neutre, attire l'électricité de nom contraire et repousse celle de même nom. L'action du paratonnerre consiste à favoriser l'écoulement de ces deux électricités, l'une dans le sol, l'autre dans l'air. L'édifice est ainsi préservé des coups de foudre, et il l'est d'autant plus sûrement que la communication du conducteur avec le réservoir commun est mieux établie, que toutes les parties de l'édifice, surtout les parties métalliques, communiquent mieux avec le conducteur, enfin que le sommet du paratonnerre est plus aigu. Mais cette dernière condition doit se concilier avec la solidité de la pointe, car il n'est pas impossible que la foudre frappe la tige du paratonnerre et la détériore, et même la fonde si elle est très-mince. La théorie du paratonnerre ne s'accorde pas toujours avec les faits; on a vu en effet, surtout quand le nuage orageux arrive avec beaucoup de rapidité, l'étincelle tomber sur le paratonnerre, qui dans ce cas agit comme dérivatif, tandis que son action ordinaire consiste à préserver l'édifice des atteintes de la foudre.

Une instruction complète sur les paratonnerres a été publiée par les soins de l'Académie des sciences; elle se compose de plusieurs rapports, dont l'un a été rédigé en 1823 par Gay-Lussac, et les autres en 1854 et 1855 par M. Pouillet. On trouvera dans cette instruction toutes les indications nécessaires à l'établissement d'un paratonnerre et à sa bonne construction.

Plus un paratonnerre est élevé, plus il a d'efficacité, et l'on admet comme règle qu'il protége efficacement autour de lui un espace circulaire ayant pour rayon le double de sa hauteur. Par conséquent la longueur des tiges des paratonnerres varie suivant les édifices qu'on veut préserver. Les clochers, par exemple, dominant en général de beaucoup les objets environnants, on n'a pas besoin, pour les protéger, de leur donner des paratonnerres à tiges aussi longues qu'aux édifices terminés par un toit très-étendu. Aussi n'emploie-t-on que des tiges minces, ayant de 1 à 2 mètres au-dessus des croix qui les terminent.

257. Les paratonnerres marins sont dans le même genre. Ils se composent d'une tige conique en cuivre jaune ayant de 55 à 70 centimètres de longueur, qui se visse dans un crapaud de même métal appliqué sur la tête du mât. La tige à sa partie supérieure se termine par une petite pièce de platine ayant 5 centimètres de long, se vissant également sur la tige et se terminant par une pointe aiguë. Au crapaud qui porte le pied de la tige il existe un petit anneau également en cuivre jaune auquel se fixe le conducteur, composé d'une corde formée par une quinzaine de fils de fer ou de laiton tordus. Pour les préserver de l'action de l'air, on pourrait goudronner chaque fil séparément, puis faire la même opération à la corde ou à la chaîne entière, nom qu'on lui donne à bord des navires. On maintient en général la chaîne contre un galhauban par des anneaux également en cuivre, mais nous pensons que cette méthode n'est pas bonne et qu'il vaudrait mieux tendre modérément la chaîne par le bas en la faisant passer dans une ouverture pratiquée à l'extrémité d'une tige horizontale servant à l'écarter du bâtiment lorsqu'on la met à l'eau, et en la fixant dans cette ouverture par un petit crochet en cuivre ou tout autre moyen. Cette tige horizontale ou bras destinée à écarter la chaîne des flancs du navire et empêcher le contact, devrait être faite avec une substance conduisant mal l'électricité. Il faut, quand on met la chaîne du paratonnerre à l'eau, la faire plonger dans la mer d'une quantité égale au moins à 2 ou 3 mètres, et placer un poids léger à son extrémité pour l'y maintenir, afin que la vitesse du navire dans certains cas ne la ramène pas à la surface.

On donne trois paratonnerres et trois chaînes aux grands bâtiments de guerre ayant trois mâts, on n'en donne généralement qu'un aux petits bâtiments. Si l'on n'a qu'un paratonnerre, il faut le placer sur le mât le plus élevé ou sur celui qui se trouve vers le milieu du navire, lorsque les mâts sont égaux en hauteur.

Quant aux paratonnerres établis sur chacun des mâts des grands bâtiments, nous ne saurions dire s'ils sont réellement nécessaires. Charles qui s'est beaucoup occupé de cette question, a comme nous l'avons dit, posé une règle généralement admise dans la pratique, c'est qu'un paratonnerre protége efficacement un espace circulaire d'un rayon double de sa hauteur. Or, la hauteur de la mâture de tout navire étant au moins égale à sa longueur, il s'ensuit que toutes ses parties sont dans la sphère d'activité du paratonnerre placé sur le grand mât.

Cependant nous avons été plusieurs fois témoin de la chute de la foudre à bord de bâtiments de guerre; notre paratonnerre unique était placé sur le grand mât; dans deux circonstances la foudre tomba sur le mât de misaine et le brisa en partie. Dans un autre cas, la foudre ayant suivi la chaîne jusqu'à la hauteur du corps du navire, pénétra dans l'intérieur du bâtiment par une cheville de porte-haubans qui se trouvait en contact avec le conducteur, celui-ci ayant été mis sans aucune précaution à la mer. Elle fit dans la muraille un trou du diamètre d'un boulet, parcourut une partie de la batterie et sortit du côté opposé par un sabord dont elle enleva les ferrures. Fort heureusement elle n'atteignit et ne blessa grièvement aucun des hommes qui se trouvaient en ce moment dans les parties qu'elle traversa.

Lorsqu'on n'a pas de paratonnerre sur un mât, il ne faudrait pas, comme il est d'usage, y placer ce qu'on appelle une pomme, c'est-à-dire un corps rond, qui dans le cas d'une décharge produit l'étincelle. Nous ajouterons que les chaînes données aux bâtiments sont en général un peu faibles, car souvent la foudre les réduit en poussière ou en fragments qu'elle disperse.

Il existe un autre genre de paratonnerre marin, que l'on trouve principalement à bord des bâtiments anglais. Dans ce paratonnerre, le conducteur est une latte en métal, qui descend derrière le mât sur toute sa longueur et traverse toute la coque du navire dans un conduit qui l'isole; l'extrémité de ce conducteur plonge dans un réservoir d'eau situé au fond de la cale, et s'y termine par deux ou trois racines pour faciliter l'écoulement de l'électricité. Ce système nous semble peu rationnel, surtout aujourd'hui que l'introduction de machines en fer dans les parties inférieures des bâtiments peut déterminer de puissantes attractions électriques. Est-il, par suite, prudent de faire passer un conducteur près d'une machine, et ne vaut-il pas mieux le mettre en dehors du bâtiment?

Les navires de commerce possèdent rarement des paratonnerres; comme, malgré cette négligence, les accidents sont rares, il faut en conclure qu'en raison de la grande humidité des cordages et de toutes les parties du navire, les mâts agissent comme des conducteurs métalliques, et laissent écouler par leurs pointes l'électricité qui se développe à bord. Il serait prudent néanmoins que tous les navires fussent pourvus de paratonnerres.

258. Distribution géographique des orages. L'évaporation, étant la principale source de l'électricité atmosphérique, il est naturel d'en conclure que les orages sont plus fréquents dans les régions du globe où l'évaporation est très-active, que dans celles où elle est peu abondante. En effet, c'est entre les tropiques que les orages se font surtout remarquer par leur fréquence et leur intensité. Ils ont lieu principalement pendant la saison humide et aux changements de moussons; dans la région des calmes, les orages sont presque continuels; sur la côte d'Afrique et surtout dans l'Inde, il y a des saisons où un seul jour ne se passe pas sans orages; ils éclatent ordinairement le soir après le coucher du soleil et durent une partie de la nuit. Ces orages semblent être le résultat du développement de l'électricité produite par l'évaporation à la surface de la mer pendant la journée; les vapeurs se condensent le soir autour des sommets de la côte, sous forme de nuages orageux.

Dans les régions où les vents alizés sont bien établis, les orages sont aussi rares que la pluie.

A mesure qu'on s'avance vers les pôles, le nombre des orages va en diminuant; dans les latitudes élevées, ils n'ont lieu généralement que pendant la saison chaude. Ils sont plus fréquents sur les continents et sur les îles que sur mer; l'humidité dont l'atmosphère est imprégnée au-dessus des océans donne à l'air une conductibilité qui lui permet de se décharger sans secousses de son électricité; près des côtes, la mer est encore préservée des orages par le voisinage de terres élevées qui attirent les nuages orageux.

259. Feu Saint-Elme. Lorsque l'air est fortement chargé d'électricité on voit quelquefois apparaître, au-dessus des pointes de paratonnerre, des flammes produites par un violent dégagement de fluide. On a vu dans les mêmes circonstances de la pluie et même de la neige incandescentes. Ces flammes ne brûlent pas les objets qu'elles touchent; on peut s'en approcher sans danger. Elles portent le nom de feu Saint-Elme quand elles apparaissent au-dessus des mâts des navires. La plupart des voyageurs qui parlent de ce phénomène l'ont observé en hiver. Les flammes qui jaillissent de l'extrémité des mâts sont ordinairement accompagnées d'un sifflement aigu.

260. Trombes. Les trombes sont fort communes en mer, mais on en observe aussi sur terre, et bien que fort redoutables en mer pour les petits navires, les trombes le sont encore plus sur terre , car elles causent beaucoup plus de ravages.

Les trombes sont des météores animés d'un mouvement rapide de rotation et de translation, ayant le plus ordinairement la forme d'un cône renversé, dont la base est dirigée vers le ciel; ils entraînent dans leur mouvement les corps légers, quelquefois même de lourds objets; souvent ils donnent de la pluie et de la grêle, quelquefois ils sont accompagnés de globes de feu lançant des éclairs auxquels se joint le bruit du tonnerre et se dissipent assez ordinairement après. Peltier, dont la théorie est généralement admise aujourd'hui comme la plus probable, attribue la formation des trombes à l'électricité.

Un nuage fortement chargé d'électricité est attiré par le fluide de nom contraire qu'il développe sur les points de la surface terrestre qui sont situés au-dessous de lui. De là le cône renversé qu'on observe généralement, et qui descend du nuage. Ce cône, s'approchant de la surface de la terre ou de la mer, attirera à son tour l'eau ou les corps placés au-dessous de lui. Dans la trombe marine dont nous nous occupons plus spécialement, on verra alors l'eau s'agiter, bouillonner et se couvrir d'écume, puis, au moment où le nuage la touchera, elle s'élèvera sous la forme d'une gerbe allant du nuage à la mer, ou réciproquement; alors les deux électricités se réuniront et le phénomène cessera peu après. Ainsi au commencement du météore, on aperçoit d'ordinaire une protubérance descendant de la partie inférieure du nuage, en s'allongeant peu à peu. Quand ce cône atteint la surface de l'eau, celle-ci parfois s'élève en bouillonnant ou en jaillissant et s'élance vers le nuage ; d'autres fois elle se creuse, en se déprimant, comme un bassin entouré de gerbes écumeuses.

L'attraction d'un nuage électrique est généralement accompagnée du refoulement de l'air vers ce nuage, d'où résultent des courants cheminant de l'extérieur à l'intérieur, en partant de tous les points de la circonférence, et se transformant en mouvements giratoires. C'est ce mouvement qu'on remarque assez souvent dans les trombes. Dans son travail intitulé : *Observations et recherches expérimentales* sur les causes qui concourent à la formation des trombes, Peltier a fait un relevé statistique de 116 trombes, et il indique les faits suivants :

1° 29 (21 de mer et 8 de terre) ont eu un mouvement giratoire continu, ou ce mouvement n'a existé que pendant une partie de leur durée ;

2° 22 (9 de mer et 13 de terre) n'ont présenté aucune agitation intérieure ;

3° 41 (16 de mer et 25 de terre) ont été accompagnées d'éclairs, de tonnerre ou de phénomènes électriques ;

4° 10 ont transporté des objets contre le vent ;

5° 16 (7 de mer et 9 de terre) ont donné de la grêle ;

6° 6 se sont évanouies dans une atmosphère sans nuages, et n'ont été précédées d'aucune tourmente ;

7° 3 ont inondé d'eau douce les navires près desquels elles ont passé ;

8° 3 ont permis de voir la dépression de la surface des eaux ;

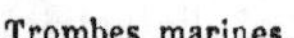

Trombes marines.

Fig. 62.

9° 2 ont servi d'intermédiaire entre deux groupes de nuages ;

10° 15 ont présenté une colonne d'eau ascendante, et 8 une colonne d'eau descendante ;

11° 8 ont fait sentir une odeur sulfureuse.

On voit souvent plusieurs trombes se produire simultanément; nous-même en 1859, à l'entrée de la mer Adriatique, nous en avons compté jusqu'à 9 et 10 en même temps, disparaissant rapidement pour se reformer de nouveau, spectacle qui dura environ une demi-heure, après quoi tout disparut. Buchanan a dessiné une trombe qui avait trois origines; le capitaine Beechey en a observé une qui avait trois cônes sortant du même pavillon. Ces météores présentent donc des variétés nombreuses et des particularités remarquables. Le bruit qui les accompagne varie, et il est plus fort sur terre que sur mer, où il ressemble à un sifflement.

Ce qui précède peut donner une idée de ces curieux météores, qui se montrent rarement dans les mêmes circonstances, et présentent chaque fois des apparences différentes.

261. De la grêle. Les nuages orageux ne se dissipent généralement pas sans donner lieu à des averses abondantes de pluie ou de grêle. Cette dernière se produit aussi quelquefois dans les trombes. Quoique la grêle soit à proprement parler un météore aqueux, puisqu'elle est le résultat de la congélation de la vapeur d'eau, nous l'avons cependant rangée parmi les météores dus à l'électricité, parce qu'elle paraît être la conséquence d'un état électrique particulier des régions élevées de l'atmosphère. Aucune des nombreuses théories qui ont été imaginées pour expliquer la formation de la grêle n'est complétement satisfaisante; la plus connue est celle de Volta, qui donne pour cause à l'abaissement de la température nécessaire pour congeler les gouttes d'eau, le froid produit par l'évaporation du nuage sous l'action des rayons solaires : cette explication est inadmissible aussi bien que celle des grossissements successifs des grêlons par le ballottement entre deux nuages superposés et électrisés différemment.

262. M. Dufour, professeur de physique à l'académie de Lausanne, a donné une ingénieuse explication de la formation de la grêle; cependant elle n'est pas à l'abri de toute objection. On sait que la température des gouttes d'eau en suspension dans un milieu fluide de même densité peut s'abaisser beaucoup au-dessous de 0° sans que la congélation ait lieu, pourvu qu'il n'y ait aucune agitation dans la masse. Aussitôt que le calme est détruit, la goutte d'eau se congèle subitement; si on amène une goutte d'eau congelée au contact d'une goutte encore liquide, cette dernière se solidifiera aussitôt, soit en adhérant à la première seulement par un point, soit en la recouvrant en partie, soit enfin en se moulant autour d'elle. On obtient de cette manière des globules qui ont la plus grande analogie avec les différentes formes de grêlons qui ont été signalées par les observateurs. Pour que la grêle puisse se former dans les mêmes conditions que les globules dont nous venons de parler, il faut supposer que des globules aqueux se soutiennent suspendus dans l'air pendant un certain temps avec un abaissement de température au-dessous de 0°, et que la congélation a lieu subitement sous l'influence de l'électricité par exemple. Mais il est difficile d'admettre que la grande agitation qui règne dans la région des nuages, lors des temps orageux, puisse permettre aux gouttes d'eau de rester à l'état liquide par des températures très-basses, comme il arrive pour les globules placés au milieu d'un fluide dont le repos complet est une condition essentielle à la réussite de l'expérience.

263. La production du grand froid nécessaire pour donner lieu à la formation de la grêle peut s'expliquer par le mélange de couches supérieures de nuages ou même de simples couches d'air avec les nuages orageux. Les orages sont presque toujours précédés de cirrus qui couvrent la surface du ciel, et le décroissement rapide de température avec la hauteur, que l'on a observé pendant les temps orageux, autorise à croire que ces cirrus sont composés de particules de glaces à une température très-basse. Admettons que les parties inférieure et supérieure d'un nuage orageux soient électrisées différemment : si la partie inférieure vient à se décharger de son fluide par la production de l'éclair entre ce nuage et la terre ou un nuage voisin, l'électricité supérieure qui était coercée par celle de la partie basse, attirera les particules glacées des nuages élevés, et il y aura dans le nuage orageux irruption de neige ou d'air très-froid, qui amèneront une condensation subite. Le résultat de cette condensation sera de la pluie ou de la grêle plus ou moins grosse suivant l'intensité du froid produit. Les aiguilles de glace des cirrus se mélangeront avec les gouttes d'eau congelées et serviront de noyau au grêlon dans sa formation. Si le froid est très-intense, il pourra se former en peu de temps des agglomérations de glace qui rendraient compte des grêlons de très-gros volume qui tombent quelquefois sur la terre. La production de la grêle sera favorisée par le choc du nuage orageux avec un nuage de la même couche marchant dans une direction opposée. Ces chocs, qui ont souvent lieu pendant les orages, amènent des tourbillons au milieu desquels les grêlons déjà formés peuvent se soutenir et augmenter de volume en se recouvrant de particules aqueuses qui sont gelées aussitôt par le contact des grêlons à une température très-basse.

L'état électrique du nuage peut se maintenir pendant longtemps tel que nous l'avons décrit; les couches d'air inférieures lui fourniront une nouvelle quantité d'électricité de même nom que celle qu'il avait précédemment dans ses parties basses, de nouvelles décharges auront lieu; ainsi le nuage orageux produira dans sa course les mêmes effets, et pourra, en s'alimentant sans cesse par sa partie supérieure, ravager les contrées sur lesquelles il passera.

264. Les nuages qui donnent la grêle ont une couleur cendrée qui les caractérise; ils sont épais et très-étendus; ils offrent de fortes protubérances, et ont les bords échancrés.

Le grêlon est formé de plusieurs couches distinctes de glace transparente disposées autour d'un noyau blanc et opaque, qui est un flocon de neige. Il y en a de toutes les formes, et quelquefois les couches concentriques sont alternativement diaphanes et opaques.

M. Delcros en a observé qui ont une structure rayonnante à partir du centre, et quelquefois cette structure enveloppe le noyau intérieur qui est concentrique. L'observation de la température des grêlons a donné — 1°, — 3° et — 4°, suivant leur grosseur. Cette grosseur des grêlons est fort variable; elle est ordinairement celle d'une noisette; on en a vu de gros comme le poing et du poids de 300 grammes.

La chute de la grêle est toujours précédée d'un bruit particulier, une espèce de bruissement dans l'air; quelquefois on entend le tonnerre avant le bruit dont nous venons de parler, comme aussi pendant la chute.

265. La grêle est plus rare sous les tropiques que dans nos climats. Elle n'y tombe presque jamais dans les plaines; elle devient plus commune lorsqu'on s'élève à 500 ou 600 mètres au-dessus du niveau de la mer.

En Europe, c'est au printemps et dans l'été que la grêle se forme le plus souvent aux heures les plus chaudes du jour; il est rare, malgré quelques exemples, qu'il en tombe la nuit.

La grêle tombe avant les pluies d'orage, et parfois elle les accompagne; il est rare qu'elle tombe après.

266. Aurores polaires. Les aurores polaires sont plus connues sous le nom d'aurores boréales, parce que c'est surtout vers le pôle nord qu'elles ont été observées. Mais elles se manifestent également au pôle sud, ainsi que l'ont constaté un grand nombre de voyageurs.

L'étude la plus complète que l'on possède sur ce phénomène est celle qui a été faite par la commission française pendant son hivernage à Bossekop, sur la côte nord de la Norwége, par 70° de latitude nord. Dans l'intervalle de 206 jours, la commission a observé 143 aurores boréales, sans compter celles que les temps couverts n'ont pas permis d'apercevoir, et qui ne manifestaient leur existence que par leur action sur l'aiguille aimantée. On peut donc dire que dans les régions septentrionales ce phénomène est à peu près journalier. Les observations prouvent cependant qu'il est plus fréquent à l'époque des équinoxes, en mars, en septembre et en obtobre, que dans les autres mois de l'année.

267. L'aurore boréale commence par l'apparition d'un arc lumineux, d'abord, étroit dont le bord inférieur est nettement tranché et à l'intérieur duquel se trouve un segment obscur. Le point culminant de l'arc est situé dans le méridien magnétique; quelquefois il est dévié de quelques degrés vers l'O. de ce méridien. Il apparaît au N. ou au S., suivant que l'observateur se trouve placé au S. ou au N. du pôle magnétique. Peu à peu la largeur de l'arc va en augmentant; bientôt il commence à lancer des rayons qui vont tous converger du côté du zénith, vers le prolongement de l'aiguille d'inclinaison; alors les différentes parties de l'arc ondulent quelquefois comme une draperie agitée par le vent. Les rayons dardés par l'arc lumineux, en s'allongeant de plus en plus, finissent par atteindre le point du ciel situé sur le prolongement de l'aiguille d'inclinaison; au même instant, de nouveaux rayons, qui semblent s'élancer de la partie opposée du ciel, convergent en ce point qui devient le centre d'une coupole lumineuse qu'on appelle la couronne boréale.

Le phénomène est alors dans toute sa beauté; puis la couronne disparaît; les rayons se raccourcissent et perdent de leur éclat; l'arc lumineux lui-même s'éteint bientôt et il ne reste plus de traces du météore.

L'aurore boréale n'est pas toujours aussi complète et souvent la couronne ne se forme pas. Dans les latitudes moyennes, l'aurore apparaît comme une lueur diffuse de couleur rouge, du côté de l'O., accompagnée d'un espace obscur s'étendant vers le N.

268. La convergence des rayons vers un point unique n'est qu'une apparence due à un effet de perspective; en réalité, tous ces rayons pour un même lieu sont parallèles à la direction de l'aiguille d'inclinaison; de sorte que le météore, dans son ensemble, doit être regardé comme un immense faisceau de rayons qui convergent tous vers le pôle magnétique ; ces rayons sont dardés et ondulent à une certaine hauteur dans l'atmosphère en formant un cône renversé dont la base s'élargit jusqu'au moment où l'aurore est dans toute son intensité, qui se rétrécit ensuite, et dont l'apparence diffère suivant le lieu occupé par l'observateur.

269. On a essayé de déterminer la hauteur des aurores boréales ; cette détermination ne peut être que très-incertaine à cause de la difficulté qui existe pour deux observateurs, situés à une certaine distance l'un de l'autre, d'observer le même point de l'aurore. On a été conduit ainsi à donner aux aurores boréales une hauteur moyenne de 150 kilomètres.

Cependant il semblerait résulter de la perception du bruit qui, d'après des témoignages nombreux, accompagne l'aurore boréale, que ce phénomène est quelquefois très-rapproché de la surface de la terre. On a comparé ce bruit à celui que produit le froissement de feuilles sèches ou au petillement de l'étincelle électrique. Les membres de la commission française ne l'ont jamais entendu, mais le fait est rapporté par des observateurs dignes de foi et ne peut guère être révoqué en doute.

270. Les aurores australes ont été moins bien observées que les aurores boréales. Les récits des voyageurs semblent indiquer que ces deux phénomènes se passent d'une manière à peu près identique. On prétend même que l'apparition d'une aurore australe correspond toujours à celle d'une aurore boréale. M. de Tessan a fait, dans son voyage sur la *Vénus*, une observation assez précise d'aurore australe. Il a trouvé que le sommet de l'arc lumineux était dans le méridien magnétique, et il a conclu, des mesures qu'il a prises, que le centre de cet arc devait se trouver sur le prolongement de l'aiguille d'inclinaison. Il fait remarquer que le segment obscur que l'on observe à l'intérieur de l'arc lumineux, et qu'on attribue généralement à un effet de contraste, pourrait bien être réellement un nuage, comme l'ont pensé beaucoup d'observateurs. Les étoiles paraissaient en effet à travers l'arc lumineux, tandis qu'on n'en voyait aucune dans le segment obscur, et ce dernier formait des bosselures dans les points contigus à l'arc. D'un autre côté, une foule d'observateurs ont distingué facilement des étoiles à travers le segment noir des aurores boréales.

271. Cette question, ainsi que beaucoup d'autres qui se rattachent à l'apparition des aurores polaires, sont encore enveloppées d'une grande obscurité. On n'a donné jusqu'ici aucune explication satisfaisante de ce beau phénomène. Il n'est pas douteux que l'électricité n'y joue un rôle, car la lumière de l'aurore se rapproche beaucoup des effets lumineux que produit le fluide électrique dans le vide, et ces météores agissent d'une manière très-prononcée sur l'aiguille aimantée qui, jusque dans les latitudes moyennes, éprouve, à l'apparition des aurores, une agitation extraordinaire. Les officiers de la *Cléopâtre*, en 1818, ont attribué à l'influence de ce météore l'affolement des compas de la frégate, qui se produisit dans les parages de Terre-Neuve, après l'apparition d'une très-belle aurore.

272. Aérolithes, bolides. On ne peut mettre en doute que des masses ferrugineuses, quelquefois très-considérables, tombent de temps à autre, à travers les airs, sur la surface de notre globe. Depuis une cinquantaine d'années on a observé quinze ou seize fois ce phénomène : ces masses ont reçu le nom d'aérolithes. Elles sont recouvertes d'un enduit noirâtre, scorié, d'une nature tout à fait semblable à un vernis ; d'autres fois elles ont l'aspect du bitume ou l'éclat métallique de la fonte. Elles n'ont pas d'analogie avec les produits volcaniques, et l'on y trouve un grand nombre de substances. Le fer et le nickel entrent ordinairement en proportion de 20 pour 100 dans leur composition ; elles renferment encore d'autres métaux en petite quantité, puis du sulfure de fer, de l'olivine, des silicates, du chromate de fer et de l'oxyde d'étain. Les aérolithes sont quelquefois composées uniquement de fer. On cite une de ces pierres météoriques tombée en Sibérie, dont le poids est de 700 kilogrammes. La chute des aérolithes accompagne ordinairement les bolides ou globes enflammés. Ceux-ci paraissent formés de substances inflammables, car en voyageant dans l'atmosphère ils jettent des flammes, des étincelles, de la fumée, et laissent souvent après eux une longue traînée brillante. Les bolides finissent par éclater, soit dans l'air, soit à la surface de la terre, et souvent ils produisent de fortes détonations.

273. Étoiles filantes. Les étoiles filantes, sont des points lumineux ressemblant à des étoiles, qui se montrent dans les nuits sereines, se meuvent assez rapidement pour traverser en peu d'instants plusieurs constellations, et disparaissent dans le ciel, après qu'ils ont brillé d'un éclat plus ou moins vif.

Dans quelques circonstances fortuites, on a pu mesurer la hauteur à laquelle ces météores commençaient à paraître; on a vu qu'elle était fort variable et pouvait aller jusqu'à 800 kilomètres. Leur hauteur moyenne est de 120 kilomètres

Les étoiles filantes descendent ordinairement vers la terre; cependant on en a vu se mouvoir horizontalement et même de bas en haut. D'autres décrivent un demi-cercle ascendant ou descendant.

Leur direction a paru à quelques observateurs être principalement le S.-O., direction qui serait la résultante de leur mouvement combiné avec celui de la terre. Ainsi leur mouvement général serait diamétralement opposé à celui de translation de la terre dans son orbite.

D'après M. Quetelet (*Mémoires de l'Académie des sciences de Bruxelles*, t. XII), la vitesse des étoiles filantes serait en moyenne de 30 kilomètres par seconde. C'est sensiblement celle de translation de la terre autour du soleil.

274. De nombreuses hypothèses ont été faites sur la nature de ces météores. On les a d'abord considérés comme des pierres lancées par les volcans de la terre, puis par ceux de la lune. Mais ces hypothèses sont inadmissibles.

Quelques physiciens les ont regardés comme étant le produit de l'agglomération des substances métalliques qui s'élèvent de nos usines, à l'état gazeux, et se condensent dans les hautes régions de l'atmosphère.

L'opinion la plus probable est que les étoiles filantes comme les aérolithes sont des corps soumis à l'attraction du soleil et des planètes; ils se meuvent dans l'espace, et leur incandescence est produite par leur frottement contre les molécules d'air quand ils sont rencontrés par notre atmosphère. Les uns passent assez près de la terre pour être attirés par elle et tomber à sa surface; les autres, après avoir traversé l'atmosphère, continuent leur mouvement dans l'espace.

L'apparition périodique d'un grand nombre d'étoiles filantes à certaines époques de l'année est un argument puissant en faveur de l'hypothèse précédente. La terre entrerait alors dans les régions où ces astéroïdes sont répandus en plus grande abondance. On avait assigné les dates du 10 au 15 novembre et du 10 au 11 août, comme étant celles où la terre était le plus rapprochée des régions dans lesquelles se trouvent particulièrement ces corps. Mais il résulte des observations de M. Coulvier-Gravier, qui se livre depuis un grand nombre d'années à l'observation assidue des étoiles filantes, que si le maximum du 10 août existe encore, celui du mois de novembre n'a pas laissé de traces. Ce maximum a eu sa plus grande valeur en 1833; il a diminué ensuite, puis il a complétement disparu. Le maximum du mois d'août a augmenté jusqu'en 1848; depuis cette époque il va toujours en diminuant, et il est possible qu'il disparaisse comme celui du mois de novembre.

Il reste à expliquer comment des corps métalliques parviennent à s'échauffer assez pour devenir incandescents en traversant des couches d'un air aussi raréfié que doit l'être celui qui se trouve à la hauteur où passent les étoiles filantes. M. Coulvier-Gravier ne croit pas que les aérolithes et les étoiles filantes aient une même origine. Il admet que la substance de ces derniers météores est légère, inflammable, et qu'elle peut obéir aux courants qui règnent dans les parties supérieures de l'atmosphère. Cet observateur consciencieux en a déduit toute une théorie météorologique dont nous parlerons dans le chapitre suivant.

______

CHAPITRE NEUVIÈME.

DES SIGNES DU BEAU ET DU MAUVAIS TEMPS.

275. Les signes du beau et du mauvais temps ne sont pas les mêmes dans toutes les mers du globe; cependant dans les mers de l'Europe ils ont entre eux beaucoup de rapports. On ne doit pas y ajouter foi d'une manière absolue, car les lois qui régissent les variations atmosphériques sont masquées par trop de complications pour qu'on puisse arriver à quelque précision dans l'interprétation de ces lois; aussi le vieux proverbe : Qui veut mentir n'a qu'à prédire le temps, est-il fondé dans bien des cas. Nous réunissons dans ce chapitre le résultat d'observations pratiques faites surtout par les marins, avec la pensée qu'elles pourront être souvent consultées avec fruit.

276. Nuages. Nous avons indiqué sommairement, § 224, la classification des nuages adoptés par les météorologistes. Nous allons à ce sujet entrer dans quelques détails et parler des pronostics que l'on peut tirer de l'apparition des diverses espèces de nuages.

277. Cirrus. Le cirrus se montre souvent, après une série de beaux temps clairs, comme une longue ligne blanche, jetée en travers du ciel à une grande hauteur, ligne dont les extrémités se perdent à l'horizon; il est souvent le premier indice que le temps va devenir humide. A cette ligne de cirrus d'autres bandes s'ajoutent latéralement, et quelquefois des nuages de même espèce semblent sortir des côtés de la bande et s'étendre dans des directions obliques ou transversales, de telle sorte que le tout ressemble à un filet ou bien à un réseau.

D'autres fois les bandes de cirrus deviennent plus denses, sont moins élevées dans l'atmosphère, et par leur adjonction ou leur fusion avec les nuages inférieurs, elles produisent de la pluie.

La bande dont nous avons parlé ci-dessus prend le nom de cirrus linéaire, et les bandes transversales produisent ce qu'on appelle le nuage réticulaire ou frisé.

Le cirrus chevelu (communément appelé par les marins la queue de vache) est le véritable cirrus; il ressemble à une longue touffe de cheveux blancs ou bien à un flocon de laine se terminant par de belles pointes blanches. L'existence des cirrus, dans l'atmosphère, est, après un beau temps, le premier indice du vent et de la pluie. Lorsque les grands filaments ont une direction constante vers un point de l'horizon, on a fréquemment observé que le vent s'élevait de la direction vers laquelle les pointes étaient tournées.

278. Stratus. Le stratus comprend les brouillards, et toutes ces vapeurs légères, qui dans les soirs d'été couvrent le fond des vallées, les lieux humides, et disparaissent le matin. Le meilleur moment pour observer leur formation, est celui d'une belle soirée après une journée chaude. Alors à mesure que décroissent les rayons du soleil, il se forme près de la terre une vapeur blanche arrivant par degrés à sa densité avec le déclin du jour, et lorsque le soleil disparaît. En automne cette vapeur persiste quelquefois jusqu'au lendemain matin; en hiver elle prend une apparence plus dense que dans les autres saisons, elle peut durer alors toute la journée et même pendant plusieurs jours successivement.

279. Cumulus. Le cumulus se forme progressivement et apparaît avec le beau temps. Si alors on observe le ciel aussitôt après le lever du soleil, on verra çà et là dans l'atmosphère de petits nuages paraissant être le résultat de la concentration des brumes ou des vapeurs de la nuit, s'élever dans la matinée et former de petites masses dans un ciel pur. Ces nuages deviennent plus grands à mesure que le soleil monte sur l'horizon ; enfin il se produit un gros nuage de forme sphérique, irrégulière, qui subsiste ordinairement dans l'après-midi quand il s'est formé le matin ; ce nuage se divise ensuite par petites masses et s'évapore pour être remplacé par le stratus à la formation duquel il peut avoir contribué.

Lorsque les cumulus se montrent bien formés pendant trois ou quatre jours, le temps est bien établi ; ils reflètent une lumière argentée quand ils sont du côté opposé au soleil. Leur aspect est alors le même que celui de hautes montagnes dont les sommets seraient couverts de neige.

280. Nimbus. Le nimbus précède toujours la chute de la pluie, de la neige ou de la grêle.

La seconde division des nuages comprend un mélange de ceux dont nous venons d'exposer les caractères, tels sont le cirro-cumulus, le cirro-stratus, et le cumulo-stratus.

281. Cirro-cumulus. Les cirro-cumulus représentent comme un assemblage de nubécules ou de petits nuages ronds détachés les uns des autres ; ils sont généralement produits par une élévation de la température concordant avec une baisse barométrique. Dans l'été avant les orages, les nubécules qui composent les cirro-cumulus sont très-denses, de forme ronde, amassées et superposées plus que d'ordinaire. Le cirro-cumulus est si souvent un avant-coureur du mauvais temps ou des tempêtes qu'il en est regardé comme l'un des pronostics. Dans les temps variables ou pluvieux, ces nuages prennent un aspect blanc laineux et n'ont pas de forme régulière. Quelquefois les nubécules sont si petites que c'est à peine si on peut les distinguer, et le ciel paraît alors parsemé d'innombrables taches blanches transparentes.

282. Cirro-stratus. Le cirro-stratus ou nuage décroissant, est composé de masses de petits nuages horizontaux ou doucement inclinés, ondulés ou séparés par groupe. Il est en général accompagné d'une baisse barométrique, avec du vent, de la pluie ou de la neige. Le cirrus passe ordinairement au cirro-stratus, au cirro-cumulus, et ensuite au cumulus.

Le cirro-stratus une fois formé, s'évapore lentement et se combine avec quelque autre nuage. Il paraît constamment diminuer, ce qui lui a fait donner le nom de nuage décroissant. En été ce nuage est commun dans les temps variables.

Le ciel de maquereau est une variété de cirro-stratus. Une autre variété est celle qui consiste en une longue bande unie, épaisse dans son milieu, et dont les bords se perdent. Une troisième est formée par des petites rangées de nuages peu étendus, courbés d'une façon particulière, et qui sont un indice de mauvais temps.

La dernière variété de cirro-stratus est une grande panne basse de nuages couvrant le ciel sur une vaste étendue, particulièrement le soir ou la nuit, et à travers laquelle le soleil ou la lune paraissent obscurs. C'est dans ce nuage qu'ont lieu les réfractions de la lumière de ces astres qui donnent naissance aux halos. C'est un pronostic probable de pluie ou de neige.

283. Cumulo-stratus. Le cumulo-stratus comprend le nuage désigné sous le nom de cirro-stratus combiné avec le cumulus; les monceaux que forme ce dernier paraissent se superposer sur une longue base.

Le cumulo-stratus est fréquent pendant que le baromètre se tient à une hauteur moyenne ou variable, avec les vents soufflant de l'O., tournant au N. ou au S. On peut regarder ce nuage comme un avant-coureur de la pluie, et il se forme de la manière suivante : le cumulus, qui est communément entraîné par le vent, paraît retardé dans sa marche, augmente de densité, s'élargit sur les bords, et enfin présente à sa base des protubérances sombres et noires. Le changement en cumulo-stratus a lieu souvent dans tous les cumulus qui sont rapprochés les uns des autres, et leur base s'unissant, ils forment alors à leur partie supérieure comme des montagnes à sommets variés. Le changement du cumulus en cumulo-stratus, est souvent précédé par l'apparition du cirro-stratus.

Les cumulo-stratus ont des aspects divers. Ceux qui donnent de la la grêle, de la pluie ou de l'orage, sont extrêmement noirs avant la chute de la pluie ou de la grêle. Ils ont une apparence menaçante, et marchent lentement avec le vent qui les entraîne. Le cumulo-stratus s'évapore quelquefois ou se transforme en cumulus. Cependant, en général, il finit en nimbus, donnant de la pluie ou de la neige. Parfois une partie forme un nimbus, tandis que l'autre reste en cumulo-stratus.

284. Signes tirés de l'aspect général des nuages. Lorsqu'après la pluie les nuages paraissent s'abaisser et marchent lentement, c'est un indice de beau temps; au contraire, si des nuages bas et légers se forment près de la terre après une petite pluie et ressemblent à de la fumée, on peut s'attendre à voir tomber sous peu une pluie abondante et forte.

Quand les nuages sont divisés, de forme ronde et séparés entre eux, c'est un signe que le vent doit s'élever, et en hiver qu'il tombera de la neige.

Lorsque les formes des nuages sont douces, mal définies et semblables à celles du duvet, on peut croire au beau temps; si leurs bords sont tranchés nettement, déchirés, aigus, c'est un présage de mauvais temps. Généralement les teintes accidentellement foncées sont des signes de pluie ou de vent; au contraire, les teintes douces indiquent le beau temps.

En général, lorsque les vapeurs du matin se dissipent vers neuf ou dix heures, on a du beau temps. Si le ciel est couvert uniformément et qu'on voie chasser des nuages bas, ces derniers donnent fréquemment de la pluie.

Un indice à peu près certain de vents d'O., dans les mers de l'Europe, c'est de voir s'élever des nuages à l'horizon dans l'O. ou dans le N. O., alors qu'on a des vents de la partie de l'E. : suivant toute probabilité, les vents tarderont peu à souffler de la direction où l'on aperçoit ces nuages. Les vents d'E. s'annoncent également, par des nuages couvrant l'horizon de ce côté. Quand le ciel est couronné dans la partie de l'E. (présente des nuages disposés par bandes), c'est en général un signe de beau temps.

Lorsqu'on voit dans l'atmosphère plusieurs couches de nuages superposés, on peut s'attendre à de la pluie. Si ces nuages marchent en sens différents, avec des vitesses inégales, ils indiquent une lutte des courants d'air supérieurs et inférieurs, et un temps peu sûr et peu durable.

On observe souvent qu'après une belle nuit claire en hiver, on a le jour suivant un ciel sombre et couvert, et qu'au contraire à une nuit sombre succède fréquemment un beau jour.

On remarque encore que les nuages marchant contre la direction du vent régnant, indiquent que celui-ci aura une courte durée.

Au coucher du soleil, lorsque les nuages se colorent d'une teinte vive de carmin ou de rouge pourpre, et qu'à son lever au contraire l'horizon est blanchâtre et sans nuages, c'est une marque de beau temps avec du vent frais.

Il en est de même lorsqu'au lever du soleil l'horizon prend une teinte verdâtre. Dans nos climats, c'est un signe presque certain

de vents de N.-E. frais, qui se feront bientôt sentir s'ils ne règnent
déjà.

Lorsque les nuages, en partant de l'horizon, sont placés par bandes
divergentes vers le zénith et affectent la forme d'un éventail (ce que
les marins appellent un pied de vent), on peut s'attendre à voir souffler le vent de la partie de l'horizon où se trouve le sommet de l'angle
formé par ces bandes.

Quand le vent règne dans les hautes régions de l'atmosphère, et
qu'il met en mouvement des nuages ne marchant pas avec la vitesse
dont il paraît animé, il arrive souvent qu'il les divise en s'y introduisant. Il étend alors les parties les plus éloignées, de sorte que les
bords de ces nuages se divisent en bandes étroites ou en filets s'étendant dans le sens du vent. Ces nuages, que les marins appellent barbes
de chat ou nuages fouettés, indiquent un vent qui sera fort, si les
vents qui soufflent dans la région supérieure de l'atmosphère atteignent la région inférieure.

C'est encore un signe de vent fort qu'un grand nuage continu qui
tient à l'horizon, et dont le sommet aplati, sans se détacher du nuage
même, s'étend de chaque côté, ressemblant aux pointes d'une enclume. Presque toujours dans ce cas le vent viendra du côté où sont
les pointes. En effet, celles-ci sont occasionnées par le vent soufflant
dans les hautes régions de l'atmosphère et s'opposant à la marche du
nuage, ou par un vent qui vient rencontrer le nuage s'il est au repos.
Il en résulte que le bord rencontré s'aplatit et s'étend ainsi à droite
et à gauche. Les marins de nos côtes appellent ces nuages des
bigornes[1].

Lorsque le ciel se couvre de petits nuages blancs (cirro-cumulus),
divisés et de forme arrondie, ressemblant à des éponges et disposés
par masses étendues ou par bandes, c'est, avec du beau temps, un
signe certain que les vapeurs de l'atmosphère commencent à se ras-
sembler. Avec du mauvais temps, c'est une marque que la masse des
vapeurs commence à se diviser. Dans les deux cas, on doit s'attendre
à un changement de temps.

Lorsque les nuages prennent une forme arrondie, que leur masse
est compacte et que leurs contours sont nettement tranchés, c'est un
présage de vents de N.-E. Si les nuages marchent rapidement, le
vent sera frais. Dans l'été, c'est en général un signe de beau temps.

____

1. Sorte d'enclume.

Si, ces mêmes nuages ballonés (cumulus), demeurent immobiles près de l'horizon , ils annonncent quelquefois un orage qui se forme de ce côté. Il en est de même lorsque ces nuages s'amassent sur les terres : d'ordinaire le vent soufflera de cette partie. En hiver, ces nuages sont les précurseurs d'un vent violent de N.-E.

Lorsque le ciel est entièrement couvert autour de l'horizon et jusqu'au zénith, que les nuages ont une teinte cuivrée, paraissent épais, obscurs à leur centre, et semblent immobiles, c'est le présage d'une bourrasque prochaine.

285. Dans un mauvais temps, quand on voit à l'horizon une éclaircie sous le vent, et qu'elle persiste à se montrer, elle annonce un changement prochain dans la direction du vent, et par suite la fin probable du mauvais temps.

286. Brouillards, brumes, gelées. En hiver, lorsque après un vent frais de la partie de l'E., qui est tombé pendant la nuit, on observe au point du jour une forte gelée blanche se dissipant rapidement et formant un léger brouillard, c'est un signe certain que le vent va changer et que le temps va devenir mauvais. On peut alors s'attendre à des vents d'O., et si l'on voit dans cette direction une panne de brume ou des nuages, on aura d'ordinaire un vent d'aval soufflant avec force.

Lorsque pendant le printemps on a de la gelée blanche, on doit presque toujours craindre de la pluie pour le jour même ou pour le lendemain.

Les brouillards ou les brumes qui se forment avec des vents d'E. ne sont presque jamais accompagnés de pluie, et ils se dissipent d'ordinaire assez promptement. Les brumes ou les brouillards épais, très-humides, indiquent en général des vents d'aval et ne cèdent qu'à de grands vents. Les uns et les autres se changent souvent en pluie et amènent le mauvais temps. Cette dernière brume existe presque toujours avec la mer clapoteuse ou houleuse.

Lorsqu'on est près des côtes, si le matin on voit du brouillard ou de la brume dans les vallées, c'est un signe de beau temps. Si au contraire le brouillard paraît au sommet des terres élevées, on doit craindre la pluie.

Pendant l'été et l'automne, un léger brouillard le matin annonce un beau jour, lorsqu'il se dissipe à mesure que le soleil s'élève. Si, au contraire, le brouillard se forme en nuages sous l'action du soleil, on doit craindre de la pluie dans la journée.

Le brouillard après un mauvais temps en indique la fin. Au contraire, s'il se forme par un beau temps du côté de l'O., on doit en général s'attendre à du mauvais temps et presque toujours à des vents forts de cette direction.

287. Pluie. Dans un temps de pluie, si le soleil ne dissipe pas les nuages dans la matinée et si la pluie persiste, on peut craindre d'en avoir durant tout le jour.

Avec un temps de pluie ou avec un temps couvert, si le soleil à son coucher montre tout son disque, ou s'il y a des espaces clairs entre les nuages, c'est un signe de beau temps. Il en est de même lorsqu'il y a un espace clair entre les nuages et l'horizon.

Les grosses pluies durent toujours moins que les pluies fines, parce qu'elles déchargent plus promptement l'atmosphère de ses vapeurs. Quand une pluie fine succède à une grosse pluie, on peut s'attendre à du mauvais temps plus ou moins prolongé.

La pluie pendant la nuit dure moins en général que celle qui tombe le jour.

Une grosse et forte pluie avec un grand vent le fait en général diminuer de force. Il en est de même pour une pluie fine et légère ; d'où le proverbe : Petite pluie abat grand vent.

288. Des halos autour du soleil ou de la lune sont un indice de pluie, à moins qu'ils ne paraissent au moment où la rosée se forme.

289. Temps orageux. Les orages sont ordinairement annoncés par une baisse lente et continue du baromètre, par le calme de l'air et par l'impression qu'on éprouve d'une chaleur étouffante. On doit s'attendre à un orage lorsque la température est beaucoup plus élevée que celle que comporte la saison.

Un seul coup de tonnerre avec une apparence de mauvais temps, présage une tempête, tandis que plusieurs coups dans le même cas n'annoncent qu'un orage plus ou moins durable. Au contraire, après une bourrasque prolongée, pendant laquelle il n'a pas tonné, si l'on entend le tonnerre à plusieurs reprises, on peut en conclure que la tempête tire à sa fin.

290. Éclairs et tonnerre. De fréquents éclairs, près de l'horizon, avec un ciel sans nuages, indiquent du beau temps et de la chaleur ; s'ils paraissent dans le N., ils annoncent du vent ; s'ils brillent dans le S., de la pluie.

Lorsque le temps est lourd et orageux, si le tonnerre se fait entendre fortement et qu'il y ait peu d'éclairs, c'est un signe que le vent soufflera du côté où l'on entend le tonnerre. S'il y a beaucoup d'éclairs et peu de tonnerre, on aura probablement de la pluie.

Quand on entend le tonnerre vers le soir, on peut s'attendre à avoir de l'orage dans la nuit. Si le tonnerre gronde le matin, c'est un indice de vent et de pluie pour la journée. Quand les roulements sont forts et prolongés, on doit s'attendre à une bourrasque passagère dans laquelle le vent sera probablement violent.

En hiver, lorsqu'il fait des éclairs, on peut craindre du mauvais temps accompagné souvent de pluie et de grêle avec du vent dans les grains, surtout si les éclairs paraissent dans la partie de l'O.

Les orages avec tonnerre, rapprochés ou éloignés, qui sont dissipés par un vent d'E. fixe, amènent du froid dans l'atmosphère ; le vent chasse alors vivement les nuages brumeux que le soleil dissipe généralement vers le milieu du jour.

291. Feu Saint-Elme. Le feu Saint-Elme paraissant dans la mâture, sur l'extrémité des mâts ou des vergues, pendant une tempête, en annonce ordinairement la fin. Au contraire, s'il se forme sur les tiges placées au niveau du pont, la tempête généralement est dans toute sa force.

292. Alcyons. On a observé que les alcyons annoncent le mauvais temps lorsque ces oiseaux rasent la cime des lames dans le sillage, l'effleurent de leurs ailes et s'approchent très-près du navire.

En général, quand on voit les mouettes et les autres oiseaux de mer, qui se tiennent ordinairement au large de la côte, voler avec inquiétude, se croiser dans leur vol comme s'ils étaient effrayés par quelque danger et se diriger vers la terre en poussant des cris répétés, on peut s'attendre à une tempête qui sera presque toujours violente.

293. Vents. La direction des vents a une très-grande influence sur le temps ; cette influence dépend, il est vrai, de la localité et n'est quelquefois pas la même pour deux points très-voisins l'un de l'autre. On peut cependant énoncer quelques règles générales dont nous ferons l'application au climat de l'Europe.

Les vents ont toujours une tendance à s'écarter de la direction dans laquelle ils soufflent ; il en résulte un mouvement de rotation qui a lieu ordinairement de l'O. à l'E. en passant par le N. pour notre hémisphère, c'est-à-dire dans le sens du mouvement des aiguilles d'une montre, et dans un sens opposé pour l'hémisphère sud. On a cherché à expliquer ce fait par la lutte des vents de S.-O. et

de N.-E., qui sont les vents dominants dans notre hémisphère, et par
le déplacement de la limite qui sépare les deux vents. (Kæmtz, *Cours
de météorologie*, p. 49.) Il faut supposer, pour admettre cette explication, que les régions où souffle le vent de S.-O. sont situées à l'O.
de celles où règne le vent de N.-E. Peut-être doit-on chercher la
cause de ce mouvement de rotation dans la loi, en vertu de laquelle
tout corps en mouvement dans l'hémisphère nord tend à dévier à
droite d'un observateur tourné dans le sens de la direction que suit
ce corps. (*Comptes rendus de l'Acad.*, 1859, p. 769.) S'il en est ainsi,
la rotation du vent doit se faire pour l'hémisphère sud dans un sens
contraire à celui dans lequel elle a lieu pour notre hémisphère;
c'est en effet ce qu'admet Dove, qui a fait une étude spéciale de la
question des vents. Quoi qu'il en soit, il est certain que dans nos climats le temps n'a de stabilité que si la rotation s'est faite dans le sens
que nous avons indiqué.

Le vent dominant en Europe est le vent de S.-O.; c'est également
celui qui amène la pluie et les mauvais temps. Ce vent qui, après
avoir traversé les régions supérieures de l'atmosphère, s'abaisse vers
les calmes du tropique, nous arrive chaud et chargé d'humidité;
en tournant du côté de l'O., il devient plus froid, et les vapeurs qu'il
entraînait avec lui se précipitent. Il pleut beaucoup en effet lorsque
le vent tourne lentement du S.-O. à l'O. et au N.-O.; la pluie et le
mauvais temps peuvent être très-continus, si les vents, après s'être
élevés vers le N.-O., retombent vers le S.-O., pour se relever de nouveau, en oscillant constamment dans ces directions. L'année 1860,
qui a été très-pluvieuse et féconde en coups de vent, a offert un
exemple de cette oscillation continuelle des vents entre le S.-O. et
le N. Lorsque le vent franchit le N. et atteint la direction du N.-E.,
il peut encore pleuvoir pendant quelques jours, parce que le vent de
N.-E. est très-froid et précipite la vapeur qu'avait amenée le vent de
S.-O.; mais bientôt le ciel s'éclaircit, et si le vent se fixe dans la
direction du N.-E., on peut s'attendre à une continuité de beau temps.
Comme les vents de N.-E. sont ceux qui règnent dans les parties élevées de l'atmosphère, l'air se meut en masse dans cette direction et
ce courant d'air froid et pesant peut être assez fort pour refouler
pendant longtemps le vent de S.-O. Lorsque le vent a passé au N.-E.
par l'E., cette fixité du beau temps n'a jamais lieu. Après le N.-E., le
vent continuant sa rotation passe à l'E., puis au S.-E.; ce dernier
vent est le plus rare dans nos climats; il produit presque toujours

des orages. Enfin le vent, après avoir passé par le S., où il est très-chaud, revient au S.-O., pour accomplir une rotation nouvelle.

294. Calme. Le calme plat est rare et de peu de durée, même dans l'été. En hiver surtout, il annonce presque toujours un changement de temps. La hausse ou la baisse du baromètre indique alors s'il fera beau ou mauvais.

L'horizon clair annonce du beau temps s'il fait calme ou si le vent est modéré de la partie du N. (N.-O. au N.-E.). Les vents des autres directions rendent d'ordinaire l'horizon obscur ou brumeux, et le ciel plus ou moins nuageux.

On remarque qu'après un vent de N., s'il survient du calme, on aura presque toujours des vents de la partie du S., et que le vent de N. qui cesse ne reprend jamais de cette direction.

295. Mirage. Sur les côtes de l'Europe, le mirage est en général un indice du mauvais temps. Il indique de la pluie et quelquefois de grands vents de la partie de l'E. Il n'a lieu le plus souvent dans les mers du N. de l'Europe que par un temps calme ou par des vents faibles de la partie de l'E. (N.-E. au S.-E.).

296. Étoiles. Lorsque, dans un ciel sans nuages, les étoiles ont peu d'éclat ou paraissent légèrement obscurcies, c'est souvent un signe précurseur d'orage ou de pluie; lorsque ces astres brillent d'un éclat vif et scintillent beaucoup, on peut craindre un changement prochain dans le temps. Nous avons vu, en effet, § 238 que l'humidité et l'agitation de l'air sont des conditions favorables à la production du phénomène de la scintillation.

297. Soleil et lune. Au lever du soleil, lorsque cet astre est pâle, s'il est caché derrière les nuages ou bien s'il est rouge, on peut s'attendre en général à du mauvais temps.

Si le soleil à son coucher est couvert de nuages, et si au travers de ces nuages ou dans leur intervalle on distingue des rayons bien prononcés, d'une couleur pâle ou d'un rouge vif, disposés en éventail; si, en outre, on ne voit pas son disque lorsqu'il est près d'atteindre l'horizon, c'est un indice de pluie prochaine et presque toujours de vents de la partie du S.-O.

Lorsqu'au contraire le soleil se lève brillant à l'horizon, s'il dissipe les vapeurs et les nuages de la nuit, on peut compter sur une belle journée.

Dans les mers de l'Europe, principalement pendant l'hiver, lorsqu'au lever du soleil les vents sont de la partie de l'E. et qu'ils tournent graduellement au S. à mesure que le soleil s'élève au-dessus de l'horizon, on peut s'attendre à un coup de vent du S.-O., presque toujours violent. Au contraire, si dans le même cas le vent ne varie pas et reste à l'E. ou au S.-E., on peut compter sur du beau temps.

Quand le soleil paraît avec un disque tranché et bien net lors de son lever et de son coucher, c'est une marque de beau temps et de vent de la partie de l'E. Un lever de soleil rose annonce du beau temps; un lever de soleil rougeâtre annonce du mauvais temps. Quand le ciel est jaune foncé dans la soirée, on peut s'attendre à du vent; quand il est jaune pâle, cela dénote de l'humidité. Une teinte grisâtre le soir est un signe favorable; le matin, c'est le contraire.

Dans les premiers jours de la lune, si sa lumière est pâle et si l'on voit des halos, on doit craindre la pluie. Il en est encore ainsi quand on observe les mêmes apparences vers l'époque de la pleine lune. Lorsqu'à l'époque de son premier et de son dernier quartier, la lumière de cet astre est jaunâtre ou rousse, c'est un signe de pluie; si elle est rouge, c'est un signe de vent. Dans les mêmes phases, lorsque la lune est pure et brillante, on peut s'attendre à du beau temps.

On a remarqué qu'au lever et au coucher de la lune, si l'on a une brise de mauvais temps, celle-ci augmente d'ordinaire. La même chose arrive pour la pluie. Dans les beaux temps, le fait indiqué en premier lieu pour le vent ne se produit pas.

Les marins de nos côtes assurent que les coups de vent qui éclatent pendant les syzygies sont plus violents que ceux qui ont lieu à d'autres époques de l'âge de la lune.

Au coucher du soleil, l'horizon clair dans le N. est un indice de vent prochain de cette direction.

298. Influence attribuée à la lune sur les changements du temps. On a observé que dans la plus grande partie du globe le mauvais temps et les coups de vent avaient lieu plutôt aux environs de la nouvelle que de la pleine lune, et qu'il ventait plus dans les nuits obscures que dans celles éclairées par cet astre. La croyance à une influence des phases de la lune sur les changements de temps est très-répandue. Toutefois nous devons dire que des observations faites dans le but de reconnaître cette influence ont été recueillies pendant vingt-deux années consécutives à Genève, et que la conclusion à tirer de la discussion de ces observations, c'est qu'il n'existe pas plus de chances pour que contre l'opinion généralement admise. Nous donnons ci-après les règles que l'on a cru pouvoir établir à cet égard.

Quand la lune s'approche du périgée, il y a beaucoup de chances pour un changement de temps.

Si la lune nouvelle coïncide avec le périgée, on a le plus grand nombre possible de chances pour un changement de temps. Quelques observateurs prétendent que ce nombre est de 33 contre 1.

Lorsque la lune nouvelle coïncide avec l'apogée, il y aurait 7 chances contre 1 pour un changement de temps.

La pleine lune venant à coïncider avec le périgée, on aurait 10 chances contre 1, et si c'est avec l'apogée, on aurait 8 chances contre 1 de voir s'opérer un changement de temps.

Lorsque la nouvelle lune coïncide avec le périgée et que le soleil est sur l'équateur, on a de grandes chances d'un changement de temps; et quand plusieurs des circonstances dont nous venons de parler sont réunies à l'époque de l'équinoxe d'automne, on peut redouter une tempête.

On a remarqué que ces changements n'arrivent pas toujours précisément à l'époque où les circonstances dont nous avons parlé sont réunies, et qu'ils ont lieu souvent deux ou trois jours avant ou après les changements de la lune. Celle-ci est à son apogée quand son demi-diamètre et sa parallaxe horizontale sont aussi petits que possible; elle est à son périgée, au contraire, lorsque le demi-diamètre et la parallaxe horizontale atteignent leurs plus grandes valeurs.

Enfin, une autre observation qui présente quelque exactitude est celle-ci : c'est que 11 fois sur 12 le temps, pendant la durée de la lune, sera le même que le temps du cinquième jour, pourvu que le sixième jour le temps soit celui qu'on a eu pendant le cinquième; et que 9 fois sur 12, pendant la durée de la lune, le temps ressemblera à celui du quatrième jour si, pendant le sixième, le temps a été celui qui a régné pendant le quatrième.

299. Étoiles filantes. Jusqu'à ces derniers temps les étoiles filantes n'avaient pas été regardées comme étant susceptibles de donner des indices sur les modifications qui doivent avoir lieu ultérieurement dans l'atmosphère. M. Coulvier-Gravier, dont nous avons déjà cité les travaux, croit pouvoir déduire d'observations faites sans interruption depuis 1811 sur ces météores, les rapports qu'offre leur marche avec l'ensemble des phénomènes météorologiques, tels que le vent, la pluie, la chaleur, etc. Les faits sur lesquels il s'appuie ont encore besoin de confirmation; mais, quelle que soit la valeur de sa théorie, elle n'en aura pas moins rendu le grand service d'attirer l'attention sur ce qui se passe dans les hautes régions de l'atmosphère Les météorologistes se sont jusqu'ici bornés presque exclusivement à constater les résultats tirés d'observations faites à la surface du sol, observations sur lesquelles les causes locales ont toujours beaucoup d'influence. L'étude de la partie supérieure de l'atmosphère conduira peut-être à la découverte de lois que l'on n'a pas trouvées jusqu'ici, malgré le nombre considérable d'observations qui sont journellement recueillies.

M. Coulvier-Gravier admet, d'une part, que les étoiles filantes sont formées d'une matière assez légère pour obéir aux perturbations atmosphériques, et en second lieu que toutes les perturbations qui doivent avoir lieu à la surface du sol sont précédées par des changements de même nature dans les régions élevées de l'atmosphère. Il en résulte que, connaissant l'état météorologique des régions supérieures, on peut prédire ce qu'il sera sous peu dans les zones inférieures. Or, les étoiles filantes, quoique paraissant se mouvoir dans tous les sens, affectent cependant, d'après M. Coulvier-Gravier, des directions spéciales suivant les jours et les années. Tant que la résultante de ces directions reste la même, il n'y a pas à craindre de changement de vent; s'il y a, au contraire, perturbation dans les trajectoires, le changement de direction indique le vent qu'on ressentira trois ou quatre jours après.

Mais la prédiction peut encore s'étendre plus loin et embrasser presque l'espace d'une année. M. Coulvier-Gravier affirme en effet que la région du ciel où se produit la plus grande quantité d'étoiles filantes est la même pour les quatre premiers mois de l'année que pour l'année entière. Les observations des quatre premiers mois indiqueront par conséquent le caractère météorologique de toute l'année.

Nous renverrons à l'ouvrage de M. Coulvier-Gravier (*Recherches sur les météores*) pour de plus amples détails sur l'application de la marche des étoiles filantes à la météorologie.

Nous nous bornerons à consigner quelques-uns des résultats auxquels l'auteur a été conduit par sa théorie.

Les étoiles filantes qui brillent et disparaissent tout à coup, et que l'on peut appeler *étoiles mouillées*, parce qu'elles paraissent s'éteindre comme si on les plongeait dans l'eau, indiquent une grande humidité dans l'atmosphère et par conséquent des pluies prochaines.

Si les étoiles filantes marchent lentement, c'est une preuve qu'il y a un grand calme dans les couches supérieures de l'atmosphère ; ce calme s'étendra jusque dans les régions basses.

Au contraire, si la course des étoiles est rapide, c'est le signe précurseur de vents très-forts.

La grande majorité des étoiles filantes se dirigent du S. au N. pendant les années chaudes ; les années froides sont, au contraire, annoncées par une tendance de la direction vers le S.

Si la résultante des étoiles filantes est portée à osciller souvent du N. au S.-E. en passant par l'E., depuis janvier jusqu'en mars, l'hiver sera normal, c'est-à-dire que le froid durera pendant cette période. Il neigera ou tombera de la pluie lorsque la résultante descendra vers l'O. ou vers le S.

Lorsque d'avril en juin la résultante oscille du S.-E. à l'O., et à l'O.-N.-O., la pluie accompagne la chaleur.

Si de la fin de juin à septembre la résultante a oscillé presque constamment du S. au N. par l'O., la sécheresse sera tempérée par quelques pluies.

Quand d'octobre au milieu de décembre la résultante a oscillé le plus souvent du S.-E. à l'O. par le S., la saison sera humide, et le sera d'autant plus que la résultante aura approché plus constamment de l'O.

Quoi qu'il en soit du degré de certitude des pronostics fournis par les étoiles filantes, il est bon d'appeler sur l'étude de ces météores l'attention des marins, qui sont à même de les observer pendant leurs veilles. La marche des étoiles filantes dans la région des vents alizés, par exemple, où le temps ne subit pas de variations, où le baromètre a des oscillations de la plus grande régularité, pourrait servir à contrôler l'exactitude de la théorie dont nous venons de donner un aperçu.

500. Du baromètre. Nous avons parlé jusqu'à présent des pronostics plus ou moins certains que peut nous donner l'observation attentive des divers phénomènes météorologiques, nous allons nous occuper maintenant d'indications plus précises fournies par le baromètre, instrument précieux pour nous faire connaître d'avance les perturbations de l'atmosphère. La hausse ou la baisse du mercure coïncident, en effet, presque sûrement dans nos climats avec l'arrivée du beau ou du mauvais temps.

La pression barométrique moyenne au bord de la mer est d'environ 760 millimètres ; l'abaissement du baromètre au-dessous de cette moyenne indique une rupture dans l'équilibre des différentes parties de l'atmosphère : cet équilibre tend sans cesse à se rétablir, de là un écoulement de l'air du côté où la pression est la moins forte , et par conséquent production de vent.

La cause des oscillations barométriques régulières ou irrégulières doit être cherchée dans l'échauffement inégal des différentes parties de l'atmosphère : Kæmtz a fait voir que les variations barométriques sont intimement liées avec celles de la température, et que les changements thermométriques sont d'autant plus grands que les oscillations barométriques ont plus d'étendue. (Kæmtz, *Cours de météorologie*, p. 265.) Lorsque la température augmente dans un lieu et devient plus grande que celle des régions voisines, l'atmosphère s'y élève par suite de la dilatation de l'air qui s'écoule par en haut, comme cela se produit d'une manière constante dans les régions équatoriales. Si, au contraire, il y a abaissement de température, l'atmosphère se contracte, et l'air, en affluant de tous les points environnants au-dessus de la colonne qui par sa contraction a diminué de hauteur, augmente la pression.

D'après ces considérations, on peut prévoir que le baromètre baissera avec les vents chauds, et montera avec les vents froids. En effet, dans nos climats le baromètre monte avec les vents de la partie du N., et il descend avec ceux de la partie du S. En mer il monte encore avec les vents d'E., et baisse avec ceux de l'O.

Par cela même que la colonne mercurielle baisse avec les vents de S.-O., cet abaissement est un indice de pluie. Cette coïncidence de la pluie avec la baisse du baromètre est particulière au climat de l'Europe ; les indications relatives à la pluie qui sont marquées sur le montant des baromètres ne se rapportent qu'à ce climat. On avait d'abord cru que l'humidité de l'air faisait baisser le baromètre parce que l'air humide était moins pesant que l'air sec ; cela est vrai quand on considère des volumes égaux et isolés d'air sec et d'air humide, mais on a démontré qu'il n'en était pas de même dans l'atmosphère, et que le poids de la vapeur d'eau doit s'y ajouter à celui de l'air sec. L'augmentation dans la tension de la vapeur d'eau doit donc avoir pour résultat de faire monter le baromètre plutôt que de le faire baisser. Cette assertion est confirmée par les observations faites à la Nouvelle-Hollande et à la Plata ; dans ces deux pays, le baromètre monte avec les vents humides du large, et baisse avec les vents de terre qui sont très-secs.

Une température élevée, après la pluie, annonce des pluies nouvelles. Pendant l'hiver, si le baromètre baisse lorsqu'il neige, la neige se transforme en pluie, tandis que la pluie avec hausse du baromètre se change en neige. Ces faits sont des conséquences de la rotation des vents du S. au N. en passant par l'O.

Dans les mers du nord de l'Europe, les variations du baromètre précèdent ou suivent généralement celles des vents. Avec ceux du N. au N.-E. le niveau du mercure est d'ordinaire très-haut. Si l'on remarque dans ce cas un mouvement de baisse, c'est un indice que le vent tournera vers l'E. Lorsque ce mouvement se continue lentement mais d'une manière progressive, on peut s'attendre à un fort vent de l'E., principalement si le temps se met à la pluie, et ce vent sera probablement de longue durée. Si, au contraire, la baisse est rapide et brusque au lieu d'être graduelle, le vent de l'E. durera peu et sera violent. Avec les vents de cette direction, si le baromètre remonte, c'est un signe que les vents ont une tendance à revenir vers l'E. et vers le N.-E., direction d'où ils peuvent souffler très-fort, bien que le baromètre soit haut.

Au contraire, les vents étant au S.-E. lorsque le niveau du mercure continue à baisser, c'est en général un indice que les vents tourneront au S. et au S.-O. Dans nos climats, avec ces derniers vents et ceux du S. au S.-E., quand ils sont violents, le baromètre atteint d'ordinaire son minimum. Si alors le niveau du mercure a une tendance à monter, les vents tourneront probablement vers l'O. et vers le N.-O., et quelle que soit leur force, s'ils doivent se fixer à cette dernière direction, le mouvement de hausse se continuera d'une manière graduelle. Dans le même cas, si, les vents étant à l'O. ou au N.-O., le baromètre baisse, on peut s'attendre à voir le vent retourner au S.-O. C'est là en général la marche du baromètre dans nos climats. Ses oscillations extrêmes sont à peu près de $0^m,730$ à $0^m,775$; cependant, dans quelques rares circonstances, il est descendu à $0^m,720$ et est monté à $0^m,780$: on cite même un cas où il est descendu à $0^m,702$; cette baisse considérable a eu lieu à Édimbourg pendant la violente tempête du 7 janvier 1839.

Comme nous venons de le dire, les variations du baromètre suivent, avec une remarquable régularité, celles des vents et du temps, principalement dans l'hiver. Pendant l'été, les indications de cet instrument sont moins certaines. Ainsi on voit une baisse accompagner les vents soufflant modérément de la partie de l'O., tandis que souvent, malgré une hausse, on ressent des vents très-frais du N.-O., du N., du N.-E. et de l'E.

Il résulte des observations qui ont été faites dans les latitudes moyennes de l'hémisphère austral que le baromètre monte avec les vents d'O., de S.-O. et de S.; il atteint sa hauteur maximum quand le vent souffle du S.-E.; il baisse lorsque le vent tourne à l'E., au N.-E. et au N. La hauteur minimum correspond au N.-O. La température et la tension de la vapeur d'eau varient avec ces mêmes vents en sens inverse de la pression barométrique.

Le baromètre baisse également avant les orages et avec les grandes pluies sans vent. Souvent ses indications précèdent de quelques heures, et même dans certains cas de quelques jours, les grandes perturbations atmosphériques qui annoncent les ouragans; d'autres fois elles ont lieu presque simultanément.

Toutes les fois qu'on voit au baromètre des mouvements irréguliers de baisse et d'élévation, se produisant dans un intervalle plus ou moins long, on peut s'attendre à un mauvais temps prochain. Il faut donc que le marin observe et suive attentivement cet instrument précieux.

En étudiant les oscillations, et en les rapprochant des renseignements que nous venons de donner sur les signes du beau et du mauvais temps, il arrivera dans bien des cas à prévoir au moment convenable certaines perturbations atmosphériques, qui peuvent avoir une grande importance pour la sécurité du navire qu'il est chargé de diriger.

Les indications du baromètre ont surtout une grande importance en ce qu'elles annoncent presque avec certitude l'approche des tempêtes. Les grandes perturbations atmosphériques sont produites par des vagues aériennes dont il est difficile de définir les dimensions et la forme, mais qui peuvent avoir une étendue considérable, car c'est en Amérique et en Asie qu'il faut aller chercher quelquefois l'augmentation de pression barométrique qui correspond à une baisse générale sur le continent européen.

Les tempêtes qui sont de nature à se prolonger et à parcourir un vaste espace sont presque toujours précédées par de fortes oscillations barométriques. En général, elles éclatent dans toute leur force lorsque le baromètre atteint son point le plus bas.

Les observations thermométriques doivent aussi être prises en considération; comparées soigneusement avec celles du baromètre, elles peuvent conduire à prévoir certains coups de vent; en hiver, par exemple, on doit craindre une tempête lorsque le thermomètre est haut et que le baromètre baisse rapidement. Si la tempête ne se montre pas sur le lieu même de l'observation, elle peut régner à une distance plus ou moins grande de ce lieu. L'observation du thermomètre peut aussi faire prévoir de quelle région viendra la tempête; si en même temps que le baromètre baisse, la température augmente, on peut s'attendre à un coup de vent du S.; si, au contraire, le thermomètre baisse, il est probable que le coup de vent viendra des régions polaires.

Il y aurait un grand intérêt pour les marins à connaître d'avance la marche de ces ondes aériennes qui produisent les tempêtes. Ce but sera peut-être atteint un jour par l'organisation, sur tous les points du globe, d'observatoires météorologiques que des télégraphes électriques relieraient entre eux. Déjà ce service existe pour les côtes de France, où il a été établi par les soins de M. Leverrier. L'observatoire de Paris est le centre auquel aboutissent les renseignements venus de toutes parts, et qui de là, renvoyés dans toutes les directions, font connaître aux divers ports de la France et de l'Europe les données météorologiques les plus importantes.

L'ouragan du 14 novembre 1854, qui a sévi en Crimée sur les flottes alliées de France et d'Angleterre, offre un exemple remarquable des tempêtes dont la marche pourrait être annoncée par de telles observations; cet ouragan a mis trois jours environ pour se développer depuis l'Atlantique jusque dans la mer Noire.

Les cyclones des tropiques sont également annoncés par le baromètre d'une manière presque infaillible. Il est probable que ces ouragans sont dus à une élévation extraordinaire de la température sur le point où ils prennent naissance. L'atmosphère se trouve en cet endroit dans un état d'équilibre instable analogue à celui qui produit le phénomène du mirage, et qui peut se maintenir pendant quelque temps à cause du grand calme qui règne dans l'air.

Lorsque la conservation de l'équilibre n'est plus possible, l'irruption de l'air plus froid se fait de tous côtés vers la colonne suréchauffée; il en résulte un tourbillon dont il est facile de prévoir le sens de rotation dans les deux hémisphères, d'après la loi de rotation des vents dans chacun d'eux. Si ce tourbillon trouve sur sa circonférence des résistances inégales, il prendra un mouvement de translation, comme une toupie qui, dans sa rotation, rencontre un point résistant et est chassée par ce point dans une direction particulière. L'irruption de l'air, sur le passage du tourbillon, a probablement lieu d'abord par en haut, car le baromètre commence à baisser longtemps avant que le vent s'élève, et ce n'est qu'au moment où la baisse atteint son maximum que l'ouragan se fait sentir; l'air qui s'était écoulé par en haut est remplacé par de l'air affluant des parties basses, et le baromètre remonte avec rapidité.

Le baromètre commence ordinairement à baisser vingt-quatre heures avant l'apparition de l'ouragan; il descend d'abord lentement, et la baisse est très-rapide dans les moments qui précèdent la tourmente; il peut baisser alors de 6 à 8 millimètres en une heure. Il remonte graduellement pendant que la tempête sévit et met généralement plus de temps à remonter qu'il n'en a mis à descendre; dans ces mouvements d'ascension et de baisse, les oscillations sont souvent considérables.

Le thermomètre monte subitement de quelques degrés à l'approche du tourbillon, la chaleur devient alors étouffante. Dans le cours de l'ouragan, la température est au contraire de 3 ou 4 degrés plus basse que celle des jours qui précèdent et qui suivent; en même temps la pluie est torrentielle et continue.

301. Nous terminerons ces considérations sur les signes du beau et du mauvais temps par quelques proverbes en usage sur les côtes de France, et qui sont par conséquent relatifs aux changements de temps sur ces côtes. Nous avons réunis ici ceux qui ont un cachet tout maritime et qui sont le plus familiers à nos pêcheurs ou à nos marins. Sous leur forme, généralement triviale, quelquefois burlesque, ils renferment des vérités utiles et des faits fondés sur l'expérience qui les rendent respectables; cette forme elle-même a le mérite de les graver plus facilement dans la mémoire. Nous croyons donc qu'on ne les trouvera pas déplacés, comme signes du beau et du mauvais temps, et qu'on nous saura gré d'en avoir, en tous cas, conservé la tradition.

PROVERBES MARITIMES

relatifs

AUX SIGNES DU BEAU ET DU MAUVAIS TEMPS.

1. Étoiles brillant peu, sans au ciel un nuage,
   Disent au matelot qu'il aura de l'orage.

2.   Grosses étoiles se montrant,
            Très-lumineuses paraissant,
            Du temps annoncent changement.

3.   Quantité d'étoiles filant,
              Signe de pluie ou de vent.

4.   Feu follet dans le gréement
            Avec le vent du sud soufflant,
            C'est mauvais temps assurément.

5.   Éclairs à l'horizon dans un ciel sans nuage,
       Beau temps avec chaleur. Marins, prenez courage!

6.   Éclairs au nord, signe de vent;
            Éclairs au sud, c'est généralement
                    Pluie et vent.

7.   Nuages bas et se traînant,
            Auprès des terres descendant,
            C'est du beau temps assurément.

8.   Après une légère ondée,
            Si nuage rasant les monts
            Apparaît comme une fumée,
              Pluie épaisse tôt formée
            Lavera proprement les ponts.

9.   Brouillard après un mauvais jour,
            Du beau temps marque le retour.

10.   Si brouillard vient après beau temps,
            Qu'il se lève en formant nuage,
            Attendez-vous, marins prudents,
            A bourrasque de long tapage.

11.   Deux soleils que l'on aperçoit,
            Annoncent la neige et le froid.

12.   Calme parfait l'hiver; prends garde et veille au grain!
       D'un changement de temps c'est un signe certain.

13.   Brouillard dans la vallée,
              Pêcheur, fais ta journée;
              Brouillard sur le mont,
              Reste à la maison.

14.   Blanche gelée au printemps,
        C'est pluie en ce jour et pour les jours suivants.

15.   Belle nuit en hiver,
          Jour qui suit souvent couvert;
          En hiver, sombre nuit,
          Lendemain beau jour luit.

16.   Quand l'hirondelle
              A tire-d'aile,
          Vole en rasant la terre et l'eau,
          Le mauvais temps viendra bientôt.

17.   Quand un cercle à la lune apparaît sur le soir,
        Vent ou pluie à minuit, qu'il faudra recevoir.

18.   Vent de nord perdu,
          Qu'on le cherche au sud.

19.   Temps bel et bon nouveau venu,
        Le faut laisser se faire pour juger sa vertu.

20.   Vent du sud-ouest qui fait le doux
          Quand il se fâche est des plus fous.

21.   Des vents d'avaux
          Les commençants sont les plus beaux.

22.   Vent de nord-est quand il pleut dans la Manche,
            C'est merveille s'il étanche.

23.   Marée allant au vent
              Défiez-vous-en !

24.   Quand l'aube verte paraîtra
          De ce côté le vent viendra.

25.   Nuages étendus, vivement fouettés
        Annoncent des vents frais qui seront entêtés.

26.   Quand enclume et bigorne apparaissent aux cieux.
        Il soufflera du vent à décorner les bœufs.

27.   Ciel pommelé, fille fardée,
          Ne sont pas de longue durée.

28.   Le feu Saint-Elme allant aux mâts
          Indique de vent grands ébats.

29.   Le feu Saint-Elme sur le pont
               Garez de la mer l'entre-pont.

30.   Soleil avec haubans
                    Pluie et vents.

31.   Si tonnerre un seul coup fait sonner sa trompette
       Vous aurez fort à faire et tempête complète.

32.   Sec comme du nord-est
               L'homme grave est ainsi fait.

33.   Nuage en ballon,
                    Vent d'amont.

34.   Nuages ressemblant à des balles de laine
       De bons vents de nord-est la voile est bientôt pleine.

35.   Avec vent de nord-est
               Jour il revente, et la nuit il se tait.

36.   Vent de nord-est, comme belle catin,
                 Ne se lève jamais matin.

37.   Les marsouins vont bien souvent
               Au côté d'où viendra le vent.

38.   De jeune nord et de sud vieux,
                 Préserve-toi si tu peux.

39.   Vent de nord-ouest, balai du ciel,
               Beau temps après un arc-en-ciel.

40.   Du côté que file une étoile
               Le vent soufflera dans la voile.

41.   Temps en mirage
               De vent d'amont est le présage.

42.   Quand le bord de la nue au ciel frangera
                 Grand frais de vent durera.

43.   Brume qui s'éclaircit s'amassant d'un côté,
           De là sera le vent, soit dit en vérité.

44.   L'horizon clair au nord, le soleil au déclin,
                 De beau temps est signe certain.

45.   Vents d'avaux se calmant et retombant au sud,
          C'est recul et gros vent avec la pluie au cul.

46.   Nuage cuivré
             Double sans mouvement,
                 Ciel bouché,
              D'aspect menaçant,
          De tempête à coup sûr annoncent le moment.

47.   Grande tempête est en décours
             Quand Dieu fait battre ses tambours.

48.   Temps paré sous le vent
          Bourrasque va finir bientôt assurément.

49.   Quand Condom a son capéou
             Et Sicié le mantéou
             Si plaou pas ploura léou.

50.   Qui veut mentir n'a qu'à parler du temps.

51.   L'eau trouble annonce un coup de vent ;
          L'eau claire prédit le beau temps.

52.   Dans les beaux jours d'été, d'un éclat sans pareil,
      On voit le vent tourner comme fait le soleil.

53.   Quand par calme de nuit la mer gronde au rivage,
      Les pêcheurs le matin peuvent cingler au large.

54.   Quand les oiseaux marins se hâtent vers la terre,
      Tempête va venir d'une rude manière.

55.   Le vent en pays chauds vient du large le jour
      De terre avec la nuit le vent souffle à son tour.

---

302. Ouvrages à consulter. Dans un cadre aussi restreint que celui qui nous est imposé, on comprendra que nous n'avons pas pu traiter en détail tous les phénomènes relatifs à l'atmosphère ; nous renverrons, pour de plus amples développements, aux ouvrages spéciaux :

Éléments de météorologie, de Kœnitz.

Atlas de Berghaus et de Johnston.

Exposition du système des vents, par Lartigue.

Traité des vents, par Romme.

Météorologie agricole de Gasparin.

Éléments de physique terrestre de Becquerel.

Petite Physique du globe, par Saigey.

Considérations générales sur l'océan Atlantique, l'océan Indien et le grand Océan.

Enfin les *Sailing Directions* de Maury, et plusieurs autres ouvrages de physique et de météorologie, entre autres celui de Biot, ainsi que les *Instructions* de Daprès de Mannevillette et d'Horsburgh.

DEUXIÈME PARTIE.

DES MERS.

CHAPITRE PREMIER.

CONFIGURATION, ÉTENDUE ET PROFONDEUR DES MERS.

303. Changements survenus dans la configuration des mers.
Les mers n'ont pas toujours eu la configuration que nous leur
voyons aujourd'hui ; lorsqu'on étudie l'arrangement, la composition
et la forme des différentes parties qui constituent l'écorce terrestre,
on trouve presque partout des témoins irrécusables d'un séjour prolongé des eaux salées.

En suivant les couches de même nature et en déterminant leurs
limites, on peut reconstituer les mers avec la forme qu'elles devaient
avoir lorsqu'elles ont donné naissance à ces dépôts. Ainsi, pour
prendre un exemple dans notre pays, les couches de calcaire grossier
que l'on exploite dans les environs de Paris, et qui ont servi à l'édi-
fication de la ville, ont dû être formées par une mer dont un golfe
profond s'avançait jusqu'au milieu du département du Loiret, et qui
s'étendait au nord en couvrant de ses eaux une partie de la Bel-
gique et de l'Angleterre, tandis que la partie occidentale de la
Manche, la Normandie, une portion de l'Orléanais étaient émergées.
Cette mer du calcaire grossier, en se retirant, a laissé à Mortefon-
taine, dans le N. de Paris, un désert de sables où on retrouve sur des
rochers épars la trace d'érosions produites par les vagues.

A une époque postérieure, la mer qui a déposé les sables de Fon-
tainebleau avait à peu près la même forme que celle du calcaire
grossier dans le bassin de Paris; mais elle formait en Allemagne
un golfe très-allongé, au fond duquel était l'emplacement où est
maintenant située la ville de Bâle, et dont les montagnes du Hartz,
du Hundsdruck et des Vosges, le Wurtemberg et la Bohême, étaient
les rivages.

L'étude attentive des dépôts laissés par ces mers montre que la formation de ces dépôts a exigé un temps très-long et s'est effectuée avec beaucoup de lenteur et dans un calme très-grand. On retrouve dans ces couches, des coquilles marines à texture très-délicate, dans un état parfait de conservation, et quelquefois dans une position qui ne peut se concilier qu'avec une tranquillité parfaite des eaux où ces mollusques vivaient. Parmi toutes les hypothèses qui ont été faites pour expliquer les changements survenus à la surface du sol, la plus rationnelle est celle qui consiste à admettre que les mers et les continents n'ont pris leur forme actuelle qu'après une suite d'affaissements et d'exhaussements des différentes parties de l'écorce terrestre, et que tous ces mouvements se sont effectués avec une extrême lenteur. Les modifications analogues qui se produisent encore de nos jours justifient cette théorie. Il est hors de doute que les côtes de Scandinavie et celles du Groënland se soulèvent peu à peu. Les débris de vaisseaux fabriqués avant l'introduction du fer qu'on a recueillis aux environs de Stockholm, parmi des fossiles appartenant aux mêmes espèces que celles qui habitent aujourd'hui les eaux de la Baltique, sont des preuves irrécusables de cette élévation, qui, sur certains points, atteint un mètre et demi par siècle.

Une portion considérable des lits de la mer du Nord et de la mer Baltique s'est donc élevée verticalement dans le cours des derniers siècles et s'est transformée en terre ferme. Le changement de climat dans ces contrées est attribué à cet exhaussement, qui a probablement détourné le Gulf-Stream de son cours primitif. Les glaces du pôle N. se sont avancées vers le S. ; et la côte E. du Groënland, qui était autrefois habitée par une colonie danoise, est devenue inaccessible.

304. Pour que ces changements puissent être mis en évidence, il est nécessaire qu'il s'écoule un long espace de temps ; mais il se produit sur les rivages de la mer des transformations qui se passent sous nos yeux et dont nous pouvons constater les progrès d'année en année. Tels sont les attérissements qui se forment à l'embouchure de toutes les rivières et les érosions produites par l'action des lames sur les roches qui bordent les côtes. Les débris de ces roches, après avoir été délayés par la mer, s'agglutinent pour former de nouvelles roches sur d'autres rivages, ou bien vont encombrer, sous forme de sables et de galets, des portions du lit de la mer qui sont exhaussées par cet apport continu. Les côtes de la Manche et de la mer du Nord nous offrent un exemple remarquable de ces modifications produites par l'action simultanée des lames et des courants.

Les falaises calcaires de la Normandie, continuellement dégradées par la mer, y laissent tomber une quantité considérable de cailloux siliceux. Ces cailloux, par leur frottement continuel sur le fond et les uns contre les autres, se réduisent en particules de sable qui, entraînées par les courants, vont former les bancs nombreux dont la mer du Nord est encombrée. Un transport analogue se produit sur la côte des Landes. Dans ces contrées le sable est tout formé ; le vent et les courants l'entraînent le long de la côte dans la direction du S., depuis l'embouchure de la Gironde jusqu'au cap de Biarritz, où il s'accumule.

Les alluvions transportées à la mer par les fleuves donnent lieu également à des changements considérables dans la configuration et l'étendue des rivages.

Les dépôts du Rhin, de l'Escaut et de la Meuse ont formé le sol de la Hollande. Une partie du Bengale est due aux alluvions du Gange. Celles du Mississipi, de l'Amazone comblent en peu de temps des espaces considérables du domaine maritime.

Dans la Méditerranée, les changements sont moins étendus qu'à l'embouchure de ces grands fleuves, mais ils sont plus sensibles en raison des dimensions restreintes de la mer où ils se produisent et de l'absence des courants de marée. On peut y suivre pas à pas les progrès des atterrissements formés par les matériaux que les rivières transportent à leur embouchure. Aux bouches du Pô, la côte s'est avancée annuellement d'environ 25 mètres depuis l'an 1200 et, suivant M. de Prony, pendant les deux derniers siècles, la marche des alluvions a été de 70 mètres par an.

Le delta du Nil s'est avancé de 2000 mètres environ depuis le commencement de l'ère chrétienne et l'on a calculé que la surface de la Basse-Égypte avait dû s'élever de plus de 2 mètres par suite des inondations du fleuve.

Les alluvions du Rhône, à la suite de travaux d'endiguement qui ont fait écouler toutes les eaux du fleuve par une même embouchure, ont comblé, près de la côte, dans ces vingt dernières années, des profondeurs de 30 mètres. Les atterrissements de l'Arno et du Tibre sont également considérables, eu égard au faible débit de ces rivières ; des documents certains portent à $2^m,6$ par an, en moyenne, l'avancement de la côte à l'embouchure du Tibre ; il s'est élevé à 4 mètres dans les siècles derniers. Des plaines fertiles s'étendent sur des emplacements que la mer couvrait jadis de ses eaux.

En même temps que dans certains points de la Méditerranée la terre empiète continuellement sur les eaux, d'autres rivages paraissent au contraire avoir été envahis par la mer; ainsi, le port de Civita-Vecchia semble être plus profond qu'il n'était autrefois. On remarque sur la côte, au N. et au S. de cette ville, de nombreux restes de constructions romaines qui sont maintenant recouvertes par les eaux de la mer.

Il est difficile d'attribuer ces changements à un exhaussement du niveau général de la Méditerranée; la communication de cette mer avec l'Océan, par le détroit de Gibraltar, exclut une telle supposition. Il est plus rationnel d'admettre encore ici un abaissement très-lent du sol.

505. Il n'est donc pas nécessaire, pour expliquer les nombreuses transformations des mers, de recourir à l'hypothèse d'un cataclysme qu'aurait produit une subite irruption des eaux de l'Océan sur les continents.

L'ingénieuse théorie des déluges alternatifs (*Révolutions de la mer,* par M. Adhémar) ne rend pas suffisamment compte des faits géologiques. M. Adhémar s'appuie sur l'inégalité de la durée des saisons dans les deux hémisphères pour en conclure le déplacement des mers, tantôt vers le pôle austral, tantôt vers le pôle boréal. L'axe de rotation de la terre, en se déplaçant, ne reste pas toujours parallèle à lui-même; il décrit un cône autour de la perpendiculaire au plan de l'écliptique, et cette révolution, désignée sous le nom de précession des équinoxes, s'effectue en 26,000 ans environ. Si l'on tient compte en même temps du déplacement du grand axe de l'écliptique, on trouve qu'il doit s'écouler 21,000 ans, pour que les saisons correspondent au même point de l'orbite parcouru par notre planète. Pendant la moitié de cet intervalle de temps, l'hiver de l'hémisphère austral est plus long que le nôtre, et le contraire a lieu pendant l'autre moitié.

Cette différence dans la durée des hivers produit, suivant M. Adhémar, une accumulation de glaces au pôle le moins échauffé; mais à mesure que l'axe de la terre effectue sa rotation lente autour de l'axe de l'écliptique, le pôle opposé se refroidit, tandis que le pôle glacé se réchauffe peu à peu; il arrive un moment où, par suite de l'élévation de la température, il se produit une débâcle de glaces qui porte brusquement le centre de gravité du globe terrestre du côté du pôle austral, si la débâcle a eu lieu au pôle boréal, et il en résulte que les mers se précipitent vers le pôle austral pour rétablir l'équilibre. Tel est le cataclysme qui a dû arriver lorsque la température de notre hémisphère s'est élevée assez pour produire la fusion des glaces accumulées au pôle boréal. Les terres émergées au pôle austral ont été inondées alors par l'irruption des eaux.

Depuis cette époque jusque vers l'année 1248 de notre ère, la durée de l'hiver de l'hémisphère boréal a été constamment en se raccourcissant, relativement à celui de l'autre hémisphère ; mais à partir de cette date, notre hémisphère se refroidit tandis que l'autre se réchauffe. Les glaces s'amoncellent au pôle nord et se fondent au pôle opposé.

Après qu'un certain nombre de siècles se seront écoulés, ce surcroît de température déterminera la dislocation des glaces au pôle sud, et amènera un nouveau déluge qui aura cette fois le pôle nord pour théâtre, tandis que des terres nouvelles émergeront au pôle austral.

306. Quelque ingénieuse que soit cette théorie, l'idée de catastrophes aussi considérables que celles qui seraient produites par le mouvement brusque des mers d'un pôle à l'autre, ne peut se concilier avec la tranquillité qui a dû être nécessaire pour la formation des puissantes couches marines que l'étude de la géologie nous fait connaître. Il a fallu, pour produire ces couches, des périodes de temps bien plus grandes que celle de 10,500 ans qui sépare deux des déluges consécutifs qu'amènerait le renversement de la différence entre les durées des saisons dans chaque hémisphère. L'hypothèse des exhaussements et des affaissements successifs est beaucoup plus en accord avec les faits ; elle se concilie très-bien avec l'existence d'un noyau central, liquide et incandescent ; elle explique suffisamment les changements de climat qui ont eu lieu sur la surface de la terre à différentes époques géologiques, et les plissements que l'on remarque dans des couches qui devraient être toujours horizontales, puisqu'elles ont été produites par le séjour des eaux.

Des causes multiples que nous avons admises comme devant changer à la longue la configuration des mers, les atterrissements produits par les cours d'eau, les érosions des rivages et les mouvements du sol, la dernière, quoique s'exerçant avec le plus de lenteur, est de beaucoup la plus puissante, car elle s'applique à des surfaces très-étendues.

507. Configuration actuelle des mers. La surface du globe se compose, à l'époque où nous vivons, de deux grands continents, désignés sous les noms d'Ancien et de Nouveau continent, séparés par deux grandes mers, l'océan Atlantique et l'océan Pacifique. Entre ces deux mers, dans un vaste bassin formé par les côtes de l'Afrique, de l'Asie et de la Nouvelle-Hollande, est situé l'océan Indien.

Au N. et au S. de ces continents et de ces mers, s'étendent les océans Arctique et Antarctique. Toutes ces mers présentent des îles nombreuses, et leurs diverses parties prennent des noms différents, tels que mer de Chine, golfe du Mexique, mer Blanche, mer Polaire, etc. suivant les régions qu'elles baignent ou les climats qui leur sont propres.

508. Les continents renferment des mers intérieures dont les unes, comme la mer d'Hudson et la Méditerranée, sont réunies aux grandes mers par des détroits, et d'autres, qui, comme la mer Caspienne, n'ont aucune communication avec les océans et peuvent être considérées comme de grands lacs salés.

509. Les deux continents n'ont pas la même direction ; le nouveau, qui se compose des deux Amériques, s'étend en longueur du N. au S. ; l'ancien, comprenant l'Europe et l'Asie, auxquelles l'Afrique est rattachée par l'isthme de Suez, se dirige du S. O. au N. E.

Les grandes chaînes de montagnes suivent les mêmes directions que les continents dans lesquels elles sont situées. La principale chaîne, dans l'ancien continent, commence au pic de Ténériffe, se continue en Espagne d'une part, et dans le Maroc de l'autre, comprend les Alpes, les Apennins, les montagnes de la Grèce et de la Turquie, rejoint le Caucase, et se termine par l'Himalaya.

Ce système de montagnes, qui offre les élévations les plus considérables, renferme aussi les plus grandes dépressions ; c'est en effet sur son parcours que sont situées les mers intérieures : la Méditerranée, la mer Noire, la mer Caspienne et le lac Aral.

510. Partout où le navigateur a pu pénétrer librement, la configuration générale des rivages est suffisamment connue ; mais lorsqu'on s'approche de l'un et de l'autre pôle, le présence des glaces oppose à la navigation des obstacles presque insurmontables. Dans ces dernières années, de grands efforts ont été faits pour aborder ces régions inhospitalières où tant de hardis marins ont trouvé la mort. Au pôle sud, les voyages de Dumont-Durville, de Ross et de Wilkes nous ont appris qu'il existe une terre très-étendue, mais glacée et déserte, qui peut-être se relie aux South-Shetland et à la terre Louis-Philippe, dans le S. du cap Horn. Le point le plus sud où on soit parvenu est situé par le 78e degré de latitude.

C'est surtout dans les parages du pôle nord que des explorateurs persévérants se sont efforcés de se frayer un passage. Grâce aux voyages du malheureux Franklin, de Parry, de Mac-Clear, du docteur Kane et d'autres marins courageux, on possède aujourd'hui, sur la géographie du nord de l'Amérique, des notions aussi complètes que la rigueur du climat le permet. On sait maintenant qu'il existe entre l'Amérique septentrionale et un immense archipel qui s'appuie sur les glaces du pôle, un passage conduisant du détroit de Behring à la baie de Baffin. Deux expéditions, parties en même temps de ces deux points, ont pu se rencontrer près de l'île Melville. Mais ce passage est tellement tortueux et si fréquemment encombré par les glaces, qu'il ne peut être d'aucune utilité pour la navigation. Dans ces dernières années, Kane s'est avancé le long de la côte occidentale du Groënland jusque par 82° 30′ de latitude, point le plus près du pôle auquel on soit encore parvenu, et à la suite du canal de Smith, il a découvert une mer libre de glaces, dont il a évalué la surface à 3,000 milles carrés. Cette expédition a supporté des froids de près de 50 degrés centigrade au-dessous de zéro.

311. Étendue des mers. Les mers et les continents sont distribués d'une manière très-inégale à la surface du globe. L'hémisphère austral contient une masse d'eau beaucoup plus grande que celle de l'hémisphère boréal. La superficie des eaux est près de trois fois celle des terres pour la surface du globe. Dans l'hémisphère boréal, la superficie des mers est environ une fois et demie, et dans l'hémisphère austral, plus de six fois et demie celle des terres.

312. Niveau des mers. Le niveau des mers oscille continuellement autour d'une position moyenne par l'effet des vents, des marées, et de la pression barométrique. Aussi, quand on veut obtenir les profondeurs de la mer, doit-on les rapporter à un niveau déterminé.

Il était intéressant de savoir si les mers séparées par des isthmes et reliées entre elles par de très-grands espaces maritimes, avaient le même niveau. Le nivellement de l'isthme de Suez, fait par Lepère, un des savants de l'expédition française en Égypte, avait donné à la mer Rouge un niveau de 9 mètres au-dessus de la Méditerranée;

des mesures prises récemment pour le percement de l'isthme ont démontré que le niveau des deux mers était sensiblement le même.

Des observations barométriques avaient conduit M. de Humboldt à donner à l'océan Atlantique, par le travers de l'isthme de Panama, un niveau de 3 mètres plus élevé que celui de l'océan Pacifique. Plus tard, des ingénieurs anglais ont trouvé, au contraire, que le niveau de l'océan Pacifique est plus élevé de 1 mètre que celui de l'océan Atlantique. Selon toute probabilité, les mers qui communiquent entre elles ont sensiblement le même niveau.

Les mers qui sont complétement isolées au milieu des terres peuvent avoir, au contraire, des niveaux très-différents de celui de l'Océan. Ainsi la mer Caspienne offre une dépression de 20 mètres, le lac Aral, de 70 mètres, et la mer Morte de 400 mètres au-dessous du niveau général des eaux des grandes mers.

315. Profondeur des mers. Il n'y a que peu d'années qu'on s'est occupé sérieusement de mesurer la profondeur des mers. Quoique le gouvernement des États-Unis ait établi un système régulier d'opérations pour parvenir à ce résultat, nos connaissances à cet égard sont encore fort peu avancées. Le bassin de l'Atlantique du N.-E. est à peu près le seul qui ait été assez complétement étudié, comme on peut en juger par la carte (Pl. II) publiée par Maury dans ses instructions nautiques et que nous avons reproduite à la fin du volume. La figure 63, qui représente une section verticale à travers l'océan Atlantique N., entre la Sénégambie et le Yucatan, donne une idée de la configuration du fond de la mer, autant que peut le faire une projection dans laquelle l'échelle des hauteurs verticales est tout à fait hors de proportion avec l'échelle des distances horizontales.

Les commandants du Petit-Thouars, Ross, Dumont D'Urville, Smith, Scoresby et d'autres capitaines des diverses marines de l'Europe avaient déjà fait des tentatives pour obtenir le fond par de grandes profondeurs. Récemment, l'expédition hydrographique du *Phare* a déterminé d'une manière rigoureuse les profondeurs du détroit de Gibraltar et détruit à cet égard des idées accréditées depuis longtemps et fort erronées. Des lignes de sondes à de grandes profondeurs ont été faites dans la Méditerranée entre la côte d'Espagne, la Sardaigne et la côte d'Afrique, par MM. Ploix et Delamarche, ingénieurs hydrographes, et entre Malte et Candie, par le capitaine Spratt. Enfin les Américains poursuivent dans les grandes mers du globe les beaux travaux qu'ils ont commencés pour arriver à tracer la configuration du lit des océans.

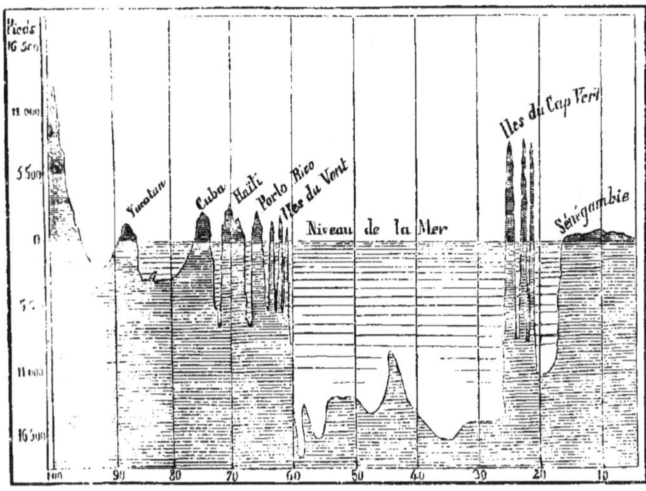

Fig. 63.

Toutes ces études, quoique bien incomplètes encore, portent à croire que le fond des mers est accidenté comme la surface du continent; qu'il s'y trouve des vallées et des montagnes dont les écueils et les îles qui surgissent au milieu de l'Océan nous représentent les sommets les plus élevés.

Près des rivages, on a observé que la forme du terrain se continuait sous l'eau et que la valeur des dépressions égalait à peu près celle des hauteurs. Ainsi les côtes les plus abruptes sont en même temps les côtes près desquelles la mer est le plus profonde. Près des terres plates et basses, l'augmentation de la profondeur est au contraire lente et graduelle.

La connaissance de la profondeur des mers est devenue très-intéressante depuis la découverte du télégraphe électrique. Cette admirable invention est destinée à relier un jour entre eux, par des fils enfouis au fond des mers, les parties du globe que ces mers séparent. On comprend facilement combien l'étude de la configuration du fond de la mer est importante et nécessaire pour l'établissement de ces grandes communications.

314. Méthode pour sonder à de grandes profondeurs. L'expérience a démontré qu'au delà de 2,500 à 3,000 mètres on ne peut accorder aucune confiance aux sondes faites par les moyens habituels, c'est-à-dire avec un plomb de sonde auquel est fixée une ligne en filin.

Par suite de cette difficulté, on a eu recours à un grand nombre de procédés ; nous croyons qu'il est inutile de les énumérer ici ; aucun de ces procédés n'ayant donné de résultat satisfaisant pour résoudre le problème par les moyens directs, on a tenté d'y parvenir par une voie détournée. En poursuivant les opérations, on prit l'habitude de noter exactement le temps qu'un poids déterminé met à descendre de 183 en 183 mètres (100 fathoms), puis en employant toujours des lignes de même dimension, identiques en poids et en volume, on parvint à établir une loi empirique des vitesses pour la descente. Des expériences répétées avec un boulet du poids de 14^k,5 ont donné pour résultat :

PROFONDEUR en mètres.	DURÉE de la descente.	PROFONDEUR en mètres.	DURÉE de la descente.
183	1^m 02^s	2930	4^m 08^s
366	1 25	3110	4 19
549	1 48	3290	4 23
732	2 05	3470	4 29
915	2 21	3660	4 37
1098	2 34	3840	4 43
1281	2 44	4020	4 49
1460	2 56	4210	5 01
1640	3 07	4390	5 04
1830	3 18	4570	5 01
2010	3 26	4750	4 58
2200	3 39	4940	5 18
2380	3 43	5120	4 38
2560	3 50	5300	4 44
2740	4 00	5490	4 40

A l'aide de cette loi, on peut apprécier avec assez d'exactitude le moment où, le poids cessant d'entraîner la ligne, celle-ci n'obéit plus qu'à l'action des courants sous-marins, car ces courants lui impriment une vitesse uniforme, tandis que le poids lui communique une vitesse croissante. Néanmoins on ne peut obtenir ainsi qu'une approximation.

Les lignes qu'on emploie sont éprouvées à une tension de 14 kilogrammes, et 183 mètres de ces lignes pèsent environ un demi-kilo.

Elles ont une longueur de 18,000 mètres et elles s'enroulent sur un cylindre qui peut tourner librement. Les sondes sont faites dans une embarcation et non à bord du navire, parce que la dérive est moins grande et qu'on est plus sûr du moment où le poids touche le fond.

Le poids qui fait descendre la ligne est habituellement un boulet de 14 ou de 29 kilogrammes, traversé suivant un diamètre par une tige qui porte un déclic à sa partie supérieure, et auquel la ligne de sonde est fixée par une patte d'oie (*fig.* 64). Le boulet est porté par les deux pointes inférieures du déclic pendant la descente et il y est maintenu par deux attaches à boucles qui décapèlent lorsque le choc du boulet contre le fond fait renverser le déclic.

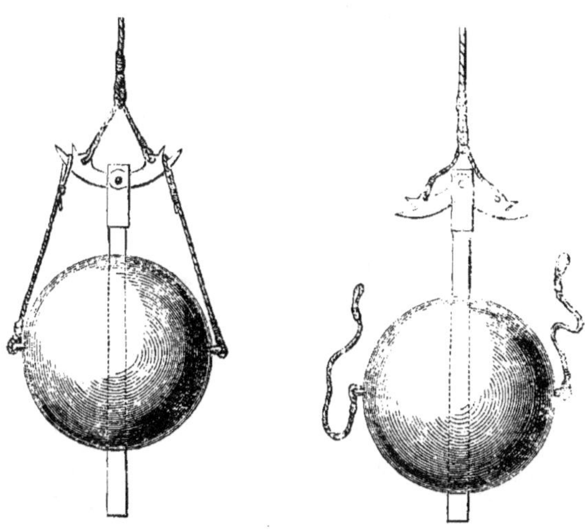

Fig. 64.

Ce système de déclic très-simple est dû au midshipman Brooke, de la marine américaine ; le sondeur ainsi perfectionné a pris son nom et s'appelle sondeur Brooke. Le talon de la tige est creusé et garni de suif pour procurer l'adhérence du fond et en rapporter des spécimens.

Dans la campagne hydrographique du *Phare*, pendant laquelle nous avons dressé les cartes du détroit de Gibraltar, nous nous sommes servi d'un sondeur préférable, dans notre opinion, à celui de Brooke. Ce sondeur (*fig.* 65), dont la description se trouve dans les *Annales hydrographiques* (1857, 3ᵉ trimestre, page 270), a sur le précédent le grand avantage d'indiquer, au moyen de roues dentées, les dizaines, les centaines et les mille de mètres filés, jusqu'à 10,000 mètres. On peut sans difficulté appliquer à ce sondeur pour les très-grands fonds le système de déclic du sondeur Brooke. De cette manière on obtiendra la profondeur avec bien plus d'exactitude qu'en la calculant par le temps employé dans la descente. Malgré les violents courants

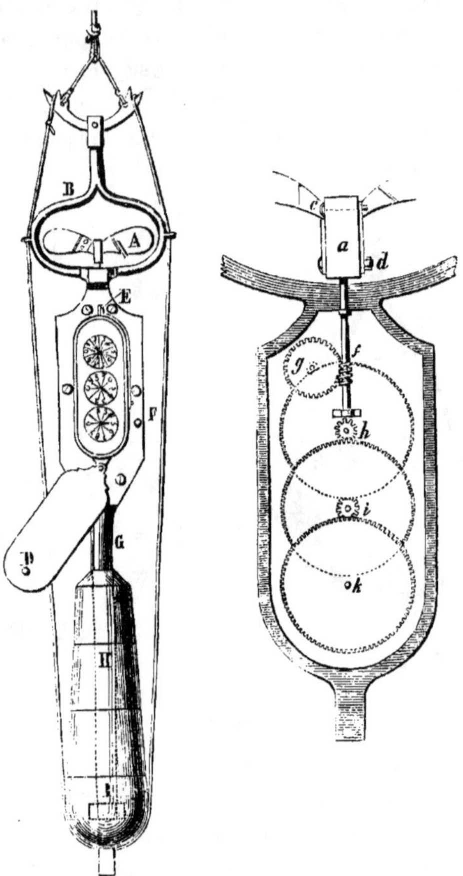

Fig. 65.

du détroit, nous avons pu sans déclic et avec les moyens ordinaires sonder exactement au moyen de cet instrument par des profondeurs de 1,010 mètres; cette profondeur est la plus grande que l'on obtienne dans le détroit de Gibraltar, un peu à l'E. de la ligne qui relierait Gibraltar à Ceuta. On peut à volonté faire varier le poids suivant les profondeurs, et sous la tige qui le traverse sont placés des tuyaux de plumes ordinaires destinés à recevoir et à rapporter les spécimens du fond. Dans le sondeur employé à bord du *Phare*, les ailettes brisées du sondeur Lecoëntre font tourner une vis sans fin qui donne le mouvement à un système de roues dentées et de pignons semblable au système du sondeur Massey, de sorte qu'on peut lire directement la profondeur à laquelle le poids a touché le fond, tout en comparant le résultat à la longueur de la ligne filée, ou au temps employé pendant la descente.

315. Résultats des grandes sondes. Les plus grandes distances auxquelles on ait atteint le fond de la mer, se trouvent dans l'océan Atlantique du Nord; et autant qu'on en peut juger par les sondages exécutés jusqu'à ce jour, les profondeurs de cet océan ne dépasseraient pas 8,244 mètres. La partie située entre les parallèles de 35° et de 40° de latitude N. et les méridiens de 40° et de 65° de longitude O., immédiatement au S. des grands bancs de Terre-Neuve, est celle qui paraît offrir les plus grands fonds. Entre l'Irlande et Terre-Neuve s'étend un plateau dont la profondeur ne dépasse pas 3,000 mètres ; c'est sur ce plateau qu'on a fait passer le câble du télégraphe électrique destiné à relier l'Angleterre aux États-Unis. Dans l'océan Atlantique du S., il paraît probable que les plus grandes profondeurs se trouvent au S. du parallèle de 35°. On a fait dans cette partie de l'Océan trois grandes sondes, l'une de 15,149 mètres, l'autre de 14,091 mètres, et la dernière de 12,000 mètres. Toutefois aucune de ces sondes n'a donné de résultat satisfaisant, et plusieurs autres, faites depuis dans ces mêmes parages, ont accusé des profondeurs de 7,000 et de 5,490 mètres.

Dans le golfe du Mexique la profondeur maximum obtenue est de 1,800 mètres. Dans l'océan Pacifique les officiers américains ont obtenu des sondes avec spécimens du fond à des profondeurs de 6,039 mètres, de 4,860 mètres et 3,770 mètres. L'amiral du Petit-Thouars en a fait une de 4,000 mètres sans obtenir le fond et une de 3,790 mètres.

Dans l'océan Indien les officiers américains affirment avoir fait une sonde de 12,672 mètres, qui nous paraît douteuse, d'autant plus que la ligne a cassé et qu'on n'a pu par suite avoir de spécimen du fond. Dans cette même mer, l'amiral du Petit-Thouars a fait une sonde de 1,584 mètres. Ces deux mers sont du reste encore fort peu connues sous le rapport de la profondeur, et il faut attendre le résultat des études entreprises par les Américains.

Dans les mers polaires, Scoresby a sondé par 76° et 77° de latitude nord jusqu'à 2,200 mètres sans trouver le fond, et Ross a eu 1,739 mètres sur le parallèle de 67° S. La profondeur de ces mers serait donc considérable si ces sondes ont été faites exactement et si le poids n'a pas été entraîné par les courants, ce qui nous paraît assez probable.

Dans le bassin O. de la Méditerranée, le plus grand fond qu'on ait obtenu est de 2,900 mètres; dans le bassin E., entre Malte et Candie, on a eu 3,970 mètres; entre Rhodes et Alexandrie, 2,930 mètres. Quant aux autres mers intérieures, elles sont comparativement peu profondes, et l'on peut facilement les étudier sur les cartes de navigation.

516. Spécimens du fond. Les spécimens du fond obtenus dans la mer de Corail, dans le grand Océan, dans l'océan Atlantique confirment tous un même fait : c'est que le fond des eaux bleues est partout revêtu de dépouilles organiques, comme il résulte des analyses faites par le docteur Bailey. Tous ces échantillons sont formés d'une matière molle composée à peu près entièrement de restes d'infusoires, de coquilles microscopiques qu'on retrouve dans l'océan Atlantique, sur la côte d'Irlande, dans le golfe du Mexique et à la hauteur de la Caroline. Les formes parfaitement conservées de ces coquilles suggèrent naturellement l'idée d'un calme absolu sur le lit des mers profondes. C'est ainsi qu'ont dû se former dans les âges géologiques les épaisses couches de matières calcaires qui ont ensuite émergé au-dessus des eaux.

On trouve aussi à de grandes profondeurs, dans certaines mers, des bancs de coraux analogues à ceux dont se composent les îles madréporiques de la mer des Indes et de l'océan Pacifique. Le travail des polypiers est encore une des causes qui modifient lentement la configuration des mers. Un grand nombre d'îles doivent leur origine à l'action de ces animalcules qui s'établissent sur les rochers recouverts par les eaux, puis élèvent peu à peu jusqu'à la surface de la mer les matières calcaires qu'ils sécrètent ou qui forment leurs dépouilles.

Près des côtes, le fond de la mer n'est plus exclusivement composé de débris organiques; les alluvions des rivières et les débris qui résultent de l'érosion des rivages s'y retrouvent quelquefois très-loin au large; tous ces matériaux sont disposés à partir de la côte par ordre de densité et de volumes décroissants, les galets d'abord, ensuite le gravier, puis le sable de plus en plus fin, et en dernier lieu la vase. Les substances vaseuses peuvent rester en suspension dans l'eau pendant un temps prolongé, et s'étendent souvent sur le fond de la mer à des distances très-grandes des rivages.

317. Ainsi tout porte à croire que le fond des mers se modifie insensiblement et d'une manière constante. La comparaison des sondages exécutés à diverses époques sur le littoral, nous donne la preuve des changements qui se produisent en peu de temps le long des côtes. Lorsque les profondeurs sont très-grandes, nous n'avons aucun moyen de nous assurer de ces modifications, mais la nature des fonds océaniques nous indique que le lit des mers s'exhausse constamment par l'accumulation des débris calcaires des êtres qui vivent au sein des eaux.

CHAPITRE DEUXIÈME.

DE LA NATURE ET DES PROPRIÉTÉS PHYSIQUES DE L'EAU DE MER.

318. Composition de l'eau de mer. L'eau de mer contient en dissolution un grand nombre de sels; le chlorure de sodium ou sel marin est celui qu'elle renferme en quantité le plus notable : elle en contient environ 3 pour 100 de son poids. Voici en moyenne la composition de l'eau de mer, d'après M. Regnault (*Cours élém. de chimie*) :

Eau..	96,470
Chlorure de sodium...........................	2,700
Chlorure de potassium........................	0,070
Chlorure de magnésium........................	0,360
Sulfate de magnésie..........................	0,230
Sulfate de chaux.............................	0,140
Carbonate de chaux...........................	0,003
Brômure de magnésium.........................	0,002
Perte..	0,025
	100,000

De récentes analyses ont fait découvrir en outre dans l'eau de mer la présence d'un peu de chlorure d'argent : on y trouve aussi des traces d'iodure de potassium et de sodium. C'est au chlorure de magnésium que cette eau doit la saveur amère qu'elle possède ; son goût nauséabond et l'odeur qu'elle présente doivent être attribués à la présence de matières végéto-animales qui sont très-corruptibles, comme on s'en aperçoit en ouvrant un vase où l'eau de mer a séjourné pendant longtemps.

La densité moyenne de l'eau de mer est, d'après Gay-Lussac, de 1,0286. Suivant le même physicien, la salure de la mer irait en décroissant de l'équateur aux pôles. M. Marcet a conclu d'expériences faites sur les densités de l'eau de mer puisée sur différents points du globe, que l'Océan de l'hémisphère méridional est plus salé que celui de l'autre hémisphère ; que la mer contient plus de sel là où elle est le plus profonde et le plus éloignée des continents, enfin que sa salure diminue dans le voisinage des grandes masses de glaces.

Les petites mers intérieures qui communiquent avec l'Océan sont moins salées que lui, à l'exception de la Méditerranée et de la mer Rouge, qui sont au contraire un peu plus riches en matières salines.

La mer Caspienne est encore plus salée que la mer Rouge et que la Méditerranée ; la mer Morte contient environ 25 pour 100 de sels, parmi lesquels domine le chlorure de magnésium. Quelquefois la sonde rapporte des cristaux de sel du fond de cette mer.

519. Le petit nombre d'expériences qui ont été faites pour arriver à connaître le degré de salure de l'eau de mer à diverses profondeurs, portent à croire que l'eau du fond est plus salée que celle de la surface. M. Darondeau, dans son voyage de la *Bonite*, a puisé de l'eau à diverses profondeurs avec l'appareil de M. Biot. L'analyse de ces échantillons a démontré que cette eau était plus riche en matières salines, et qu'elle renfermait plus d'air et surtout plus d'acide carbonique, que celle qui avait été prise à la surface dans les mêmes parages ; la différence de salure ne s'élève qu'à quelques dixièmes. D'après l'analyse faite par le docteur Wollaston de l'eau que le capitaine Smith a puisée à 1,000 mètres de profondeur dans la Méditerranée, à 15 lieues dans l'E. du détroit de Gibraltar, cette eau contiendrait quatre fois plus de sels que l'eau de la surface. Quoiqu'il ne soit pas en désaccord avec la théorie, ce fait aurait besoin de confirmation.

520. Phosphorescence de la mer. Outre les sels et les gaz qui sont à l'état de dissolution dans l'eau de mer, cette eau tient encore en suspension des corps organiques et des animalcules, dont l'abondance est telle qu'ils suffisent à la nourriture d'animaux beaucoup plus grands. C'est à la présence de ces matières animales qu'est due la phosphorescence de la mer. Ce phénomène se produit dans toutes les mers; mais il est surtout remarquable dans les mers tropicales pendant les nuits chaudes et calmes de ces régions. Sur un bateau à vapeur, le spectacle est magnifique : l'eau soulevée par les roues retombe en pluie étincelante; le navire laisse derrière lui une longue traînée de feu qui ondule et s'étend jusqu'à l'horizon; des globes lumineux se distinguent par leur éclat au milieu du sillage, et si en même temps, comme sur la côte du Sénégal, des bancs de poissons agitent la surface de l'eau, le navire semble glisser sur une mer de feu.

De récentes expériences portent à croire que la phosphorescence de la mer est due à la combustion lente d'une huile sécrétée par les animalcules qui vivent en suspension dans l'eau. Cette combustion peut élever notablement la température.

Des poissons, des zoophytes, des crustacés, dégagent aussi de la lumière lorsqu'ils ont subi un commencement de décomposition. Le développement de la phosphorescence est favorisé par l'élévation de la température, et aussi par l'état électrique de l'atmosphère. La lumière est plus vive dans l'oxygène; elle disparaît dans le vide.

Quelques observateurs ont cru reconnaître que la matière lumineuse n'était qu'une substance grasse, dégagée sans doute par des animalcules et flottant à la surface de la mer. D'autres pensent que les animalcules eux-mêmes sont seuls lumineux. Il est possible que le phénomène se produise de l'une et de l'autre façon.

321. Couleur de la mer. Dans les grandes profondeurs, l'eau de la mer a une belle couleur bleue. Cette couleur est modifiée à l'approche des rivages, par la lumière que nous envoie le fond, dont la teinte transmise à travers la couche d'eau se mélange à la teinte propre des eaux. Cette influence de la coloration du fond peut se faire sentir jusqu'à des profondeurs de 200 mètres. La mer prend alors une teinte verte ou jaune, quelquefois rougeâtre, suivant la nature du fond. Les teintes que présente la mer dépendent aussi de l'état du ciel; lorsque le ciel est pur, la mer paraît bleue et limpide; au contraire, un ciel chargé de nuages donne à la mer un aspect sombre, qui rappelle celui d'un métal en fusion.

322. Les colorations accidentelles des eaux de la mer sont très-fréquentes; il n'est pas un marin qui n'ait observé ce fait dans le cours d'une navigation un peu longue. Ces changements subits de couleur sont dus le plus souvent à l'accumulation de matières animales ou végétales en suspension dans l'eau. Ils sont presque toujours accompagnés par un état phosphorescent très-prononcé. La coloration en vert foncé est la plus fréquente; mais on voit aussi la mer prendre quelquefois les couleurs jaune, rouge et vermeille : de là les noms de mer Rouge, mer Jaune, mer Vermeille, etc., que l'on a donnés à certaines mers, d'après les teintes qu'elles offrent le plus habituellement. Lorsqu'on examine au microscope de l'eau présentant ce phénomène de coloration, on aperçoit ordinairement des myriades d'animalcules de formes rudimentaires, gélatineux et transparents, dont quelques-uns se meuvent avec une grande rapidité. Le phénomène peut être également produit par du frai de poisson qui flotte à la surface de la mer.

Les colorations extraordinaires de la mer se rencontrent principalement près de la côte ouest d'Afrique, sur les côtes du Pérou et de la Californie, et dans la mer Rouge.

523. Température des mers. Les mers ont leurs climats qui changent avec la latitude et qui se modifient suivant les lieux comme les climats de la terre. De même que ceux-ci sont réglés par le mouvement annuel du soleil et par la circulation des particules aériennes, de même les climats de la mer dépendent aussi des saisons, de la latitude et des mouvements qui agitent les eaux des océans. L'étude de la température des mers est donc liée avec celle des courants marins ; ces derniers font même sentir leur influence sur les climats terrestres, suivant qu'ils apportent des eaux chaudes ou des eaux froides près des continents.

524. Température à la surface. Les cartes thermales dressées par Humboldt, Duperrey, Berghaus, Johnston, et celles publiées en dernier lieu par Maury, résument pour chaque saison l'ensemble des observations de température faites à la surface dans les diverses mers du globe. Les lignes isothermes tracées sur ces cartes donnent d'excellents renseignements sur la circulation des eaux chaudes ou froides dans les océans, et par cela même ces cartes sont d'un grand intérêt pour la navigation.

Dans l'océan Atlantique du N., dont nous parlerons plus particulièrement, parce qu'il a été mieux et plus complétement étudié que les autres mers, Maury a constaté une particularité remarquable. C'est que pour les eaux de la surface de cette mer, mars est le mois du plus grand froid, septembre le mois de la plus grande chaleur, tandis que sur le continent, janvier ou février sont les mois les plus froids, et août le mois le plus chaud de l'année. Il attribue ce fait à ce que la terre est comparativement à la mer un bon conducteur du calorique. Ainsi tant que la terre reçoit plus de chaleur qu'elle n'en perd par le rayonnement, la chaleur s'accumule et augmente : elle diminue, au contraire, alors que la terre perd plus de calorique qu'elle n'en reçoit. Pour la mer, la variation de température met plus de temps à s'accomplir, en raison de la moindre conductibilité de l'eau. Aussi sur la carte thermale les positions des lignes isothermes, qui correspondent au mois de mars et au mois de septembre, indiquent à peu près les oscillations de la température.

Maury a tracé, sur la carte de l'océan Atlantique, les positions en mars et en septembre des isothermes de 10°, 15°, 21° et 27° centigrades, et il a constaté pour chacune d'elles, dans chaque hémisphère, un mouvement oscillatoire du N. au S. et du S. au N. suivant les saisons. Dans l'océan Atlantique du N., dont nous parlerons d'abord pour faire connaître les particularités de ce mouvement oscillatoire que la vue de la planche III fera saisir d'un coup d'œil, le déplacement annuel est à peu près uniforme pour la ligne isotherme de 21° (70° Fahrenheit). Au contraire, il existe dans le mouvement annuel des lignes de 15° (60° Fahrenheit) et de 27° (80° Fahrenheit) des accélérations et des retards qui ont lieu en sens inverse pour l'une et pour l'autre.

Ces effets doivent être attribués à l'action du soleil combinée avec celle des courants. La ligne isotherme de 27° ne met guère plus de trois mois à passer de sa position extrême au S. à sa position extrême au N.; elle franchit dans cet intervalle de temps une distance de 2,000 milles marins environ ou à peu près 22 milles par jour. Ce n'est donc pas l'action unique du soleil qui peut lui donner cette vitesse de translation, mais cette action se combine avec un débordement d'eau chaude vers le N. Le mouvement inverse du N. au S. de cette même ligne isotherme qui doit avoir lieu de septembre à mars s'accomplit tout différemment. Après qu'elle a passé en trois mois du S. au N., la ligne isotherme de 27° emploie en réalité les huit ou neuf autres mois de l'année pour revenir lentement du N. au S. reprendre son point de départ. La ligne isotherme de 15° donne lieu à la remarque inverse; pour cette ligne c'est le mouvement du N. au S. qui se fait en trois mois à peu près. Entre les méridiens de 25° et de 30° de lon-

gitude. O., elle atteint en septembre le parallèle de 56° de latitude N.;
en octobre elle ne dépasse pas celui de 50°; en novembre elle est
entre les parallèles de 45° et de 47°; en décembre elle arrive très-près
de sa position extrême au S., position qui est voisine du parallèle
de 40° et qu'elle occupe en janvier. Son mouvement de retour du
S. vers le N. comprend tout le reste de l'année.

Ces différences dans le caractère des oscillations propres aux deux
lignes isothermes de 15° et de 27° s'expliquent par les particularités relatives aux mouvements des eaux froides et des eaux chaudes.
Pour la ligne de 27°, le déplacement rapide se fait du S. au N. et il
commence avec l'été lorsque le soleil, agissant énergiquement sur la
partie de l'océan Atlantique comprise entre l'équateur et le tropique
du Cancer, amène un débordement des eaux chaudes vers le N. Pour
la ligne isotherme de 15°, c'est le débordement des eaux froides qui
est décisif et le déplacement est rapide du N. au S. Il se produit en
automne, alors que, le soleil ayant exercé son action sur les régions
polaires, les glaces se sont mises en mouvement et ont apporté jusqu'aux régions tempérées l'influence de leurs masses en fusion.

Dans l'hémisphère S. de l'océan Atlantique, le mois de mars correspond au mois de septembre dans l'hémisphère N.; par suite,
si les choses se passaient de la même manière dans les deux hémisphères, on aurait en mars dans l'Atlantique S. une zone d'eau à la
température de 27° semblable à celle qu'on rencontre dans l'Atlantique N. Mais il en est autrement; les surfaces de cet océan ainsi ca-
ractérisées dans chacun des hémisphères sont fort différentes l'une
de l'autre. Celle qui est au N. de l'équateur est à peu près double
de celle que l'on trouve au S. Il est probable que dans les autres
océans, les lignes isothermes ont également un mouvement oscillatoire analogue à celui qu'on observe dans l'Atlantique; pour affirmer
ce fait il faut attendre que les cartes thermales de ces océans soient
établies.

En résumé, les lignes isothermes tracées sur les cartes représentent aux yeux la distribution des climats à la surface des mers.
Elles oscillent sur cette surface en accomplissant, comme le soleil
dans l'écliptique, un mouvement annuel de déclinaison. Celles qui
sont voisines de l'équateur dans l'hémisphère N. de l'océan Atlantique s'étendent de l'Afrique à l'Amérique en se dirigeant à peu près
vers le N. O.; dans l'hémisphère S. elles se dirigent vers le S. O. Les
autres, tout en prenant des directions diverses, conservent par groupes

un accord particulier. Les lignes isothermes indiquent, au reste, très-bien le mouvement général des eaux à travers les mers.

Il n'est pas besoin de dire que les lignes isothermes ne sont pas nettement accusées dans la nature comme elles le sont sur les cartes ; elles ne représentent que les limites moyennes approximatives, autour desquelles les limites réelles se déplacent avec tous les changements de temps et de vents.

En mer, à une grande distance des côtes, l'air éprouve pendant la journée des variations moins grandes que sur les continents. L'évaporation qui s'opère à la surface des eaux est une cause continuelle d'abaissement de température, dont l'effet est de diminuer l'amplitude des variations diurnes.

Dans les mers équatoriales, la différence entre le maximum et le minimum du jour ne va pas pour l'air au delà de 1° ou de 2°, tandis que sur les continents elle atteint 5°, 6° et même plus. Dans les régions tempérées entre les parallèles de 25° à 50° de latitude, la différence en mer dépasse rarement 2° ou 3°, et sur les terres elle arrive à 12° et à 15°. Le minimum de température a lieu en mer comme sur terre, au moment où le soleil se lève, tandis que la température maximum a lieu vers midi au lieu d'être à 2 ou 3 heures.

En comparant la température de l'air à celle de l'eau à la surface, on observe entre les tropiques que la température de l'air est généralement moins élevée que celle de l'eau. Il résulte d'un ensemble de 1,850 observations de ce genre, faites par le commandant Duperrey, entre 0° et 20° de latitude N. et S., que le nombre de fois que la mer à la surface a été plus chaude que l'air est dans la proportion de 3 à 1. Dans l'océan Atlantique, la température de l'eau a été, en moyenne, de 0°,46, et dans le grand Océan, de 0°,25 plus élevée que celle de l'air.

On a remarqué encore que dans les zones de 10° à 20° de latitude N. et de latitude S., les températures de l'air et de la mer à la surface sont généralement plus élevées que dans la zone équatoriale. C'est dans cette dernière zone que sont situées les eaux les plus froides qui se trouvent entre les tropiques.

Dans les régions tempérées, l'air est rarement plus chaud que la surface de l'eau; dans les régions polaires, on n'a pas d'exemple que l'air soit plus chaud que la mer, il est constamment plus froid. C'est dans le golfe du Mexique que l'on a observé la plus haute température de l'eau à la surface; on l'a trouvée de 32°,22 pendant le mois d'août.

325. Température de la mer à diverses profondeurs. De même que les climats de la terre changent avec l'élévation des lieux au-dessus du niveau de la mer, de même les climats de celle-ci changent avec les profondeurs au-dessous de son niveau. Cette partie de l'étude des mers laisse beaucoup à désirer; la difficulté d'observer la température des eaux profondes fait que l'on n'est encore en possession que d'un très-petit nombre de résultats.

326. Pour obtenir la température à de grandes profondeurs, on se sert du thermomètre à minimum et à déversement de M. Walferdin ou du thermométrographe. Le thermomètre de M. Walferdin est un thermomètre à mercure, dont la tige, contenant la colonne mercurielle, plonge dans un petit réservoir d'alcool qui sépare du réservoir de mercure l'extrémité de la tige. A la partie supérieure se trouve également un réservoir d'alcool. Afin de préparer l'instrument pour l'observation, on commence par le plonger dans un bain dont la température est inférieure à celle que l'on suppose devoir obtenir au fond de la mer, puis on incline l'appareil pour que le mercure touche la pointe inférieure de la tige, en réchauffant un peu le réservoir pour faire passer le mercure dans la tige. Cela fait, on redresse l'appareil et on le plonge dans un bain de température connue et supérieure au minimum que l'on recherche, puis on note la division que marque le sommet de la colonne de mercure. Lorsqu'on fait descendre ce thermomètre ainsi préparé dans la mer, si les couches qu'il rencontre en premier lieu sont à une température supérieure à celle qu'il indiquait, le mercure s'élève et peut même se déverser dans le réservoir supérieur. Lorsque l'instrument parvient au milieu des couches les plus froides, le mercure rentre tout entier dans la tige et retombe en partie dans le réservoir inférieur; il ne peut pas y retomber tout entier à cause du soin qu'on a eu de faire monter le mercure dans la tige à une température inférieure à celle du fond de la mer. Lorsque l'instrument remonte à la surface, la dilatation de l'alcool soulève dans la tige la colonne de mercure qui y est restée. Cette colonne occupe une longueur correspondant à un certain nombre de degrés. Ce nombre, retranché de la température du point de réglage, donne l'abaissement au-dessous de ce point de la température des couches profondes.

327. Le thermométrographe se compose d'un réservoir plein d'alcool, communiquant avec un tube recourbé qui contient une colonne de mercure. A son extrémité libre, cette colonne est également surmontée par de l'alcool. Deux index plongent dans ce dernier liquide au-dessus de chacune des extrémités de la colonne de mercure ; ces index sont poussés par le mercure quand il monte d'un côté ou de l'autre, mais ils ne suivent pas ce liquide quand il se retire. Lorsque cet instrument est refroidi, l'alcool se contracte, le mercure remonte vers le réservoir et pousse l'index qui est de ce côté tant que la température baisse. Cet index marquera donc le minimum de température, tandis que l'index placé de l'autre côté marquera le maximum. Les index sont en fer et, au moyen d'un aimant, on les met en contact avec le mercure avant de commencer l'expérience.

328. Voici les principales températures sous-marines déterminées pendant le voyage de la *Vénus*.

LATITUDE.	LONGITUDE.	PARAGES.	Profondeur en mètres.	Température à cette profondeur.	Température à la surface.
4° 23′ N..	28° 26′ O.	Océan Atlant. près du Peñedo de S. Pedro	1830	3°,2	27°,0′
15 54 S..	8 3 O.	— près de Sainte-Hélène.....	320	12,0	23,6
25 10 S..	5 39 E.	— près du cap de Bonne-Espér.	1620	3,0	19,6
26 36 S..	5 12 E.	— —	1620	3,6	20,0
29 33 S..	8 34 E.	— —	1860	3,1	19,0
38 12 S..	56 0 O.	— par le travers de la Plata...	590	3,0	16,8
			110	5,2	14,0
45 38 S..	63 30 O.	— au N. des îles Malouines....	60	5,8	14,0
			50	9,0	14,2
			110	5,2	14,8
31 33 S..	31 10 E.	Canal de Mozambique..........	1460	4,2	24,0
27 47 S..	98 0 E.	Mer des Indes à l'E. de la baie des Chiens-Marins	1600	2,8	23,8
51 34 N..	159 21 E.	Océan Pacifique au S. des îles Aleutiennes	1740	2,5	11,7
41 42 N..	160 22 E.	Océan Pacifique.............	270	5,1	12,0
21 6 N..	158 19 O.	— près des îles Sandwich.....	160	13,0	25,0
12 39 S..	79 27 O.	— près de Pisco...........	210	13,2	19,9
13 50 S..	79 1 O.	— —	205	13,0	18,3
26 53 S..	176 51 O.	— au N. des îles Kermadec...	1620	5,6	19,3
32 51 S..	174 22 E.	— au N. de la Nouvelle-Zélande.	1420	5,4	16,3
33 26 S..	74 23 O.	— près de Valparaiso........	260	9,5	12,6
34 34 S..	158 42 E.	— entre Port-Jackson et la Nouvelle-Zélande..........	1020	4,9	18,3
34 37 S..	168 41 E.	— au N. de la Nouvelle-Zélande.	890	6,0	17,0
36 36 S..	116 8 E.	— au S. de la Nouvelle-Hollande.	1600	2,8	17,9
37 42 S..	112 38 E.	— —	1600	3,0	16,7
39 4 S..	121 2 E.	— —	570	8,6	16,0
43 2 S..	129 34 E.	— —	1780	5,1	13,0
			810	4,1	13,2
43 47 S..	81 26 O.	— par le travers de Chiloë....	1780	2,3	13,0

Le thermomètre de M. Walferdin et le thermométrographe doivent être renfermés dans un étui en cuivre assez épais et assez bien clos pour résister à la forte pression qu'il doit supporter dans les couches inférieures de la mer, et pour que l'eau ne pénètre pas dans l'intérieur. L'instrument doit être laissé au fond de l'eau pendant trente minutes environ, afin qu'il puisse se mettre en équilibre de température avec le liquide ambiant; cet équilibre de température s'obtient plus vite lorsque l'étui est plein d'eau. L'énorme pression à laquelle est soumis un thermométrographe au fond de l'eau produit souvent des effets fâcheux, quelque précaution qu'on prenne pour les éviter. Ainsi dans une sonde de 3,700 mètres, faite à bord de la *Vénus*, l'eau s'introduisit dans l'étui en cuivre et cassa l'instrument.

Dans une autre sonde de 3,914 mètres, un étui de $0^m,007$ d'épaisseur et de $0^m,033$ de diamètre intérieur, s'est aplati et crevé; le thermométrographe et son étui en verre ont été réduits en poussière. Comme il faut compter une atmosphère environ par chaque couche d'eau de 10 mètres, les instruments avaient été soumis dans ces deux sondes à des pressions de 370 et 390 atmosphères.

329. Le tableau suivant résume les observations faites dans les mers polaires par Scoresby.

LATITUDE.	LONGITUDE.	PROFONDEUR en mètres.	TEMPÉRATURE à cette profondeur	TEMPÉRATURE de l'air.
76°,16′ N..	9°, 0′ E...	0 91 285 420	— 1°,8 — 0 ,1 + 1 ,0 + 0 ,7	— 11°,
77°,15′ N..	8°, 0′ E...	0 37 93 110 183	— 1°,5 — 1 ,5 — 1 ,5 — 1 ,1 — 1 ,1	— 8°,9
78°, 0′ N..	0°,10′ O...	0 1391	— 0°,0 + 3 ,3	+ 2°,

Dans son voyage au pôle S., le capitaine Ross a eu des résultats semblables à ceux que Scoresby a obtenus près du pôle N. Son navire se trouvant en janvier dans un champ de glace, dont on n'apercevait pas les limites, il fit sonder par 1,738 mètres, et observa une température croissante depuis 2°,2 à la surface jusqu'à 4°,2, qu'il obtint à cette profondeur.

330. Des observations que nous venons de citer et de celles qui ont été faites par d'autres navigateurs, on peut conclure :

1° Qu'en général la température diminue à mesure que la profondeur augmente, dans les régions intertropicales ainsi que dans les mers tempérées, et que le décroissement est d'autant moins grand que la latitude est plus élevée.

2° Que dans les mers glaciales, au contraire, à partir du parallèle de 70° environ, la température croît avec la profondeur.

On avait d'abord cru que les eaux froides du fond de la mer n'étaient autre chose que celles de la surface qui, refroidies par le rayonnement et concentrées par l'évaporation, descendaient en raison de leur densité devenue plus grande. Mais pour cela, il faudrait admettre que, dans les régions intertropicales, par exemple, la température des eaux de la surface pût s'abaisser jusqu'à $+3°$, ce qui est en complet désaccord avec les faits.

Il est plus rationnel de supposer que des courants sous-marins transportent vers l'équateur les eaux froides des mers polaires. Il serait également impossible d'expliquer, sans l'existence d'une circulation sous-marine, les températures que l'on a observées dans les profondeurs des mers glaciales, températures plus élevées en général que celles des eaux à la surface.

Dans les lacs d'eau douce, la température des couches inférieures ne descend jamais au-dessous de $+4°$, qui est la température à laquelle l'eau atteint son maximum de densité. La température de la mer à de grandes profondeurs peut descendre beaucoup plus bas, car l'eau salée a un maximum de densité évalué à $-3°,6$, en calme, et à $-2°,5$, dans l'état d'agitation. La température de ce maximum s'abaisse d'autant plus que l'eau est plus chargée de sel.

Quant à la loi de la diminution de la température en raison de la profondeur, elle est encore fort peu connue. Du reste, l'existence de courants sous-marins dont la température et la direction varient avec les localités ne permet pas d'établir des règles générales qui puissent s'appliquer à tous les points de l'Océan.

Nous avons déjà cité les résultats obtenus par Scoresby à diverse profondeurs dans les mers glaciales ; le capitaine Denham a fait, dans le golfe de Benin, des expériences du même genre qui offrent beaucoup d'intérêt. D'après un grand nombre d'observations, il a conclu que dans ce golfe la température des eaux de la mer est toujours d'un demi-degré au-dessus ou au-dessous de la température de l'air jusqu'à la profondeur de 18 mètres ; mais elle est plus froide que celle de la surface

à 40 mètres de.................... 1°
à 60 mètres de.................... 5°
à 70 mètres de......... .... 8°
à 90 mètres de.................... 10°
à 180 mètres de.................. 13°

331. Dans la Méditerranée, on arrive à une température constante par les fonds de 400 à 500 mètres, et cette température est de 12°,7 environ, comme il résulte des observations de MM. Aimé, Bérard, Dumont-d'Urville, faites en divers points de cette mer. Cette température est égale à peu près à la moyenne de celle de la surface pendant l'hiver. Dans la partie sud de cette mer, la température décroît généralement toute l'année jusqu'à 300 ou 400 mètres ; dans sa partie nord, au contraire, la température en hiver croît jusqu'à une certaine profondeur pour diminuer ensuite.

Voici, du reste, les résultats auxquels a été conduit M. Aimé :

1° Près des côtes, à la surface de la Méditerranée, la température est notablement plus élevée qu'au large pendant le jour, et plus basse quelquefois pendant la nuit ; c'est l'inverse près des côtes de l'Océan.

2° La température moyenne de l'année à la surface est à peu près égale à celle de l'air. Au printemps et en été, la température moyenne de la mer est inférieure à celle de l'air, et supérieure en automne et en hiver. Jamais en hiver la température de la surface ne descend au-dessous de 10° ; en été elle monte jusqu'à 26°.

3° La variation diurne de la température cesse d'être sensible à 16 ou 18 mètres, et la variation annuelle à 300 ou 400 mètres.

Le tableau suivant donne quelques observations de température aites à diverses profondeurs dans la Méditerranée.

NOMS des OBSERVATEURS.	PROFONDEURS.	Température de l'eau.	Température de l'air.	LOCALITÉS.
Bérard et de Tessan.	1233ᵐ	12°,6	«	Près des côtes de France.
	1000	12,6	«	Près des côtes d'Espagne.
	2000	12,7	«	Près des Baléares.
	1000	12,4	«	Idem.
	1201	12,9	«	Près des côtes d'Algérie.
	Surface.	14,4	15°,0	Entre Minorque et Alger.
	1350	12,8	»	
Dumont d'Urville et Vincendon Dumoulin.	360	12,2	»	
	450	13,9	»	Près du détroit de Gibraltar.
	540	12,2	»	
	1080	13,2	23ᵉ,9	
	Surface.	11,0	»	
	1080	13,8	»	Entre Minorque et Alger.
	2160	12,8	»	
	Surface.	19,4	14°,6	Entre les Colombrettes et Saint-Martin.
	400	12,8	»	

La moyenne de ces observations donne environ......... 12°,7

Or, la température moyenne de l'hiver à Toulon est de... 11°,7

à Alger elle est de... 13°,8

Moyenne........... 12°,75

Ce dernier chiffre, comme on le voit, se rapproche beaucoup de la moyenne précédente. Il est donc probable que la basse température du fond de la Méditerranée n'est pas déterminée par l'entrée des eaux de l'Océan, mais seulement par la précipitation des couches supérieures, refroidies pendant l'hiver.

332. Influence des hauts-fonds sur la température de la mer. Les hauts-fonds ont une influence refroidissante sur la température des eaux de la mer. Ce fait a été signalé par un grand nombre d'observateurs, et s'il n'a pas la généralité qu'on lui avait donnée tout d'abord, on peut dire cependant que l'abaissement de température est la conséquence ordinaire de la présence d'un banc. Ce refroidissement a été attribué à l'action des eaux froides des courants sous-marins, qui, lorsqu'elles rencontrent un exhaussement de fond, s'élèvent sur les flancs de cet obstacle et viennent abaisser la température de la surface de l'eau. On a dit aussi que les eaux de la surface, refroidies par le rayonnement, pouvaient s'accumuler au-dessus des hauts-fonds, tandis que, si la profondeur est très-grande, ces mêmes eaux descendant très-bas, sont emportées par les courants inférieurs, et n'ont plus d'influence sur la température de la surface.

Il est probable que le refroidissement observé sur les hauts-fonds est dû tantôt à l'une de ces causes, tantôt à l'autre.

L'abaissement de température de l'eau de la mer aux atterrages doit être attribué à ces mêmes causes. Ce phénomène s'observe encore lorsque la côte est prolongée par un courant chaud, comme le Gulf-Stream, parce que les eaux de ce courant ont une température plus élevée que celle de l'eau des rivières et des baies de la côte.

333. Glaces polaires. La basse température qui règne dans les régions polaires y entretient des glaces éternelles dont les limites s'étendent à une certaine distance autour des pôles.

Dans l'hémisphère N., les navigateurs ont pu s'avancer jusque vers les parallèles de 79° et de 80° de latitude. Dans l'hémisphère S. on pense que les glaces se déplacent constamment, et il en résulte qu'on ne peut évaluer, même approximativement, leur limite dans cet hémisphère. Cook fut arrêté par les glaces au cercle polaire; Weddel, plus tard, parvint jusqu'à 74° de latitude S.; Dumont d'Urville fut arrêté au cercle polaire, et après lui Ross atteignit jusqu'à 78° 4′ de latitude S. On a conclu de là qu'il existe dans la mer polaire du S. d'énormes bancs de glace, variant dans leurs formes et dans leurs positions, de sorte qu'elles présentent quelquefois des endentures profondes dans lesquelles des navigateurs ont pu s'élever plus ou moins vers le S.

On estime que l'étendue des glaces australes est à peu près six fois plus grande que celle des glaces boréales. Mais on ne peut regarder cette évaluation que comme approximative.

A une époque de l'année qui est juin et juillet pour l'hémisphère N., février et mars pour l'hémisphère S., les masses de glaces qui s'étaient formées dans les mers polaires se rompent et s'avancent vers les régions plus chaudes, entraînées par les courants qui se produisent soit à la surface des mers, soit dans leurs profondeurs. Ces glaces parviennent quelquefois jusqu'à la latitude de 40°.

On distingue parmi les glaces flottantes les champs et les montagnes de glaces. Les champs de glaces ont une grande étendue, mais ils ont peu d'épaisseur et présentent quelquefois une surface très-unie; ils sont dus à la congélation de l'eau de mer. Malgré cette origine, cette glace, après la fusion, ne produit que de l'eau douce, car l'eau de mer en se congelant abandonne les sels qu'elle tenait en dissolution.

On attribue aux montagnes de glaces une autre origine : il existe dans les régions polaires d'immenses glaciers analogues à ceux des montagnes de la Suisse, et qui possèdent comme ces derniers un mouvement très-lent de translation. Lorsque la partie antérieure de ces fleuves de glace arrive à la mer, elle fait saillie au large et se brise par son propre poids en donnant naissance à une énorme masse flottante. Ces montagnes de glaces atteignent quelquefois de très-grandes dimensions. On en a vu qui avaient 1 kilomètre de diamètre et 300 mètres d'élévation de la base au sommet. La partie émergée n'est que le huitième environ de la hauteur totale ; aussi voit-on fréquemment ces masses poussées par le courant s'avancer contre le vent. On rencontre une grande quantité de ces montagnes de glaces entre le Groënland et l'Amérique. Le détroit de Behring est traversé par un courant qui porte vers le N., et son peu de profondeur ne permet pas qu'il s'y trouve de courant sous-marin de quelque importance. De là l'opposition que les glaces polaires rencontrent à descendre dans l'océan Pacifique ; aussi ne trouve-t-on pas dans cette mer les vastes transports de glaces si fréquents dans l'Atlantique, où tend à les pousser le courant dirigé vers le S. qui règne à la surface dans le détroit de Davis. On ne trouve guère dans l'océan Pacifique du N. que les bancs très-secondaires qui ont pu se former dans les mers d'Okhotsk et du Kampstchatka.

Nous engageons à voir pour la limite des glaces polaires les cartes physiques des diverses mers dans les atlas de Berghaus, de Johnston, et la carte physique de M. Boudin.

CHAPITRE TROISIÈME.

MOUVEMENT DES EAUX DE LA MER.

334. Les principaux mouvements qui agitent les eaux de la mer sont dus à l'action des vents, à celle des astres et à l'influence produite par les différences de température et de salure dans les parties qui composent la masse des eaux. Les effets qui résultent de ces actions diverses sur les eaux des mers ont reçu le nom de vagues, de marées et de courants.

Les mouvements des vagues et des marées sont surtout ondulatoires, c'est-à-dire que les molécules liquides se meuvent dans une direction verticale en s'abaissant et en s'élevant alternativement au-dessous et au-dessus du niveau moyen des eaux ; cette agitation verticale se transmet de proche en proche, sans qu'il y ait un déplacement sensible dans le sens horizontal. Ce déplacement horizontal a lieu cependant près des côtes et produit alors ce qu'on appelle des courants. Mais ces courants ont très-peu d'étendue et ne se font sentir que le long des rivages ; les grands courants de la mer sont produits surtout par les différences de température et de salure dans les masses liquides.

335. Des vagues. Lorsque la surface de l'eau est parfaitement tranquille, et qu'une légère brise vient à souffler, cette surface perd sa transparence et se couvre de petites rides demi-circulaires dont la concavité est tournée du côté d'où souffle le vent ; ces rides s'entrecroisent en présentant une disposition analogue à celle des écailles de poisson. C'est ainsi que commencent à se former ces puissantes vagues qui agitent la surface des mers. Si le vent continue à souffler, ces légères protubérances augmentent de hauteur et s'éloignent les unes des autres ; il se forme de petites masses de forme pyramidale qui restent isolées entre elles, et dont les dimensions augmentent avec la durée et la force du vent. Bientôt toutes ces masses se réunissent et donnent lieu aux grandes ondes, qui peuvent alors se propager au loin et se maintenir longtemps encore après que la cause qui les a fait naître a entièrement disparu. Quoique le mouvement des vagues soit regardé, en théorie, comme étant purement ondulatoire, on a observé que la houle produit sur le navire un effet de translation, dont quelquefois on doit tenir compte dans l'estime de la route.

336. Lorsque les marins voient ces puissantes vagues qui s'élèvent à côté de leur navire et semblent menacer de l'engloutir, ils sont portés à leur donner des dimensions considérables en hauteur ; aussi avait-on beaucoup exagéré l'élévation des lames avant qu'on se fût occupé de la mesurer exactement. Cette opération se fait d'une manière très-simple ; lorsque le navire est dans le creux de la lame, on s'élève le long du mât, jusqu'à ce que le rayon visuel tangent au sommet de la lame la plus rapprochée du navire soit également tangent à l'horizon ou plutôt au sommet de la lame qui suit immédiatement celle que l'on considère. Pour observer, on choisit le moment où le mât du navire se trouve dans une position à peu près verticale, et la hauteur de l'œil au-dessus de la ligne de flottaison donne la hauteur de la lame. On a reconnu par ce procédé que les plus grandes lames n'avaient pas une hauteur au-dessus de 8 mètres. La dimension transversale ou longueur des vagues se détermine d'une manière approximative, par la comparaison de la longueur du navire avec l'intervalle qui sépare deux ondes consécutives. La longueur des lames, lorsque la mer est très-grosse, est ordinairement de 150 à 200 mètres. Dans le golfe de Gascogne on en a mesuré qui avaient 400 mètres de longueur; la vitesse de ces lames était de 20 mètres par seconde ou environ 40 milles à l'heure. Dans la Méditerranée, MM. Bérard et de Tessan ont trouvé aux grandes ondes une vitesse de 9 mètres par seconde; ces ondes effectuaient donc en 24 heures seulement le trajet des côtes de France à celles de l'Algérie. Si l'observation eût été faite au large, peut-être eût-on obtenu des vitesses encore plus grandes, car il a été reconnu que la marche des ondulations est d'autant plus rapide que la profondeur de l'eau est plus considérable. La vitesse des vagues doit donc diminuer lorsqu'elles arrivent près des côtes, et ce ralentissement est très-sensible dans les golfes allongés. Dans ces golfes, les vagues, quelle que soit leur direction au large, semblent toujours s'avancer dans une direction perpendiculaire à celle du rivage; cet effet ne peut être dû qu'à la marche plus rapide de l'ondulation au milieu du golfe que sur les bords où la profondeur est moindre. La déviation des lames, résultant d'une moindre profondeur, peut se produire par des fonds de 50 et de 60 mètres. C'est le même phénomène qui donne aux vagues la forme qu'elles prennent lorsqu'elles arrivent à la côte. La partie antérieure est retardée dans sa marche par l'exhaussement progressif du fond, tandis que la partie postérieure, qui a une vitesse plus grande, passe par-dessus la crête et se déverse en brisant de l'autre côté. Un effet semblable est produit en pleine mer par la présence des écueils, et aussi par les courants lorsque leur marche, dirigée en sens inverse de la houle, oppose un obstacle à la vitesse de l'ondulation. Dans ce dernier cas, si la mer est grosse, et si en même temps le courant est fort, la mer brise comme sur les écueils, et l'on croit être entouré de récifs.

L'influence du fond sur la surface d'une mer houleuse est quelquefois sensible par de grandes profondeurs; la mer brise par 30 mètres sur les écueils du golfe de Gascogne. Les expériences de M. Aimé, sur la rade d'Alger, ont démontré que la mer est encore agitée par la houle à 40 mètres au-dessous de son niveau, et qu'à 20 mètres le mouvement imprimé aux eaux par la houle peut avoir une très-grande énergie. Quelques marins prétendent même avoir senti l'effet de la présence des bancs de Terre-Neuve à une profondeur de plus de 150 mètres, et dans plusieurs circonstances, aux atterrages des côtes de France, en arrivant sur l'accore du plateau des sondes, nous avons observé de grosses vagues tumultueuses que l'on appelle lames de fond.

337. La profondeur à laquelle les vagues peuvent remuer et soulever les dépôts qui constituent le fond de la mer, est beaucoup moindre que celle que nous venons de citer. En général on admet que les particules de sable pur ne sont pas soulevées à des profondeurs qui dépassent 15 mètres. Nous avons déjà dit (§ 304) quelques mots de cette action des vagues qui tend à modifier les rivages de la mer par la destruction des falaises, par le déplacement des matériaux qui en résultent, ou par le transport des dépôts qui sont déjà tout formés sur les côtes battues par la mer. La houle fait ainsi voyager des **galets** volumineux à des distances quelquefois très-grandes du point de départ. Les courants seraient impuissants à opérer de tels transports; ils ne peuvent qu'entraîner le sable ou la vase qui sont en suspension dans l'eau. Aussi voit-on presque toujours le déplacement des matériaux se faire sur les rivages dans le sens où soufflent les vents qui soulèvent la houle la plus forte; les vagues en arrivant près de la côte acquièrent une puissance d'impulsion considérable, dont témoignent les ravages qu'elles produisent sur les constructions maritimes, et elles peuvent, par des déplacements successifs, faire opérer de longs trajets à des corps très-lourds.

338. Ras de marée. On désigne sous le nom de ras de marée des mouvements extraordinaires de la mer dans lesquels les eaux s'éloignent de la côte, puis y reviennent avec violence en dépassant les limites des rivages. Ce phénomène est assez fréquent sur les côtes du Chili et du Pérou; on l'observe encore aux îles Sandwich. Il a lieu également sur les côtes de l'Europe, mais il y est très-rare; ainsi on rapporte qu'une partie du port de Marseille fut mise à sec par un ras de marée. Ce phénomène a une liaison intime avec celui des tremblements de terre, et il en est la conséquence. On comprend, en effet, que les oscillations du sol puissent donner lieu à ces mouvements insolites des eaux, qui paraissent se retirer lorsque le sol s'élève, et faire irruption sur les terres lorsqu'il s'abaisse au-dessous de son niveau primitif. Les véritables ras de marée coïncident presque toujours avec des secousses de tremblements de terre.

339. On désigne quelquefois sous le nom de ras de marée une agitation très-grande de la mer qui a lieu près du rivage, tandis qu'au large on ressent à peine de la houle. Ce phénomène se produit principalement sur les côtes de la Guyane, aux Antilles, sur la côte O. d'Afrique, à l'île de la Réunion, et sur la côte de Coromandel; il a lieu à l'époque des ouragans, dont il est très-probablement une conséquence.

L'agitation de la mer, produite par ces tourmentes, peut se faire sentir très-loin des lieux où sévit l'ouragan, et se propager sous forme d'ondulations d'une très-grande longueur et d'une faible hauteur, qui sont à peine sensibles au large. Lorsque ces ondulations s'approchent de la côte, elles se raccourcissent et augmentent de hauteur à mesure que la profondeur diminue. Elles apparaissent alors sous la forme de vagues puissantes qui remuent le fond à de grandes profondeurs, soulèvent par 10 et 15 mètres de gros galets jusqu'à la surface de la mer, arrachent les ancres des navires au mouillage, et les exposent à un danger d'autant plus grave que ces convulsions de la mer ont lieu le plus souvent par un calme complet de l'atmosphère.

On a observé que dans tout le bassin de l'océan Atlantique les ras de marée se reproduisaient périodiquement pendant les mois compris entre octobre et mars.

340. Des marées. L'observation du mouvement alternatif en vertu duquel les eaux de la mer s'élèvent et s'abaissent chaque jour au delà d'une hauteur moyenne, montre qu'il existe une liaison intime entre la marche de la lune et ce mouvement, auquel on a donné le nom de marées. L'intervalle moyen de 12 heures 25 minutes, qui sépare deux passages de la lune au méridien d'un point de la terre, est le même que celui qui sépare en moyenne deux hautes mers ou deux basses mers consécutives. Il est donc naturel de supposer que les marées sont dues à une action périodique de la lune sur les eaux de la mer.

Pour nous rendre compte de cette action, représentons-nous la terre comme une sphère isolée dans l'espace, dont la surface serait entièrement recouverte par les eaux et dont toutes les parties seraient en équilibre sous l'action de la pesanteur; si nous faisons intervenir la lune dans le plan de l'équateur terrestre, l'équilibre sera détruit. En effet, considérons dans ce plan la ligne qui joint le centre de la lune au centre de la terre et les deux points de l'équateur où cette ligne rencontrera la surface des mers ; ces deux points seront situés aux extrémités d'un même diamètre. La lune sera au méridien supérieur, pour l'un de ces points, que nous appellerons A, et au méridien inférieur pour l'autre point, que nous désignerons par la lettre A'. Si D est la distance du centre de la lune au centre de la terre, et r le rayon de la terre, l'attraction que la partie solide de la terre éprouvera de la part de la lune pourra être considérée comme s'exerçant à la distance D, tandis que l'attraction sur les parties liquides situées en A s'exercera à une distance D — r. L'attraction sur les parties liquides sera donc plus forte que sur la masse solide, et comme ces parties, en raison de leur fluidité, peuvent obéir séparément à la force qui les sollicite, il se produira en A une protubérance des eaux.

La distance à laquelle l'attraction de la lune s'exerce sur les molécules situées en A' est D $+$ r ; ces molécules seront donc moins attirées que la partie solide ; la pesanteur sera par conséquent diminuée en A', comme elle l'est en A, et par suite, pour rétablir l'équilibre, les eaux viendront affluer en A' ; il se produira donc en ce point une seconde protubérance.

Il est facile de voir qu'à partir des points A et A', la différence des attractions, exercées sur les parties liquides et solides, va en diminuant sur les deux hémisphères jusqu'au méridien perpendiculaire à la direction A A', où ces attractions deviennent égales. La masse liquide prendra donc, sous l'influence de l'action lunaire, la forme d'un ellipsoïde allongé, dans le sens A A'. La mer sera haute en A et en A', elle sera basse sur l'équateur à 90° de ces points.

Si nous tenons compte maintenant du mouvement de la terre, en supposant que la lune reste immobile, les différents points de l'équateur viendront passer successivement en face de la lune, et l'ellipsoïde liquide suivra ce mouvement en tournant autour de son petit axe, qui n'est autre que la ligne des pôles.

Lorsque la terre sera revenue à sa position primitive, le grand axe de l'ellipsoïde aqueux aura décrit, dans sa révolution, le plan de l'équateur, et la mer se sera élevée successivement sur tous les points de ce grand cercle, à mesure que la lune se sera trouvée dans le méridien de chacun d'eux, soit au-dessus, soit au-dessous de l'horizon. Il en sera de même pour tous les autres points de la surface de la terre ; seulement les élévations et les dépressions seront de moins en moins prononcées en allant de l'équateur vers les pôles, où la mer n'éprouvera aucun mouvement. Il ne faut pas perdre de vue que notre raisonnement s'applique à l'hypothèse où la terre serait entièrement recouverte par une couche liquide d'une épaisseur uniforme.

Si la lune restait immobile, comme nous l'avons supposé, l'intervalle entre deux hautes mers consécutives serait exactement de 12 heures; mais si l'on tient compte du mouvement propre rétrograde de la lune, qui s'accomplit autour de la terre en 27 jours et demi, on voit qu'elle met environ 25 heures pour revenir au méridien d'un même lieu : l'intervalle qui sépare deux marées consécutives devra donc être de 12 heures et demie.

La lune ne reste pas toujours dans le plan de l'équateur, ainsi que nous l'avons supposé; sa déclinaison peut s'élever jusqu'à 28° 1/2. Lorsque cet astre se trouvera en dehors de l'équateur, le grand axe de l'ellipsoïde aqueux sera incliné sur le plan de ce grand cercle et décrira dans son mouvement diurne une surface conique autour des pôles; les plus fortes marées n'auront plus lieu sur l'équateur, mais sur les deux parallèles dont la latitude serait égale, dans chaque hémisphère, à la déclinaison de la lune. Les hauteurs des deux marées d'un même jour ne seront plus égales que sur l'équateur; en tout autre point de la surface de la terre, elles seront différentes. Il suffit, pour s'en convaincre, de tracer les figures des deux ellipsoïdes que la lune produirait lors de son passage au méridien supérieur et au méridien inférieur d'un même lieu, et de comparer les protubérances soulevées en ce lieu au moment de ces deux passages. Ces quelques mots feront comprendre l'influence que la déclinaison de la lune peut avoir sur le phénomène des marées.

Les variations de la distance de la lune à la terre influent aussi sur la grandeur de la marée; on comprend que la marée doit être d'autant plus forte que la lune est plus près de la terre, puisque l'attraction qu'elle exerce sur la mer est plus grande. L'intensité de la marée en chaque point d'un globe complétement recouvert d'eau, tel que nous l'avons supposé, dépendrait donc à la fois et de la déclinaison et de la parallaxe de la lune.

341. Nous n'avons parlé jusqu'à présent que de l'action de la lune; le soleil produit des effets analogues, quoique moins considérables à cause de sa très-grande distance à la terre; on a calculé que l'attraction de la lune était égale à peu près à deux fois et demie celle du soleil. Si donc le soleil existait seul, il produirait sur la terre des marées qui suivraient les mêmes lois que celles dont nous avons parlé

pour la lune. L'intensité des marées en chaque point de la surface terrestre dépendrait de la parallaxe et de la déclinaison du soleil. Il se formerait encore un ellipsoïde aqueux, mais moins allongé que celui auquel la lune donnerait naissance, et cet ellipsoïde suivrait le mouvement diurne; il n'y aurait plus de retard d'un jour à l'autre dans l'heure des hautes et des basses mers, comme il en existait pour les marées lunaires; l'intervalle entre deux hautes mers serait exactement de 12 heures, et de 6 heures entre une marée haute et la marée basse suivante.

Les actions du soleil et de la lune ne se produisent pas séparément, comme nous venons de le dire; elles se composent et il en résulte une seule marée dont la grandeur dépend de la position réciproque des deux astres, de la déclinaison et de la parallaxe de chacun d'eux. Examinons ce qui se passera dans le cours d'une lunaison, c'est-à-dire pendant l'intervalle de 27 jours 1/2 environ que la lune emploie pour tourner autour de la terre et revenir à son point de départ. Lorsque la lune est nouvelle et qu'elle se trouve par conséquent sur la ligne qui joint le centre du soleil à la terre, son action sur la mer s'ajoute directement à celle du soleil; les deux ellipsoïdes aqueux ont leurs axes dirigés dans le même sens. Cette position de la lune correspond à une grande marée.

A mesure que la lune s'éloigne de la ligne qui joint le soleil à la terre, les directions des forces qui sollicitent les eaux de la mer font un angle de plus en plus ouvert; la grandeur de la résultante diminue, et les marées sont de moins en moins fortes jusqu'à ce que la lune soit dans son premier quartier. L'angle des deux forces est alors de 90° et la résultante atteint sa valeur minimum. La lune continuant son mouvement autour de la terre, les marées grandissent successivement jusqu'au jour où la lune est pleine. Alors les actions du soleil et de la lune sont de nouveau dirigées dans le même sens. L'ellipsoïde aqueux reprend la même forme que lors de la nouvelle lune, sauf les changements qui peuvent provenir des variations de la déclinaison et de la parallaxe des astres. Depuis le moment de la pleine lune jusqu'à celui de la nouvelle lune suivante, on voit se reproduire les mêmes effets que dans la première moitié de la lunaison. Il y a donc dans le cours d'une lunaison deux marées maxima et deux marées minima.

542. Nous avons jusqu'ici considéré la terre comme une sphère dont la surface serait entièrement recouverte par une couche liquide d'une épaisseur uniforme ; s'il en était ainsi, les marées offriraient une grande régularité, et on arriverait aisément à en calculer toutes les circonstances d'après les positions relatives du soleil et de la lune par rapport à la terre, les masses des deux astres et les masses respectives des parties solides et liquides de notre planète.

Mais cette supposition est fort loin de la réalité ; la présence des continents complique beaucoup le phénomène des marées, et ce n'est qu'après de longues séries d'observations faites avec soin sur tous les points du globe, et en combinant les résultats ainsi obtenus avec ceux du calcul, que l'on parviendra à se rendre un compte bien exact de toutes les parties de ce phénomène.

L'expérience fait voir que la marche des marées est, en réalité, conforme à celle que nous avons déduite de notre hypothèse. Ainsi, en chaque point du globe, il y a par jour deux marées séparées par un intervalle de 12 heures 1/2 environ.

Aux époques des syzygies, c'est-à-dire quand la lune est nouvelle ou qu'elle est pleine, on observe des marées maxima qui s'appellent vives-eaux ou marées des syzygies.

Aux époques des quadratures, il y a des marées minima qui sont désignées sous le nom de mortes-eaux ou marées de quartier.

Ces marées maxima et minima ne se produisent que 36 heures environ après le moment où les actions combinées du soleil et de la lune ont atteint leurs plus grandes et leurs plus petites valeurs. C'est seulement après cet intervalle de temps que la diminution des effets produits l'emporte sur l'accroissement qui résulte de l'impulsion donnée au liquide par les ondes antérieures.

Ce retard des marées sur les actions des astres n'est pas le même dans chaque port. Il varie suivant les localités, mais il est constant pour un même lieu. Il serait rationnel de considérer ce retard tout entier comme l'établissement du port ; mais l'usage a prévalu d'appeler établissement du port le retard de la marée sur le passage de la lune au méridien du lieu, quoique cette définition de l'établissement puisse donner lieu à quelque confusion, lorsqu'on veut rapporter les marées de deux points voisins à une même position des astres. Les formules pour calculer l'établissement du port, connaissant l'instant de la haute mer, et réciproquement pour calculer l'instant de la haute mer, lorsque l'établissement est connu, ont été données dans le livre de l'hydrographie, § 107.

L'observation apprend encore que les variations dans les déclinaisons des astres, ainsi que dans les valeurs de leurs parallaxes, influent sur l'heure et sur la hauteur des marées, et que l'action d'un astre est d'autant plus grande que cet astre est plus près de l'équateur ; c'est pour cette raison que les marées équinoxiales sont les plus fortes de l'année, car le soleil est alors dans l'équateur ; toutes choses égales d'ailleurs, la distance du soleil à la terre étant moindre à l'équinoxe de printemps qu'à l'équinoxe d'automne, la grande marée du mois de mars doit être plus forte que la grande marée du mois de septembre ; on doit, en outre, avoir des marées plus fortes avant qu'après l'équinoxe de printemps, et au contraire plus grandes, après qu'avant l'équinoxe d'automne, car la terre est plus près du soleil avant le 21 mars qu'après cette époque, et au contraire plus près du soleil après le 21 septembre qu'avant cette date.

Les marées deviennent très-fortes lorsqu'au moment des syzygies équinoxiales la lune est en même temps le plus près possible de la terre.

343. Lignes cotidales. Si l'on trace sur une mappemonde des lignes passant par les points où le plein de la mer a lieu simultanément, on obtiendra ce qu'on appelle des lignes cotidales (du mot anglais *tide*, marée). Les observations que l'on possède ne sont pas assez nombreuses pour qu'on puisse tracer ces lignes avec beaucoup d'exactitude ; on est obligé de leur donner en pleine mer une direction presque arbitraire. Cependant, le tableau de ces lignes, malgré ses imperfections, est intéressant à consulter, en ce qu'il peut donner quelques notions sur la manière dont se propage l'ondulation qui produit la marée. Lorsqu'on examine une carte des marées du globe, on reconnaît que tout se passe comme si l'ondulation qui produit la marée avait son origine dans la grande masse d'eau qui forme l'océan Antarctique. (Voyez *Atlas physiques* de Berghaus et de Johnston.)

Cette ondulation paraît se propager dans toutes les mers en marchant du S vers le N. D'une part, elle entre dans l'océan Indien, et, remontant vers le N., elle rencontre les côtes de l'Hindoustan. D'autre part, elle se propage vers le N. O., atteint le cap de Bonne-Espérance douze heures environ après qu'elle a été produite. Elle pénètre alors dans l'Atlantique, et, remontant rapidement vers le N., elle arrive douze heures environ plus tard à Terre-Neuve, sur la côte d'Amérique, et au cap Blanc, sur la côte d'Afrique. Elle tourne alors à angle droit de sa direction primitive, gagne les côtes occidentales d'Irlande et d'Angleterre, puis elle entre d'une part dans la Manche, où elle s'avance de l'O. à l'E., et de l'autre dans la mer du Nord. Dans cette mer elle marche du N. au S., et fait le plein à l'embouchure de la Tamise, quarante-huit heures environ après qu'elle a pris naissance dans l'océan Antarctique.

L'océan Pacifique reçoit également une ondulation dans la partie où il n'est pas barricadé (si l'on peut employer ce mot), par d'innombrables récifs, des écueils, des bancs et des îles, qui, suivant J. Scott Russel, ne permettent pas à l'ondulation de se produire d'une manière sensible. Après qu'elle a rencontré la côte E. de l'Amérique, elle contourne l'extrémité S. de ce continent en doublant le cap Horn, et sur la côte O. elle ne s'étend qu'à une faible distance du continent. Elle diminue constamment d'intensité dans sa route vers le N., et dans le grand Océan du N., près de la côte O. d'Amérique, on ressent à peine les effets de l'ondulation de marée.

La vitesse de l'ondulation ainsi comprise est très-variable; cette vitesse est d'autant plus grande que les eaux sont plus profondes; elle est de 800 kilomètres à l'heure et même plus dans l'océan Antarctique et dans l'océan Atlantique, tandis que comparativement l'onde marche très-lentement sur les côtes de l'Inde, sur les rivages de l'Amérique, à l'E. du cap Horn, et près des côtes de France et d'Angleterre.

C'est au moyen des établissements des ports que l'on détermine la vitesse avec laquelle les ondulations se transmettent d'un lieu à un autre; cette vitesse dépend des inégalités du fond, des promontoires, de la forme et de la profondeur des canaux que ces ondulations traversent et des îles qui se trouvent sur leur parcours. Les causes qui font varier la vitesse des ondulations agissent également sur leur hauteur.

344. Grandeurs des marées. La théorie indique que dans le cas d'un ellipsoïde aqueux pouvant prendre à chaque instant la figure qui convient aux attractions produites par la lune et le soleil, la différence entre la haute et la basse mer ne s'élèverait pas sur l'équateur à plus de $0^m,74$, le soleil et la lune étant dans leurs moyennes distances à la terre; il est probable qu'au large la hauteur de la marée conserve à peu près cette valeur, ainsi que le fait présumer la faiblesse des marées qu'on observe sur les rivages des îles océaniques. Sur les côtes de certains continents, au contraire, les marées sont quelquefois considérables; ainsi, dans quelques localités telles que la baie de Saint-

Malo et la baie de l'undy (dans l'Amérique du Nord), les différences entre la haute et la basse mer atteignent jusqu'à $14^m,4$ et $19^m,2$. La direction des vents influe également dans chaque localité sur la hauteur de la marée ; la mer s'élèvera plus haut lorsque les vents souffleront du large que lorsqu'ils viendront de terre. Enfin, les différences de pression barométrique contribuent encore à faire varier le niveau de la mer. (*Hydrographie*, § 103.)

545. Marées diurnes. Nous avons vu que dans l'hypothèse où la terre serait entièrement recouverte par les eaux, les déclinaisons de la lune et du soleil n'étant pas nulles, les deux marées qui auraient lieu dans l'intervalle de vingt-quatre heures, et que nous appellerons marées semi-diurnes, ne devraient avoir des hauteurs égales que sur l'équateur, et qu'en tout autre point de la surface de la terre, l'une des marées devait être plus grande que l'autre ; l'observation confirme cet aperçu théorique. Sur les côtes de France, pendant l'été, à l'époque des nouvelles lunes, les pleines mers du soir sont plus fortes que les pleines mers du matin, car à l'époque des nouvelles lunes d'été les déclinaisons de la lune et du soleil sont toujours boréales ; l'inverse a lieu dans les nouvelles lunes d'hiver ; à Brest, la différence de hauteur entre les deux marées du soir et du matin est d'environ 20 centimètres.

Ainsi, quand le soleil et la lune ne sont pas dans l'équateur, il se produit toutes les vingt-quatre heures une surélévation de la mer. C'est ce phénomène qu'on appelle la marée diurne ; tout se passe en effet comme si, outre l'oscillation semi-diurne, il y avait une autre petite oscillation dont la période serait un intervalle de vingt-quatre heures. La théorie démontre qu'à Brest, lors des syzygies d'été, le plein de la marée diurne arrive vers une heure et demie du soir, et le bas vers deux heures du matin. A Singapour, la marée diurne s'élève à près de 2 mètres ; dans l'océan Arctique et dans l'océan Pacifique boréal, l'onde diurne, considérée relativement à l'onde semi-diurne, est beaucoup plus forte que sur nos côtes.

Outre la grande onde semi-diurne et l'onde diurne, M. Chazallon a encore signalé d'autres ondes dont la période serait d'un quart, d'un huitième, d'un dixième, etc., de jour ; le mouvement de la mer dans un port suivrait ainsi la loi des cordes vibrantes. La durée de l'étale ou la tenue du plein dans diverses localités s'expliqueraient par l'existence de ces ondes ; ainsi, au Havre, le plein de la marée quart-diurne succédant à celui de la marée semi-diurne rendrait compte de la longue durée de l'étale de pleine mer, qui est de trois quarts d'heure dans ce port.

Enfin, il y aurait encore, suivant M. Chazallon, des ondes mensuelles et annuelles. Tout ce système d'ondes ne doit être regardé que comme un moyen de représenter les inégalités périodiques de la marée, inégalités qui dépendent des positions diverses que prennent la lune et le soleil par rapport à la terre.

346. Marées des petites mers. L'effet des marées, si remarquable dans l'Océan, devient à peine appréciable dans les lacs et dans les petites mers isolées, telle que la mer Caspienne; cela résulte de la faible distance qui sépare les deux extrémités de ces nappes d'eau, car les différences des actions exercées par les astres sur les particules liquides ne peuvent pas y devenir sensibles et produire comme dans l'Océan la déformation de la surface Lorsque les petites mers, telles que la Manche, la mer du Nord, etc., communiquent avec l'Océan par de larges ouvertures, les marées peuvent y être bien prononcées; mais si des détroits seulement réunissent à l'Océan les mers intérieures, comme la Baltique, la Méditerranée, la mer Rouge, etc., l'ondulation venant de la grande mer n'y pénétrera qu'avec peine et les marées seront à peine accusées. Ainsi, dans la Méditerranée, les marées ne sont bien marquées que dans les golfes très-allongés, comme l'Adriatique, ou dans les détroits resserrés, comme l'est le détroit de Messine. Il y aurait à distinguer dans cette mer la marée qui lui est propre et celle qui lui vient de la grande ondulation de l'Océan, car la Méditerranée est assez vaste pour que les astres n'aient pas la même action sur ses deux extrémités.

347. Du mascaret. L'ondulation de l'Océan pénètre dans les embouchures de rivières, y élève le niveau de l'eau jusqu'à une certaine distance de l'embouchure et y produit quelquefois un phénomène particulier : au moment du flux, vers l'époque des grandes marées, il se forme une ou plusieurs vagues qui se suivent à très-peu de distance l'une de l'autre, remontent le fleuve avec une grande rapidité et renversent tout sur leur passage. On donne généralement à ce phénomène le nom de mascaret, qu'il porte dans la Gironde ; les riverains de la Seine l'appellent barre. Dans les rivières anglaises et dans le Gange, il est désigné sous le nom de bore, et sous celui de pororoca dans la rivière des Amazones. La vague de la pororoca atteint quelquefois 5 mètres de hauteur; celle du mascaret de la Dordogne ne dépasse guère 2 mètres. M. Babinet attribue le mas-

caret aux ralentissements successifs qu'éprouve dans sa marche
l'ondulation en passant sur des profondeurs de moins en moins
grandes. Il en résulte vers le fond des estuaires une accumulation des eaux qui se déversent en cascades. La disparition du mascaret, lorsque l'eau reprend de la profondeur, rend cette explication
très-vraisemblable. On voit que ce phénomène est analogue aux mouvements de la mer improprement appelés ras de marée, et qui sont
produits par l'arrivée, sur de petits fonds, des grandes ondulations
qui règnent au large. Seulement, dans les ras de marée, il y a plusieurs ondulations qui se succèdent, tandis que dans le mascaret il
n'y en a qu'une, laquelle est l'onde de marée.

348. Courants de marées. L'ondulation de marée est un mouvement d'oscillation verticale qui se transmet de proche en proche
dans la masse liquide sans qu'il y ait déplacement sensible des molécules aqueuses. Telle est, du moins en pleine mer, la marche de la
marée; près des côtes et dans les endroits peu profonds, il n'en est
pas tout à fait de même : outre le mouvement oscillatoire vertical qui
subsiste et atteint même, probablement aux dépens de la longueur
de l'onde, de bien plus grandes proportions qu'au large, il se produit un mouvement de translation qui donne lieu à des courants
alternatifs comme la marée. Ces courants se nomment courants de flot
quand ils ont lieu avec la mer montante, et courants de jusant quand
ils coïncident avec la mer baissante; mais il faut bien se garder de
confondre les mots flot et jusant avec les expressions courants de flot
et courants de jusant; on serait entraîné ainsi à de graves erreurs,
car le reversement des courants ne coïncide pas toujours avec l'étale
de haute ou de basse mer. Ainsi, dans une rivière, il peut y avoir
encore courant de l'amont à l'aval, alors que les eaux ont déjà
commencé à monter; sur plusieurs points de la Manche, le reversement des courants a lieu au milieu du flot et au milieu du jusant.
A la côte, l'étale des courants de flot coïncide généralement avec la
haute mer; mais, à partir d'une distance de 5 à 6 milles du rivage,
en avançant vers le large, le moment de l'étale du courant de flot
retarde progressivement, et ce retard varie entre $1^h\ 20^m$ et $6^h\ 30^m$.
Il existe également dans la Manche une partie où, sur la côte
même, les étales des courants ne coïncident pas avec les étales de
marées. Le détroit de Gibraltar et celui de Bab-el-Mandeb qui font
communiquer l'Océan avec la Méditerranée et avec la mer Rouge,
présentent même, sous le rapport des courants, une singulière ano-

malie : lorsque la mer monte dans ces deux détroits, le courant se dirige de l'intérieur de ces mers vers l'Océan ; il entre, au contraire, de l'Océan dans ces mers lorsque la mer descend sur les rives de ces détroits.

En général, les courants de marées marchent dans le même sens que l'ondulation qui leur a donné naissance. Ainsi, sur les côtes de France, le courant de flot se dirige du S. E. au N. O., comme l'ondulation de la marée, et le courant de jusant va en sens inverse.

Lorsque la mer pénètre pour faire le plein dans un bassin présentant une seule ouverture, les eaux affluentes courent dans le même sens jusqu'à ce qu'elles cessent d'élever leur niveau sur les rives de ce bassin. Dans ce cas, le reversement des courants de marée en chaque lieu coïncide avec le moment de la haute ou de la basse mer pour ce lieu, et leur maximum de vitesse correspond au moment de chaque demi-marée. Alors, pour connaître la direction des courants de marée au point où l'on est placé, il suffit de la rapporter à la marée du lieu le plus voisin dont on connaît l'établissement. On sera porté vers ce point tant que la mer y montera ; on en sera éloigné par le courant tant que la mer y descendra.

Dans les canaux à deux ouvertures où l'ondulation de marée peut pénétrer à la fois par les deux extrémités du canal, les faits se passent tout autrement. Le phénomène des marées résulte alors de l'interférence de deux ondes ; or ces deux ondes pouvant être égales ou inégales, il en résulte, dans chaque cas, un régime particulier pour les courants de marées. Dans la mer d'Irlande, les deux ondes opposées sont égales ; au point où elles se superposent, les deux flots et les deux jusants se détruisent, ce qui produit une étale générale ; il y a donc en ce point absence de tout courant, tandis que l'amplitude de la marée y est plus grande que partout ailleurs. Beechey a appelé cet endroit le *point normal* de la marée. Il existe donc simultanément dans la mer d'Irlande deux courants de flot ayant des directions opposées, s'avançant des extrémités du canal vers le centre ou vers le point normal de la marée, tant que la mer monte à ce point. La ligne de rencontre de ces deux courants est à peu près celle qui joindrait l'île de Man à la baie de Morecombe, et sur cette ligne prolongée à l'O. de l'île de Man les courants sont nuls ou insensibles, tandis que le mouvement vertical de la marée est considérable, car c'est dans cette partie que les sommets des deux ondes de marée se superposent.

De même pendant le jusant à partir de ce même point normal

de la marée, il se produit dans la mer d'Irlande deux courants qui se dirigent en sens inverse et qui se séparent à peu près sur la ligne qui joindrait l'île de Man à la baie de Morecombe, pour se porter du centre du canal vers ses extrémités. A l'endroit où le creux et le sommet des deux ondes se rencontrent, le mouvement vertical de la marée est nul, tandis que les courants ont leur maximum de vitesse. Ce fait existe à Courtown, à 30 milles au S. de Dublin.

Dans les canaux analogues à la mer d'Irlande, les courants de flot et de jusant renversent au moment de la haute et de la basse mer au *point normal* de la marée, et leur maximum de vitesse correspond à la demi-marée à ce même point. Ainsi il sera facile de déterminer pour tout point du canal où l'on se trouvera la direction, la durée et la vitesse des courants de marée, pourvu qu'on connaisse l'établissement du port au point normal ; tant que la mer montera à ce point, le courant en rapprochera le navire, tandis qu'il l'en éloignera au contraire pendant toute la durée du jusant à ce même point.

Dans le canal formé d'une part par la Manche et de l'autre par la mer du Nord ou d'Allemagne, l'ondulation venant de l'Océan pénètre également par deux ouvertures, mais les phénomènes des marées et des courants qui en dérivent sont très-variés et très-différents suivant les localités, parce qu'ils résultent de l'interférence de deux ondes inégales. Ainsi, l'ondulation venant de l'O. par la Manche est beaucoup plus forte que celle venant du N. par la mer d'Allemagne. Dans ce cas, il est impossible de donner une loi simple et générale comme les précédentes pour trouver en un point quelconque du canal l'heure des reversements des courants, leurs directions et leur maximum de vitesse. Il faut donc suivre le phénomène des marées dans tout son développement, dans ses particularités et ses diverses phases, afin d'en déduire les faits dont on a besoin dans la navigation, soit qu'on passe au milieu du canal, soit qu'on en prolonge les côtes. M. Keller a fait une étude approfondie de toutes ces questions, dans son ouvrage intitulé : *Exposé du régime des courants dans la Manche et dans la mer d'Allemagne,* auquel nous renverrons le lecteur.

549. Courants généraux à la surface des mers. Indépendamment des mouvements des eaux, produits par l'action des vents et par les marées, la surface des mers est sillonnée par d'immenses courants dont la connaissance intéresse au plus haut degré la navigation et la physique du globe. L'origine de ces courants et les directions qu'ils suivent, paraissent dues à la distribution inégale de chaleur à la surface du globe, combinée avec la rotation de la terre autour de son axe et avec l'impulsion donnée aux eaux superficielles par les vents généraux.

Considérons par exemple le bassin N. de l'océan Atlantique; dans ce bassin, les eaux qui sont situées près de l'équateur sont plus échauffées que celles qui s'étendent plus au N. Sous l'influence de cette température élevée, elles se dilatent et leur niveau s'élève au-dessus de celui des eaux voisines. Il y a donc tendance des eaux équatoriales à se déverser du S. au N., ou plutôt du S. O. au N. E., en raison de l'excès de vitesse vers l'E. conservé par les corps qui sont transportés de l'équateur vers les pôles; mais les vents alizés, qui soufflent précisément dans une direction contraire, s'opposent à la marche que prendraient les eaux sous l'influence unique des différences de température; ces vents refoulent constamment les eaux équatoriales vers le S. O. Il en résulte un courant dirigé de l'E. à l'O. qui est le courant équatorial. Ce courant atteint les côtes américaines, en suit les contours et, lorsqu'il est soustrait à l'action des vents alizés, reprend dans l'Atlantique N. sous le nom de gulf-stream sa marche naturelle du S. O. au N. E., puis il revient en partie le long de la côte d'Europe et de la côte d'Afrique, en voyageant du N. au S., remplacer à l'équateur les eaux qui s'écoulent continuellement vers l'O.; il en résulte un immense courant circulaire compris d'une part entre les côtes de l'ancien et du nouveau continent, et de l'autre entre l'équateur et le parallèle de 45° de latitude N.

Si nous considérons dans l'étendue des mers les quatre autres grands bassins analogues au bassin de l'océan Atlantique N., celui de l'Atlantique S., les deux bassins N. et S. de l'océan Pacifique et celui de l'océan Indien, nous trouverons des circuits semblables produits par les mêmes causes; ainsi, dans l'océan Atlantique du S., nous voyons un courant équatorial dirigé également de l'E. à l'O. Ce courant s'infléchit vers le S., le long de la côte du Brésil, puis tourne vers l'E., revient sur la côte d'Afrique à la hauteur du cap de Bonne-Espérance, et suit cette côte du S. au N. pour revenir à l'équateur.

Dans la mer des Indes, le courant dirigé de l'E. à l'O., au lieu d'être situé sur l'équateur, se trouve sur le parallèle de 20° de latitude S. Il se dirige ensuite vers le cap de Bonne-Espérance et revient en suivant de l'O. à l'E. le parallèle de 40°, vers les côtes de l'Australie, qu'il prolonge pour retourner à son point de départ. Quoique plus déprimé que ceux de l'Atlantique, ce circuit n'en offre pas moins les mêmes caractères.

L'océan Pacifique nous offre dans son bassin septentrional un courant équatorial du N. et un courant analogue au gulf-stream, le kuro-sivo, qui, après avoir parcouru de l'O. à l'E. toute la largeur du grand Océan, descend le long des côtes de la Californie, jusqu'à ce qu'il redevienne courant équatorial.

Dans l'océan Pacifique du S., un autre courant équatorial s'infléchit vers le S. le long des côtes E. de l'Australie, parcourt ensuite de l'O. à l'E. à peu près le parallèle de 50° S., et le circuit se ferme par le courant de Humboldt dirigé du S. au N., le long des côtes O. de l'Amérique méridionale.

Les deux courants équatoriaux de l'océan Pacifique sont séparés par un contre-courant équatorial dirigé de l'O. à l'E.

Ainsi, règle générale, on trouve près des côtes occidentales des grands continents des courants d'eau froide allant des pôles vers l'équateur et s'échauffant graduellement à mesure qu'ils s'approchent de ce grand cercle; puis un courant équatorial s'échauffant de plus en plus et dirigé de l'E. vers l'O.; enfin, près des côtes orientales des continents, des courants d'eau chaude allant de l'équateur vers les pôles, et ensuite de l'O. vers l'E. en perdant successivement une partie de la chaleur qu'ils avaient acquise dans leur passage à travers les zones torrides.

Aux cinq grands circuits dont nous avons parlé et dont deux sont situés au N. et trois au S. de l'équateur, on peut ajouter deux grands courants polaires. Le premier fait le tour du pôle N., suit les rivages de la Sibérie et de l'Amérique, et va déboucher dans l'océan Atlantique, soit par les nombreux canaux de l'archipel Américain, soit par le détroit de Smith, ou encore par le N. du Groënland qui, dans ce cas, serait une île. Le second tourne autour du pôle S., tangentiellement aux branches les plus méridionales des trois grands circuits océaniques, et il est dû probablement à la communication de mouvement imprimée par ces trois circuits aux eaux adjacentes.

Nous ne pourrions donner ici une description complète des courants généraux à la surface des mers sans sortir des limites de notre travail; nous renverrons pour cette description aux *Considérations générales sur les Océans*. Nous présenterons, comme un renseignement utile aux marins, le tableau des principales directions et des vitesses moyennes de ces courants, que nous avons pu déduire d'un grand nombre d'observations ; nous insisterons seulement sur le grand circuit de l'Atlantique N., circuit dont fait partie le gulf-stream, comme étant celui qui a été le mieux étudié, qui intéresse le plus à cause de sa proximité de nos côtes, et qui peut servir de type à tous les autres.

OCÉAN ATLANTIQUE DU NORD.

GRAND CIRCUIT.

	Direction moyenne.	Vitesse.
Courant équatorial........	O.	46 milles par jour.
Courant de la Guyane.....	N. O.	30 —
Courant de la mer des Antilles................		15 —
Gulf-stream..........	N., N. E. et E.	35 —
Courant N. de l'Afrique...	S.	20 —
Courant de la Guinée du N.	E.	20 —

Les courants précédents sont les diverses parties qui composent le circuit de l'Atlantique N.; ceux qui suivent sont des branches du gulf-stream.

COURANTS SECONDAIRES.

	Direction moyenne.	Vitesse.
Courant du golfe de Gascogne..........	E.	6 (variable)
Courant de Rennel (retour du précédent).	N. O.	10
Courant de la côte du Portugal........	S. E.	16
Courant à l'entrée du détroit de Gibraltar.	E.	12
Courants dérivés des alizés du N. E......	S. O	10

OCÉAN ATLANTIQUE DU SUD.

GRAND CIRCUIT.

	Direction moyenne.	Vitesse.
Courant du Brésil....................	S.	20
Courant traversier de l'océan Atlantique.	E.	15
Courant de la côte d'Afrique...........	N.	15

COURANTS SECONDAIRES.

	Direction moyenne.	Vitesse.
Courants dérivés des alizés du S. E......	N. O.	10
Courants de la Guinée du S...........	N. O.	12

OCÉAN INDIEN.

GRAND CIRCUIT.

	Direction moyenne.	Vitesse variable de
Courant équatorial..............	O.	12, 16 et 22 milles
Courant de Mozambique..........	S. O.	de 18 à 28 par jour
Courant du cap des Aiguilles.......	S. O.	80
Contre-courant du cap des Aiguilles.	E.	30
Courant traversier de l'océan Indien.	E.	très-variable.

COURANTS SECONDAIRES.

	Direction moyenne.	Vitesse.
Branche S. O. du courant équatorial..	S. O.	30
Courant de l'Australie S.......	E.	14

OCÉAN PACIFIQUE DU NORD.

GRAND CIRCUIT.

	Direction moyenne.	Vitesse.
Courant équatorial du Nord.........	O.	30
Kuro-sivo ou courant de Tessan.......	N. E.	31
Courant de la Californie.............	S. E.	16

COURANTS SECONDAIRES.

	Direction moyenne.	Vitesse.
Courant du Kamtschatka.............	N. E.	8
Courant de Behring.................	N.	14
Contre-courant équatorial...........	E.	18

OCÉAN PACIFIQUE DU SUD.

GRAND CIRCUIT.

	Direction moyenne.	Vitesse.
Courant équatorial du S.............	O.	24
Courant de la Nouvelle-Hollande......	S.	12
Courant traversier de l'océan Pacifique.	E.	20
Courant de Humboldt ou du Pérou....	N.	15

COURANTS SECONDAIRES.

	Direction moyenne.	Vitesse.
Courant du Mentor	N. E.	16
Courant du cap Horn.	S. E.	18

330. Grand circuit de l'océan Atlantique du Nord. A partir du point où il commence à porter le nom de courant équatorial, c'est-à-dire près de la côte O. d'Afrique, par 3° de longitude E, le circuit N. de l'océan Atlantique court parallèlement à l'équateur, sans dépasser le parallèle de 2° 30' de latitude N. Parvenu au 22° degré de longitude O., il jette dans l'hémisphère N. une branche considérable connue sous le nom de branche N. O. du courant équatorial, et qui se fait sentir quelquefois jusqu'au 30° degré de latitude. Il arrive, en poursuivant sa route à l'O., jusqu'au cap Saint-Roch, après avoir parcouru, depuis la côte d'Afrique jusqu'à ce cap, une étendue de 2,500 milles. Dans tout ce parcours, il s'est trouvé réuni au courant équatorial du circuit S. de l'océan Atlantique. La largeur de l'ensemble de ces deux courants est à l'origine de 160 milles. Elle s'accroît ensuite jusqu'à 360, et en dernier lieu elle atteint 450 milles. Le courant équatorial acquiert sa plus grande vitesse en été ; l'hiver est l'époque où il marche le plus lentement. Sa vitesse va en augmentant à mesure qu'il s'approche de l'Amérique ; elle peut atteindre jusqu'à 75 milles par jour, c'est-à-dire plus d'une fois et demie celle de la Seine à Paris dans ses débordements.

La température moyenne de ses eaux est de 23°,9 ; cette température est de 2° ou 3° plus basse que celle des eaux voisines entre les tropiques.

A partir du cap Saint-Roch, le courant équatorial prend le nom de courant de la Guyane ; il court le long de la côte basse de la Guyane vers l'île de la Trinité ; aux environs de l'équateur, il est traversé par les courants de l'Amazone, dont les eaux, en rencontrant celles du courant marin, forment avec lui de vastes tourbillons. Plus loin, il reçoit les eaux de l'Orénoque qui augmentent sa vitesse, puis il entre dans la mer des Antilles, contourne le cap Catoche et fait le tour du golfe du Mexique, sans cependant s'approcher des côtes le long desquelles existent des courants variables dépendant des vents. Dans ce trajet, la température des eaux du courant s'est élevée jusqu'à 27° et 29°.

C'est en sortant du golfe du Mexique par le nouveau canal de Bahama que le circuit prend le nom de gulf-stream, qu'il doit à son trajet autour du golfe du Mexique. Le gulf-stream, à son origine, présente une belle couleur d'un bleu foncé d'indigo, et pendant plusieurs centaines de milles on distingue sans peine ses eaux de celles de l'Atlantique ; lorsque cette ligne de démarcation disparaît, on peut encore, avec le thermomètre, suivre pendant longtemps ce courant dans sa course. Jusqu'à Terre-Neuve, il coule entre des eaux froides dont la température est quelquefois de 15° plus basse que celle du courant. De chaque côté du gulf-stream, l'air est souvent à 0°, tandis que les eaux du courant ont une température de 26° à 27° centigrade. Le maximum de température observé dans les eaux du gulf-stream est de 30° centigrade ; cette température, qu'on observe près du cap Hatteras, est supérieure de 5° à celle des eaux de l'Océan dans ces parages. Après qu'il a parcouru 10° en latitude vers le N., le gulf-stream n'a perdu encore que 1° de chaleur et arrive ainsi sur le parallèle de 40° de latitude N. C'est à cette hauteur qu'il déborde en quelque sorte sur l'Océan et, qu'occupant un espace de plusieurs mille lieues carrées, il couvre de ses eaux chaudes les eaux froides de cette mer, faisant sentir son influence jusque sur les côtes de l'Europe, dont il adoucit les hivers.

L'influence du gulf-stream sur les mauvais temps de l'Atlantique, les coups de vent violents qui éclatent sur son parcours, et les brumes épaisses qu'on rencontre dans son voisinage, proviennent sans doute de ces grandes différences de température. Ce qui rend surtout dangereux les ouragans dans le gulf-stream, c'est la mer terrible produite par la lutte du courant et du vent, qui ont des directions à peu près opposées. La rapidité du gulf-stream, à sa sortie du détroit de la Floride, ressemble en effet à celle d'un torrent ; elle atteint parfois 120 milles en vingt-quatre heures. Cette vitesse décroît ensuite graduellement ; à la hauteur des Açores, elle n'est plus que de 30 à 35 milles.

Si la zone du gulf-stream est souvent dangereuse par les tempêtes dont elle est le siège, elle est quelquefois d'un grand secours pour les navires que des bourrasques de neige et des coups de vent violents empêchent d'atterrir sur les côtes des États-Unis. Dans ces circonstances, le gulf-stream peut être regardé comme un lieu bienfaisant de refuge, où l'équipage se repose de ses fatigues sous l'influence d'une douce température succédant tout à coup à un froid rigoureux, et où le navire peut attendre des moments plus favorables pour continuer sa navigation.

Franklin est le premier qui eut l'idée d'utiliser, pour l'atterrage des États-Unis, les observations de la température des eaux du gulf-stream. Sans aucun doute, avant que les navires fussent munis de chronomètres, ces observations fournissaient aux marins une donnée plus précise que l'estime ; aussi, lorsque le *Traité de navigation thermo-métrique* parut en 1790 aux États-Unis, cet ouvrage eut-il un grand retentissement. Grâce au thermomètre qui leur permettait de constater la présence du gulf-stream, les navires, suivant les circonstances, venaient chercher ce courant pour échapper à une tempête ou à des froids rigoureux, ou bien l'évitaient pour abréger la route de l'Europe aux côtes de l'Amérique du Nord. Le gulf-stream offre, en effet, par sa direction vers l'E., un obstacle aux bâtiments qui ont à faire cette traversée.

Maury admet que les eaux du gulf-stream ont un niveau plus élevé que les eaux adjacentes ; il évalue à $0^m,6$ ce surcroît d'élévation. Il n'est pas impossible, en effet, que l'excès de température des eaux du courant sur celles qui le bordent de chaque côté, n'ait pour conséquence d'élever leur niveau de manière à donner à la surface une forme convexe. On cite, à l'appui de cette assertion, le fait qu'il existe un courant superficiel par lequel les corps légers qui flottent à la surface sont entraînés dans une direction perpendiculaire à la direction générale du courant et dans des sens opposés, suivant que ces corps se trouvent à l'E. ou à l'O., de l'axe du gulf-stream ; de sorte qu'à partir d'une ligne centrale l'eau s'écoulerait sur deux plans inclinés comme sur le double toit d'une maison. Cependant les corps flottants se portent de préférence sur le côté E. du gulf-stream : les plantes marines, les bois en dérive, que l'on voit en grand nombre sur la limite orientale du courant, ne se trouvent jamais sur la limite occidentale, même lorsque les vents d'E. soufflent avec force et persistance. On ne trouve pas non plus sur la côte des États-Unis de ces bois et de ces graines qui proviennent des Antilles, et qui sont portés jusque sur les rivages de l'Europe.

Il semble résulter des travaux récents entrepris par les hydrographes américains sur le gulf-stream, que le lit de ce courant se compose de zones alternatives d'eau chaude et d'eau comparativement froide ; la différence d'une zone à l'autre ne va cependant pas au delà de 3° centigrades. Des sections thermométriques ont été faites à travers le courant à diverses profondeurs et dans une direction perpendiculaire à la côte. On a conclu de ces recherches que les eaux les plus chaudes du gulf-stream sont à la surface; que la température des couches diminue avec la profondeur, que cependant, à profondeur égale, les eaux du courant sont beaucoup plus chaudes que celles qui les environnent, enfin que jusqu'à 900 mètres, profondeur à laquelle ont été poussées les expériences, les mêmes alternatives de chaud et de froid se produisent à la surface et dans les couches profondes. En partant de la côte, la température, à la limite O. du courant, s'élève brusquement de 10° environ, et cette différence se reproduit dans toute la profondeur; on remarque ensuite que la température oscille dans les limites que nous avons données plus haut, et va en s'abaissant jusqu'à la limite E. du courant.

Au nord de l'archipel des Açores, et à peu près sur le parallèle du cap Finistère, le gulf-stream se divise en quatre branches: la première, sous le nom de courant polaire de l'Afrique, puis ensuite sous celui de courant de la Guinée du Nord, va rejoindre le courant équatorial et fermer le circuit. Les eaux du courant polaire de l'Afrique sont, à la hauteur des îles du cap Vert, plus froides de 4 ou 5 degrés que les eaux adjacentes; elles se réchauffent en se rapprochant de l'équateur.

Une seconde branche du gulf-stream, nommée courant de la côte du Portugal, se dirige vers le détroit de Gibraltar, et forme le courant qui porte les eaux de l'Océan dans la Méditerranée.

La troisième branche pénètre dans le golfe de Gascogne, le long de la côte N. de l'Espagne, contourne ce golfe, et remonte au N. le long de la côte de France, pour reprendre, sous le nom de courant de Rennel, une direction vers le N.-O., contraire à sa direction primitive.

La quatrième branche, ou branche N.-E. du gulf-stream, est la plus considérable; c'est le gulf-stream lui-même, continuant sa course dans sa direction primitive. Ce courant, large d'environ 600 milles, enveloppe les îles Feroë et remonte vers le pôle, en passant entre l'Islande et la côte de Norwége, dont il adoucit le climat. Il dépose sur les rivages de ces contrées septentrionales des bois flottants et des débris de végétation qu'il apporte des côtes du Mexique.

Ce grand courant d'eau tiède se divise en deux branches à la hauteur de la Scandinavie; l'une remonte vers le Spitzberg et dégage les abords de cette île en fondant les glaces qui l'entourent, l'autre branche pénètre dans l'océan Glacial par les rivages de la Sibérie, et décrit un grand circuit autour du pôle : c'est le courant polaire Arctique dont nous avons déjà parlé, qui débouche par les nombreux canaux de l'archipel du nord de l'Amérique ou peut-être passe au N. du Groënland, pour ramener ses eaux le long de la côte E. de ce pays glacé. Il existe, en effet, un courant qui descend le long de la côte E. du Groënland jusqu'au cap Farewell, double ce cap, et remonte le long de la côte O. dans une direction opposée à celle du courant qui descendant par les détroits, se dirige, sous le nom de courant de la baie d'Hudson, au S. vers l'île de Terre-Neuve.

351. Mer de sargaçao ou mer de varec. Au centre du grand circuit de l'océan Atlantique du Nord, on rencontre un espace couvert d'herbes marines, que les Portugais ont nommées sargaçao, et que l'on désigne plus communément sous le nom de varecs ou raisins du Tropique (*fucus natans*).

Cette mer, que Christophe Colomb rencontra sur sa route, et dont ses compagnons furent très-effrayés, occupe dans le S. du gulf-stream une étendue considérable. Elle est comprise à peu près entre les parallèles de 16° et de 38° de lat. N., et entre les méridiens de 81° et de 50° de long. O. Toutefois on trouve également une grande quantité de varecs flottants jusque par le méridien de 20° de long. O., et même plus à l'E. que ce méridien. Ces varecs, dont on signale plusieurs espèces différentes, sont sans racines; ils n'en végètent pas moins avec activité et portent même des fruits. La couleur de ces herbes est brune ou jaunâtre; elles ont l'aspect étiolé, ce que l'on attribue au défaut de renouvellement de l'eau autour de la plante. Tantôt elles sont agglomérées et compactes, tantôt elles se montrent par bandes parallèles, et s'alignent toujours dans la direction du vent régnant ou du courant s'il fait calme.

La mer de varec a une température un peu plus élevée que celle des eaux voisines; elle ne change pas de place, ou du moins depuis qu'on possède à cet égard des observations suivies, sa position moyenne n'a pas varié. Ce fait remarquable de l'immobilité des varecs dans cette partie de l'océan Atlantique remonterait jusqu'à la fin du quinzième siècle, d'après M. de Humboldt, qui a discuté les observations de Christophe Colomb.

Cette même espèce de varec croît en grande abondance sur les roches des îles du cap Vert et des Antilles, ainsi que sur les bancs de roche du golfe du Mexique. Il est probable que le courant circulaire de l'océan Atlantique du N. prend les tiges qui se détachent de ces rochers, pour les porter au centre de son circuit. C'est ainsi que dans un vase rempli d'eau, à la surface de laquelle flottent des corps légers, si l'on vient à imprimer au liquide un mouvement circulaire, on voit bientôt tous ces corps flottants se réunir au centre du tourbillon.

Dans la partie S. de l'océan Indien, à peu près entre les parallèles de 40° et de 55° de lat. S. et les méridiens de 58° et de 80° de long. E., on a rencontré également une mer de varec. L'eau, dans cette partie, est habituellement plus chaude de 2 degrés que les eaux voisines, et l'on serait porté à induire de la présence du *fucus natans* qu'il existe dans ces parages un mouvement circulaire du même genre, quoique moins régulier que celui qu'on observe dans la partie N. de l'océan Atlantique.

352. Courants de la Méditerranée. Le courant permanent qui, dans le milieu du détroit de Gibraltar, se dirige de l'O. à l'E., est animé d'une vitesse considérable dans la partie la plus resserrée du détroit, c'est-à-dire entre Tarifa et la pointe Ciris, lorsque les circonstances de marées et de vent favorisent fortement son développement ; il atteint alors une vitesse de 7 milles à l'heure. Entre Ceuta et Gibraltar, la vitesse de ce même courant ne dépasse pas 2 milles $\frac{1}{2}$.

Lorsqu'il entre dans le bassin occidental de la Méditerranée, il se maintient à peu près au milieu de ce bassin, en se rapprochant cependant plus de l'Afrique que de l'Espagne ; il s'avance ainsi vers l'E. jusqu'aux îles Habibas d'une part, et jusqu'au cap de Gate de l'autre. Près des côtes, et en dehors de la zone assez étroite où l'on ressent les courants de marée, on éprouve en général un faible contre-courant, dirigé de l'E. vers l'O., avec une vitesse de 0,2 ou 0,3 de mille à l'heure. A l'E. du méridien du cap de Gate, la masse des eaux se porte vers la côte d'Afrique, et prolonge cette côte jusqu'à Philippeville avec une vitesse de 1 mille à 2 milles à l'heure. Au delà de ce point, le courant général cesse de suivre parallèlement la côte d'Afrique ; il a une tendance à se porter vers le N., et il se divise en trois branches : la première pénètre dans la mer de Toscane, entre la Sicile et la Sardaigne ; la seconde passe à l'O. de la Sardaigne et de la Corse ; la troisième entre dans le canal de Malte.

La première branche qui passe entre la Sicile et la Sardaigne se répand dans la mer de Toscane, et le courant perd presque toute sa vitesse dès qu'il arrive près des côtes de l'Italie ; cependant les eaux par un mouvement lent remontent du S. au N., et le courant reparaît d'une façon générale, animé d'une vitesse de 0,3 à 0,5 de mille à l'heure, dans le golfe de Gênes qu'il contourne pour prolonger ensuite, dirigé vers le S.-O., la côte du Piémont et la côte de France, jusqu'aux îles d'Hyères.

La seconde branche dont la vitesse est également faible près des côtes occidentales de la Sardaigne et de la Corse, se dirige vers le N. et rejoint la branche précédente à la hauteur des îles d'Hyères. Alors le courant tourne vers le S.-O. et il possède une vitesse de 0,7 de mille le long des côtes de France et d'Espagne. Dans l'intérieur du golfe du Lion, les eaux de la surface ont souvent une direction à peu près opposée à celle du courant général, et marchent vers le N.-E. Le courant général, en suivant la côte d'Espagne, pénètre dans le détroit compris entre cette côte et les Baléares; puis il tourne successivement au S., au S.-E. et vers l'E., pour se fondre dans le courant venant du détroit de Gibraltar. On voit donc que, dans le bassin ouest de la Méditerranée, le mouvement général des eaux est circulaire comme dans les Océans; seulement il s'exécute en sens inverse.

La troisième branche qui traverse le canal de Malte y acquiert une assez grande vitesse de 2 milles à 2 milles $\frac{1}{2}$ à l'heure dans certains cas; les eaux se dirigent vers les Syrtes et prolongent toute la côte sud de la Méditerranée jusqu'à l'embouchure du Nil. Elles remontent ensuite vers le N. le long de la côte de Syrie, tournent graduellement pour prendre la direction de l'O. à la hauteur de l'île de Chypre, et suivent de l'E. à l'O. la côte de la Caramanie. Elles traversent, avec cette direction, l'entrée de l'archipel grec où elles reçoivent les eaux sortant des Dardanelles; elles contournent les côtes de la Grèce et remontent vers Corfou, dirigées au N. Elles entrent alors dans la mer Adriatique dont elles prolongent toute la côte orientale, en marchant vers le N.; elles tournent au fond de cette mer et redescendent le long de sa côte occidentale, jusqu'à Otrante, dirigées vers le S.; elles rentrent dans la Méditerranée avec cette direction et tournent graduellement vers le S.-E. pour se perdre dans le courant venant du canal de Malte. On voit donc que dans le bassin est de la Méditerranée, les eaux décrivent, en suivant les sinuosités des côtes, un vaste circuit fort accidenté et que toutefois le mouvement circulaire est complet, comme dans le bassin ouest.

Telle est dans son expression la plus simple la marche des courants généraux de surface pour les deux bassins de la Méditerranée.

Nous avons établi cette marche des courants dans la Méditerranée, en groupant les observations faites par MM. Bérard et Aimé, celles que nous avons réunies, avec M. Vincendon-Dumoulin, et les résultats obtenus par le dépouillement d'un grand nombre de journaux de navigation. Nous devons ajouter que dans la Méditerranée l'action des vents et celle de la pression barométrique sont très-souvent prépondérantes pour la formation des courants, et qu'on pourra dans la réalité trouver beaucoup d'exceptions au mouvement général des eaux que nous venons d'indiquer.

353. Courants périodiques et accidentels. Les courants périodiques, c'est-à-dire ceux qui se produisent à certaines époques de l'année pour disparaître ensuite, ou se reproduire en sens contraire, sont presque toujours engendrés par des vents périodiques; il en existe un assez grand nombre à la surface des mers, principalement près des côtes. Ils sont surtout remarquables dans la zone de l'océan Indien où règnent les moussons, dans la mer de Chine, dans une partie du grand Océan. On trouve aussi cette sorte de courant, mais avec moins d'étendue, sur la côte de l'Amérique centrale, sur la côte E. de l'Australie, dans la mer Rouge, dans le golfe Persique, etc.

On ressent encore en mer des courants variables comme les causes qui les produisent; ce sont les courants accidentels. Ils peuvent être dus à des vents qui ont soufflé avec persistance dans une certaine direction, à des ouragans, à la rupture ou à la fusion des glaces, à de grandes pluies, à une évaporation inégale des eaux, enfin à des différences dans les pressions barométriques. Les mêmes causes qui produisent les courants accidentels, peuvent également exercer leur influence sur les courants constants, faire varier leurs vitesses et leurs directions, quelquefois les arrêter momentanément et même les faire marcher dans un sens opposé à leur direction habituelle. Les marins devront donc bien se garder de tirer des conclusions générales d'observations isolées. Les lois qui président aux mouvements des eaux de la mer, comme à ceux de l'atmosphère, ne peuvent être déduites que de la discussion d'observations faites en très-grand nombre.

354. Courants sous-marins. Les observations de températures sous-marines font supposer qu'il existe dans les profondeurs des mers, une circulation analogue à celle que l'on constate à la surface. Ainsi les basses températures qu'on a obtenues dans les couches inférieures des mers tropicales, et les températures relativement élevées du fond des mers polaires, ne peuvent s'expliquer que si on admet un échange permanent entre les eaux profondes des régions polaires et équatoriales. Le mouvement des parties inférieures de l'Océan, est probablement dû, comme celui des eaux de la surface, aux différences de température ; il faut ajouter à cette cause l'influence des inégalités de salure produites par l'évaporation si différente qui a lieu sur les diverses parties de la surface des mers. Les eaux superficielles concentrées par l'active évaporation qui a lieu dans les régions équatoriales et surtout vers les zones où soufflent les vents alizés, tombent au fond de la mer, en vertu de leur densité ; mais en même temps elles doivent prendre un mouvement latéral du côté où sont situées des eaux moins denses, c'est-à-dire vers les pôles où une évaporation moins active ne donne pas lieu à la même concentration que dans les contrées chaudes, et où les eaux sont encore allégées par la présence d'immenses glaciers.

Il est donc naturel de supposer qu'il existe un système de circuits sous-marins analogues à ceux de la surface des mers. La connaissance de ces courants n'intéressant pas directement la navigation, ils ont été jusqu'ici peu étudiés ; les observations de courants sous-marins sont d'ailleurs longues et difficiles à faire et l'on ne possède pas encore d'instruments au moyen desquels on puisse constater avec précision leurs vitesses et leurs directions.

355. Procédés employés pour observer les courants sous-marins. Le procédé le plus exact qu'on puisse employer pour étudier les courants sous-marins, est en même temps le plus simple ; il consiste à maintenir à différentes profondeurs un corps flottant d'une grande dimension et chargé de poids convenables, au moyen d'une ligne fixée à une petite bouée d'un volume strictement nécessaire pour soutenir le corps immergé. On peut regarder le mouvement d'un pareil système, comme uniquement dû à l'action produite sur la masse inférieure, et faire abstraction de l'influence du courant superficiel sur le petit corps qui flotte à la surface. Il serait néanmoins plus exact encore de déterminer séparément le courant de surface, afin de pouvoir tenir compte de son action. Ce moyen a été employé avec succès par les lieutenants Walsh et Lee, de la marine américaine.

356. M. de la Roche-Poncié, ingénieur hydrographe, a eu l'idée d'employer l'aiguille aimantée pour obtenir la direction des courants sous-marins. Son appareil (*Annuaire des marées* de 1840) se compose d'une aiguille aimantée oscillant librement sur un pivot, et enfermée dans un cylindre de cuivre. A ce cylindre est adaptée une girouette qui se maintient dans la direction du courant; on laisse à l'aiguille le temps de se fixer dans le plan du méridien magnétique, et alors un mécanisme l'arrête dans cette position, de sorte que par l'angle qu'elle fait avec la girouette, on obtient la direction du courant. Une roue mue par le courant et un compteur placé sous l'instrument servent à donner la vitesse aux diverses profondeurs.

M. Aimé a construit, d'après les mêmes principes, un instrument dont il a donné (*Annales de physique et de chimie*, t. XIII, 1845) une description que nous reproduisons ici :

« Pour estimer les courants sous-marins, il est nécessaire de se placer dans une position fixe à la surface de la mer. On arrive facilement à ce résultat, soit au moyen d'une bouée, quand la mer est peu profonde, soit avec le sommet d'un angle dont les côtés sont bien déterminés par des signaux placés sur le rivage.

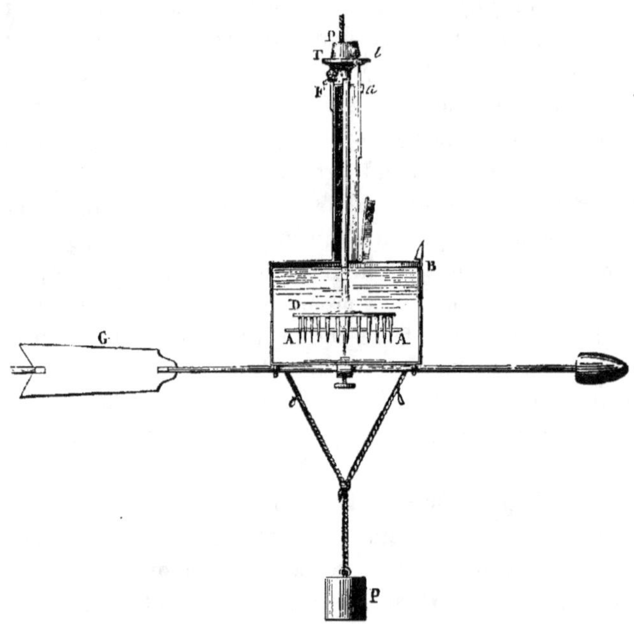

Fig. 66.

« Un canot est amené dans la position connue par l'une ou l'autre de ces méthodes, et on laisse descendre à la mer, fixé à l'extrémité d'une corde en soie tressée, un appareil composé d'une girouette et d'une boussole. Quand il est arrivé à la profondeur voulue, on attend que la corde et l'appareil aient pris leur position d'équilibre avec le courant. Ensuite, au moyen d'un anneau de plomb dans lequel passe la corde, on arrête l'aiguille de la boussole. Après avoir retiré l'instrument, on mesure l'angle que fait l'aiguille avec la girouette, et cet angle fait connaître la direction du courant sous-marin.

« Pour mieux faire comprendre le mécanisme de cette machine, nous allons en donner la description détaillée.

« Elle se compose (*fig.* 66) d'une boîte cylindrique B en cuivre, sur la base supérieure de laquelle se trouve un tuyau F, dans lequel glisse une tige terminée d'un côté par un disque T, et de l'autre par un anneau D armé de 32 dents. Au fond de la boîte B il y a une pointe destinée à supporter la chappe d'une aiguille aimantée A.

« Quand la tige T est abaissée, l'aiguille est retenue entre les dents de l'anneau D; elle est, au contraire, libre dans ses mouvements si la tige est relevée.

« Au-dessous de la boîte B se trouvent un poids P et une girouette G. Enfin le disque T est percé d'un trou par lequel passe une corde fixée au tube F.

« Pour employer cet instrument, on remplit d'eau la boîte B, puis on élève l'anneau denté D, en tirant le disque T qui le retient par une baguette qui se meut à frottement assez dur pour qu'elle ne puisse tomber qu'au moyen d'un choc.

« On descend ensuite l'appareil à la mer; puis, quand on juge que l'orientation de la girouette est effectuée, on laisse tomber un anneau de plomb P dans lequel passe la corde. Celui-ci va frapper sur le disque T qu'il abaisse. L'aiguille de la boussole est alors emprisonnée entre les dents de l'anneau D, et l'angle qu'elle fait avec la girouette G se trouve fixé. C'est lui qui fait connaître la direction du courant sous-marin.

« L'anneau D étant armé de 32 dents, l'intervalle angulaire de l'une à l'autre est de 11° 15′. L'erreur que l'on commet en prenant pour direction de l'aiguille le milieu de l'intervalle dans lequel elle est emprisonnée, est de 6 degrés au maximum.

« En augmentant le nombre des dents de l'anneau, on pourrait estimer la direction du courant avec une plus grande exactitude, car l'aiguille est placée dans une boîte pleine d'eau bien fermée pour empêcher le courant extérieur de mettre en mouvement les molécules d'eau intérieures contenues dans la boîte. Dans cette position de l'aiguille, un léger choc communiqué à l'appareil, un mouvement de rotation assez rapide, mais cependant peu prolongé autour de son axe vertical, ne dérangent pas d'une manière appréciable l'aiguille du plan du méridien magnétique. Ce fait s'explique par l'extrême fluidité des molécules d'eau, et la faculté dont elles jouissent de pouvoir glisser les unes sur les autres. On sait, en effet, que quand dans un ballon plein d'eau en repos se trouvent quelques petits corps tenus en suspension, si l'on tourne plusieurs fois de suite le ballon dans un sens ou dans l'autre, ces corps légers conservent pendant le mouvement du ballon l'orientation qu'ils avaient auparavant avec les objets voisins en repos.

« Pour empêcher l'oxydation rapide de l'aiguille, on peut la recouvrir d'or ou d'argent par les procédés galvaniques connus; la chappe doit être profonde de 3 à 4 millimètres pour que, lorsqu'il survient un choc à l'appareil, l'aiguille ne puisse se détacher du pivot. Enfin, comme il est important que l'anneau denté ne puisse pas avoir de mouvement autour de son axe, on a adapté au disque T une petite tige *t* qui glisse constamment dans un anneau *a* et empêche la rotation d'avoir lieu.

« Quand on se sert de cette boussole, il faut faire deux ou trois opérations successivement, et si les indications angulaires sont les mêmes, on peut s'en servir; quand, au contraire, elles sont différentes, il faut les rejeter. Dans ce dernier cas, il arrive ou que l'appareil est dérangé ou qu'il n'existe pas, à la profondeur où l'on opère, de courant assez fort pour diriger la girouette. On peut alors, si l'on veut, la remplacer par une autre d'une plus grande surface. »

On peut adapter à cet appareil un moulinet qui sert à mesurer la vitesse du courant. Un mécanisme permet d'arrêter la rotation pendant le trajet de l'instrument lorsqu'on le descend et qu'on le remonte. Nous renverrons, pour la description que M. Aimé donne de ce mécanisme, aux *Annales de physique et de chimie*.

L'emploi de cet instrument exige qu'on occupe à la surface une position immobile autant que possible, ou qu'on connaisse exactement la direction et la vitesse du courant de surface pendant le cours de l'observation. Ce sont là des conditions souvent difficiles à remplir mais auxquelles on peut cependant satisfaire en vue des terres avec une embarcation ou avec un bateau à vapeur. En outre, ces appareils présentent un inconvénient qui jette du doute sur les résultats qu'ils donnent, c'est que le mouvement de l'aiguille aimantée ne se fait pas facilement dans un milieu liquide, et que la moindre résistance peut arrêter cette aiguille dans une position autre que celle du méridien magnétique. Il faudrait que le mouvement de l'aiguille eût lieu dans un espace privé d'eau, ce qui compliquerait beaucoup l'instrument, à cause de la difficulté qu'il y aurait à empêcher l'eau de pénétrer dans cet espace à des pressions très-grandes comme celles où serait soumis l'appareil.

357. Résultats des expériences sur les courants sous-marins. Les observations de courants sous-marins ne sont pas très-nombreuses : Voici celles qu'a faites le commandant Irmenger, de la marine royale de Danemark, avec l'instrument de M. Aimé :

Le 14 septembre 1847, avec un temps calme, en vue de Madère, par 31° 58' de lat. N. et 19° 32' à l'O. de Paris, l'instrument Aimé fut descendu à une profondeur de 632 mètres.

Température à l'air, à l'ombre, sur le pont. 24°,5'.
—   à la surface de l'eau. . . . . 25 ,0.
—   à 632 mètres. . . . . 11 ,0.

Direction du courant à la profondeur indiquée O.-S.-O.

Il n'y avait pas de courant à la surface, la ligne qui portait l'instrument était tout à fait à pic. En général, dans cette partie, les courants de surface se dirigent vers la côte d'Afrique. La masse inférieure portait vers l'O.-S.-O. Pour s'assurer de l'exactitude de ses résultats, le commandant Irmenger fit plusieurs fois renouveler l'expérience; la direction du courant et la température se retrouvèrent identiquement les mêmes.

Il est bien hasardé d'établir une loi d'après une seule observation, aussi le commandant Irmenger émet-il, sous forme d'interrogation, l'hypothèse suivante, qui cependant présente beaucoup de probabilités : « On sait que le courant qui débouche du détroit de Davis est tel qu'il entraîne souvent dans l'Atlantique des masses énormes de glace, et fait reculer, par ses eaux froides, les eaux chaudes du gulf-stream qui au point de rencontre présente un enfoncement en forme de fer à cheval, ou un coude prononcé, comme on peut le voir sur toutes les cartes des courants. Le courant de Davis fait descendre les glaces qu'il emporte fort au-dessous de la latitude de Terre-Neuve et jusque dans le gulf-stream dont les eaux sont beaucoup plus légères que les siennes. Ne peut-on pas supposer que devenant alors sous-marin par cela même, le courant de Davis continue à porter vers le S.-E., en passant sous toute la largeur du gulf-stream et qu'en se rapprochant des côtes sud de l'Europe et de la côte nord de l'Afrique, la direction de ces côtes l'oblige à s'infléchir vers l'O. dans les parages où l'observation a été recueillie? »

Voici la seconde observation faite par M. Irmenger, le 17 mars 1849, par 25° 4' de lat. N. et par 68° 1' de long. O. L'instrument fut descendu par un temps calme avec le thermométrographe à une profondeur de 920 mètres.

Température de l'air, à l'ombre, sur le pont. 26°,0.
—   à la surface de l'eau. . . . . . . 20 ,7.
—   à 920 mètres. . . . . 7 ,7.

A cette profondeur le courant inférieur portait au N.-O.

358. Nous avons fait nous-mêmes conjointement avec M. Vincendon-Dumoulin, en nous servant de l'appareil de M. Aimé, de nombreuses expériences dans le but de rechercher s'il existe un courant sous-marin qui reporte dans l'Océan les eaux de la Méditerranée, par le détroit de Gibraltar. Nous devons dire que nous avons constaté plusieurs fois l'inertie de l'aiguille plongée au milieu du liquide, ce qui rend ces expériences peu concluantes. Il faut ajouter que s'il n'existe aucun courant à la profondeur où l'appareil est plongé, les indications seront les mêmes que s'il y avait à cette profondeur un courant dirigé comme celui de la surface.

Ces restrictions faites, nous dirons que la conclusion de nos expériences a été qu'il n'existait pas de contre-courant inférieur dans le détroit de Gibraltar. On attribue le courant qui porte les eaux de l'Océan dans la Méditerranée à l'abaissement continuel de niveau que produit l'active évaporation dont la surface de cette mer intérieure est le siége, et l'on admet généralement qu'il existe un contre-courant de sortie destiné à restituer à l'Océan les sels que le courant de la surface introduit continuellement dans la Méditerranée.

Il y a, en effet, de grandes probabilités en faveur de l'existence de ce contre-courant. Supposons pour un moment que le détroit de Gibraltar soit fermé et que la Méditerranée ait une salure égale ou inférieure à celle de l'Océan, mais qu'elle perde plus d'eau par l'évaporation que ne lui en restituent les rivières qui s'y jettent et la pluie qui tombe à sa surface : Si dans ces conditions la communication entre les deux mers est établie, il se formera un courant qui se portera de l'Océan dans la Méditerranée pour compenser la déperdition produite par l'évaporation; la mer intérieure se salera de plus en plus, l'eau a plus chargée de sels gagnera les parties les plus profondes de cette mer, d'après la loi en vertu de laquelle l'équilibre n'est établi dans un bassin que lorsque les eaux se sont superposées par ordre de densités décroissantes. La salure du fond de la Méditerranée augmentera ainsi progressivement jusqu'à une profondeur égale à celle de la section transversale du détroit sur laquelle se trouve la moindre profondeur. A partir de cette profondeur jusqu'à la surface, la densité de l'eau ne pourra pas surpasser sensiblement celle de l'Océan sans qu'il s'établisse un courant qui portera les eaux plus denses vers les eaux moins denses, c'est-à-dire de la Méditerranée vers l'Océan. Ce courant inférieur sera nécessairement moindre en vitesse ou en volume que le courant supérieur. La section de profondeur minimum dans le détroit de Gibraltar est située entre le cap Spartel et Trafalgar : entre ces deux points, à quelque distance de la côte, la profondeur varie entre 100 et 300 mètres. L'eau de la Méditerranée, jusqu'à une profondeur de 300 mètres, ne devrait donc pas présenter un degré de salure sensiblement plus grand que celle de l'Océan, et à partir de 300 mètres, jusqu'au fond de la mer, la salure peut au contraire aller en augmentant. Cette manière de voir serait confirmée par l'analyse que le Dr Wollaston a faite de l'eau puisée dans la Méditerranée, par le capitaine Smith, à la profondeur de 1,090 mètres et à une distance de 50 milles à l'E. du détroit. D'après cette analyse, l'eau à cette profondeur contiendrait en dissolution quatre fois plus de sel que l'eau de la surface.

Il faut cependant ajouter que pour des échantillons puisés à des profondeurs de 600 et 700 mètres, l'analyse a donné à peu près les mêmes proportions de sel qu'à la surface. On ne peut donc rien conclure de ces expériences. Il serait nécessaire de posséder un nombre beaucoup plus grand d'observations pour arriver à la solution d'une question si controversée.

359. Les courants sous-marins ne sont pas partout aussi difficiles à étudier que dans le détroit de Gibraltar : à l'autre extrémité de la Méditerranée, dans le Bosphore et dans les Dardannelles, on a constaté l'existence d'un courant inférieur qui porte à la mer Noire les eaux de la Méditerranée, tandis que cette dernière reçoit par un courant supérieur les eaux de la mer Noire.

C'est principalement dans les Dardanelles qu'a été étudié le courant sous-marin qui remonte en sens inverse du courant de la surface, et va de l'Archipel vers la mer de Marmara.

. Plusieurs expériences ont été faites par le comte Truguet, alors lieutenant de vaisseau, au moyen d'un corps immergé à diverses profondeurs, attaché à un corps flottant de dimensions à peu près égales, et garanti par sa petite surface de l'effet du vent. En observant le corps flottant à l'aide d'un canot et en laissant aller au courant un autre corps flottant de même dimension, on peut apprécier la différence des vitesses entre les deux corps à la surface, et en déduire la vitesse en sens inverse du corps immergé, c'est-à-dire celle du courant sous-marin.

On a conclu de ces essais que la vitesse du courant inférieur était en général égale à la moitié ou aux deux tiers de la vitesse du courant inférieur, et que ce courant se produisait à des profondeurs qui varient entre 3 et 8 mètres. Ce courant sous-marin a quelquefois une action sensible sur les navires en marche; on cite l'exemple d'un bâtiment calant 4 mètres d'eau, qui se laissant dériver au courant de surface animé d'une vitesse de 4 milles 1/2, ne faisait en réalité que 2 milles 1/2, d'où l'on pouvait conclure que le courant inférieur possédait une vitesse de 2 milles au moins.

Dans le Congo, sur la côte O. d'Afrique, on a également reconnu un courant sous-marin qui remonte de la mer dans le fleuve, tandis que le courant de surface descend toujours. La couche d'eau supérieure est douce, et le plus souvent son épaisseur est de 3 mètres; la vitesse de descente varie suivant les circonstances, entre 4 et 7 milles à l'heure. L'eau salée du courant inférieur se trouve ordinairement à une profondeur de 4 mètres ou de $4^m,5$, et ce courant se produit principalement là où le courant supérieur est le plus rapide et où le fond est le plus grand. Le capitaine Owen, qui le premier a signalé ce courant sous-marin du Congo, lui a trouvé une vitesse de 3 milles et de 3 milles 1/2 à l'heure, alors que le courant de surface en possédait une de 4 milles 1/2 à 5 milles 1/2. Un navire qui se trouve ainsi pris entre deux courants superposés de directions différentes, gouverne généralement fort mal; souvent même il ne sent plus son gouvernail, et, les deux forces agissant en sens inverse sur sa carène, il finit par venir en travers.

Nous mentionnerons enfin les courants sous-marins accidentels, que forment, en sortant de certaines baies, les eaux qui ont été accumulées dans ces baies par les vents. Ce fait est remarquable dans le golfe de Naples, et dans la baie de Torbay sur la côte S. d'Angleterre. Le courant sous-marin est d'autant plus rapide que le vent est plus violent, et comme ce courant et le vent se dirigent en sens contraire, on observe que les chaînes des navires à l'ancre fatiguent à peine.

360. Ouvrages à consulter. Voici la liste des principaux ouvrages relatifs aux sujets traités dans cette partie :

Hydrogéologie, par Lamarck ;

Principes de géologie, par Lyiell ;

Éléments de géographie physique et de météorologie, par Lecocq ;

La Méditerranée, par l'amiral Smith ;

Voyage de la Vénus (partie physique), par de Tessan ;

Éléments de physique terrestre, par Becquerel ;

Météorologie de la mer, par Maury ;

Considérations générales sur les océans.

TROISIÈME PARTIE.

DU MAGNÉTISME TERRESTRE.

CHAPITRE PREMIER.

DES AIMANTS ET DE L'ACTION MAGNÉTIQUE DE LA TERRE.

361. Aimants naturels. Certains corps, que l'on trouve dans l'intérieur ou à la surface de la terre, possèdent la propriété d'attirer le fer. La substance de ces corps qui constituent les aimants naturels, est un oxyde de fer que l'on appelle l'oxyde magnétique. Dans plusieurs contrées, on exploite cet oxyde comme minerai de fer; quelques montagnes de Suède en sont entièrement formées; on le rencontre également en abondance dans les mines de fer de l'île d'Elbe où cet oxyde a donné son nom au cap Calamite, du mot italien *calamita*, qui signifie aimant.

L'attraction des aimants naturels sur le fer s'exerce à distance dans l'air comme dans le vide et à travers toutes les substances, pourvu que ces substances ne soient pas ferrugineuses.

Lorsque l'on présente du fer aux différentes parties d'un aimant naturel, on s'aperçoit bien vite que le fer est attiré de préférence sur quelques points. Si, par exemple on roule dans de la limaille de fer un aimant taillé en parallélipipède allongé, on verra cette limaille s'attacher en particulier sur deux points qui seront généralement situés vers les deux extrémités de l'aimant. Entre ces deux points on observera une ligne sur laquelle l'attraction paraîtra nulle. Les centres d'action s'appellent les *pôles* de l'aimant, la ligne sans attraction prend le nom de *ligne moyenne*. Tous les aimants présentent une ligne moyenne et deux pôles. Si on partage un aimant en deux parties en le coupant, par exemple, suivant la ligne moyenne, chacune des parties prend également la polarité magnétique, c'est-à-dire présente encore deux pôles et une ligne moyenne sur laquelle l'attraction est très-peu énergique.

Considérons un aimant suspendu à un fil flexible ; si on présente aux pôles de cet aimant les pôles d'autres aimants, on verra que toujours l'un des pôles de l'aimant suspendu est attiré, tandis que l'autre est repoussé par le même pôle de l'aimant qu'on lui présente. Si, dans ces divers aimants, on désigne par un même nom tous les pôles qui agiront d'une manière semblable sur l'aimant suspendu, et par un autre nom ceux qui agiront d'une manière différente, on verra qu'en faisant agir les aimants les uns sur les autres, les pôles de mêmes noms se repousseront et ceux de noms contraires s'attireront.

362. Aimants artificiels. Un morceau de fer mis en contact avec un aimant prend lui-même la polarité magnétique et agit comme un aimant véritable. Il en est de même de l'acier ; mais le fer doux et l'acier se comportent d'une manière différente ; le fer doux prend très-facilement la polarité magnétique au contact d'un autre aimant et la perd aussitôt qu'on l'en sépare, tandis que l'acier s'aimante plus lentement, mais conserve son magnétisme même après qu'on a éloigné l'aimant. Pour exprimer cette propriété de l'acier, on dit qu'il a une *force coërcitive* que ne possède pas le fer doux. Si, au lieu de mettre simplement en contact l'aimant naturel avec le morceau d'acier, on exerce plusieurs frictions de ces deux corps l'un contre l'autre, on obtient immédiatement un aimant artificiel aussi sensible que l'aimant naturel à l'action du magnétisme. Après cette opération, l'acier conserve pour toujours le magnétisme qu'il a pris. En réunissant ensemble plusieurs lames d'acier ainsi aimantées, avec les pôles de même nom tournées dans le même sens, on arrive à composer des aimants artificiels ou faisceaux magnétiques très-puissants, au moyen desquels on obtient ce qu'on appelle des barreaux aimantés.

363. Les barreaux aimantés ont ordinairement la forme de parallélipipèdes allongés. Pour conserver leur puissance magnétique, on les dispose par couples dans leurs boîtes, de manière qu'ils soient parallèles et que leurs pôles de noms contraires soient tournés du même côté. On complète le parallélogramme avec deux petites pièces de fer doux placées transversalement aux deux extrémités des barreaux. Ces pièces qui, sous l'influence des barreaux, deviennent elles-mêmes des aimants, ont pour objet de maintenir, par la réaction qu'elles exercent, le magnétisme de ces barreaux, constamment en activité. On les appelle des armatures.

364. On donne généralement aux aiguilles aimantées la forme d'un losange ; on les aimante au moyen de barreaux. Pour faire cette opération, on place l'aiguille sur une planche dans laquelle est pratiquée une rainure de même forme que l'aiguille ; on prend un barreau aimanté dans chaque main, et on réunit au milieu de l'aiguille les pôles de noms contraires des deux barreaux. On fait alors glisser les deux barreaux du centre vers les extrémités de l'aiguille uniformément et avec lenteur, en leur donnant une inclinaison de 25 ou 30 degrés sur l'aiguille ; on les reporte ensuite vers le centre, en ayant soin de les tenir élevés quand on exécute ce mouvement, et on répète de la même manière un certain nombre de frictions sur chaque face. L'aimantation se fait mieux encore si les deux extrémités de l'aiguille sont appuyées sur les pôles opposés de deux puissants faisceaux aimantés placés en regard l'un de l'autre.

L'intensité du magnétisme ainsi développé dans une aiguille en acier, ne croît pas indéfiniment avec le nombre de frictions. Il existe une limite au delà de laquelle le surcroît de magnétisme développé par l'action des barreaux se perd lorsque l'aiguille est abandonnée à elle-même : cette limite se nomme le point de saturation. Pour amener une aiguille à ce point, il suffit de faire une dizaine de frictions sur chaque face. L'intensité du magnétisme développé dans une aiguille dépend de la qualité de l'acier ; en général, plus l'acier est fortement trempé, plus sa force coërcitive est grande et plus l'intensité du magnétisme qu'il peut prendre est considérable.

Lorsqu'on aimante une aiguille, il se produit quelquefois ce qu'on appelle des *points conséquents*, c'est-à-dire des centres d'action autres que les deux pôles ; une trempe trop dure de l'acier donne souvent naissance aux points conséquents.

365. Coulomb a étudié la distribution du magnétisme dans les aimants de formes et de dimensions différentes ; il a conclu de ses recherches que les aimants, tels que les barreaux et les aiguilles dont les dimensions transversales sont très-petites, relativement à leur longueur, et dont la forme, ainsi que l'aimantation est régulière, ont leurs pôles ou centres d'action situés à 4 centimètres des extrémités, pourvu qne leur longueur dépasse 20 centimètres. Ce fait est la conséquence de cette loi que la distribution des intensités magnétiques dans un aimant depuis ses extrémités jusqu'au centre est la même, quelle que soit sa longueur, pourvu que, vers le milieu, on fasse abstraction, suivant la grandeur de l'aimant, d'un espace plus ou moins grand où l'intensité est nulle.

Pour les aimants très-courts, les pôles se trouvent au tiers de la demi-longueur, en partant des extrémités.

Enfin, le même physicien a démontré que les attractions et les répulsions magnétiques sont en raison inverse du carré de la distance.

366. Action magnétique de la terre. Une aiguille aimantée suspendue à un fil par son centre de gravité, de manière à pouvoir tourner librement dans tous les sens autour de son point de suspension, se fixe immobile dans une direction inclinée sur le plan horizontal, après avoir oscillé pendant quelque temps autour de cette direction, et elle y revient toujours, si on l'écarte de sa position d'équilibre.

Le plan vertical qu'elle détermine s'appelle le *méridien magnétique* du lieu ; l'angle que ce plan fait avec le méridien terrestre porte le nom de *déclinaison* de l'aiguille aimantée ou *déclinaison magnétique*. L'angle qu'elle fait avec l'horizontale s'appelle *l'inclinaison* de l'aiguille. La pointe qui se dirige vers le N. s'appelle la pointe nord ; l'autre se nomme la pointe sud.

L'inclinaison et la déclinaison de l'aiguille aimantée ne sont pas les mêmes pour tous les points de la surface terrestre ; ces éléments varient à peu près, comme si la terre était un vaste aimant dont les pôles seraient situés dans les environs du pôle boréal et du pôle austral, et dont la ligne moyenne serait vers les régions équatoriales. En partant de cette hypothèse, on a distingué le pôle magnétique boréal et le pôle magnétique austral, et on a regardé la direction que prend l'aiguille aimantée comme due à l'action de ces deux pôles sur les deux pôles de l'aiguille. La pointe nord est attirée par le pôle magnétique boréal de la terre et repoussée par le pôle austral. La pointe sud est attirée par le pôle magnétique austral et repoussée par le pôle boréal. Le pôle boréal de la terre et le pôle nord de l'aiguille doivent être de noms contraires puisqu'ils s'attirent ; il en est de même du pôle sud de l'aiguille et du pôle austral de la terre, c'est pourquoi le pôle nord de l'aiguille est quelquefois appelée pôle austral, et le pôle sud pôle boréal. Les expressions pointe nord et pôle boréal, pointe sud et pôle austral, lorsqu'ils s'appliquent à une aiguille aimantée, ont donc des significations opposées.

Nous ne nous arrêterons pas plus longtemps à l'hypothèse qui fait de la terre un aimant, hypothèse à laquelle on en a substitué une autre dont nous parlerons plus loin ; nous avons dû la mentionner, parce qu'elle a donné lieu aux procédés et aux dénominations par lesquels on se représente la distribution du magnétisme à la surface du globe terrestre.

Quelle que soit l'origine de la force qui agit sur l'aiguille aimantée, nous pouvons étudier en chaque point du globe les effets qu'elle produit, c'est-à-dire sa direction et son intensité. Au lieu de se servir d'une aiguille librement suspendue par son centre de gravité, on emploie, pour déterminer la direction de la force magnétique de la terre, deux aiguilles : l'une est libre de se mouvoir dans un plan horizontal et donne la direction du méridien magnétique ; elle s'appelle l'aiguille de déclinaison : l'autre ne peut se mouvoir que dans un plan vertical, et lorsque ce plan est celui du méridien magnétique, cette aiguille donne exactement la valeur de l'inclinaison ; elle s'appelle aiguille d'inclinaison. La déclinaison, l'inclinaison et l'intensité sont les trois éléments qu'il s'agit de déterminer en chaque point de la surface du globe terrestre.

CHAPITRE DEUXIÈME.

DE LA DÉCLINAISON DE L'AIGUILLE AIMANTÉE.

567. La description de la boussole de déclinaison et les moyens de déterminer à terre la déclinaison avec cet instrument, ont été donnés dans l'hydrographie (§ 111). Nous ne reviendrons donc pas sur ce sujet. Nous renverrons à la navigation pour la détermination à la mer de la déclinaison de l'aiguille aimantée ; nous ne nous occuperons ici que que des résultats qui ont été déduits des nombreuses observations faites sur différents points du globe.

568. Déclinaison en divers points de la terre. Si nous suivons les valeurs de la déclinaison sur tout le parcours d'un parallèle de la terre en partant de Paris, par exemple, nous verrons la pointe nord de l'aiguille se diriger d'abord à gauche du méridien astronomique ; on dit alors que la déclinaison est occidentale. Sa valeur à Paris est actuellement de 19° 20′ environ. A mesure qu'on s'avance vers l'O., la pointe nord s'éloigne du méridien, en d'autres termes, la déclinaison augmente : elle atteint son maximum, qui est d'environ 25°, en un point de l'océan Atlantique, vers le méridien de 30° de longitude O. Lorsqu'on s'avance plus à l'O., la déclinaison diminue, en d'autres termes, la pointe nord se rapproche du méridien ; elle se dirige dans le plan du méridien aux États-Unis, vers le méridien de 80° de longitude O.; plus à l'O. encore, la déclinaison devient orientale. Cette déclinaison orientale atteint son maximum, d'environ 19° dans l'océan Pacifique, vers le méridien de 145° de longitude O.; elle redevient nulle dans le nord de la mer Caspienne, pour reprendre ensuite sa direction occidentale. On trouve ainsi sur le parcours de chaque parallèle deux points où la déclinaison devient nulle; elle change, par conséquent, de signe à droite et à gauche de ces points.

Lorsqu'on suit les déclinaisons sur les parallèles de 5 en 5 degrés, par exemple, en partant de l'équateur, on voit que dans chaque hémisphère les écarts de l'aiguille vers l'E. et vers l'O. augmentent à mesure qu'on se rapproche des pôles. En général, ces écarts sont moindres que 45°, ce qui a fait dire que l'aiguille aimantée se dirigeait vers le N. Cependant, dans les latitudes très-élevées, elle peut atteindre et dépasser cette valeur. Ainsi, au Groënland la pointe nord de l'aiguille se dirige vers l'O.; à l'O. de ce pays, Parry a trouvé un point où elle se dirigeait vers le S.

369. Variations de la déclinaison. Dans un même lieu, la déclinaison est sujette à des variations régulières qui sont de trois sortes, les variations diurnes, les variations annuelles et les variations à longue période. En dehors de ces mouvements réguliers, l'aiguille de déclinaison en éprouve d'autres qui sont dues à des causes accidentelles dont la plus puissante et la seule bien constatée est l'apparition de l'aurore boréale.

370. Boussole des variations diurnes. Pour observer les variations diurnes, on se sert d'un instrument appelé la boussole des variations diurnes. Cet instrument (*fig.* 67) se compose d'une longue aiguille aimantée suspendue à un assemblage de fils de soie sans torsion et qui porte à ses extrémités deux petites plaques d'ivoire sur lesquelles sont tracées des divisions. Au-dessus de ces plaques sont installés deux miscroscopes qui suivent le mouvement de l'aiguille en marchant à l'aide de deux vis micrométriques. L'ensemble de l'instrument repose sur une table de marbre blanc par le moyen de colonnes en cuivre, et l'aiguille est enfermée dans une cage de verre, afin que l'agitation de l'air extérieur ne puisse pas troubler son mouvement. On installe l'instrument sur un objet bien stable, une construction en maçonnerie, un parallélipède en pierres ou bien encore une barrique remplie de terre, de manière que le grand côté du rectangle de marbre soit à peu près dans le méridien magnétique. On suspend ensuite aux fils de soie un poids de même pesanteur que l'aiguille, afin de s'assurer que ces fils sont sans torsion; le fil est détordu lorsque le poids est en repos. On remplace alors avec de grandes précautions le poids par l'aiguille, en se servant d'un petit crochet que l'on trouve dans la boîte de l'instrument : il faut avoir soin que le crochet de l'aiguille soit mis dans le même sens que le crochet du poids; on y arrive en faisant tourner l'ensemble des fils et du poids au moyen d'un petit limbe supérieur.

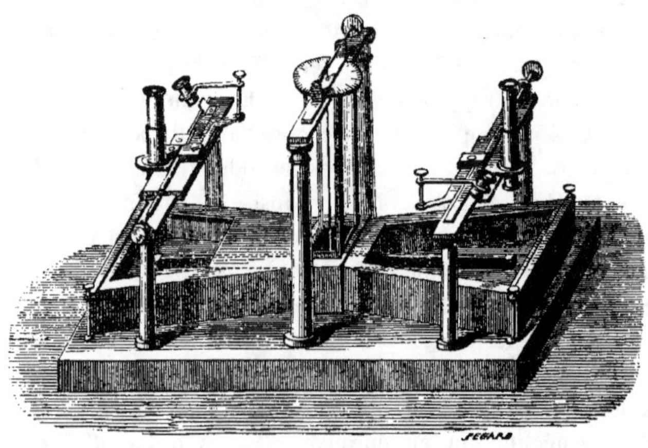

Fig. 67.

Lorsque l'aiguille est suspendue, on arrête les oscillations qui proviennent de sa mise en place, au moyen d'un aimant qu'on présente à l'une de ses pointes, de manière à contrarier son mouvement; quand elle est en repos, on met le point de croisement des fils du microscope en contact avec la division moyenne de la plaque d'ivoire, et on observe de quart d'heure en quart d'heure en faisant marcher à chaque observation la vis micrométrique pour mettre la croisée des fils toujours en contact avec le point milieu de la plaque, puis on note la quantité angulaire dont la vis s'est avancée. On fait une seconde lecture sur l'autre pointe, en ayant bien soin de marcher très-légèrement pour ne pas faire osciller l'aiguille : cette seconde lecture n'est même ordinairement pas bonne. Il faut avoir soin de vérifier de temps en temps si la vis qui retient les fils ne tombe pas, ce qui produirait un arrêt prolongé de l'aiguille. Quand on observe pendant la nuit, on place une bougie derrière la plaque de verre dépoli pour éclairer les divisions. Il faut avoir bien soin, dans cette observation, d'éviter la présence du fer près de l'instrument.

L'apparition d'une aurore boréale fait marcher l'aiguille avec une rapidité un peu plus grande : on note alors la division de la plaque d'ivoire qui passe sous la croisée des fils, sans faire mouvoir le microscope.

Les divisions qui indiquent la marche du microscope représentent des millimètres; un vernier fait connaître les centièmes de millimètres ; il faut ensuite convertir en secondes de degré les déviations qui sont données directement, et pour cela il faut déterminer dans chaque lieu d'observation la valeur du centième de millimètre ; cette valeur dépend de la distance du centre de suspension de l'aiguille au point de croisée des fils du microscope, distance qui varie un peu avec la pose de l'instrument. On la détermine au moyen des lectures, à la pointe nord et à la pointe sud, faites avant et après une déviation artificielle, produite par la présence d'un aimant. La valeur x du centième de millimètre en secondes de degré est donnée par la formule $x = \dfrac{1}{l \sin. 1''} \dfrac{n+s}{n}$ que l'on met sous la forme

$$x = \frac{1}{\frac{l}{2} \sin. 1''} - \frac{\frac{1}{2}}{\frac{l}{2} \sin. 1''} \frac{n-s}{n}$$

afin de dégager la valeur moyenne de x que l'on obtient en faisant $n = s$.

l est la distance en centièmes de millimètre qui sépare les croisées des fils des deux microscopes, n la déviation de la pointe nord, s la déviation de la pointe sud.

371. Nous prendrons comme exemple de la manière dont doivent être disposées les observations, celles qui ont été faites du 3 au 11 avril 1839 par M. de Tessan, au cap de Bonne-Espérance. (Voyage de la Vénus, *Physique*, t. III, p. 92.)

Observations de la variation diurne de la déclinaison de l'aiguille aimantée.

A Simon's town (False-bay cap de Bonne-Espérance), dans le jardin de M. Bull.

Latitude 33°,11′ S. Longitude 16° 6′ E.

Amplitude totale de la variation diurne 7′ 55″.

Du 3 au 11 avril 1839.

Par MM. de Tessan, Lefebvre, Dubosq et Leroux.

(Le centième de millimètre vaut 8″,49.)

JOURS.	Minuit.	15 minutes.	30 minutes.	45 minutes.	1 heure.	15 minutes.	30 minutes.	45 minutes.	2 heures.
3 avril.	2,81	2,81	2,80	2,81	2,80	2,84	2,85	2,85	«
4 —	2,86	2,86	2.86	2,86	2,86	2,88	2,86	2,88	«
5 —	2,91	2,93	2,93	2,93	2,95	2,95	2,95	2,95	«
6 —	2,91	2,93	2,93	2,93	2,93	2,94	2,94	2,94	«
7 —	2,98	2,98	2,97	2,97	2,97	3,00	3,03	3,03	«
8 —	2,99	2,99	2,98	2,98	3,00	2,99	2,99	2,99	«
9 —	3,03	3,02	3,04	3,06	3,07	3,09	3,09	3,10	«
10 —	3,08	3,08	3,10	3,09	3,09	3,07	3,07	3,09	«
11 —	2,97	2,97	2,99	2,99	2,98	3,00	3,00	3,00	«
Moyenne ..	2.949	2,952	2,955	2,958	2,961	2,973	2,975	2,981	«
Déviation en secondes de degrés..	— 50″	— 47″	— 45″	— 42″	— 40″	— 30″	— 28″	— 23″	«

L'amplitude totale de la variation diurne est l'angle compris entre les deux positions extrêmes de l'aiguille ; il a été trouvé, dans cette observation, de 7′55″ ; c'est la somme de la plus grande déviation orientale et de la plus grande déviation occidentale. Le point de départ des déviations correspond à la position moyenne de l'aiguille, position déduite de l'ensemble de toutes les observations d'une même relâche. Le signe $+$ indique une déviation de la pointe nord vers l'O., et le signe — une déviation en sens contraire. Ainsi le nombre — 50″, inscrit dans la dernière ligne de la première colonne, indique que, du 3 au 11 avril, la déviation moyenne de la pointe nord, a été, à minuit, de 50″ vers l'E. A 1 heure 45 minutes, cette déviation n'est plus que de 23″.

Pour plus d'exactitude, les résultats obtenus doivent être corrigés du petit déplacement que l'aiguille éprouve en 24 heures par suite de son mouvement annuel ou par toute autre cause. Cette correction se fait en répartissant également sur toutes les moyennes, dans l'intervalle des 24 heures, la différence que l'on trouve entre les moyennes qui correspondent aux heures de minuit, du commencement et de la fin de la journée. On fait cette répartition de manière que le point de midi ne change pas et que les points de minuit coïncident.

Dans la boussole de la Vénus la distance l avait été trouvée égale à $479^m,00$, ce qui donnait $8'',61$ pour la valeur moyenne de x.

Les observations pour déterminer la valeur du centième de millimètre, au cap de Bonne-Espérance, ont donné :

Pointe sud.	Pointe nord.	
3,21	0,32	} avant déviation.
3,21	0,32	
4,57	1,64	} après déviation.
4,57	1,64	

avec ces données on a obtenu, pour False-bay, $x = 8'',49$.

Dans les observatoires, la marche diurne de l'aiguille de déclinaison est suivie au moyen d'un appareil fixe dû à M. Gauss. Nous nous bornerons à rapporter les résultats qui ont été obtenus avec cet appareil en les joignant à ceux qu'on a déduits des observations faites sur différents points du globe, à l'aide de l'instrument que nous avons décrit plus haut.

372. Variations diurnes. A Paris, l'aiguille de déclinaison reste à peu près stationnaire pendant la nuit; au lever du soleil la pointe nord prend un mouvement vers l'O., comme si elle était repoussée par la présence de cet astre. Aux environs de midi, ou plutôt de midi à 3 heures, elle atteint son maximum de déviation occidentale; elle revient ensuite vers l'E., jusqu'aux environs de 8 et 9 heures du soir, puis retourne de nouveau vers l'O., jusqu'à 11 heures du soir. A partir de cette heure jusqu'au matin, elle marche de l'O. à l'E., mais l'oscillation qui a lieu de 8 heures du soir à 8 heures du matin est très-peu apparente, ce qui a fait croire d'abord que l'aiguille restait immobile pendant la nuit.

PARIS.

De 8 heures du matin à   1 heure du soir, mouvement vers l'O.
De 1 heure du soir   à 8   —   —   vers l'E.
De 8   —   à 11   —   —   vers l'O.
De 11   —   à 8 heures du matiu, mouvem. vers l'E.

Dans les caves de l'Observatoire, à 30 mètres au-dessous du sol, le mouvement est le même qu'à la surface.

La valeur moyenne de l'amplitude de la variation diurne, en d'autres termes de l'angle compris entre les positions extrêmes de l'aiguille à l'E. et à l'O., est à peu près de 11 minutes.

Plus on s'avance vers le N., et plus les variations diurnes sont fortes et irrégulières ; elles vont au contraire en diminuant lorsqu'on s'approche de l'équateur. Dans les latitudes élevées de l'hémisphère S. les mouvements de l'aiguille sont inverses de ceux qu'elle a dans l'hémisphère N. ; ainsi, à Hobart-Town, où est établi un observatoire magnétique, on observe la marche suivante.

HOBART-TOWN.

De 9 heures du matin à 2 heures du soir,   mouvement vers l'E.
De 2 heures du soir   à 11   —   —   vers l'O.
De 11   —   à 3 heures du matin, —   vers l'E.
De 3 heures du matin à 9   —   —   vers l'O.

Nous mettons en regard le mouvement de l'aiguille à Toronto (Canada), point de l'hémisphère N, situé dans une position à peu près symétrique de celle que Hobart-Town occupe dans l'hémisphère S., afin qu'on puisse comparer les deux marches.

TORONTO.

De 8 heures du matin à 1 heure du soir,   mouvement vers l'O.
De 1 heure du soir   à 10   —   —   vers l'E.
De 10   —   à 2 heures du matin, —   vers l'O.
De 2 heures du matin à 8   —   —   vers l'E.

On avait d'abord cru que, les mouvements de l'aiguille étant inverses dans les deux hémisphères, il devait y avoir aux environs de l'équateur une ligne sur laquelle l'aiguille resterait stationnaire. Mais ce n'est pas ainsi que se fait, pour les mouvements diurnes de l'aiguille de déclinaison, le passage de l'hémisphère N. à l'hémisphère S. Les observations faites à l'Observatoire magnétique de Sainte-Hélène ont démontré que dans cette station les mouvements de l'aiguille peuvent se diviser suivant les saisons en deux périodes : la première, de mai à septembre, pendant laquelle la marche de l'aiguille a le caractère des mouvements qu'on observe dans l'hémisphère N. ; la seconde, d'octobre à février, durant laquelle l'aiguille participe des mouvements propres à l'hémisphère S. : les mois intermédiaires, de mars, d'avril et de septembre, n'ont pas de caractère bien déterminé.

Les observations faites au cap de Bonne-Espérance ont donné les mêmes résultats, quoique le cap soit situé en dehors des régions intertropicales; le mouvement de l'aiguille en ce point devrait avoir le caractère des mouvements de l'hémisphère S. On pense qu'il y a dans la situation du cap de Bonne-Espérance une cause spéciale qui fait que dans cette localité l'aiguille oscille comme dans les régions intertropicales et autrement qu'à Hobart-Town.

Les observations faites dans le voyage de la *Vénus*, principalement sur la côte O. des deux Amériques, avaient déjà démontré qu'il n'existe pas de point où, en passant de l'hémisphère N. à l'hémisphère S., le mouvement diurne soit nul. M. de Tessan a conclu de ces observations que le passage d'un hémisphère à l'autre pouvait bien avoir lieu par le déplacement des heures auxquelles change le sens du mouvement de l'aiguille. L'heure à laquelle le mouvement de la pointe nord, d'occidental qu'il était, devient oriental, se rapproche lentement de midi lorsqu'on va du N. au S., puis elle dépasse midi, s'en éloigne rapidement dans les environs de l'équateur magnétique, et plus lentement quand on s'élève vers le S. Cette heure à laquelle a lieu le changement de sens dans le mouvement de l'aiguille, et qu'on peut appeler l'heure critique, ne s'éloigne pas de l'heure de midi de beaucoup au delà de 3 heures en plus dans l'hémisphère boréal ou en moins dans l'hémisphère austral. En même temps que ce fait se produit, l'amplitude de la déviation à l'E., qui avait lieu le matin, diminue peu à peu à mesure qu'on s'avance du N. au S., et finit par disparaître, tandis que l'amplitude de la déviation E. du soir, qui était nulle dans l'hémisphère boréal, prend naissance et croît pour subsister ensuite toute seule. Dans les latitudes peu élevées de l'hémisphère austral la déviation E. du matin et la déviation E. du soir existent à la fois. Les heures critiques de ces déviations sont variables, mais elles ne s'éloignent pas de midi de beaucoup au delà de 6 heures et ne s'en rapprochent pas de beaucoup en deçà de 3 heures.

Les observations faites dans le voyage de la *Vénus* ont encore établi que, à latitude égale, l'amplitude de la variation diurne est plus grande dans l'hémisphère S. que dans l'hémisphère N., et que la position des lieux, par rapport aux continents et à la mer, n'influe pas sur la direction des mouvements de l'aiguille.

On a trouvé en effet, à Petropoloskoi, au Kamtschatka, quant aux heures et aux amplitudes, les mêmes mouvements diurnes qu'on aurait observés sur la côte occidentale de l'Europe par la latitude du Kamtschatka.

Partout, enfin, les amplitudes des variations sont beaucoup moins grandes pendant la nuit que pendant le jour, il y a même des lieux où l'aiguille semble rester complétement en repos pendant la nuit.

373. Variations mensuelles et annuelles. L'amplitude des variations diurnes change avec les saisons. A Paris, le maximum a lieu en avril, et le minimum en décembre ; les valeurs extrêmes sont de 17 et de 3 minutes. Il y a pendant l'année deux maxima de la déclinaison qui ont lieu en mars et en septembre, et deux minima en juin et en décembre. M. Quételet a cru voir une concordance entre la marche de l'amplitude des variations diurnes et la marche de la végétation. Lorsque cette dernière est en activité, c'est-à-dire depuis le mois d'avril jusqu'au mois de septembre, l'amplitude est à peu près double de ce qu'elle est de novembre à février. L'activité de la végétation et l'amplitude des variations diurnes semblent se régler l'une sur l'autre sans avoir un rapport direct avec les variations de la température.

374. L'amplitude des variations diurnes change aussi avec les années. D'après M. Lamont, ce changement serait périodique, et la période serait de dix années ; l'amplitude augmenterait régulièrement pendant cinq ans, et diminuerait de la même manière pendant les cinq années suivantes. On a remarqué que cette période était la même que celle des taches solaires.

375. Quelques observateurs ont cru remarquer aussi que le mouvement de la lune n'était pas sans influence sur l'aiguille de déclinaison. A Genève, suivant M. Plantamour, la valeur de la déclinaison subirait des oscillations dont la période serait de 14 jours, c'est-à-dire de la moitié d'une lunaison.

376. Variations séculaires. Enfin, l'aiguille de déclinaison possède un mouvement oscillatoire très-lent, que l'on a appelé variation séculaire, et dont on ne connaît encore ni l'amplitude ni la période. Ainsi, à Paris, en 1580, époque de laquelle datent les premières observations magnétiques, la déclinaison était de 11° 30′ E. A partir de cette époque jusqu'en 1814, date où la déclinaison atteignit son maximum de déviation occidentale, la pointe nord s'est avancée très-lentement vers l'O.; en 1663 la déclinaison était nulle, de sorte que le méridien magnétique se confondait avec le méridien terrestre. A partir de 1663, la déclinaison est devenue occidentale et s'est élevée jusqu'à 22° 34′ en 1814. Alors elle a commencé à rétrograder, et elle était, en novembre 1860, de 19° 33′. Elle diminue actuellement de huit minutes environ chaque année.

Voici le tableau des déclinaisons pour Paris, depuis 1580 jusqu'à nos jours.

1580	11° 30′ N.-E.	1817	22° 19′ N.-O.
1618	8 0	1823	22 23
1663	0 0	1828	22 5
1678	1 30 N.-O.	1832	22 3
1700	8 10	1835	22 4
1780	19 55	1850	20 31
1805	22 5	1854	20 10
1813	22 28	1858	19 41
1814	22 34	1859	19 43
1816	22 25	1860	19 33

Suivant M. Chazallon (*Annuaire des marées* 1854), la variation séculaire aurait une période de 488 ans et pourrait être représentée, à Paris, par la formule

$$y = 6°,25 + 16°,25 \; \mathrm{sin.} \; \frac{t - 1693}{122} \; 90°$$

les valeurs positives de y indiquent des déclinaisons O., et les valeurs négatives indiquent des déclinaisons E.; t désigne l'année de l'ère chrétienne.

D'après cette formule, la déclinaison à Paris serait de 18° 36′ en 1870; elle serait nulle en 1967.

ll est à remarquer que ce mouvement séculaire de l'aiguille n'est pas régulier et uniforme; c'est brusquement et par saccades, en ayant quelquefois même une marche rétrograde, que l'aiguille s'avance lentement vers les limites de son oscillation. Les mêmes mouvements séculaires ont été observés dans tous les lieux du globe, où les observations de la déclinaison embrassent une longue suite d'années.

377. Variations irrégulières de la déclinaison. Quelques observations tendent à faire croire que les éruptions volcaniques et les tremblements de terre exercent une influence sur l'aiguille aimantée. On a remarqué pendant l'éruption du Vésuve des changements de plusieurs degrés dans la déclinaison. M. Arago a observé une agitation extraordinaire de l'aiguille des variations diurnes coïncidant avec l'existence d'un tremblement de terre dans le centre de la France. M. Gay a vu à Valdivia, sur la côte O. du Pérou, l'aiguille fortement troublée par un tremblement de terre qui eut lieu dans ces parages. D'un autre côté, les observateurs de la *Vénus* n'ont pas reconnu de perturbations sensibles dans la marche diurne de l'aiguille de déclinaison à Acapulco, pendant que de fréquents tremblements de terre avaient lieu sur la côte orientale du Mexique.

Les vents violents et les orages n'ont pas, en général, d'action sur l'aiguille aimantée. On cite cependant des perturbations remarquables accusées par une aiguille de l'appareil de Gauss pendant une journée et une nuit de vent de sirocco à Palerme. Les orages ne paraissent pas avoir d'autre influence sur l'aiguille, que celle qui résulte de l'altération de leur magnétisme par l'action de la foudre § 255.

Les perturbations exercées par les aurores boréales sont d'un tout autre ordre que celles dont nous venons de parler. Dans les régions polaires, ces perturbations sont assez fortes et assez fréquentes pour influer journellement sur le sens et la grandeur des variations diurnes, ce qui a pu faire dire à M. Bravais, que l'aiguille, dans ses variations diurnes, était soumises à deux genres d'actions, la première constante, dont la grandeur décroît de l'équateur aux pôles et qui a sa source vers les régions équatoriales; la seconde irrégulière, et qui décroît en allant des pôles vers l'équateur. Les manifestations de cette dernière concordent avec l'apparition des aurores boréales. Lorsque, dans les observations de variations diurnes faites à des latitudes élevées, on élimine l'effet dû aux perturbations accidentelles, on trouve que l'amplitude de la variation est moindre que dans les basses latitudes. L'accroissement avec la latitude de la grandeur des excursions diurnes est, par conséquent, dû à une cause dont les manifestations sont irrégulières, dont l'origine est dans les régions polaires et dont les effets coïncident avec l'apparition des aurores.

Si, au contraire, nous considérons séparément les effets produits par l'action polaire, en éliminant les mouvements réguliers dus à l'action équatoriale, nous trouvons que les mouvements accidentels ont eux-mêmes une période régulière et qu'ils donnent naissance, dans les vingt-quatre heures, à un maximum et à un minimum de la déclinaison dont les heures varient avec les saisons.

Il résulte des observations faites à Bossekop par MM. Lottin et Bravais que les perturbations produites par l'apparition d'une aurore boréale suivent la marche que nous allons indiquer : avant que l'aurore apparaisse, la déclinaison augmente de 10, 20 et 30 minutes ; pendant la durée du phénomène et lorsque les rayons dardent avec vivacité, l'aiguille a des oscillations nombreuses et quelquefois d'une grande amplitude ; ensuite la déclinaison diminue ; l'aiguille dépasse vers l'E. sa position normale et n'y revient que quelques heures après.

Lorsque l'aurore consiste en une lueur diffuse, l'action sur l'aiguille est très-faible ; la perturbation est d'autant plus prononcée que l'aurore est plus brillante. Lorsque le phénomène se produit avec intensité, il peut faire sentir son influence jusque par les latitudes moyennes. Ainsi, à Paris, un observateur qui suit les mouvements de la boussole des variations diurnes, peut affirmer presque à coup sûr, d'après les perturbations de l'aiguille, qu'une brillante aurore boréale a paru dans les régions polaires, quoique le météore ne se soit pas montré au-dessus de l'horizon du lieu où se fait l'observation.

CHAPITRE TROISIÈME.

DE L'INCLINAISON DE L'AIGUILLE AIMANTÉE.

378. Boussole d'inclinaison. Nous avons dit § 366 que l'inclinaison est l'angle que fait avec l'horizontale l'aiguille aimantée libre de se mouvoir dans le plan du méridien magnétique et suspendue par son centre de gravité. On se sert, pour déterminer cet angle, d'un instrument appelé boussole d'inclinaison. Cet instrument (*fig.* 68) se compose d'un cercle vertical gradué, au centre duquel oscille une aiguille aimantée dont l'axe repose sur deux plans d'agate : le cercle vertical est fixé à une alidade qui peut se mouvoir autour du centre d'un cercle horizontal. Le cercle vertical et l'aiguille sont recouverts par une cage vitrée, laquelle porte deux loupes qui servent à viser les extrémités de l'aiguille.

Fig. 68.

Avant de faire l'observation, on commence par nettoyer les tourillons de l'aiguille, car la moindre couche de graisse ou la plus petite trace d'humidité suffisent pour entraver son mouvement. On peut se servir, pour cela, de moelle de sureau dans laquelle on pique les tourillons que l'on pose ensuite avec précaution sur les coussinets d'agate. On met alors en place la cage de verre qui s'emboîte dans deux vis que l'on presse pour la consolider ; puis on cale l'instrument au moyen d'un niveau à bulle d'air.

579. Observation de l'inclinaison. On peut obtenir l'inclinaison de deux manières, soit en plaçant l'aiguille dans le méridien magnétique et en observant directement l'angle qu'elle fait avec l'horizontale, soit en la mettant successivement dans deux plans rectangulaires, dont l'un est très-près du méridien magnétique. Lorsqu'on emploie la seconde méthode, on observe l'angle que dans ces deux positions l'aiguille fait avec l'horizontale, et on en déduit l'inclinaison par une formule très-simple.

Pour amener le plan de l'aiguille exactement dans le plan du méridien magnétique, on fait tourner l'alidade A jusqu'à ce que l'aiguille soit verticale; on note la division du vernier sur le cercle horizontal et on retourne l'alidade d'environ 180°, jusqu'à ce que l'aiguille soit de nouveau verticale; on note encore la division du vernier. La direction du méridien magnétique est donnée par la moyenne des deux lectures augmentée ou diminuée de 90°.

Il est préférable d'employer la seconde méthode, qui consiste à observer l'aiguille dans deux plans rectangulaires entre eux. La valeur de l'inclinaison est donnée, dans ce cas, par la formule

$$\text{tang. } I = \text{tang. } I' \cos. x,$$

I' étant l'inclinaison observée dans le plan voisin du méridien magnétique et x le petit angle que fait ce plan avec celui du méridien magnétique, x est donné par la formule

$$\text{tang. } x = \frac{\text{tang. } I'}{\text{tang. } I''},$$

I'' étant l'inclinaison observée dans le second plan, perpendiculaire à celui dans lequel on a trouvé que l'inclinaison était égale à I'.

Pour observer l'aiguille dans le premier plan, on commence par faire la même opération que si on voulait la mettre dans le méridien magnétique, mais sans y apporter beaucoup de précision. On serre la vis de pression du limbe inférieur, et on observe une série d'inclinaisons de l'aiguille dans cette position, en lisant les indications des deux pointes. Entre chaque lecture, on dérange l'aiguille, soit en l'attirant avec une petite pièce de fer, soit en la soulevant au-dessus des supports d'agate au moyen d'une fourchette que l'on fait mouvoir avec le bouton B. On attend, pour lire, que l'aiguille soit au repos, ou, mieux encore, on prend la moyenne entre deux consécutives des petites oscillations qu'elle exécute.

On fait mouvoir ensuite l'alidade A de 180°; c'est comme si on retournait l'aiguille sur elle-même, et on recommence à observer dans cette nouvelle position; cette double observation a pour but de corriger l'erreur provenant de ce que les pôles peuvent ne pas être situés sur l'axe de figure de l'aiguille.

Pour mettre l'aiguille dans un plan perpendiculaire au plan précédent, on fait mouvoir l'alidade A de 90° et on répète dans ce nouveau plan les mêmes opérations qu'on a exécutées dans le premier.

Le résultat qu'on obtiendrait en se servant seulement de ces observations pourrait être entaché d'une erreur provenant du défaut de coïncidence du centre de gravité avec le centre de figure de l'aiguille. On prévient cette cause d'erreur en changeant l'aimantation de l'aiguille § 364 et en recommençant les mêmes opérations qu'avant ce changement. La moyenne de toutes les observations faites dans le même plan donne l'inclinaison dans ce plan.

Voici un exemple d'observation de l'inclinaison :

27 décembre 1847

Inclinaison de l'aiguille aimantée, à Toulon,

(Jardin Botanique).

Méthode indirecte, aiguille n° 2

AVANT LE RENVERSEMENT DES POLES.							
PREMIER PLAN.				**DEUXIÈME PLAN.**			
Face au N. O. 358°.		Face au S. O. 178°.		Face au S. E. 88°.		Face au N. O. 268°.	
62° 2′	62° 9′	61° 20′	61° 14′	89° 43′	89° 51′	88° 52′	88° 51′
62 4	62 10	61 22	61 14	89 42	89 50	88 51	88 50
62 0	62 7	61 17	61 13	89 43	89 51	88 51	88 48
62 3	62 7	61 17	61 13	89 43	89 50	88 53	88 48
62 5	62 10	61 16	61 13	89 45	89 52	88 53	88 48
62 2,8	62 8,6	61 18,4	61 13,4	89 43,2	89 50,8	88 52	88 49
APRÈS LE RENVERSEMENT DES POLES.							
62 54	63 2	62 27	62 22	89 33	89 40	88 57	88 51
62 56	63 5	62 27	62 21	89 35	89 41	88 57	88 51
62 56	63 5	62 27	62 22	89 38	89 46	88 58	88 50
62 56	63 5	62 27	62 21	89 39	89 47	89 3	88 56
62 57	63 6	62 26	62 22	89 39	89 46	89 2	88 54
62 55,8	63 4,6	62 26,8	62 21,6	89 36,8	89 44	88 59,4	88 52,4
Inclinaison, 1ᵉʳ plan I′ = 62° 11′ 30″				Inclinaison, 2ᵉ plan I″ = 89° 18′ 27″			

$$\text{tang. } x = \frac{\text{tang. } 62°11'30''}{\text{tang. } 89°18'27''} \qquad x = 1°18'46''$$

$$\text{tang. } I = \text{tang. } 62°11'30' \times \text{cos. } 1°18'46''$$

$$I = 62°11'8''.$$

Dans l'opération du renversement des pôles, la rainure destinée à recevoir l'aiguille doit être mise à peu près dans la direction du méridien magnétique; la pointe qui se dirigeait vers le S. et dont on veut faire une pointe nord doit être tournée du côté du N. magnétique; il faut, enfin, que les barreaux aimantés aient leur extrémité nord tournée de ce même côté. Il suffit pour que l'aimantation soit complète, d'appliquer dix frictions sur chaque face de l'aiguille.

Quand on veut avoir des observations très-exactes, on prend plusieurs systèmes de plans rectangulaires entre eux, afin d'annuler l'erreur qui peut provenir du défaut de rondeur des tourillons.

On a ordinairement deux aiguilles que l'on observe l'une après l'autre, et l'on prend la moyenne des résultats qu'elles donnent. Il faut avoir soin quand on remet, après l'observation, les aiguilles en place dans leur étui, de les disposer de manière que les pôles de nom contraire soient du même côté.

380. L'observation de la boussole d'inclinaison peut se faire aussi à bord d'un bâtiment; on emploie alors la méthode directe, mais on ne doit pas compter sur des résultats aussi exacts qu'à terre. Il faut choisir pour observer un temps très-calme; la boussole est suspendue verticalement et on se guide sur un compas de relèvement pour placer l'instrument dans le plan du méridien magnétique. (Voyage de la *Vénus, Physique*, t. III, p. 285.)

381. Variation de l'inclinaison suivant les lieux. Comme la déclinaison de l'aiguille aimantée, l'inclinaison varie d'un lieu à un autre. En général, dans l'hémisphère N., c'est la pointe nord de l'aiguille qui se place au-dessous de l'horizon. Par exemple, si en partant de Paris, où l'inclinaison est d'environ 66°, on s'avance vers le N., on voit l'inclinaison augmenter jusque dans les environs du pôle où elle se rapproche de 90°; lorsqu'on s'avance, au contraire, vers le S., l'inclinaison diminue, jusqu'à devenir nulle près de l'équateur; l'aiguille est alors horizontale; lorsqu'on dépasse ce point, l'inclinaison au lieu d'être boréale devient australe, c'est-à-dire que la pointe sud plonge au-dessous de l'horizon.

382. Équateur magnétique. Il existe donc dans les environs de l'équateur, une ligne sur laquelle l'inclinaison est nulle; on a désigné cette ligne sous le nom d'équateur magnétique; c'est à peu près un grand cercle incliné de 12 à 13 degrés sur l'équateur terrestre, mais qui présente quelques ondulations. Les lieux où l'inclinaison est la même forment sur la surface de la terre des lignes courbes que l'on appelle lignes d'égale inclinaison ; ces lignes diffèrent notablement des parallèles, mais elles se rapprochent des isothermes.

Il faut avoir soin, quand on observe aux environs de l'équateur magnétique, de noter exactement, dans le cours de l'expérience, si c'est la pointe nord ou la pointe sud qui s'élève au-dessus de l'horizon, afin d'éviter les erreurs qui'peuvent provenir d'une confusion dans le sens de l'inclinaison. Lorsque l'aiguille n'est pas très-bien équilibrée, il peut arriver que les inclinaisons observées avant et après le renversement des pôles diffèrent de quelques degrés près de la ligne sans inclinaison, alors que dans les latitudes élevées la différence était très-petite.

Pour calculer la position géographique d'un point de l'équateur magnétique au moyen d'une observation faite dans le voisinage de cette ligne, on fait usage des formules suivantes :

$$\text{tang. } m = \frac{1}{2} \text{ tang. } I$$

$$\text{tang. } (l-l') = \text{tang. } m \text{ cos. } D$$

$$\sin. (L-L') = \frac{\sin. m \sin. D}{\cos. l'}$$

I est l'inclinaison observée et m la latitude magnétique, c'est-à-dire la distance du point d'observation à l'équateur magnétique, distance comptée sur le méridien magnétique dont la déclinaison est D. La première équation exprime donc que la tangente de la latitude magnétique est égale à la moitié de la tangente de l'inclinaison. Cette formule n'est exacte qu'autant que l'inclinaison ne dépasse pas 30 degrés. l et L sont la latitude et la longitude du point d'observation ; l' et L′ la latitude et la longitude du point cherché de l'équateur magnétique.

585. Variation de l'inclinaison avec le temps. Dans un même lieu l'inclinaison éprouve des variations séculaires, annuelles et diurnes. Ainsi, à Paris, elle diminue depuis deux siècles de 3′,7 environ par année : elle était de 75° en 1671; au mois de novembre 1860, elle avait une valeur de 66° 11′; il est probable qu'après avoir atteint un minimum elle augmentera en repassant par les mêmes valeurs. Ce fait s'est produit déjà sur quelques points du globe et notamment en Russie.

Les variations diurnes de l'inclinaison ont été observées par Arago.

Ce savant a constaté que le maximum de l'inclinaison a lieu entre 8 et 9 heures du matin; le minimum, vers 2 ou 3 heures de l'après-midi. Il y a un second maximum entre 8 et 9 heures du soir et un second minimum entre 11 heures et minuit. Les plus grandes amplitudes de ces variations ont été observées après les équinoxes; l'inclinaison atteint son maximum en été, en hiver elle arrive à son minimum.

L'inclinaison subit, de même que la déclinaison, l'influence des aurores boréales. Il résulte des observations faites à Bossekop par la commission scientifique du nord, qu'au commencement de l'aurore, le pôle nord de l'aiguille se relève légèrement, et qu'il s'abaisse au contraire au milieu et vers la fin du phénomène.

CHAPITRE QUATRIÈME.

INTENSITÉ MAGNÉTIQUE.

384. Mesure de l'intensité du magnétisme terrestre. Pour mesurer l'intensité du magnétisme terrestre on se sert habituellement de l'aiguille de déclinaison, c'est-à-dire qu'on prend une aiguille suspendue à un fil sans torsion et dont on équilibre les deux parties de manière à la faire rester horizontale. Cette aiguille abandonnée à elle-même se place dans le méridien magnétique. On l'écarte un peu de cette position; alors elle oscille à droite et à gauche du méridien magnétique. Le nombre des oscillations comparé à leur durée fait connaître l'intensité de la composante horizontale de la force magnétique qui cause ces oscillations. Or l'aiguille d'inclinaison marque la direction de cette force; on peut donc calculer l'intensité de la force elle-même.

385. Boussole d'intensité. L'aiguille est suspendue à un fil de soie qui s'enroule autour d'un treuil t (*fig.* 69); l'une des pointes plonge ordinairement vers le sol par l'effet de l'inclinaison; on rend l'aiguille horizontale au moyen d'un anneau en cuivre qui peut glisser autour d'elle et qui sert de contre-poids. L'aiguille oscille sur un limbe d'ivoire c et, lorsqu'elle est dans le méridien magnétique, sa pointe nord doit s'arrêter sur le zéro du limbe. On arrive à la mettre à peu près dans cette position en faisant tourner l'instrument entier, puis d'une manière plus exacte par le mouvement du limbe seul que l'on fait mouvoir avec une vis de rappel v. Cela fait, on s'assure que le fil de soie est sans torsion en remplaçant l'aiguille par une petite plaque en laiton de même poids qu'elle ; lorsque ce poids est dans un état de repos complet, on lui substitue l'aiguille avec beaucoup de précautions, et, si la pointe n'est plus sur le zéro du limbe, on l'y ramène avec la vis micrométrique. La pointe sud de l'aiguille porte une petite tige verticale qui doit se projeter sur le fil d'un microscope m. S'il n'en est pas ainsi, on fait basculer l'instrument au moyen d'une des deux vis ou pieds qui sont du côté du microscope jusqu'à ce que la tige soit sur la croisée des fils, la pointe nord de l'aiguille devant rester toujours sur le zéro du limbe.

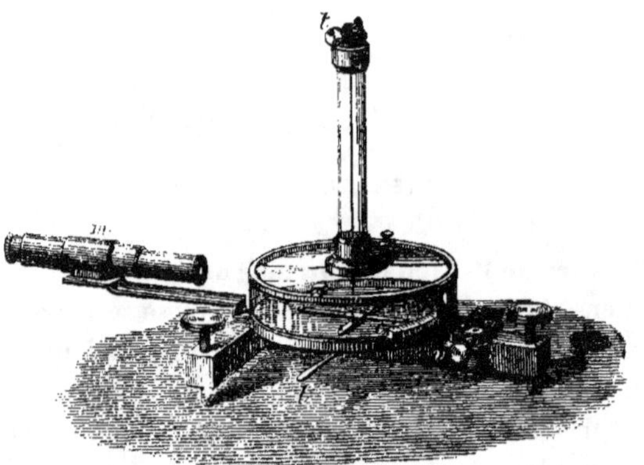

Fig. 69.

Pour observer, on fait dévier l'aiguille de sa position d'équilibre au moyen du levier l, puis on l'abandonne à elle-même et on attend qu'elle ne fasse plus que des excursions de 5 degrés au plus de chaque côté du zéro ; pendant ce temps l'aiguille perd son mouvement de pendule et, quand on commence à observer, elle ne se meut plus que dans un plan horizontal. On note alors de dix en dix oscillations l'heure marquée par une montre à secondes, ainsi que l'amplitude des oscillations ; la marche de la montre doit être connue. Il faut avoir soin de prendre la température de l'air et surtout celle de l'intérieur de la boussole, ce que permet de faire un petit thermomètre qu'on introduit à côté de l'aiguille.

Voici un exemple d'observation d'intensité :

TOULON (Jardin botanique), 27 décembre 1847.

Aiguille n° 1.

NOMBRE d'oscillations.	HEURES à la montre.	INTERVALLE entre les observations.	Demi-amplitude des oscillations.	Température.	Nombre d'oscillations infiniment petites. Remarques diverses.
0	$10^h 46^m 27^s,7$	$29^s,0$	4,5		10,004
10	10 46 56 ,7	29 ,0	4,5		10,003
20	10 47 25 ,7	29 ,0	4,0		10,003
30	10 47 54 ,7	29 ,0	4,0	16,2	10,003
40	10 48 24 ,0	29 ,2	3,8	16,3 ext.	10,003
50	10 48 53 ,0	29 ,0	3,6		10,002
60	10 49 22 ,3	28 ,7	3,1		10,002
70	10 49 51 ,3	29 ,0	3,0		10,002
80	10 50 20 ,7	29 ,3	2,8		10,002
90	10 50 49 ,7	29 ,0	2,5	14,4	10,001
100	10 51 18 ,7	29 ,0	2,0	13,0 int.	10,001
110	10 52 47 ,7	29 ,0	2,0		10,001
120	10 52 17 ,0	29 ,4	2,0		10,001
130	10 52 46 ,3	29 ,3	1,9		10,001
140	10 53 15 ,6	29 ,3	1,8		10,001
150	10 53 44 ,3	28 ,7	1,7		10,001
160	10 54 13 ,7	29 ,3	1,7		10,001
170	10 54 42 ,7	29 ,0	1,5		10,000
180	10 55 12 ,0	29 ,4	1,5		10,000
190	10 55 41 ,0	29 ,0	1,5		10,000
200	10 56 10 ,3	28 ,7	1,4		
					200,032

Si nous appelons g et g' les intensités de la force magnétique horizontale en deux lieux différents, N et N' le nombre d'oscillations exécutées par une même aiguille dans ces deux lieux pendant le même temps, nous aurons, d'après la formule du pendule,

$$\frac{g}{g'} = \frac{N^2}{N'^2};$$

or $g = G \cos. I$, $g' = G' \cos. I'$, en appelant I et I' les inclinaisons, nous aurons donc :

$$\frac{G}{G'} = \frac{N^2 \cos. I'}{N'^2 \cos. I}.$$

Cette formule n'est exacte qu'autant que les oscillations sont infiniment petites. Elles peuvent être considérées comme telles lorsque les demi-amplitudes sont moindres que 5 degrés. Mais si on veut avoir un très-grand nombre d'oscillations, il faut commencer à observer avant que les demi-amplitudes soient aussi petites. On se sert alors de la table suivante, dressée par M. Darondeau, pour ramener toutes les oscillations observées à des oscillations infiniment petites. (Voyage de la *Bonite, Physique*, t. IV, p. 9.)

Table de la durée des oscillations de l'aiguille,
correspondante aux demi-amplitudes,
La durée de l'oscillation infiniment petite étant prise pour unité.

Demi-amplitude.	Durée de l'oscillation.	Demi-amplitude.	Durée de l'oscillation.	Demi-amplitude.	Durée de l'oscillation.
1°.....	1,0000	11°.....	1,0023	21°.....	1,0085
2	1,0001	12	1,0027	22	1,0093
3	1,0002	13	1,0032	23	1,0102
4	1,0003	14	1,0037	24	1,0111
5	1,0005	15	1,0043	25	1,0120
6	1,0007	16	1,0049	26	1,0130
7	1,0009	17	1,0056	27	1,0141
8	1,0011	18	1,0062	28	1,0151
9	1,0015	19	1,0070	29	1,0162
10	1,0019	20	1,0077	30	1,0174

Pour rendre les observations comparables entre elles, il est essentiel de les réduire à une température uniforme. Or, il résulte des recherches de M. Kuppfer, que l'intensité magnétique d'une aiguille aimantée diminue à mesure que la température augmente, et reprend sa valeur primitive quand la température de départ est rétablie, pourvu que les extrêmes de température à laquelle l'aiguille est soumise soient compris entre —20 et +35° centigrades. M. Kuppfer a conclu aussi de ses expériences que, dans les limites que nous venons de citer, limites comprenant à peu près toutes les températures auxquelles une aiguille peut être soumise dans le cours d'un voyage, la perte de magnétisme est proportionnelle à l'élévation de la température. Pour obtenir le coefficient de correction, il suffira donc de faire par avance, à deux températures différentes et à la même heure de deux jours différents, deux observations, l'une en entourant la boussole de glace, et l'autre à l'air libre. Le coefficient de correction ainsi déterminé sert pour toutes les observations du voyage. Si nous appelons c ce coefficient, n' le nombre d'oscillations à la température observée t, le nombre cherché n d'oscillations à une autre température que nous appellerons t' et qui sera celle à laquelle seront ramenées toutes les observations du voyage sera :

$$n = n' - n'c \, (t' - t).$$

Reprenons notre observation à Toulon : nous avons trouvé que l'aiguille exécutait 200,032 oscillations en $9^{m} 42,^{s}6$ comptées avec la montre; cette montre avançait en 24 heures de $4^{s}, 85$ sur le temps moyen; nous aurons donc $0^{s},03$ à retrancher pour la correction due à la marche de la montre; nous aurons par conséquent 200,03 oscillations en $9^{m} 42^{s},57$, et 206,01 oscillations en 10 minutes de temps moyen, en prenant un même nombre de minutes pour toutes les observations du voyage. Supposons que l'on ait trouvé 0,00024 pour la valeur du coefficient c, et qu'on ramène toutes les observations à la température de 25°, le nombre d'oscillations infiniment petites effectuées à cette température et en 10 minutes de temps moyen sera :

$$n = 206,01 - 206,01 \times 0,00024 \times (25° - 13°,7) = 205,45.$$

La correction de température est $- 0,56$.

Nous aurons donc pour l'intensité G à Toulon, celle de Paris étant prise pour unité :

$$G = \frac{(205,45)^2 \cos. 66° \, 48' \, 0''}{(194,61)^2 \cos. 62° \, 11' \, 10''} = 0,9410,$$

194,61 est le nombre d'oscillations que l'aiguille exécutait dans l'observation faite à Paris avant le départ.

Il faut encore appliquer à la valeur qu'on vient de trouver une dernière correction, celle qui résulte de la perte d'intensité de l'aiguille pendant le cours du voyage. Au départ, l'aiguille exécutait à Paris 194,61 oscillations. Dans les mêmes circonstances, elle n'en exécutait plus au retour, 1114 jours après, que 189,05; si l'on prend pour unité l'intensité observée à Paris avant le départ, on trouve, en tenant compte du changement d'inclinaison qui s'est opéré dans l'intervalle de temps écoulé entre le départ et le retour, une perte de 0,0501

$$G' = \frac{(189,05)^2 \cos. 66° \, 38' \, 16''}{(194,61)^2 \cos. 66° \, 48' \, 10''} = 0,9499 = 1 - 0,0501,$$

66° 48′ 10″ et 66° 38′ 16″ sont les inclinaisons à Paris, au début et à la fin du voyage.

On suppose que la perte 0,0301 du magnétisme de l'aiguille s'est faite proportionnellement au temps, ce qui donne 0,000045 pour la perte de chaque jour, et on reporte la perte totale sur toutes les observations, d'après l'intervalle de temps qui s'est écoulé entre l'observation de Paris et chacune des autres. Comme il s'est écoulé 87 jours entre l'observation de Paris et celle de Toulon, il faut ajouter $87 \times 0,000045$ ou 0,0039 au nombre que nous avons trouvé, ce qui donne pour l'intensité définitive à Toulon :

$$G = 0,9449,$$

celle de Paris étant prise pour unité.

On prend quelquefois pour unité l'intensité de l'équateur magnétique au Pérou, que M. de Humboldt regardait comme l'intensité minimum à la surface de la terre. Dans ce cas, l'intensité à Paris est représentée par le nombre 1,3482.

Toutes les observations d'intensité faites pendant le voyage sont traitées de la même manière.

386. Lignes isodynamiques. En réunissant les résultats obtenus par un grand nombre d'observateurs, et en prenant les moyennes entre ces résultats, M. Duperrey est parvenu à tracer la configuration des lignes isodynamiques, c'est-à-dire des lignes d'égale intensité magnétique à la surface de la terre. L'inspection de ces lignes montre que l'intensité va en augmentant depuis les régions équatoriales jusqu'aux pôles.

Les isodynamiques voisines de la ligne sans inclinaison présentent à peu près les mêmes ondulations que cette ligne, mais les inflexions se prononcent de plus en plus à mesure qu'on se rapproche des pôles. Pour l'hémisphère nord, les parties les plus élevées de ces courbes se trouvent en Europe et dans l'océan Pacifique; les parties les plus basses sont en Asie et en Amérique : par conséquent, sur un même parallèle, l'intensité va en croissant d'Europe en Amérique, où elle atteint un maximum; elle décroît ensuite depuis l'Amérique jusque vers le milieu de l'océan Pacifique, où elle atteint un minimum, puis elle augmente de nouveau et arrive en Chine à un second maximum; elle atteint son second minimum dans la partie moyenne de l'Europe. Près des pôles, dans chaque hémisphère, les lignes isodynamiques se groupent comme s'il existait deux centres d'action magnétiques, ce qui a conduit quelques physiciens à admettre l'existence de quatre pôles magnétiques.

On désigne quelquefois sous le nom d'équateur magnétique la ligne qui joint les points de la surface terrestre, où l'intensité est à son minimum : sur cette ligne les intensités ne sont pas égales entre elles ; elles varient de 1 à 0,867. Le rapport de la plus forte à la plus faible des intensités observées à la surface de la terre est celui de 2,5 à 1.

D'après M. Duperrey, l'intensité magnétique moyenne de l'hémisphère austral est supérieure à celle de l'hémisphère boréal ; si la seconde est représentée par 1 , la première sera représentée par 1,0152.

387. Variations de l'intensité magnétique. Les variations diurnes de l'intensité sont difficiles à constater, à cause de la petitesse des écarts qu'offrent ces variations. Si on ne considérait que l'intensité horizontale, on pourrait croire que ses variations dépendent de celles de l'inclinaison ; mais on a reconnu que l'intensité totale était elle-même soumise à des variations diurnes dont voici la période : les maxima ont lieu à 7 heures du matin et à 10 heures du soir, et les minima à 2 heures du matin et à 10 heures du matin ; cette marche de l'intensité est surtout applicable à la saison d'hiver ; en été, il n'y a qu'un maximum et un minimum qui ont lieu, l'un à 8 heures du soir, l'autre à 10 heures du matin.

Les variations diurnes de l'intensité présentent donc, suivant les saisons, un caractère différent. La valeur de l'intensité totale varie également dans le cours de l'année ; elle atteint son maximum dans les deux hémisphères entre octobre et février, tandis qu'elle arrive à son minimum entre avril et août. Nous avons vu que les variations annuelles de l'inclinaison présentaient les mêmes périodes. En général, l'intensité et l'inclinaison semblent marcher ensemble ; ces deux éléments augmentent régulièrement lorsqu'on s'avance de l'équateur vers les pôles ; cependant ce n'est pas aux points de la surface terrestre où l'inclinaison atteint son maximum que l'intensité a sa plus grande valeur.

388. Quelques observateurs ont remarqué que les valeurs de l'intensité présentaient, comme celles de la déclinaison, une période décennale. Quant aux variations séculaires, elles sont très-faibles et par cela même il est difficile d'en constater le sens. Les observations de M. Arago tendent à faire croire que l'intensité augmente lentement d'une année à l'autre.

389. On a recherché quelle pouvait être l'influence de la hauteur sur les éléments magnétiques, et l'on a conclu de ces recherches que l'intensité et l'inclinaison diminuaient d'une manière très-lente, à mesure qu'on s'élevait au-dessus du niveau de la mer. Le coefficient de diminution avec la hauteur varie suivant les circonstances locales; il résulte des travaux de MM. Forbes et Bravais, que ce coefficient serait plus élevé pour les Pyrénées que pour les Alpes. MM. Biot et Gay-Lussac dans leur ascension aérostatique n'ont trouvé à 5000 mètres au-dessus du sol, que des différences insensibles pour le temps des oscillations d'une aiguille horizontale. Mais comme la température était beaucoup moins élevée à cette hauteur qu'à la surface de la terre, on doit conclure de cette expérience que l'intensité avait diminué dans les régions supérieures de l'atmosphère.

<hr>

CHAPITRE CINQUIÈME.

CONSIDÉRATIONS GÉNÉRALES SUR LE MAGNÉTISME TERRESTRE.

390. Pôles magnétiques. L'ensemble des observations magnétiques qui ont été faites sur les différents points de la surface terrestre a conduit à l'hypothèse que la terre est un vaste aimant dont les pôles sont situés sur une ligne qui ne diffère pas beaucoup de la ligne des pôles géographiques. On avait d'abord cru que ces derniers et les pôles magnétiques devaient être voisins. M. Biot, en comparant les résultats de l'expérience avec ceux du calcul, a cherché à en déduire la position des pôles ou centres d'actions magnétiques de la terre. Il a démontré que la distribution des phénomènes magnétiques à la surface du globe s'expliquait d'autant mieux qu'on supposait les centres d'action plus près l'un de l'autre et plus voisins du centre de la terre. Ces centres d'action que, dans l'hypothèse où la terre est un aimant, il faut considérer comme les véritables pôles de cet aimant, ne doivent pas être confondus avec les points de la surface où l'aiguille d'inclinaison prend la direction verticale et que l'on appelle communément les pôles magnétiques.

Halley et après lui M. Hansteen ont admis, pour expliquer les phénomènes du magnétisme terrestre, l'existence de quatre pôles auxquels ils ont assigné des positions géographiques. Deux de ces pôles seraient situés dans l'hémisphère boréal, l'un dans la partie N.-O. de l'Amérique septentrionale et l'autre au N.-E. de la Sibérie ; les deux autres, dans l'hémisphère austral, au S. de la Nouvelle-Hollande et au S. de la terre de Feu. Dans cette hypothèse, il faudrait se représenter la terre comme traversée par deux aimants passant par son centre et dont les axes feraient entre eux un certain angle.

391. Cartes de M. Duperrey. M. Duperrey, à qui l'on doit tant de beaux travaux sur le magnétisme terrestre, n'admet que deux pôles magnétiques : ce savant officier a publié, en 1836, des cartes très-complètes où les divers éléments magnétiques, ramenés à la valeur qu'ils devaient avoir en 1825, sont représentés graphiquement.

Si, en partant d'un point de la surface de la terre, on chemine au N. et au S., toujours dans la direction de l'aiguille de déclinaison, on parcourra une courbe que M. Duperrey appelle un méridien magnétique et dont les éléments possèdent la propriété d'être, pour tous les lieux où cette courbe passe, les méridiens magnétiques tels que nous les avons définis § 366. La position des pôles magnétiques a été rendue dépendante de ces courbes, en faisant croiser sur un globe ceux des méridiens magnétiques dont la figure est à la fois la mieux déterminée et la plus régulière. Les pôles magnétiques ainsi déterminés se trouvent placés, l'un au N. de l'Amérique septentrionale, par 70° 10′ de lat. N. et 100° 40′ de long. O., l'autre par 75° de lat. S. et 136° de long. E.

La position du pôle magnétique boréal s'est trouvée confirmée par l'inclinaison de 90° que le capitaine Ross a obtenue en 1832 sur la terre de Boothia-Felix. Quant à la position du pôle magnétique austral, M. Duperrey s'est servi, pour la vérifier, des observations faites par MM. Vincendon-Dumoulin et Coupvent, sur le tracé du méridien magnétique qui passe par Hobart-Town et par la terre Adélie. En prenant pour abscisses les inclinaisons observées en différents points de ce méridien et pour ordonnées les latitudes magnétiques correspondantes, M. Duperrey a obtenu une courbe qui, continuée par interpolation jusqu'au point où l'inclinaison serait de 90°, lui a donné la latitude du pôle magnétique. Les latitudes magnétiques sont les portions du méridien magnétique comprises entre les stations et la ligne sans inclinaison. On les mesure sur la carte des méridiens magnétiques. La position du pôle austral, obtenue au moyen de ce procédé, est par 75° 20′ de lat. S. et 130° 10′ de long. E., position qui s'accorde en latitude avec celle qui résulte de la configuration des méridiens magnétiques et n'en diffère que de 80 milles à l'E. (*Comptes rendus de l'Académie*, 13 décembre 1841.)

Sur la carte des méridiens magnétiques, M. Duperrey a tracé par analogie avec les parallèles terrestres les parallèles magnétiques, courbes dont la condition est d'être normales aux méridiens. Il a appelé équateur magnétique le parallèle qui passe par les points milieux des portions de méridiens s'étendant d'un pôle magnétique à l'autre. Nous avons vu qu'on désignait également sous le nom d'équateur magnétique la ligne sans déclinaison et celle des intensités *minima*. Cette dernière et l'équateur magnétique défini par M. Duperrey se rapprochent sensiblement l'une de l'autre; la ligne sans déclinaison est différente, mais cependant elle ne s'écarte pas beaucoup des deux autres courbes. On trouve également un rapport très-grand entre les lignes isodynamiques et les parallèles magnétiques. Ces deux genres de lignes coupent à angle droit les méridiens; une seule observation d'intensité permet donc de tracer approximativement autour du globe toute une ligne isodynamique. On voit que les diverses séries de phénomènes sont bien liés entre eux par la manière dont M. Duperrey représente l'état magnétique des différentes parties du globe.

592. Hypothèses électro-magnétiques. Nous avons supposé jusqu'à présent que la terre était un aimant dont le calcul place les pôles à très-peu de distance du centre terrestre. Outre que cette hypothèse ne rend pas suffisamment compte de la distribution du magnétisme à la surface du globe et des variations que subit l'état magnétique en chaque lieu, elle ne se concilie pas avec la température élevée des parties intérieures de la terre, car un aimant chauffé jusqu'au rouge blanc perd complétement son magnétisme et devient incapable d'en recevoir la moindre trace, tant qu'il est soumis à cette température.

La découverte de l'électro-magnétisme a permis d'expliquer d'une manière plus rationnelle l'action magnétique de la terre. Lorsqu'on eut démontré que les courants électriques exerçaient sur l'aiguille aimantée une action directrice, on fut conduit à admettre que les phénomènes du magnétisme terrestre sont dus à des courants de cette nature circulant autour de la terre.

On définit le sens d'un courant en disant qu'il va du pôle positif au pôle négatif de la pile, lorsqu'il suit le conducteur extérieur qui joint les deux pôles. Or, une aiguille aimantée soumise à l'influence d'un courant rectiligne, tend toujours à se placer en croix avec la direction de ce courant et suivant l'ingénieuse conception d'Ampère, si l'on suppose un homme couché dans le sens du courant, la face tournée du côté de l'aiguille, de manière que le courant entrant par ses pieds sorte par sa tête, cet homme verra toujours le pôle nord de l'aiguille se tourner vers sa gauche. Si, d'après cette règle, on recherche la position du courant terrestre, agissant sur l'aiguille librement suspendue par son centre de gravité, on trouve qu'en chaque lieu ce courant doit être dirigé de l'E. à l'O. perpendiculairement au méridien magnétique et doit être situé à l'intérieur de la terre dans un plan perpendiculaire à l'aiguille d'inclinaison.

Cette nouvelle hypothèse consiste donc à considérer l'écorce solide de la terre comme parcourue par des courants électriques circulant de l'E. à l'O., dans le sens de l'équateur magnétique. L'ensemble de ces courants produit en chaque lieu l'effet d'un seul courant qui serait situé dans un plan perpendiculaire à l'aiguille d'inclinaison et serait dirigé dans un sens normal au plan du méridien magnétique. Ces vues théoriques ont été confirmées par une ingénieuse expérience de M. Barlow. Ce physicien a disposé sur un globe de bois creux représentant la terre des fils métalliques dirigés suivant l'équateur et suivant les parallèles jusqu'aux pôles, et il a fait passer dans ces fils des courants circulant de l'E. à l'O.; une aiguille aimantée, placée au-dessus de ce globe et soustraite à l'action de la terre, s'est comportée par rapport à ce globe artificiel de la même manière qu'un aimant se comporte par rapport au globe terrestre.

Quelle est l'origine des courants qui circulent autour de notre planète? Ampère, à qui l'on doit la théorie dont nous venons de donner une idée, les attribuait à des actions chimiques qui auraient lieu dans l'intérieur de la terre. Après lui, on a supposé l'existence de courants thermo-électriques produits par l'influence du soleil. Il existe, en effet, une liaison très-grande entre les phénomènes magnétiques et les mouvements de la terre autour du soleil, ainsi que l'attestent les variations diurnes et annuelles des éléments magnétiques.

Le père Secchi a conclu d'une analyse approfondie qu'il a faite des variations des éléments magnétiques, dans leurs rapports avec l'action directe du soleil, que cet astre agit sur l'aiguille aimantée, comme s'il était lui-même un grand aimant placé très-loin de la terre et ayant ses pôles de même nom que ceux de la terre tournés du même côté du ciel. (*Traité d'électricité*, par A. de la Rive, p. 275.)

M. de la Rive, en partant de la supposition que le soleil possède la polarité magnétique, s'est appuyé sur ce fait que la rotation d'un corps rond sur son axe, en présence du pôle d'un aimant, détermine dans ce corps des courants induits continus, et il en a conclu que les courants électriques qui circulent autour de la terre pourraient bien être des courants induits développés par la rotation de cette planète autour du soleil.

Dans cette hypothèse, les variations diurnes et annuelles du magnétisme terrestre s'accorderaient très-bien avec les positions relatives que prennent la terre et le soleil dans le cours d'une année. Quant aux variations séculaires elles pourraient s'expliquer par les modifications lentes qui s'opèrent dans la configuration de la partie solide de notre planète, tels que les soulèvements et les affaissements, modifications qui influeraient sur le sens des courants induits. Quelques géologues ont, en effet, observé une liaison entre les lignes isodynamiques et la direction de certaines chaînes de montagnes (*Atlas dhysique* de Johnston).

L'état magnétique de la terre produirait à son tour dans la lune des courants induits très-faibles. De là l'explication de l'influence qu'on attribue à la lune sur les changements de la déclinaison, § 375.

La rotation du soleil autour de son axe ne paraît pas avoir d'action sur l'état magnétique de la terre ; mais on a remarqué que les phases des taches solaires et certains changements dans l'amplitude des variations diurnes de la déclinaison présentaient des périodes d'égale durée, § 374.

Pour rendre compte des variations irrégulières de la déclinaison, M. de la Rive fait intervenir la production des courants auxquels donne naissance l'électricité atmosphérique. Nous avons vu que la végétation et l'évaporation produisaient une décomposition électrique, par suite de laquelle l'électricité négative reste dans le sol, tandis que l'électricité positive se répand dans l'atmosphère. Cette dernière électricité est entraînée par la circulation aérienne de l'équateur vers les pôles. Chaque hémisphère peut donc être considéré comme une pile voltaïque dans laquelle la source d'électricité est vers l'équateur et dont le conducteur extérieur est, d'une part, l'atmosphère, et, de l'autre, la surface terrestre. D'après la définition que nous avons donnée du sens des courants, ces grands courants terrestres marcheraient dans l'atmosphère de l'équateur vers les pôles, et dans la croûte terrestre des pôles vers l'équateur. Ils doivent, par conséquent, faire dévier le pôle nord de l'aiguille à l'O. dans notre hémisphère, et à l'E. dans l'hémisphère austral. C'est aux pôles que l'action doit être le plus forte, puisque c'est à ces points que la circulation aérienne accumule l'électricité positive. C'est également près des pôles qu'a lieu la recomposition entre l'électricité positive de l'atmosphère et l'électricité négative dont le globe terrestre est chargé. Cette recomposition a lieu avec accompagnement de lumière, lorsque la tension des deux électricités est suffisamment grande et que les circonstances atmosphériques sont favorables. Telle serait la cause qui produit les aurores boréales.

M. de la Rive a confirmé ses vues théoriques en reproduisant artificiellement les aurores polaires avec toutes leurs particularités par une expérience analogue à celle de M. Barlow. Il a également réussi à reproduire sur un globe, représentant la terre, les perturbations de l'aiguille aimantée, conformes à celles qui coïncident avec l'apparition des aurores. Nous renverrons, pour la description de cette curieuse expérience et de l'appareil imaginé par M. de la Rive, aux *Archives des sciences physiques et naturelles*, du 20 juin 1862.

CHAPITRE SIXIÈME.

DES COMPAS ET DE LEUR RÉGULATION.

395. Compas de route et de relèvement. Pour diriger leurs navires en pleine mer, les marins se servent de la propriété que possède l'aiguille de déclinaison, de prendre une direction constante et restant sensiblement la même dans les lieux peu éloignés les uns des autres.

L'instrument employé à cet usage porte le nom de boussole.

On prétend que, 1200 ans avant J.-C., les Chinois se servaient déjà de la boussole; l'emploi de cet instrument en Europe ne remonte pas au delà de la fin du douzième siècle après J.-C., et son usage ne fut répandu qu'en 1260. Le pilote napolitain Gioia imagina, vers la fin du treizième siècle, la suspension commode employée encore aujourd'hui, et consistant à mettre l'aiguille aimantée en équilibre sur un pivot, qui lui permet de tourner facilement dans tous les sens.

Avant Gioia on se bornait à placer l'aiguille dans un vase rempli d'eau ou d'huile, sur laquelle on la faisait flotter, au moyen de petits morceaux de liége. Plus tard, les Français imaginèrent d'adapter à l'aiguille une rose des vents; enfin on attribue aux Anglais l'idée de renfermer tout le système dans une boîte (*box*, d'où boussole) que l'on nomme habitacle. Les boussoles dont on se sert dans la marine sont connues, en général, sous le nom de compas de route et de compas de relèvement.

Les compas de route servent à déterminer la route du bâtiment; les compas de relèvement, comme l'indique leur nom, sont employés pour connaître à quel rumb de vent répondent des objets éloignés. Les compas de relèvement servent encore à déterminer la déclinaison de l'aiguille aimantée.

594. Attraction locale à bord des navires. Pour qu'une aiguille aimantée, mobile dans un plan horizontal, se place dans le méridien magnétique, il est une condition nécessaire à remplir, c'est qu'il ne se trouve dans le voisinage de cette aiguille aucune masse de fer susceptible d'agir sur son magnétisme. Cette condition est rarement remplie sur les navires. Cependant sur les bâtiments d'ancienne construction le fer entrait dans des proportions trop faibles pour que la perturbation produite sur l'aiguille fût très-sensible. Aussi n'est-ce qu'à la fin du siècle dernier que cette perturbation fut soupçonnée, mais on ne songea pas à y remédier.

Il n'en est pas de même pour les navires de construction moderne; sans parler des bâtiments entièrement en fer, des vaisseaux et des frégates blindées, des batteries flottantes où la masse presque tout entière du navire exerce une action sur la boussole, l'emploi de la vapeur, qui tend à se généraliser de plus en plus, nécessite la présence, à bord, de quantités considérables de fer, et actuellement sur presque tous les navires ce métal est substitué au bois dans la construction d'un grand nombre de pièces. Il est donc devenu indispensable d'étudier l'action produite sur la boussole par le fer du navire et de rechercher les moyens propres à annuler cette action.

Le compas d'un navire est soumis à deux forces : l'une, la force magnétique terrestre, constante en intensité et en direction, qui tend à placer l'aiguille dans le méridien magnétique; l'autre, l'attraction locale, constante en intensité, mais qui varie en direction suivant le cap du navire. L'aiguille prend pour chaque cap la direction de la résultante de ces deux forces. Elle se placera donc généralement hors du méridien magnétique. L'angle dont la pointe nord s'écarte de ce méridien a été nommé *déviation*. La déviation est tantôt E., tantôt O. Si on fait tourner un navire de manière à présenter son cap à tous les points de l'horizon, on reconnaît que pour deux points la déviation est nulle, et qu'autour de ces deux points elle change de signe.

Sur les anciens navires en bois, la déviation était nulle quand le cap était N. ou S.; elle atteignait son maximum de 4 ou 5 degrés quand le cap était à l'E. ou à l'O. Dans notre hémisphère, l'extrémité nord était attirée vers l'avant; dans l'autre hémisphère elle était repoussée vers l'arrière.

Il n'en est plus ainsi dans les nouvelles constructions; la direction des caps correspondant aux déviations nulles et maxima est très-variable, et le maximum d'erreur atteint jusqu'à 15° pour les navires en bois; sur les bâtiments en fer il peut s'élever beaucoup plus haut, mais il n'est jamais inférieur à 10° ou 15°. Il est facile de comprendre les inconvénients graves qui doivent résulter de l'emploi de compas non corrigés sur ces navires, mais avant de faire connaître les moyens dont on se sert pour annuler l'influence de l'attraction locale, nous dirons comment on détermine les déviations.

595. Détermination de la déviation. La recherche des déviations se fait d'une manière très-simple : on commence par déterminer l'azimut magnétique de la ligne qui joint le navire à un point éloigné,

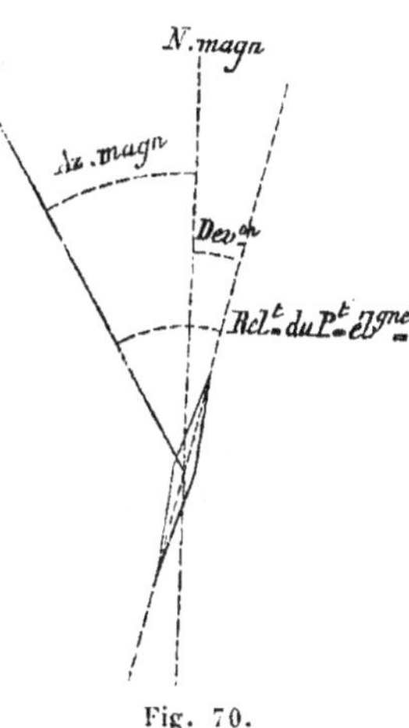

Fig. 70.

puis on met le cap du navire successivement dans diverses directions, en relevant chaque fois le point éloigné avec le compas. La différence entre ce relèvement et l'azimut magnétique du point donne la déviation pour chaque cap, comme il est facile de s'en convaincre à l'inspection de la figure 70. L'azimut du point éloigné peut se déterminer de plusieurs manières :

1° On va se placer au point éloigné, et on relève avec un compas de relèvement le navire qu'on a préalablement fait mettre à pic ;

2° On peut encore, ce qui est plus souvent praticable, se placer à terre dans l'alignement du point et du navire mis à pic, et relever avec un compas le navire, ou mieux, le point s'il est possible ;

3° Enfin, on observe à bord l'azimut vrai du point éloigné, et, à terre, la déclinaison de l'aiguille aimantée.

L'azimut magnétique du point éloigné étant connu, on procède de la manière suivante pour déterminer les déviations :

Le navire est tenu à pic sur son ancre, et on le fait tourner, au moyen d'amarres, de façon qu'il puisse présenter le cap à tous les points de l'horizon.

On a un compas de relèvement placé soit à l'avant, soit à l'arrière, et dont la ligne de foi est bien parallèle à l'axe du navire. En plaçant convenablement la pinnule de ce compas et en se servant des divisions tracées sur le bord du cercle extérieur, on peut, au moyen du point éloigné, mettre le cap du navire au N. magnétique réel. On note au même moment les indications de tous les compas, puis, toujours au moyen de la pinnule et du limbe, on fait tourner le navire de 10 degrés en 10 degrés par exemple, en notant à chaque fois les indications de tous les compas, jusqu'à ce qu'on soit revenu au N. après avoir fait un tour complet d'horizon.

Avec ces observations on forme un tableau semblable au tableau suivant :

AZIMUT magnétique du point.	COMPAS DE RELÈVEMENT.			CAPS magnétiques réels.	COMPAS DE ROUTE de tribord.		COMPAS DE ROUTE de bâbord.	
	Relèvement du point.	Déviation.	Caps.		Caps.	Déviation.	Caps.	Déviation.
N. 47° O.	N. 35° O.	12° O.	N. 12° O.	N.	N. 23° E.	23° E.	N. 18° E.	18° E.
N. 47° O.	N. 32° O.	15° O.	N. 25° O.	N. 10° E.	N. 30° E.	20° E.	N. 23° E.	13° E.
. . . . . .	. . . . . .		. . . . .	. . . . .	. . . . .	. . . . .	. . . . .	. . . . .

Pour trouver le sens de la déviation, on emploie la règle suivante : L'observateur est supposé placé au centre de la rose en face des divisions ; il se figure sur cette rose le relèvement réel du point éloigné et celui donné par le compas ; si le relèvement magnétique réel est à droite, la déviation est E. ; elle est O. s'il est à gauche.

Il est difficile dans la pratique de mettre exactement le cap du navire à l'aire de vent voulue, tel que N., N. 10° E., etc.; on se contente de le mettre à quelques degrés près dans ces directions, et avec les résultats obtenus, on construit une courbe dont les abscisses sont les angles que fait l'axe du navire avec le méridien magnétique et dont les ordonnées sont les déviations correspondantes. Quand les déviations sont E., les ordonnées sont portées comme positives, et comme négatives quand les déviations sont O. C'est à l'aide de cette courbe qu'on forme le tableau définitif des déviations de 10 en 10 degrés ou de 15 en 15 degrés, etc.

Quand on fait tourner le navire pour déterminer les déviations, il faut éviter de le faire passer dans le voisinage de masses de fer susceptibles d'avoir de l'influence sur les compas ; des expériences directes ont démontré qu'à une distance de 20 ou 25 mètres l'action du fer peut être négligée.

Le point éloigné doit être situé à 6,000 mètres au moins pour que l'erreur de parallaxe ne dépasse pas 1/4 de degré, alors même que l'observateur est placé à l'avant du navire, en estimant à 20 mètres la distance de l'observateur au centre de l'évolution. On peut se placer à l'arrière lorsque le point est à une distance de 8 ou 10 milles. Du reste, les relèvements se corrigent facilement de la parallaxe au moyen de la formule

$$\text{Correction} = \text{Arc tg.} (l \sin. z).$$

l est la distance de l'observateur au point de rotation, et z l'angle compris entre la direction du cap et celle du point relevé. Cette correction s'emploie dans le cas où on ne peut pas disposer d'un point suffisamment éloigné du navire.

Dans la recherche des déviations, le théodolite remplace avec avantage le compas de relèvement : le point éloigné se voit beaucoup mieux. Lorsqu'on emploie cet instrument, après avoir placé le zéro du vernier sur le zéro du limbe, on met la lunette parallèle à l'axe du navire, au moyen d'un viseur qui est situé exactement à la même distance que le théodolite l'est de cet axe ; toutes les vis sont alors serrées. Si l'on veut mettre le cap au N., par exemple, on fait parcourir au limbe qui porte le vernier un angle égal à l'azimut magnétique du point éloigné, et on fait tourner le navire jusqu'à ce qu'on voie ce point dans la lunette.

On emploie quelquefois, pour déterminer les déviations, la méthode des relèvements réciproques. Ce procédé convient surtout au cas où il n'y a pas à terre de point suffisamment éloigné qui soit visible du bord. Un observateur va se placer à terre avec une boussole ; à un signal convenu, l'observateur du bord relève le compas de terre, soit avec un compas de relèvement, soit avec un théodolite. Au même instant l'observateur de terre relève avec sa boussole le centre de l'instrument placé à bord, et on observe les caps indiqués par les compas de route. Le relèvement magnétique réel est donné par l'observation faite à terre; on en déduit le cap réel du navire, et, par conséquent, la déviation.

Le compas employé à terre et le compas du bord devront être préalablement comparés entre eux hors de toute influence magnétique, et on tiendra compte de la différence, s'il y en a une.

Enfin, on notera à bord et à terre les heures des observations, afin d'éviter toute confusion.

Il sera bon de se rappeler que les déviations observées ne s'appliquent qu'à un compas ayant les mêmes dimensions et occupant la même place à bord que celui qui a été mis en observation.

396. Diagramme de la double rose. Pour trouver immédiatement le cap magnétique réel correspondant à un cap donné du compas de route et réciproquement, on a imaginé diverses figures ou diagrammes dont le plus simple comme le plus facile à employer dans la pratique se construit de la manière suivante : on trace sur une feuille de papier deux cercles concentriques; le cercle extérieur est divisé exactement comme une rose de compas; on trace les rayons de ce cercle, qui représentent les caps magnétiques réels pour lesquels la déviation a été observée; aux points de rencontre de ces rayons avec le cercle intérieur, on marque les caps correspondants donnés par le compas. Chaque arc de cercle qu'on obtient ainsi est divisé en autant de parties égales qu'il convient d'après les indications données par les deux extrémités de l'arc. On obtient de cette manière une rose déformée divisée en 360 degrés inégaux auxquels on applique les dénominations usitées. Les caps magnétiques réels et les caps donnés par le compas qui leur correspondent se trouvent sur les mêmes rayons; les uns s'obtiennent donc immédiatement quand on connaît les autres; on peut se servir pour cela d'un fil fixé par un bout au centre des deux cercles, et que l'on tend jusqu'à la circonférence extérieure.

Ce diagramme sert encore à trouver l'azimut magnétique réel d'un point avec un relèvement du compas correspondant à un cap donné du même compas.

397. Notions théoriques sur l'attraction locale. Lorsqu'on possède la courbe ou le tableau des déviations des compas de route

d'un navire, on peut corriger de la déviation les directions données
par ces compas de la même manière qu'on les corrige de la déclinaison. On a cherché à s'affranchir de ces corrections en annulant
au moyen de compensateurs l'action du fer appartenant au navire.
Tel a été l'objet des travaux de plusieurs physiciens, entre autres de
MM. Barlow et Airy. Les procédés de correction imaginés par M. Barlow
et qui d'abord avaient été mis en usage ont été abandonnés comme
insuffisants. Avant de décrire ceux de M. Airy, que l'on emploie actuellement, nous donnerons une idée de la théorie sur laquelle ils sont
fondés.

A bord des navires deux causes peuvent produire les perturbations
du compas : l'action des pièces de fer doux et celle des pièces de fer
aimantées. Il n'est pas douteux qu'un certain nombre de pièces de fer
qui entrent dans la construction des navires doivent se trouver à
l'état d'aimants ; on sait, en effet, que, sous l'influence d'actions mécaniques, telles que la percussion, par exemple, le fer doux peut prendre
et conserver la polarité magnétique. On a constaté qu'un bâtiment
en fer a deux pôles magnétiques comme un barreau aimanté. Il était
donc naturel de penser que les perturbations produites sur les compas sont dues en grande partie à du magnétisme permanent. C'est ce
qu'ont mis en évidence des observations faites sur plusieurs navires :
voici comment ces observations ont été conduites.

On a observé l'intensité magnétique de l'aiguille horizontale d'abord
à terre et ensuite sur le navire pour plusieurs directions du cap. Les
intensités magnétiques étant entre elles dans le rapport inverse des
carrés des nombres de secondes nécessaires pour faire le même nombre d'oscillations, on avait le moyen d'obtenir l'expression de la force
magnétique agissant sur l'aiguille pour chaque déviation du cap. La
direction de cette force était également connue ; elle faisait, avec le
méridien magnétique, un angle égal à la déviation.

La décomposition de cette force en deux autres, l'une dirigée suivant le N. magnétique, l'autre suivant l'E., a permis d'avoir l'expression des forces perturbatrices dans ces deux directions : si ces
forces perturbatrices sont dues surtout à du magnétisme permanent,
leurs composantes, suivant l'axe du navire et suivant une perpendiculaire à l'axe, auront la même valeur, quelle que soit la direction du
cap. C'est ce qui a lieu en effet : pour toutes les positions du bâtiment,
les nombres qui représentent les forces perturbatrices vers l'avant et
vers tribord sont égaux à très-peu près ; on peut donc dire que presque

toute l'attraction locale est produite par la combinaison de deux forces, l'une dirigée de l'avant à l'arrière, l'autre de tribord à bâbord, forces dont les variations sont très-petites lorsque le cap change.

Ces variations ne sont pas dues seulement à des erreurs d'observa·tion ; elles sont produites par le magnétisme que développe l'influence terrestre dans le fer du navire, et dont l'action plus ou moins grande dépend de la direction du cap.

M. Airy, pour trouver la valeur de cette dernière force, a supposé que, sous l'influence magnétique de la terre, chaque particule de fer sur le navire est convertie en un petit aimant dont la direction est la même que celle de l'aiguille d'inclinaison et dont l'intensité est proportionnelle à l'intensité du magnétisme terrestre. L'extrémité supérieure de chacun de ces petits aimants attire la pointe nord de l'aiguille et l'extrémité inférieure la repousse.

En soumettant au calcul l'action de l'ensemble de ces petits aimants sur l'aiguille, M. Airy a trouvé, pour l'expression de la composante E., qui seule tend à déranger l'aiguille de la position qu'elle prendrait sous l'influence du globe terrestre, une expression composée de deux termes dont l'un représente un effet analogue à celui du magnétisme permanent du navire, et dont l'autre variable avec la direction du cap change de signe dans chaque quadrant, et acquiert sa plus grande valeur quand le cap est à 45° du méridien magnétique. Cette dernière force a reçu le nom de *force quadrantale,* tandis qu'on a appelé *force magnétique polaire* toute force agissant sur l'aiguille à la manière d'un aimant.

La force magnétique polaire change de grandeur avec la latitude ; il n'en est pas de même de la force quadrantale, qui conserve la même valeur en tous lieux. Cette dernière est dite positive quand la déviation produite dans le quadrant N.-E. est E., et négative quand cette déviation est O.

Si l'on combine toutes les forces qui, d'après la théorie, agissent sur l'aiguille pour chaque cap, on doit retrouver la déviation que l'observation a fait connaître. C'est, en effet, ce qui a lieu, à très-peu de chose près. L'exactitude de la théorie est ainsi confirmée par l'expérience.

398. Moyens pratiques de corriger les compas. C'est de cette théorie qu'on déduit un moyen pratique de corriger les compas. Considérons d'abord les erreurs dues à l'influence du magnétisme permanent du navire et prenons les formules qui représentent les composantes vers l'avant du navire et vers tribord de ce magnétisme permanent, formules que nous ne reproduirons pas ici. Si on met le cap au N., l'aiguille ne sera plus dérangée que par la composante vers tribord ; cette influence peut être détruite par un aimant placé vers le centre du compas et dirigé de tribord à bâbord. L'inspection de la formule montre que si l'influence de la composante vers tribord est annulée par cet aimant pour le cap dirigé au N., elle le sera également pour tous les caps. De même on détruira l'influence de la composante vers l'avant, en mettant le cap à l'E. et en plaçant un autre aimant dans une position telle que l'aiguille pointe exactement vers l'E. Avec ce système de deux aimants on parvient à s'affranchir de l'influence totale du magnétisme permanent.

Des considérations analogues conduisent à détruire la force quadrantale, au moyen d'une masse de fer doux placée à tribord ou à bâbord du compas et au niveau de la rose.

Voici comment on procède à l'installation des aimants et du compensateur en fer doux : on commence par déterminer, au moyen d'un fil à plomb, la projection du centre de la rose sur le pont, et on rapporte ce point au-dessous du pont, en perçant ce dernier avec un vilebrequin qui descend bien verticalement ; par le point inférieur ainsi obtenu, on trace deux lignes A A', B T (fig. 71), dirigées, la première parallèlement à l'axe du navire, l'autre perpendiculairement à cet axe.

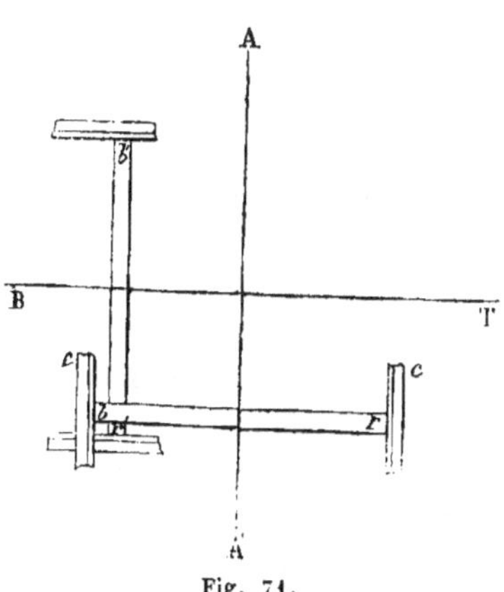

Fig. 71.

On met ensuite le cap du navire au N. magnétique réel ; le compas n'indiquera généralement pas le N. ; on prendra alors un barreau aimanté *br*, que l'on placera sous le pont, parallèlement à la ligne BT, soit à l'avant, soit à l'arrière du compas, et que l'on fera mouvoir dans deux coulisses c, c, disposées à cet effet parallèlement à AA′ et à égale distance de cette ligne, jus-qu'à ce que le compas indique le N. Le cap est ensuite mis au S. magnétique réel ; si le compas n'indique pas le S., on fait mouvoir un peu le barreau br, jusqu'à ce que la différence soit partagée en deux, et par une suite de tâtonnements, en mettant successivement le cap au N., puis au S., on parvient à faire indiquer au compas exactement ces deux directions. Il est cependant un cas où on ne peut pas arriver à faire disparaître entièrement les erreurs, c'est lorsque l'aiguille étant dans la position ns (*fig.* 72) avec le cap au N., elle prend avec le cap au S. la position $n's'$ telle que la pointe sud vienne se placer du côté de l'O., tandis qu'avec le cap au N. la pointe nord était vers l'E. ou réciproquement. Il faut alors renoncer à faire disparaître entièrement les différences et se contenter de les amener à être le plus petites possible. Au contraire, lorsque l'aiguille, étant toujours supposée en ns avec le cap au N., prendra avec le cap au S. une position $n''s''$ telle que les dé-viations, tant avec le cap au N. qu'avec le cap au S., soient toutes les deux vers l'O. ou toutes les deux vers l'E., on pourra toujours espérer de faire disparaître entièrement les erreurs.

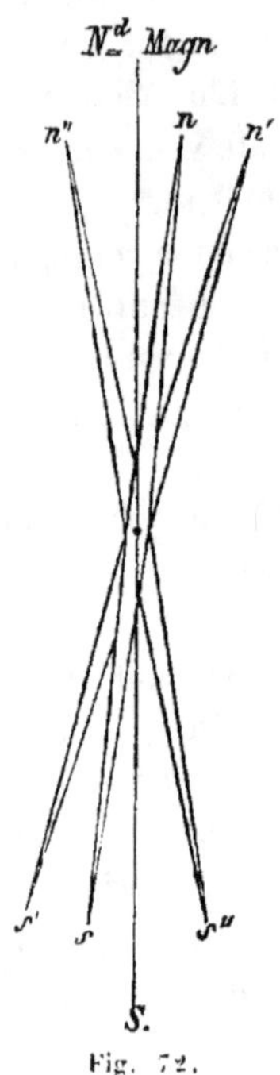

Fig. 72.

La composante, agissant dans le sens de l'axe du navire, est annulée d'une façon analogue par un barreau aimanté $b'r'$ placé à tribord ou à bâbord du compas perpendiculairement à la ligne BT et ayant son point milieu sur cette ligne. Les opérations pour arriver à la correction sont les mêmes que celles que nous venons de décrire.

Pour faire disparaître l'influence de la force quadrantale, on emploie un compensateur cylindrique en fer doux ff' (*fig.* 73) que l'on place à tribord ou à bâbord. Ce cylindre est disposé de telle sorte que son axe soit dans le plan de la rose et parallèle à l'axe du navire, et que le milieu de sa longueur soit dans le plan perpendiculaire à la quille passant par le centre de la rose. On met successivement le cap dans les directions N.-E., S.-E., S.-O. et N.-O., on note les déviations correspondantes et on en prend la moyenne. Le cap est ensuite mis dans l'une de ces aires de vent, au N.-E, par exemple; le compas n'indiquera généralement pas le N.-E, l'aire de vent indiquée sera trop près du N. ou du S. Au moyen du compensateur, on la ramène vers le N.-E, en faisant parcourir à la rose un arc égal à la moyenne des quatre déviations observées. Avec le cap au N.-E, l'erreur sera ordinairement telle que le compas indiquera une direction trop près du N.; la force quadrantale, dans ce cas, est dite positive. Elle est négative quand la direction indiquée est trop éloignée du N.; il faut alors placer le compensateur en avant ou en arrière du compas.

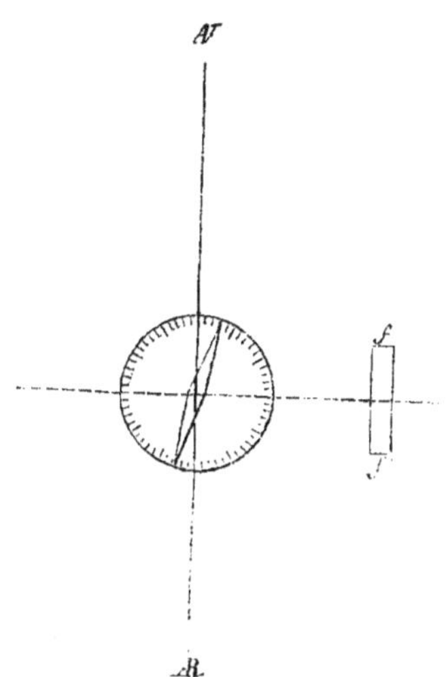

Fig. 73.

Les compensateurs en fer doux sont formés de rondelles de tôle douce alternant avec des rondelles de carton mince, et réunies de manière à former un cylindre de 20 centimètres de long. Cette pile de rondelles est, comme les barreaux aimantés, renfermée dans un étui en laiton hermétiquement fermé, afin que l'humidité ne puisse y pénétrer. Après bien des essais, on a reconnu que ce système de compensateur était le moins susceptible de prendre du magnétisme permanent. En Angleterre on se sert aussi avec succès de cylindres de fonte; de nombreuses expériences ont, en effet, démontré que la fonte retient très-peu de magnétisme permanent. M. Evans a proposé, pour détruire l'action de la force quadrantale, d'employer deux compas très-rapprochés l'un de l'autre. Ces deux compas ont une action réciproque qui corrige sur chacun d'eux la déviation due à cette force. Ce système a été employé avec succès sur quelques bâtiments en fer où la force quadrantale était considérable.

Quand il y a deux compas de route, on les corrige successivement tous les deux ; mais les barreaux aimantés qui servent à corriger l'un des compas exercent leur influence sur l'autre ; on est donc obligé de revenir à celui-ci et de déplacer un peu les barreaux aimantés correspondants, pour faire disparaître les petites différences qui se sont produites par suite de l'introduction des barreaux servant à corriger le premier compas.

Les corrections dont nous venons de parler sont applicables aux bâtiments en fer comme aux bâtiments en bois quand sur ces derniers les déviations sont fortes.

399. Précautions à prendre dans l'installation des compas de route. Il n'est pas sans utilité de prendre quelques précautions dans l'installation des compas de route ; il faut, autant que possible, les éloigner de toute masse de fer, éviter surtout de mettre du fer en dessus ou en dessous ; aussi convient-il de les exhausser lorsque les barrots du pont sont en fer.

Les dépôts de fer susceptibles d'être changés de place doivent être éloignés des compas à une distance de 5 mètres au moins, afin de ne rien changer sur le navire à l'état auquel conviennent les corrections qui ont été faites.

Il est également bon de ne pas employer le fer pour les vis, clous et chevilles qui sont à proximité du compas et ne pas établir de râteliers d'armes dans leur voisinage. Enfin il faut, autant que possible, éloigner les compas de la barre du gouvernail, pièce mobile et susceptible par sa forme de prendre du magnétisme permanent. Pour détruire la composante verticale du magnétisme d'induction, composante due en grande partie à l'action de l'étambot et d'autres pièces de fer verticales qui se trouvent dans le voisinage des compas, on a essayé récemment en Angleterre l'emploi d'une barre de fer verticale placée très-près et en avant de l'habitacle. Cette disposition a réussi sur la plupart des navires où elle a été employée.

400. Vérification en cours de campagne des compas corrigés. Nous avons dit que la force magnétique polaire changeait avec la latitude. La correction des compas faite dans le port de départ ne convient donc plus lorsque le navire s'éloigne beaucoup de ce port. Elle pourra encore servir la plupart du temps, car les formules démontrent que le changement en latitude ne produit que de faibles variations dans la perturbation exercée sur les compas par le fer du navire. Cependant on a observé sur quelques bâtiments des changements dans les déviations qui peuvent s'élever jusqu'à 15 degrés et même plus. Il sera donc prudent de s'assurer de temps en temps si le compas indique bien le N. et l'E. magnétiques réels.

On ne saurait trop recommander aux capitaines de prendre cette précaution ; il ne faut pas qu'ils croient que, parce que leurs compas ont été corrigés au départ, il n'y a plus rien à faire ; ce n'est, au contraire, qu'en exerçant sur les indications des compas une vigilance constante, qu'ils parviendront à faire une bonne navigation et à éviter de funestes accidents. La crainte que les capitaines ne s'endormissent dans une fausse sécurité après que leurs compas ont été corrigés, a décidé l'amirauté anglaise à proscrire, sur les bâtiments de l'État, la correction des compas au moyen de barreaux aimantés ; l'usage contraire a prévalu en France. Il est donc indispensable que les commandants des navires français se pénètrent bien de la nécessité de vérifier dans les pays éloignés les indications des compas corrigés dans un port de France au moyen de barreaux aimantés.

Lorsqu'en mettant le cap au N. et à l'E. magnétiques on trouve une déviation sensible, il faudrait déplacer les barreaux aimantés, afin de ramener l'aiguille à pointer exactement dans ces deux caps ; mais le plus souvent ces barreaux sont installés de telle façon qu'il n'est pas possible d'y toucher ; il faut alors faire la courbe des déviations comme si le compas n'était pas corrigé, et appliquer à chaque cap la déviation qui lui convient. Pour éviter ce calcul, il conviendrait d'adopter une disposition qui permît d'éloigner ou de rapprocher du compas les barreaux aimantés. Tel est le but de l'habitacle de Gray, qui contient à la fois le compas et les barreaux destinés à la correction ; la position de ces barreaux peut être changée à l'aide d'une clef. L'inconvénient de ce système est de donner à l'habitacle de trop grandes dimensions et d'exposer aux coups de mer l'appareil de compensation.

Quant à la correction de la force quadrantale, elle sera bonne pour toutes les latitudes ; on n'aura donc pas à déplacer le compensateur.

Sur quelques navires, les compas, lorsqu'ils ont été corrigés, donnent des indications exactes, quelle que soit la latitude, tandis que sur d'autres, dans les mêmes circonstances, les erreurs des compas sont très-sensibles. Cette différence tient à la qualité du fer employé dans

la construction. Comme c'est la déviation due au magnétisme permanent dont la correction ne s'applique pas à toutes les latitudes, les
erreurs se manifestent surtout à bord des navires dans lesquels la
constitution du fer se rapproche de celle de l'acier.

Il arrive souvent que sur des bâtiments où les corrections n'ont pas
été faites, les deux compas de route ne s'accordent pas. Ce désaccord
a été quelquefois, mais à tort, attribué à l'influence des deux compas
l'un sur l'autre; il est plutôt dû à l'attraction locale. Des expériences
précises ont démontré que deux aiguilles placées à 1^m,50 de distance
produisent l'une sur l'autre une erreur de 40 minutes au plus.

401. Détermination en mer de la déviation. Lorsque, le
navire n'ayant pas eu ses compas corrigés, on ne possédera qu'un
tableau des déviations observées au port de départ, il faudra faire
de temps en temps, dans le cours du voyage, de nouvelles déter-
minations des déviations et ne négliger aucune occasion de faire
un tour complet d'horizon. Nous avons vu comment cette opération se faisait au mouillage, elle peut aussi être effectuée à la mer
lorsque l'on connaît la déclinaison. En vue d'une côte dont on
possède une bonne carte, on coupe sous plusieurs aires de vent et on
relève chaque fois avec le compas l'alignement de deux points dont
le gisement est connu. La différence entre le relèvement pris et le gisement de la ligne qui joint les deux points donne un angle qui, combiné avec la décliainson, fait connaître la déviation. En pleine mer on
se sert des relèvements du soleil à son coucher et à son lever. On
peut encore relever cet astre quand il est bas sur l'horizon, en prenant au même moment sa hauteur, afin de déterminer son azimut.

Lorsque la déclinaison n'est pas connue, on peut l'obtenir en faisant
un tour complet d'horizon, si au point de départ les déviations
n'étaient ni trop irrégulières ni trop fortes : comme dans le tour
d'horizon elles se reproduisent avec des signes contraires, la moyenne
des observations combinée avec l'azimut du soleil donnera la déclinaison; de même, si le magnétisme quadrantal était corrigé, la déclinaison pourrait s'obtenir en prenant deux observations dans deux caps
qui diffèrent de 180°, attendu que dans ces deux caps les déviations
sont égales et de signes contraires.

Les déviations peuvent encore s'obtenir indépendamment de la
déclinaison par la comparaison des compas de route avec un compas
placé dans la mâture et que l'on suppose affranchi en grande partie
par cette position des influences locales. Il faut préalablement s'as-

surer, par des observations faites dans le port de départ, que ce compas donne des résultats sensiblement exacts. Ce moyen de soustraire l'aiguille à l'action des forces perturbatrices est très-usité à bord des navires anglais.

402. Influence de la bande sur la déviation. Les déviations observées au mouillage et les corrections qui les font disparaître s'appliquent à la position droite des navires. Il importait de rechercher quelle pouvait être l'influence d'une position inclinée. On a reconnu que les effets de la bande sur les compas dépendaient de la position qu'avait eue le navire pendant sa construction et aussi du cap du navire en marche. Lorsque le navire a été construit avec le cap au N. ou dans le voisinage du N., l'aiguille est attirée par le côté élevé, et le contraire arrive lorsque le navire a été construit avec le cap au S. ou dans le voisinage du S. Les plus grandes déviations dues à la bande ont lieu lorsque les navires ont le cap tourné vers le N. ou vers le S.

M. Airy a soumis l'action de la bande au calcul; il a fait voir que cette action pouvait être neutralisée au moyen d'un aimant perpendiculaire au pont, situé devant ou derrière le compas et ayant son centre dans le plan de la rose. La pointe nord est placée soit en haut, soit en bas, suivant la disposition du fer à bord du navire. La correction ne convient que pour une même latitude. Il résulte des calculs du même astronome que l'action de la bande est beaucoup moins forte sur des compas corrigés de la manière habituelle que sur des compas non corrigés. Ces résultats de la théorie sont confirmés par l'expérience.

403. On s'est demandé encore si les déviations étaient les mêmes lorsque le bâtiment est en marche ou en repos. Des expériences directes ont fait voir que la marche des bâtiments et le mouvement des pièces de fer qui sont à bord n'avaient aucune influence sur les compas.

404. Origine du magnétisme permanent à bord des navires. Nous avons déjà dit quelques mots sur l'origine du magnétisme permanent qui existe à bord de la plupart des navires. Ce magnétisme est développé par deux causes : la première est l'action mécanique produite dans la construction sur le fer du bâtiment, action qui transforme en aimants certaines pièces de fer; la seconde est la polarité magnétique que peuvent acquérir les pièces de fer situées dans le voisinage des premières qui sont devenues des aimants. Cette explication de la présence à bord du magnétisme permanent a fait naître l'idée qu'il pouvait exister une relation entre la position du navire sur le chantier où il est construit et le sens des déviations. Des observations nombreuses ont, en effet, mis en évidence que sur tout navire en fer, s'il n'y a pas dans le voisinage des compas quelque pièce de fer susceptible d'exercer une action perturbatrice isolée, l'attraction de la pointe nord se fait vers le point du navire qui était opposé au N. quand celui-ci était sur sa cale de construction. Ainsi sur un navire construit avec le cap au N.-E. (fig. 74), l'attraction doit avoir lieu dans la direction oa, c'est-à-dire vers l'arrière et vers tribord.

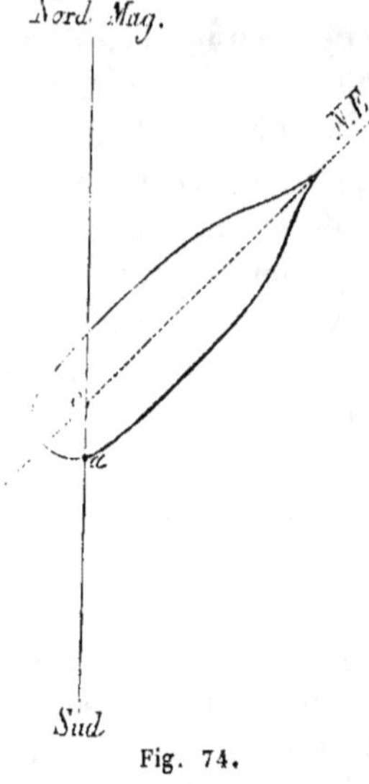

Fig. 74.

Un fait analogue se produit quand un bâtiment fait route pendant longtemps dans la même direction; la section du navire qui est dans le méridien magnétique finit par acquérir une polarité magnétique prépondérante, et, par suite, le sens de la perturbation peut être modifié.

Le magnétisme permanent diminue d'intensité avec le temps; c'est ce que démontre l'obligation où l'on est d'éloigner du compas les barreaux correcteurs quand on fait une correction nouvelle; mais la direction de la force reste sensiblement la même.

405. Diverses sortes de compas. Les compas de route et de relèvement sont suffisamment connus des marins pour que nous n'ayons pas besoin d'en donner une description complète. L'emploi de plus en plus répandu de la vapeur, comme mode de locomotion, et les études dont l'attraction locale des navires a été l'objet dans ces derniers temps, ont appelé l'attention sur les perfectionnements dont ces précieux instruments sont susceptibles. On a dû rechercher quelles conditions devaient remplir les compas de route pour que la compensation fût la meilleure et aussi pour que leur stabilité pendant les mauvais temps fût aussi grande que possible.

On doit préférer à l'emploi de roses d'un grand diamètre et de grandes aiguilles l'usage de compas dont les dimensions sont restreintes. Ces derniers sont généralement mieux construits; il y a pour eux moins de différence dans l'action d'une molécule de fer sur les deux pôles de l'aiguille, ce qui donne aux déviations plus de régularité et rend les corrections plus faciles. Sur les bâtiments de guerre français on emploie des roses de 25 centimètres; cette longueur pourrait sans inconvénient être réduite à 20 centimètres.

Le mode de suspension de la rose est tel que cette dernière porte le pivot, lequel s'appuie sur une chape adaptée au centre de la cuvette. Ce système présente quelques inconvenients dus surtout aux trépidations causées par les machines des bateaux à vapeur en marche; aussi revient-on à l'ancienne disposition qui consistait à faire porter le pivot par la cuvette et la chape par l'aiguille.

Tous les bâtiments de guerre, en Angleterre, sont munis, outre leur compas de route, d'un compas de relèvement, appelé *standard compass*, ou compas étalon, auquel on compare les indications de tous les autres. Ce compas est construit avec un soin particulier; il n'est jamais corrigé; on le place le plus loin possible des pièces de fer isolées et dans l'endroit du navire où l'attraction locale est le moins forte. Son élévation au-dessus du pont est de $1^m,5$ à 2 mètres. Pour ce compas, la feuille de papier sur laquelle est imprimée la rose des vents, est collée à l'avance sur le talc, et l'impression se fait à sec au moyen d'une presse hydraulique. Cette opération a pour but d'éviter la déformation et le défaut de centrage de la rose. La rose porte ordinairement quatre aiguilles parallèles placées de champ. Les deux premières passent sur des divisions éloignées de 15 degrés de la ligne N. et S.; les deux autres sur des divisions éloignées de 45 degrés de la même ligne.

Ces compas à quatre aiguilles ont une puissance directrice supérieure à celle des compas ordinaires, et de plus on a reconnu qu'il était beaucoup plus facile de les corriger d'une manière complète.

Pour obvier à l'inconvénient des oscillations de la rose, produites par les forts roulis, on a imaginé les compas flottants, dans lesquels la rose flotte à la surface d'un liquide, et d'autres encore où la rose est plongée tout entière dans le liquide. Un inconvénient inhérent à ces derniers, est la présence d'une bulle d'air qu'on est obligé de laisser dans l'intérieur de la boîte qui renferme la rose, pour permettre au liquide de se dilater, et qui, remontant à la partie supérieure, vient gêner la lecture des divisions. Dans le compas de West, la présence de la bulle d'air est évitée au moyen d'une disposition ingénieuse. Ce compas est celui qu'on doit préférer parmi les compas flottants : il est employé avec succès en Angleterre pour les petits navires et pour les embarcations.

Le système adopté en France pour les compas d'embarcation est celui de Dent, dans lequel la rose est traversée par un axe perpendiculaire à son plan, axe qui remplit l'office de pivot au-dessus et au-dessous de la rose. On comprend que ce mode de suspension, analogue à celui des balanciers de chronomètre, diminue les oscillations d'une manière notable.

Quelques essais ont été faits pour construire des compas qui indiquent d'eux-mêmes la route que l'on a suivie ; tel est le but du système imaginé par M. le capitaine de vaisseau Allain : un mécanisme d'horlogerie fait déverser régulièrement des grains de plomb dans une boîte placée au-dessous de la rose et divisée en 64 compartiments correspondants à des secteurs égaux de la rose des vents. En comparant entre eux les nombres de grains tombés dans chaque case pendant un temps déterminé, on peut corriger la route faite des écarts dues aux lans du navire, qui ont lieu sur un bord ou sur l'autre, et obtenir la route réelle.

Un mécanisme analogue a été essayé en Angleterre dans le même but : il consiste en une pointe qui se meut sous la rose du centre à la circonférence et de l'avant à l'arrière, et qui pique la rose à des intervalles de temps réguliers, de sorte que l'heure et le cap correspondant sont donnés par la distance et la direction de la ligne qui joint chaque piqûre au centre de la rose. Ces sortes de compas ont été rejetés dans la pratique à cause de leur complication.

Telles sont les dispositions principales qui ont été imaginées dans ces derniers temps pour le perfectionnement des compas à bord des navires. Il existe encore beaucoup d'autres systèmes, dont la description nous entraînerait trop loin. Quelque soin qu'on apporte à la construction des compas et à leur régulation à bord des navires, il est probable qu'on s'affranchira difficilement des effets d'une force aussi variable que celle qui produit l'attraction locale. C'est au capitaine qu'il appartient de remédier par sa vigilance et par des observations bien faites, à la défectuosité de ses compas, plutôt que de se plaindre, comme il n'arrive que trop souvent, de leur construction vicieuse ou de leur imparfaite régulation. Entre les mains d'un observateur habile, un instrument dont les erreurs peuvent être appréciées équivaut à celui qui donnerait toujours des indications exactes.

406. Ouvrages à consulter. Voici la liste des principaux ouvrages où sont traités avec développements les différents sujets qui concernent le magnétisme terrestre :

Traité de magnétisme, par M. Becquerel;

Éléments de physique et de météorologie, par M. Pouillet;

Traité d'électricité, par M. A. de la Rive;

Sur la Physique du glole, par M. Quételet;

Voyage de la Coquille (partie physique), par M. Duperrey;

    Id.   *de la Bonite*   (*id.*),   par M. Darondeau;

    Id.   *de la Vénus*   (*id.*),   par M. de Tessan;

Cours de régulation des compas, professé à l'École du génie maritime, par M. Darondeau.

LIVRE CINQUIÈME.

DES PRINCIPALES ROUTES DE NAVIGATION.

—

407. Règles générales pour les grandes traversées. La première question que doit se poser le capitaine d'un navire lorsqu'il entreprend une traversée d'un point du globe à un autre, est celle de choisir autant qu'il est possible la route la plus courte. Pour y parvenir, il faut mettre à profit la connaissance des faits de physique générale qui peuvent faciliter le trajet, autrement dit, s'occuper des vents et des courants qu'on pourra rencontrer, suivant la traversée que l'on aura à exécuter.

Quand nous disons la route la plus courte, nous entendons celle qu'on mettra le moins de temps à parcourir; en effet, souvent une route plus longue quant à la distance du point de départ à celui d'arrivée, peut être faite dans un intervalle bien moins grand, grâce à des circonstances favorables, qu'une autre route, dans laquelle on ne pourra pas mettre à profit ces mêmes circonstances. Aussi dans les grandes traversées, surtout pour les navires à voiles, les règles générales sont les suivantes :

408. Se placer dans la zone où règnent les vents alizés ou atteindre le plus promptement possible cette zone quand on doit naviguer de l'E. à l'O.; se tenir en dehors de cette zone quand on va de l'O. à l'E., ou en sortir le plus rapidement possible quand on s'y trouve.

Cette règle est également applicable aux navires à vapeur, quand ils n'ont pas l'obligation de faire un service spécial entre deux points déterminés, soit pour diminuer leur dépense de charbon, soit pour se réserver, dans les circonstances difficiles, la ressource de marcher à la vapeur, comme par exemple lorsqu'il s'agit de traverser les calmes de l'équateur, ceux des tropiques, de lutter contre du gros temps ou d'atterrir.

409. Quand on traverse du N. au S. ou réciproquement les zones des calmes qui avoisinent l'équateur et les tropiques, la règle est de les traverser le plus rapidement possible; dans ce but, selon le cas, on navigue du N. au S. ou du S. au N., en évitant de faire des routes obliques dans ces régions; si on louvoie, il conviendra par suite de prendre la bordée qui fera faire le plus de S. ou le plus de N.

410. La même règle doit encore guider le marin quand il traverse les zones des vents alizés; ici cependant il faut faire une route oblique et ne jamais chicaner le vent, c'est-à-dire qu'on doit porter toujours bon plein, afin de faire autant de chemin qu'on le pourra au N. ou au S., tout en gagnant dans l'E. si cela est utile pour la traversée qu'on devra faire.

411. Dans certaines routes qui forcent à traverser obliquement les océans comme celle du cap Horn en Europe, celle de l'Australie en Californie, etc., il faut de toute nécessité s'élever dans l'E., soit dans la région des vents d'O. de l'hémisphère S., au S. du parallèle de 40° de latitude S., soit dans la région des vents d'O. de l'hémisphère N., au N. du parallèle de 40° de latitude N. En effet, il est évident qu'en traversant les zones des vents alizés, on ne peut pas gagner assez dans l'E. pour atteindre sa destination. En conséquence, il faut prendre le parti de s'élever à l'E., soit au S. de la zone des calmes du tropique du Capricorne, soit au N. de la même zone qu'on trouve aux environs du tropique du Cancer, parties des océans où les vents d'O. règnent à peu près d'une manière aussi constante et aussi régulière que les alizés du N. E. et du S. E., dans les zones qui leur sont propres. Au départ, si l'on trouve les vents favorables pour gagner promptement la zone des vents d'O. dont nous venons de parler, il sera toujours convenable d'en profiter immédiatement, bien qu'en réalité, pour atteindre sa destination, on puisse faire indifféremment de l'E. dans l'hémisphère S. ou dans l'hémisphère N.

412. Dans la navigation des navires à voiles près des côtes, il y a encore une régle qu'on doit observer; près de celles où les brises alternatives sont fraîches et régulièrement établies, il est avantageux de louvoyer à petite distance de la terre en se rapprochant de celle-ci vers le soir pour utiliser les brises de terre qui règnent pendant la nuit, et en s'en éloignant vers le matin pour utiliser la brise du large soufflant dans la journée (§ 175).

413. Au contraire, lorsqu'on navigue pour se rendre d'un port à un autre situé sur la même côte, si les brises alternatives ne sont pas bien établies, que les vents de terre soient faibles pendant la nuit, qu'on trouve des courants contraires, que les vents soufflent à peu près constamment de la même direction défavorable à la route, on devra louvoyer en faisant des bords inégaux en durée, c'est-à-dire de longues bordées au large et de courtes bordées à terre, quelle que soit la distance qui sépare les deux ports.

414. La boussole, comme chacun le sait, est le guide du marin à travers les océans ; la route qu'il trace sur leur surface peut être ou la courbe nommée loxodromie ou un arc de grand cercle.

La route la plus courte, quant à la distance réelle, est celle par l'arc de grand cercle. Pour naviguer par l'arc de grand cercle, il faut modifier successivement le cap du navire, c'est-à-dire la direction qu'il suit. Dans certains cas, il est donc assez difficile, surtout avec un navire à voiles soumis à toutes les variations du vent, de suivre la route par l'arc de grand cercle ; souvent encore cette route coupe des terres qui forcent à la modifier.

Dans la route loxodromique, on maintient le cap à une direction fixe, mais on en est écarté également, dans une foule de circonstances, par les courants, les vents, la dérive quand on gouverne au plus près, la négligence des timonniers, les lans du navire, les mouvements de la boussole, etc.

Il faut donc se rappeler qu'une ligne droite tracée sur une carte nautique est bien loin d'indiquer la plus courte distance qui existe entre deux points ; aussi le marin doit-il s'efforcer de parcourir cette distance, en suivant un certain nombre de routes successives qui s'approcheront autant que possible d'un arc de grand cercle.

On a parlé de la navigation par l'arc de grand cercle dans un autre livre, ainsi que des moyens employés pour corriger les compas de l'attraction locale (§ 398) ; nous n'en dirons donc rien ici, non plus que des calculs et des opérations qu'il faut faire pour déterminer à tout moment donné la position du navire sur le globe.

415. Dans un ouvrage aussi restreint que celui-ci on ne peut s'attendre à trouver un traité complet de la navigation générale dans les divers océans. Nous nous bornerons par suite à donner comme exemple un voyage autour du monde, en supposant qu'on parte de l'Europe ou des États-Unis, et nous profiterons de chaque occasion qui se présentera pour indiquer les règles générales de la grande navigation, celles qu'il est surtout important de connaître. Nous n'avons pas la prétention de donner les routes suivantes comme celles qu'on doit adopter d'une manière absolue et dans toutes les circonstances. Nous engageons seulement à s'en rapprocher autant qu'il sera possible, suivant les vents que l'on rencontrera. Nous ajouterons même que dans certains cas il sera nécessaire de modifier un peu ces routes suivant l'époque de l'année où l'on se trouvera, car, ainsi que nous l'avons dit (§ 111), les limites des vents alizés et les zones de calme se déplacent suivant les saisons. Cependant les règles subsistent et l'on fera bien, en général, de s'y conformer.

416. Routes des ports de l'Europe à l'équateur. Les navires qui partent d'Europe pour se rendre dans l'hémisphère S., suivent à peu près la même route jusqu'à l'équateur et jusqu'à ce qu'ils aient dépassé la limite S. des vents alizés du S. E., soit que ces navires se rendent à des ports de l'Amérique du S., soit qu'ils aillent dans l'Inde ou en Australie, soit qu'ils aient pour destination des ports de la côte O. d'Amérique.

Pendant fort longtemps, il a été posé comme règle, lorsqu'on faisait route de l'hémisphère N. pour passer dans l'hémisphère S., de venir couper l'équateur entre les méridiens de 20 et de 22° de longitude O. Des faits nombreux ont cependant prouvé que cette règle était défectueuse et qu'il était préférable de venir couper la ligne entre les méridiens de 25 et de 30° de longitude O., comme nous l'avions déjà indiqué en 1850, en publiant les *Considérations générales sur l'océan Atlantique.*

Maury a tout à fait tranché cette question, en discutant les documents qui lui ont été fournis par un très-grand nombre de journaux. Il ressort de son travail que, selon qu'on a choisi tel ou tel méridien pour venir couper l'équateur, la durée moyenne des traversées, faites depuis le passage du parallèle de 30° de latitude N. jusqu'à l'équateur, est celle indiquée au tableau ci-dessous.

MÉRIDIENS ENTRE LESQUELS on a coupé l'Équateur.	NOMBRE DE JOURS de traversée.	NOMBRE DE TRAVERSÉES dont on a conclu la moyenne.
A l'E. de 18°........................	24	6
Entre 18 et 19°...	23	6
Entre 19 et 20°............	24	14
Entre 20 et 21°............	24	22
Entre 21 et 22°............	23	19
Entre 22 et 23°............	22	6
Entre 23 et 24°............	21	7
Entre 24 et 25°............	18	6

On voit par ce tableau que plus le point où l'on a coupé d'abord le parallèle de 30° de latitude N. puis ensuite l'équateur est éloigné dans l'O., plus la durée de la traversée de ce parallèle à l'équateur est courte. Nous formulerons donc les règles générales suivantes, relativement à la distance dans l'O. à laquelle on doit couper la ligne en partant d'Europe.

417. Éviter dans tous les cas de couper l'équateur à l'E. du méridien de 25° de longitude O.;

418. Toutes les fois qu'on ne rencontrera pas d'obstacles trop sérieux, à suivre cette route, s'efforcer de couper le parallèle de 30° de latitude N. entre les méridiens de 25° et de 30° de longitude O.; courir de là au S. aussi directement que le vent le permettra pour couper l'équateur entre les mêmes méridiens; ne pas hésiter à manœuvrer ainsi dans le cas même où l'on n'atteindrait l'équateur que par le méridien de 32° de longitude O.

En été et en automne, il est probable qu'on sera forcé de venir couper l'équateur dans les environs des méridiens de 30 et même de 32°; pendant le reste de l'année on ne sera pas en général porté aussi loin dans l'O.

Entre les méridiens de 25 et de 30°, la zone des vents variables de l'équateur est bien moins large qu'elle ne l'est vers la côte d'Afrique, et souvent entre ces méridiens on passe, sans éprouver de calmes, des vents alizés du N. E. à ceux du S. E. Leur changement a souvent lieu par un grain. Quant à la crainte d'être entraîné dans l'O. et vers le cap San-Roque, on l'a beaucoup exagérée, et d'ailleurs les vents alizés soufflent dans cette partie de l'Atlantique beaucoup plus de l'E. qu'on ne le croyait. On peut donc, en coupant l'équateur par les méridiens de 30 ou de 32°, doubler presque toujours sans difficultés le cap San-Roque. Nous avons dit qu'en partant d'Europe lorsqu'on voulait passer dans l'hémisphère S., on devait éviter de couper le parallèle de 30° à l'E. du méridien de 25°. En sortant de la Manche ou des ports situés au N. sur la côte d'Europe, on devra, par suite, s'efforcer de couper le parallèle de 40° N. par les méridiens de 22 à 27° de longitude O. En agissant de cette manière, on trouvera d'ordinaire les vents plus favorables, et l'on aura surtout l'avantage de se mettre, dans la position la plus convenable, pour prendre le bord qui fera traverser le plus promptement possible la zone de calme qui existe près du tropique du Cancer. Il est en effet très-important qu'on puisse faire indifféremment de l'E. ou de l'O. pourvu qu'on prenne la bordée qui fera gagner le plus au S., atteindre les vents alizés du N. E. le plus promptement qu'il se pourra et entrer dans la zone des calmes, aux environs de l'équateur entre les méridiens de 25 et de 30° de longitude O.

419. En résumé, nous dirons que les navires qui vont couper la ligne dans l'E. du méridien de 25° O. demeurent quelquefois dans les calmes pendant trois semaines et en moyenne pendant dix jours; tandis que le temps employé pour traverser cette même zone quand on passe à l'O. du méridien de 27° O. est seulement en moyenne de trois ou de quatre jours. On voit donc combien il est important de se conformer à la règle que nous venons de donner. Malgré cela, et c'est une preuve de la force de la routine, aujourd'hui encore, la longitude moyenne des passages sur le parallèle de 30° est de 21° environ, et celle des passages sur l'équateur de 25°. Il y a cependant plusieurs années que les longitudes voisines de 30° et de 32° ont été signalées comme étant les plus favorables pour couper l'équateur.

420. Routes des ports des États-Unis à l'équateur. Nous venons d'indiquer les routes qu'on peut faire en partant d'Europe pour couper la ligne et passer dans l'hémisphère S. Nous allons maintenant parler de celles qu'on doit suivre dans le même cas lorsqu'on quitte les ports des États-Unis. Nous résumerons ici le plus brièvement qu'il se pourra celles données par Maury.

La durée moyenne de la traversée des navires partant d'Europe pour aller couper la ligne, doit être de quelques jours plus courte que la durée moyenne des traversées faites par les navires partant des États-Unis dans le même but. En effet, si l'on mesure les distances à parcourir dans l'un et l'autre cas, on trouve pour les navires à voiles partant d'Europe deux ou trois journées de marche en moins. En outre, il faut observer que ceux-ci, pendant une grande partie du trajet, auront les vents favorables, tandis que les navires qui partent des États-Unis navigueront le plus souvent au plus près, et cela pendant la plus grande partie du voyage.

La durée moyenne des traversées d'Angleterre et de la Manche à l'équateur est, pour l'année, de trente-six jours. C'est en janvier et en mars que les durées moyennes de ces traversées pour les mois sont le plus longues ; elles s'élèvent à quarante-sept jours ; en août on en a obtenu quarante-six, et en juin trente-neuf.

La durée moyenne des traversées entre les États-Unis et l'équateur varie entre quarante et un jours et trente et un jours. Il y a donc tout lieu de croire que la traversée d'Europe à l'équateur sera plus courte que la précédente lorsque les navires se conformeront à la règle générale que nous avons donnée ci-dessus. Lorsqu'on partira des États-Unis pour passer dans l'hémisphère S., nous poserons la règle générale suivante pour la distance où l'on devra venir couper l'équateur :

421. S'efforcer de couper la ligne entre les méridiens de 29 à 34° de longitude O. et en prenant les limites extrêmes entre ceux de 27 et de 37°.

Les routes suivantes ne sont pas données pour des navires mauvais marcheurs ou tenant mal le plus près ; les navires de ce genre, en traversant les zones de calme ou en franchissant les parties difficiles de ces routes, tâcheront cependant et feront bien de s'en rapprocher autant qu'il sera possible. Comme nous l'avons dit déjà, on s'est beaucoup trop effrayé des courants qu'on rencontre dans les parages du cap de San-Roque ; les nombreuses observations recueillies par plusieurs auteurs et en dernier lieu par Maury, sur la route que l'on suit en partant de l'équateur pour aller dans le S., indiquent qu'il est fort rare de trouver auprès de ce cap des courants dangereux. Néanmoins, si l'on en rencontre dans ces parages, il faudra donner une grande attention à la route et naviguer comme si le courant devait porter le navire à terre. Malgré cela, nous le répétons, il ne faudra pas s'effrayer et l'on n'aura pas en général de grandes difficultés à surmonter, quant à l'effet des courants, parce qu'ils n'ont presque jamais une direction qui les rende redoutables. Il va sans dire que lorsqu'on arrive dans la zone des vents variables de l'équateur, on devra profiter des moindres variations de la brise, courir même vers l'E. au besoin, et faire dans ce cas alternativement de courtes et de longues bordées, suivant le cas, jusqu'à ce qu'on puisse doubler le cap San-Roque. Dépasser ce cap est en effet la partie difficile de la traversée; mais, en naviguant avec attention et en manœuvrant avec à propos entre l'équateur et le parallèle de 6° de latitude S., on pourra presque toujours avoir une bonne bordée au S. S. O. et une autre à l'E. Dans le cas où l'on courrait à l'E., à moins qu'on ne fasse du S. en même temps, il ne faudra jamais prolonger cette bordée assez loin pour amener à 20 ou à 30 milles sous le vent de sa route, une ligne droite tirée du point d'intersection du méridien de 31° avec l'équateur, tangentiellement à la terre qui est dans les environs de Saint-Augustin.

Il faut observer qu'entre les méridiens de 32° et de 37° de longitude O., depuis le parallèle de 4° de latitude N. jusqu'à celui de 12°, on a les calmes équatoriaux; qu'entre les méridiens de 27° et de 32°, depuis le parallèle de 12° de latitude N. jusqu'à l'équateur, on rencontre les calmes et les moussons de S. O. En règle générale, plus on va dans l'E., plus les calmes sont prolongés. Par suite, quand on aura atteint la zone où, comme nous venons de le dire, les calmes sont à peu près permanents, si les vents viennent à souffler du S. E., on prendra de préférence bâbord amures; en effet, avant d'arriver sur la terre, on peut être à peu près certain qu'on trouvera des vents venant du S. S. E., qui permettront de courir à l'E. en dedans des régions où l'on rencontre les alizés du S. E. soufflant régulièrement. Quand on aura atteint les alizés du S. E., si l'on pense que ces vents sont trop courts pour faire de l'E. et pour doubler la terre, on n'en continuera pas moins à faire toujours route vers la côte, avec les vents de S. E.; car, si ces vents halent le S. S. E., on virera de bord et l'on fera route à l'E.; si les vents halent l'E. S. E. ou l'E., on loffera et on doublera la terre. Il n'y a aucune importance à passer à l'E. ou à l'O. de Fernando-Noronha. La seule chose très-importante est la longitude que l'on atteint. Si on peut passer au vent de cette île, on le fera, sinon, on n'hésitera pas pour en passer à l'O.; seulement il faudra dans ce cas veiller à ne pas s'approcher trop des Rocas. En admettant qu'un navire coupe l'équateur par 34° ou 35° de longitude O. et qu'il atteigne, en faisant le S. S. O., les vents alizés du S. E. soufflant directement au S. E., il se mettra dans une position où tout changement dans la direction du vent lui sera favorable ; si les alizés halent l'E., il loffera et parera la terre ; s'ils halent le S. il virera de bord pour faire l'E. Il pourra facilement prolonger la terre en faisant, comme nous l'avons dit, de petits bords à l'E. et de longs bords au S.

Enfin, nous ajouterons qu'il n'y a pas d'exemples qu'un navire ayant coupé la ligne par 34° de longitude O. ait eu de la peine à doubler le cap San-Roque.

En tous cas, lorsqu'on va de l'hémisphère N. dans l'hémisphère S., ce n'est pas le point où l'on coupera l'équateur qui est la chose la plus importante à considérer ; ce qui doit surtout préoccuper le marin, c'est de se demander à quel endroit il perdra l'alizé du N. E. et à quel endroit il prendra celui du S. E.

422. Après ces explications générales sur la route des ports des États-Unis à l'équateur, nous dirons que quand on part de New-York ou de Boston avec un vent frais et favorable, et qu'on se rend dans l'hémisphère S., on devra toujours faire route vers l'E. tant que le vent sera bon, et l'on ne courra au S. qu'après avoir atteint un des méridiens compris entre 67° et 62° de longitude O.

Les navires qui sortent des ports autres que New-York doivent, suivant les vents qu'ils rencontreront, faire la route la plus directe pour atteindre promptement celle que l'on suit en partant de New-York et que nous allons indiquer. Toutefois, si un navire partant des ports S. des États-Unis cherchait à venir prendre cette route au S. du parallèle de 33° de latitude N., il pourrait rencontrer les calmes tropicaux ; il est donc convenable de venir la rejoindre au N. de ce parallèle.

423. Routes de New-York à l'équateur. Suivant les saisons, lorsqu'on quittera New-York pour aller aux ports de l'Amérique du S., à Rio-Janeiro par exemple, on pourra manœuvrer de façon à venir couper les parallèles indiqués dans le tableau suivant sur les méridiens portés en regard. Quand le vent sera favorable, on fera naturellement la route directe autant que possible ; dans le cas contraire, on prendra le bord le plus favorable, et on profitera de toutes les variations de la brise, pour se rapprocher autant qu'on le pourra de ces points d'intersection. Nous ne donnerons ici qu'une indication générale de ces routes qu'on pourra étudier plus complétement dans l'ouvrage de Maury.

ROUTES DE NEW-YORK A RIO-JANEIRO.

LONGITUDES O.

LATITUDES.	Décemb.	Janvier.	Février.	Mars.	Avril.	Mai.	Juin.	Juillet.	Août.	Septem.
40° N......	76°	76°	76°	76°	72°	72°	72°	72°	72°	72°
35° N......	62	50	55	62	45	48	59	59° 40'	59° 40'	56° 40'
30° N......	45	48	47	47	42	44	45	52°	48° 40'	45
25° N......	45	42	42	47	40	42	39° 30'	52	45°	39° 30'
20° N......	40	39	40	42	38	40	37°	47	41	39° 30'
15° N......	37° 30'	37	38	37	35° 30'	38	35	11° 30'	39	37° 30'
10° N......	37	35	36	34	33° 30'	36	33	37°	37	35
5° N......	32	33	34	32° 30'	31°	33° 50'	31	27° 50'	29	29° 30'
0°	34	33	34	32° 30'	31	33° 50'	33	29° 50'	31	31° 30'
5° S	»	35	36	35°	34	36°	35	32° 30'	33	34°
9° S	»	37	37	36° 30'	36	36	36° 50'	36°	31	36

OBSERVATIONS SUR LES ROUTES.

La plus courte distance à parcourir jusqu'à l'équateur, par la route de décembre, est de 3918 milles. Cette traversée se fait dans l'espace de 29 à 36 jours. Par la route de janvier, la plus courte distance est de 3640 milles; la traversée, de 30 à 35 jours.

Par la route de février on a 3674 milles; ce mois est le plus favorable pour ce trajet, qui s'est fait quelquefois en 17 jours.

En février et mars la durée de la traversée est de 19 à 27 jours.

Dans ces deux mois on ne devra jamais couper le parallèle de 20° de latitude N. dans l'E. de 37°, à moins qu'on n'y soit forcé par les vents contraires.

En avril, quand on traverse la zone des calmes équatoriaux, il est important, si on est forcé de louvoyer, de le faire entre les parallèles de 1° N. et de 2° S. lorsqu'on coupera l'équateur trop loin dans l'O. Les courants à l'O. et au N. O. sont en effet plus forts quand on est près de la terre du cap San-Roque, qu'à 50 ou 55 milles au large.

En juin, faire attention à ne pas tomber sous le vent de la route tracée, quand on aura coupé la ligne. Les vents soufflent du S. avec une grande persistance.

Juillet est un mois peu favorable pour faire de courtes traversées; il en est de même pour le mois d'août.

La traversée en octobre et en novembre diffère très-peu de celles données pour septembre et décembre.

Sans entrer dans le détail des routes indiquées par Maury pour arriver aux divers points d'intersection marqués dans le tableau, nous dirons seulement, que les routes dans l'hémisphère N. jusqu'à l'équateur varient de l'E. à l'E. S. E. et au S. S. E. et quelquefois au S.; tandis qu'au S. de l'équateur on gouvernera presque toujours au S. S. O.

Cependant il ne faut pas s'attendre à trouver constamment des vents favorables. Ainsi, par exemple, en examinant la route pour le mois de février, on remarque que, bien qu'une seule observation sur vingt-cinq faites dans les parages où la route traverse l'espace compris entre 20° et 15° de latitude N., ait signalé des vents droit debout, néanmoins huit pour cent d'entre elles donnent des vents obliques, c'est-à-dire, du plus près ou ne permettant pas de gouverner tout à fait à la route voulue; ces vents obliques empêchent en effet de faire le S. S. E., qui est la direction à suivre pour traverser cet espace.

D'après les moyennes obtenues et portées sur les cartes pilotes de Maury, si la direction du vent est exactement déterminée, on peut voir que dans le même mois de février, après qu'on aura coupé le parallèle de 15° de latitude N., on ne trouvera jamais de vents contraires ou de vents obliques, jusqu'à ce qu'on soit rendu sur le parallèle de 5° de latitude N. De ce parallèle à l'équateur, on est exposé à trouver des vents contraires, qui rejettent le navire dans l'O. quinze fois sur cent. Par suite, on en conclut que dans le mois de février il faut, toutes les fois que le vent le permet, chercher à se maintenir au vent de cette partie de la route, de façon à couper le parallèle de 5° N. à l'E. du méridien de 33° de longitude O. En septembre et en octobre, l'expérience a démontré que, pour aller couper la ligne, la meilleure route à suivre était d'atteindre le méridien de 35° quand on arrive sur le parallèle de 10° N., celui de 30° sur le parallèle de 5° N., et celui de 33° sur l'équateur. En effet, dans ces mois on peut compter, d'ordinaire, qu'on rencontrera les vents alizés du S. E. entre les parallèles de 7° et de 13° de latitude N. et entre les méridiens de 37° à 42°. Cependant on trouve quelquefois, dans cette même zone, les moussons de S. O., et celles-ci permettent de faire de l'E. Lorsque pendant ces mois on prendra les alizés du S. E. dans l'hémisphère N., ils souffleront souvent au S. S. E. Dans ce cas, les navires qui auront été loin dans l'O., c'est-à-dire jusque par les méridiens de 38° ou de 39°, quand ils seront encore aux environs du parallèle de 10° N., n'auront aucune difficulté pour aller dans l'E. du méridien de 36° avant de couper la ligne. Il y aurait naturellement à faire sur chaque route quelques observations du même genre, mais ici ces discussions nous entraîneraient trop loin. Nous dirons seulement qu'on doit s'attendre dans plusieurs cas, en suivant les routes indiquées, à trouver des vents contraires ou des calmes.

424. D'après les résultats fournis par ses cartes, Maury a cru pouvoir établir qu'en suivant les routes indiquées précédemment pour se rendre des ports situés au N. dans l'Atlantique à l'équateur, les traversées auront en moyenne une durée :

de 31 à 36 jours en décembre ;

de 30 à 35 — en janvier ;

de 19 à 27 — en février ;

de 19 à 27 — en mars.

En suivant l'ancienne route on mettait en moyenne 41 jours, et les plus longues traversées avaient lieu en juillet ; pour ce mois, la moyenne calculée a donné 48 jours.

En adoptant la nouvelle route, c'est en août qu'on sera le plus contrarié, et d'après le calcul on obtient pour moyenne de la traversée 37 jours. Pour la moyenne de l'année on a 31 jours. On gagne donc 10 jours en moyenne sur l'ancienne route.

On fait quelquefois de belles traversées en septembre ; mais, en règle générale, l'époque où l'on éprouve le plus de difficultés et d'ennuis est celle des mois d'été et la fin de cette saison. Dans le mois de septembre, quand on aura perdu l'alizé du N. E., on sera souvent retenu dans les vents variables de l'équateur pendant plus d'une semaine avant de pouvoir atteindre les vents alizés du S. E.

425. En résumé, lorsqu'on sera rendu sur l'équateur par le méridien de 35° de longitude O., si l'on trouve quelques difficultés à doubler le cap San-Roque, nous observerons que ce cap reste alors au S. S. O. En quittant cette position sur la ligne, avec un navire bon marcheur et ne dérivant que peu, le vent soufflant du S. E. pendant tout le trajet, on arrivera précisément sur le cap San-Roque, et on ne le doublera pas. Mais il sera extrêmement rare que la brise reste invariablement au S. E. ; ce fait ne se présentera pas certainement une fois sur cent. Si donc, le vent hale l'E. S. E., dans le trajet de l'équateur au cap San-Roque, on pourra loffer de façon à doubler le cap bâbord amures ; s'il hale le S. S. E., on pourra courir en prenant tribord amures et faire de l'E., de façon à doubler le cap sur l'autre bord. Enfin, si nous supposons le vent invariable au S. E. ou à tout autre rumb qui empêche de doubler le cap, on tirera une ligne de la position qu'on occupe jusqu'au cap; on manœuvrera alors en combinant convenablement les bordées, et en profitant de toute variation favorable des vents, quelque faible qu'elle soit, pour ne pas tomber à l'O. de cette ligne. Dans ce but, on fera un long bord du côté qui sera le plus favorable et une courte bordée sur le côté opposé. Nous terminerons en disant qu'un fait très-remarquable pour la traversée dont nous venons de parler, c'est que presque tous les navires, partant des ports du N. dans l'Atlantique, qui sont venus couper la ligne aussi loin dans l'E. que le méridien de 34°, ont fait de belles traversées; et qu'après avoir coupé la ligne par ce méridien, ils ont eu rarement des difficultés pour doubler le cap San-Roque.

Nous avons insisté sur ce sujet important, le point où l'on doit venir couper l'équateur en partant des ports du N. dans l'Atlantique, car le plus souvent la longueur d'une traversée dépend de ce passage. Ce fait établi, nous allons continuer notre voyage autour du globe.

426. Routes d'Europe ou des États-Unis en Australie. La distance qui sépare l'Australie des ports de l'Europe, comptée par le cap de Bonne-Espérance ou par le cap Horn, varie entre 12,000 et 13,000 milles.

Quand on part d'Europe ou des ports de l'Amérique du N. pour aller en Australie, la meilleure route à suivre est celle qui fait doubler le cap de Bonne-Espérance. Au contraire, quand on revient de l'Australie en Europe ou aux États-Unis, la meilleure route est celle qui contourne le cap Horn. C'est là une règle générale de navigation.

Lorsqu'on partira d'Europe ou des États-Unis, on viendra, en se conformant aux instructions qui précèdent, couper l'équateur entre 27° et 32° de longitude O. et autant que possible dans les environs du méridien de 30°. En allant plus à l'E. que 27°, on trouverait, comme nous l'avons dit, les calmes ou les vents variables régnant sur une zone plus considérable, et plus persistants que dans l'O. de ce méridien; aussi, quand on prendrait les vents alizés du S. E., les trouverait-on plus contraires que sur les méridiens de 27° à 30°. Si on allait plus à l'O. que le mériden de 34°, on s'écarterait de la bonne route.

Après qu'on aura coupé l'équateur à une distance convenable de la côte du Brésil, on fera route pour traverser la zone des vents alizés du S. E., en gouvernant bon plein et même avec un peu de largue si le vent le permet, de façon à venir autant que possible couper les parallèles de 25° ou de 30° de latitude S. par un des méridiens compris entre 30° et 32° de longitude O.

En général, pendant l'été et l'automne de l'hémisphère N. on perdra les alizés du S. E., vers le parallèle de 25° de latitude S.; pendant l'hiver et le printemps du même hémisphère on les quittera d'ordinaire, entre les parallèles de 35 à 40° de latitude S. Ceci a lieu principalement vers la côte d'Afrique. Vers la côte d'Amérique, c'est-à-dire dans l'O. de 22° longitude O., on trouvera le plus souvent les vents d'O. de l'hémisphère S., entre les parallèles de 35° et de 40° de latitude S., tandis que plus à l'E., selon la saison de l'année où l'on traverserait ces parages, on ne les rencontrerait qu'entre ceux de 45° et de 55° de latitude S. Ces vents soufflent avec force et avec régularité; ils occasionnent en outre une longue houle favorable à la marche du navire. Par conséquent les capitaines qui se rendent en Australie doivent, aussitôt après qu'ils ont perdu les vents alizés du S. E., courir au S., autant qu'il se pourra, pour atteindre promptement la zone où soufflent les vents d'O. et venir couper le méridien de 22° de longitude O., entre les parallèles de 35° et de 40° de latitude S. De ce point on ira couper le méridien de 20° de longitude E. sur le parallèle de 45°, et le méridien de 40° de longitude E. sur le parallèle de 55° de latitude S., si toutefois on ne peut pas aller plus loin au S.

Lorsqu'on aura atteint cette dernière position, si l'on n'est gêné ni par le temps ni par la rencontre des glaces, on fera route de manière à gouverner un peu au S. de l'E., de façon à ne pas venir par une latitude moindre que la plus forte déjà obtenue; on agira ainsi jusqu'à ce que l'on soit arrivé sur les méridiens de 88° à 90° de longitude E. On pourra, en général, atteindre cette haute latitude dont nous parlons, en parcourant l'espace compris entre les méridiens de 48° à 78° de longitude E. Quand on aura atteint l'un des méridiens compris entre 88° et 90°, on commencera à gouverner un peu au N. de l'E., en venant graduellement sur bâbord et de plus en plus, à mesure qu'on s'approchera de la terre de Van-Diemen.

427. En règle générale, on peut dire : que plus on atteindra une latitude élevée en faisant cette route, plus on raccourcira la distance, car on se rapprochera d'autant plus de la route par l'arc de grand cercle, qu'on ira plus au S.;

428. Que si les vents d'O. dans les parages où l'on se trouve ne soient pas forts et bien établis, on doit faire immédiatement du S. pour aller les chercher.

429. Pendant l'été d'Europe, c'est-à-dire pendant l'hiver au Cap, il n'est pas nécessaire, pour trouver les bons vents d'O., d'aller aussi loin dans le S. que pendant l'hiver en Europe ou l'été au Cap. Il est présumable qu'on fera les traversées les plus rapides au printemps de l'hémisphère S. ou au commencement de l'été, époques des longs jours et dans lesquelles l'état du temps, en exceptant les glaces, présente les circonstances les plus favorables pour atteindre les hautes latitudes.

430. Route pour aller au cap de Bonne-Espérance. D'après ce que nous venons de dire, on voit que la route à suivre, lorsqu'on veut se rendre en Australie, diffère beaucoup de celle qu'on doit prendre pour aller au Cap. En effet, ces deux routes se séparent au point où l'on coupe le parallèle de 30° de latitude S. Par suite, les navires qui ont l'Australie pour destination perdront beaucoup de temps s'ils vont relâcher au Cap ; les capitaines, qui n'y seront pas forcés, auront donc tout avantage à ne pas s'y rendre. Il résulte de là, que, lorsqu'on fait route directe pour l'Australie, on ne doit jamais, en traversant les vents alizés, chercher à faire autant d'E., que lorsqu'on veut toucher au Cap. Dans ce dernier cas, après qu'on aura perdu les vents alizés, on pourra faire route à l'E. et couper le méridien de 22° de longitude O., entre les parallèles de 34° et de 35° de latitude S., d'où l'on viendra couper le méridien de 2° de longitude O. ou le premier méridien, par les parallèles de 37° ou de 38° de latitude S.; ensuite on reviendra graduellement sur bâbord ou vers le N., afin de gagner la baie de la Table ou False-bay.

Au contraire, en quittant les vents alizés, les navires allant en Australie continueront à courir au S.; ils ne devront revenir sur bâbord pour faire de l'E., qu'après avoir dépassé la zone des calmes qu'on trouve au S. du tropique du Capricorne, et qu'ils seront parvenus suffisamment loin dans la zone des vents d'O. de l'hémisphère S., vents qui soufflent frais et avec autant de régularité à peu près que les vents alizés eux-mêmes. Le tableau suivant indique les routes à suivre, pour aller de l'équateur (dans l'océan Atlantique) à l'Australie, en donnant les principaux points d'intersection des parallèles et des méridiens.

LATITUDES.	LONGITUDES.	OBSERVATIONS.
Équateur. . . .	27° à 32° O. .	Autant que possible aux environs de 30° de longitude O. et pas à l'O. de 34°
30° S.	30° à 33° O. .	
40° S.	22° O.	
40° à 50 S°. .	12° O.	Suivant la saison, le temps et les difficultés qu'on aurait à aller au S., par la rencontre des glaces. Se rappeler que plus on ira au S., plus on diminuera la distance à parcourir.
45° S. à 50° S.	2° O. à 0°. . .	
45° à 50° S. .	18° à 20° E. .	Suivant qu'on trouvera ou non des glaces.
55° S.	38° à 40° E. .	De 48° à 78° ou 80° de longitude E., chercher à atteindre la plus haute latitude possible jusqu'à 57° de latitude S., et même au delà si on ne rencontre aucun obstacle.
55° S.	88° à 90° E. .	Commencer à revenir graduellement vers le N.

Aujourd'hui, il est encore fort difficile d'apprécier jusqu'à quelle distance on peut aller dans le S. Tout ce que nous savons à ce sujet sur les parages qui sont au S. du cap de Bonne-Espérance, c'est que l'on trouve des glaces, dans les environs du méridien du Cap, comme on en trouve également au S. de l'Australie. C'est pourquoi, jusqu'à ce que l'on puisse faire des études plus complètes à cet égard, il est bon de ne pas couper le premier méridien plus au S. que le parallèle de 45° de latitude S., à moins qu'on ne trouve une mer tout à fait libre.

451. Routes pour la Chine. La route que nous venons d'indiquer pour doubler le cap de Bonne-Espérance, quand on se rend en Australie, est identiquement la même, jusqu'à ce que l'on ait doublé la terre de Van-Diemen, que celle à suivre pour aller d'Europe ou des États-Unis en Chine par les grands passages de l'E. (ceux qui font passer à l'E. de l'Australie).

452. Routes pour la Chine et pour l'Inde par les détroits de l'E., dans la mousson de N. E. C'est encore à peu près la même route que l'on devra suivre, quand on voudra aller dans l'Inde avec la mousson de N. E., ou en Chine par les détroits de l'E. situés à l'E. de Java. Dans ce dernier cas, on peut modifier la route comme il suit :

En partant des ports du N. lorsqu'on aura dépassé le cap San-Roque, dans l'Atlantique, on fera route pour traverser rapidement les alizés du S. E., comme on agit lorsqu'on fait route pour l'Australie. Dans ce but on ne gouvernera pas au vent du S. S. E., alors même que les vents le permettraient, et l'on portera bon plein dans tous les cas, jusqu'à ce qu'on ait dépassé la zone des alizés, puis la zone des calmes du Capricorne et atteint celle des vents d'O., qu'on va rencontrer dans les hautes latitudes.

On coupera les parallèles compris entre 30° et 40° de latitude S. par les méridiens compris entre 32° et 22° de longitude O. On fera route alors, comme nous l'avons dit, en se rapprochant autant que possible de l'arc de grand cercle, et en allant au S. autant que possible, c'est-à-dire en coupant les méridiens de 10° et de 20° de longitude E. entre 45° et 50° de latitude S. On suivra ensuite ce parallèle, et l'on reviendra graduellement vers le N., quand on sera arrivé sur les méridiens de 80° à 85° de longitude E., ou par tout autre méridien voisin de ceux-ci, qui paraîtra plus favorable, suivant la saison, pour entrer dans la zone des vents alizés du S. E. de l'océan Indien.

455. Route d'Australie au cap Horn. Nous avons, dans le paragraphe précédent, § 426, donné les routes d'Europe et de l'Amérique du Nord pour se rendre en Australie; nous allons maintenant indiquer celles de l'Australie en Europe, et nous profiterons du trajet pour donner quelques indications générales sur le grand Océan.

Dans les régions extra-tropicales S. du grand Océan, les vents qui soufflent régulièrement sont ceux de la partie de l'O., principalement du N. O. Ils sont à peu près aussi constants que les vents alizés. Les navires partant de l'Australie peuvent donc en réalité faire route directement vers le cap Horn. Pour suivre la route la plus courte, en partant on mettra le cap au S. E., afin d'atteindre promptement un des parallèles compris entre 45° et 50° de latitude S. Il sera, dans tous les cas, avantageux de passer au S. de la Nouvelle-Zélande. Les îles de ce groupe doublées, on mettra le cap directement sur le cap Horn. Dans ce but on tirera une ligne depuis la terre Van-Diemen jusqu'au cap, et l'on courra au S. de l'E., en se rappelant que plus on passera loin au S. du point qui marquera le milieu de cette ligne droite, plus on se rapprochera de l'arc de grand cercle, et plus par suite on diminuera la distance à parcourir. Le point milieu de la ligne dépassé, on pourra revenir peu à peu au N. de l'E. pour doubler le cap.

Si dans cette route l'on se tient entre les parallèles de 45° et de 60° de latitude S., on ressentira plus ou moins fortement l'effet du courant chaud, qui passe au S. de l'Australie, et qui contribue à former le courant traversier du grand Océan dirigé de l'O. vers l'E. Il faut nécessairement s'attendre à avoir du mauvais temps dans cet route, par suite du courant chaud dans lequel on se trouvera; néanmoins le vent étant toujours fort et favorable dans cette zone du grand Océan, cette traversée est en général facile et rapide.

Lorsqu'on quittera l'Australie, si l'on est trop contrarié par les vents pour passer au S. de la Nouvelle-Zélande, on traversera le détroit de Cook; en quittant ce détroit, on fera la route que nous venons d'indiquer pour doubler le cap Horn.

454. Routes de l'Australie à Valparaiso, au Callao et aux ports de la Californie. La route dont il vient d'être question pour se rendre de l'Australie au cap Horn, peut être également suivie avec quelques modifications, lorsqu'on part de l'Australie avec l'intention d'atteindre les ports de la côte O. de l'Amérique du Sud, par exemple, Valparaiso ou le Callao. Lorsqu'on quitte Sidney et qu'on passe dans le détroit de Cook, la route par l'arc de grand cercle vient tangenter, à son point le plus S., le parallèle de 56° de latitude S.; elle commence à remonter graduellement au N., à partir du méridien de 133° de longitude O. Pour faire cette route, il est donc convenable de passer dans le détroit de Cook ou au S. de la Nouvelle-Zélande.

La route par l'arc de grand cercle, en partant de Sidney pour se rendre au Callao, vient à son point le plus S. tangenter le parallèle de 47° de la latitude S.; elle commence à remonter au N. depuis le méridien de 148° de longitude O.

En partant des ports qui sont dans la province de Victoria en Australie (de Melbourne par exemple), pour se rendre dans les ports de la Californie, si le vent est bon on passera au S. de la terre de Van-Diemen, ou dans le détroit de Bass, selon qu'on supposera que l'une ou l'autre de ces routes sera la meilleure suivant les vents que l'on rencontrera. Quand on sera au S. de la terre de Van-Diemen, si le vent est favorable, ce qui arrive généralement, on ira passer au S. de la Nouvelle-Zélande. Arrivé là on devra examiner la route qu'il faudra suivre ultérieurement.

En effet, on peut faire la traversée des ports de l'Australie à ceux de la Californie, en la calculant de façon à avoir presque toujours le vent favorable, sauf dans les alizés du N. E.

On peut faire le N. E. en traversant les vents alizés du S. E. et gouverner au N. N. O. en traversant les alizés du N. E.; mais il est évident que ces routes ne font pas gagner assez dans l'E. pour qu'on puisse atteindre la Californie. En conséquence, lorsqu'on est en position d'arriver au S. de la Nouvelle-Zélande, il faut se décider à s'avancer dans l'E., entre les parallèles de 40° et de 50° de latitude S., ou entre ceux de 40° et 50° de latitude N. On doit donc se demander si l'on s'élèvera dans l'E. en choisissant la zone des vents d'O. située au S. des calmes du tropique du Capricorne, ou celle des vents d'O. située au N. des calmes du tropique du Cancer. On nomme la première route la route de l'E., et la seconde la route de l'O. La route de l'E. sera préférable si, après le départ, on trouve les vents favorables pour aller à l'E. ou au S. Il ne faut pas oublier cependant que les vents alizés du S. E. ne s'étendent pas pendant l'année entière sur toute la surface du grand Océan ; cela n'a lieu que de mars à octobre ; de novembre à février, on ressent dans la partie O. de cette mer les moussons d'O. de l'océan Indien, qui s'étendent au S. de l'équateur, et aussi loin à l'E. que l'archipel des Pomotous. Ce sera encore là une considération à faire entrer dans le choix de la route, car l'époque de cette mousson est celle du mauvais temps dans cette foule d'archipels, compris entre les Nouvelles-Hébrides et les Pomotous. Les difficultés ordinaires, qu'on rencontre dans les beaux temps en naviguant au milieu de ces groupes, en seront donc encore accrues, mais en même temps on aura des vents qui permettront de faire de l'E. à volonté.

455. Route de l'E. Quand donc on aura fait son choix entre la route de l'O. et celle de l'E., si l'on adopte la dernière, on doublera par le S. la Nouvelle-Zélande, on gouvernera pour couper le parallèle de 40° de latitude S., ou celui de 45°, entre les méridiens de 150° à 140° de longitude O., et l'équateur entre 120° et 130° de longitude O. On traversera les basses latitudes de l'hémisphère S. et les calmes équatoriaux le plus promptement possible, en courant dans tous les cas autant que possible au N. Quand on prendra les vents de N. E., on coupera rapidement la zone qu'ils occupent en portant bon plein, et l'on ira chercher les vents d'O., qui règnent au N. de la zone des calmes tropicaux du Cancer. Avec ces vents on fera route vers l'E., en se tenant un peu au N. du port de sa destination, pour ne pas se souventer.

En quittant la terre de Van-Diemen, si les vents n'étaient pas favorables pour passer au S. de la Nouvelle-Zélande, on s'efforcerait de passer dans le détroit de Cook et l'on éviterait autant que possible de doubler le groupe par le N.

456. Route de l'O. Si l'on traverse le détroit de Cook, en sortant de ce canal, on prendra la route de l'E. comme précédemment, quand on pourra faire assez d'E., avant de s'être suffisamment élevé au N. pour être contrarié par les folles brises et les calmes tropicaux de l'hémisphère S. Mais si ces folles brises se font sentir jusque sur les parallèles de 38° et de 40° de latitude S., on adoptera la route de l'O., en courant au N. aussitôt qu'on les éprouvera ; cette route pourra être avantageuse, surtout de novembre à février, époque des moussons de l'O. Dès qu'on aura gagné les vents alizés du S. E., on les traversera obliquement ainsi que les vents alizés du N. E , en faisant autant de chemin à l'E. qu'il se pourra. En suivant cette route on arrivera dans la zone des vents d'O. de l'hémisphère N., et alors dans cette zone, on sera forcé de faire de l'E. en se plaçant entre les parallèles de 38° à 40° de latitude N. ou même plus au N. La hauteur à laquelle on devra s'élever dans le N. dépendra en quelque sorte de la distance à laquelle on sera de la Californie, au moment où l'on perdra les vents alizés du N. E. Dans le cas où l'on ne sera éloigné de cette côte que de 1° ou de 2°, on pourra faire route directement vers le port de destination ; mais si l'on est de 10° ou de 12° dans l'O. ou même plus loin, comme le trajet à faire deviendra assez long, il faudra abandonner la route directe et courir plus au N., afin de trouver des vents plus forts et plus favorables. La traversée de l'Australie est d'ordinaire de 45 à 50 jours ; les bons marcheurs pourront arriver à la faire en 37 jours. La route de l'E. sera très-probablement la plus courte.

457. Distance où l'on doit couper la ligne dans le grand Océan. Dans la route précédente, on passe de l'hémisphère S. dans l'hémisphère N. Ici se présente, pour le grand Océan, la même question importante que nous avons traitée au commencement de ce livre pour l'océan Atlantique. A quelle distance dans l'O., faut-il couper la ligne dans l'océan Pacifique, quand on passe de l'hémisphère S. dans l'hémisphère N., et réciproquement? Nous avons été un des premiers qui se soient occupés de cette question intéressante et fort importante pour la durée des traversées. Déjà en 1850, dans la première édition des *Considérations générales sur l'océan Pacifique*, nous avons indiqué, entre 106° et 147° de longitude O., la largeur de la zone des calmes et des vents variables de l'équateur, pour les différents mois de l'année; nous avions dit que cette zone était plus large entre les méridiens de 90° à 100°, qu'entre ceux de 120° à 130° de longitude O. Nous en tirions cette conséquence : que l'endroit le plus favorable pour venir couper la ligne devait être probablement compris entre les méridiens de 120° à 130° de longitude O. Malheureusement nous ne possédions pas suffisamment de documents pour établir cette règle; nous nous bornâmes donc à l'énoncer, convaincu que les faits signalés pour la partie de mer qui avoisine l'Afrique près de l'équateur, se reproduisent d'une manière à peu près identique dans la **partie correspondante** de l'océan Pacifique. Ainsi les déserts du **Mexique** et les terres de la Californie agissent sur les vents alizés du N. E. de cet océan, comme les déserts de l'Afrique sur les alizés de l'océan Atlantique. Sans doute, on peut par exception faire une traversée rapide, en se tenant près de la côte O. d'Amérique comme près de la côte O. d'Afrique, mais déjà l'expérience a démontré que, dans les grandes traversées, il y a tout avantage avec un navire à voiles à se tenir loin de la terre dans l'océan Pacifique, ainsi que dans l'océan Atlantique; ce fait est rigoureusement prouvé. Nous disions donc en 1850, qu'aujourd'hui la plupart des navires se rendant du cap Horn en Californie et réciproquement, ou plus généralement, que tous les navires passant de l'un à l'autre hémisphère dans le grand Océan, allaient couper l'équateur trop à l'E., comme on l'avait fait dans l'océan Atlantique.

Depuis cette époque la question a progressé, et bien qu'elle ne soit pas encore résolue, faute d'un assez grand nombre de traversées qu'on puisse comparer, les études de Maury sur cette question nous prouvent que nous n'étions pas éloigné de la vérité. Voici le résultat auquel il est arrivé et que lui-même déclare n'être pas encore une solution de la question.

438. « Pendant les mois de janvier, février, mars et avril, d'après les documents que nous avons pu consulter, le point qui paraît être le meilleur pour couper la ligne serait entre 115° et 120° de longitude O.; les navires qui ont fait les plus courtes traversées pendant les trois premiers de ces mois sont venus couper la ligne entre 110° et 115°. Il en a été de même pour les mois de mai et de septembre. Pendant les mois d'avril, août et octobre, les plus belles traversées ont été faites par ceux qui ont coupé l'équateur entre 115° et 120°.

« Un examen attentif des journaux que nous avons dépouillés nous porte à penser que, pendant l'hiver et le printemps, le meilleur point pour couper la ligne tombe à l'O. de 115° de longitude O. En mai, ce point paraît tomber dans l'E. de ce méridien et se rapprocher de plus en plus de 110° jusqu'au mois d'août, époque où il serait sur le méridien de 108°. A partir de ce mois, il commence à se reporter vers l'O. et il tombe sur l'un des méridiens compris entre 110° et 120°

et même 125° de longitude O. jusqu'à l'hiver, époque où il retourne encore à l'E. de 115°.

« Cependant il reste à examiner, et c'est un sujet d'étude qui nous occupera lorsque nous aurons réuni un plus grand nombre de journaux, si la traversée de l'équateur à San-Francisco ne serait pas plus abrégée en coupant la ligne dans l'O. de 130° que dans l'E. de 120° de longitude O. »

En attendant le résultat de ces recherches dont parle Maury, nous engageons les capitaines à venir couper l'équateur plus à l'O. qu'on ne l'a fait jusqu'ici et à contribuer ainsi à la solution d'une question qui est extrêmement importante, au point de vue de la navigation générale. Nous donnerons donc ici pour exemple la route que nous croyons utile de suivre pour rendre la traversée rapide.

459. Route du cap Horn à San-Francisco. En quittant le cap Horn on fera de l'O. le plus possible, suivant le temps qu'on rencontrera, sans lutter toutefois contre du gros temps, ou des vents tout à fait contraires, car il est aussi important de gagner dans le N. que dans l'O. On prendra donc la bordée de l'O. N. O., du N. O., du N. N. O. ou du N., suivant le cas. Autrement dit, on donnera la préférence à la route qui fera faire le plus d'O., pourvu qu'on ne vienne pas couper le parallèle de 50° de latitude S. dans l'O. du méridien de 100° de longitude O. ou environ, non plus que le parallèle de 30° de latitude S. dans l'O. du méridien de 120°; c'est-à-dire qu'on manœuvrera, pour ne pas entrer dans les vents alizés du S. E., à l'O. de ce méridien. Dans l'état actuel de nos connaissances, nous pensons que la route suivante, que nous indiquons au moyen des points d'intersection des principaux parallèles et méridiens, sera celle dont on pourra se rapprocher autant que les vents le permettront.

On pourra couper :

les parallèles de	50° S.	sur les méridiens de	85° O.
—	40° S.	—	86°.
—	35° S.	—	87°.
—	30° S.	—	87 à 90°.
—	25° S.	—	93 à 95°.
—	Équateur	—	110 à 120°.
—	20° N.	—	120 à 125°.
—	30° N.	—	130 à 140°.

Au moment où l'on perdra les vents alizés du N. E., si l'on est pris par les calmes et les folles brises, on fera du N. autant que possible pour sortir de cette zone, et atteindre celle des vents d'O.

On peut appeler cette route la route de l'O., parce qu'en quittant le cap Horn on va autant que possible dans cette direction. Cependant il ne faut pas dépasser certaines limites, ni lutter contre des vents contraires, des vents variables ou contre des calmes. Probablement cette route sera modifiée lorsqu'on saura positivement la partie où il est le plus convenable de couper l'équateur, et, comme nous le supposons, ce point sera très-probablement à l'O. de 120 et même de 130° de longitude O.

440. Routes pour doubler le cap Horn. Nous voici, dans notre voyage autour du monde, arrivé au cap Horn. Avec un grand navire, il est toujours facile de doubler ce cap lorsqu'on vient de l'O. ; les principales difficultés que l'on rencontre sont les temps sombres, une grosse mer et les glaces flottantes. Le passage est surtout avantageux dans les mois d'été de l'hémisphère S. (janvier et février). Le cap doublé, avec un petit navire, il sera convenable de traverser le détroit de Lemaire. Avec un grand navire, principalement dans l'hiver, on pourra passer à l'E. du groupe des îles de Falkland. D'après l'opinion de tous les marins, c'est dans les mois d'hiver et du printemps de cet hémisphère, juillet, août et septembre, que l'on rencontre le plus souvent des glaces.

441. S'il est facile en général de doubler le cap Horn lorsqu'on vient de l'O., il n'en est pas ainsi quand on vient de l'E. Les opinions à ce sujet, quant à la route à suivre, sont fort différentes, les uns veulent que l'on double le cap de près, d'autres qu'on en passe assez loin au S., d'autres encore indiquent la route près de la côte et du cap pendant l'été de cet hémisphère, et la route au large vers le parallèle de 60° de latitude S. pendant l'hiver.

Nous allons essayer de résumer brièvement ces diverses opinions et indiquer la route qu'on pourra faire suivant le temps et les circonstances qui se présenteront.

En règle générale, quand on viendra de l'océan Atlantique du N., et qu'on fera route pour doubler le cap Horn, après qu'on aura dépassé le cap San-Roque, on s'efforcera autant que les vents le permettront, de venir couper le parallèle de 25° de latitude S. par le méridien de 35° O. Dans tous les cas, quelle que soit la distance où l'on se tiendra de la côte, il ne faudra pas aller plus à l'E. que les méridiens de 33 à 34°, tout en faisant route bon plein dans les alizés du S. E. Après qu'on aura dépassé le parallèle du cap Frio, on courra vers le S. en portant bon plein, pour passer entre le groupe des Falklands et la côte d'Amérique. Cette route est celle qu'on doit toujours prendre, puis, lorsque le vent et le jour le permettront, on pourra traverser le détroit de Lemaire.

Il faut passer à l'O. des îles de Falkland, parce que, en général, le vent est plus favorable de ce côté que dans l'E. du groupe. Ainsi, dans l'E. on a souvent des vents variant de l'O. N. O au S. O., tandis qu'au même moment, dans l'O. des îles, partie où la mer est en outre beaucoup plus belle, on les trouve variant de l'O. N. O. au N. O. Enfin quand on a doublé les Falklands dans l'E., lorsqu'on se trouve au S. de ces îles, les vents halent souvent le S. O. et le S.

Si les vents et si le moment où l'on arrive sont favorables, on doit traverser le détroit de Lemaire. Cependant il ne faut le prendre que pendant le jour, à cause des courants quelquefois rapides et irréguliers qu'on y rencontre. En le traversant on raccourcit un peu la route; en outre, il faut se rappeler que lorsqu'on aura dépassé le parallèle de la Terre-de-Feu, on rencontrera de grandes difficultés à gagner dans l'O. Il est donc important de faire dans l'océan Atlantique autant d'O. qu'on le pourra, alors qu'on aura un temps maniable et la mer belle; tandis qu'au large il faudra lutter contre les grandes brises et la grosse mer qu'on prendra de l'avant, dès qu'on quittera l'abri de la côte d'Amérique.

On ne doit pas non plus oublier, que les vents qu'on rencontrera à peu près toujours dans le voisinage du cap Horn sont des vents de la partie de l'O., variant du N. O. au S. O.; par conséquent, en sortant du détroit de Lemaire ou après qu'on aura doublé, suivant le cas, la terre des États dans l'O. et d'aussi près que possible, si le temps est maniable, principalement pendant l'été, on serrera la côte du cap Horn autant que la prudence et les vents le permettront. On pourra suivre la route qui passe en dedans des îles des Hermites et par la baie de Nassau; en allant dans l'O. vers cette baie on se tiendra près de l'île Neuve, et l'on évitera, en manœuvrant ainsi, les courants qui sont très-violents au S. de la ligne tirée du cap de Good-Success au cap Deceit. Les variations du vent près de la terre, quand on aura soin de s'en rapprocher vers le soir, seront souvent favorables, parce que la brise hale fréquemment le N. pour retourner à l'O. vers le matin. Les courants de marée, lorsqu'on se tiendra près de la terre, aideront encore le navire dans sa route pour doubler le cap Horn. Si on parvient à dépasser le cap de cette manière, sans avoir trop à lutter contre les vents contraires, les rafales, les grains qu'on reçoit fréquemment et sans mauvais temps, on continuera à gagner dans l'O. principalement, sans chercher à faire beaucoup de N., c'est-à-dire qu'on viendra couper le parallèle de 30° de latitude S. par un des méridiens compris entre 80° et 90°.

Mais dans certains mois, si l'on rencontre près du cap Horn des vents violents, ce qui est fréquent, car ceux-ci, arrêtés par la chaîne des Andes, viennent contourner l'extrémité du continent, soufflant par bouffées, donnant des rafales et des tourbillons, il est probable qu'on les aura moins violents en se portant à une grande distance au S. du cap. Alors, suivant le temps et la force du vent, on louvoiera, en courant au S. O. avec les vents de N. O., et au N. O. avec ceux du S. O., tout en se maintenant à la route qui fera faire le plus d'O. Si le vent est droit debout, on prendra la bordée du S., qu'on prolongera au besoin jusqu'au parallèle de 60° de latitude S., partie où l'on a presque toujours la brise plus maniable et la mer moins dure que dans les environs du cap Horn. Dans le voisinage de ce parallèle, le temps est généralement beaucoup plus doux que dans les parages situés plus au N., mais on y trouve beaucoup de brouillards. On a observé que les vents qui règnent le plus fréquemment aux Shetlands sont ceux de la partie du N. E., tandis que dans les parages où les navires viennent habituellement doubler le cap Horn, ils soufflent du S. O.

442. Les navires qui se rendront à Valparaiso ou dans un des ports situés dans son voisinage, alors même qu'ils auront les vents favorables pendant qu'ils seront au S. du parallèle de 50° de latitude S., n'auront pas besoin de s'élever à l'O., aussi loin que ceux qui iront plus au N., en Californie par exemple. Quand on va en Californie, on ne saurait faire trop d'O., toutes les fois qu'il est possible de gagner dans cette direction sans aller au S., et l'on ne peut couper le parallèle de 50° de latitude S. trop à l'O., pourvu cependant qu'on le coupe à l'E. de 100° ou de 110° de longitude O.

443. Nous terminerons par les observations suivantes, de Maury :

« Janvier est un bon mois pour aller du cap San-Roque au cap Horn et pour doubler le cap. La moyenne du temps employé à faire cette traversé est de 41 jours.

« En février la traversée est plus longue de trois jours, soit 44 jours ; en effet, dans ce mois on a des difficultés de navigation entre les parallèles du cap San-Roque et celui de 50° S.

« Mars est plus mauvais encore, et pendant ce mois la traversée est augmentée par les difficultés qu'on éprouve à parcourir la distance qui sépare le parallèle de 50° S. dans l'Atlantique, du parallèle de 50° S. dans le Pacifique.

« Avril est le plus mauvais mois de l'année. Pendant ce mois les difficultés que l'on rencontre se font sentir surtout, entre le parallèle du cap San-Roque et le parallèle de 50° S. dans l'Atlantique. La durée moyenne de cette partie de la traversée est de 8 jours ou de 23 pour 100 plus grande que la durée du même trajet en janvier.

« De juin en novembre, il est très-difficile de doubler le cap Horn. On emploie d'ordinaire 19 ou 22 jours, pour parcourir la distance qui sépare les parallèles de 50° de latitude S. dans les deux océans.

« Les mois le plus favorables pour doubler le cap Horn sont ceux de décembre à avril compris. La moyenne pendant ces mois est de 16 à 17 jours.

« D'autre part, c'est pendant le mois d'août que la moyenne du passage entre le parallèle du cap San-Roque et celui de 50° de latitude S. est le plus grande, et c'est en novembre qu'elle est le plus courte. De février au mois d'août inclusivement, la durée moyenne du temps employé pour faire cette traversée est de 31 jours; tandis que dans les cinq autres mois elle est de 6 jours plus courte, c'est-à-dire de 25 jours.

« En résumé, c'est pendant les mois où les jours sont le plus courts, que l'on fait les traversées le plus longues entre le cap San-Roque et le cap Horn. »

444. Route du cap Horn en Europe ou aux États-Unis. Après cette digression qui nous a écarté un peu de notre route autour du globe, nous allons y revenir, en nous plaçant au cap Horn.

Ce cap doublé, la traversée jusqu'en Europe sera une route oblique, analogue à celle qui conduit des ports de l'Australie à ceux de la Californie, route que nous avons indiquée précédemment. Nous dirons donc qu'en quittant le cap Horn, on devra se poser cette question : vaudra-t-il mieux faire de l'O. dans la zone des vents d'O. de l'hémisphère S. ou dans celle de l'hémisphère N.? Nous pensons que dans le cas qui nous occupe, la route par l'O. sera la meilleure, et qu'il sera préférable de faire de l'E. quand on sera dans l'hémisphère N.; seulement il faut, en quittant le cap Horn, faire entre les parallèles de 50° à 40° de latitude S. assez d'O. pour couper le parallèle de 30° de latitude S. entre les méridiens de 25° à 30° de longitude O.; courir ensuite au N., pour traverser en gouvernant bon plein la zone des vents alizés du S. E., puis couper l'équateur dans les environs du méridien de 30° ou plus à l'O. suivant le cas. Dans la zone des vents variables de l'équateur, on fera du N. autant qu'il se pourra, et dès qu'on prendra les alizés du N. E., on traversera la zone qu'ils occupent en portant bon plein. Quand on quittera ces vents, si l'on va en Europe, on remontera au N. le plus directement possible, pour prendre entre les parallèles de 40° et de 45° N. les vents d'O., avec lesquels on fera route vers le port de sa destination.

Si l'on se rend aux États-Unis, dès qu'on sera dans les vents alizés du N., on traversera cette zone avec le vent favorable pour s'approcher de la côte d'Amérique, en passant au N. des îles de Bahama, et l'on aura soin de traverser le gulf-stream dans la partie où il porte au N., pour prolonger ensuite la terre à une distance convenable, en se maintenant dans ce courant, jusqu'au port de sa destination.

445. Principes généraux applicables à la navigation à vapeur. Nous avons jusqu'ici parlé principalement des navires à voiles ; avec les navires à vapeur, les capitaines ayant à leur disposition une force motrice indépendante des vents, posséderont des ressources beaucoup plus grandes pour traverser les océans, car ils devront utiliser à propos l'un et l'autre moyen d'impulsion. Ils ne seront point arrêtés dans les zones de calme qu'ils devront traverser à la vapeur, et ils profiteront, en naviguant à la voile, des vents forts et favorables quand ils auront atteint les zones où les vents sont établis régulièrement. S'ils ont une grande puissance de vapeur, ils pourront traverser sans peine, même avec des vents contraires, les parties des océans où les navires à voiles, sans avancer beaucoup, luttent souvent pendant un long intervalle. Toutes les fois qu'on le pourra, on doit, avec un navire à vapeur, se rapprocher de la route par l'arc de grand cercle, car on raccourcira d'autant plus la distance à parcourir que l'on suivra cette route plus exactement.

Dans cette navigation, les navires à hélice auront un grand avantage sur les navires à roues ; il suffit, en effet, pour marcher à la voile, de rendre l'hélice immobile ou de l'affoler suivant le cas, tandis que le démontage et le remontage des aubes est un travail assez long, difficile et quelquefois même dangereux pour les hommes lorsqu'il se fait à la mer.

Dans certaines traversées les grandes routes données pour les navires à voiles peuvent être adoptées à la rigueur par les navires à vapeur, lorsque ceux-ci ne sont pas pressés par leur mission et que pour économiser du charbon ils doivent profiter des vents favorables de certaines régions. Toutefois, ces routes peuvent être modifiées utilement, suivant le cas, par des capitaines intelligents, surtout lorsqu'elles s'écarteront beaucoup de l'arc de grand cercle, route que les navires à vapeur ont, comme nous l'avons dit, intérêt à suivre le plus généralement. Ainsi, pour éviter les zones de calme des tropiques et de l'équateur, les navires à voiles sont contraints de faire souvent beaucoup de chemin en dehors de la route directe, tandis que ces zones de calme seront favorables à des navires à vapeur, et leur permettront d'atteindre facilement des positions convenables pour couper ensuite avantageusement à la voile les zones des vents alizés ou celles dans lesquelles sont établis les vents d'O.

446. Route des navires à vapeur allant doubler le cap de Bonne-Espérance. Nous nous bornerons à donner ici, comme exemple d'une des plus grandes modifications qu'on puisse apporter à une même route, faite par les navires à voiles et les navires à vapeur, la route qu'on peut suivre avec un navire à vapeur en partant d'Europe pour se rendre au cap de Bonne-Espérance. On sait que les navires à voiles sont contraints, pour faire rapidement cette traversée, d'aller chercher dans l'hémisphère S. la côte d'Amérique, et de faire un immense circuit afin de se ménager des chances favorables. Un navire à vapeur, au contraire, pourra ne pas s'écarter beaucoup des côtes d'Europe, et il aura tout intérêt à prolonger de près la côte d'Afrique, qui, dans une grande partie de son étendue, lui servira d'abri. Il trouvera même dans certaines saisons, sur un espace considérable, des vents favorables et de grandes zones de calme, ou de petites brises.

Ainsi avec un navire à vapeur quittant les ports de la Manche, on pourra traverser par une route oblique le golfe de Gascogne, passer à quelques milles du cap Finistère pour le reconnaître, puis prolonger la côte de Portugal, à la distance qu'on jugera convenable suivant l'époque de l'année. De là, on gouvernera pour passer à l'E. de Madère, puis au milieu des îles Canaries. On prolongera ensuite la côte d'Afrique, pour passer entre cette côte et l'archipel du cap Vert. On atteindra l'île de Gorée, et là on pourra renouveler sa provision de charbon ou la compléter s'il est besoin. De Gorée, on continuera à naviguer près de la côte d'Afrique en la suivant seulement dans ses grandes inflexions, et l'on viendra couper l'équateur par l'un des méridiens compris entre

6° et 4°, ou même 3° de longitude O. En agissant ainsi, on aura à traverser une zone dans laquelle soufflent des vents de S. O. fixes et légers, puis on entrera, en continuant cette route et en prenant les longitudes orientales, dans une autre zone où l'on aura des calmes.

En prolongeant la côte d'Afrique de cap en cap, on trouvera en général jusqu'à la côte de Cimbébasie, c'est-à-dire jusqu'au parallèle de 22° de latitude S. ou environ, des vents modérés soufflant le jour du S. S. E. au S. S. O. et souvent au S. O. Ces vents mollissent d'ordinaire pendant la nuit et tournent du côté de la terre.

Au S. du parallèle de 22° de latitude S. ou de celui de 23°, on aura en général de fortes brises du S. S. E. au S. E. et la mer dure; on devra par suite prendre ses précautions en conséquence. Il sera même convenable de dépasser la mâture haute, d'amener les vergues, et de ne conserver que les voiles latines, pour les utiliser quand le vent le permettra. En manœuvrant ainsi, nous pensons qu'un navire à vapeur, marchant bien et ne fatiguant pas trop dans la grosse mer, se rendra des ports de la Manche au cap de Bonne-Espérance en 23 ou en 26 jours; et qu'en partant des États-Unis il en emploiera 33 pour faire la même traversée. Afin d'arriver à ce résultat, il ne faut pas s'écarter de la côte d'Afrique, car on tomberait dans la zone des vents alizés du S. E., dans la partie où ils sont le plus forts. On trouverait, en outre, contre soi le courant polaire de la côte S. d'Afrique, qui est souvent très-fort.

447. Route du cap de Bonne-Espérance en Europe. En revenant du Cap en Europe, on pourrait (même avec un navire à voiles), faire une route analogue à la précédente; en se portant à une centaine de lieues de la côte d'Afrique pour la prolonger, on viendrait couper l'équateur sur le méridien de 10° de longitude O. ou à peu près; on passerait entre la côte d'Afrique et l'archipel des îles du cap Vert, en se tenant plus près de la côte que des îles; on traverserait ainsi la zone des calmes et des vents variables de l'équateur, pour prendre ensuite les alizés du N. E.; on naviguerait à la voile et à la vapeur pour couper rapidement cette zone et on retomberait alors dans la route ordinaire.

448. On pourrait sans doute faire également sur la côte O. d'Amérique une navigation identique à celle que nous venons d'indiquer pour l'océan Atlantique, quand on devrait aller du N. au S. ou du S. au N., car on trouve dans les vents qui règnent sur la côte O. d'Amérique et sur la côte O. d'Afrique une grande analogie.

449. Nous terminerons ici ce rapide aperçu de la navigation générale ; il est suffisant, nous le pensons, pour donner aux marins une
idée à peu près complète des principes fondamentaux qu'on doit observer dans les grandes traversées et de la manière dont on peut les utiliser
suivant le cas. C'est aux études météorologiques et de physique générale appliquées à la navigation, qu'on doit les progrès faits depuis
quelques années par cette science ; nous sommes heureux d'avoir pu
y contribuer pour notre faible part, et d'avoir été un des premiers
à signaler cette voie féconde en résultats importants. Il y a encore
beaucoup à faire sans aucun doute ; mais, l'attention des capitaines
une fois attirée sur ce sujet, ils fourniront chaque jour, nous en avons
l'espoir, de nouveaux documents propres à éclaircir les points encore
douteux. Les marins doivent un juste tribut de reconnaissance au
gouvernement américain, qui n'a pas reculé devant des dépenses
considérables, pour s'assurer les éléments de l'immense compilation
faite par Maury et pour la publier dans tous ses détails ; ils en doivent
un également à cet officier, dont le zèle infatigable poursuit cette
œuvre gigantesque avec autant de persévérance que d'habileté. Le
beau travail de Maury sur la *Météorologie* et la *Physique de la mer*, ses
instructions nautiques et ses cartes, données gratuitement sous son
inspiration, à tout capitaine qui s'engage seulement à envoyer son
journal nautique à l'observatoire de Washington, resteront comme
un monument qui perpétuera la mémoire de leur auteur ; elles seront l'histoire la plus exacte de la science de la navigation et des progrès importants qu'elle a faits dans notre siècle. Nous pensons donc
qu'il n'est pas inutile de dire ici quelques mots des cartes qui accompagnent les *sailing directions* de Maury.

450. L'auteur a formé six séries de ces cartes : la première comprend les *track charts* (cartes de traversées), qui seraient, à notre
avis, plus exactement désignées par le nom de cartes de compilation ; elles comprennent les trois océans. On y a tracé, d'après le dépouillement des journaux de navigation, les routes faites par un grand
nombre de navires, et l'on y a porté les vents, les courants, les
températures de l'eau, la déclinaison, les pluies, les grains, les
coups de vent, etc. ; autrement dit, on y trouve toutes les circonstances de mer les plus importantes signalées par les capitaines de
ces navires.

Ces cartes sont analogues à celles des atlas physiques de Berghaus
et de Johnston, et à celles publiées en 1825 par le major Rennel,

pour accompagner ses recherches et ses études sur l'océan Atlantique. Maury a complété, autant que possible, les notions que l'on possédait sur cet océan, et il a appliqué le même système aux deux autres.

Le grand nombre de documents accumulés sur ces cartes en rend l'usage pratique à peu près impossible, malgré les ingénieux moyens et les signes conventionnels employés par Maury pour les distinguer entre eux et les classer suivant les différents mois de l'année. Mais ces cartes indiquent dans leur ensemble les routes le plus fréquemment suivies à travers les grandes mers; elles ont été employées pour la discussion des traversées de croisements, c'est-à-dire pour les routes indiquées par l'intersection de certains parallèles et de certains méridiens, et elles ont servi de base aux cartes qui forment les autres séries. Celles-ci comprennent : les *trade wind charts*, *pilot charts*, *thermal charts*, *storms and rains charts*, qui sont en réalité les cartes météorologiques des océans. En joignant à ces quatre séries les *whale charts*, on a l'ensemble des résultats obtenus par cette immense compilation. On voit que dans chacune des dernières séries, les cartes des vents alizés, les cartes pilotes, les cartes thermales, celles des tempêtes et des pluies, les cartes baleinières, ne renferment plus qu'un genre spécial de documents. Ce ne sont plus des cartes nautiques, mais bien de simples projections, représentant par des carrés les diverses parties des océans comprises entre des méridiens et des parallèles tracés le plus souvent de 5° en 5°. Ces carrés eux-mêmes présentent des dispositions particulières, suivant le genre des documents qu'ils contiennent. Nous nous bornerons ici à parler des cartes les plus importantes.

451. Dans la carte des vents alizés de l'océan Atlantique, la seule encore publiée, les lignes verticales fortement accusées sont des méridiens tracés de 5° en 5°, et les douze colonnes intermédiaires correspondent chacune à un mois. Les lignes horizontales sont les parallèles tracés de degré en degré, et rapportés suivant les diverses zones à un équateur spécial, afin de les rendre plus distinctes les unes des autres. Le chiffre placé dans le centre du carré indique le nombre d'observations recueillies dans ce même carré. Sur cette carte, on trouve tous les éléments nécessaires pour établir facilement, dans chaque mois de l'année, l'étendue des zones des calmes tropicaux et équatoriaux, la largeur des bandes occupées par les vents alizés du N. E. et du S. E. On voit également bien accusé, suivant les saisons, le mouvement oscillatoire du N. au S. et du S. au N., des limites de ces diverses zones, et nettement dessinée, la région où règne, de juin à novembre inclusivement, dans les calmes équatoriaux, la mousson de S. O., qui souffle vers la côte O. d'Afrique. Tous les faits indiqués par cette carte étaient connus depuis longtemps, mais ils ont été en quelque sorte mis en relief et constatés.

Le *Board of trade* en Angleterre a publié sous une autre forme la carte de Maury, dont nous venons de parler. Il a remplacé les douze colonnes intermédiaires par douze tableaux pour chaque hémisphère, en traçant, dans chacun d'eux, les limites des différentes zones pour le mois ; on les distingue ainsi beaucoup mieux. En même temps on a ajouté sur ces tableaux la représentation graphique des chiffres concernant les pluies, qu'on a tirée des cartes des pluies et des tempêtes. Elle consiste dans des cercles d'un rayon déterminé, tracés dans les carrés de 10° en 10°. En comparant entre eux ces différents cercles, on peut immédiatement apprécier le rapport des pluies d'un carré à l'autre.

452. Les *pilot charts* sont les cartes des vents des océans ; elles donnent en un point quelconque et pour chaque mois les calmes et les vents de toutes les directions qu'on y rencontre. Une observation comprend dans tous les cas un intervalle de huit heures, c'est-à-dire que l'on en fait trois par jour, pour chacune desquelles on porte la direction moyenne du vent comme direction unique. On aura donc le nombre de jours de vent, en divisant par trois le nombre d'observations. En outre, on a admis comme une règle générale, que le vent indiqué sur l'un des points d'un carré soufflait au même moment sur toute son étendue.

A l'exception des cartes comprenant la côte du Brésil et les parages du cap Horn, qui présentent une division particulière, toutes les autres sont partagées en carrés égaux ayant 5° de côté tant en latitude qu'en longitude. Un carré semblable, placé dans un coin de la carte, renferme un diagramme type ou explicatif, au moyen duquel on a pu se contenter d'inscrire seulement dans tous les carrés de la carte les chiffres représentant le nombre d'observations recueillies sur les vents pour chaque mois de l'année et pour les seize directions principales de la rose des vents.

Afin d'obtenir ce résultat, on a inscrit dans chaque carré cinq cercles concentriques, et, à partir du centre, on a tracé seize rayons comprenant seize secteurs; ces secteurs correspondent aux directions N., N. N. E., N. E., E. N. E., etc., et chacun d'eux comprend, en même temps que les quatre plus grands cercles concentriques, les douze mois de l'année, c'est-à-dire les chiffres des observations relatives à ces douze mois inscrits à la place marquée dans le diagramme type par le nom de ce mois.

Le cinquième cercle, le plus petit, partagé en quatre secteurs, contient pour les douze mois de l'année les calmes observés et résumés pour chacun d'eux.

Enfin, dans les quatre angles de chaque carré, on trouve encore, pour chaque mois, le nombre total des observations qui le concernent, c'est-à-dire la somme des observations partielles qui correspondent aux vents des seize directions principales inscrites dans chaque secteur.

Dans les anneaux concentriques, dans le cercle intérieur comme dans les coins de tous les carrés, on a suivi un ordre invariable pour l'inscription des chiffres relatifs aux mois indiqués dans le diagramme type.

En résumé, les cartes pilotes indiquent le rapport qui existe entre le nombre de jours pendant lesquels a régné un vent d'une direction déterminée, et le nombre de jours pendant lesquels ont soufflé tous les autres vents. On peut, avec cette donnée, déterminer la route qui, suivant toute probabilité, conduira en moyenne dans le plus court délai, d'un point à un autre, un navire à voiles ou un navire à vapeur. On n'arrive cependant à la solution de ce problème qu'après des tâtonnements répétés et une série de calculs très-considérable. C'est ainsi que Maury a établi, pour quelques grandes routes importantes, les tables des routes de croisement jointes à ses instructions. Nous renverrons donc ici à l'ouvrage lui-même, ou bien à la traduction qui en a été faite par M. Vancechout, ceux qui voudront étudier complétement la question.

Le *Board of trade* a également publié, en les modifiant, les cartes des vents de Maury; aux chiffres des diagrammes on a substitué une représentation graphique. Au lieu de masser les vents par mois, on les a réunis en époques comprenant trois mois de l'année; au lieu de carrés de 5° de côté, on a divisé l'Océan en carrés de 10° de côté.

Chaque carte comprend la même partie de l'Océan reproduite quatre fois pour les quatre époques choisies : novembre, décembre et janvier; février, mars et avril; mai, juin et juillet; août, septembre et octobre.

Dans chaque carré, à partir du centre, sont tracés seize rayons donnant les directions principales des vents; le rayon du cercle inscrit dans le carré a été pris comme longueur représentant le vent maximum, et on en a déduit la longueur proportionnelle de chaque rayon, suivant la fréquence des vents qu'ils indiquent. Il résulte de cette disposition qu'il y a autant d'échelles que de carrés différents. Cet inconvénient, qui est fort sérieux, disparaît dans les mêmes cartes établies par l'institut météorologique de Hollande, bien que les unes et les autres soient basées sur le même principe et soient une représentation graphique du même genre. Dans ces dernières, les rayons qui représentent la fréquence des vents sont des fractions d'une même longueur pour tous les carrés, qui par suite sont tous comparables entre eux directement.

On a réuni par des lignes droites les extrémités des rayons ainsi déterminés, de sorte que la figure teintée en noir, qui représente les vents, est un polygone irrégulier. La proportion des calmes est indiquée par un cercle intérieur.

Les cartes qui composent les trois séries dont nous venons de donner une idée sont les plus importantes pour les marins.

Les cartes thermales des océans, les cartes des pluies et des tempêtes, les cartes baleinières offrent comme études et comme recherches un grand intérêt. Il suffit d'y jeter les yeux pour en saisir les dispositions, et d'ailleurs on trouvera les explications nécessaires dans l'ouvrage de Maury et dans la traduction dont nous avons déjà parlé.

455. Ouvrages à consulter. Voici la liste des principaux ouvrages qu'on pourra consulter pour étudier à fond le sujet traité dans ce livre :

Atlas physique de Berghaus;

Atlas physique de Keith-Johnston;

Atlas des vents et des courants, de Rennel;

Instructions de Daprès de Mannevillette, sur les mers de l'Inde;

India Directory d'Horsburgh;

Sailing directions de Maury;

Considérations générales sur l'océan Atlantique, l'océan Indien et l'océan Pacifique;

Instructions sur les routes d'Europe à Java, publiées par l'amirauté hollandaise;

Cartes des vents sur la côte du Brésil, par l'amiral de Chabannes;

Cartes publiées en Angleterre par le Board of trade, traduites et publiées en France par le Dépôt général de la marine.

NOTES

ET

TABLES DIVERSES.

NOTE I.

DES NAVIRES CUIRASSÉS.

Un nouvel élément s'est introduit dans ces dernières années dans la marine militaire, qui tend à faire disparaître comme inutiles les magnifiques navires à hélice, comme ceux-ci ont éclipsé les navires à voiles. Nous voulons parler des navires cuirassés, recouverts de plaques de fer de 12 centimètres d'épaisseur que les projectiles des bouches à feu ordinaires ne peuvent traverser.

Proposé vers 1834, par le général Paixhans, l'emploi du fer pour accroître les ressources de la défense, en présentant aux projectiles de l'artillerie une substance suffisamment résistante, fut considéré comme inadmissible à cause de l'énormité des dépenses auxquelles il entraînait. Mais depuis cette époque, les développements qu'a reçus l'industrie du fer, par suite de la construction des chemins de fer et surtout l'accroissement considérable de la richesse publique, ont conduit à entrer dans cette voie, et lors de la guerre de Crimée, des canonnières blindées, construites par les ordres directs de l'empereur, sont venues affronter avec succès des fortifications établies à terre. Loin de s'arrêter dans cette voie, on a depuis construit des bâtiments de grandes dimensions, recouverts de plaques de fer pesant, avec les accessoires, près d'un tonneau par mètre carré et en totalité plus d'un million de kilogrammes, et l'on n'a pas craint de leur faire effectuer de longues traversées.

Si un corps flottant de grandes dimensions est éminemment propre à transporter des poids considérables, et si par suite l'idée d'accroître dans une très-grande proportion, par une cuirasse de fer, la puissance des batteries que représentent les grands navires de la marine militaire semble parfaitement logique, il n'est pas douteux toutefois qu'on ne les rende ainsi bien lourds, que les masses dont on les charge n'accroissent les difficultés de la navigation lointaine. Sans doute lorsqu'ils sortent du port où ils ont été construits, lorsque la machine fonctionne dans la perfection, que la chaudière fournit les pressions élevées qu'elle doit produire, on obtient de belles vitesses, grâce à la grande puissance des machines ; mais en sera-t-il longtemps de même? Quelques mois de navigation fatigueront bientôt ces coûteuses constructions, et en tout cas le poids énorme de la carapace ne permet pas d'embarquer des approvisionnements de charbon qui rendent leur sphère d'action fort étendue.

Ainsi donc, en tant que bâtiments naviguants et non en tant que

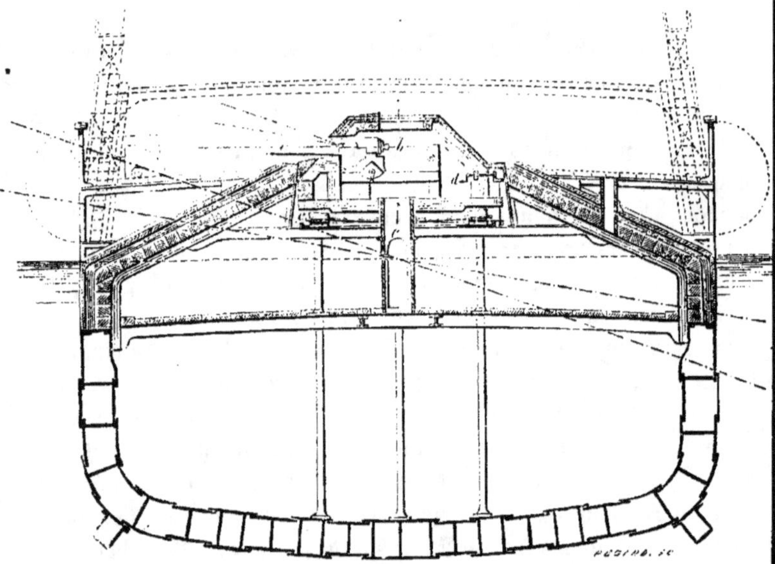

Fig. 1.

défense des côtes (cas pour lesquels ils offrent des ressources très-grandes). nous ne croyons pas qu'on doive aller au delà de ce qui a

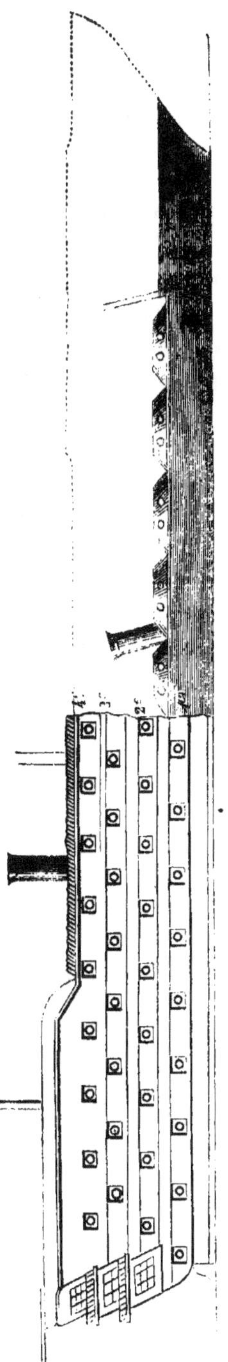

déjà été fait : augmenter, par exemple, l'épaisseur des plaques de blindage, comme il a été proposé, ni à plus forte raison composer la flotte de guerre de bateaux, invulnérables peut-être, mais sûrement incapables de naviguer, comme le fameux *Monitor* du capitaine Éricson. Nous laisserons à ce sujet la parole au contre-amiral Paris, si compétent sur la question : *Études sur l'Exposition.*

« Ce fut, dit-il, le résultat de quelques boulets entrés par les sabords encore larges de nos batteries flottantes devant Kilbourn, qui inspira au capitaine Cowper Coles l'idée de protéger encore plus les hommes en les renfermant, ainsi que leur pièce, dans une sorte de carapace tournante, de manière à pointer le canon en faisant pivoter le bouclier blindé qui le contient. La figure 1 donne une idée exacte de cette disposition. *a* est l'un des deux canons placés côte à côte dans la tourelle conique *bb*, qui par un mécanisme d'engrenage *d* tourne sur des rouleaux *c* comme un plateau de locomotive et qui est maintenu par un axe creux *e*, par lequel un ventilateur fait arriver de l'air qui s'échappe par le haut. Toute la tourelle est en madriers solides couverts par des plaques de fer, de 0^m,120. Les canons pointent dans toutes les directions, ce qui exige que le navire soit rasé tout autour comme le montre l'étrange transformation d'un majestueux trois-ponts en un bâtiment cupola dont la figure 2 donne le triste aspect. Certes, un tel navire avec ses vingt canons tournant dans tous les sens et protégé contre les coups, sera plus fort qu'une troupe nom-

breuse d'anciens vaisseaux ; son peu d'élévation sur l'eau sera même
une défense de plus, dans le genre de nos fortifications entourées de
longs talus élevés jusqu'au niveau des pièces. Tout cela est vrai, mais
pourra-t-il naviguer ? Voilà aussitôt la question qui se présente. En
effet, il y a d'abord lieu de remarquer que ce navire bas pèse autant
que l'ancien qui avait quatre étages, parce qu'il est formé de matériaux plus lourds ; or, quand les vagues remuent et font osciller
les 6,000,000 kilogrammes que pèse le navire, et cela dans le court
passage d'une vague, il y a lieu de remarquer qu'elles montent
souvent à la seconde batterie et forcent à en fermer les sabords
avec un temps très-maniable pour la navigation, et que dans un
coup de vent il est nécessaire de fermer ceux de la troisième batterie ; qu'enfin on a vu des temps qui ont fait embarquer de l'eau
sur le pont à la quatrième batterie, qui est à ciel ouvert. Comme
le passage des lames est à peu près de cinq à six secondes, qu'on
se figure, d'après cela, combien le navire à coupole sera envahi par
la mer au moindre mauvais temps. Puissent des catastrophes terribles ne pas vérifier la justesse de ces conditions naturelles de la
navigation des navires blindés, que les prouesses du *Monitor* semblent avoir fait oublier à tout le monde ! »

NOTE II.

DES CANONS RAYÉS.

La transformation de l'artillerie qui a une grande importance au
point de vue des armées, en a une bien plus grande encore pour les
marines militaires. Les flottes qui se combattraient aujourd'hui sur
mer, formées de navires à vapeur à hélices cuirassés et armés de
canons rayés, n'auraient absolument rien de commun avec celles
qui ont décidé du sort de l'Europe à Trafalgar ou à La Hogue. On lira
ici avec intérêt quelques détails sur l'artillerie qui armera ces flottes,
élément nouveau qui plus que tout autre tend à diminuer la supériorité des nations qui possèdent une population nombreuse de marins du commerce, dont l'expérience n'est plus aussi nécessaire. Il
est curieux de voir comment la défensive augmentant à l'aide des

plaques de blindage, l'offensive a tenté d'y répondre par les progrès de l'artillerie; à cet effet, j'emprunterai au *Dictionnaire des Arts et Manufactures* l'historique de l'invention du canon rayé adopté par l'artillerie de terre, ce qui permettra de bien apprécier les principes sur lesquels repose leur invention. Elle résout le problème de lancer des masses considérables animées de grandes vitesses et en perdant une faible proportion dans l'air, à cause de leur forme de moindre résistance qui leur permet d'atteindre le but avec une force vive énorme.

Je rappellerai d'abord que tout projectile lancé avec une âme dont les parois sont lisses, tourne sur lui-même dans des sens variables, en raison de la manière dont il a été placé dans l'âme où il reçoit l'impulsion des gaz produits par l'explosion de la poudre; d'où résulte, dans le cas où il est de forme allongée, des déviations qui rendent son tir tout à fait incertain, et des résistances de l'air qui diminuent considérablement les portées. Il n'y a que deux remèdes à cet inconvénient : l'un, exclusivement employé jusque dans ces dernières années, qui en amoindrit seulement les effets, consiste, comme on le sait, à donner au projectile la forme sphérique, de telle sorte qu'une impulsion dont la direction ne passe pas absolument par le centre, ne peut occasionner qu'une rotation autour de celui-ci, qui n'a qu'une faible influence sur la justesse du tir, à cause de la forme identique en tous sens de la sphère. L'autre, qui ne se rencontrait il y a quelques années que dans quelques armes dites carabines, consiste à donner au projectile la forme d'un cylindre allongé; mais pour éviter les actions perturbatrices qui pourraient être très-grandes précisément en raison de cet allongement, à lui communiquer en même temps un mouvement de rotation autour de son grand axe, qui doit correspondre exactement à celui de l'âme du canon de l'arme. Dans ces conditions, la justesse du tir devient d'une précision remarquable, et la portée augmente avec la masse du projectile et l'amoindrissement de la résistance de l'air, qui résulte de ce que la forme de celui-ci se rapproche de celle du solide de moindre résistance.

Ce sont les résultats surprenants obtenus avec les carabines, progrès qui annulait presque l'ancienne artillerie de campagne, en permettant d'obtenir avec des armes portatives des portées semblables à celles du canon, qui fit comprendre la nécessité de chercher à obtenir des progrès de même nature avec les bouches à feu. C'est en

France que la solution complète du problème fut obtenue pour la première fois, dans un cas offrant des difficultés très-grandes, car on sait qu'alors la bouche à feu est en bronze, c'est-à-dire en un métal assez mou.

L'essai capital qui a conduit à la solution est dû au capitaine Tamisier. Cet officier fort distingué s'était beaucoup occupé du tir des carabines rayées, ce qui lui permit d'établir que les principes appliqués à ce tir devaient être les mêmes pour celui des canons rayés. Il se posa donc pour conditions :

I. Pour le canon :

Une âme rayée.

II. Pour le projectile :

1º La forme oblongue cylindro-conique ou cylindro-ogivale.

2º Le mouvement de rotation autour du grand axe.

3º Des résistances directrices pour corriger la dérivation.

4º Enfin le forcement ou la suppression des battements.

Voici comment il satisfit à chacune de ces conditions.

La pièce choisie pour les expériences était une pièce de 6; elle reçut trois rayures en hélice, également espacées, de 4 millim. de profondeur et de 22 millim. de largeur, dirigées de gauche à droite pour l'observateur qui regarde la partie supérieure de l'âme, en étant placé à la culasse de la pièce, de sorte que le projectile sort en tournant de gauche à droite.

Le projectile était creux, cylindro-ogival, d'une hauteur double environ du diamètre de l'âme de la pièce, et pesant chargé, à peu près deux fois le projectile sphérique ordinaire.

Sur la partie cylindrique du projectile, en haut et en bas, se trouvaient disposés deux à deux six tenons (*fig.* 3), se raccordant exactement comme position, mais avec des dimensions un peu moindres, avec les 3 rayures de

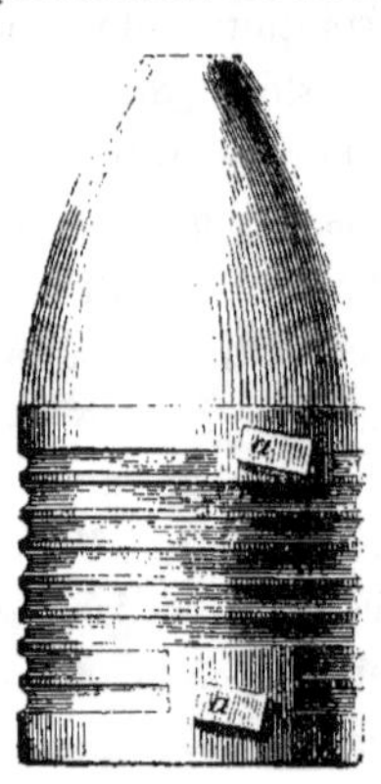

Fig. 3.

la pièce. Ces tenons étaient en *zinc laminé*. Cette application du zinc, qui appartient en propre à M. Tamisier, est à elle seule la plus grande partie de la solution du problème, et, malgré nombre d'essais, on n'a pu s'en écarter.

Dans le tir des projectiles allongés, on remarque qu'ils portent toujours dans le sens de leur rotation, c'est-à-dire que s'ils sortent de l'âme de la pièce en tournant de gauche à droite, ils porteront d'une manière fort sensible à droite, c'est ce qu'on appelle la dérivation. Pour corriger cette dérivation, des cannelures horizontales à arêtes vives furent pratiquées sur la partie cylindrique du projectile ; elles étaient au nombre de 7, avec une profondeur de $2^{mm},5$. Quant au forcement, M. Tamisier l'obtint par un moyen fort ingénieux, mais qui demande, pour être compris, quelques explications préalables.

La rotation est produite par la pression du tenon du projectile contre la rainure de l'âme de la pièce ; celle-ci, étant tracée en hélice, entraîne dans sa direction le projectile. Ainsi, si la rotation est à droite, c'est-à-dire si le projectile doit sortir en tournant de gauche à droite, elle est produite par la pression du flanc gauche *ab* du tenon contre la face correspondante AB (*fig.* 4) de la rainure. Nous donnerons à ces faces *ab*, AB le nom de *faces directrices du tir*.

Lorsqu'au contraire le projectile entre dans la pièce, la rotation se fait par la pression des deux faces opposées *cd*, CD. Nous appellerons ces faces, *faces directrices du chargement*.

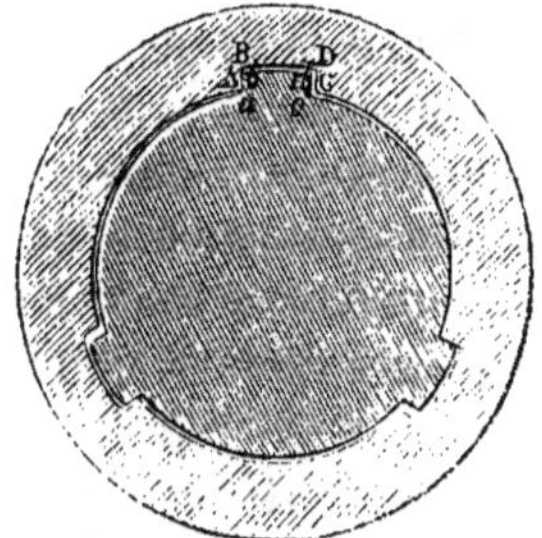

Fig. 4.

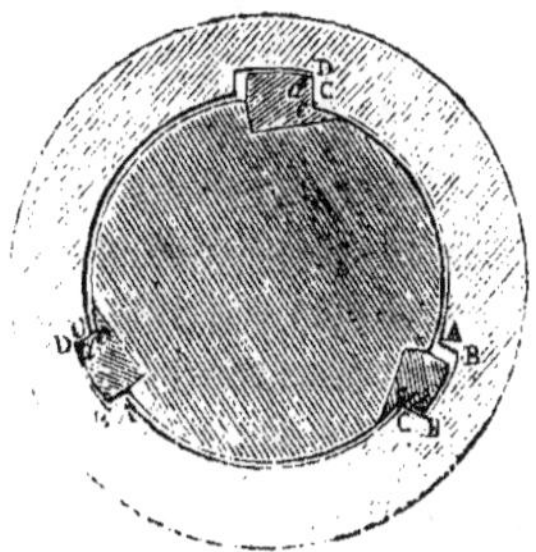

Fig. 5.

Ceci posé, examinons le tenon de M. Tamisier (*fig.* 5). Le tenon en zinc laminé était mobile, entrant dans un encastrement, et glissant sur un plan perpendiculaire au rayon passant par l'extrémité A.

Dans le chargement, la pression des deux faces *cd*, CD ne produit aucun déplacement du tenon ; mais dès que le projectile se met en marche, chassé par l'expansion des gaz, la pression des deux faces *ab*, AB, directrices du tir, fait glisser le tenon sur le plan EF (*fig.* 6). La saillie du tenon sur le projectile augmente alors, et son sommet vient butter contre le fond de la rainure. Il y a donc suppression du vent dans le fond des trois rainures ; les battements sont annulés et le projectile, dont l'axe se confond sensiblement avec celui de la pièce, se trouve forcé.

Fig. 6.

Il était difficile de trouver une solution plus ingénieuse. Employer des tenons rapportés en zinc et leur faire produire le forcement, c'était résoudre complétement le problème de la manière la plus heureuse et la plus nouvelle. Deux commissions, dont M. Tamisier faisait partie, examinèrent le système à Vincennes, en 1850 et 1851, et demandèrent la continuation des épreuves qu'elles déclarèrent satisfaisantes.

En 1853, la question fut reprise à La Fère, au point où l'avait laissée M. Tamisier, et fut soumise à une nouvelle commission, présidée par M. le général Larchey.

Elle obtint de si remarquables résultats, qu'elle n'hésita pas à conclure qu'il était de la plus haute importance de continuer les expériences relatives aux bouches à feu rayées tirant avec des projectiles à tenons en zinc.

Que ces expériences devaient porter surtout :

1° Sur la possibilité de substituer un tenon fixe au tenon mobile ;

2° Sur toute autre méthode qui tendrait à rendre le chargement plus facile dans toutes les circonstances du service de guerre, soit de jour, soit de nuit.

Une nouvelle commission, composée à peu près des mêmes membres et toujours présidée par M. le général Larchey, se réunit en 1854, et le ministre lui ayant laissé toute latitude pour faire tous les essais qu'elle jugerait convenables dans les voies qu'avait tracées le rapport de 1853, le capitaine (aujourd'hui colonel) de Chanal qui avait été l'auteur, en soumit à son examen cinq propositions :

1° Égueuler la pièce par un chanfrein de 4 millim. et en même temps raccorder le culot du projectile avec sa partie cylindrique par un arc de cercle de 20 millim. de rayon. Le chargement devait alors se faire avec la même facilité que pour les projectiles sphériques.

2° Supprimer comme inutiles les rayures horizontales des projectiles destinés à procurer les résistances directrices ;

3° Enfin remplacer le tenon mobile par un tenon fixe, mais en modifiant la forme de la rainure de la pièce,

4° Remplacer, par suite de ce changement d'action du tenon, le zinc laminé de M. Tamisier par du zinc fondu.

La quatrième proposition, qui était la principale et ne tendait à rien moins qu'à entraîner la commission dans l'examen d'un nouveau système, fut celle qui souleva le plus d'objections. Elle ne fut admise que grâce au général Larchey, qui comprit de suite que là résidait la solution définitive des canons rayés. Il importe de bien faire comprendre en quoi elle consistait.

On se rappelle ce que nous avons appelé faces directrices du tir, faces directrices de chargement. Lorsque le projectile Tamisier est en marche dans l'intérieur de l'âme de la pièce, il tourne en vertu de la pression de la face directrice du tir de la rainure contre la face directrice du tenon; cette pression est représentée par une perpendiculaire YZ à la direction de ces deux faces (*fig.* 7). Le forcement s'opère par la pression du sommet du tenon contre le fond de la rainure. Cette seconde pression est représentée par une normale OX à la surface interne de l'âme. Or si l'on compose ces deux lignes OX, YZ, la force TV ou la résultante donnera à la fois et la rotation et le forcement. En abattant donc le chanfrein de la force directrice du tir de la rainure (*fig.* 8), suivant une ligne perpendiculaire à cette composante, cette nouvelle face donnera la pression cherchée, pression qui produira la rotation et le forcement; toutes ces prévisions se vérifièrent.

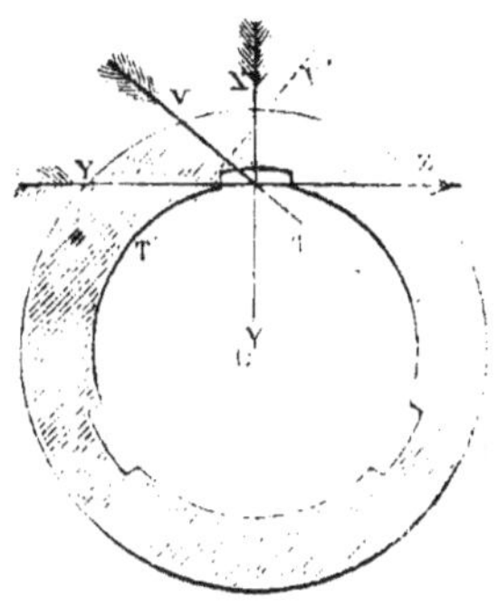

Fig. 7.

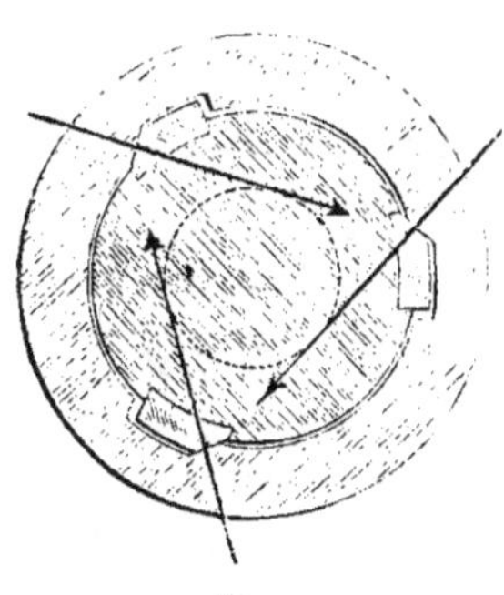

Fig. 8.

Les tenons ne furent pas rasés. Le projectile sorti de la pièce sans aucun battement, tournait autour de son grand axe, et avait gagné en justesse et en portée sur le projectile Tamisier.

L'arrondissement du raccordement du culot avec la partie cylindrique du projectile, destiné à faciliter le chargement, n'eut aucune influence sur le tir.

Il en fut de même de la suppression des résistances directrices ; enfin le zinc fondu put remplacer pour les tenons fixes le zinc laminé qu'exigeaient les tenons mobiles de M. Tamisier.

En 1855, une nouvelle commission s'assembla à Calais : on mit à sa disposition deux pièces de 16, tirant des projectiles de 15 kilog. Ces pièces et leurs projectiles étaient exactement construits d'après les principes dont l'application avait réussi à La Fère, c'est-à-dire que l'on allait continuer les épreuves du système Tamisier, modifié par le capitaine de Chanal, mais sur un gros calibre. On était alors au plus fort de la guerre de Crimée, et le siège de Sébastopol, ainsi que les projets d'attaque dans la mer Baltique, demandaient l'emploi des engins les plus puissants.

Les deux pièces en bronze de 16, système Tamisier modifié, donnèrent des résultats inattendus, même pour les esprits les plus prévenus en leur faveur.

Les tableaux suivants en sont le résumé, comparativement à ceux obtenus ordinairement par les pièces de même calibre à boulets sphériques. La pièce de 16 ordinaire, tirant un projectile de 8 kilog. avec $2^k,66$ de charge, a une portée de :

955 mètres pour une inclinaison de tir de.	2°
1,230 mètres . . . . , ...	3°
1,460 mètres	4°
2,020 mètres	7°
3,100 mètres	15°
4,000 mètres	40°

La pièce de 16 rayée, tirant un projectile cylindro-ogival de 15 kilog. avec $2^k,50$ de charge, a une portée de :

500 mètres pour un tir horizontal.	0°,00
1,000 mètres pour un angle de tir de.	1°,30
1,500 mètres	3°,00
2,000 mètres	4°,45
3,000 mètres	9°,10
4,000 mètres	14°
5,000 mètres	20°

Ainsi, pour obtenir un tir de 4,000 mètres, il faut mettre la pièce de 16 ordinaire sous l'angle de 40°, impossible dans la pratique habituelle de la guerre. On tire, au contraire, la pièce rayée facilement sous un angle de 20°, et l'on obtient une portée de 5,000 mètres.

Quant à la justesse, le premier tir en a si peu que son appréciation à ces distances ne se trouve dans aucun ouvrage; celle de la pièce rayée peut, au contraire, avoir de fort bons effets. Ainsi la comparaison des deux tirs, sous le rapport de la justesse, donne le tableau suivant :

Distance.	16 ORDINAIRE. Moyenne des écarts.	16 RAYÉ. Moyenne des écarts.
1,000	$2^m,30$	$1^m,28$
1,500		$1^m,43$
1,600	$7^m,20$	
2,000	$13^m,00$	$1^m,63$
2,200	$17^m,20$	
2,400	$22^m,00$	
2,500		$3^m,00$
4,000		$5^m,50$
5,000		$15^m,29$

Canons Armstrong. La fabrication de ces canons, dit le général Morin (*Annales du Conservatoire*), se compose de celle de l'âme proprement dite et de celle d'une enveloppe destinée à la renforcer. L'âme en fer forgé est formée de plusieurs tronçons soudés entre eux et dont chacun est fait à part, avec une barre de section carrée enroulée en hélice serrée, que l'on chauffe au blanc soudant et que l'on soude au marteau-pilon.

Ce procédé, très-ancien, est celui que l'on suivait en Angleterre pour la fabrication des canons des fusils rayés dés rifles. Il était en usage en 1842. Enfin, il a aussi été employé par M. Treadwell, pour la fabrication de l'obusier de 24, qu'il a envoyé d'Amérique en 1844. La soudure de cet obusier avait été faite à la presse hydraulique, le marteau-pilon n'étant pas encore inventé.

MM. Pétin et Gaudet avaient proposé, en 1847, un procédé analogue pour fabriquer des canons en fer forgé, et ils opèrent de même depuis longtemps pour faire des roues de wagon et de locomotive, qui ne présentent pas de joints de soudure dans des plans passant par l'axe, ni dans celui de joints plus ou moins inclinés sur la tangente à la circonférence, avec ou sans coin de soudure, comme on le faisait auparavant.

L'enroulement du fer en hélice a l'avantage de ne présenter de joints de soudure et de chances de défauts que dans des plans à peu près perpendiculaires à l'axe ou très-peu inclinés sur cet axe, ce qui atténue la probabilité d'éclatement selon des plans méridiens, mais n'exclut pas celle de l'éclatement selon des plans perpendiculaires à l'axe. On attribue à ce mode de fabrication la propriété de n'exposer le fer qu'à des efforts exercés dans le sens de la longueur de ses fibres; mais cet avantage est fort incertain, parce que les fibres apparentes du fer sont plutôt le résultat de l'étirage qu'il a subi que la conséquence de sa constitution, et que le martelage en change le sens.

Après avoir formé le nombre de manchons nécessaires pour l'âme d'un même canon, on les chauffe successivement au blanc et on les soude l'une sur l'autre, en opérant à très-peu près comme on le faisait pour les produits dont on vient de parler.

Ce procédé n'est donc pas nouveau. Appliqué à de bons fers bien soudants par des ouvriers habiles, il peut réussir; mais il est très-dispendieux, d'une exécution difficile, et présente un très-grand nombre de joints de soudure, ce qui s'est toujours opposé jusqu'ici à l'adoption des canons en fer forgé.

Pour parer à cet inconvénient très-grave, M. Armstrong, après avoir ainsi préparé l'âme de ses canons sous la forme d'un cylindre, la fait tourner avec beaucoup de précision et l'enveloppe de longs anneaux ou manchons parfaitement alésés, que l'on place à chaud autour du premier et du second renfort. En se refroidissant, les anneaux se serrent contre l'âme et lui apportent un surcroît de résistance.

Le cercle du second renfort, qui correspond à l'emplacement des tourillons, est entaillé pour ménager un logement à l'anneau qui porte ces tourillons et qui est forgé à part.

Toute cette fabrication du canon est exécutée avec le plus grand soin et avec une précision remarquable; la résistance présentée par les manchons rapportés est très-grande et le tir ne les ébranle pas comme on eût pu le croire; mais elle est très-délicate et très-dispendieuse, sans offrir les avantages que l'on peut, à beaucoup moins de frais, obtenir d'une âme en acier fondu, aujourd'hui que des aciers d'une très-grande ténacité se fabriquent couramment et à bon marché, réunissent toutes les conditions requises.

Chargement par la culasse et obturation des gaz. Dans ce système, le chargement par la culasse se fait en introduisant le projectile et la charge par une ouverture cylindrique qu'offre la culasse et qui a un diamètre légèrement supérieur à celui de l'âme. Une autre ouverture à section rectangulaire est ménagée dans la pièce à sa partie supérieure et descend jusqu'au delà de l'arête inférieure de l'âme. C'est par cette ouverture que l'on introduit de haut en bas une sorte de coin à poignée, destiné à servir d'obturateur pour s'opposer à l'échappement des gaz. Cette pièce en fer présente antérieurement un tronc de cône en cuivre rouge, qui s'ajuste dans une portion creuse de même forme ménagée dans l'âme en arrière de la charge.

Lorsque l'obturateur est à sa place, on l'y serre fortement à l'aide de la culasse, qui est à vis, et l'on comprime le tronc de cône en cuivre dans le logement qui lui est réservé.

Ce dispositif, qui présente un joint très-conique, est analogue à ce qui a été fait et proposé depuis bien longtemps pour les armes portatives. Le tronc de cône en cuivre, par sa compressibilité, se prête assez bien à la fermeture hermétique du joint. Il est cependant probable qu'il doit se déformer assez vite et qu'il faut le remplacer souvent pour éviter les fuites de gaz. Il faut d'ailleurs remarquer que pour peu que l'action des gaz fasse reculer cet obturateur, il en résulte qu'un passage annulaire plus ou moins grand lui est ouvert.

Les rayures, en grand nombre, de ce canon sont analogues à celles qui étaient autrefois pratiquées dans les carabines à balles forcées, qui se chargeaient au maillet par la volée, ce que d'ailleurs il était naturel d'imiter puisque l'inventeur emploie un projectile enveloppé de plomb. Ce projectile ayant un diamètre extérieur un peu plus grand que celui de l'âme, son enveloppe en plomb se force dans les rayures, et il est obligé de prendre le mouvement de rotation. Le peu de résistance du plomb a d'ailleurs obligé à multiplier les rayures autant qu'il a été possible.

Ce mode de direction par le forcement du plomb supprime le vent et offre certains avantages; la vitesse imprimée est plus grande, et l'absence du vent empêche, au moment de la sortie, le projectile de prendre un mouvement anomal. Il en résulte donc plus de vitesse, plus de portée et plus de justesse, toutes choses égales d'ailleurs.

Ces avantages sont compensés par des inconvénients nombreux. La fabrication des projectiles est délicate; il faut des précautions particulières pour que l'enveloppe de plomb se maintienne exactement, car si elle venait à se séparer, il n'y aurait plus de mouvement de rotation. La conservation de ces projectiles dans les transports, dans les parcs, dans les batteries, exige de grands soins et des précautions minutieuses, difficiles à prendre à la guerre. Le moindre choc peut déformer l'enveloppe et gêner l'introduction du projectile dans l'âme.

La chaleur développée par les gaz de la poudre et l'échauffement de la pièce peuvent déterminer et paraissent déterminer fréquemment la fusion d'une partie du plomb, qui alors encrasse les rayures et empêche le forcement complet. Aussi se croit-on obligé de laver la pièce après chaque coup de canon, d'abord, sans doute, pour la refroidir, et peut-être bien aussi pour enlever la crasse de la poudre, qui peu à peu pourrait bientôt remplir les rayures peu profondes et nuire au forcement.

Modification au systéme de construction. Quelle que soit l'opinion que l'on se forme du système de S. Armstrong, il paraît évident que la construction même du canon pourrait être considérablement simplifiée et améliorée par l'emploi d'une âme en acier fondu bien travaillée au marteau et cerclée en acier puddlé, comme on l'a fait en France pour les pièces récemment essayées.

L'acier fondu, tel qu'on le prépare aujourd'hui en grand, acquiert par un martelage énergique, surtout lorsqu'il n'est pas en trop grande masse, une homogénéité, une ténacité considérable. Une âme cylindrique, comme celle des canons Armstrong, serait certainement obtenue à bien meilleur marché en acier fondu martelé, qu'en fer par le procédé de cet ingénieur; elle offrirait en même temps beaucoup plus de sécurité et de résistance en tous sens.

Systéme de M. Withworth. Cet ingénieur a adopté pour la construction et pour le chargement des canons qu'il propose d'employer un mode de fabrication et des dispositions beaucoup plus simples et beaucoup plus pratiques.

L'âme de ses canons est faite en acier, auquel on donne le nom de métal homogène, mais qui, d'après les renseignements que nous avons pris à Sheffield, n'est en réalité que de l'acier de qualité moyenne que l'on peut employer fondu ou corroyé, selon les besoins. Cette âme reçoit une culasse fixe ou mobile, d'après le mode de chargement que l'on veut adopter, car le fond du système de bouches à feu proposé par M. Withworth est indépendant du mode de chargement, ce qui n'a pas lieu pour celui de S. Armstrong. La surface extérieure de l'âme est légèrement conique et parfaitement tournée à l'intérieur; elle est renforcée par des bagues alésées avec soin et introduites à froid à l'aide de la presse hydraulique, ce qui évite les inconvénients d'un chauffage parfois inégal que l'on peut reprocher au cerclage à chaud.

Pour les pièces ordinaires qui se chargent par la volée, le bouton de culasse se fixe à vis et à demeure; pour celles qui doivent être chargées par la culasse, celle-ci est composée d'une partie mobile autour d'un axe vertical, établi sur la droite de la partie fixe, et qui porte avec elle la vis de culasse; celle-ci, à filets assez fins, mais nombreux et d'un pas assez faible, étant dévissée, la culasse mobile peut tourner autour de son axe, être dirigée à droite et démasquer complétement l'orifice, pour permettre l'introduction de la charge.

Le bouton de culasse est percé, dans le sens de l'axe de la pièce, d'un trou pour l'introduction de l'étoupille fulminante.

Le mouvement de rotation des projectiles est obtenu au moyen de rayures à profil courbe, qui, au lieu d'être creuses, sont en saillie sur la partie cylindrique de l'âme. Ces sortes de filets, dont le pas est à peu près le double de la longueur de l'âme, n'ont pas le même profil aux deux bords; du côté où appuie le boulet, le contour a un rayon de courbure plus petit que de l'autre.

Le boulet, au lieu d'ailettes en saillie, présente des rayures hélicoïdes creuses à profil courbe faites à la machine, et qui au besoin peuvent être obtenues à la fonte.

Pour les carabines, l'intérieur de l'âme présente la section d'un polygone rectiligne.

A l'aide de ces dispositions, le projectile, d'une fabrication très-simple, peut être introduit dans l'âme à frottement libre, soit par la volée, à la manière ordinaire, soit par la culasse. Il a, pour le service de terre, une forme ovoïde allongée dont la longueur peut atteindre deux à trois fois son diamètre; mais pour le service de la marine, et principalement pour obtenir le percement des plaques, la forme ovoïde est considérablement modifiée : les deux extrémités sont tronquées par un plan perpendiculaire à l'axe et offrent une section circulaire à contours à peu près vifs et d'un diamètre peu inférieur à celui de la pièce. M. Withworth a été conduit à l'adoption de cette forme par l'observation du tir à la mer. Il a remarqué que quand le projectile ovoïde rencontre la surface de l'eau, il se relève et n'y pénètre pas, ce qui peut faire perdre beaucoup de coups, tandis que le projectile tronqué est plutôt sollicité à pénétrer dans l'eau par la résistance même du fluide aux premiers instants de sa pénétration.

L'expérience a prouvé, assure-t-on, que des projectiles de cette forme pouvaient encore traverser des plaques de 0^m.121 après avoir pénétré de plus de 9 à 10^m dans l'eau. Je crains cependant que ce résultat ne soit un peu exagéré, parce que la résistance de l'eau au mouvement des projectiles est tellement grande, qu'elle détruit rapidement leur force vive.

Les gargousses de M. Withworth, pour les pièces qui se chargent par la culasse, sont terminées par un culot en fer-blanc analogue à celui de cuivre ou de papier que l'on a depuis longtemps proposé et employé pour les armes portatives qui se chargent par la culasse, et qui, en s'ouvrant un peu sous l'action des gaz, servent naturellement d'obturateur. Ce procédé est semblable à celui que l'on essaye avec succès en France en se servant de plaques d'acier. Il convient d'ailleurs de faire de nouveau remarquer que ce système de culots expansifs utilise l'action du gaz de la poudre pour assurer l'obturation, et qu'il est en lui-même bien plus rationnel que celui des tampons tronconiques métalliques, qui, pour peu qu'ils cèdent à la pression des gaz, leur ouvrent une issue, ce qui effectivement arrive avec les obturations de S. Armstrong après un certain nombre de coups.

M. Withworth a appliqué son système de rayures à tous les calibres et jusqu'aux armes portatives des plus faibles. Ses balles, en fer ou en fonte à extrémités plates, traversent des feuilles de tôle de 8 à 10 millimètres d'épaisseur à 200 mètres de distance, même quand elles frappent sous des angles de 45° et de 30°.

L'on a toutefois reproché aux armes et aux canons présentés par M. Withworth la très-grande précision donnée à certaines parties et en particulier au projectile, qui n'a que très-peu de vent, ce qui, après quelques coups, doit occasionner des difficultés pour le chargement. Ce défaut, qui est la conséquence naturelle des habitudes de l'auteur, bien connu de tous les ingénieurs pour l'admirable précision de toutes les machines qui sortent de ses ateliers, peut être facilement évité en augmentant dans une certaine mesure le jeu du boulet dans l'âme ou ce qu'on nomme le vent; l'expérience indiquerait à quelle limite il convient de s'arrêter.

Ce qui a sans doute conduit M. Withworth à diminuer, autant qu'il l'a pu et peut-être au delà de ce que comportent les conditions du service, le vent de ces projectiles, c'était l'apparente nécessité d'obtenir des vitesses, des portées et une justesse de tir égales à celles des bouches à feu du système de sir Armstrong et à celles des fusils rayés d'Enfield, tirant tous à projectiles forcés.

Mais quand il s'agit du service de guerre, où les bouches à feu, les armes, les munitions, les projectiles sont exposés à tant de circonstances imprévues, d'accidents de tir et de transport, l'excessive précision est non-seulement superflue, mais elle peut même devenir un embarras et présenter de graves inconvénients. A ce point de vue, l'exécution admirable des bouches à feu exposées par l'arsenal de Woolwich, qui atteignent presque la perfection des instruments d'astronomie, nous semble une exagération qu'il ne convient pas d'imiter.

Le système de bouches à feu et d'armes portatives de M. Whitworth, dit en terminant le général Morin, me paraît d'une exécution et d'un service facile et sûr. Il comporte un degré de précision suffisant qui peut être limité à ce que l'expérience ferait regarder comme nécessaire. La fabrication des projectiles n'offre aucune difficulté, soit qu'on y creuse les rayures à la machine, soit qu'on se contente de les obtenir à la fonte. En employant pour les former de la fonte douce et faisant l'âme en acier, les bouches à feu pourraient très-probablement fournir un tir très-prolongé sans se dégrader.

Si, au lieu de considérer seulement les questions de portée, nous en revenons au problème que pose l'accroissement de valeur défensive des navires cuirassés, nous pouvons établir comme résultant d'expériences directes que le canon Armstrong est tout à fait insuffisant ; celui de Withworth, qui se rapproche davantage de celui qui est dû à nos officiers d'artillerie, est plus susceptible de le résoudre. La supériorité paraît appartenir encore à l'artillerie française, qui a débuté la première dans cette voie.

Au jugement d'un homme aussi compétent que le général Morin, nous joindrons celui porté par M. le colonel Treuille de Beaulieu, chargé de la direction des expériences qui se font en France, dans son rapport sur l'Exposition de 1862 : « Dans la fabrication des canons, les Anglais, malgré le luxe de leur outillage et la puissance de leurs moyens de production, sont loin de jouir de la sécurité qu'inspire à la France le mode de construction adopté pour son artillerie. Les récentes expériences faites à Schœburyness avec une pièce de 12,000 kilogrammes (système Armstrong), que l'on considérait à juste titre comme la dernière expression du progrès de la fabrication, ne sont pas de nature à les rassurer. On n'eut, en réalité, des effets décisifs contre les plaques qu'à 184 mètres de distance, et la pièce, après quinze coups à la charge du tiers, avec un boulet sphérique, était déjà hors de service, tandis qu'en France la *Marie-Jeanne* supportait la charge du tiers avec un projectile pesant deux fois le boulet rond, et, à la charge du quart, agissait avec efficacité sur les plaques à 1000 mètres de distance, avec un projectile pesant trois fois le boulet rond. Cette supériorité de résistance et d'effet paraît encore plus marquée, si l'on observe qu'elle est obtenue avec une pièce qui ne pèse pas 6 tonnes et un projectile de 45 kilogrammes. Ajoutons enfin que cette pièce se chargeait par la culasse. »

En résumé, de tous les essais faits jusqu'ici, il résulte que l'on a conquis des éléments très-importants :

L'emploi de l'acier pour la fabrication des bouches à feu ;

Le frettage, qui permet d'atteindre sans danger des pressions très-élevées ;

La rayure des âmes, qui permet d'employer des projectiles de forme allongée ayant des portées considérables et des effets destructeurs très-puissants ;

Enfin le chargement par la culasse, qui permet d'employer à la mer des canons longs, qui seuls peuvent conduire à obtenir des effets dynamiques aussi considérables que ceux dont il s'agit.

En résumé, il me paraît incontestable que la défensive a relativement plus gagné que l'offensive ; c'est, il me semble, le résultat le plus probable des expériences connues jusqu'ici, qui n'ont au reste qu'une valeur assez faible, et c'est ce que la première guerre maritime entre nations de premier ordre établira d'une manière certaine. Espérons que ce ne sera pas prochainement.

S'il m'était permis, en ma qualité d'ancien officier d'artillerie, de dire un mot sur cette question, j'observerais qu'un seul élément de l'ancienne artillerie n'a pas été modifié dans ces recherches entreprises pour produire des effets formidables. Forme, nature du métal, poids du projectile et de la bouche à feu, tout a été changé ; la poudre à canon seule est restée la même. Il faudrait, pour un nouveau progrès, qu'elle aussi fût modifiée en vue des nouvelles conditions auxquelles on veut satisfaire. Dans la poudre à canon ordinaire, la vitesse de combustion, qui fait brûler la poudre de la surface au centre, est assez faible relativement à la vitesse d'inflammation, en vertu de laquelle la surface des grains est embrasée. C'est en raison

de celle-ci, qui peut devenir extrêmement grande, en réduisant la
poudre en grains fins (comme on le fait pour la poudre de chasse),
que se produisent les pressions du premier moment, lorsque le projectile, qui résistait par son inertie, se met en mouvement ; c'est en
vertu de la première que la pression se maintient malgré le déplacement du projectile, malgré l'accroissement de volume qui résulte
de ce mouvement.

La première pression est limitée par la résistance de la bouche à
feu, et cette limite s'abaisse évidemment beaucoup, pour les canons
qui se chargent par la culasse, dont les avantages à la mer sont très-
grands ; car une obturation par assemblage sera facilement détruite
par une pression très-élevée, et les pièces altérées par la température
qui lui correspond. Cela est surtout vrai pour le canon Armstrong,
qui, par la nature de son projectile, ne permet à aucun gaz de
sortir ; la suppression du vent qui a paru à l'inventeur un avantage notable pour les effets ordinaires de l'artillerie, est devenu un obstacle
insurmontable, malgré toute l'habileté du célèbre ingénieur, lorsqu'il s'est agi de traverser les plaques de blindage, tandis que les
rainures du système français ou les dispositions analogues de Withworth contribuent utilement à éviter un excès de pression initiale,
en fournissant un écoulement sensible de partir des gaz formés à
une pression énorme.

Quand le projectile est en mouvement, les gaz agissent sur lui par
leur détente ; la pression diminue en raison de l'accroissement du
volume [1], et se maintient élevée au contraire en raison du dégagement du gaz dû à la combustion de la poudre. A mesure que le projectile se déplace, la poudre agit donc de moins en moins efficace-

1. Dans son *Cours d'artillerie à l'École de Metz*, le savant M. Piobert nous
donnait comme satisfaisante la formule de Rumford

$$p = 1{,}841 \left(905\, \frac{D}{K} \right)^{1\,+\,0{,}362\,\frac{D}{K}}$$

pour calculer la pression p, obtenue d'une charge K, D étant la densité du
volume occupé par la poudre et les gaz. Cette expression donne une valeur de
la pression moindre que celle que fournirait la décroissance de la pression
initiale suivant la loi de Mariotte. Lorsque le boulet s'est avancé de n fois, le
volume de la poudre, la pression est donc inférieure à $\frac{1}{n}$ de la pression initiale,
et par suite, n'a plus qu'une action relativement faible sur le projectile en
mouvement.

ment pour imprimer une grande vitesse au projectile, et par suite on atteindra le maximum de vitesse possible du projectile sans fatiguer plus qu'aujourd'hui la bouche à feu, si on pouvait faire en sorte que la combustion fût telle que la pression restât constamment égale à la pression initiale. Le problème de composer une poudre produisant un semblable effet, poudre que l'on doit concevoir comme formée d'un noyau susceptible d'une combustion beaucoup plus rapide que l'enveloppe qui le recouvre (celle-ci serait la poudre à canon ordinaire), est d'une solution relativement facile; et il n'est pas douteux que de cette action directe, continue, remplaçant une détente produite par des pressions qui vont en s'amoindrissant, il ne résulte la possibilité d'obtenir des vitesses extrêmement grandes pour des projectiles pesants, et par suite la possibilité de percer des blindages avec des pièces dont le poids serait un minimum.

Or, c'est là le point important de la question; car si le but ne peut être atteint qu'au moyen de pièces d'un poids énorme, ne pouvant, par suite, être qu'en fort petit nombre sur un navire, et par conséquent ne donnant que de faibles chances d'atteindre convenablement le but à la mer, on peut dire que la révolution qui s'accomplit sera tout à fait favorable à la défense et qu'elle tend à faire préférer les petites constructions, les canonnières, aux grandes frégates cuirassées par lesquelles on pense remplacer aujourd'hui les vaisseaux de haut bord.

Notre sentiment est que cette conclusion est celle qui sortira de l'expérience, et nous nous applaudissons volontiers d'une conséquence pareille. Il serait heureux que, dans toutes les directions, l'art militaire arrivât à de semblables progrès, tendant à assurer la victoire à la nation qui défend son territoire contre une armée envahissante. Ce serait la fin des guerres de conquête de tout genre. On ne peut terminer par un meilleur souhait ces considérations sur des questions d'artillerie.

NOTE III.

Nouveaux bassins de radoub, système Clark, établis près des docks Victoria à Blackwall. — La nécessité de faire passer au bassin les vaisseaux en fer à hélice, presque à chaque voyage, rend insuffisants les bassins existants dans presque tous les ports. Un nouveau système paraît remédier à ces inconvénients, nous en emprunterons la description à l'excellent rapport sur les travaux publics représentés à l'Exposition de 1862, dû à M. Bomart, inspecteur général des ponts et chaussées.

L'ordre d'idées, dit-il, d'après lequel ont été établis ces bassins de radoub, semble pouvoir se résumer ainsi : couler préalablement, sur des traverses disposées à cet effet, un chaland ou ponton construit *ad hoc* ; amener au-dessus du chaland échoué le navire à réparer ; soulever mécaniquement, au moyen de presses hydrauliques, les traverses, le chaland et le navire calé sur le chaland ; remettre à flot, par une simple fermeture de bondes, le chaland qui se sera vidé pendant son ascension ; emmener le chaland portant le navire dans quelque bassin à faible tirant d'eau, le long de quais ou d'embarcadères, à proximité des dépôts des matériaux de réparation ; restaurer le navire sur le chaland lui-même ; et, quand le travail est terminé, remettre le navire à flot, en repassant par les mêmes opérations en ordre inverse.

Par cet ensemble de combinaisons, on s'est proposé de satisfaire au service de radoub le plus actif, avec un seul appareil élévatoire, moyennant la construction d'un plus ou moins grand nombre de chalands, selon les besoins ; ce qui devait avoir le plus grand avantage de ne point augmenter les dépenses d'établissement des ouvrages proportionnellement à l'accroissement d'activité du service, chaque chaland additionnel, dont le coût est relativement minime, devant équivaloir, dans ce système, à la création additionnelle d'un bassin de radoub.

Voici comment M. Edwin Clark a réalisé, à Blackwall, ces très-ingénieuses combinaisons (*fig.* 1).

Deux rangées parallèles de colonnes comprennent entre elles l'espace dans lequel doit être reçu le navire. Chaque rangée contient

seize colonnes. D'une rangée à l'autre, d'axe en axe, l'espacement
est de 18^m,91 ; dans la même rangée, la distance d'une colonne à la
suivante est de 6^m,10. Les colonnes sont en fonte; elles ont 1^m,525 de
diamètre et 18^m,30 de hauteur, y compris 3^m,70 de fiche. Chacune
d'elles renferme une presse hydraulique. Le cylindre de cette presse
a son sommet au niveau de l'eau du bassin. Son piston, qui a 0,254
de diamètre et 7^m,625 de course, se meut avec jeu dans le cylindre ;
il est guidé, dans ses mouvements de montée et de descente, par un
serrage en cuir qui fait office de boîte à étoupe au sommet du
cylindre, et par un joug en fer forgé qu'il porte à sa tête. Ce joug
glisse dans deux rainures ménagées dans la colonne suivant le plan
d'axe de la rangée, et ouvertes depuis le sommet du cylindre jusqu'au
sommet de la colonne. A ce joug est suspendue, au moyen de deux
tirants, une des extrémités d'une traverse formée de deux poutres
jumelées, dont l'autre extrémité est suspendue de la même manière
au joug de la colonne placée en face, dans l'autre rangée. Chaque
presse est alimentée par un petit tuyau aboutissant un peu au-dessous du serrage. Les tuyaux des trente-deux presses viennent se réunir dans une cabine vitrée, d'où un contre-maître surveille et dirige
les détails de la marche de l'appareil. Ils y aboutissent à un clavier
de robinets qu'on ne fait en général agir que par groupes, mais qui
peuvent agir chacun isolément quand il y a lieu. Au delà, ils ne
forment plus que trois groupes, correspondant à trois récipients distincts, lesquels alimentent, l'un, les huit couples de colonnes
d'amont, et chacun des deux autres, les huit colonnes de droite ou les
huit colonnes de gauche restant à l'aval. L'eau est fournie à ces trois
récipients par quatre pompes que met en mouvement une machine
à vapeur de 50 chevaux.

Les choses étant disposées ainsi, on conçoit sans peine comment
l'opération s'effectue. Dans l'état de repos, tous les pistons des presses
sont au bas de leur course, et les traverses sont descendues sur le
radier, à 8^m,40 de profondeur. On amène entre les colonnes un chaland de dimensions appropriées à l'échantillon du navire à réparer, et
portant à demeure les chantiers et coins en bois destinés à supporter
et caler le navire. On place ce chaland, et on l'échoue en ouvrant les
bondes de son fond. Le navire est ensuite introduit et amarré dans la
position convenable au-dessus du chaland. On ouvre alors les robinets
correspondant aux presses qui doivent agir, eu égard aux dimensions
du chaland, et on met en jeu la machine à vapeur. Dès que le navire

commence à porter sur le chaland, on opère, en agissant sur des chaînes disposées *ad hoc*, le serrage de coins qui le calent. Le contre-maître, qui, en faisant intervenir dans une proportion relative convenable les trois groupes distincts de tuyaux alimentaires, peut modifier à volonté l'inclinaison longitudinale et l'inclinaison transversale du chaland, règle la marche de l'ascension de tout le système de manière à maintenir toujours le chaland et le navire dans les conditions désirables. L'action des presses se continue jusqu'à ce que le fond du chaland sorte de l'eau; alors le chaland se trouve vide : on ferme les robinets, et on laisse descendre les pistons des presses. Le chaland, remis à flot, s'éloigne, emportant le navire; et l'appareil élévatoire se trouve en situation de recommencer pour quelque autre navire la même opération.

Depuis trois ou quatre ans qu'il fonctionne, l'appareil de M. Clark a déjà servi à plus de quatre cents navires de toutes dimensions, jaugeant, pour la plupart, de 400 à 1,200 tonnes, et quelques-uns au delà de 2,300 tonnes. Généralement, une opération de mise en chantier demande, en tout, de deux à trois heures. Dans les conditions que comporte le service actuel du dock, toutes les manœuvres qui viennent d'être décrites, appliquées à un navire ordinaire, s'effectuent avec une merveilleuse facilité.

Tout le système élévatoire pris isolément — c'est-à-dire, les colonnes, les traverses, les presses, les pompes, la machine à vapeur, y compris les travaux d'établissement de ces diverses parties du système, les fondations, le radier, les perrés, les planchers d'approche, le bâtiment de la machine, la cabine, etc., mais non compris les chalands ni aucune des dépendances extérieures en terrains, bassins, etc. — a coûté 26,000 livres sterling, soit 650,000 francs. Le prix des chalands a varié, suivant les dimensions, depuis 75,000 francs jusqu'à 260,000 francs.

Le très-remarquable appareil de M. Edwin Clark est du nombre des ouvrages qui ont le plus fixé l'attention des ingénieurs venus à Londres à l'occasion de l'Exposition.

NOTE IV.

CHRONOMÈTRES.

Nous pensons que l'on trouvera ici avec plaisir une étude sur les chronomètres, que M. L. Breguet, notre habile constructeur d'horlogerie de haute précision si appréciée des marins, a extrait pour notre *Dictionnaire des Arts et Manufactures*, des manuscrits laissés par son grand-père le célèbre Breguet. Il est intéressant pour les marins qui se servent tant de ces instruments, de connaître les détails de leur construction.

Newton indiqua le premier le secours de l'horlogerie, dont il sembla avoir pressenti les progrès, comme le moyen le plus facile pour déterminer les longitudes en mer, si l'on parvenait à exécuter des instruments portatifs de ce genre assez exacts pour conserver l'heure sur le vaisseau, sans erreur de plus de deux minutes de temps après une traversée de quarante-deux jours (la différence qui résulte d'un tel écart est de 10 lieues environ pour l'équateur, et diminue à mesure que l'on est plus près du pôle). On commençait à construire à cette époque des horloges à pendule un peu régulières, mais il n'y avait pas d'instruments portatifs en état d'éprouver sans dérangement les secousses d'un voyage de terre ou de mer, et même, longtemps après cette époque, la marche des meilleures montres ou horloges à balancier, bien que placées dans un lieu fixe, était loin d'égaler celle des horloges à secondes et à pendules les plus médiocres. Le grand progrès que devait faire la navigation, si le problème était résolu, détermina des nations commerçantes à stimuler le zèle et les efforts des plus habiles artistes par des encouragements à la fois honorables et lucratifs. A force de recherches et d'expériences, on parvint à composer des horloges marines qui se firent remarquer par un commencement de succès. Un grand concours fut ouvert par le parlement anglais, et Harrison remporta le prix considérable qui avait été proposé.

On devait penser que la régularité de ces instruments, dépendant particulièrement de l'application délicate de principes physiques et mécaniques fort compliqués, et de la constance dans les effets d'un mécanisme extrêmement subtil, pouvait être aisément altérée par les mouvements irréguliers du bâtiment, par le choc des vagues dans les temps orageux, les secousses de l'artillerie, la différence des climats, les grandes variations de température, etc. Il semblait difficile que leur exactitude se soutînt constamment au milieu de tant d'obstacles et d'influences sur les métaux et sur l'huile absolument nécessaire dans les frottements de plusieurs parties ; la moindre de ces causes devrait nécessairement altérer le résultat du calcul des forces et des résistances que l'artiste combine avec tant de peine. Cependant les succès ont en quelque sorte surpassé l'espoir, et heureusement l'examen plus approfondi de toutes les difficultés, la persévérance dans de nouveaux essais, l'expérience, la découverte heureuse de principes inconnus jusqu'alors, ont enfin procuré la régularité désirée, au point de pouvoir souvent déterminer la longitude d'un navire, après plusieurs mois de traversée, à moins d'une demi-lieue sous l'équateur, et d'obtenir quelquefois des horloges marines une exactitude semblable à celle des meilleures horloges astronomiques à pendule.

Il ne suffisait pas toutefois aux besoins de notre navigation que l'on fût parvenu à rendre les horloges marines exactes et solides, il fallait encore les établir en fabrication comme les horloges et les montres ordinaires, seul moyen d'en réduire le prix, d'en faciliter, d'en multiplier l'emploi et de couvrir ainsi les frais d'établissement. Chaque ouvrage de ce genre avait toujours exigé l'étude spéciale de l'artiste le plus habile, de longs tâtonnements, enfin des soins particuliers et différents pour chaque pièce, et ne pouvait conséquemment être copié et multiplié en manufacture.

Cet avantage ne pouvait résulter que d'un concours heureux de circonstances rarement réunies ; car, pour entreprendre un pareil établissement, il fallait d'abord bien connaître les règles générales de la composition de cette sorte de machines, avoir vaincu les dégoûts d'un tâtonnement sans bornes, et après avoir fourni aux frais qu'entraînent les épreuves nécessaires en tous genres pour découvrir les principes, trouver encore les moyens de pourvoir aux dépenses des instruments d'une construction et d'une justesse particulières à ce genre de travail et exigés par une fabrication en grand. On voit qu'il n'est point de sacrifices de temps et de fortune auxquels on ne doive se résigner, si l'on veut obtenir à la fois la sûreté et l'économie réclamées par la navigation ; aussi ne compte-t-on qu'un petit nombre d'artistes en France qui se soient occupés avec succès de l'horlogerie marine, et ce n'est que dans ces dernières années que nous avons pu en voir établir la fabrication en manufacture.

Pénétrés de l'utilité d'une telle entreprise, ainsi que des difficultés qu'elle présente, nous avions depuis longtemps dirigé nos recherches vers ce sujet, et comme, après l'étude des principes qui lui sont particuliers, l'expérience devait surtout nous guider dans leur application, nous avons recueilli en notes, depuis plus de trente années, toutes les causes de dérangement, d'altération, de destruction quelconque, d'arrêt ou d'autres accidents que nous avons eu l'occasion d'observer dans toutes les horloges ou montres marines de divers auteurs qui nous ont été adressées. En réunissant nos efforts à ceux de nos prédécesseurs, nous sommes enfin parvenus à établir un modèle nouveau, plus régulier, de chronomètres que les navigateurs et les astronomes ont trouvés exempts des défauts dont on avait eu si souvent à se plaindre.

Afin d'exposer plus clairement ici l'abrégé des principes généraux de la matière que nous traitons, il nous a paru convenable, pour l'ordre des idées, de résumer les principes qui doivent guider le constructeur, travail qui pourra paraître de peu d'utilité à ceux qui ont étudié cette partie de l'horlogerie, mais qui peut être désiré par ceux qui l'auraient perdu de vue et par les amateurs.

Le système général d'un chronomètre se compose de quatre systèmes particuliers, qui sont : 1° le moteur ; 2° le rouage ; 3° l'échappement ; 4° le régulateur.

Le régulateur est le véritable diviseur du temps. Dans les horloges marines et les montres à longitudes, c'est un corps dont l'axe est porté par deux pivots, dont toutes les parties sont en équilibre autour de son centre et susceptible de recevoir un mouvement circulaire ; mais ce corps étant lié à un ressort spiral ne peut plus effectuer qu'un mouvement oscillatoire. Lorsqu'on le sort de son état de repos (ce qui arme nécessairement le ressort spiral), et qu'on l'abandonne ensuite, il fait un certain nombre d'oscillations produites par la réaction du spiral, mais dont l'étendue diminue peu à peu, et qui cesseraient bientôt par la résistance de l'air, celle des frottements des pivots et celle des molécules du ressort, si le mouvement n'était entretenu par les impulsions régulières d'un mécanisme que l'on appelle échappement.

T. II.   30

L'échappement est un système qui répare à chaque oscillation, ou de deux en deux oscillations, la perte de mouvement du régulateur.

L'échappement est réglé dans ses fonctions par les oscillations elles-mêmes, et reçoit son action du rouage.

Le rouage, système de plusieurs roues dentées et de pignons, transmet à l'échappement la force du moteur.

Ce système prolonge l'action de la force motrice en ne la communiquant que par degrés; il indique la division du temps en heures, minutes et secondes, par des aiguilles fixées aux axes de quelques-uns de ces mobiles.

Le moteur des chronomètres portatifs est un corps élastique comprimé, dont la réaction ou la force est appliquée au rouage, qui la transmet par parties et par instants au régulateur, pour entretenir son mouvement oscillatoire.

La mesure du temps par les horloges marines et les montres à longitudes, instruments portatifs, résulte donc des oscillations d'un corps tournant sur lui-même, produites par l'élasticité d'un ressort qui est le spiral, et entretenues aussi par un moteur élastique (les ressorts contenus dans les barillets). Dans les horloges astronomiques à pendule et dans les instruments fixes, les oscillations sont celles d'une verge métallique suspendue verticalement; elle est supportée par une lame de ressort fixée à sa partie supérieure et porte à sa partie inférieure un poids assez lourd appelé lentille, parce qu'il en a la forme, afin d'offrir moins de résistance à l'air. Ce système, qu'on appelle un pendule, écarté une fois de la verticale et abandonné à lui-même, oscille pas l'effet de la gravité. Le moteur qui entretient ces oscillations, par les systèmes intermédiaires du rouage et de l'échappement, est ordinairement un poids.

Ainsi, les principes du système régulateur dans les chronomètres et dans les régulateurs astronomiques sont l'élasticité dans les horloges marines et les autres instruments portatifs de ce genre, et la gravité dans les horloges astronomiques à pendule.

Le régulateur des instruments portatifs est formé de trois parties; les deux principales sont : 1º le balancier; 2º le ressort réglant, contourné en hélice, mais que l'on appelle communément spiral parce que dans son origine, et même actuellement encore dans la plupart des montres, ces lames ont été pliées en volute dans un même plan.

Le balancier est formé de deux arcs métalliques d'un peu moins d'une demi-circonférence, fixés chacun par une de leurs extrémités aux deux points extrêmes d'une pièce d'acier faisant diamètre; le milieu de ce diamètre est le centre des deux arcs métalliques. Ce système est fixé par son centre sur un axe en acier, terminé par deux pivots disposés de manière à réduire autant que possible les frottements; il est porté sur une platine et maintenu par un pont appelé *coq*, fixé sur la platine. Les choses sont disposées de manière que le poids soit reporté le plus près possible de la circonférence, et que le centre de figure coïncide exactement avec le centre de gravité.

Le ressort spiral ou ressort réglant est une lame d'acier (quelquefois d'or) pliée en hélice ou en vis (en ressort à boudin), formant plusieurs tours qui représentent un cylindre à jour, de 16 à 18 millim. de diamètre, placé concentriquement à l'axe du balancier.

Si l'on imprimait au balancier, suspendu comme il a été dit, mais sans communication avec le ressort spiral, un mouvement de rotation, on sait qu'il obéirait à ce mouvement en continuant de tourner dans le même sens, jusqu'à ce que le frottement et la résistance de l'air eussent absorbé toute la force communiquée; mais si le balancier est lié au ressort spiral, il ne peut continuer à effectuer un pareil mouvement sans faire plier et fermer les tours de lames du spiral, jusqu'à ce que la force du mouvement imprimé au balancier se trouve en équilibre avec la résistance toujours croissante de ce ressort; alors le mouvement du balancier cesse, et le spiral le ramène vers le point commun de repos d'où ils étaient partis.

Ce mouvement rétrograde du balancier, lent dans les premiers degrés, devient de plus en plus rapide en raison composée de sa masse, de la forme du ressort spiral et de l'étendue de l'arc décrit, et la vitesse acquise est la plus vive lorsqu'il arrive à son point de départ, c'est-à-dire où il était en repos avant le mouvement imprimé. Le balancier dépasse donc ce point pour décrire de l'autre côté un second arc de même étendue, moins ce qui résulte de sa perte de mouvement par les frottements et les résistances qu'il éprouve dans sa marche; un second arc ne peut avoir lieu sans armer le spiral dans un sens contraire (et pour suivre le même exemple), en ouvrant alors les tours de ses lames. Lors donc que les forces opposées du balancier et du spiral se trouvent aussi en équilibre de ce côté, le mouvement du balancier cessant, le spiral le ramène encore vers le point de repos qu'il dépasse une seconde fois, par suite de son mouvement acquis.

Le balancier, joint au spiral, continue ainsi à effectuer plusieurs mouvements circulaires de va-et-vient, qu'on appelle oscillations; mais la perte d'une partie de son mouvement par les résistances dont nous avons parlé ci-dessus, et de plus par le frottement des molécules du spiral qui s'oppose au changement de forme de sa lame, diminuant progressivement l'étendue des arcs, ceux-ci se trouveraient, comme nous l'avons dit, peu à peu réduits à zéro, sans la réparation immédiate de l'échappement. Ainsi le balancier (composé lui-même d'ailleurs de plusieurs autres parties que nous expliquerons plus loin), le spiral ou ressort réglant et la suspension, forment le premier système appelé régulateur.

Pour réparer la perte de mouvement du régulateur et maintenir l'étendue égale des oscillations, on établit près de son axe un système de pièces que l'on nomme l'échappement. Il se compose de la dernière roue dite d'échappement, d'une détente à repos, et d'un cercle d'échappement entaillé en un point de sa circonférence, lequel se trouve placé sur l'axe même du balancier. Il y a aussi tout près de ce cercle une pièce fixée sur le même axe, et appelée doigt de dégagement.

Le déplacement de la détente produit par le doigt pour dégager la roue, est proprement le rappel de la force motrice. L'action d'une dent de la roue d'échappement sur le cercle se nomme impulsion ou réparation.

On vient de voir comment la roue d'échappement, toujours sollicitée par la force motrice (lorsque celle-ci est armée), mais retenue par la détente, est tirée de son repos par le déplacement de cette même détente, opérée par le doigt de dégagement que porte l'axe du balancier, agent le plus direct et le plus propre à cette fonction par la régularité de ses retours, et c'est alors que, par une impulsion, la roue restitue au régulateur déjà en mouvement toute la force absorbée par les frottements de la suspension, par les résistances de l'air, du spiral, et même du dégagement.

Lorsqu'on aura bien saisi ces effets, rien ne paraîtra d'abord plus simple que l'action mutuelle de l'échappement sur le régulateur dans l'impulsion, et du régulateur sur l'échappement dans le rappel de la force motrice, et il semble que la vitesse, la durée des oscillations, la tension proportionnelle du spiral et sa réaction dans les diverses étendues d'arc, les résistances des frottements et autres obstacles, peuvent facilement être soumises à l'analyse. Mais il faut aussi considérer que les éléments dont nous venons de parler varient par les effets insensibles de l'usure qui change les surfaces en contact, par l'état des huiles qui se décomposent, par les irrégularités qui restent dans la force motrice malgré tous les soins donnés au rouage, par les effets de la température sur les dimensions du balancier, sur l'élasticité du spiral, et même sur toutes les parties du mécanisme; que les moyens par lesquels on y remédie sont soumis eux-mêmes à d'autres causes perturbatrices; qu'enfin l'expérience semble indiquer que des propriétés encore inconnues, et probablement très-variables de la matière, viennent se mêler à ces effets; que toutes ces influences, quoique imperceptibles, ne sont que trop amplifiées par le nombre prodigieux des oscillations, et devraient être connues d'autant plus exactement que la régularité de chaque oscillation, et par suite la durée d'un grand nombre d'oscillations consécutives, dépendent de l'intensité des causes qui les entretiennent et de celles qui les attirent.

On sentira facilement alors qu'il est peu d'études aussi compliquées, aussi conjecturales, que celle de toutes ces combinaisons, qui échappent trop souvent à l'analyse de l'esprit le plus observateur, le plus pénétrant et le plus méthodique, malgré la régularité que procure au rouage l'emploi de machines très-ingénieuses et qui donnent aux dentures une précision extraordinaire. Le peu d'imperfection qui reste inévitablement à tout ce que produit la main de l'homme, fait encore changer très-sensiblement les rapports des leviers dans les engrenages, outre les différences qui surviennent dans le glissement des courbes par les adhésions, les grippements, la présence de corpuscules étrangers, enfin par les changements de température. Il s'ensuit que la force motrice transmise ne peut pas être toujours absolument la même, et que les arcs changent nécessairement d'étendue et de durée suivant les lois ordinaires du mouvement. Cependant, sans la condition rigoureuse de l'égalité absolue de durée dans les oscillations, il ne peut exister de bons garde-temps, de véritables chronomètres, et il est très-probable que d'après les bases de construction qu'une longue expérience a fait adopter dans l'horlogerie civile, on ne serait jamais parvenu à exécuter des instruments de précision sans la découverte heureuse des moyens d'obtenir, par les dimensions du spiral, des oscillations d'une même durée, quels que fussent les changements de leur étendue. C'est cette propriété que l'on nomme isochronisme du spiral, parce que ce ressort rend les oscillations du balancier isochrones, c'est-à-dire que les arcs grands ou petits décrits par le balancier sont exécutés dans le même temps. Le ressort réglant, qui produit les oscillations du balancier, devrait donc être par lui-même ce qu'on appelle isochrone, c'est-à-dire que sa tension dans les divers degrés devrait toujours être en rapport avec les arcs à faire parcourir au balancier; mais, malgré la découverte et l'étude des proportions qui peuvent donner à ce ressort une telle propriété, on l'obtient rarement au degré convenable à cause des irrégularités de la matière, de la trempe et de la forme des tours de sa lame lorsqu'elle s'ouvre ou se resserre. On trouve rarement un spiral isochrone dans les diverses étendues d'arcs que produit la variation de la force motrice, ou sa diminution progressive causée avec le temps par l'épaississement des huiles : effets toujours à combiner avec ceux de la température sur l'élasticité des ressorts, les frottements, etc.; encore trouve-t-on qu'un spiral que l'on a rendu isochrone avec beaucoup de soin, ne l'est plus quand il a fonctionné pendant un temps plus ou moins long. Nous venons d'observer que les moindres variations dans tous ces effets produisaient à la longue des erreurs importantes par la multiplication des mêmes mouvements. On ne peut, en effet, considérer sans étonnement le peu d'altération qu'il suffit de faire éprouver à la durée de chaque oscillation pour produire l'erreur d'une seconde au bout de vingt-quatre heures. Et nous saisissons cette occasion d'en faire ici la remarque positive, pour n'être pas taxés de minutie dans l'examen des causes de variations des horloges, ou soupçonnés d'exagération dans les difficultés que nous exposons, et dans les précautions qu'exige tout ce qui concerne le régulateur.

La durée de chaque oscillation dans les horloges marines, où elles sont le moins fréquentes, n'est pas de plus d'un quart de seconde. Ainsi si la durée de chaque oscillation est altérée de la 86,400ᵉ partie d'un quart de seconde, il en résultera une erreur d'une seconde dans la marche diurne de l'horloge. Cette erreur, si petite sur un jour, peut déjà, en s'accumulant pendant quelques mois, donner une erreur de plusieurs lieues en longitude. Les oscillations des montres à longitude de poche sont encore plus promptes : on fait battre à l'échappement cinq et même préférablement six oscillations par seconde, pour les rendre moins sensibles à l'agitation du porter. Ces pièces battent donc jusqu'à 518,400 oscillations en vingt-quatre heures. Si ces oscillations d'un sixième de seconde se trouvent altérées chacune

dans sa courte durée d'une 86,400ᵉ partie, il y aura aussi une variation d'une seconde au bout de vingt-quatre heures, erreur que l'on
pardonne à peine à un garde-temps médiocre.

Que l'on réfléchisse maintenant au pouvoir borné de l'homme, si
éloigné de pouvoir produire deux effets, deux quantités matérielles
qui soient mathématiquement identiques, et l'on concevra aisément
combien il doit être difficile d'obtenir une régularité aussi minutieuse
avec une constance suffisante d'un mécanisme si délicat, si exposé
aux altérations, et combien par conséquent doit être sévère l'analyse
des moindres causes de variation d'un chronomètre.

Nous avons dit que le ressort réglant doit être isochrone, c'est-à-dire
qu'il doit croître en force dans le rapport des moments d'inertie du
balancier, ou, en d'autres termes, qu'il doit avoir acquis en s'armant
d'autant plus de force qu'il a plus de chemin à faire parcourir au
balancier en le ramenant, afin que les grandes vibrations s'exécutent
dans le même temps que les petites, quelque variable que soit l'étendue des arcs : mais les résultats d'une telle propriété ne se soutiennent qu'autant que dans l'échappement l'équilibre des forces et des
obstacles, des frottements et des autres effets, se conserve constamment le même [1]. Parmi plusieurs autres conditions, la suspension du
régulateur doit donc être telle qu'il ne résulte aucune différence pour
lui des changements de position que l'horloge prend toujours par
l'agitation du bâtiment, malgré que l'ensemble soit suspendu à cardan
comme la boussole marine. Toutes les parties du régulateur, et le
spiral particulièrement dans le mouvement produit par les lames,
doivent aussi être disposées de manière que leur centre commun de
gravité ne cesse jamais de coïncider avec leur centre de mouvement
dans tous les degrés d'arcs parcourus.

Un régulateur ainsi établi avec toute l'attention convenable,
telle que le choix des métaux, la perfection de la main-d'œuvre et
les conditions que nous avons jusqu'ici développées, semblerait pouvoir déjà donner exactement la mesure du temps, si la température
restait constamment la même ; mais comme elle varie continuellement et souvent tout à coup, et d'une quantité de degrés considérable

---

1. Le ressort réglant ne doit même produire des oscillations isochrones qu'en
comprenant toutes les résistances et l'inertie que lui oppose le balancier. Les
oscillations d'un balancier sans échappement, etc., étant isochrones, ne le
seraient plus alors que le balancier aurait à vaincre les résistances de l'échappement.

particulièrement dans les voyages, elle altère très-sensiblement l'exactitude des fonctions du régulateur. En effet :

1° Les différences dans la température changent les dimensions du balancier, et par suite la durée des oscillations. Lorsque le balancier devient plus grand par le chaud, les oscillations sont retardées, comme lorsqu'il devient plus petit par le froid, elles sont accélérées.

2° Elles allongent ou raccourcissent le spiral, ce qui détruit l'isochronisme dépendant d'un rapport très-précis entre la longueur et la force de sa lame, et ce changement de longueur déplace encore le point de repos du spiral, à l'égard du point d'échappement, d'où résulte une différence marquée dans les effets de l'impulsion.

3° Elles changent aussi la force élastique du spiral et par conséquent les rapports de cette force avec les arcs ;

4° Elles influent encore sur la quantité de frottements de tous les pivots, sur l'état de l'huile et sur les engrenages, et enfin sur le degré d'action du moteur. Pour remédier à ces causes de variation, on a imaginé de faire varier aussi proportionnellement l'inertie du balancier, afin que les oscillations eussent toujours la même durée, malgré les changements produits par la température.

Le balancier a donc été tellement composé, que, par l'effet de la chaleur, par exemple, des parties de son cercle se rapprochent du centre à proportion de l'allongement qu'elle produit sur les rayons et sur le spiral, en sorte que pour la même cause le résultat de ces deux derniers effets donnant du retard est compensé et détruit par le résultat simultané du troisième qui donne une avance proportionnelle ; le contraire a également lieu par le froid.

Ainsi l'on a placé des masses réglantes à l'extrémité de chacun des rayons, qui forment avec celles-ci environ la moitié du poids du balancier, et l'on a composé le cercle extérieur de parties de cercle (concentriques pour une température donnée) fixées d'un bout aux rayons, et isolées de l'autre, où elles portent des masses compensantes, le tout formant la seconde moitié du poids total du balancier. Ces parties de cercle sont composées chacune de deux lames de métaux qui diffèrent en dilatation, jointes ensemble sur toute leur longueur par des goupilles rivées et très-rapprochées, ou simplement et mieux par une soudure.

Le métal le plus dilatable est en dehors ; son extension par le chaud et sa contraction par le froid font changer la courbure des parties de cercle, d'où il résulte que les masses de compensation pla-

cées à l'extrémité isolée et libre des lames sont portées vers le centre
par le chaud et s'en éloignent par le froid, tandis que les masses
réglantes des barettes éprouvent l'effet contraire. La proportion de
ces masses entre elles, pour produire une juste compensation, se
détermine par des épreuves spéciales sur les changements de température, en exposant la machine alternativement au froid et ensuite
à la chaleur d'une étuve disposée pour cet objet.

Le diamètre virtuel du balancier restant ainsi le même, sa vitesse
n'est point changée. La partie du retard ou de l'avance qui a pour
cause la différence de longueur et d'élasticité du spiral, ainsi que les
variations de la force motrice causées par la température, sont aussi
comprises dans cette correction par le rapprochement ou le poids
augmenté suffisamment des masses compensantes; car leur effet doit
être proportionné non-seulement à l'écart des masses réglantes, mais
encore à l'ensemble des autres altérations dans le même sens qu'il
s'agit de corriger, et c'est ce qu'on appelle compensation absolue.

L'accord du mouvement des lames pour que le centre de gravité
du balancier composé ne cesse pas de coïncider avec son centre de
mouvement, pour maintenir en un mot son équilibre et la conservation de l'isochronisme des oscillations par le spiral, dans l'étendue
variable des arcs, au milieu des altérations produites sur toutes les
parties du mécanisme par les différences de température, sont des
perfections très-difficiles à obtenir.

Il est important que les lames de compensation soient fortes et
courtes, pour ne céder que le moins possible à la force centrifuge qui
les fait toujours ouvrir et se fermer dans chaque oscillation. Cet effet
est moins sensible au froid qu'au chaud, et dans les petits arcs que
dans les grands; il change en conséquence les degrés de vitesse du
balancier, et trouble en s'y mêlant les rapports qui constituent l'isochronisme; il doit donc être aussi apprécié en raison de son influence
dans la combinaison générale[1].

1. Le balancier d'une horloge doit avoir son poids en rapport avec son diamètre, pour le nombre des vibrations battues par seconde. Il n'est pas indif-
férent que les éléments ou facteurs du mouvement soient plus ou moins en poids
qu'en vitesse. On détermine par expérience la force du spiral, le poids et le
diamètre du balancier, enfin le rapport le plus convenable entre la force de
mouvement de celui-ci et celle du ressort réglant, forces qui se commandent
alternativement; c'est dans ce rapport que le régulateur est le moins troublé
par l'agitation et les secousses accidentelles, qu'il peut vaincre le plus d'obstacles, et que l'on obtient plus de constance dans les effets.

Parmi toutes les causes perturbatrices qui viennent entraver le moyen si heureux et si simple dans son principe d'obtenir l'isochronisme par les proportions du ressort réglant, il faut compter encore pour beaucoup le dégagement ou rappel de la force motrice, opéré par le régulateur, et la réparation ou impulsion produite par l'échappement. Ces deux effets occupent une portion d'arc déterminée, pendant laquelle la vitesse du balancier est ralentie par la résistance de la détente et l'appui de la roue sur le repos, puis accélérée suivant les variations de la force motrice dans l'impulsion.

D'ailleurs, le plus ou le moins d'activité ou d'inertie de la roue, la facilité, ou l'engourdissement des rouages par les inégalités des engrenages, de l'état des huiles, les frottements, etc., font que la dent atteint plus tôt ou plus tard la levée, et change sensiblement l'intensité de force qu'elle communique, comme aussi la résistance au dégagement.

Cette portion d'arc n'est donc point réellement isochrone. Et d'après le calcul donné plus haut du changement occasionné dans la marche totale en vingt-quatre heures par la moindre altération de la durée d'une oscillation, ou d'une partie de l'oscillation, on voit combien l'échappement peut encore troubler cette durée, quand même la partie libre des oscillations serait exactement isochrone.

Le meilleur échappement serait sans doute celui qui ne troublerait pas plus le mouvement du régulateur dans la réparation de sa force que s'il n'existait aucune communication entre eux, et dont la force réparante serait toujours égale à la perte qui la nécessite.

L'échappement est de toutes les parties d'une horloge celle qui a présenté aux artistes le plus d'espoir d'atteindre à la perfection des garde-temps, et ce qui a le plus exercé leur esprit de recherche. Aussi existe-t-il une foule d'inventions en ce genre qu'on a divisées en trois classes : les échappements à recul, ceux à repos, et les échappements libres. Cette dernière classe, la seule dont il y ait à s'occuper ici, est exclusivement adoptée pour les montres et les horloges portatives destinées à l'observation.

Nous terminerons donc ce qui concerne les horloges marines par la remarque suivante : c'est que toutes les règles établies par l'expérience sembleraient devoir suffire pour atteindre le but, si l'on pouvait être sûr de l'homogénéité des métaux, de l'uniformité de la trempe, d'une exécution rigoureusement pure, et si les pénétrations, les jeux, le centrage, les frottements, les huiles, etc., se conservaient

les mêmes avec toute la rigueur des rapports établis par la théorie ;
mais, outre les variations de ces rapports, il se présente souvent
d'autres causes d'anomalies qui échappent à la sagacité de l'artiste le
plus·expérimenté. Elles ne tendent jamais dans le même sens, et
elles s'entre-détruisent irrégulièrement, en laissant en résultat une
différence dont l'origine compliquée ne présente aucun indice et ne
permet que des conjectures, ce qui nécessite de longs tâtonnements
pour arriver plus ou moins près du degré d'exactitude que l'artiste
ne cesse d'ambitionner.

Les inventions les plus remarquables auxquelles sont dus les premiers succès des chronomètres sont : 1° la découverte, par P. Leroy,
de la propriété isochrone d'un ressort d'une certaine longueur ;
2° l'emploi de métaux différemment dilatables, par Harisson, pour
produire la compensation dans le pendule ; 3° l'application de ce
même moyen au balancier des chronomètres portatifs, idée de P. Leroy exécutée par Arnold ; 4° le choix par Arnold de la forme du spiral
en hélice (ressort à boudin), qui permet, par l'uniformité de ses

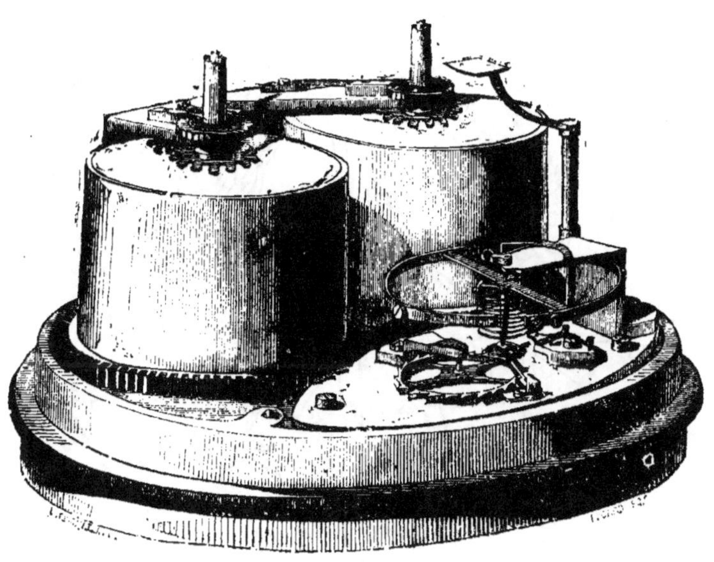

Fig. 1.

tours, de trouver plus facilement l'isochronisme et de conserver
mieux la coïncidence du centre de gravité avec son centre de mouvement ; 5° l'échappement libre, dont la première idée appartient à

Dutertre, mais que P. Leroy. Arnold et Harenschaw ont beaucoup perfectionné.

Telles sont les bases de construction des instruments faits jusqu'à ce jour. Ils ne diffèrent entre eux que par quelques changements dans la situation ou la forme des pièces ; les principes sont les mêmes dans tous ; on les trouve dans divers ouvrages écrits sur ce sujet, et particulièrement dans ceux d'Harisson et de P. Leroy : ce dernier surtout les a développés d'une manière claire et succincte.

Pour que l'on fasse plus facilement l'application de l'article qui précède, nous plaçons ici la description sommaire d'un de nos chronomètres.

La fig. 1 présente la perspective et l'ensemble du mouvement découvert d'un de ces chronomètres, le cadran étant placé sur un plan horizontal. Le plan A B C (fig. 2) est une grande et forte platine,

Fig. 2.

première base d'assemblage pour toutes les autres pièces. D D sont deux barillets dentés contenant des ressorts qui se remontent par leurs axes en E E, et restent armés au moyen des rochets F et F et des ressorts-cliquets G et G; H et H sont les roues d'arrêt des remontoirs. Les deux barillets sont contenus sur la platine par le pont à deux branches I I fixé par les vis L L.

Les ressorts contenus dans les barillets font vingt tours; l'on ne se sert que des quatre tours du milieu pour cinquante heures, et comme on les remonte chaque vingt-quatre heures, il s'ensuit que deux tours seulement sont employés et donnent une force uniforme[1].

Ces barillets mènent tous deux dans le même sens le pignon M de la grande roue de minutes N. Cette roue se trouve placée sur le revers de la platine (la fig. 3 donne en plan les dimensions relatives de

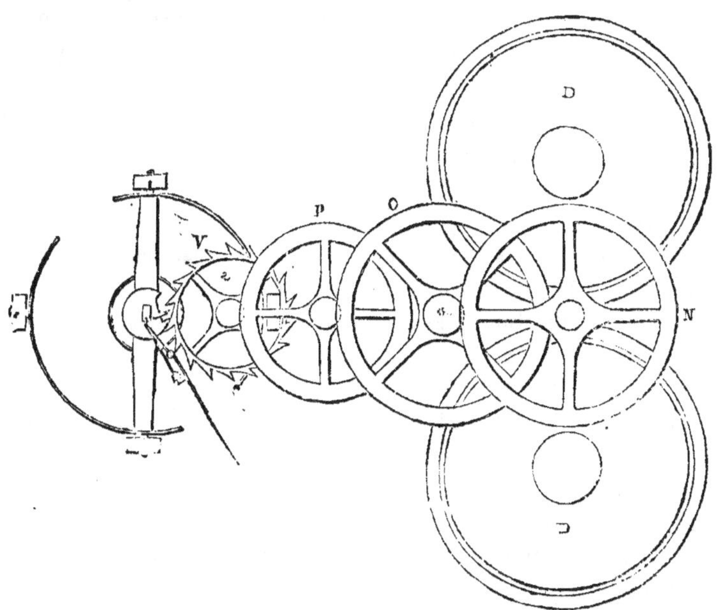

Fig. 3.

toutes les parties du mécanisme qui constituent la minuterie), conduit le pignon et la roue O, qui mène le pignon et la roue de secondes P; ces trois roues ont d'un côté leurs pivots dans un pont placé au-dessous de la platine. Les autres pivots des deux dernières roues sont dans la platine, mais la tige plus longue de la roue N a son

1. M. L. Bréguet a préféré revenir à la fusée pour ses nouveaux chronomètres, comme donnant plus facilement de bons résultats.

pivot dans un petit pont placé entre les deux barillets; il est fixé sous le grand pont l l (fig. 2).

Nous n'avons pas représenté le détail de la minuterie des chronomètres, parce qu'elle n'offre rien de particulier. Nous observerons seulement qu'un petit pont, passant au travers de la platine sans la toucher, maintient de ce même côté l'axe et le pignon de la roue d'échappement. L'axe de la roue d'échappement traversant la platine, cette roue se trouve reportée du côté du balancier et des barillets en V (*fig.* 2). Les deux ponts de cette roue sont fixés tous les deux à une autre platine dite d'échappement abc, tenue par trois vis à la grande platine, mais avec un intervalle entre elles formé par trois petits plots. La roue d'échappement V agit un instant de deux en deux oscillations sur un cercle d'échappement porté par l'axe du balancier XX; celui-ci est maintenu en cage sur la platine d'échappement au moyen du pont ou du coq Z. Nous avons adopté, d'après l'expérience, une diminution très-rapide dans le diamètre et le poids des mobiles, pour diminuer autant que possible l'inertie de ceux qui avoisinent l'échappement.

Le balancier est garni de deux masses réglantes de, et de deux masses compensantes fg; celles-ci sont portées par les deux lames circulaires de compensation, df et eg, faites chacune de deux métaux différents en dilatation, le plus dilatable en dehors, et qui se courbent plus ou moins par la seule différence de la température. h est un plot triangulaire garni de trois vis à caler et fixé sur la platine d'échappement par sa vis du milieu; il porte le piton attaché au bout inférieur du ressort spiral, dont l'autre bout supérieur est attaché à un bras que porte l'axe du balancier.

La platine d'échappement, portant le balancier, le spiral, son plot, la roue d'échappement et sa détente, peut être enlevée du mouvement sans dénaturer aucune de ces pièces ni le reste de l'horloge; il suffit de desserrer et d'ôter les trois vis $a\,b\,c$. Une de ces vis est plus longue que les deux autres : son bout conique, quand elle est serrée, tient écarté un ressort de précaution (*fig.* 2), qui retombe dans les dents de la roue de secondes, lorsque l'on desserre la vis pour enlever la cage du régulateur; ce ressort empêche ainsi le rouage de courir et les accidents qui pourraient en résulter.

THÉORIE DU SPIRAL, PAR M. PHILIPS.

Un curieux travail a été récemment publié par M. Philips, savant ingénieur des mines, sur le spiral qui sert à régler les montres et les chronomètres. On sera sans doute fort aise de trouver ici le résumé de cette intéressante théorie, encore peu connue.

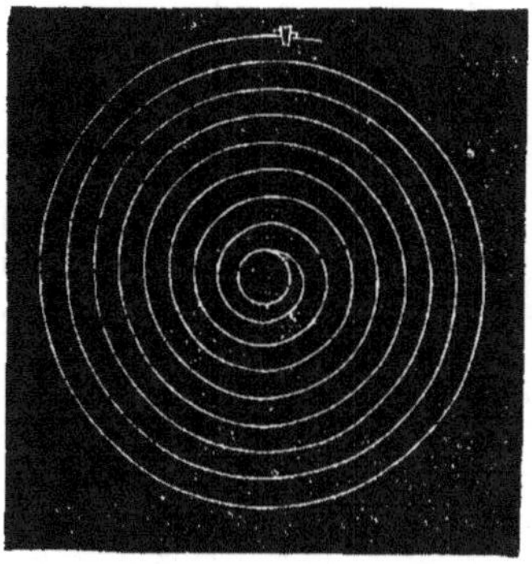

Dans la pratique de l'horlogerie, deux espèces de spiraux sont employés : le spiral plat et le spiral cylindrique.

Le premier (*fig.* 4), employé pour les montres, se compose d'une courbe spirale plane, formée d'un certain nombre de spires, généralement de huit à douze, se rapprochant,

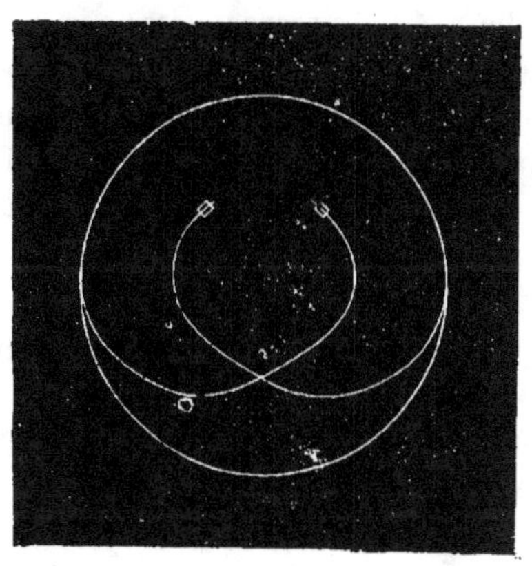

Fig. 4.

autant que possible, de la forme circulaire, et tracées autour de l'axe du balancier.

Quant au spiral cylindrique (*fig.* 5), dont on fait usage plus spécialement pour les chronomètres, ses spires affectent, en projection horizontale, la forme d'un cercle concentrique à l'axe du balancier, et il se termine en général par deux courbes adoucies, qui se rapprochent du centre à une distance ordinairement égale à environ la moitié des rayons. Sa forme rigoureuse est celle d'une hélice à pas extrêmement courts, d'où le nom de *spiral cylindrique*.

Fig. 5.

La première loi à laquelle est arrivé M. Philips est celle qui fait connaître la durée de chaque oscillation d'un spiral d'une longueur connue. Je reproduirai ici l'analyse assez simple qui le conduit à un résultat fort intéressant.

1. Il se propose d'abord le problème suivant : « Le spiral et le balancier étant dans leur position naturelle et en équilibre, on suppose que l'on fasse décrire au balancier un angle de rotation α. On demande quel est le moment du couple qu'il faudrait appliquer au balancier pour le maintenir dans cette nouvelle position contre l'action du spiral. »

Pour résoudre ce problème, il rapporte le système à deux axes coordonnés rectangulaires, passant par le centre O du balancier, et dont l'un OY passe aussi par celle des extrémités du spiral qui est fixe.

Si l'on considère, dans la nouvelle position d'équilibre, le balancier et le spiral comme formant un tout solide, ce système doit être en équilibre sous l'action du couple appliqué au balancier et dont le moment, représenté par G, est précisément ce qu'il s'agit de déterminer. De plus, le centre du balancier étant fixe, rien n'empêche de le considérer comme libre, pourvu qu'on applique en ce point O une force égale et contraire à la pression qu'il peut exercer contre les parois du trou. Désignons par Y et X les composantes suivant OY et OX de la force ainsi appliquée au point O, point qu'on doit regarder comme libre.

B étant la position occupée par un point quelconque du spiral dans le nouvel état d'équilibre, j'appelle x et y ses coordonnées ; s la longueur du spiral comprise entre ce point et l'extrémité fixe ; L la longueur totale du spiral ; M le moment d'élasticité de celui-ci ; enfin ρ le rayon de courbure du spiral au point B, dans la nouvelle position d'équilibre, et ρ_0 le rayon de courbure du même point B dans l'état naturel du spiral quand le moment G est nul.

Dans la nouvelle position d'équilibre, celui-ci ne serait pas troublé si l'on solidifiait toute la partie du spiral comprise entre le point B et l'extrémité engagée dans le balancier, et l'on a alors à considérer l'équilibre d'un corps solide formé de l'ensemble résultant de cette partie du spiral et du balancier, et soumis d'une part au couple G, qui agit sur le balancier, et aux forces X et Y, et d'autre part aux actions moléculaires exercées sur la section B par la partie non solidifiée du spiral. Si l'on transporte au point B les forces X et Y, ainsi que le couple G, le couple résultant doit faire équilibre à celui qui provient des actions moléculaires développées par la partie non solidifiée du spiral. Or si, pour fixer les idées, nous supposons que l'angle de rotation α soit dans un sens tel que le rayon de courbure ait diminué au point B, le moment de ces actions moléculaires est, d'après la théorie de l'élasticité, égal à $M\left(\dfrac{1}{\rho}-\dfrac{1}{\rho_0}\right)$, et nous aurons :

$$(1) \qquad M\left(\frac{1}{\rho}-\frac{1}{\rho_0}\right) = G + Yx - Xy.$$

Cette équation convient à tous les points du spiral.

On peut donc multiplier les deux nombres par ds et intégrer dans toute l'étendue du spiral, ce qui donne :

$$(2) \qquad M\left(\int\frac{ds}{\rho}-\int\frac{ds}{\rho_0}\right) = G\int ds + Y\int xds - X\int yds.$$

Occupons-nous d'abord du second nombre.

On a :

$$\int ds = L,$$

et

$$G\int ds = GL.$$

Puis, si nous appelons x_1 et y_1 les coordonnées du centre de gravité du spiral, il est évident que

$$\int xds = Lx_1 \quad \text{et} \int yds = Ly_1,$$

par suite

$$Y\int xds = YLx_1 \quad \text{et} X\int yds = XLy_1.$$

Je passe maintenant au premier membre de l'équation (2). Or, on voit que $\dfrac{ds}{\rho_0}$ est, pour la forme naturelle du spiral, l'angle formé par deux normales consécutives, et, par conséquent, $\int\dfrac{ds}{\rho_0}$ n'est autre chose que l'angle compris entre les deux normales extrêmes. De même $\int\dfrac{ds}{\rho}$ est l'angle des deux normales extrêmes dans la nouvelle forme du spiral. Mais quand celui-ci passe de la première position à la seconde, la normale relative à l'extrémité fixe reste invariable de direction, à cause de l'encastrement qui a lieu en ce point. D'un autre côté, de ce que l'autre extrémité du spiral s'engage dans la virole du balancier, sous un angle, avec le cercle de la virole, qui reste aussi constant à cause de l'encastrement, il résulte qu'en passant de la position naturelle du spiral à sa nouvelle position d'équilibre, la normale au spiral, à son extrémité correspondante au balancier, tourne d'un angle α.

Il suit de ce qui précède qu'on a simplement :

$$\int \frac{ds}{\rho} - \int \frac{ds}{\rho_0} = \alpha ,$$

et l'équation (2) devient :

(3) $$M\alpha = GL + L(Yx_1 - Yy_1).$$

Admettons, quant à présent, que le terme $L(Yx_1 - Xy_1)$, qui se trouve dans le second terme, soit nul ou négligeable. Je traiterai ce point plus loin, et j'établirai les conditions nécessaires et suffisantes pour qu'il en soit ainsi. Alors l'équation (3) se réduit à

$$M\alpha = GL$$

ou (4) $$G = \frac{M\alpha}{L} ,$$

expression très-simple qui fait voir que le moment du couple qui tend à faire tourner le balancier est proportionnel à l'angle que celui-ci décrit à partir de sa position naturelle d'équilibre, et qui donne, de plus, le moment de ce couple en fonction du moment d'élasticité t de la longueur du ressort spécial.

Dès lors il devient facile de trouver la durée des oscillations du balancier. En effet, en appelant A le moment d'inertie de celui-ci par rapport à son axe de rotation, on a à chaque instant, en faisant attention que le couple G agit comme couple résistant :

$$A \frac{d^2\alpha}{dt^2} = - G ,$$

ou à cause de (4) :

(5) $$A \frac{d^2\alpha}{dt^2} = - \frac{M\alpha}{L} .$$

Je désigne par α_0 l'angle d'écartement du balancier qui répond à la limite d'oscillation, alors que sa vitesse est nulle, et l'on a, en multipliant les deux membres de (5) par $2\,d\alpha$ et intégrant :

(6) $$A \frac{d\alpha^2}{dt^2} = \frac{M}{L} (\alpha_0^2 - \alpha^2).$$

Cette expression fait voir que la vitesse angulaire du balancier, soit $\frac{d\alpha}{dt}$, est nulle indéfiniment lorsque $\alpha = \alpha_0$ ou que $\alpha = -\alpha_0$, de sorte que, si ce n'étaient les diverses résistances passives, le balancier oscillerait en s'écartant toujours également de part et d'autre de sa position d'équilibre.

On tire de l'équation (6) :

$$(7) \qquad dt = \sqrt{\frac{\overline{\mathrm{AL}}}{\mathrm{M}}} \; \frac{d\alpha}{\sqrt{\alpha_0{}^2 - \alpha^2}}$$

Il s'agit maintenant d'intégrer cette équation depuis $\alpha = -\alpha_0$ jusqu'à $\alpha = \alpha_0$.

Or

$$\int \frac{d\alpha}{\sqrt{\alpha_0{}^2 - \alpha^2}} = \int \frac{d\,\dfrac{\alpha}{\alpha_0}}{\sqrt{1 - \left(\dfrac{\alpha}{\alpha_0}\right)^2}} = \mathrm{arc\; sin.}\,\frac{\alpha}{\alpha_0} + \mathrm{constante.}$$

Donc

$$\int_{-\alpha_0}^{\alpha_0} \frac{d\alpha}{\sqrt{\alpha_0{}^2 - \alpha^2}} = \pi,$$

et par suite, en désignant par T le temps d'une oscillation, l'équation (7) donne :

$$(8) \qquad \mathrm{T} = \pi\,\sqrt{\frac{\overline{\mathrm{AL}}}{\mathrm{M}}},$$

relation fort simple qui donne la durée des oscillations.

Elles se trouvent isochrones, quelle que soit leur amplitude. L'expression précédente (8) est tout à fait analogue à celle qui donne la durée des petites oscillations du pendule. La longueur l du pendule simple qui ferait ses oscillations dans le même temps que le balancier serait exprimée par la formule :

$$(9) \qquad l = \mathrm{L}\,\frac{\mathrm{A}g}{\mathrm{M}}.$$

La formule (8) présente aussi une analogie très-remarquable avec celle qui correspond au pendule, en ce sens que, toutes choses égales d'ailleurs, la durée des vibrations d'un spiral est proportionnelle à la racine carrée de sa longueur. Ce rapprochement est d'autant plus intéressant qu'il n'existe dans les deux cas rien de semblable, soit dans le corps en mouvement, soit dans la nature de la force motrice. Pour le pendule, cette loi n'existe que pour les oscillations d'une très-faible amplitude, tandis que pour le spiral, elle a lieu quelle que soit l'étendue des vibrations du balancier.

II. Reprenant l'équation (3), dans laquelle on a négligé la partie $L (Yx_1 — Xy_1)$, examinons à quelles conditions on peut effectivement ne pas tenir compte de ce terme, d'où dépendent définitivement l'isochronisme des oscillations et l'exactitude de la formule (8).

En premier lieu, ce terme serait toujours nul si l'on avait constamment x_1 et y_1 égaux à zéro, c'est-à-dire si le centre de gravité du spiral restait toujours sur l'axe du balancier. De là résulte de suite la convenance de donner aux spires une forme sensiblement circulaire et concentrique à l'axe, de façon que le centre de gravité général soit sur cet axe et qu'il s'en écarte aussi peu que possible pendant le mouvement.

Deuxièmement, le terme $L (Yx_1 — Xy_1)$ s'évanouirait encore, si les composantes X et Y étaient nulles, et par conséquent si la pression exercée par l'axe du balancier était toujours nulle, ou encore si cette pression passait constamment par le centre de gravité du spiral.

Nous cesserons de suivre l'analyse détaillée de M. Philips, et renverrons à son savant mémoire inséré dans les Annales des Mines, 1861, nous contentant, pour ce qui suit, d'indiquer les résultats obtenus, d'après un résumé qu'il a inséré dans le Bulletin de la Société d'encouragement.

En examinant plus spécialement le spiral cylindrique, j'ai démontré, dit-il, que la condition de l'annulation de toute poussée latérale contre l'axe du balancier peut être transformée en cette autre d'une réalisation plus simple, que le spiral, dans son jeu, s'ouvre et se ferme toujours bien concentriquement à l'axe.

Or, on peut satisfaire à cette obligation par certaines formes des courbes terminales du spiral, formes dont j'ai déterminé la loi; et il est remarquable que les mêmes courbes remplissent la condition que le centre de gravité du spiral soit et reste toujours sur l'axe du balancier.

Il existe donc des types de courbes extrêmes, présentant d'ailleurs une infinité de formes différentes et qui satisfont à la fois à toutes les conditions indiquées. La loi de construction de ces courbes est très-simple et est relative à la position de leur centre de gravité.

Elle consiste en ce que (voir *fig.* 6) :

1° Le centre de gravité G d'une telle courbe doit se trouver sur la

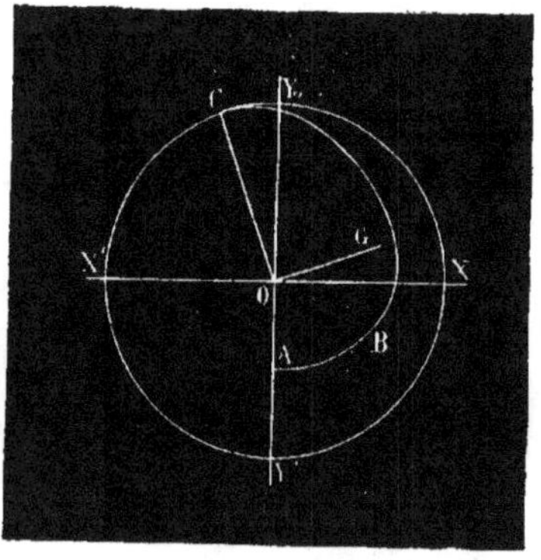

Fig. 6.

perpendiculaire OG, menée par le centre O des spires au rayon extrême OC de cette courbe, là où elle se réunit aux spires ;

2° La distance OG de ce centre de gravité au centre des spires doit être égale à une troisième proportionnelle à la longueur développée de la courbe et au rayon des spires, c'est-à-dire que l'on doit avoir :

$$OG = \frac{\overline{OC}^2}{ABC}.$$

M. Philips décrit, dans son mémoire, une méthode graphique propre à utiliser cette relation. Parmi les courbes qu'il indique, outre certains types analogues à ceux employés dans la pratique, plusieurs sont nouveaux, plusieurs aboutissent au centre des spires, et d'autres, au contraire, viennent se terminer en un point de la circonférence de ces dernières. Par exemple, on y voit (*fig.* 7) une courbe formée de deux quarts de cercle réunis par une ligne droite, chacun

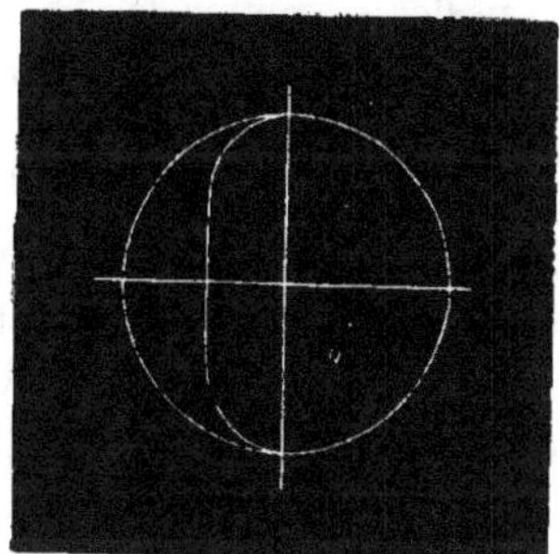

Fig. 7.

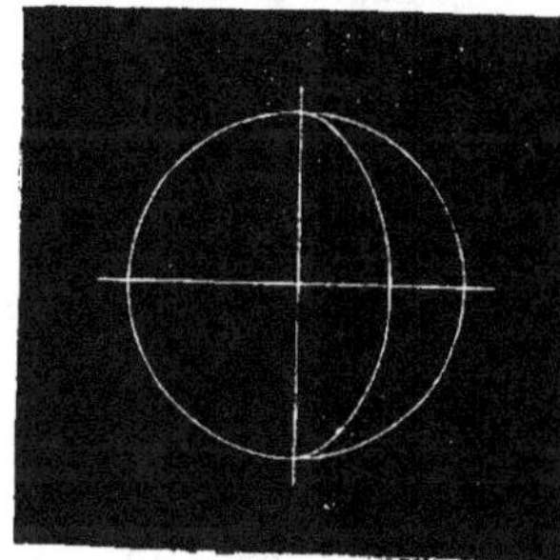

Fig. 8.

de ces quarts de cercle ayant un rayon moitié de celui des spires ; un autre type se compose (*fig.* 8) d'une demi-ellipse, dont le grand axe est le diamètre des spires et le demi-petit axe est les 0,58 du rayon.

La forme des courbes extrêmes est complétement indépendante des dimensions transversales de la lame et même de la longueur totale du spiral, de sorte que, quel que soit l'angle suivant lequel se projetteraient, sur un plan perpendiculaire à l'axe, les rayons aboutissant aux naissances des courbes extrêmes d'un même spiral, celui-ci jouirait toujours des mêmes propriétés.

Mais il y a plus encore, ces courbes ont aussi pour résultat de faire disparaître certaines perturbations nuisibles pour l'isochronisme ou pour sa conservation. Ainsi l'absence de toute pression contre l'axe du balancier fait qu'elles réalisent le spiral libre, c'est-à-dire celui dans lequel cet axe, n'éprouvant aucune pression, est soustrait, autant que possible, au frottement et aux variations de celui-ci, résultant de l'épaisseur des huiles.

De plus, le spiral s'ouvrant et se fermant toujours bien concentriquement à l'axe, au lieu d'être jeté de côté et d'autre de celui-ci, dans les vibrations, comme cela a lieu ordinairement, on évite sensiblement, par là, la perturbation introduite par l'inertie du spiral.

Toutes les propriétés précédentes, dues à ces courbes, subsistant, quel que soit l'espace angulaire qui sépare en construction les deux courbes terminales d'un même spiral, on possède dans cet angle ou, ce qui revient au même, dans la longueur totale du spiral, un élément dont on peut disposer pour obtenir les dernières limites d'isochronisme pratique, en tenant compte des influences secondaires qu'il était impossible de faire entrer dans les calculs, comme les huiles, l'échappement, etc. Cet élément est, du reste, précisément celui dont on dispose ordinairement, et d'après la règle de Pierre Leroy, pour arriver, aussi exactement que possible, à l'isochronisme.

Je rappellerai ici cette règle, déduite de l'expérience, pour compléter ce qui se rapporte au spiral réglant. Elle consiste en ce qu'il y a, dans tous les ressorts spiraux d'une longueur suffisante employés dans les appareils d'horlogerie, une longueur pour laquelle les vibrations, grandes ou petites, sont isochrones, s'accomplissent dans le même temps. Pour une longueur supérieure à celle-là, les grandes vibrations sont plus lentes que les courtes, et inversement pour une longueur moindre.

CLINOMÈTRE.

M. de Conning, capitaine de vaisseau de la marine danoise, inventa un clinomètre qui reçut chez nous plusieurs modifications. Le clinomètre maintenant en usage dans la marine française, quoique fort différent de celui de l'officier danois, repose cependant sur le même principe.

Le but de cet instrument est de donner la différence de tirant d'eau à l'arrière et à l'avant d'un navire, à chaque instant, dans les diverses circonstances de temps et de mer.

On comprend toute l'importance d'un pareil instrument pour un capitaine, soit qu'il veuille conserver la même différence de tirant d'eau, soit qu'il veuille la changer.

Le clinomètre se compose d'un tube horizontal AB à chaque extrémité duquel s'élève un tube vertical. On met assez de mercure dans les tubes pour occuper une partie des tubes verticaux qui sont en

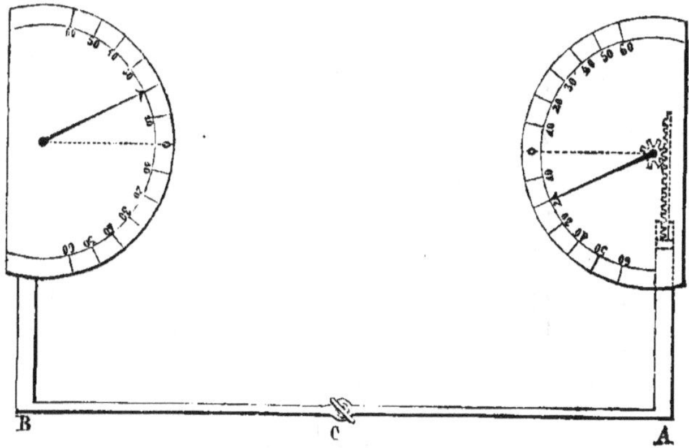

communication entre eux par le tube horizontal. Au milieu C du tube horizontal est placé un robinet qui étrangle le passage du mercure, ou bien l'intercepte tout à fait quand on n'a pas besoin du clinomètre.

La différence de niveau du mercure dans les tubes verticaux, le tube horizontal ayant été placé parallèle à la quille, donnera le moyen d'avoir la différence de tirant d'eau. Dans chaque tube vertical, un flotteur suit les oscillations du mercure, et au moyen d'une crémaillère communique son mouvement à une aiguille qui indique l'angle que fait la quille avec la ligne de flottaison.

La longueur à la flottaison d'un navire étant donnée, et l'angle de la quille avec la flottaison étant connu, la différence de tirant d'eau sera donnée par la formule L tang. φ; L la étant longueur à la flottaison, et φ l'angle lu sur le clinomètre.

On dressera alors une table où les valeurs de L tang. φ seront à côté des valeurs de φ, variant de deux en deux minutes ou de cinq en cinq minutes.

Le tableau suivant est dressé pour des angles de cinq en cinq minutes; on obtiendra par une simple interpolation les différences de tirant d'eau qui correspondent aux angles intermédiaires.

TABLE calculée sur diverses longueurs de bâtiments.

ANGLE de la quille avec l'horizon.	DIFFÉRENCES suivant les longueurs à la flottaison.							
	35 mètr.	40 m.	45 m.	50 m.	* 54 m.	60 m.	65 m.	72 m.
5'	0ᵐ05	0ᵐ055	0ᵐ06	0ᵐ07	0ᵐ08	0ᵐ09	0ᵐ094	0ᵐ10
10	0 ,10	0 ,110	0 ,13	0 ,14	0 ,16	0 ,17	0 ,19	0 ,21
15	0 ,15	0 ,165	0 ,19	0 ,21	0 ,24	0 ,26	0 ,28	0 ,31
20	0 ,20	0 ,220	0 ,25	0 ,28	0 ,31	0 ,34	0 ,37	0 ,42
25	0 ,25	0 ,275	0 ,32	0 ,35	0 ,39	0 ,43	0 ,46	0 ,52
30	0 ,30	0 ,330	0 ,38	0 ,42	0 ,47	0 ,52	0 ,56	0 ,63
35	0 ,35	0 ,385	0 ,44	0 ,49	0 ,55	0 ,60	0 ,65	0 ,73
40	0 ,40	0 ,440	0 ,51	0 ,56	0 ,63	0 ,69	0 ,74	0 ,84
45	0 ,45	0 ,495	0 ,57	0 ,63	0 ,71	0 ,78	0 ,84	0 ,94
50	0 ,50	0 ,550	0 ,63	0 ,70	0 ,78	0 ,86	0 ,93	1 ,05
55	0 ,55	0 ,605	0 ,70	0 ,77	0 ,86	0 ,95	1 ,03	1 ,15
60	0 ,60	0 ,660	0 ,78	0 ,84	0 ,94	1 ,04	1 ,12	1 ,26
65	0 ,65	0 ,715	0 ,82	0 ,91	1 ,02	1 ,12	1 ,21	1 ,36
70	0 ,70	0 ,770	0 ,89	0 ,98	1 ,10	1 ,21	1 ,30	1 ,47
75	0 ,75	0 ,825	0 ,95	1 ,05	1 ,18	1 ,30	1 ,40	1 .57
80	0 ,80	0 ,880	1 ,01	1 ,12	1 ,26	1 ,38	1 ,49	1 ,68
85	0 ,85	0 ,935	1 ,08	1 ,19	1 ,34	1 ,47	1 ,58	1 ,78
90	0 ,90	0 ,990	1 ,14	1 ,26	1 ,42	1 ,56	1 ,68	1 ,89
95	0 ,95	1 ,045	1 ,20	1 ,33	1 ,49	1 ,64	1 ,77	1 ,99
100	1 ,00	1 ,100	1 ,27	1 ,40	1 ,57	1 ,73	1 ,87	2 ,10
105	1 ,05	1 ,155	1 ,33	1 ,47	1 .65	1 ,82	1 ,96	2 ,20
110	1 ,10	1 ,200	1 ,40	1 ,54	1 ,73	1 ,90	2 ,06	2 ,30
115	1 ,15	1 ,265	1 ,46	1 ,61	1 ,81	1 ,99	2 .15	2 ,41
120	1 ,20	1 ,320	1 ,52	1 ,68	1 ,89	2 ,08	2 ,24	2 ,51

* 54 mètres, longueur d'une frégate de 60 canons, à la flottaison.

Si le clinomètre marque 40 minutes, la différence en centimètres
sera.   0,40,   0,44,   0,51,   0,56,   0,63,
pour les bâtiments ayant de longueur 35ᵐ   40ᵐ   45ᵐ   50ᵐ   54ᵐ.

L'instrument est pourvu d'une clef pour la manœuvre du robinet,
d'une fiole de mercure et d'un entonnoir.

On doit veiller à ce que l'oxydation n'empêche pas le jeu des cré-
maillères, aiguilles et autres pièces.

Quand le clinomètre hésite dans ses indications, son lui donne un
léger choc qui rétablit le jeu du mercure en détruisant ses adhérences.

OSCILLOMÈTRE.

L'oscillomètre est un instrument qui sert à mesurer la bande, le
roulis et le tangage d'un navire. Un pendule, se mouvant sur un
cercle gradué, placé dans le plan transversal d'un navire, indiquera
les degrés de bande ou de roulis. L'étendue du tangage se mesurera
au moyen d'un index qui, placé à l'extrémité du pendule, parcourra
la graduation d'un second cercle situé dans le plan longitudinal.

La précision de cet instrument laisse à désirer. Car si on donne de
petites dimensions au pendule, les petites dimensions qui en résultent pour les cercles nuisent à la lecture de la graduation, qui est
toujours incertaine à cause des mouvements du pendule; si le pendule était trop grand, les proportions de l'instrument occasionne-
raient de l'encombrement, et dans les grands mouvements de roulis
ou de tangage le pendule pourrait se briser. En outre, les chocs
reçus par le navire dans ses mouvements de roulis et de tangage
donnent souvent au pendule une force vive qui lui est propre et qui
nuit à l'exactitude des indications fournies par l'instrument.

Sec.	0m	1m	2m	3m	4m	5m	6m	7m
0	0ˢ00	1ˢ96	7ˢ85	17ˢ67	31ˢ41	49ˢ09	70ˢ68	96ˢ20
1	0,00	2,03	7,99	17,87	31,68	49,41	71,07	96,66
2	0,00	2,10	8,12	18,07	31,94	49,74	71,47	97,12
3	0,00	2,16	8,25	18,27	32,21	50,07	71,86	97,58
4	0,01	2,23	8,39	18,47	32,47	50,40	72,26	98,04
5	0,01	2,30	8,52	18,67	32,74	50,71	72,66	98,51
6	0,02	2,38	8,66	18,87	33,01	51,07	73,06	98,97
7	0,03	2,45	8,80	19,07	33,27	51,40	73,46	99,44
8	0,03	2,52	8,94	19,28	33,54	51,74	73,86	99,90
9	0,04	2,60	9,08	19,48	33,82	52,07	74,26	100,37
10	0,05	2,67	9,22	19,69	34,09	52,41	74,66	100,84
11	0,07	2,75	9,36	19,90	34,36	52,75	75,07	101,31
12	0,08	2,83	9,50	20,11	34,64	53,09	75,47	101,78
13	0,09	2,91	9,65	20,32	34,91	53,43	75,88	102,25
14	0,11	2,99	9,79	20,53	35,19	53,77	76,29	102,72
15	0,12	3,07	9,94	20,74	35,46	54,12	76,70	103,20
16	0,14	3,15	10,09	20,95	35,74	54,46	77,10	103,67
17	0,16	3,23	10,24	21,17	36,02	54,81	77,51	104,15
18	0,18	3,32	10,39	21,38	36,30	55,15	77,92	104,63
19	0,20	3,40	10,54	21,60	36,59	55,50	78,34	105,10
20	0,22	3,49	10,69	21,82	36,87	55,85	78,75	105,58
21	0,24	3,58	10,84	22,03	37,15	56,20	79,17	106,06
22	0,26	3,67	11,00	22,25	37,44	56,55	79,58	106,55
23	0,29	3,76	11,15	22,48	37,72	56,90	80,00	107,03
24	0,31	3,85	11,31	22,70	38,01	57,25	80,42	107,51
25	0,31	3,91	11,47	22,92	38,30	57,61	80,84	108,00
26	0,37	4,03	11,63	23,14	38,59	57,96	81,26	108,48
27	0,40	4,13	11,79	23,37	38,88	58,32	81,68	108,97
28	0,43	4,22	11,95	23,60	39,17	58,68	82,10	109,46
29	0,46	4,32	12,11	23,82	39,17	59,03	82,53	109,95
30	0,49	4,42	12,27	24,05	39,76	59,39	82,95	110,44
31	0,52	4,52	12,44	24,28	40,05	59,76	83,38	110,93
32	0,56	4,62	12,60	24,51	40,35	60,15	83,81	111,42
33	0,59	4,72	12,77	24,74	40,65	60,48	84,23	111,91
34	0,63	4,82	12,94	24,98	40,95	60,84	84,66	112,41
35	0,67	4,92	13,10	25,21	41,25	61,21	85,09	112,90
36	0,71	5,03	13,27	25,45	41,55	61,57	85,52	113,40
37	0,75	5,13	13,44	25,68	41,85	61,94	85,96	113,90
38	0,79	5,24	13,62	25,92	42,15	62,31	86,39	114,40
39	0,83	5,35	13,79	26,16	42,45	62,68	86,82	114,90
40	0,87	5,45	13,96	26,40	42,76	63,05	87,26	115,40
41	0,92	5,56	14,11	26,64	43,06	63,42	87,70	115,90
42	0,96	5,67	14,31	26,88	43,37	63,79	88,13	116,40
43	1,01	5,79	14,49	27,12	43,68	64,16	88,57	116,91
44	1,06	5,90	14,67	27,37	43,99	64,51	89,01	117,41
45	1,10	6,01	14,85	27,61	44,30	64,91	89,46	117,92
46	1,15	6,13	15,03	27,86	44,61	65,29	89,90	118,43
47	1,20	6,24	15,21	28,10	44,92	65,67	90,34	118,94
48	1,26	6,36	15,39	28,35	45,24	66,05	90,79	119,45
49	1,31	6,48	15,58	28,60	45,55	66,43	91,23	119,96
50	1,36	6,60	15,76	28,85	45,87	66,81	91,68	120,47
51	1,42	6,72	15,95	29,10	46,18	67,19	92,13	120,98
52	1,48	6,84	16,14	29,36	46,50	67,58	92,57	121,50
53	1,53	6,96	16,32	29,61	46,82	67,96	93,02	122,01
54	1,59	7,09	16,51	29,86	47,14	68,35	93,47	122,53
55	1,65	7,21	16,70	30,12	47,46	68,73	93,93	123,05
56	1,71	7,34	16,89	30,38	47,79	69,12	94,38	123,57
57	1,77	7,47	17,08	30,64	48,11	69,51	94,83	124,09
58	1,83	7,59	17,28	30,89	48,43	69,90	95,29	124,61
59	1,90	7,72	17,48	31,15	48,76	70,29	95,75	125,13

Sec.	8m	9m	10m	11m	12m	13m	14m	15m
0	125ˢ65	159ˢ02	196ˢ32	237ˢ54	282ˢ68	331ˢ74	384ˢ73	441ˢ63
1	126,17	159,61	196,97	238,26	283,46	332,59	385,64	442,61
2	126,70	160,20	197,63	238,98	284,25	333,44	386,56	443,59
3	127,23	160,79	198,29	239,70	285,04	334,30	387,48	444,58
4	127,75	161,39	198,94	240,42	285,83	335,15	388,40	445,56
5	128,28	161,98	199,60	241,15	286,62	336,01	389,32	446,54
6	128,81	162,58	200,26	241,87	287,41	336,86	390,24	447,53
7	129,34	163,17	200,93	242,60	288,20	337,72	391,16	448,52
8	129,87	163,77	201,59	243,33	288,99	338,58	392,09	449,51
9	130,41	164,37	202,25	244,06	289,79	339,44	393 01	450,50
10	130,94	164,97	202,92	244,79	290,58	340,30	393,94	451,49
11	131,48	165,57	203,58	245,52	291,38	341,16	394,86	452,48
12	132,01	166,17	204,25	246,26	292,18	342,02	395,79	453,48
13	132,55	166,77	204,92	246,99	292,98	342,89	396,72	454,47
14	133,09	167,37	205,59	247,72	293,78	343,75	397,65	455,47
15	133,63	167,98	206,26	248,46	294,58	344,62	398,58	456,47
16	134,17	168,58	206,93	249,19	295,38	345,49	399,52	457,46
17	134,71	169,19	207,60	249,93	296,18	346 36	400,46	458,46
18	135,25	169,80	208,27	250,67	296,99	347,23	401,39	459,46
19	135,79	170,41	208,95	251,41	297,79	348,10	402,32	460,47
20	136,34	171,02	209,62	252,15	298,60	348,97	403,26	461,47
21	136,88	171,63	210,30	252,89	299,40	349,84	404,20	462,47
22	137,43	172,24	210,98	253,63	300,21	350,71	405,14	463,48
23	137,98	172,86	211,66	254,38	301,02	351,59	406,08	464,48
24	138,53	173,47	212,34	255,12	301,83	352,46	407,02	465,49
25	139,08	174,09	213,02	255,87	302,65	353,34	407,96	466,50
26	139,63	174,70	213,70	256,62	303,46	354,22	408,90	467,50
27	140,18	175,32	214,38	257,37	304,27	355,10	409,85	468,51
28	140,74	175,94	215,07	258,12	305,09	355,98	410,79	469,52
29	141,29	176,56	215,75	258,87	305,90	356,86	411,74	470,54
30	141,85	177,18	216,44	259,62	306,72	357,74	412,69	471,55
31	142,40	177,80	217,12	260,37	307,54	358,63	413,64	472,56
32	142,96	178,42	217,81	261,12	308,36	359,51	414,59	473,58
33	143,52	179,05	218,50	261,88	309,18	360,40	415,54	474,60
34	144,08	179,68	219,19	262,64	310,00	361,28	416,49	475,61
35	144,64	180,30	219,89	263,39	310,82	362,17	417,44	476,63
36	145,20	180,93	220,58	264,15	311,65	363,06	418,40	477,65
37	145,77	181,56	221,27	264,91	312,47	363,95	419,35	478,67
38	146,33	182,19	221,97	265,67	313,30	364,84	420,31	479,69
39	146,90	182,82	222,66	266,43	314,12	365,74	421,27	480,72
40	147,46	183,45	223,36	267,20	314,95	366,63	422,23	481,74
41	148,03	184,09	224,06	267,96	315,78	367,52	423,19	482,77
42	148,60	184,72	224,76	268,72	316,61	368,42	424,15	483,79
43	149,17	185,35	225,46	269,49	317,44	369,32	425,11	484,82
44	149,74	185,99	226,16	270,26	318,27	370,21	426,07	485,85
45	150,31	186,63	226,86	271,03	319,11	371,11	427,04	486,88
46	150,88	187,27	227,57	271,79	319,94	372,01	428,00	487,91
47	151,46	187,91	228,27	272,57	320,78	372,91	428,97	488,94
48	152,03	188,55	228,98	273,34	321,62	373,81	429,93	489,97
49	152,61	189,19	229,69	274,11	322,45	374,72	430,90	491,01
50	153,19	189,83	230,40	274,88	323,29	375,62	431,87	492,04
51	153,77	190,47	231,11	275,66	324,13	376,53	432,84	493,08
52	154,35	191,12	231,81	276,43	324,97	377,43	433,82	494,11
53	154,93	191,76	232,53	277,21	325,82	378,34	434,79	495,15
54	155,51	192,41	233,24	277,99	326,66	379,25	435,76	496,19
55	156,09	193,06	233,95	278,77	327,50	380,16	436,74	497,23
56	156,68	193,71	234,67	279,55	328,35	381,07	437,71	498,27
57	157,26	194,36	235,38	280,33	329,20	381,98	438,69	499,32
58	157,85	195,02	236,10	281,11	330,04	382,90	439,67	500,36
59	158,43	195,67	236,82	281,89	330,89	383,81	440,65	501,40

TABLE II.

Marche exprimée en temps moyen de l'ascension droite du soleil moyen.

Cette Table sert à la conversion du temps sidéral en temps moyen.

POUR HEURE.	MARCHE ou corr. soust.	POUR	MARCHE ou corr. soust.	POUR	MARCHE ou corr. soust.	POUR	MARCHE ou corr. soust.
1^h	9^s83	1^m	0^s16	31^m	5^s08	2^s	0^s01
2	19,66	2	0,33	32	5,24	4	0,01
3	29,49	3	0,49	33	5,41	6	0,02
4	39,32	4	0,66	34	5,57	8	0,02
5	49,15	5	0,82	35	5,73	10	0,03
6	58,98	6	0,98	36	5,90	12	0,03
7	1^m 8,81	7	1,15	37	6,06	14	0,04
8	1 18,64	8	1,31	38	6,22	16	0,04
9	1 28,47	9	1,47	39	6,39	18	0,05
10	1 38,30	10	1,64	40	6,55	20	0,05
11	1 48,13	11	1,80	41	6,72	22	0,06
12	1 57,95	12	1,97	42	6,88	24	0,07
13	2 7,78	13	2,13	43	7,04	26	0,07
14	2 17,61	14	2,29	44	7,21	28	0,08
15	2 27,44	15	2,46	45	7,37	30	0,08
16	2 37,27	16	2,62	46	7,54	32	0,09
17	2 47,10	17	2,79	47	7,70	34	0,09
18	2 56,93	18	2,95	48	7,86	36	0,10
19	3 6,76	19	3,11	49	8,02	38	0,10
20	3 16,59	20	3,28	50	8,19	40	0,11
21	3 26,42	21	3,44	51	8,35	42	0,11
22	3 36,25	22	3,60	52	8,52	44	0,12
23	3 46,08	23	3,77	53	8,68	46	0,13
24	3 55,91	24	3,93	54	8,85	48	0,13
		25	4,10	55	9,01	50	0,14
		26	4,26	56	9,17	52	0,14
		27	4,42	57	9,34	54	0,15
		28	4,59	58	9,50	56	0,15
		29	4,75	59	9,67	58	0,16
		30	4,92	60	9,83	60	0,16

TABLE III [1].

POUR LE CALCUL DES LATITUDES, LONGITUDES ET AZIMUTS GÉODÉSIQUES.

Aplatissement $= \frac{1}{305} = \alpha$.   Rayon de l'équateur $= 6377116$ mètres $= a$.

LATITUDE	RAYON DE COURBURE de la PERPENDICULAIRE. $\rho' = \dfrac{a}{(1 - e^2 \sin^2 H)^{\frac{1}{2}}}$			RAYON DE COURBURE du MÉRIDIEN. $\rho = \dfrac{a(1 - e^2)}{(1 - e^2 \sin^2 H)^{\frac{3}{2}}}$				
	$\log \rho'$	DIFFÉR. commune.	$\log \dfrac{1}{\rho' \sin 1''}$	$\log \rho.$	DIFFÉR. commune.	$\log \dfrac{1}{\rho \sin 1''}$	$\log(1 + e^2 \cos^2 H)$	DIFFÉRENCE.
0° 0′	6,8046243		8,5098008	6,8017718		8,5126533	0,0028338	
		1			3			2
30	6244		8007	7721		6530	8336	
		3			10			6
1 0	6247		8004	7731		6520	8330	
		6			16			11
30	6253		7998	7747		6504	8319	
		7			23			15
2 0	6260		7991	7770		6481	8304	
		10			29			19
30	6270		7981	7799		6452	8285	
		12			36			26
3 0	6282		7969	7835		6416	8260	
		14			42			27
30	6296		7955	7877		6374	8233	
		16			48			32
4 0	6312		7939	7925		6326	8201	
		18			55			36
30	6330		7921	7980		6271	8165	
		21			62			41
5 0	6351		7900	8042		6209	8124	
		22			68			45
30	6373		7878	8110		6141	8079	
		25			74			49
6 0	6398		7853	8184		6067	8030	
		27			80			53
30	6425		7826	8264		5987	7977	
		29			87			58
7 0	6454		7797	8351		5900	7919	
		31			93			62
30	6485		7766	8444		5807	7857	
		33			100			66
8 0	6518		7733	8544		5707	7791	
		35			105			70
30	6553		7698	8649		5602	7721	
		37			112			74
9 0	6590		7661	8761		5490	7647	
		40			118			78
30	6630		7621	8879		5372	7569	

1. Cette table et la suivante sont empruntées au *Cours de Géodésie* de M. Begat.

Suite de la TABLE III.

LATITUDE	RAYON DE COURBURE de la PERPENDICULAIRE.			RAYON DE COURBURE du MÉRIDIEN.				DIF-FÉRENCE.
	$\log \rho'$.	DIFFÉR. commune.	$\log \dfrac{1}{\rho' \sin 1''}$	$\log \rho$.	DIFFÉR. commune.	$\log \dfrac{1}{\rho \sin 1''}$	$\log (1+e^2\cos^2 H)$	
9°30'	6,8046630		8,5097621	6,8018879		8,5125372	0,0027569	
		42			125			82
10 0	6672		7579	9004		5247	7487	
		43			130			87
30	6715		7536	9134		5117	7400	
		46			137			90
11 0	6761		7490	9271		4980	7310	
		47			142			94
30	6808		7443	9413		4838	7216	
		49			149			99
12 0	6857		7394	9562		4689	7117	
		52			154			102
30	6909		7342	9716		4535	7015	
		53			160			106
13 0	6962		7289	9876		4375	6909	
		56			166			110
30	7018		7233	6,8020042		4209	6799	
		57			172			114
14 0	7075		7176	0214		4037	6685	
		59			178			118
30	7134		7117	0392		3859	6567	
		61			183			121
15 0	7195		7056	0575		3676	6446	
		63			189			125
30	7258		6993	0764		3487	6321	
		65			195			129
16 0	7323		6928	0959		3292	6192	
		67			200			133
30	7390		6861	1159		3092	6059	
		68			205			136
17 0	7458		6793	1364		2887	5923	
		70			211			139
30	7529		6723	1575		2676	5784	
		73			216			143
18 0	7601		6650	1791		2460	5641	
		73			222			147
30	7674		6577	2013		2238	5494	
		76			227			150
19 0	7750		6501	2240		2011	5344	
		77			231			154
30	7827		6424	2471		1780	5190	
		79			237			157
20 0	7906		6345	2708		1543	5033	
		81			242			160
30	7987		6264	2950		1301	4673	
		82			247			164
21 0	8069		6182	3197		1054	4709	

Suite de la TABLE III.

LATITUDE	RAYON DE COURBURE de la PERPENDICULAIRE.			RAYON DE COURBURE du MÉRIDIEN.				DIF-FÉRENCE.
	$\log \rho'$.	DIFFÉR. commune.	$\log \dfrac{1}{\rho' \sin 1''}$	$\log \rho$.	DIFFÉR. commune.	$\log \dfrac{1}{\rho \sin 1''}$	$\log(1+e^2\cos^2 H)$	
21° 0'	6,8048069		8,5096182	6,8023197		8,5121054	0,0024709	
		84			252			166
30	8153		6098	3449		0802	4543	
		85			256			170
22 0	8238		6013	3705		0546	4373	
		88			261			173
30	8326		5925	3966		0285	4200	
		83			266			176
23 0	8414		5837	4232		0019	4024	
		90			270			179
30	8504		5747	4502		8,5119749	3845	
		92			275			182
24 0	8596		5655	4777		9474	3663	
		93			279			185
30	8689		5562	5056		9195	3478	
		94			283			187
25 0	8783		5468	5339		8912	3291	
		96			288			191
30	8879		5372	5627		8624	3100	
		97			291			193
26 0	8976		5275	5918		8333	2907	
		99			296			196
30	9075		5176	6214		8037	2711	
		100			299			198
27 0	9175		5076	6513		7738	2513	
		101			304			201
30	9276		4975	6817		7434	2312	
		102			307			203
28 0	9378		4873	7124		7127	2109	
		104			311			206
30	9482		4769	7435		6816	1903	
		105			314			208
29 0	9587		4664	7749		6502	1695	
		105			318			211
30	9692		4559	8067		6184	1484	
		108			321			213
30 0	9800		4451	8388		5863	1271	
		108			325			215
30	9908		4343	8713		5538	1056	
		109			327			217
31 0	6,8050017		4234	9040		5211	0839	
		110			331			219
30	0127		4124	9371		4880	0620	
		111			334			221
32 0	0238		4013	9705		4546	0399	
		112			336			223
30	0350		3901	6,8030041		4210	0176	

Suite de la TABLE III.

LATITUDE	RAYON DE COURBURE de la PERPENDICULAIRE.			RAYON DE COURBURE du MÉRIDIEN.				DIF-FÉRENCE.
	$\log \rho'$.	DIFFÉR. commune.	$\log \dfrac{1}{\rho' \sin 1''}$	$\log \rho$.	DIFFÉR. commune.	$\log \dfrac{1}{\rho \sin 1''}$	$\log (1 + e^2\cos^2 H)$	
32° 30′	6,8050350	114	8,5093901	6,8030041	339	8,5114210	0,0020176	224
33 0	0464	114	3787	0380	342	3871	0,0019952	227
30	0578	114	3673	0722	345	3529	9725	228
34 0	0692	116	3559	1067	347	3184	9497	230
30	0808	116	3443	1414	349	2837	9267	231
35 0	0924	118	3327	1763	352	2488	9036	233
30	1042	118	3209	2115	354	2136	8803	234
36 0	1160	118	3091	2469	355	1782	8569	236
30	1278	119	2973	2824	358	1427	8333	237
37 0	1397	120	2854	3182	359	1069	8096	238
30	1517	121	2734	3541	362	0710	7858	239
38 0	1638	121	2613	3903	362	0348	7619	240
30	1759	121	2492	4265	365	8,5109986	7379	242
39 0	1880	122	2371	4630	365	9621	7137	242
30	2002	122	2249	4995	367	9256	6895	243
40 0	2124	123	2127	5362	368	8889	6652	243
30	2247	123	2004	5730	369	8521	6409	245
41 0	2370	123	1881	6099	370	8152	6164	245
30	2493	124	1758	6469	371	7782	5919	246
42 0	2617	124	1634	6840	372	7411	5673	246
30	2741	124	1510	7212	372	7039	5427	246
43 0	2865	124	1386	7584	373	6667	5181	247
30	2989	124	1262	7957	373	6294	4934	247
44 0	3113		1138	8330		5921	4687	

Suite de la TABLE III.

LATITUDE		RAYON DE COURBURE de la PERPENDICULAIRE.				RAYON DE COURBURE du MÉRIDIEN.				DIFFÉRENCE.
		$\log \rho'.$	DIFFÉR. commune.	$\log \dfrac{1}{\rho' \sin 1''}$	$\log \rho.$	DIFFÉR. commune.	$\log \dfrac{1}{\rho \sin 1''}$	$\log(1+e^2\cos^2 H)$	
44°	0′	6,8053113		8,5091138	6,8038330		8,5105921	0,0014687	
			125			373			247
	30	3238		1013	8703		5548	4440	
			124			373			248
45	0	3362		0889	9076		5175	4192	
			125			374			247
	30	3487		0764	9450		4801	3945	
			124			373			247
46	0	3611		0640	9823		4428	3698	
			124			373			247
	30	3735		0516	6,8040196		4055	3451	
			125			373			247
47	0	3860		0391	0569		3682	3204	
			124			372			247
	30	3984		0267	0941		3310	2957	
			124			372			246
48	0	4108		0143	1313		2938	2711	
			123			371			246
	30	4231		0020	1684		2567	2465	
			124			370			245
49	0	4355		8,5089896	2054		2197	2220	
			123			370			245
	30	4478		9773	2424		1827	1975	
			123			368			244
50	0	4601		9650	2792		1459	1731	
			122			368			243
	30	4723		9528	3160		1091	1488	
			122			366			242
51	0	4845		9406	3526		0725	1246	
			122			364			242
	30	4967		9284	3890		0361	1004	
			121			364			241
52	0	5088		9163	4254		8,5099997	0763	
			121			362			239
	30	5209		9042	4616		9635	0524	
			120			360			239
53	0	5329		8922	4976		9275	0285	
			119			358			237
	30	5448		8803	5334		8917	0048	
			119			356			236
54	0	5567		8684	5690		8561	0,0009812	
			118			355			235
	30	5685		8566	6045		8206	9577	
			118			352			233
55	0	5803		8448	6397		7854	9344	
			116			350			232
	30	5919		8332	6747		7504	9112	

Suite de la TABLE III.

LATITUDE	RAYON DE COURBURE de la PERPENDICULAIRE.			RAYON DE COURBURE du MÉRIDIEN.				DIFFÉRENCE.
	$\log \rho'.$	DIFFÉR. commune.	$\log \dfrac{1}{\rho' \sin 1''}$	$\log \rho.$	DIFFÉR. commune.	$\log \dfrac{1}{\rho \sin 1''}$	$\log(1+e^2\cos^2 H)$	
55° 30′	6,8055919		8,5088332	6,8046747		8,5097504	0,0009112	
		116			348			231
56 0	6035		8216	7095		7156	8881	
		115			346			228
30	6150		8101	7441		6810	8653	
		115			343			228
57 0	6265		7986	7784		6467	8425	
		113			340			225
30	6378		7873	8124		6127	8200	
		112			337			223
58 0	6490		7761	8461		5790	7977	
		112			335			222
30	6602		7649	8796		5455	7755	
		111			332			220
59 0	6713		7538	9128		5123	7535	
		109			328			217
30	6822		7429	9456		4795	7318	
		109			326			216
60 0	6931		7320	9782		4469	7102	
		107			322			213
30	7038		7213	6,8050104		4147	6889	
		106			319			212
61 0	7141		7107	0423		3828	6677	
		105			315			208
30	7249		7002	0738		3513	6469	
		105			312			207
62 0	7354		6897	1050		3201	6262	
		102			308			204
30	7456		6795	1358		2893	6058	
		102			305			202
63 0	7558		6693	1663		2588	5856	
		100			301			199
30	7658		6593	1964		2287	5657	
		99			297			197
64 0	7757		6494	2261		1990	5460	
		98			292			194
30	7855		6396	2553		1698	5266	
		96			289			191
65 0	7951		6300	2842		1409	5075	
		95			285			188
30	8046		6205	3127		1124	4887	
		93			280			186
66 0	8139		6112	3407		0844	4701	
		92			276			183
30	8231		6020	3683		0568	4518	
		91			271			180
67 0	8322		5929	3954		0297	4338	

Suite de la TABLE III.

LATITUDE	RAYON DE COURBURE de la PERPENDICULAIRE.			RAYON DE COURBURE du MÉRIDIEN.				
	$\log \rho'$.	DIFFÉR. commune.	$\log \dfrac{1}{\rho' \sin 1''}$	$\log \rho$.	DIFFÉR. commune.	$\log \dfrac{1}{\rho \sin 1''}$	$\log (1 + e^2\cos^2 H)$	DIFFÉRENCE.
67° 0′	6,8058322		8,5085929	6,8053954		8,5090297	0,0004338	
30	8410	88	5841	4221	267	0030	4162	176
68 0	8498	88	5753	4484	263	8,5089767	3988	174
30	8584	86	5667	4741	257	9510	3817	171
69 0	8668	84	5583	4994	253	9257	3650	167
30	8751	83	5500	5242	248	9009	3485	165
70 0	8832	81	5419	5485	243	8766	3325	160
30	8911	79	5340	5723	238	8528	3167	158
71 0	8989	78	5262	5956	233	8295	3013	154
30	9065	76	5186	6184	228	8067	2862	151
72 0	9139	74	5112	6407	223	7844	2714	148
30	9212	73	5039	6624	217	7627	2570	144
73 0	9282	70	4969	6836	212	7415	2430	140
30	9351	69	4900	7043	207	7208	2293	137
74 0	9418	67	4833	7244	201	7007	2160	133
30	9483	65	4768	7440	196	6811	2030	130
75 0	9547	64	4704	7630	190	6621	1904	126
30	9608	61	4643	7814	184	6437	1782	122
76 0	9668	60	4583	7993	179	6258	1664	118
30	9725	57	4526	8166	173	6085	1549	115
77 0	9781	56	4470	8333	167	5918	1438	111
30	9835	54	4416	8494	161	5757	1332	106
78 0	9887	52	4364	8649	155	5602	1229	103
30	9936	49	4315	8799	150	5452	1130	99

Suite de la TABLE III.

LATITUDE	RAYON DE COURBURE de la PERPENDICULAIRE.			RAYON DE COURBURE du MÉRIDIEN.			$\log(1 + e^2\cos^2 H)$	DIFFÉRENCE.
	$\log \rho'$	DIFFÉR. commune.	$\log \dfrac{1}{\rho' \sin 1''}$	$\log \rho$.	DIFFÉR. commune.	$\log \dfrac{1}{\rho \sin 1''}$		
78° 30'	6,8059936		8,5084315	6,8058799		8,5085452	0,0001130	
		48			143			95
79 0	9984		4267	8942		5309	1035	
		46			137			91
30	6,8060030		4221	9079		5172	0944	
		43			131			87
80 0	0073		4178	9210		5041	0857	
		42			125			83
30	0115		4136	9335		4916	0774	
		39			119			78
81 0	0154		4097	9454		4797	0696	
		38			113			75
30	0192		4059	9567		4684	0621	
		36			106			70
82 0	0228		4023	9673		4578	0551	
		33			100			67
30	0261		3990	9773		4478	0484	
		31			94			62
83 0	0292		3959	9867		4384	0422	
		30			87			58
30	0322		3929	9954		4297	0364	
		26			82			53
84 0	0348		3903	6,8060036		4215	0311	
		26			74			50
30	0374		3877	0110		4141	0261	
		22			69			45
85 0	0396		3855	0179		4072	0216	
		21			61			41
30	0417		3834	0240		4011	0175	
		18			56			37
86 0	0435		3816	0296		3955	0138	
		17			49			32
30	0452		3799	0345		3906	0106	
		14			42			28
87 0	0466		3785	0387		3864	0078	
		12			36			24
30	0478		3773	0423		3828	0054	
		10			29			19
88 0	0488		3763	0452		3799	0035	
		7			23			16
30	0495		3756	0475		3770	0019	
		6			17			10
89 0	0501		3750	0492		3759	0009	
		3			9			7
30	0504		3747	0501		3750	0002	
		1			4			2
90 0	0505		3746	0505		3746	0000	

TABLE IV.

DES LATITUDES CROISSANTES.

Aplatissement $= \frac{1}{327}$.

LATITUDES.	LATITUDES croissantes.	DIFFÉRENCE.
0° 0'	0'00	
		29'81
30	29,81	
		29,82
1 0	59,63	
		29,82
30	89,45	
		29,83
2 0	119,28	
		29,84
30	149,12	
		29,84
3 0	178,96	
		29,87
30	208,83	
		29,87
4 0	238,70	
		29,90
30	268,60	
		29,92
5 0	298,52	
		29,94
30	328,46	
		29,96
6 0	358,42	
		30,00
30	388,42	
		30,02
7 0	418,44	
		30,06
30	448,50	
		30,09
8 0	478,59	
		30,13
30	508,72	
		30,17
9 0	538,89	
		30,21
30	569,10	
		30,25
10 0	599,35	
		30,31
30	629,66	
		30,35
11 0	660,01	
		30,40
30	690,41	
		30,46
12 0	720,87	
		30,52
30	751,39	

LATITUDES.	LATITUDES croissantes.	DIFFÉRENCE.
12° 30'	751'39	
		30'58
13 0	781,97	
		30.63
30	812,60	
		30,71
14 0	843,31	
		30,78
30	871,09	
		30,83
15 0	904,92	
		30,92
30	935,84	
		30,99
16 0	966,83	
		31,07
30	997,90	
		31,15
17 0	1029,05	
		31,23
30	1060,28	
		31,33
18 0	1091,61	
		31,41
30	1123,02	
		31,50
19 0	1154,52	
		31,60
30	1186,12	
		31,70
20 0	1217,82	
		31,80
30	1249,62	
		31,91
21 0	1281,53	
		32,01
30	1313,54	
		32,13
22 0	1345,67	
		32,24
30	1377,91	
		32,36
23 0	1410,27	
		32,18
30	1442,75	
		32,61
24 0	1475,36	
		32,73
30	1508,09	
		32,86
25 0	1540,95	

LATITUDES.	LATITUDES croissantes.	DIFFÉRENCE.
25° 0'	1540'95	
		33'00
30	1573,95	
		33,14
26 0	1607 09	
		33,29
30	1640,38	
		33,43
27 0	1673,81	
		11,17
10	1684,98	
		11,19
20	1696,17	
		11,21
30	1707,38	
		11,23
40	1718,61	
		11,25
50	1729,86	
		11,26
28 0	1741,12	
		11,28
10	1752,40	
		11,30
20	1763,70	
		11,31
30	1775,01	
		11,33
40	1786 34	
		11,35
50	1797,69	
		11,37
29 0	1809,06	
		11,39
10	1820,45	
		11,41
20	1831,86	
		11,43
30	1843,29	
		11,44
40	1854,73	
		11,46
50	1866,19	
		11,48
30 0	1877,67	

Suite de la TABLE IV.

LATITUDES	LATITUDES croissantes.	DIF-FÉRENCE.	LATITUDES.	LATITUDES croissantes.	DIF-FÉRENCE.	LATITUDES.	LATITUDES croissantes.	DIF-FÉRENCE.
30° 0′	1877′67		34° 0′	2159′52		38° 0′	2455′09	
		11′51			12 02			12′65
10	1889,18		10	2171,54		10	2467,74	
		11,52			12,04			12,68
20	1900,70		20	2183,58		20	2480,42	
		11,54			12,07			12,71
30	1912,24		30	2195,65		30	2493,13	
		11,56			12,10			12,75
40	1923,80		40	2207,75		40	2505,88	
		11,58			12,12			12,78
50	1935,38		50	2219,87		50	2518,66	
		11,60			12,14			12,80
31 0	1946,98		35 0	2232,01		39 0	2531,46	
		11,63			12,17			12,84
10	1958,61		10	2244,18		10	2544,30	
		11,65			12,20			12,86
20	1970,26		20	2256,38		20	2557,16	
		11,67			12,22			12,90
30	1981,93		30	2268,60		30	2570,06	
		11,68			12,24			12,92
40	1993,61		40	2280,84		40	2582,98	
		11,70			12,27			12,96
50	2005,31		50	2293,11		50	2595,94	
		11,73			12,30			12,99
32 0	2017,04		36 0	2305,41		40 0	2608,93	
		11,75			12,32			13,02
10	2028,79		10	2317,73		10	2621,95	
		11,77			12,35			13,06
20	2040,56		20	2330,08		20	2635,01	
		11,79			12,38			13,09
30	2052,35		30	2342,46		30	2648,10	
		11,82			12,40			13,12
40	2064,17		40	2354,86		40	2661,22	
		11,84			12,43			13,15
50	2076,01		50	2367,29		50	2674,37	
		11 86			12 46			13,19
33 0	2087,87		37 0	2379,75		41 0	2687,56	
		11,88			12,49			13,22
10	2099,75		10	2392,24		10	2700,78	
		11,91			12,51			13,25
20	2111,66		20	2404,75		20	2714,03	
		11 93			12,54			13,29
30	2123,59		30	2417,29		30	2727,32	
		11,95			12,57			13,32
40	2135,54		40	2429,86		40	2740,64	
		11,98			12,60			13,36
50	2147,52		50	2442,46		50	2754,00	
		12,00			12,63			13,39
34 0	2159,52		38 0	2455,09		42 0	2767,39	

Suite de la TABLE IV.

LATITUDES.	LATITUDES croissantes.	DIFFÉRENCE.	LATITUDES.	LATITUDES croissantes.	DIFFÉRENCE.	LATITUDES.	LATITUDES croissantes.	DIFFÉRENCE.
42° 0'	2767'39		46° 0'	3100'15		50° 0'	3458'07	
		13'43			14'37			15'55
10	2780,82		10	3114,52		10	3473,62	
		13,46			14,42			15,60
20	2794,28		20	3128,94		20	3489,22	
		13,50			14,46			15,65
30	2807,78		30	3143,40		30	3504,87	
		13,54			14,51			15,71
40	2821,32		40	3157,91		40	3520,58	
		13,57			14,55			15,76
50	2834,89		50	3172,46		50	3536,34	
		13,61			14,60			15,83
43 0	2848,50		47 0	3187,06		51 0	3552,17	
		13,64			14,64			15,88
10	2862,14		10	3201,70		10	3568,05	
		13,68			14,69			15,93
20	2875,82		20	3216,39		20	3583,98	
		13,73			14,74			16,00
30	2889,55		30	3231,13		30	3599,98	
		13,76			14,78			16,05
40	2903,31		40	3245,91		40	3616,03	
		13,80			14,83			16,12
50	2917,11		50	3260,74		50	3632,15	
		13,83			14,88			16,17
44 0	2930,94		48 0	3275,62		52 0	3648,32	
		13,88			14,93			16,24
10	2944,82		10	3290,55		10	3664,56	
		13,92			14,98			16,29
20	2958,74		20	3305,53		20	3680,85	
		13,95			15,02			16,36
30	2972,69		30	3320,55		30	3697,21	
		14,00			15,07			16,42
40	2986,69		40	3335,62		40	3713,63	
		44,03			15,12			16,48
50	3000,72		50	3350,74		50	3730,11	
		14,08			15,18			16,55
45 0	3014,80		49 0	3365,92		53 0	3746,66	
		14,12			15,23			16,61
10	3028,92		10	3381,15		10	3763,27	
		14,16			15,28			16,68
20	3043,08		20	3396,43		20	3779,95	
		14,20			15,33			16,74
30	3057,28		30	3411,76		30	3796,69	
		13,25			15,38			16,81
40	3071,53		40	3127,14		40	3813,50	
		14,29			15,44			16,87
50	3085,82		50	3412,58		50	3830,37	
		14,33			15,49			16,94
46 0	3100,15		50 0	3458,07		54 0	3847,31	

					Suite de la TABLE IV.			
LATITUDES.	LATITUDES croissantes.	DIF-FÉRENCE.	LATITUDES.	LATITUDES croissantes.	DIF-FÉRENCE.	LATITUDES.	LATITUDES croissantes.	DIF-FÉRENCE.
54° 0'	3847'31		58° 0'	4276'14		62° 0'	4756'07	
		17'01			18'88			21'33
10	3864,32		10	4295,02		10	4777,40	
		17,08			18,97			21,45
20	3881,40		20	4313,99		20	4798,85	
		17,15			19,06			21,57
30	3898,55		30	4333,05		30	4820,42	
		17,22			19,15			21,69
40	3915,77		40	4352,20		40	4842,11	
		17,29			19,25			21,81
50	3933,06		50	4371,45		50	4863,92	
		17,36			19,33			21,93
55 0	3950,42		59 0	4390,78		63 0	4885,85	
		17,44			19,43			22,06
10	3967,86		10	4410,21		10	4907,91	
		17,51			19,53			22,19
20	3985,37		20	4429,74		20	4930,10	
		17.58			19,62			22,32
30	4002,95		30	4449,36		30	4952,42	
		17,66			19,72			22,45
40	4020,61		40	4469,08		40	4974,87	
		17,73			19,82			22,58
50	4038,34		50	4488,90		50	4997,45	
		17,81			19,92			22,72
56 0	4056,15		60 0	4508,82		64 0	5020,17	
		17,89			20,02			22,85
10	4074,04		10	4528,84		10	5043,02	
		17,96			20,12			22,99
20	4092,00		20	4548,96		20	5066,01	
		18,05			20,23			23,13
30	4110,05		30	4569,19		30	5089,14	
		18,12			20,33			23,27
40	4128,17		40	4589,52		40	5112,41	
		18,20			20,43			23,42
50	4146,37		50	4609,95		50	5135,83	
		18,29			20,54			23,56
57 0	4164,66		61 0	4630,49		65 0	5159,39	
		18,37			20,65			23,71
10	4183,03		10	4651,14		10	5183,10	
		18,45			20,76			23,86
20	4201,48		20	4671,90		20	5206,96	
		18,53			20,87			24,01
30	4220,01		30	4692,77		30	5230,97	
		18,62			20,99			24,17
40	4238,63		40	4713,76		40	5255,14	
		18,71			21,10			24,32
50	4257,34		50	4731,86		50	5279,46	
		18,80			21,21			24,48
58 0	4276,14		62 0	4756,07		66 0	5303,94	

Suite de la TABLE IV.

LATITUDES.	LATITUDES croissantes.	DIFFÉRENCE	LATITUDES.	LATITUDES croissantes.	DIFFÉRENCE.	LATITUDES.	LATITUDES croissantes.	DIFFÉRENCE.
66° 0'	5303'94		70° 0'	5945'78		74° 0'	6725'15	
		21'64			29'34			36'44
10	5323,58		10	5975,12		10	6761,59	
		24,81			29,57			36,82
20	5353,39		20	6004,69		20	6798,41	
		24,97			29,81			37,21
30	5378,36		30	6034,50		30	6835,62	
		25,14			30,06			37,61
40	5403,50		40	6064,56		40	6873,23	
		25,31			30,31			38,00
50	5428,81		50	6094,87		50	6911,23	
		25,48			30,57			38,41
67 0	5454,29		71 0	6125,44		75 0	6949,64	
		25,65			30,83			38,83
10	5479,94		10	6156,27		10	6988,47	
		25,83			31,09			39,27
20	5505,77		20	6187,36		20	7027,74	
		26,02			31,36			39,70
30	5531,79		30	6218,72		30	7067,44	
		26,20			31,63			40,15
40	5557,99		40	6250,35		40	7107,59	
		26,39			31,91			40,61
50	5584,38		50	6282,26		50	7148,20	
		26,58			32,20			41,08
68 0	5610,96		72 0	6314,46		76 0	7189,28	
		26,77			32,49			41,56
10	5637,73		10	6346,95		10	7230,84	
		26,96			32,78			42,06
20	5664,69		20	6379,73		20	7272,90	
		27,16			33,09			42,57
30	5691,85		30	6412,82		30	7315,47	
		27,36			33,39			43,08
40	5719,21		40	6446,21		40	7358,55	
		27,57			33,70			43,61
50	5746,78		50	6479,91		50	7402,16	
		27,78			34,02			44,16
69 0	5774,56		73 0	6513,93		77 0	7446,32	
		27,99			34,35			44,73
10	5802,55		10	6548,28		10	7491,05	
		28,20			34,68			45,30
20	5830,75		20	6582,96		20	7536,35	
		28,42			35,02			45,89
30	5859,17		30	6617,98		30	7582,24	
		28,64			35,37			46,49
40	5887,81		40	6653,35		40	7628,73	
		28,87			35,72			47,12
50	5916,68		50	6689,07		50	7675,85	
		29,10			36,08			47,76
70 0	5945,78		74 0	6725,15		78 0	7723,61	

Suite de la TABLE IV.

LATITUDES	LATITUDES croissantes.	DIFFÉRENCE.	LATITUDES	LATITUDES croissantes.	DIFFÉRENCE.	LATITUDES	LATITUDES croissantes.	DIFFÉRENCE.
78° 0'	7723'61	48'42	82° 0'	9124'24	72'60	86° 0'	11511'14	146'42
10	7772,03	49,09	10	9196,84	74,15	10	11657,56	152,92
20	7821,12	49,79	20	9270,99	75,77	20	11810,48	160,02
30	7870,91	50,51	30	9346,76	77,46	30	11970,50	167,83
40	7921,42	51,25	40	9424,22	79,24	40	12138,33	176,42
50	7972,67	52,00	50	9503,46	81,09	50	12314,75	185,96
79 0	8024,67	52,79	83 0	9584,55	83,03	87 0	12500,71	196,58
10	8077,46	53,61	10	9667,58	85,08	10	12697,29	208,48
20	8131,07	54,43	20	9752,66	87,22	20	12905,77	221,94
30	8185,50	55,30	30	9839,88	89,48	30	13127,71	237,25
40	8240,80	56,19	40	9929,36	91,85	40	13364,96	254,83
50	8296,99	57,10	50	10021,21	94,36	50	13619,79	275,22
80 0	8354,09	58,06	84 0	10115,57	97,01	88 0	13895,01	299,18
10	8412,15	59,04	10	10212,58	99,82	10	14194,19	327,70
20	8471,19	60,06	20	10312,40	102,78	20	14521,89	362,25
30	8531,25	61,11	30	10415,18	105,94	30	14884,14	404,95
40	8592,36	62,20	40	10521,12	109,29	40	15289,09	459,08
50	8654,56	63,34	50	10630,41	112,86	50	15748,17	529,96
81 0	8717,90	64,51	85 0	10743,27	116,69	89 0	16278,13	626,80
10	8782,41	65,73	10	10859,96	120,76	10	16904,93	767,13
20	8848,14	66,99	20	10980,72	125,16	20	17672,06	989,00
30	8915,13	68,31	30	11105,88	129,86	30	18661,06	1393,90
40	8983,44	69,69	40	11235,74	134,95	40	20054,96	2382,87
50	9053,13	71,11	50	11370,69	140,45	50	22437,83	∞
82 0	9124,24		86 0	11511,14		90 0	∞	

Paris. — Imprimerie de P.-A. BOURDIER et Cie, rue Mazarine, 30.

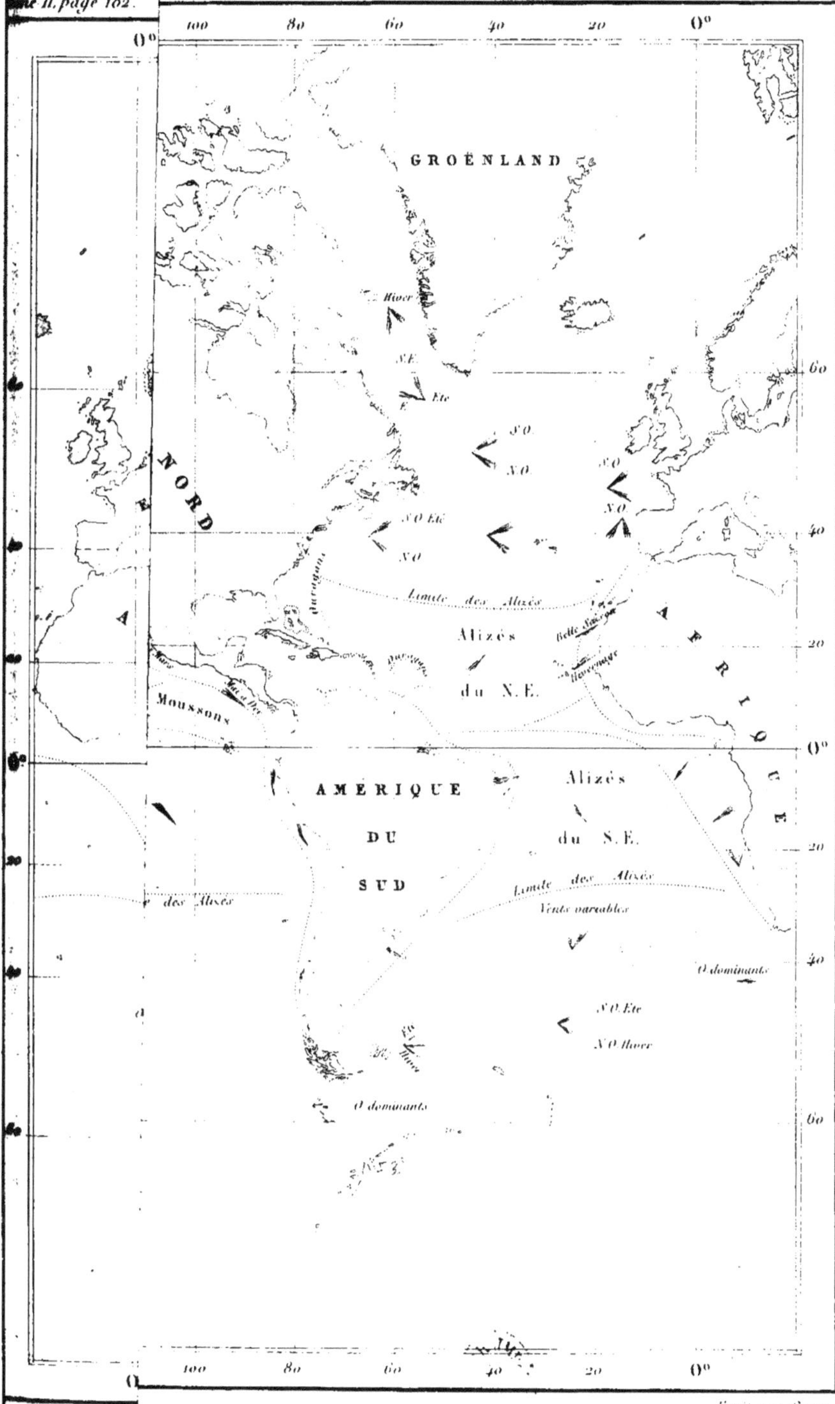
Tome II. page 182.
GROËNLAND
NORD
AFRIQUE
Limite des Alizés
Alizés
du N.E.
Moussons
AMÉRIQUE
DU
SUD
Alizés
du S.E.
Limite des Alizés
Vents variables
O dominants
des Alizés
O dominants
Hiver
N.E.
Été
Été
S.O.
N.O.
S.O.
N.O.
S.O. Été
N.O.
S.O. Été
N.O. Hiver
O dominants
Dessiné par Jacobs.
Écrit par Carre.

CARTE DES VENTS GÉNÉRAUX À LA SURFACE DES MERS.

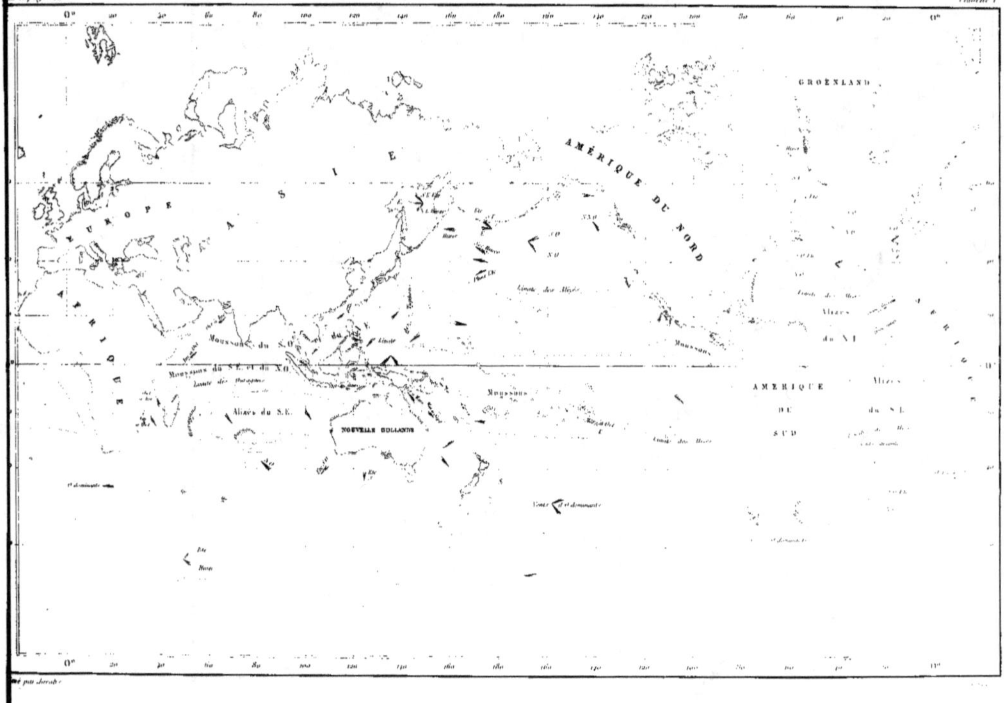

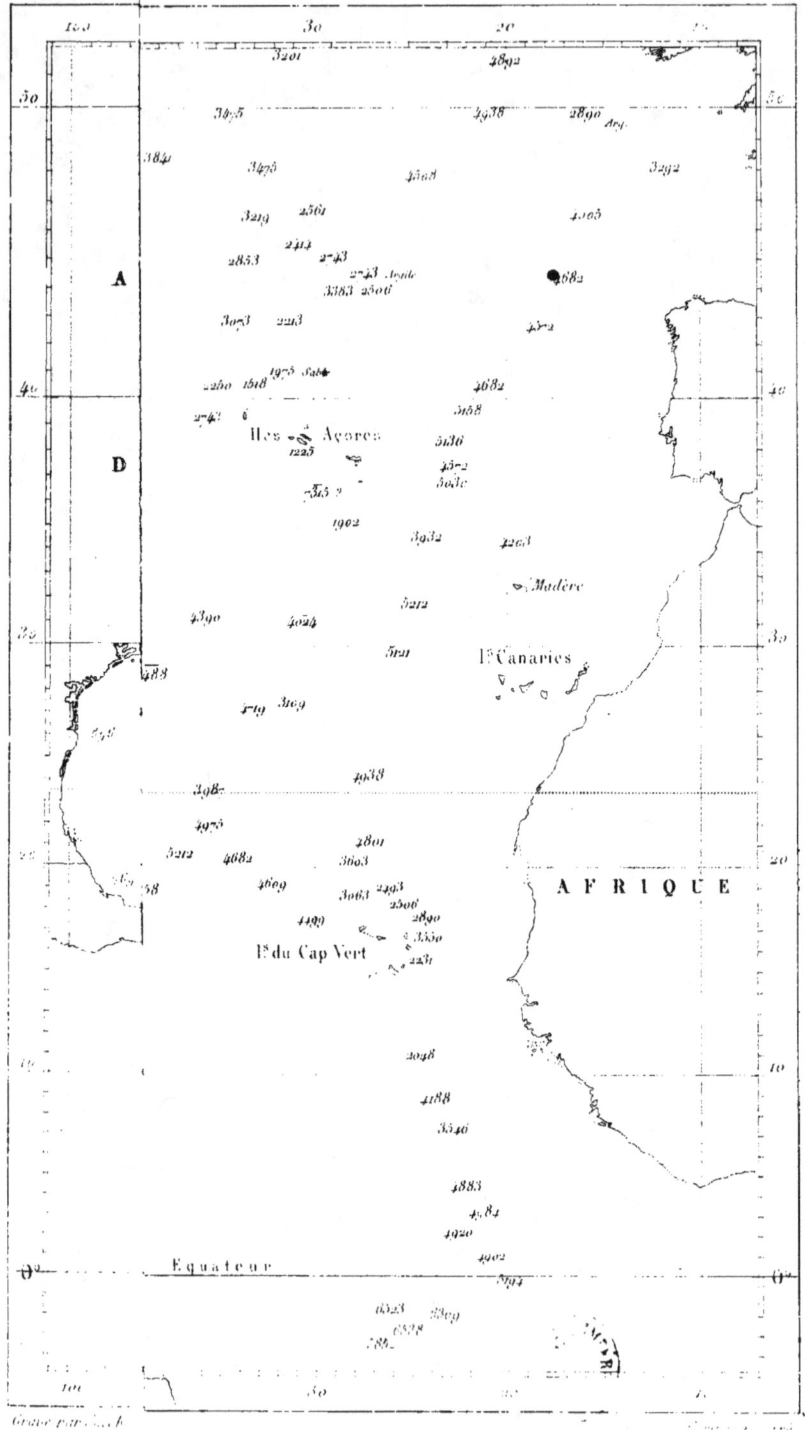
Iles Açores
Madère
I.ᵉˢ Canaries
I.ˢ du Cap Vert
AFRIQUE
Equateur
Gravé par...

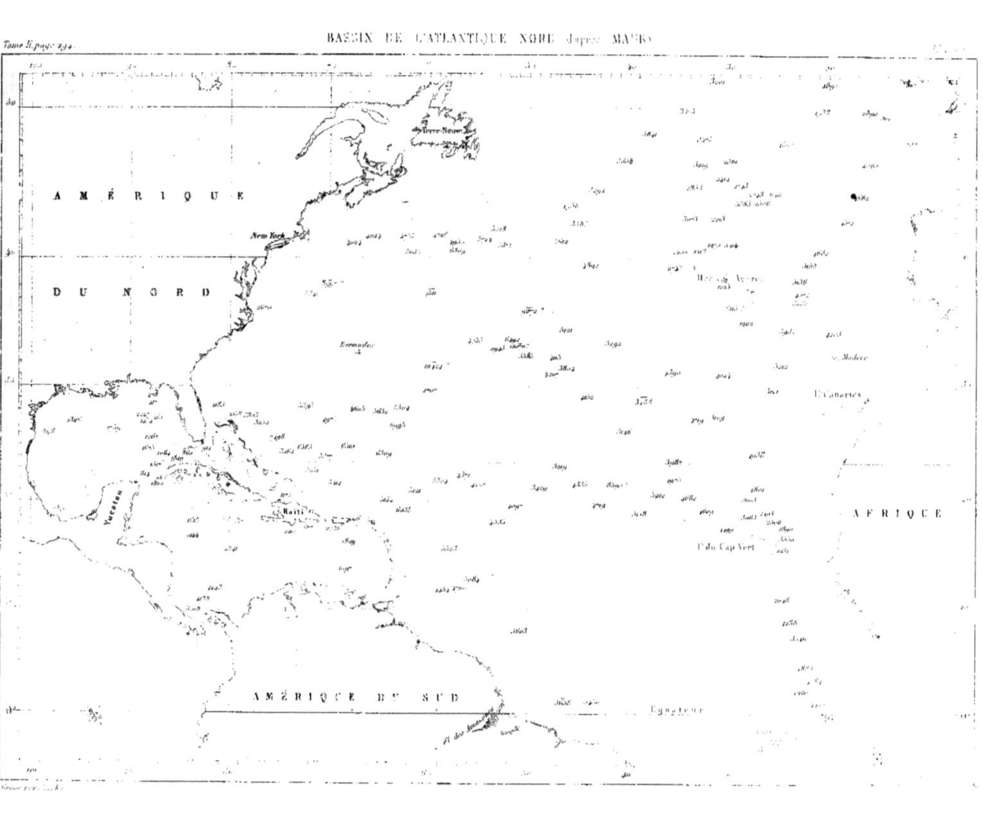

BASSIN DE L'ATLANTIQUE NORD (d'après MAURY)
AMÉRIQUE
DU NORD
Terre-Neuve
New York
Bermudes
Iles des Açores
Madère
I. Canaries
AFRIQUE
I. du Cap Vert
Haïti
Yucatan
AMÉRIQUE DU SUD
Équateur
I. des Amazones

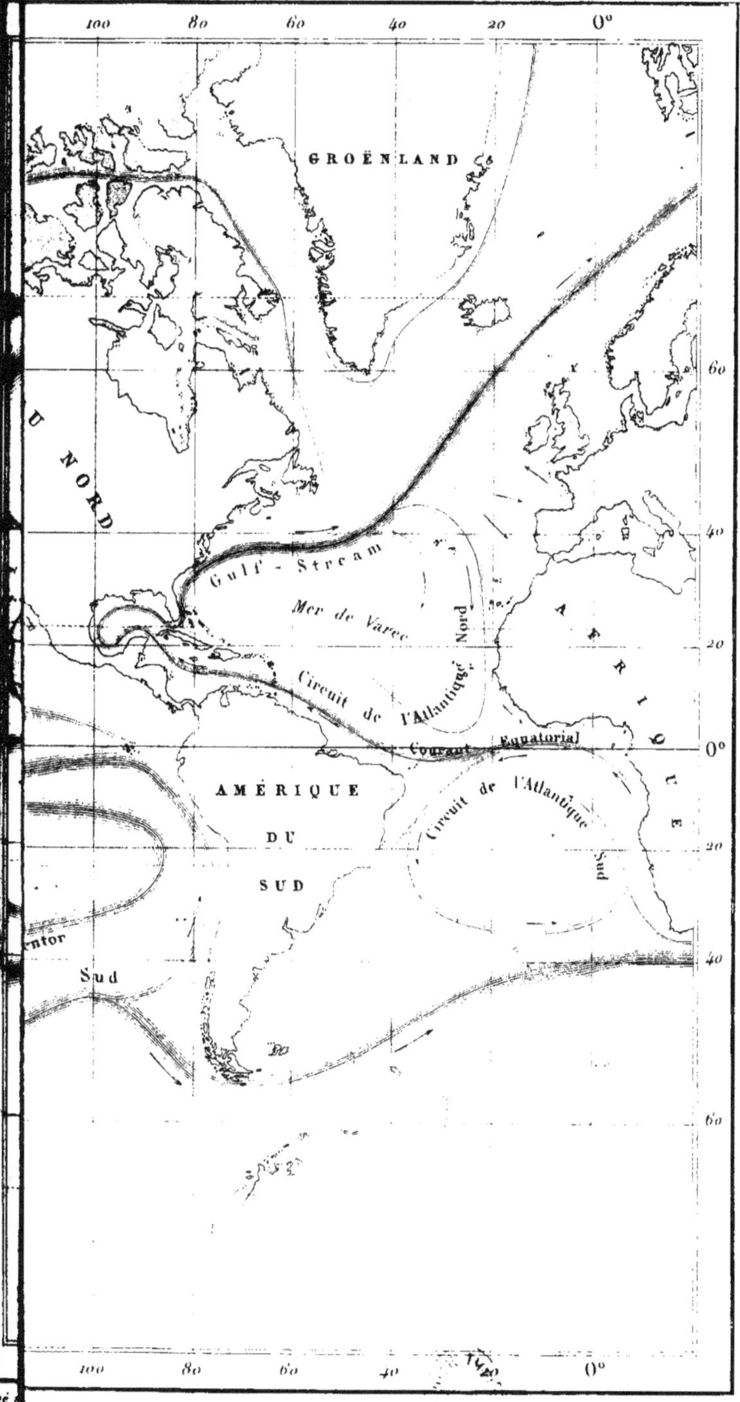
Planche IV.
100 80 60 40 20 0°
GROËNLAND
60
U NORD
40
Gulf - Stream
Mer de Varec
Circuit de l'Atlantique Nord
20
Circuit de l'Atlantique
Courant Equatorial
0°
AFRIQUE
AMÉRIQUE
DU
SUD
Circuit de l'Atlantique Sud
20
ntor
40
Sud
60
100 80 60 40 20 0°
Ecrit par Carré

CARTE DES COURANTS GÉNÉRAUX À LA SURFACE DES MERS.

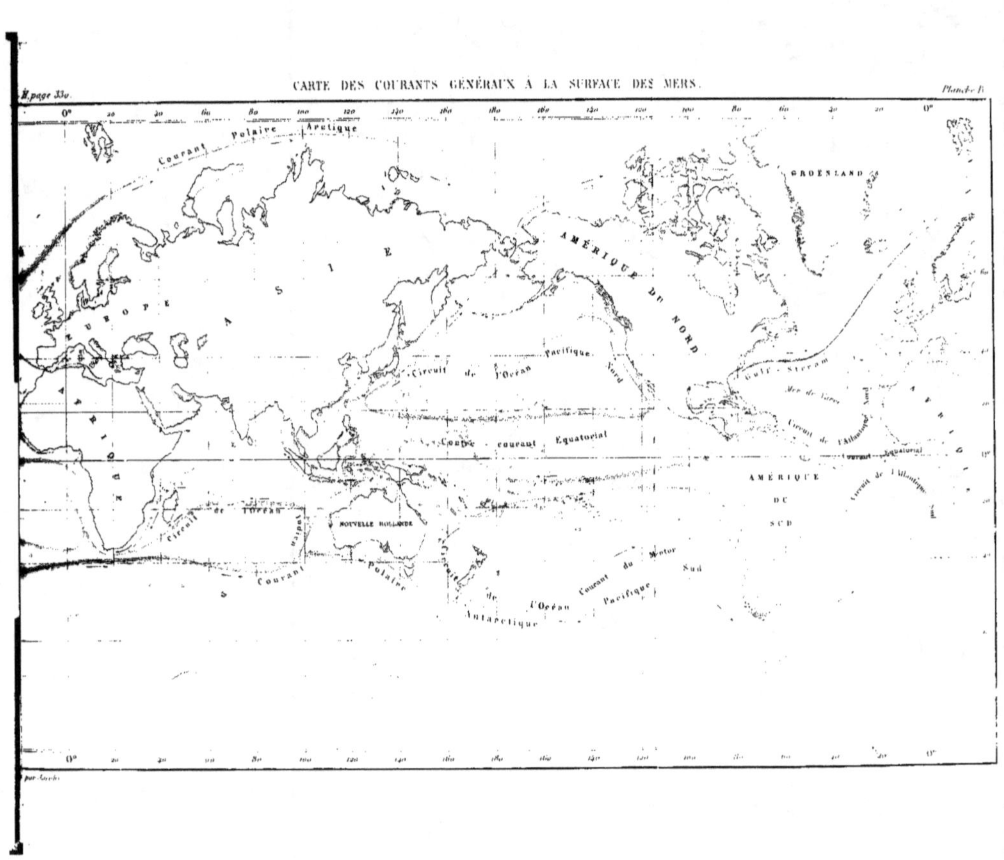

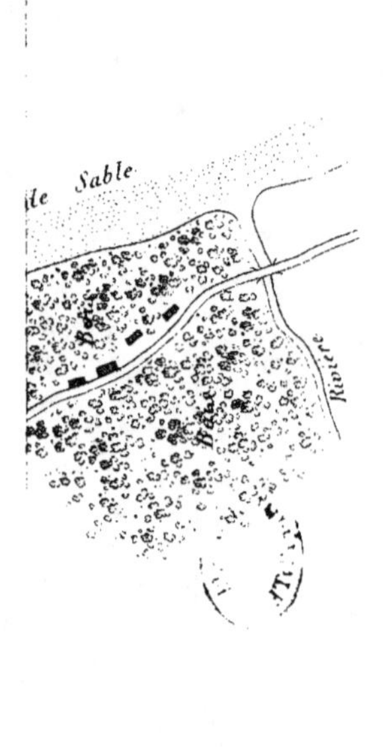
le Sable
Rivière

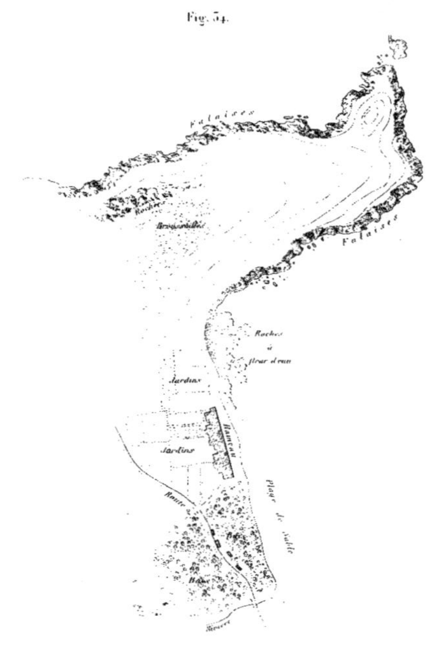

Fig. 54.
Falaises
Falaises
Rochers
Broussailles
Rochers à fleur d'eau
Jardins
Hameau
Jardins
Route
Plage de Sable